U0384012

高等职业教育"十二五"规划教材

药物合成

（供药学类、制药类及相关专业使用）

何敬文　主编

中国轻工业出版社

图书在版编目（CIP）数据

药物合成/何敬文主编. —北京：中国轻工业出版社，2013.9
高等职业教育"十二五"规划教材
ISBN 978-7-5019-9427-4

Ⅰ.①药⋯　Ⅱ.①何⋯　Ⅲ.①药物化学-有机合成-高等职业
教育-教材　Ⅳ.①TQ460.31

中国版本图书馆 CIP 数据核字（2013）第 189931 号

责任编辑：江　娟　王　朗

策任编辑：江　娟　　责任终审：张乃東　　封面设计：锋尚设计
版式设计：宋振全　　责任校对：吴大鹏　　责任监印：张　可

出版发行：中国轻工业出版社（北京东长安街 6 号，邮编：100740）
印　　刷：三河市万龙印装有限公司
经　　销：各地新华书店
版　　次：2013 年 9 月第 1 版第 1 次印刷
开　　本：720×1000　1/16　印张：21.75
字　　数：436 千字
书　　号：ISBN 978-7-5019-9427-4　定价：40.00 元
邮购电话：010－65241695　传真：65128352
发行电话：010－85119835　85119793　传真：85113293
网　　址：http://www.chlip.com.cn
Email：club@chlip.com.cn
如发现图书残缺请直接与我社邮购联系调换
101248J2X101ZBW

本书编写人员

主　编　何敬文（淄博职业学院）

副主编　王玉刚（东营职业学院）
　　　　曹瑞霞（齐鲁师范学院）

前　言

我国高职高专教育人才培养模式的基本特征是以服务为宗旨，以就业为导向，以适应行业发展和岗位需要为目标，以培养技能型、应用型人才为根本任务，重点是培养学生的职业技能和职业素养，以增强学生的就业竞争力和发展潜力。

按照国家高职教育人才培养模式，结合教学工作实际，全体编写人员一致认为，在专业教育教学过程中，以全面提高学生的综合能力为中心，从知识、能力和素质结构出发，在传统的教育体系中增加素质养成元素，将职业素养的养成融于教学过程之中；以典型的药物为载体，提倡"任务驱动"教学法，使学生在具体的任务引领下，通过"教、学、做"一体化的模式，主动去学习相关的职业基础课、职业技能课中的知识和技能；教学内容服务于后续课程，突出应用性、考虑关联性和学生的可持续发展；同步培养学生具有诚实守信、吃苦耐劳、善于沟通合作的职业素养，最大程度地提高学生的学习兴趣，培养学生的方法能力，增强学生的发展潜力。

药物合成是用现代科学手段，研究药物及中间体合成的理论知识和工业生产操作技术的课程。药物合成的首要任务是研究药物合成的基本原理，在掌握化学反应物结构和性质等的基础上，深入学习反应条件、影响因素、试剂性能、生产应用及限制等，从而能娴熟自如地掌控化学反应的条件和方向。

药物合成是高职高专制药专业的职业技术课，学生们将在有机化学和无机化学的基础上，学习药物合成中常见的化学反应及所采用的技术方法。化学合成药物种类繁多，结构复杂，一个药物往往涉及多步合成反应和几十种原辅材料，合成出的活性成分要经过多种分离与纯化，才能制成药用规格的成品。我们结合药物合成的研究对象和任务，针对职业院校学生的实际情况，以理论知识"够用、实用、适用、能用"为度，突出职业教育特色，确定了本教材的整体编写框架和内容。

《药物合成》教材的编写立足于专业基础与实际能力的培养，学生主要通过理论教学情景设计和实验操作训练，进行药物化学基本知识、基本技能和基本操作的学习与掌握。在整门课程内容的编排上，考虑到学生的认知水平，由浅入深地安排课程内容，实现能力的递进。这样安排有利于培养学生的就业竞争力和发展潜力。

本教材按十一个学习情境安排学习内容，学习情境二至学习情境四依次是硝化、磺化和卤化，是药物合成的基础，属于取代基导入法；学习情境五至学习情境七是烃化、酰化和缩合，是药物合成的重要方法，属于碳骨架变更法；学习情境八至学习情境十是氧化、还原和重排，是药物合成的难点，有官能团的转变，也有分子骨架的变更。学习情境十一是现代有机合成新技术，绿色化学反应、原子经济性等新技术在药物及中间体合成中的应用，展现了化学制药可持续发展的前景。

本教材的特点如下。

（1）内容编排循序渐进　按照高职学生的学习规律设计学习情境，每个学习情境中的内容按照由易到难的顺序编排。实训部分不仅使知识得到巩固，还能增强学生的动手能力和职业素质。

（2）结构设计新颖合理　学习情境二至学习情境十一，每个学习情景前设置学习目标，体现学习主体是学生的基本理念，每个情境后均设置习题，有利于学生复习与自测；实训中的问题讨论可启发学生勤动脑、细观察，培养学生严谨的科学作风。

（3）内容实用而有创新　教材中有药物及中间体合成基本方法的反应，还有现代有机合成中新技术的介绍。在一些学习情境中加入了阅读材料、助记表格等，使学习过程变得轻松有趣。

本书适合于药学类、制药类及相关专业人群使用。由何敬文主编，其中学习情境一、学习情境二、学习情境六、学习情境七、学习情境十及实训部分由何敬文编写，学习情境八、学习情境九、学习情境十一由王玉刚编写，学习情境三、学习情境四、学习情境五由曹瑞霞编写。何敬文负责全书的统稿工作。

本书在编写过程中借鉴和参考了国内外大量的参考文献及相关教材，许多老师提供了非常宝贵的建议，同时还得到了编者所在院校的大力支持，在此一并表示感谢。

由于编者水平有限，疏漏或不妥之处在所难免，敬请专家同仁及广大读者提出宝贵意见。

编　者
2013 年 5 月

目　　录

理论部分

1

实训部分

理论部分

学习情境一 药物合成与化学合成药物

【学习目标】

1. 掌握化学合成药物的基本概念、药物合成方法的分类以及所用试剂的分类方法。

2. 熟悉理想的药物合成反应所具备的条件。

3. 了解合成药物生产的特点。

药物是人类防病治病的重要物质,化学合成药物是目前临床用药的主力军。化学合成药物是具有预防、治疗、缓解、诊断疾病,调节机体功能,且采用全合成法或半合成法制得的化学物质。全合成法是以最基本的化工产品为起始原料,采用化学合成手段制得药物的方法,所制得的药物称为全合成药,如阿司匹林就是以苯酚作为起始原料制得的全合成药物。半合成法是由已具备基本结构的天然物质为起始原料,经化学结构改造或修饰制得药物的方法,如氢化可的松就是以天然的薯蓣皂素为起始原料制得的半合成药物。

单元1 药物合成的研究对象和内容

本课程的研究对象是化学合成药物,即用现代科学手段,研究药物及中间体合成的理论知识和工业生产操作技术的课程。药物合成的主要任务是研究药物合成的基本原理,弄清化学合成反应发生的内部因素(反应物结构、性质等)和外部因素(反应条件、方向等)及其相互关系,探讨合成反应的方向控制、影响因素、试剂性能、应用与限制等。

随着科学技术的发展,药物合成反应技术已不再局限于单纯的化学合成。天然药物提取物和生物合成物质经化学结构改造或修饰,可制得活性更高,选择性更好的药品。采用生物转化反应,已使得许多用化学方法难以完成的反应得以顺利进行。固相酶或固定化菌体细胞新技术的兴起,使有生命现象的酶能像化学合成一样被人们控制,使得生产过程的连续化和自动化大幅度提高。通过其他新技术的应用与渗透,药物合成反应的理论和技术将不断发展和提高。

单元 2　药物合成的原料

在参与具体反应的原料中,通常将化学活性较高、相对分子质量较小、在反应过程中起主导作用的反应物称为反应试剂,而其他物质则被称为作用物。

1. 按试剂的作用和功能分类

(1)卤化剂　能使有机物发生卤化的试剂,如卤素、卤化氢等。

(2)硝化剂　能使有机物发生硝化的试剂,如硝酸-硫酸、硝酸-醋酐等。

(3)烃化剂　能使有机物发生烃化的试剂,如卤代烃、硫酸二甲酯等。

(4)酰化剂　能使有机物发生酰化的试剂,如酰卤、酸酐等。

(5)氧化剂　能使有机物发生氧化而本身被还原的试剂,如高锰酸钾、重铬酸盐等。

(6)还原剂　能使有机物发生还原而本身被氧化的试剂,如活性金属、四氢硼钠等。

2. 按反应机理分类

(1)亲电试剂　指在反应中能从作用物得到电子而形成共价键的试剂。主要特征是有正电反应中心或具有空轨道,反应中进攻作用物的负电中心。亲电试剂的常见形式:①正离子,如 H^+、C^+、Cl^+、Br^+、I^+、NO_2^+、NO^+ 等。②可接受孤对电子的分子,如 $AlCl_3$、$FeCl_3$、$ZnCl_2$、$SnCl_4$、$SbCl_3$、BF_3 等。③羰基碳原子 $\diagdown C\!=\!O$ 等。由亲电试剂主动进攻发生的反应称为亲电性反应。

(2)亲核试剂　指在反应过程中,提供电子与作用物形成共价键的试剂。主要特征是反应中心的电子云密度较大或有孤对电子,在反应中主要进攻作用物分子中的正电中心。亲核试剂的常见形式:①负离子,如 Cl^-、OH^-、RO^-、NH_2^- 等。②具有孤对电子的分子,如 H_2O、ROH、RNH_2 等。③具有 π 电子的烯键、芳烃等。由亲核试剂主动进攻发生的反应称为亲核性反应。

(3)自由基试剂　指由共价键均裂所产生的带有单电子的中性原子或基团,在反应中总想获得一个电子而形成共价键的试剂。由自由基引发的反应称为自由基型反应。自由基型反应的发生必须具备两个条件,一是要有自由基产生的条件,二是自由基要有一定的反应活性,从而诱发自由基型反应。自由基产生的条件通常有高温、光照、引发剂(过氧化物或偶氮化合物)等。

3. 按原料的本质分类

可分为有机原料和无机原料。

单元 3　药物合成的过程

起始原料→中间体 1→中间体 2→中间体 3···→中间体 n→药物

解热镇痛药阿司匹林的合成。起始原料是苯酚,经中间体苯酚钠、水杨酸钠、水杨酸,最终产物是药物阿司匹林。

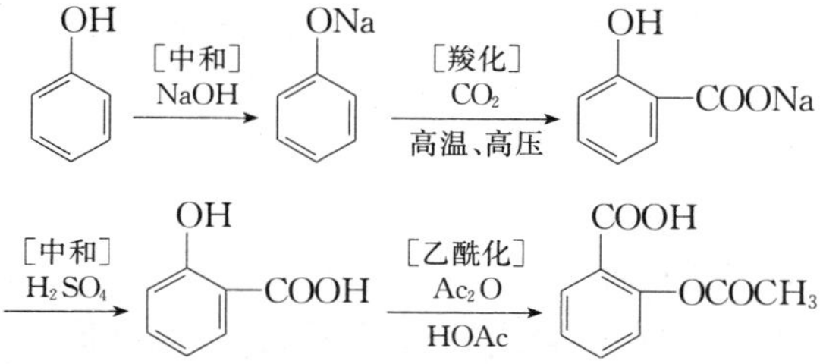

抗心绞痛药硝酸异山梨酯的合成。起始原料是葡萄糖,经还原、脱水、硝化制成药物。

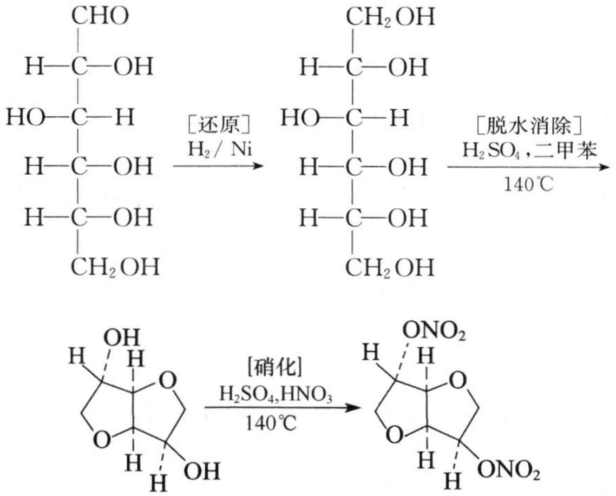

当然,现在许多药物的合成要比上述两种药物的合成复杂得多,合成路线长,反应类型多。

单元4　药物合成的方法

制备药物及中间体的方法可分为三种:取代基导入法,取代基转变法,碳骨架变更法。在药物及中间体的合成中,必然要经过数步化学反应,每种反应必然属于某种反应类型,这种反应类型又称药物合成单元反应。尽管药物及其合成的化学反应步数较多,但所涉及的主要反应类型并不多,主要有十几种,如表1-1所示。

表1-1　　　　　　　　　　　　药物及中间体合成的方法

合成方法	反应类型	备注
取代基导入法	卤化、硝化、亚硝化、磺化	
取代基转变法	重氮化、水解、消除、氧化、还原	
碳骨架变更法	烃化、酰化、缩合、环合、重排	骨架变更常伴随取代基转变

　　药物合成路线是若干合成反应和化工单元操作的合理组配,合成反应的优劣直接影响合成路线的优劣。理想的药物合成反应所具备的条件:

　　(1)原辅材料价廉易得,种类少,数量足,毒性小,安全性好。

　　(2)合成路线短,反应步骤少。

　　(3)反应条件可控,操作的安全性好。

　　(4)中间体易于分离纯化,质量符合要求。

　　(5)成品分离纯化手段简便,易制药用规格的药品。

　　(6)设备条件要求不苛刻,尽量避免超高(低)温、超高(低)压和强腐蚀的操作。

　　(7)总收率高,原子利用率高(原料分子骨架中被目标产物利用的程度),经济效益好。

　　(8)"三废"少,易于治理,绿色合成有利于企业的可持续发展。

单元5　化学合成药物工业生产的特点

　　(1)药物品种多,更新快,新药创制要求迫切,但难度大,周期长,投入多,风险高,利润丰。

　　(2)药品质量要求严格,必须符合药用标准,原料药生产多数在一般生产区内完成,而关键岗位(如精制、干燥、包装等)的生产场所需要符合药品生产质量管理规范(GMP)要求。

　　(3)药品生产工艺复杂,反应类型多,分离纯化过程繁琐,设备种类多,操作要求严格。

　　(4)药品生产中的不安全因素多,原料品种多,且大多数易燃、易爆、有毒、有腐蚀性,必须有良好的安全防护措施。

　　(5)药品生产中的"三废"多,综合治理难度大。这是因为药品生产多为间歇式生产,批量小,反应大多是有机反应,不可能按预定的方向完全反应,产生的副产物和未反应的原料释放到环境中就成为废气、废液和废渣。"三废"种类多、数量小、成分复杂、回收难度大,综合治理的成本高。若能回收再用或寻找代用不仅能降低成本,还能使药品的生产更加绿色,使企业有可持续发展的空间。

【习题】

一、选择题

1. 药物合成的研究对象是(　　　　)。

　　A. 药物　　　　　　B. 化学合成药物　C. 全合成药物　　　D. 半合成药物

2. 制备药物及中间体的方法有(　　　　)。

　　A. 取代基导入法　B. 取代基转变法　C. 碳骨架变更法　D. A+B+C

3. 制备药物及中间体的方法中不属于碳骨架变更法的是(　　　　)。

A. 酰化　　　　　B. 烃化　　　　　　C. 缩合　　　　　　D. 硝化

4. 制备药物及中间体的方法中属于碳骨架变更法的是(　　)。

A. 卤化　　　　　B. 亚硝化　　　　　C. 环合　　　　　　D. 还原

5. 下列试剂中不属于亲电试剂的是(　　)。

A. H^+　　　　　B. Br^+　　　　　　C. OH^-　　　　　D. NO_2^+

6. 下列试剂中不属于亲核试剂的是(　　)。

A. H_2O　　　　B. NH_3　　　　　　C. $AlCl_3$　　　　D. CH_3OH

二、问答题

1. 什么是化学合成药物？举例说明。

2. 合成药物及中间体的基本方法有哪些？

3. 理想的药物合成反应所具备的条件主要有哪些？

4. 化学合成药物工业生产的特点是什么？

学习情境二　硝化、亚硝化与重氮化

【学习目标】

1. 掌握硝化反应的类型和常用硝化试剂的特性及应用。

2. 熟悉硝化、亚硝化、重氮化反应的条件、主要影响因素、安全操作技术及在药物和中间体合成中的应用及限制。

3. 了解硝化、亚硝化、重氮化反应机制,亚硝化及重氮化的操作技术及终点控制方法。

单元1　硝　　化

一、硝化反应

实例分析 1: 氯霉素中间体对硝基乙苯的制备。乙苯的分子中引入官能团—NO_2,有 C—N 共价键的形成。

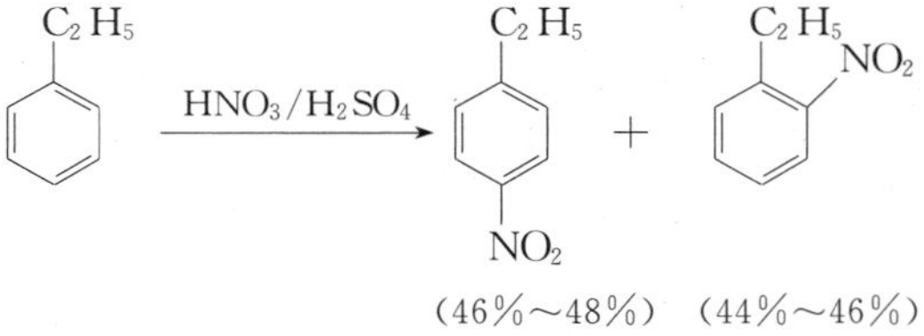

$$(46\%\sim48\%) \quad (44\%\sim46\%)$$

实例分析 2: 硝酸异山梨酯的合成。反应中引入两个—NO_2,有 O—N 共价键的形成。

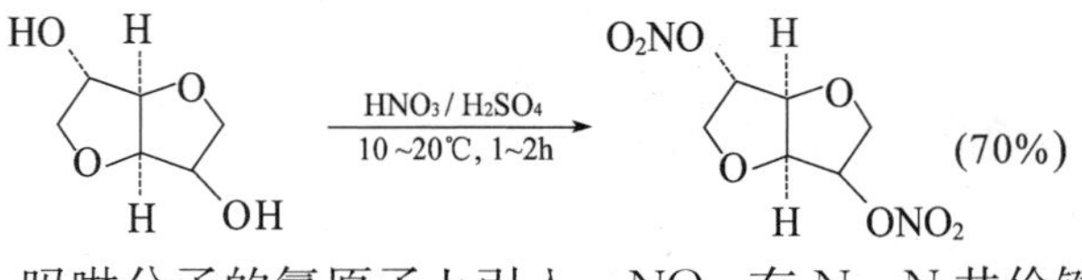

$$(70\%)$$

实例分析 3: 吗啉分子的氮原子上引入—NO_2,有 N—N 共价键的形成。

硝化反应是有机化合物分子中引入硝基(—NO_2)的反应。硝基可与有机化合物中的碳原子相连,形成硝基化合物;也可以与氧原子相连,形成硝酸酯类化合物;还可以与氮原子相连,形成硝胺等。因为氮原子上的硝化反应并不多见,氧硝化反应的本质又是酯化反应,所以本章所讨论的硝化反应主要是芳环上的硝化反应。

硝化反应在药物合成中属于基团的导入反应,硝基的引入使有机化合物分子的极性增加,活性增加;硝基可还原成氨基等官能团,氨基还可以发生酰化、烃化等而转化为不同的化合物。因此,硝化反应在药物合成中起着承上启下的桥梁作用。由于硝基化合物多有毒性,所以只有少数硝基化合物可作为药物使用,如氯霉素、甲硝唑、替硝唑、呋喃唑酮、呋喃丙胺等。硝化反应主要应用是合成药物中间体。

二、硝化剂

硝化剂是以硝酸或氮的氧化物(N_2O_5,N_2O_4)为主体,与各种质子酸(H_2SO_4,$HClO_4$)、有机酸、醋酐及路易斯酸(BF_3,$FeCl_3$)等物质组成用作硝化反应的试剂。药物合成中最常用的硝化剂及其活性顺序:硝酸盐-硫酸>硝酸-硫酸>硝酸-醋酐>硝酸。工业上首选的硝化剂是硝酸-硫酸,应用面最广的硝化剂是硝酸-醋酐。

（一）硝酸

硝酸可分为浓硝酸和稀硝酸,它们的反应机制不同,应用范围也不尽相同。

1. 浓硝酸

浓硝酸的硝化反应机制是典型的亲电取代反应,反应分三步进行。

①亲电离子的形成。当用浓硝酸、纯硝酸或发烟硝酸作硝化剂时,它们主要以分子状态存在,只有很少的分子按下列方式解离成硝酰离子(NO_2^+),如纯硝酸有96%呈分子状态,仅约3.5%解离。

$$HNO_3 \rightleftharpoons H^+ + NO_3^-$$
$$HNO_3 + H^+ \rightleftharpoons H_2O^+ \dot{-} NO_2 \rightleftharpoons H_2O + NO_2^+$$

$$总式:2HNO_3 + H_2O \rightleftharpoons NO_2^+ + 2H_2O + NO_3^-$$

在形成硝酰离子的平衡反应中,水分使平衡左移,不利于硝酰离子的生成。当硝酸中的水分较多时,硝酸则按下式解离形成硝酸根,不能形成硝酰离子,使硝化剂失去硝化能力。

$$HNO_3 + H_2O \rightleftharpoons H_3O^+ + NO_3^-$$

②解离出的硝酰离子作为亲电离子进攻芳环,形成 π-络合物,进而形成 σ-络合物,形成 σ-络合物的反应速度最慢,是限速步骤,反应动力学是二级的。$v = k[ArH][NO_2^+]$。

π-络合物　　　　　σ-络合物

③σ-络合物消除质子,恢复稳定芳香体系,形成苯型硝化产物。

7

$$\left[\underset{NO_2}{\overset{H}{\bigoplus}}\right]+NO_3^- \xrightarrow{\text{慢}} \bigcirc NO_2 +HNO_3$$

反应中产生的水使硝酸的浓度降低,为了保证硝酸有足够的浓度,则需要使用过量的硝酸,这在经济上是不合算的。随着硝酸浓度的降低,至少可产生三个不良后果:①硝酸的硝化能力大为减弱,甚至失去硝化能力;②硝酸的氧化活性相对增加,在有还原性强的物质存在时,一般稀硝酸的氧化能力比浓硝酸要强;③被水稀释的过量硝酸回收利用的难度加大。因而单纯用硝酸作为硝化剂的应用受到一定限制,例子并不多。下列反应中,硝酸需过量 4 倍,因甲基的定位能力大于氯,硝基进入甲基的邻位。

$$Cl-\bigcirc-CH_3 \xrightarrow{90\% \ HNO_3(4\text{倍量})} Cl-\bigcirc\overset{NO_2}{-CH_3}$$

邻乙酰氨基苯甲醚用浓硝酸硝化,可制得药物安痢平的中间体。硝化反应是在 15~20℃的条件下滴加 96%硝酸,再于 50~60℃保温 2h,反应液于搅拌下倒入冰水中,冷却到 20℃,经离心、洗涤,即得硝化产物。

$$\overset{OCH_3}{\bigcirc}-NHCOCH_3 \xrightarrow{96\% \ HNO_3}{50\sim60℃} O_2N-\overset{OCH_3}{\bigcirc}-NHCOCH_3$$

邻二甲苯常温下进行二硝化时,需使用 10 倍量的发烟硝酸。

$$\overset{CH_3}{\bigcirc}_{CH_3} \xrightarrow{F. HNO_3(10\text{倍量})}{20\sim25℃} \overset{O_2N}{\underset{O_2N}{\bigcirc}}\overset{CH_3}{\underset{CH_3}{}}$$

2. 稀硝酸

硝酸的浓度一般为 30%左右,常用水作溶剂,芳烃与稀硝酸的摩尔比为 1:(1.4~1.9)。反应在不锈钢或搪瓷设备中进行,硝酸过量 10%~65%,如对苯二酚二乙醚可用稀硝酸进行硝化。

$$C_2H_5O-\bigcirc-OC_2H_5 \xrightarrow{34\% \ HNO_3}{70℃} C_2H_5O-\overset{NO_2}{\bigcirc}-OC_2H_5$$

稀硝酸的硝化能力并非大于浓硝酸,而是硝酸中的痕量亚硝酸起到催化作用。痕量亚硝酸按下列方式解离出亚硝酰离子(NO⁺),亚硝酰离子进攻芳环,生成的亚硝基化合物随即被硝酸氧化成硝基化合物,同时又产生亚硝酸,亚硝酸在此起到的是催化剂的作用。

①亚硝酰离子的形成。亚硝酸在酸性条件下解离成 NO^+。

$$HO—NO \xrightarrow{H^+} \overset{H^+}{HO} \div NO \longrightarrow H_2O + NO^+$$

②亚硝酰离子进攻芳环,形成 σ-络合物。

$$HO—\bigcirc +NO^+ \longrightarrow HO—\bigcirc^{NO^+} \Longrightarrow HO—\bigcirc^{+}\overset{H}{\underset{NO}{}}$$

③σ-络合物消除 H^+,主要形成稳定的对亚硝基化合物。

$$HO—\bigcirc^{+}\overset{H}{\underset{NO}{}} \xrightarrow{-H^+} HO—\bigcirc—N{=}O \longleftrightarrow O{=}\bigcirc{=}N—OH$$

亚硝基酚型　　　　　　异亚硝基醌型

④亚硝基化合物转变成硝基化合物。亚硝基化合物具有还原性,可被硝酸氧化,同时放出的 HNO_2 可继续起催化作用。

$$HO—\bigcirc—NO + HNO_3 \longrightarrow HO—\bigcirc—NO_2 + HNO_2$$

稀硝酸硝化的特点:①反应物必须是含强活化的芳环化合物,如酚类、酚醚类、芳胺以及稠环化合物,这是因为 NO^+ 亲电活性小于 NO_2^+,只能进攻具有较大电子密度的芳环,并不与其他芳环发生反应,其应用会受到一定的限制。②硝基主要进入强致活基团的对位,对位被占据时,则进入邻位,原因是中间产物对异亚硝基醌式的结构平展,稳定性大于邻异亚硝基酚的醌式结构。

$$O{=}\bigcirc{=}N—OH > O{=}\bigcirc^{N—OH}$$

(二)硝酸-硫酸

1. 混酸的优点

浓硝酸(或发烟硝酸)与浓硫酸按一定比例组成的硝化剂俗称为混酸,是工业上使用最多的硝化剂,主要具有以下优点。

(1)混酸的硝化活性强　硫酸的质子化能力比硝酸强,在硫酸的作用下硝酸几乎全部解离成硝酰离子,从而使混酸中的硝酰离子浓度增加,硝化活性也比硝酸强得多。

(2)硝酸的利用率高　由于硫酸对水的亲和力比硝酸强,硝化反应中产生的水主要稀释硫酸而很少稀释硝酸,故硝酸的利用率高。通常混酸中硝酸的用量接近理论量或过量不多,被硝化物或硝化产物在反应温度下是液态,而且不溶于废硫酸中。因此,硝化后可用分层法回收废酸,废酸经浓缩后可再用于配制混酸,也就是说硫酸的消耗量很小。

$$HO-NO_2 + H_2SO_4 \rightleftharpoons H_2O^+ - NO_2 + HSO_4^-$$
$$H_2O^+ \doteq NO_2 \rightleftharpoons H_2O + NO_2^+$$
$$H_2O + H_2SO_4 \rightleftharpoons H_3O^+ + HSO_4^-$$

总式：$HNO_3 + 2H_2SO_4 \rightleftharpoons NO_2^+ + H_3O^+ + 2HSO_4^-$

（3）降低了硝酸的氧化能力和腐蚀性　硝酸中加入硫酸后,相当于硝酸被硫酸稀释,氧化能力降低,氧化副反应发生的可能性减少。由于该硝化剂的腐蚀性降低,对铁的腐蚀性比硝酸小,因而可用碳钢或铸铁材质的反应器。

（4）易于控制硝化进程　由于硫酸的比热较大,能吸收硝化反应中放出的热量,可避免硝化反应时的局部过热现象。混酸中的浓硫酸可增加有机化合物的溶解度,致使有机物与硝酸接触的机率增加,使反应进行平稳而易于控制。

（5）硝化能力可以调节　通过调节混酸中硝酸与硫酸的比例可调节硝化剂的硝化能力。针对具体的硝化过程,都要求所用的混酸具有适当的硝化能力。若硝化剂的硝化能力太弱,硝化反应慢且不完全,甚至不能反应;而硝化能力太强,则反应加快,又易引发多硝化等副反应,消耗的硫酸也太多,不符合经济原则。混酸硝化能力的大小可以用硫酸脱水值（DVS）表示,DVS是混酸中的硝酸完全硝化生成水后,废硫酸中硫酸和水的质量比,其数学表达式如下：

$$DVS = \frac{混酸中硫酸的含量}{混酸的含水量 + 硝化生成的水量}$$

一般 DVS 越大,硝化能力越强,通常根据被硝化物的活性和引入硝基的多少选择适宜的 DVS。对于大多数芳香化合物的硝化,DVS 多在 $2\sim12$ 之间。一些化合物硝化时所需混酸的 DVS 见表 2-1。

表 2-1　　　　　　　　一些化合物硝化时所需混酸的 DVS

被硝化物	主要产物	混酸的百分组成			DVS
		HNO_3	H_2	H_2O	
苯乙酮	间硝基苯乙酮	7.06	88.11	4.83	12.86
氯苯	邻、对-硝基氯苯	18.0	71.0	11.0	4.44
乙苯	邻、对-硝基乙苯	31.89	55.99	12.12	2.63
甲苯	邻、对-硝基甲苯	23.8	58.7	17.5	2.42
萘	α-硝基萘	15.85	59.55	24.6	2.02
对硝基甲苯	2,4-二硝基甲苯	9.1	85.2	5.7	9.2
	2,4,6-三硝基甲苯	19	78.4	2.6	16

另外,在选择硝化剂时还应考虑硝化剂对被硝化物的溶解性能。被硝化物在硝化剂中溶解度不同,不仅影响反应速度,有时还可影响硝化反应的方向和反应的深度。如均三甲苯在硝酸-醋酐中硝化,通过控制反应条件,可在分子中引入一个

硝基；而在混酸中硝化时，可引入两个硝基。其原因是均三甲苯在混酸中的溶解度很小，但引入一个硝基后的产物立即溶于混酸中，继续硝化后即得二硝基化合物。

2. 混酸的缺点

(1)酸度大　某些对酸敏感的化合物在其中极易遭破坏，如吡咯、呋喃和噻吩等。

(2)极性强　极性小的有机反应物在其中的溶解度差，反应多为非均相反应，要求硝化反应器装有良好的搅拌装置，使酸相与有机相充分接触。

3. 混酸的应用

(1)均相混酸硝化　是在浓硫酸介质中的均相硝化。当被硝化物或硝化产物在反应温度下为固体时，常将被硝化物溶解于大量浓硫酸中，然后加入硫酸和硝酸的混合物进行硝化。这种方法只需要使用过量很少的硝酸，一般产率较高，缺点是硫酸用量大。

(2)非均相混酸硝化　当被硝化物或硝化产物在反应温度下都是液体时，常采用非均相混酸硝化的方法，通过强烈的搅拌，使有机相被分散到混酸相中而完成硝化反应。

非甾类抗炎药甲灭酸中间体的合成，活化的苯环在低温下反应，引入一个硝基。

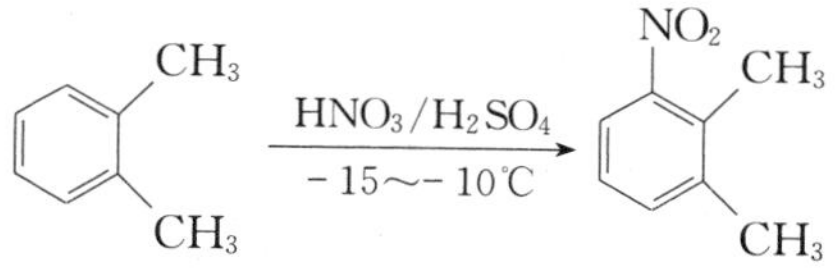

CH3
CH3
HNO3/H2SO4
-15～-10℃
NO2
CH3
CH3

三氟甲苯用混酸硝化，因三氟甲基使苯环钝化，反应温度比邻二甲苯的硝化要高一些，硝基进入间位，产物是利尿药苄氟噻嗪的中间体。

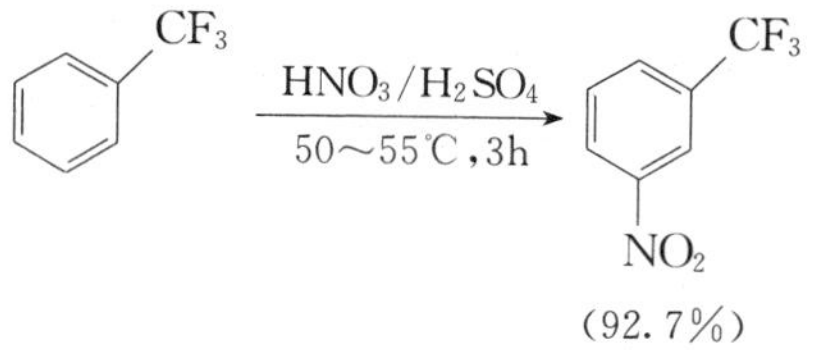

CF3
HNO3/H2SO4
50～55℃,3h
CF3
NO2
(92.7%)

利尿药氯噻酮中间体的合成。分子中有两个苯环，硝基优先进入连有氯原子的苯环，且进入氯原子的邻位，恰巧也是羰基的间位。

O
C
Cl
COOH
HNO3/H2SO4
O
C
NO2
Cl
COOH

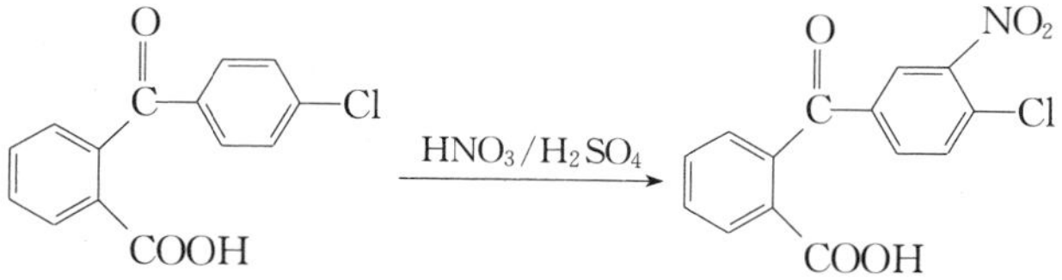

抗高血压药新药替米沙坦中间体的合成，用发烟硝酸与60%的硫酸组成的硝

化剂硝化而得。替米沙坦为血管紧张素受体拮抗剂中唯一的每天仅需服用一次的药物,和同类药物相比,其咳嗽、头痛、头晕和疲劳等副作用的发生率明显较低。

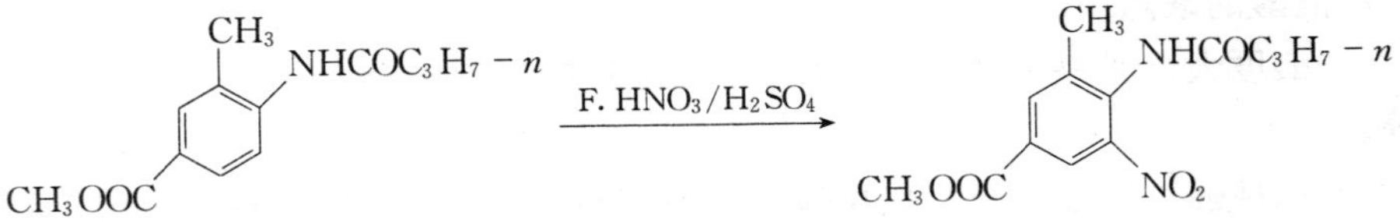

(三)硝酸盐-硫酸

硝酸盐与硫酸反应生成硝酸与硫酸盐,它实际上相当于无水硝酸与硫酸组成的硝化剂。

$$MNO_3 + H_2SO_4 \rightleftharpoons HNO_3 + MHSO_4$$

常用的硝酸盐有硝酸钾和硝酸钠,硝酸盐与硫酸的配比是 $0.1 \sim (0.4:1.0)$ (质量比)。按照这种比例,硝酸盐几乎全部解离成硝酰离子,硝化能力强大,最适合难以硝化的有机物的硝化和多硝化反应。需要说明的是,使用该硝化剂时反应混合物黏度较大,搅拌条件要求较高。硝酸盐-硫酸是活性最强的硝化剂,主要用于芳环上有吸电子基取代的芳环的硝化或多硝化反应。

苯甲酸用硝酸钠-硫酸硝化,生成的间硝基苯甲酸是胆影酸的中间体。

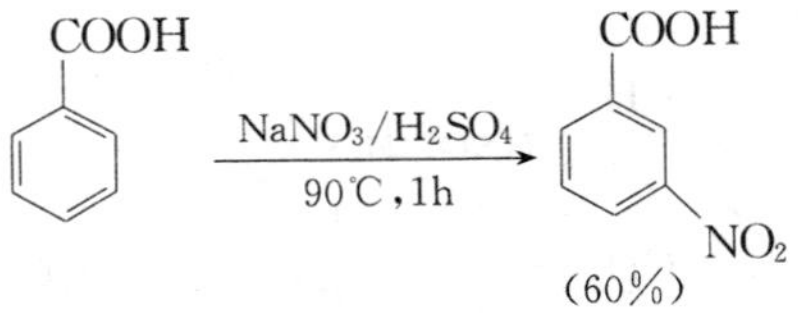

苯甲醛用硝酸钾-硫酸硝化,生成的间硝基苯甲醛是拟肾上腺素间羟胺的中间体。

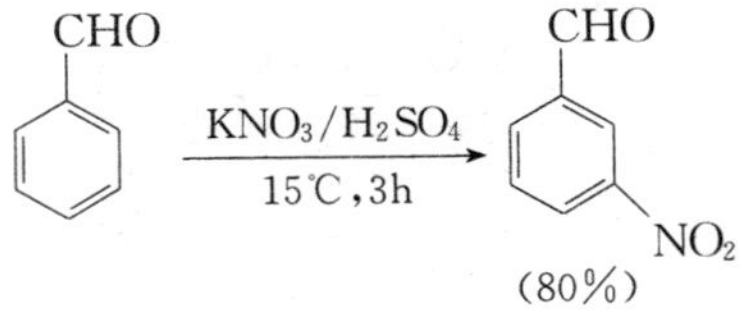

用硝酸钾-硫酸硝化 2,4,5-三甲基苯磺酸,分子中引入两个硝基,产物是合成维生素 E 的中间体。

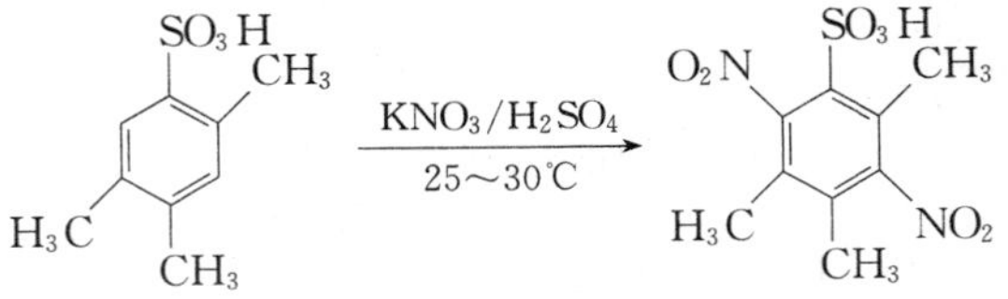

（四）硝酸-醋酐

硝酸-醋酐硝化剂是硝酸的醋酐溶液,醋酐可起到吸水作用和溶剂作用,硝酸的利用率高。该硝化剂的酸性小、极性小,某些不耐酸的有机物可以用硝酸-醋酐硝化。该硝化剂对有机化合物有良好的溶解性,使硝化反应在均相条件下进行,反应缓和,易于操作。

在硝酸-醋酐组成的硝化系统中,硝酸与醋酐作用首先生成硝醋混酐,而后解离成硝酰离子和醋酸负离子。

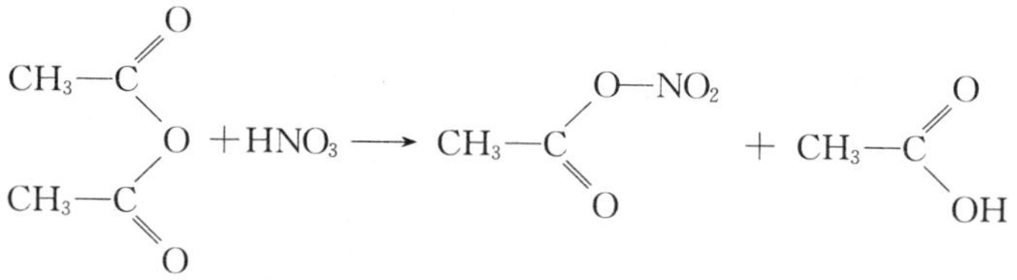

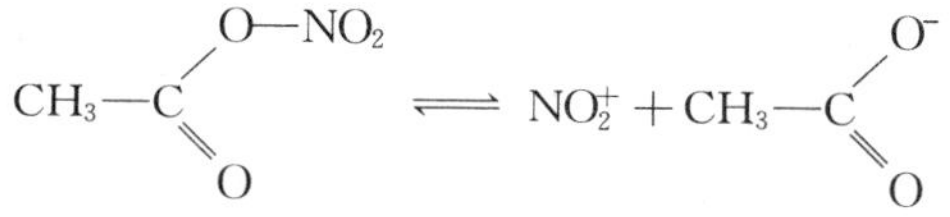

除硝酰离子这一亲电离子外,质子化的硝醋混酐也可以对芳环进行亲电进攻,发生硝化反应。

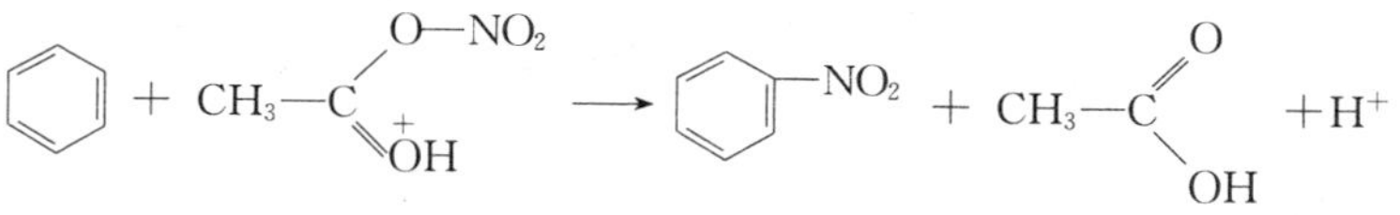

在实际操作中会加入适量浓硫酸或浓磷酸作为催化剂,使硝醋混酐质子化而加速反应,有利于硝化反应的进行。

硝酸在醋酐中能以任意比例溶解,常用的浓度是含硝酸$10\%\sim30\%$的醋酐溶液,在使用前临时配制,配制好的硝化剂不能久置,否则会生成易爆炸的四硝基甲烷而诱发爆炸事故。配制硝化剂的加料方法是在充分冷却和搅拌下将硝酸缓慢加至醋酐中。

硝酸-醋酐硝化剂既保留了混酸的优点,本身又有很多自己的特点,如邻位效应的存在可获得邻位主产物。在一定温度下,芳醚、芳胺、芳酰胺等取代苯类当用硝酸-醋酐进行硝化时,邻位硝化产品明显占优势,这种现象称为邻位优势,用混酸硝化则无邻位效应。如表$2-2$所示。

表 $2-2$　　　　　　　　两种硝化剂硝化的定位效应比较

硝化剂	作用物	邻-/%	对-/%	备注
$HNO_3 - Ac_2O$	苯甲醚	71	28	
	乙酰苯胺	68	30	有邻位效应
	甲基苯乙基醚	62	34	

续表

硝化剂	作用物	邻-/%	对-/%	备注
HNO₃ - H₂SO₄	苯甲醚	31	67	
	乙酰苯胺	19	79	无邻位效应
	甲基苯乙基醚	32	59	

邻位效应的出现可能是反应中形成环状的络合物后,因硝基就近迁移到邻位较为便捷,故邻位产物的比例明显占优势。

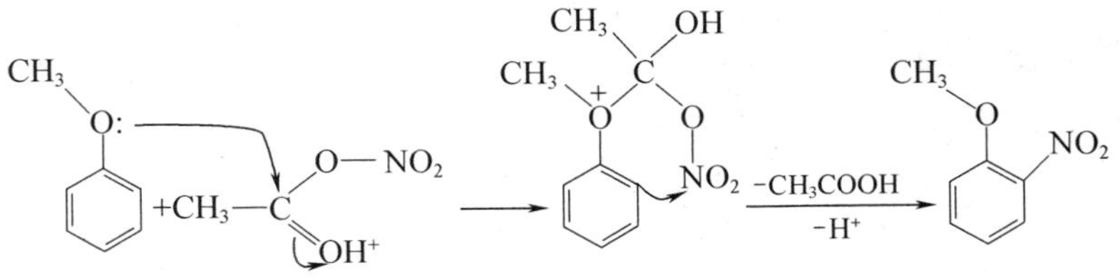

再如,硝酸-醋酐硝化剂的酸性和极性都小,一些不耐酸的反应物可使用该硝化剂。硝酸的用量也接近理论量,提高了硝化剂的利用率。抗菌药呋喃唑酮中间体的合成中,原料糠醛若用混酸硝化易被破坏。若用硝酸-醋酐作硝化剂进行硝化,反应则进行顺利;如果再加入适量的浓硫酸催化,可使反应加速进行。

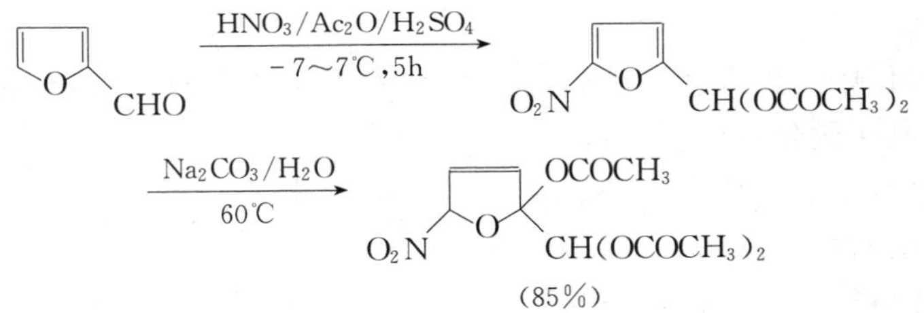

此外,为了降低硝化剂中的醋酐的用量,也可以用其他有机溶剂代替,常用的有机溶剂有乙酸、二氯乙烷等。这种硝酸在有机溶剂中进行硝化的优点:通过采用不同的溶剂,常常达到改变所得硝化产物异构体比例的目的,避免使用大量硫酸作溶剂。

【阅读材料】
医药工业生产中硝化实例——乙苯的硝化

对硝基乙苯是氯霉素的重要中间体,它是由乙苯硝化制得的。乙苯是致活的邻对位定位基,用混酸硝化时,反应速度比苯快23倍,主要生成邻硝基乙苯和间硝基乙苯,还有少量间位产物及氧化副产物酚类物质。

（46%～48%）　（44%～46%）　（6%～8%）　　（<1%）

　　生产中乙苯的与硝酸的摩尔配比是 1∶1.05,硝酸的用量接近理论量,混酸中硝酸的含量约为 32%,硫酸的含量约为 56%,DVS 控制在 2.66 左右。反应温度的影响较为显著,在 5～20℃进行反应时,几乎完全生成硝基乙苯,不含多硝基化合物。生产上采用的反应温度为 30～35℃,只是在加完料后,再升温至 40～45℃保温促使反应完全。由于该反应是强放热反应,在配制混酸和硝化过程中都必须有良好的搅拌及有效的冷却,及时将稀释热和反应热移走。乙苯硝化的过程如下。

　　①混酸配制:在混酸釜中先加入硫酸,在搅拌及冷却下,以细流加入水(注意:实验室稀释浓硫酸时,必须将硫酸加至水中,否则会酸沫四溅。生产上这样做的主要目的是,减少硫酸被稀释后对设备的严重腐蚀,在良好的搅拌及有效的冷却下,以细流加入少量的水,不会导致实验室中常见的酸沫四溅现象),控制温度在 40～50℃之间,加毕,降温至 35℃;继续加入硝酸,温度不超过 40℃,然后冷却至 20℃,测定硝酸与硫酸的含量,使其分别为 32%和 56%。

　　②硝化反应:在硝化釜中,先加入乙苯,开动搅拌,降温至 28℃,滴加混酸,控制反应温度在 30～35℃;加完硝化剂后升温至 40～50℃,继续搅拌保温反应 1h,确保反应完全;然后冷却至 20℃,静置分层。

　　③后处理:分去下层废酸,用水洗去硝基乙苯中的残留酸,再用碱液洗尽酚类物质(因为温度较高时酚类会迅速分解,蒸馏后期易发生爆炸事故),最后用水洗去残留碱液即得粗品。

　　④分离与精制:将粗品进行减压蒸馏(蒸馏前注意检查防爆膜等防爆设备),先蒸去未反应的乙苯和水,再减压至所需的真空度 95.97kPa,在高效分馏塔中进行分馏,塔顶馏出邻硝基乙苯,塔底流出物再减压蒸馏精制,得对硝基乙苯。由于间硝基乙苯的沸点与对位体相差无几,故所得产品中仍含有少量间位体。

三、芳环的定位

　　当芳环上有其他取代基时,对硝化的速率和硝基进入到环的位置都有一定的影响。

　　（一）取代苯环的硝化速率和定位效应

　　1. 硝化速率

　　硝化反应是亲电取代反应,苯环上有供电子基取代时,环上的电子密度增加,苯环被活化,硝化反应速度加快;苯环上有吸电子基取代时,环上的电子密度降低,苯环被钝化,硝化反应速度减慢。硝化反应进行的快慢可用相对速率表示,即在相同条件下,取代苯的硝化反应速率与苯的硝化速率的比值。

$$相对速率=\frac{取代苯的硝化产物的产率}{苯硝化产物的产率}=\frac{取代苯的硝化速率}{苯的硝化速率}$$

相对速率可用竞争实验法测定,具体做法是,将苯和取代苯放入同一硝化系统中,用少于理论量的硝化剂进行硝化,反应完毕,分别测出取代苯的硝化产率和苯的硝化产率,其比值就相当于速率比值。相对速率大,反应进行快;相对速率小,反应进行慢。需强调的是在比较活性时应注意各反应条件应一致。

例如,反应温度为25℃时,甲苯在硝酸-醋酐中反应最快。

反应介质	63.8%硫酸	15%醋酸	醋酐
相对速率	17	22	50

再如,某些取代苯硝化的相对速率,当有供电子基取代时,相对速率大;当有吸电子基取代时,相对速率小。

反应物	苯甲醚	苯酚	乙酰苯胺	甲苯	苯	氯苯	硝基苯
相对速率	1600	1000	800	24.5	1	0.033	6×10^{-8}
基团供电子能力	$-OCH_3>-OH>-NHCOH_3>-CH_3>-H>-Cl>-NO_2$						

2. 定位效应

含有取代基的苯衍生物,在进行亲电取代反应时,环上原有的取代基对新取代基进入的位置存在一定指向性的效应称为取代基定位效应。

(1)单取代苯的定位效应 因苯环上硝化的机制是亲电取代,故硝基总是优先进入电子密度最高、立体位阻最小的位置。

①强致活邻、对位定位基:(取代)羟基、氨基是强致活的邻、对位定位基,因含有的氧、氮原子电负性较大,产生吸电子的诱导效应,但是孤对电子可以通过共轭效应与苯环共轭,共轭效应大于诱导效应,并且共轭效应占主导作用,环上电子云密度加大,亲电反应活性较高,尤其是邻位、对位的电子密度较高。对于有取代基的氨基和羟基来说,对苯环的影响类似于氨基和羟基,也是致活的邻对位定位基。它们的活性次序如下:

$$-N\begin{matrix}CH_3\\CH_3\end{matrix}>-NH_2>-OH>-OCH_3>NH-C\begin{matrix}O\\CH_3\end{matrix}>-O-C\begin{matrix}O\\CH_3\end{matrix}$$

例外情况:①当用混酸作硝化剂时,氨基可与硫酸作用生成铵盐($ArNH_3^+$),因$-NH_3^+$为强吸电子基,此时氨基的定位由原来的邻对位定位基逆转为间位定位基。②苯酚、N-取代苯胺类化合物用稀硝酸硝化时,对位硝化产物占相当大的优势。如苯酚用混酸硝化时,邻/对位异构体的比例为40/58,而用稀硝酸硝化时则为 9/91。③芳醚、取代芳胺等,用硝酸-醋硝化时,邻位硝化产品明显占优势。

②致活的邻对位定位基:烃基是致活的邻对位定位基,烃基对苯环可产生供电子的诱导效应和供电子的超共轭效应,使苯环上电子密度增大。总体说来,烃基苯的硝化速率大于苯。在起主导作用的立体效应影响下,立体位阻越大,相对速率越小。取代苯的硝化速率顺序如下(括号中的数值是相对速率):

甲苯(27)＞乙苯(23)＞异丙苯(18)＞叔丁苯(15)…＞苯(1)

邻位和对位的统计学比例为 2∶1,因对位的电子密度高,立体位阻小,一般情况下对位硝化产品的得率大于邻位,这在有体积较大的取代基时表现更为明显。如甲苯硝化的邻/对位硝化产物的比例是 57/40,叔丁苯的是 12/79;β-苯丙氨酸硝化时,对位硝化产物的收率达 90%,是抗肿瘤药溶肉瘤素的中间体。

$$\text{C}_6\text{H}_5-\text{CH}_2-\underset{\underset{\text{NH}_2}{|}}{\text{CH}}-\text{COOH} \xrightarrow{\text{HNO}_3/\text{H}_2\text{SO}_4} \text{O}_2\text{N}-\text{C}_6\text{H}_4-\text{CH}_2-\underset{\underset{\text{NH}_2}{|}}{\text{CH}}-\text{COOH}$$

(90%)

③致钝邻对位定位基:卤素是致钝的邻对位定位基,卤素使环上电子云密度下降,亲电反应活性下降,但在反应过程中可以通过共轭效应将孤对电子共轭到环上而稳定中间体,所以卤素仍是邻对位定位基。卤取代苯硝化反应的速率有以下顺序:

碘苯(0.18)＞氟苯(0.15)＞氯苯(0.033)＞溴苯(0.03)

④致钝间位定位基:硝基、羰基、羧基及其衍生基团的特征是与苯环直接相连的原子上有不饱和键,通过吸电子诱导和吸电子共轭效应使苯环上的电子密度降低,苯环被致钝化。特别是邻位、对位的电子密度降低的程度比间位多,硝基只能进入电子密度相对较高的间位。下列取代苯的硝化定位在间位,速率依次降低。

$$\underset{\text{C}_6\text{H}_5}{\overset{\text{O}}{\|}}{\text{C}}-\text{Ph} < \underset{\text{OC}_2\text{H}_5}{\overset{\text{O}}{\|}}{\text{C}}-\text{Ph} < \underset{\text{OH}}{\overset{\text{O}}{\|}}{\text{C}}-\text{Ph} < \underset{\text{H}}{\overset{\text{O}}{\|}}{\text{C}}-\text{Ph} < \text{C}\equiv\text{N}-\text{Ph} < \overset{\text{O}}{\underset{\text{O}}{\text{N}}}-\text{Ph}$$

⑤取代甲基

三卤代甲基($-\text{CF}_3$,$-\text{CCl}_3$)是致钝的间位定位基。

单取代甲基($-\text{CH}_2\text{X}$),因取代基上的原子或基团不同,多数是邻对位定位基。取代甲基对苯环可产生吸电子诱导效应和供电子的超共轭效应。由于 X 吸电子能力需沿着$-\text{CH}_2-$传递到芳环,再对芳环产生影响,因此,当 X 为弱吸电子基时,硝化反应活性大于苯而小于甲苯;当 X 为强吸电子基时,苯环钝化,硝化反应活性小于苯,单取代甲基的定位是邻对位,但邻位产物的相对比例比一般的邻对位定位基有所上升。在 $\text{C}_6\text{H}_5\text{CH}_2\text{X}$ 中 X 不同,其相对速率分别为:

X	—H	—OH	—COOCH$_3$	—Cl	—CN	—NO$_2$
相对速率	24.5	6.5	3.75	0.71	0.345	0.122

(2)二元取代苯的硝化定位　二元取代苯进行硝化时,因苯环上两个取代基影响的结果,使得四个未取代位置显示不同的电子密度和不同的立体位阻,从而表现出不同的反应活性。受原有两个取代基的影响,当四个未被取代的位置活性差异较小时,硝化产物比较复杂,多是混合物而没有实用价值;当活性差异比较大时,则硝基首先进入电子密度较高、立体位阻较小的位置,硝化产物比较单纯。二元取代苯硝化时硝基进入的位置,通常可根据下列经验规律进行判断。

①苯环上已有取代基的定位:定位效应具有加和性,当苯环上已有取代基的定位效应一致时,两者互相增强,硝基进入的位置易于判断。如下列化合物中,硝基进入箭头所指的位置。

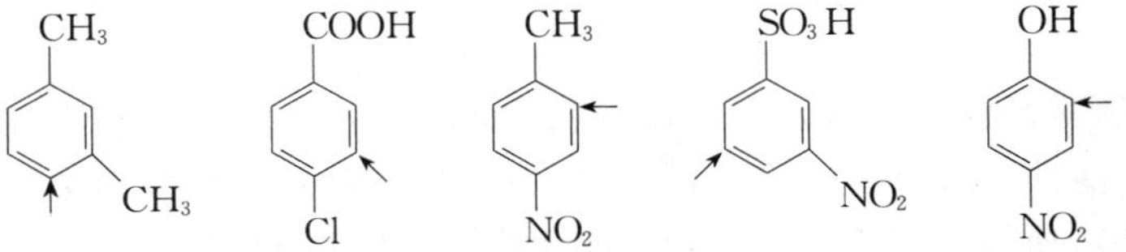

②苯环上两个取代基的定位效应不一致:在这种情况下,通常定位效应强的取代基起决定作用,即邻对位定位基的定位效应大于间位定位基。

邻对位定位基的定位强弱顺序如下:

—O$^-$>—NH$_2$>—NR$_2$>—OH>—OR>—NHCOR,—OCOR>—R,—Ar>—X

间对位定位基的定位强弱顺序如下:

—N$^+$(CH$_3$)$_3$>—NO$_2$>—CN>—SO$_3$H>—CHO>—COCH$_3$>—COOH

③两个取代基处于间位:在这种情况下,硝基进入两基团间的机会非常小,这是因为该位置立体位阻大。基团大时更明显。

④间位定位基处于邻对位定位基的间位:在这种情况下硝基进入的位置是间位定位基的邻位而不是对位。

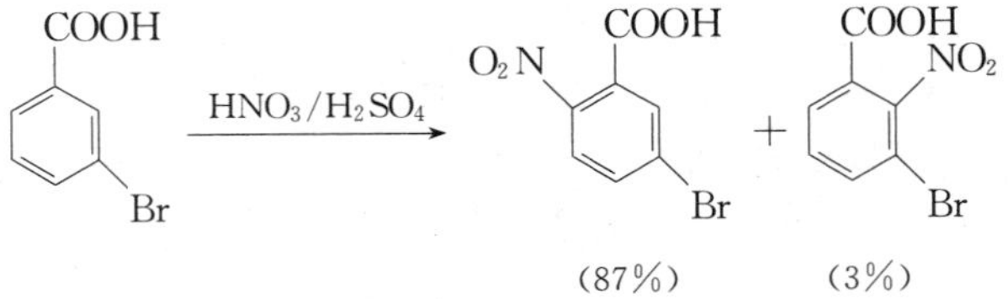

(二)联苯和稠环芳烃的硝化速率和定位效应

联苯中两个苯环处于同一环境中,由于苯环的流动性大于π键,一个环对另一个环表现出供电子作用,因此,联苯的硝化活性比苯强。硝化时硝基进入任一苯环的 2 位或 4 位,若继续硝化则因硝基的电子作用,使硝化活性大大降低,第二个硝基只能进入另一个苯环的 2 位或 4 位。

$$\text{联苯} \xrightarrow{HNO_3} \text{间位硝基联苯} + \text{对位硝基联苯(} NO_2 \text{)}$$

萘分子中的两个苯环也处于同一环境,稠合使萘的活性远远大于苯。单硝化发生在任一环的 α 位,继续硝化则发生在另一环的 α 位。

$$\text{萘} \xrightarrow[35\sim37^\circ C]{[单硝化] \atop HNO_3/H_2SO_4} \text{1-硝基萘(} 95\% \text{)} \xrightarrow[]{[重硝化] \atop HNO_3/H_2SO_4} \text{1,5-二硝基萘} + \text{1,8-二硝基萘}$$

当萘环上有供电子基时,硝化应发生在有取代基环的 α 位上。如下列反应中硝基进入乙酰氨基的邻位,也是萘的 α 位,因为该位置的电子密度最大。

$$\text{2-乙酰氨基萘} \xrightarrow[<40^\circ C]{HNO_3/Ac_2O/AcOH} \text{1-硝基-2-乙酰氨基萘(} 49\% \text{)}$$

(三)芳杂环的硝化速率与定位效应

芳杂环因环的性质不同也会影响硝化反应速率。π 电子多余的含氮、硫、氧原子的五元杂环,因环上的电子密度比苯环高,硝化速率大于苯;缺 π 电子的含氮六元杂环的电子密度比苯低,硝化速率比苯小。

1. 五单杂环

(1)含一个杂原子的五元单杂环中吡咯、呋喃、噻吩可用硝酸-醋酐进行硝化,硝基进入电子密度较高的 α 位,混酸使它们分解而不能进行正常硝化。

(2)含两个杂原子的五元单杂环比较稳定,可用混酸硝化。

①无取代基的咪唑用混酸硝化,则进入 4 位或 5 位,当 4、5 位被占据时,则不被硝化,见例 1。

②2-甲基咪唑易被硝化,硝基进入 4 位或 5 位,见例 2。

③1-甲基咪唑硝化,硝基主要进入 4 位,而进入 5 位的量很少,见例 3。

④噻唑环硝化时,硝基进入 5 位,如硝咪唑中间体的合成,见例 4。

$$\text{例 1} \quad \text{咪唑} \xrightarrow[沸腾,2h]{HNO_3/H_2SO_4} \text{4-硝基咪唑(} 63\% \text{)}$$

例 2

$$
\underset{\underset{H}{N}}{\overset{N}{\bigvee}}-CH_3 \xrightarrow[140\sim160℃]{HNO_3/Na_2SO_4/H_2SO_4} O_2N-\underset{\underset{H}{N}}{\overset{N}{\bigvee}}-CH_3
$$

例 3

$$
Cl-\underset{\underset{CH_3}{N}}{\overset{N}{\bigvee}} \xrightarrow[100℃]{HNO_3/H_2SO_4} O_2N-\underset{\underset{CH_3}{Cl}}{\overset{N}{\bigvee}}
$$

（86%）

例 4

$$
\underset{S}{\overset{N}{\bigvee}}-NHCOCH_3 \xrightarrow[<10℃]{发烟\ HNO_3/H_2SO_4} O_2N-\underset{S}{\overset{N}{\bigvee}}-NHCOCH_3
$$

（88%）

2. 六元杂环

吡啶环上的氮原子使环钝化（相对速率小于 10^3），只有在较剧烈条件（KNO_4—H_2SO_4、300℃）下进行硝化，硝基进入相对电子密度较高的 β - 位。嘧啶一般不能被硝化，但当环上有两个以上给电子基时，硝化可以进行且硝基进入 5 位。喹啉硝化时，硝基进入电子密度较大的苯环。

硝化剂的选择是硝化反应必须考虑的重要因素，常综合硝化剂的特性和被硝化物的结构及制备目的进行选择。不同的被硝化物，因其反应活性有差异以及制备目的不同，往往采用不同的硝化剂进行硝化；相同的硝化对象，如果采用不同的硝化剂，则常得到不同的产物组成。

四、硝化的操作技术

硝化反应是最危险的反应之一，应严格执行操作规程，熟练掌握安全操作技术。

（一）严格控制反应温度

严格控制反应温度对硝化反应是至关重要的。因为硝化反应是强放热反应，每摩尔的芳香族化合物单硝化时放出热量为 125kJ/mol 左右，硝化反应中生成的水稀释硝化剂也会放出大量的稀释热，芳香族化合物的硝化反应速率常数随温度升高而增大。因此，温度升高，反应速率加快。温度升高还可以使被硝化物和硝化产物的溶解度增大，反应液黏度降低易于扩散，有利于硝化反应的进行。此外，由于硝酸解离成硝酰离子的解离常数也随温度的升高而增大,使硝化反应进行更快。然而,随着反应温度的升高,氧化、断键、硝基置换其他基团、多硝化等副反应也随之增多或加剧,因此严格控制反应温度非常重要。几种不同物质的硝化反应所选用的反应温度和反应时间如表2-3所示。

表2-3　　　　　　　　不同物质硝化所选用的反应温度和反应时间表

被硝化物	苯	苯甲醛	硝基苯	苯甲酸	苯甲酸(二次硝化)
反应温度(℃)	50	25	95	100	135
反应时间(h)	1	12	0.5	8	3

通常需要根据芳烃的活性以及需要引入的硝基的数目,当被硝化物芳烃活性差或需引入多个硝基时,需在较高温度下进行;对反应活性较大的芳烃单硝化时,反应温度较低,必要时采用适当的降温措施以使反应可控。需特别注意的是硝化反应的强放热,硝化生成的水又会放出稀释热,热量致使硝化反应加速,快速反应又放出更多热,这些在短时间内产生的大量热若不能及时移走,就会在溶液中积聚,致使温度骤然上升,加剧热分解、氧化、断键等副反应,并继续产生热量。如此恶性循环使反应不能控制,甚至发生冲料或爆炸等事故。

(二)选用适量催化剂

硝酸中的微量亚硝酸可以对硝化反应起催化作用,并且还影响硝化反应的定位。当反应物难以硝化或需要进行多硝化时,某些路易斯酸如三氟化硼、三氯化铁等可作为硝化反应的催化剂。在用硝酸-醋酐硝化剂硝化时,加入少量的硫酸或磷酸对反应也会起催化作用。

(三)控制搅拌速度

硝化反应中有机物和硝化剂常常分为两层,为了保持反应物成乳化状态、使有机物和混酸接触面积增大、避免局部温度过高和浓度过大、保证反应能顺利进行,必须有强有力的搅拌,以提高传热和传质效果、提高反应效率。

在硝化反应的初期,强力搅拌尤为重要。这是由于酸相与有机相比重相差悬殊,难以均匀混合,加之开始阶段反应最为剧烈、放热量大,为加速热量扩散,也需要加剧搅拌。随着硝化反应的进行,反应渐渐趋于平稳,而有机相因被硝化而密度增加,酸相会被硝化过程中产生的水稀释而使密度降低,于是两者比重差值减少,两相易于混合。如果搅拌不良,不仅会降低反应速度,而且还潜藏着严重事故的危害,这是因为搅拌不良会使混合物分为两层,从表面上看似反应缓和、温度也正常,但反应器内积累了大量反应活性很强的混酸和未反应的有机化合物,一旦有很小的内在因素或外部条件变化,如局部温度过高或搅拌速度增加,都有可能导致爆炸事故。

还需特别强调的是,硝化反应的搅拌速度应保持平稳,不可忽快忽慢,过慢反应物间接触不良,对硝化反应不利;过快会间接导致反应加速,放出大量的热而使反应有冲料或爆炸的危害。在生产中如遇硝化反应操作中途停电,应立即停止加料,并用人工盘车搅拌,使反应平稳下来才可离开岗位。

(四)尽量减少副反应

在进行硝化反应时,由于被硝化物的性质不同和反应条件选择不当,常伴有许多副反应。最常见的副反应是氧化和置换反应,其次是去烃基、脱羧、开环、聚合和乙酰化等反应。

1. 氧化副反应

处于邻对位的多羟基酚、多氨基酚及多环芳烃在硝化时易氧化成醌类化合物。烃基苯在硝化条件控制不当时,可能产生氧化副产物,如乙苯硝化时,除了有对硝基乙苯和邻硝基乙苯外,还有 3,5 -二硝基- 4 -乙基苯酚(其含量约 1%)。硝酸的浓度及反应温度与氧化副反应的发生密切相关,如二苯甲烷与稀硝酸于 90℃反应,主要得氧化产物二苯甲酮;而用混酸在低温下反应,则主要发生硝化反应。

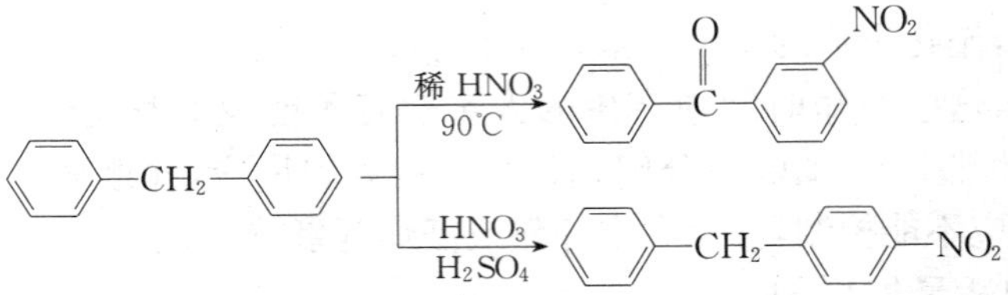

然而,当硝酸的浓度很高、反应温度很低(小于 10℃)时,即使那些易被氧化的基团如醛基,也可避免氧化。所以避免或减少氧化副反应的方法主要是选择适宜的硝化剂、控制较低的反应温度。

2. 置换反应

多取代苯的烷基、卤素、烷氧基、羧基、羰基、磺酸基等均有可能在硝化时被置换。例如,处于活化位置的磺酸基很容易被硝基置换,有时可以利用此性质间接制备硝基化合物,甚至比直接硝化还方便。

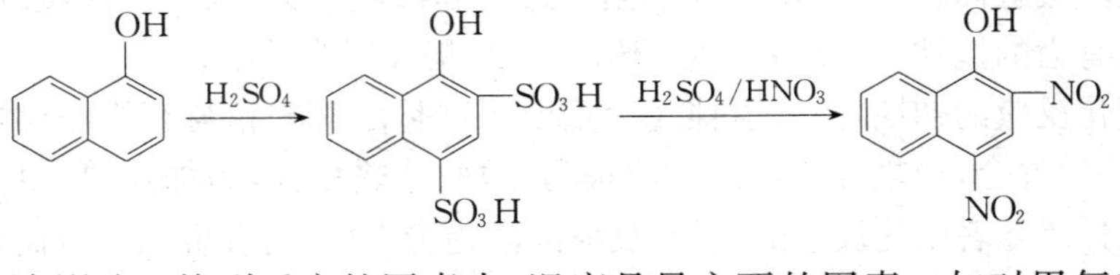

在诸多影响置换副反应的因素中,温度是最主要的因素。如对甲氧基苯乙酮在 -5℃时硝化,主要得到正常的硝化产物;但温度高于 0℃,丙酰基则被硝基置换。

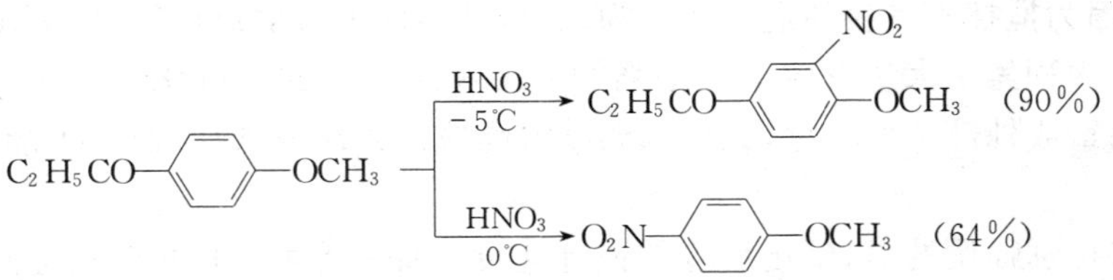

(五)选择适宜的反应器

硝化过程在液相中进行时,通常采用釜式反应器。根据硝化剂和介质的不同,可采用搪瓷釜、钢釜、铸铁釜或不锈钢釜。用混酸硝化时,为了尽快地移去反应热以保持适宜的反应温度,除利用夹套冷却外,还要在釜内安装冷却蛇管。产量小的硝化过程大多采用间歇操作;产量大的硝化过程可采取连续操作,用釜式连续硝化反应器或环型连续硝化反应器,实行多台串联完成硝化反应。环型连续硝化反应器的优点是传热面积大、搅拌良好、生产能力大、副产物多硝基物和硝基酚少。硝化不仅是强放热反应,而且放热集中,因而热量的及时移除是控制硝化反应的突出问题之一。

(六)选择终点控制及产品分离方法

硝化反应的终点控制方法一般是测定产品的物理常数,如比重、颜色和熔点等。硝化产品的分离因产物的物态不同而采用不同的方法。

(1)当硝化产品在常温下为液体时,在反应结束后将物料转移到分离器中静止分层,分出粗品与废酸,粗品与硝化剂分开后再用水洗、碱洗,如产生乳化,可加入硫酸钠盐析,以降低粗品在水层中的溶解度并破乳,必要时将粗品进行减压蒸馏。

(2)硝化产品在反应温度下为液体,冷却到常温后为固体时,最好的方法是在较高温度下使反应混合液分层,然后再控制在一定温度下进行分离。

(3)产品在废酸中的溶解度大,可在冷却后用水稀释使产品析出,或用盐析法以降低产品在水中的溶解度,使硝化产品析出完全。

总之,硝化反应是最危险的化学反应,操作中一定要注意防护,确保操作者的人身安全。详见表2-4。

表2-4　　　　　　　　　　硝化安全防护的要点

防护项目	防护措施	原因
防腐蚀	按规定穿戴好防护用品,细心操作,防止化学硝化反应中被灼伤	大量腐蚀性很强的硝酸、硫酸和混酸等
防毒	应避免蒸气吸入和接触皮肤,通风良好	产物硝基化合物有毒,氧化氮气体能严重伤害呼吸系统
防冲料与爆炸	操作平缓,在搅拌冷却下慢慢加入硝化剂,反应严防超温、超负荷。当反应过程中温度升高到一定限度时,应立即放料,同时操作者离开操作现场	硝化是强放热反应,为诱发反应,在反应开始时需适当升温。但温度过高,反应会过于激烈,一遇冒黄烟(NO_2),就是预告危险,可能造成冲料,甚至引起爆炸
异常现象正确处理	硝化中若停电、停搅拌、停冷却、停真空时,应立即停止加料、加热和加酸等操作,并用手盘车搅拌以使反应缓和	避免反应过于激烈而无法控制

续表

防护项目	防护措施	原因
减压蒸馏安全操作	减压蒸馏时不可混入剩余的硝酸,先减压达到应有真空度,再缓缓升温进行蒸馏。接近蒸馏结束时,要格外小心,绝对不可蒸干。停止蒸馏时,应先将罐内残留物冷却,再停止真空	先减压后升温反应可控性好。蒸馏至干可引起爆炸。残渣放入空气也有发生爆炸的危险。此外,木屑、易氧化有机物落入反应系统而与硝酸剧烈作用也可引起燃烧

单元 2 亚 硝 化

一、亚硝化反应

在有机化合物分子中引入亚硝基的反应称为亚硝化反应。亚硝基化合物与硝基化合物相比,显示出较多不饱和键的性质,可进行缩合、加成、氧化和还原等反应。亚硝基化合物的稳定性较差、反应活性强,一般不作为药物使用,主要用于制备多种药物中间体。亚硝化反应的机制与硝化反应类似,也是双分子亲电取代反应。亚硝酸在反应中能解离成亚硝酰离子(NO^+),向芳环电子密度较大的碳原子进攻,从而发生亚硝化反应。

$$HNO_2 \longrightarrow NO^+ + H_2O$$

$$HO\text{—}\bigcirc\text{—} + NO^+ \longrightarrow HO\text{—}\bigcirc\text{—}NO + H^+$$

由于亚硝酰离子的亲电活性不如硝酰离子,所以只能与环上有强致活邻对位定位基的芳烃发生反应,如酚、酚醚、芳胺、取代芳胺。此外,其他电子密度较大的碳原子和氮原子也能发生类似的亚硝化。

参与亚硝化反应的亚硝酸不稳定,受热或在空气中会发生分解,无市售。亚硝化剂多采用亚硝酸盐和酸(盐酸、硫酸、醋酸等)代替,在反应时产生的亚硝酸立即进行亚硝化。

$$NaNO_2 + HCl \longrightarrow HNO_2 + NaCl$$

实际操作中常先将亚硝酸盐与反应物混合,或是将亚硝酸盐和反应物溶于碱性水溶液中,然后滴加强酸,使亚硝酸一旦形成即与作用物发生反应。亚硝酸盐与强酸组成的亚硝化剂只能在水溶液中进行反应,使亚硝化反应多在非均相条件下进行;若希望能在均相条件下反应,可采用亚硝酸盐-冰醋酸或亚硝酸酯-有机溶剂作为亚硝化剂进行亚硝化。

二、亚硝化反应在药物合成中的应用

(一)芳环上的亚硝化

亚硝化反应中的亚硝化反应物的类型不如硝化广泛,通常亚硝酸只能与活性较大的酚类、芳香叔胺及某些多 π 电子的芳杂环反应。亚硝基的定位主要是原有取代基的对位,若对位已被取代基占据,则可在邻位取代。

苯酚用亚硝酸钠和硫酸在低温下进行亚硝化,产物对亚硝基苯酚是解热镇痛药对乙酰氨基酚的中间体。

$$ HO-\!\!\!\!\!\bigcirc\!\!\!\!\!- \xrightarrow[2\sim10℃,5\sim6h]{NaNO_2/HCl} HO-\!\!\!\!\!\bigcirc\!\!\!\!\!-NO \quad (94\%) $$

N,N-二甲基苯胺用亚硝酸钠和盐酸进行亚硝化反应,生成的 4-亚基-N,N-二甲苯胺盐酸盐是解毒药亚甲蓝的中间体。

$$ (CH_3)_2N-\!\!\!\!\!\bigcirc\!\!\!\!\!- \xrightarrow{\substack{NaNO_2/HCl \\ <10℃}} (CH_3)_2N-\!\!\!\!\!\bigcirc\!\!\!\!\!-NO \quad (90\%) $$

2,4-二氨基-6-羟基嘧啶用亚硝酸钠和盐酸进行亚硝化反应,其产物是合成抗肿瘤药甲氨蝶呤的中间体。

$$ \xrightarrow{\substack{NaNO_2/HCl \\ <10℃}} \quad (70\%) $$

(二)其他电子密度大的碳原子的亚硝化

解热镇痛药安替比林用亚硝酸钠和硫酸进行亚硝化,生成的 4-亚硝基安替比林是合成安乃近的中间体。

$$ \xrightarrow[40\sim50℃]{NaNO_2/H_2SO_4} $$

中枢兴奋药咖啡因合成中也用到了亚硝化反应,引入的亚硝基异构化成异亚硝基,异亚硝基与烯氨基共轭而趋于稳定。

$$ \xrightarrow[30\sim45℃]{NaNO_2/H_2SO_4} $$

具有活泼氢的脂肪族化合物也可以进行亚硝化反应,如丙二酸二乙酯与亚硝酸钠和冰醋酸进行亚硝化反应,可得亚硝基丙二酸二乙酯,后者在冰醋酸-醋酐中用锌粉还原,生成的乙酰氨基丙二酸二乙酯是合成色氨酸的重要原料。

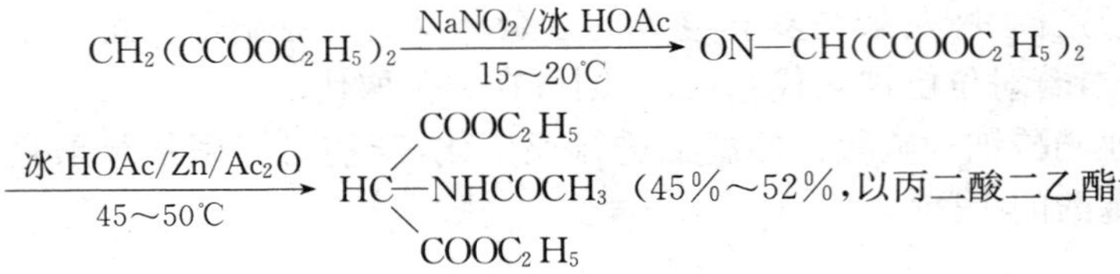

$$CH_2(CCOOC_2H_5)_2 \xrightarrow[15\sim20℃]{NaNO_2/冰\ HOAc} ON—CH(CCOOC_2H_5)_2$$

$$\xrightarrow[45\sim50℃]{冰\ HOAc/Zn/Ac_2O} \begin{array}{c} COOC_2H_5 \\ | \\ HC—NHCOCH_3 \\ | \\ COOC_2H_5 \end{array} （45\%\sim52\%，以丙二酸二乙酯计）$$

(三)氮原子上的亚硝化反应

脂肪仲胺和芳香仲胺都可以与亚硝酸反应生成 N-亚硝基化合物，这在药物合成中应用也较多。

抗肿瘤药环己亚硝基脲的合成中，亚硝基的引入就是用亚硝酸钠-冰醋酸-浓硫酸作为亚硝化剂进行反应的。

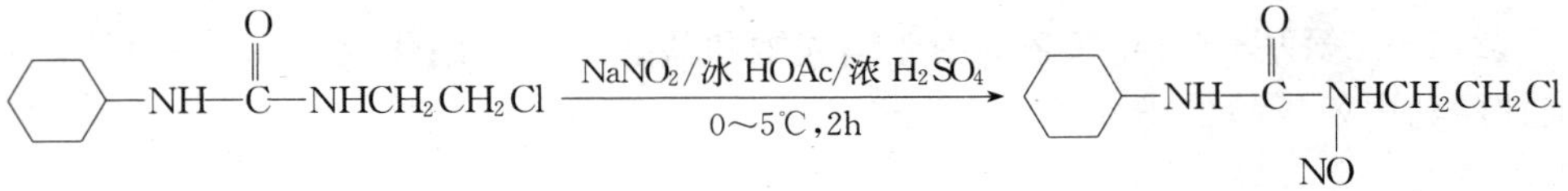

抗菌药呋喃唑酮中间体的合成。

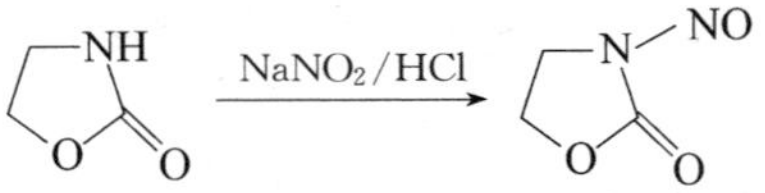

(四)氧原子上的亚硝化反应

主要是醇羟基氧原子上的亚硝化，反应的本质仍属于酯化反应。

异戊醇与亚硝化剂作用，制得的亚硝酸异戊是作用最快的亚硝酸酯类短效血管扩张药，主要用于心绞痛的急性发作。

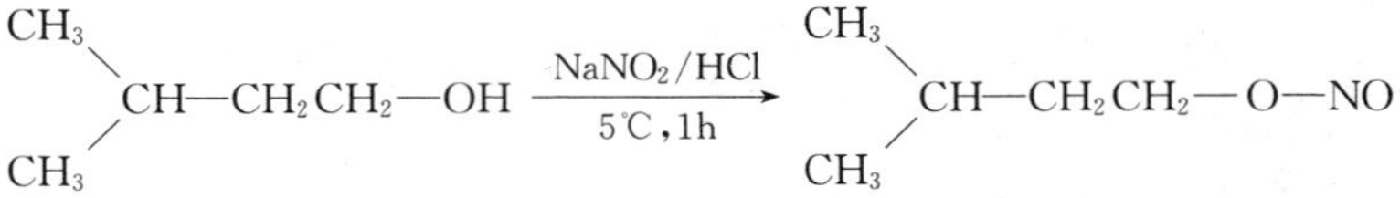

单元3 重 氮 化

一、重氮化反应

芳香族伯胺在无机酸存在下，与亚硝酸盐作用生成重氮盐的反应称为重氮化反应。工业上，用亚硝酸钠与酸作为亚硝酸的来源。反应通式为：

$$ArNH_2 + NaNO_2 + 2HX \longrightarrow ArN_2X + 2H_2O + NaX$$

重氮化的反应机制是亚硝酰离子（NO^+）对芳伯胺氮原子进行亲电取代反应，生成的 N-亚硝基物进一步转化成重氮盐。

$$NaNO_2 + H^+ \longrightarrow HO—NO + Na^+$$

$$\overset{..}{H\overset{..}{O}}—NO \xrightarrow{H^+} \overset{\overset{H}{|}}{H\overset{..}{O}}—NO + X^- \cdots \xrightarrow[-H_2O]{ArNH_2} ArN_2^+ X^-$$

　　重氮盐本身不能作为药物使用,但重氮盐活性大,能发生取代、还原、偶合、加成等转化反应,制成多种有价值的化合物。重氮盐的化学结构与 pH 有关,在酸性条件下稳定,在 pH 4～9 时偶合能力较强,碱性太强时又无偶合能力。

$$Ar—\overset{+}{N}\!\!\equiv\!\!NCl^- \longleftrightarrow Ar—N\!\!=\!\!\overset{+}{N}Cl^- \longleftrightarrow Ar—N\!\!=\!\!\overset{+}{N}OH^-$$

pH<3	pH=4～9	pH>9
稳定	偶合能力强	无偶合能力

二、重氮化反应的影响因素

　　影响重氮化反应的因素主要有无机酸、亚硝酸钠、反应温度和操作方法。

　　(一)无机酸

　　在重氮化反应中,重氮化剂是由亚硝酸钠和酸替代无市售的亚硝酸,常用酸及活性为:氢溴酸＞盐酸＞硫酸、硝酸。1mol 芳胺重氮化时,需要 2mol 以上的一元酸,实际上酸是大大过量的,有时高达 3～4mol。这是因为 1mol 的酸与芳胺作用便于溶解于水相的反应液;1mol 的酸与亚硝酸钠作用形成真正的重氮化剂亚硝酸;过量的酸有三个作用,即稳定重氮盐、阻止芳胺进一步与芳胺偶合成有色物质、抑制亚硝酸的离子化而使亚硝酸更多地解离成亚硝酰离子。

　　(二)亚硝酸

　　亚硝酸的来源是亚硝酸钠,一般配成浓度为 35％ 的溶液使用,在此浓度下,－15℃ 也不会结冰。重氮化反应中必须始终保持亚硝酸微过量,检测方法是用淀粉-碘化钾试液或试纸检测以其变蓝为准,这也是重氮化反应的终点控制方法。当用试液检测时,常用淀粉-碘化钾的饱和亚硫酸铁试溶液,以防止假终点出现;而用试纸检测时,需注意检测时间,应以 1s 左右为佳,亚硝酸量不足时不显色,过量太多时显褐色。亚硝酸的量不足时,会产生重氮氨基化合物的黄色沉淀;亚硝酸过量太多时又会促使重氮盐分解,可通过加入尿素或氨基磺酸的方法将其除去。

$$HNO_2 + 2I^- \xrightarrow{\quad} I_2 \xrightarrow{淀粉} 蓝色$$
$$\downarrow HNO_2(过量太多) \to HIO$$

　　(三)芳伯胺的结构与反应温度

　　芳伯胺重氮化制成重氮盐后性质活泼,干燥或震动会剧烈分解而导致爆炸,但在水溶液中较稳定。因此,一般情况下都不必分离出重氮盐结晶,而在其水溶液中进行下一步转化。无取代基或有烷基取代的芳胺制成的重氮盐很不稳定,在间歇操作时,只能在5℃以下于水溶液中制成重氮盐后,接着进行下一步的转化。其原因:①重氮化自身反应迅速,在低温下进行良好。②重氮化剂亚硝酸和产物重氮盐对热敏感,受热易分解,在0～5℃时亚硝酸钠的溶解度大,生成的重氮盐不至于分解。③亚硝化反应是放热反应,低温可使反应热及时移走,有利于反应。例如,在抗组胺药氯苯那敏中间体和抗肿瘤药达卡巴嗪中间体制备中均采用了重氮化反应。对于分子中有磺酸基等吸电子基的芳胺,因氨基氮上电子密度较低,重氮化的难度加大,但由于能形成内盐结构,重氮盐的热稳定性增加。如降血糖药氯磺丙脲中间体的合成中,重氮化就是在室温下进行的。

$$\text{2-吡啶-CH}_2\text{-C}_6\text{H}_4\text{-NH}_2 \xrightarrow[<10℃]{HNO_2,HCl} \text{2-吡啶-CH}_2\text{-C}_6\text{H}_4\text{-N}_2^+ \text{Cl}^-$$

氯苯那敏中间体

$$\xrightarrow[0\sim5℃]{HNO_2,HCl}$$

达卡巴嗪中间体

$$HO_3S\text{-}C_6H_4\text{-}NH_2 \xrightarrow[20℃]{HNO_2,HCl} HO_3S\text{-}C_6H_4\text{-}N_2^+ \text{Cl}^-$$

氯磺丙中间体

三、高温连续重氮化技术

在工业化生产中,可通过采用连续重氮化法,使反应温度提高,从而节能降耗,小设备、大生产,提高劳动生产率。高温连续重氮化的原理:①反应温度高,重氮化的反应速度快,主反应在瞬间完成;②反应时间短(2～3s),生成的重氮盐还来不及分解就进行下一步的转化。

安乃近合成的第一步就是苯胺进行重氮化,重氮盐直接流入还原罐中进行还原。

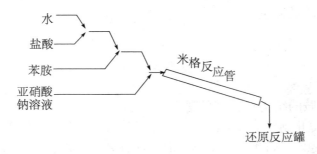

【习题】

一、判断题

1. 用硝酸进行亚硝化时,生成的水使硝化能力大大下降,必须使用过量较多的硝酸。

2. 当酚类、芳胺类化合物硝化时,可采用尿素处理过的稀硝酸。

3. 烃基是致活的邻对位定位基,卤素也是。

4. 多数单取代甲基是邻对位定位基。

5. 硝化反应的搅拌最好保持匀速,确保可控性良好。

6. 酚类、芳胺类只有用硝酸-醋酐作硝化时才有邻位效应,用混酸则没有。

7. 亚硝酰离子的亲电活性比硝酰离子强,所以亚硝化的应较快。

8. 1mol 的硝本进行重氮化反应时,理论上需要 2mol 以上的一元酸。

9. 为促使重氮化反应的完全,重氮化反应中必须保持过量较多的亚硝酸。

10. 在强酸性条件下重氮盐的稳定性和偶合能力都较强。

二、单项选择题

1. 关于用硝酸硝化叙述不正确的是（　　　　）。

  A. 硝酸中的亲电离子是 NO_2^+ B. 水分对反应影响大

  C. 硝酸的浓度越大氧化能力越强   D. 硝酸需要量大于理论用量

2. 下列硝化剂中活性最强的硝化剂是（　　　　）。

  A. 硝酸-醋酐   B. 硝酸钠-硫酸   C. 浓硝酸   D. 稀硝酸

3. 关于混酸不正解的说法是（　　　　）。

  A. 硝化能力强   B. 硝酸的利用率高

  C. 混酸的极性大   D. 混酸中要求无水

4. 乙酰苯胺在 $25\sim30℃$ 用硝酸-醋酐硝化时,硝基主要进入乙酰氨基的（　　　　）。

  A. 邻位   B. 对位   C. 间位   D. 邻位和对位

5. 下列物质中进行硝化相对速率最快的是（　　　　）。

  A. ⬡—CONH₂   B. ⬡—CN

  C. ⬡—NHCH₃   D. ⬡—NHCOCH₃

6. 下列物质中进行硝化相对速率最慢的是（　　　　）。

  A. ⬡N   B. ⬡   C. ⬡NH   D. ⬠S

7. 硝化反应常见的副反应有（　　　　）。

  A. 氧化   B. 置换反应   C. 去烃基   D. A+B+C

8. 糠醛发生硝化时最适宜的硝化剂是（　　　　）。

    A. 发烟硝酸　　　B. 硝酸–硫酸　　　　　C. 硝酸–醋酐　D. 硝酸钠–硫酸

9. 下列硝化剂中,工业上最常用的是(　　)。

    A. 浓 HNO_3　　　　　　　　　　　　B. 稀 HNO_3

    C. $HNO_3 - H_2SO_4$　　　　　　　　　D. $HNO_3 - Ac_2O$

10. 关于亚硝化反应不正确的叙述是(　　)。

    A. 用亚硝酸盐和无机酸代替亚硝酸　　　B. 刚果红检查反应液的酸度

    C. 淀粉–碘化钾试液测定微过量的亚硝酸　D. 亚硝化是无水操作

三、完成下列反应

1.  苯环–NHCOCH$_3$ $\xrightarrow[<10℃]{HNO_3,H_2SO_4}$

2. 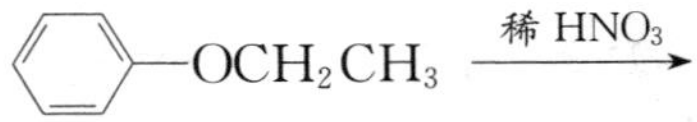 苯环–OCH$_2$CH$_3$ $\xrightarrow{稀 HNO_3}$

3. 邻二甲苯 $\xrightarrow[<10℃]{发烟 HNO_3}$ (提示:单硝化)

4. 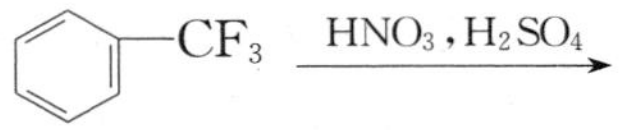 苯环–CF$_3$ $\xrightarrow{HNO_3,H_2SO_4}$

5. 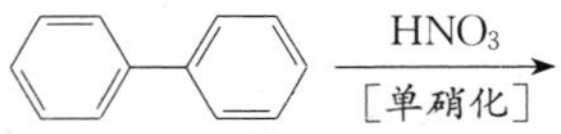 联苯 $\xrightarrow[[单硝化]]{HNO_3}$

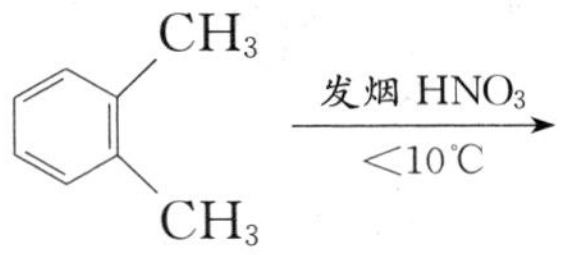

6.  $(CH_3)_2N$–苯环 $\xrightarrow[<10℃]{NaNO_2,HCl}$

7. 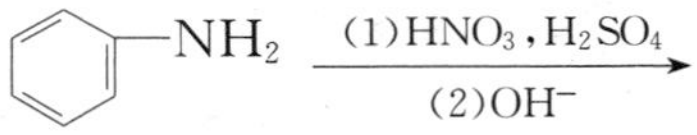 苯环–NH$_2$ $\xrightarrow[(2)OH^-]{(1)HNO_3,H_2SO_4}$ (提示:硝化时是铵盐状态)

8. 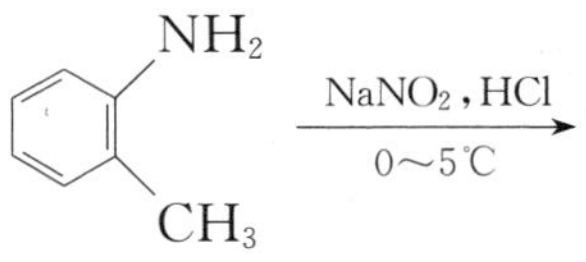 邻甲基苯胺 $\xrightarrow[0\sim5℃]{NaNO_2,HCl}$

9. 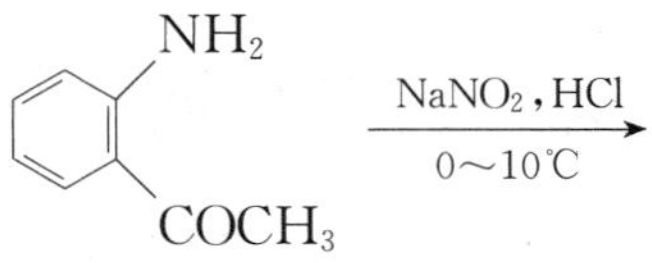 邻乙酰基苯胺 $\xrightarrow[0\sim10℃]{NaNO_2,HCl}$

四、问答题

1. 什么是硝化反应?芳环上的硝化反应机理属于哪种类型?分为哪几步?

2. 简述硝化反应的主要影响因素。

3. 分析硝化反应的主要危险因素,硝化操作中应注意哪些安全问题?

4. 什么是亚硝化反应?常用的亚硝化剂是什么?亚硝化的反应物应用范围为什么没有硝化广泛?

5. 重氮化反应为什么多在低温下进行? 连续重氮化反应的原理是什么?

五、拓展题

1. 乙酰苯胺用硝酸-醋酐硝化时,并不存在邻位效应,对硝基产物占绝对优势,为什么?(提示:温度高时,环状过渡态的热稳定性小,NO_2^+ 的自由度增加)

2. 硝基、亚硝基化合物经还原均可制得氨基衍生物,试分析此时的亚硝化比硝化反应有哪些优越性。

学习情境三 磺 化

【学习目标】
    1. 掌握磺化反应的类型和常用磺化试剂的特性及应用。
    2. 熟悉磺化反应的条件、主要影响因素、在药物及其中间体合成中的应用及限制。
    3. 了解磺化反应机制。

单元1 磺化应用的实例分析

　　磺化反应在现代化工领域中占有重要地位,是合成多种有机产品的重要步骤,特别是在药物合成中有着重要的应用。磺胺类药物如磺酰胺是第一个在临床上用于抗感染的合成药物,在 20 世纪 40 年代第二次世界大战中曾广泛使用,挽救了无数生命。尽管现在已被许多更安全、高效的抗生素所替代,但它们在历史上的贡献是不可磨灭的,有些品种至今仍在临床上继续使用。

　　磺化反应在药物合成中的应用简单归纳如下:

一、"桥梁"作用

　　芳环的磺化是合成中一类极为重要的反应,几乎所有的芳环和杂环化合物都可以进行磺化。芳环上的磺酸基比较容易与其他原子或基团进行交换,如磺酸基可被—OH、—NH_2、—NO_2、—CH、—CN 等置换,生成酚、胺、硝基化合物、卤代烃、腈或磺酸的衍生物,当这些化合物不容易直接制得时,可通过磺化反应间接制得。因此,磺化被广泛地用于中间体的制备。

　　磺胺类药物合成中常用的原料对乙酰氨基苯磺酰氯(ASC),是由乙酰苯胺磺化而制得。

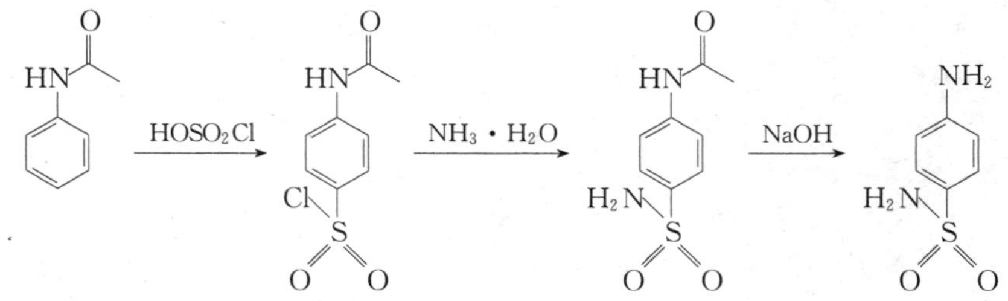

乙酰苯胺　　　　　　对乙酰氨基　　　　　　　　　　　　　　　　磺胺(SN)
　　　　　　　　苯磺酰氯(ASC)

抗结核病药对氨基水杨酸钠的合成原料间氨基酚是由硝基苯经磺化、还原、碱

32

熔融而制得。

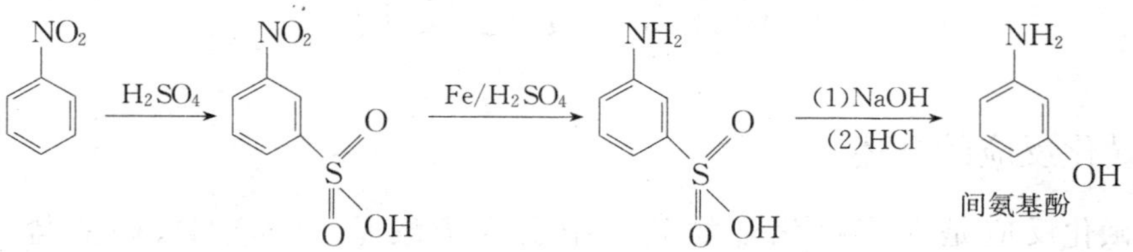

二、定位基作用

　　磺化反应为可逆反应,当磺化产物与稀硫酸共热时,磺酸基即被水解。所以,利用磺化反应制成芳磺酸后,再于芳环上引入其他取代基,最后脱去起定位基作用的磺酸基。在药物合成中,磺化-脱磺化反应是制备苯衍生物纯邻位异构体的有效方法,例如,抗高血压药地巴唑中间体邻硝基苯胺的合成,磺酸基的定位作用阻碍了对位副产物的生成。

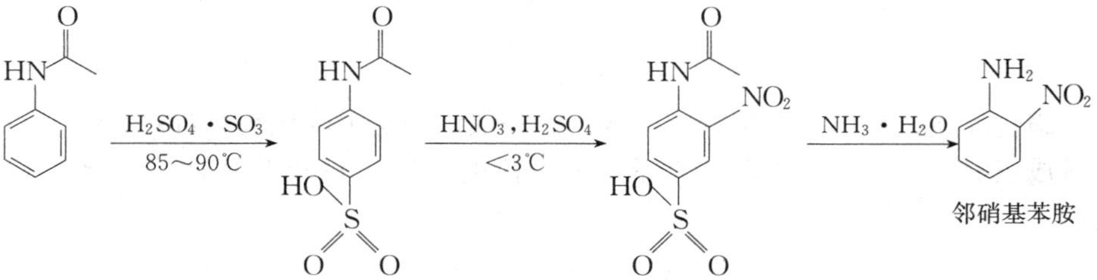

三、药物结构修饰

　　磺酸化合物不易挥发,酸性强,可成盐而易溶于水。有些药物水溶性差,致使其在临床应用中存在一些问题,如生物利用度不高、服用量大、制成的片剂或胶囊在体内吸收缓慢等。这类化合物经磺化后不但可以增加其水溶性,还可增强其生物活性。如药物地布酸钠、抗肿瘤药物磺巯嘌呤钠、解热镇痛药安乃近等。

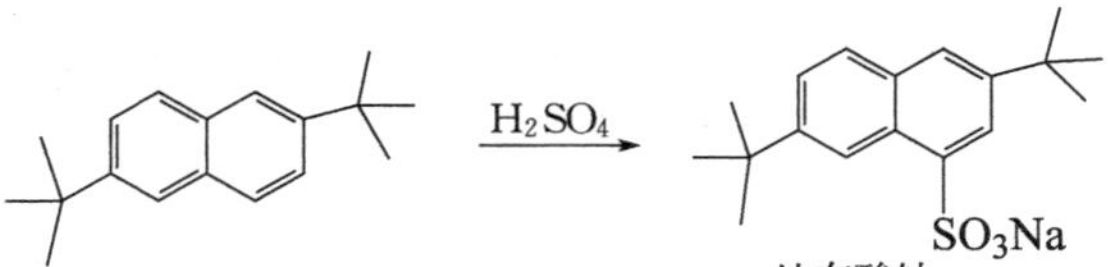

地布酸钠

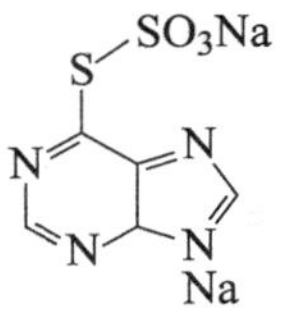

磺巯嘌呤钠 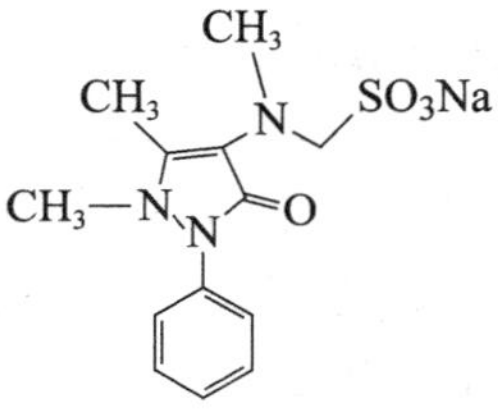　　　　　安乃近

33

单元2 磺化反应

一、磺化反应的概述

磺化反应是在有机化合物分子中引入磺酸基（—SO₃H）、磺酸盐基（如—SO₃Na）或磺酰卤基（—SO₂X）的化学反应。引入磺酰卤基的化学反应又称卤磺化反应，这些基团可以和碳原子相连接，生成 C—S 键，产物为磺酸化合物（R—SO₃H）；也可以和氮原子相连接，生成 N—S 键，产物为磺胺化合物（R—NHSO₃H）。

因为芳环上引入磺酸基在药物合成中有着广泛的应用，本章重点讨论芳环上的磺化反应。例如：

$$\text{（苯）} + H_2SO_4 \Longrightarrow \text{（苯）}SO_3H + H_2O$$

磺化反应机制属于典型的亲电取代。一般认为是由磺化剂（以硫酸为例）首先分解成三氧化硫，三氧化硫中带部分正电荷的硫原子进攻苯环而发生亲电取代反应。

$$2H_2SO_4 \Longrightarrow H_3O^+ + HSO_4^- + SO_3$$

$$\text{（苯）} + SO_3 \overset{\text{慢}}{\Longrightarrow} \left[\text{（环）}\overset{H}{\underset{SO_3^-}{}} \right]$$

$$\text{（环）}\overset{H}{\underset{SO_3^-}{}} + HSO_4^- \xrightarrow{\text{快}} \text{（苯）}SO_3^- + H_2SO_4$$

$$\text{（苯）}SO_3^- + H_3O^+ \Longrightarrow \text{（苯）}SO_3H + H_2O$$

二、常用磺化剂及应用

磺化剂是参与磺化反应的主要条件，常用的磺化剂有硫酸或发烟硫酸、三氧化硫和氯磺酸（HOSO₂Cl）等。硫酸是最温和的磺化剂，用于大多数芳香族化合物的磺化；氯磺酸是较剧烈的磺化剂，常用于磺胺药中间体的制备；三氧化硫是最强的磺化剂，常伴有副产物砜的生成。一般认为无论是哪一种磺化剂，其强弱都取决于所提供的三氧化硫的有效浓度。

（一）硫酸和发烟硫酸

硫酸和发烟硫酸实际上是不同浓度的三氧化硫的水溶液。常用硫酸有两种规格,即 92%～93% 的绿矾油和 98%～100% 的一水化合物,后者可看作三氧化硫与水以 1:1 的比例组成的络合物。如果有过量的三氧化硫存在于硫酸中就成为发烟硫酸。发烟硫酸也有两种规格,即含游离三氧化硫 20%～25% 和 60%～65%,前者的凝固点为 −11～−4.4℃,后者的为 1.6～7.7℃,在常温下为液体,便于使用。易磺化的化合物采用稀硫酸磺化法,大多数芳香族化合物采用过量硫酸磺化,难磺化的用发烟硫酸。

1. 过量硫酸磺化法

过量硫酸磺化法是磺化物在过量的硫酸或发烟硫酸中进行磺化的方法。过量硫酸磺化所产生废酸的浓度一般都在 70% 以上,这种浓度的硫酸对钢和铸铁的腐蚀性不明显,因此,多数情况下,可采用钢制或铸铁的磺化反应釜。磺化反应所采用的搅拌器形式取决于磺化物的黏度,物料黏度较大,采用锚式搅拌较合适。

在分批过量硫酸磺化中,加料次序取决于原料的性质、反应温度以及引入磺基的位置和数目。若反应物在磺化温度下是液态的,一般在磺化罐中先加入被磺化物,然后再慢慢加入磺化剂,以免生成较多的二磺化物。若被磺化物在反应温度下是固态的,则在磺化罐中先加入磺化剂,然后在低温下加入被磺化物,再升温至反应温度。

当制备多磺酸时,常采用分段加酸法,即在不同的时间和不同的温度条件下,加入不同浓度的磺化剂。目的是使每一个磺化阶段都能选择最适宜的磺化剂浓度和磺化温度,以使磺酸基进入预定位置。例如,由萘制备 2,3,6-萘三磺酸就是采用分段加酸磺化法。

磺化过程的控制常常是通过测定磺化液中的硫酸含量,磺化终点可根据磺化产物的性质来判断。

用硫酸或发烟硫酸进行的磺化也称液相磺化,硫酸在反应体系中起到磺化剂、溶剂和脱水剂三种作用。随着磺酸的生成,反应中逐步生成水,因此需要大量的硫酸。该法适用范围广,但生产能力低。

2. 共沸脱水磺化法

为克服采用过量硫酸法用酸量大、废酸多、磺化剂利用率低的缺点,工业上对挥发性较高的芳烃常采用共沸脱水磺化法进行磺化。此法是用过量的过热芳烃蒸汽通入较高温度的浓硫酸中进行磺化,反应生成的水与未反应的过量芳烃形成共沸蒸汽一起蒸出,从而保持磺化剂的浓度下降不多,并得到充分利用,未转化的过量芳烃经冷凝分离后可以循环利用,工业上又称此法为气相磺化。此法仅适用于沸点较低、易挥发的芳烃(如苯、甲苯)的磺化,所用硫酸的浓度不宜过高,一般为 92%~93%,否则,起始时的反应速度过快,温度较难控制,容易生成多磺酸和砜类副产物。此外,当反应进行到磺化液中游离硫酸的含量下降到 3%~4% 时,应停止通芳烃,否则将生成大量的二芳砜副产物。

(二)三氧化硫

三氧化硫性质十分活泼,以 α、β 和 γ 三种形态存在,其中 α 型在室温下呈固态,较为稳定,γ 型在室温下是液体,只要有少量水存在,γ 型便转化成 β 型。常用的工业产品是 γ 型和 β 型的混合物。三氧化硫是最强的磺化剂。

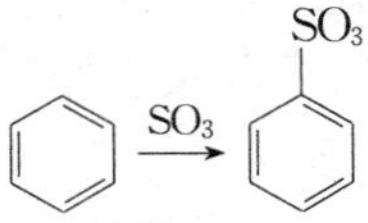

磺化时不生成水,用量接近理论值,反应迅速,三废少,反应活性强而发生成砜副反应。随着先进设备和相应技术的发展,采用三氧化硫为磺化剂的工艺越来越多。在药物合成中,抗生素磺苄西林中间体 α-磺酸基苯乙酸可用此法合成。

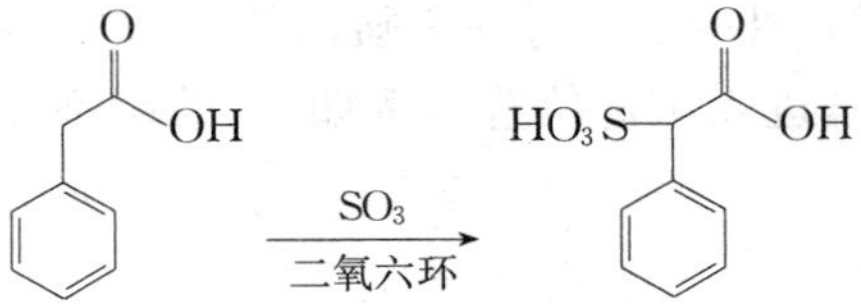

单环 β-内酰胺类抗生素卡芦莫南中间体 3-苯甲氧甲酰胺基-4-氨甲酰氧甲基-2-氮杂酮-1-磺酸钠的制备如下。

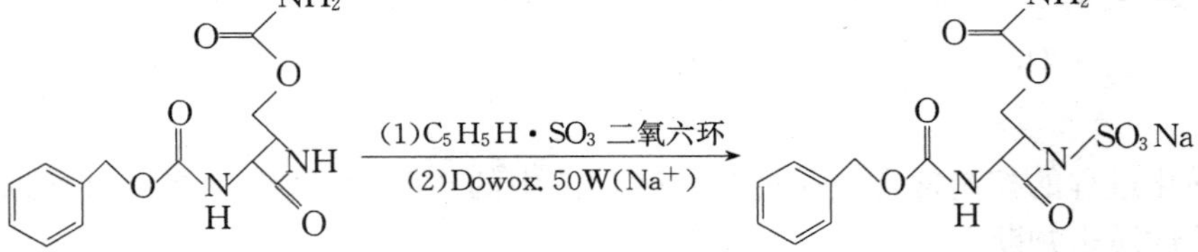

近年来采用三氧化硫为磺化剂的工艺日益增多,它不仅可用于脂肪醇、烯烃的磺化,还可直接用于烷基苯的磺化。三氧化硫磺化有以下几种方式。

1. 气体三氧化硫磺化

用气体三氧化硫直接与有机物反应,主要用于三氧化硫与烷基苯反应来制得烷基苯磺酸,如用十二烷基苯制备十二烷基苯磺酸钠就用此方法。

三氧化硫与烷基苯的反应速度比硫酸、发烟硫酸快得多,该反应属于快速液相反应,反应速度的快慢主要取决于三氧化硫在气相中的扩散速度。为了抑制副反应、提高产品质量,烷基苯与三氧化硫的比例控制要比与发烟硫酸的比例控制更严格些。因为三氧化硫稍过量即会产生多磺化;反之,未磺化的烷基苯则会存在于产品中,造成产品不合格。

2. 液体三氧化硫磺化

不活泼芳烃通常用此法进行磺化。生成的磺酸在反应温度下必须是液态的,而且黏度不大,如用硝基苯制备间硝基苯磺酸可用此法。将稍过量的液态三氧化硫慢慢滴加至硝基苯中,温度自动升至 $70\sim80℃$,然后在 $95\sim120℃$ 下保温,直至硝基苯完全消失,再将磺化物稀释、中和,即得到间硝基苯磺酸钠。此法也可用于对硝基甲苯的磺化。

液体三氧化硫的制备是将 $20\%\sim25\%$ 的发烟硫酸加热到 $250℃$,蒸出的 SO_3 蒸汽通过一个填充粒状硼酐的固定床层,再经冷凝,即可得到稳定的 SO_3 液体。液态三氧化硫使用方便,但成本较高。

3. 三氧化硫溶剂法磺化

此法应用广泛,优点是反应温和且易于控制,副反应少,产物纯度和磺化收率较高,适用于被磺化物或磺化产物是固态的情况。常用的溶剂有硫酸、二氧化硫等无机溶剂和二氯甲烷、1,2 -二氯乙烷、四氯乙烷、石油醚、硝基甲烷等有机溶剂。

无机溶剂硫酸可与 SO_3 混溶,并能破坏有机磺酸的氢键缔合,降低磺化反应物的黏度。其操作是先向被磺化物中加入质量分数为 10% 的硫酸,再通入气体或滴加液体 SO_3,逐步进行磺化。此过程技术简单、通用性强,可代替一般的发烟硫酸磺化。

有机溶剂价廉、稳定、易于回收,可与有机物混溶,对 SO_3 的溶解度常在 25% 以上。这些溶剂一般不能溶解磺酸,磺化液常常变得很黏稠,因此,有机溶剂要根据被磺化物的化学活性和磺化条件来选择确定。磺化时,可将被磺化物加到 SO_3 溶剂中,也可以先将被磺化物溶于有机溶剂中,再加入含 SO_3 溶剂的溶液或通入 SO_3 气体进行反应。萘的二磺化多用此法。

$$\text{（萘）} + 2SO_3 \xrightarrow[\text{或 } CH_2Cl_2]{H_2SO_4} \text{（1,5-萘二磺酸）}$$

4. 有机络合物磺化法

三氧化硫能与许多有机物形成络合物，其稳定次序：

$$(CH_3)_3N \cdot SO_3 > \langle \text{吡啶} \rangle N \cdot SO_3 > \langle O \rangle O \cdot SO_3 > R_2O \cdot SO_3 > H_2SO_4 \cdot SO_3$$

三氧化硫络合物的稳定性都比发烟硫酸大，即三氧化硫有机络合物的反应活性比发烟硫酸小，所以，用三氧化硫有机络合物磺化，反应温和，有利于抑制副反应得到高质量的磺化产品，适用于活泼性大的有机物的磺化。应用最广泛的是 SO_3 与叔胺和醚的络合物。

（三）氯磺酸

氯磺酸 $(ClSO_3H)$ 是一种油状腐蚀性液体，在空气中发烟。氯磺酸可看作是 $SO_3 \cdot HCl$ 络合物，在 $-80℃$ 时凝固，$152℃$ 时沸腾，达到沸点时则解离成 SO_3 和 HCl。氯磺酸结构式为：

$$\begin{array}{c} {}^{\delta^-}O \searrow {}^{\delta^+}OH \\ S \\ {}^{\delta^-}O \nearrow \searrow Cl^{\delta^-} \end{array}$$

氯原子的电负性较大，硫原子上带有较大部分的正电荷，它的磺化能力很强，仅次于三氧化硫，但作用比三氧化硫温和。氯磺化反应分两步进行，先由芳香化合物与氯磺酸反应生成芳磺酸，后者再与另一分子氯磺酸作用生成芳磺酰氯化合物。

$$\text{（苯）} + ClSO_3H \longrightarrow \text{（苯磺酸 } SO_3H） + HCl$$

$$\text{（苯磺酸 } SO_3H） + ClSO_3H \longrightarrow \text{（苯磺酰氯 } SO_2Cl） + H_2SO_4$$

芳香化合物若与等物质的量或稍过量的氯磺酸反应，得到的产物是芳磺酸；若与过量很多的氯磺酸反应，产物则是芳磺酰氯。由于第二步反应是可逆的，所以要得到较高产率的芳磺酰氯，要求加入过量的氯磺酸（理论量的 $2\sim5$ 倍），也可以采用化学方法移除硫酸。例如，在制备苯磺酰氯时，除了氯磺酸以外，还可以加入适量的氯化钠，使产率由 76% 提高到 90%。氯化钠的作用是使硫酸转变为硫酸氢钠与氯化氢。

$$H_2SO_4 + NaCl \longrightarrow NaHSO_4 + HCl\uparrow$$

采用氯磺酸为磺化剂的优点是反应活性强,反应条件温和,得到的产品较纯,副产物氯化氢可在负压下排出,用水吸收制成盐酸。氯磺酸的活性比浓硫酸大,在药物合成中主要用来制备芳族磺酰氯。

抗菌药磺胺类药物合成重要中间体对乙酰氨基苯磺酰氯的合成。

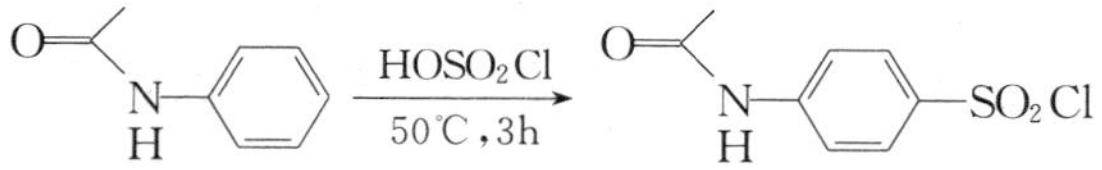

$$\text{（结构式）} \xrightarrow[50℃,3h]{HOSO_2Cl} \text{（结构式）}$$

安定药氯普噻吨(泰尔登)中间体对氯苯磺酰氯的合成。

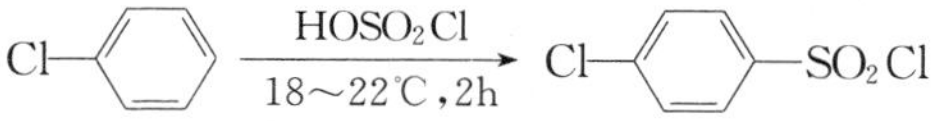

$$Cl—\text{（苯环）} \xrightarrow[18～22℃,2h]{HOSO_2Cl} Cl—\text{（苯环）}—SO_2Cl$$

降血糖药格列本脲(优降糖)中间体酰胺乙基苯磺酰氯的合成。

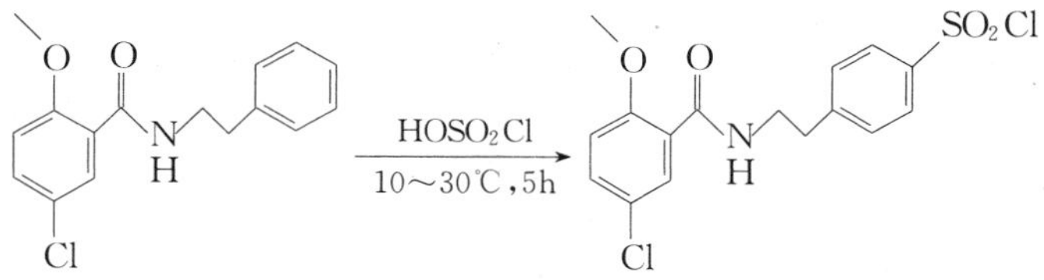

$$\text{（结构式）} \xrightarrow[10～30℃,5h]{HOSO_2Cl} \text{（结构式）}$$

利尿降压药氢氯噻嗪中间体 3－氯－4,6－双磺酰氯苯胺的合成。

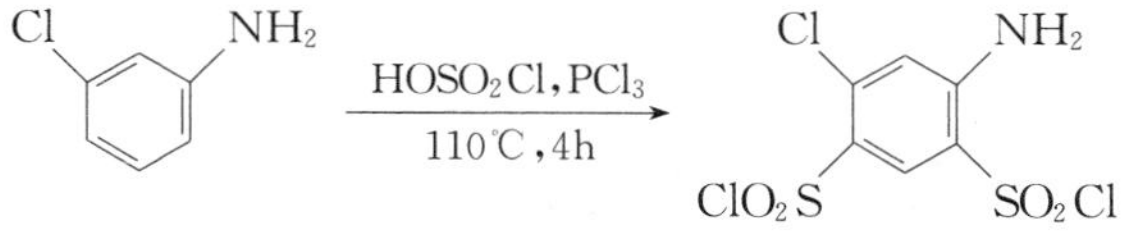

$$\text{（结构式）} \xrightarrow[110℃,4h]{HOSO_2Cl,PCl_3} \text{（结构式）}$$

单元 3　磺化反应的影响因素

一、有机化合物的结构

磺化反应是亲电取代反应,磺化的难易和芳环上取代基的性质有密切的关系。芳环上有给电子基时,使芳环上电子云密度较高,有利于形成 σ-络合物,使磺化反应容易进行,用硫酸在不太高的温度下即可进行磺化。

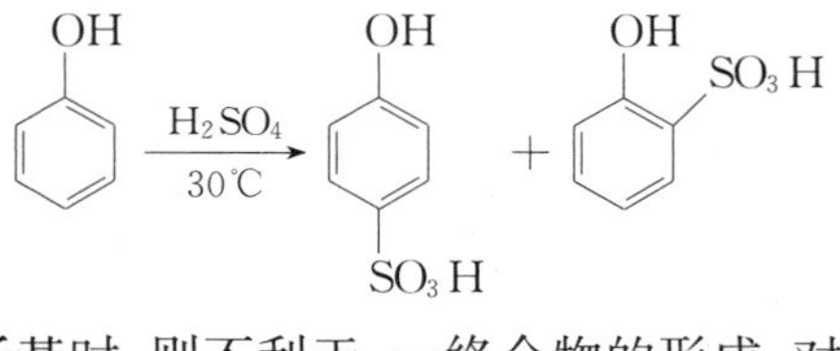

$$\text{（苯酚）} \xrightarrow[30℃]{H_2SO_4} \text{（对位产物）} + \text{（邻位产物）}$$

如芳环上有吸电子基时,则不利于 σ-络合物的形成,对反应不利,此时磺化需以强烈的磺化剂发烟硫酸在高温下进行。

在进行多磺化时,由于—SO₃H 为强烈的吸电子基,因而若再引入另一个—SO₃H时,需在更为强烈的条件下进行,如表3-1、表3-2所示。

表3-1 苯及其衍生物用硫酸磺化的速度常数和活化能

被磺化物	速度常数 $k \times 10^6 /[\text{L}/(\text{mol} \cdot \text{s})]$(40℃)	活化能 $E/(\text{kJ/mol})$
苯	111.3	25.5
间二甲苯	116.7	26.7
甲苯	78.7	28.0
1-硝基萘	26.1	35.1
对-氯甲苯	17.1	30.9
苯	15.5	31.3
氯苯	10.6	37.4
溴苯	9.5	37.0
间-二甲苯	6.7	39.5
对-硝基甲苯	3.3	40.8
对-二氯苯	0.98	40.0
对-二溴苯	1.01	40.4
1,2,4-三氯苯	0.73	41.5
硝基苯	0.24	46.2

表3-2 苯及其衍生物用 SO₃ 磺化的速度常数和活化能

被磺化物	速度常数 $k/[\text{L}/(\text{mol} \cdot \text{s})]$(40℃)	活化能 $E/(\text{kJ} \cdot \text{mol})$
苯	48.8	20.1
氯苯	2.4	32.3
溴苯	2.1	32.8
间-二氯苯	4.36×10^{-2}	38.5
硝基苯	7.85×10^{-6}	47.6
对-硝基甲苯	9.53×10^{-4}	46.1
对-硝基苯甲醚	6.29	18.1

值得一提的是,磺酸基所占的空间体积较大,磺化具有明显的空间效应,特别是芳环已有取代基所占的空间较大时,其空间效应更为显著。下面以烷基苯的磺

化为例进行讲解(表 3 - 3)。

表 3 - 3　　　烷基苯单磺化时异构产物生成的比例(25℃、1639g/L H$_2$SO$_4$)

烷基苯	与苯相比较的相对反应速度常数	异构产物的比例%			邻/对
		邻位	间位	对位	
甲苯	28	44.04	3.57	50	0.88
乙苯	20	26.67	4.17	68.33	0.39
异丙苯	5.5	4.85	12.12	84.84	0.057
叔丁苯	3.3	0	12.12	85.85	0

从表中可以看出,叔丁苯在单磺化时几乎不生成邻位磺酸。

二、磺化剂的浓度和用量

芳环上磺化反应的速度与硫酸的浓度密切相关,磺化动力学研究指出,硫酸浓度稍有变化对磺化速度就有显著影响。在 1692～1822g/L 的浓硫酸中,磺化速度与硫酸中所含水分浓度平方成反比。采用硫酸作磺化剂时,生成的水将使进一步磺化的反应速度大为减慢,当硫酸浓度降至某一程度时,反应即自行停止,此时剩余的硫酸叫做废酸,人们习惯上把这种废酸以三氧化硫的质量百分数表示,称之为 π 值。显然,对于容易磺化的过程,π 值要求较低,而对于难磺化的过程,π 值要求较高。有时废酸的浓度高于 100% 硫酸,即 π 值大于 81.6。各种芳烃化合物的 π 值见表 3 - 4。

表 3 - 4　　　　　　　　各种芳烃化合物的 π 值

化合物	π 值	H$_2$SO$_4$ 浓度/(g/L)
苯单磺化	64	1443
蒽单磺化	43	975
萘单磺化	56	1260
萘二磺化	52	1172
萘三磺化	79.8	1790
硝基苯单磺化	82	1840

利用 π 值的概念可以定量地说明磺化剂的开始浓度对磺化剂的影响。假设在酸相中被磺化物和磺酸的浓度极小,可以忽略不计,则可以推导出每摩尔被磺化物在单磺化时所需要的硫酸或发烟硫酸的用量 X,计算公式为:

$$X = 80(100 - \pi) / (a - \pi)$$

式中　a——SO_3 的重量百分数

由上式可以看出：当用 SO_3 作磺化剂（$a=100$）时，它的用量是 80，即相当于理论量；当磺化剂的开始浓度 a 降低时，磺化剂的用量将增加；当 a 降低到废酸的浓度 π 时，磺化剂用量将增加到无限。由于废酸一般都不能回收，如果只考虑磺化剂的用量，则应采用三氧化硫或 65% 发烟硫酸，但是浓度过高的磺化剂会引起许多副反应，磺化剂用量过少常常使反应物过稠而难于操作。因此，磺化剂的开始浓度和用量、磺化的温度和时间都需要通过实验来优化。

三、磺酸基的水解及异构化

（一）磺酸基的水解

芳香族磺酸的水解是磺化反应的逆反应，常在稀硫酸中进行。

$$\text{C}_6\text{H}_5-SO_3H + H_2O \xrightleftharpoons{H^+} \text{C}_6\text{H}_6 + H_2SO_4$$

水解时参加反应的是磺酸负离子，在一定条件下，靠近磺酸负离子的 H_3^+O 中的 H^+ 有可能转移到芳环中，并与磺酸基相连的碳原子连接，最后使磺酸基脱落。

$$\text{(结构式) } + H_3^+O \rightleftharpoons \text{(结构式)} \rightleftharpoons \text{(结构式)} + H_2O \rightleftharpoons \text{(结构式)} + H_2SO_4$$

对于有吸电子基的芳磺酸，芳环上的电子云密度降低，磺酸基难水解；对于有给电子基的芳磺酸，芳环上的电子云密度较高，磺酸基容易水解。另外，介质中 H_3^+O 的浓度越高，水解速度越快，因此，磺酸的水解都采用中等浓度的硫酸。磺化和水解的速度都与温度有关，温度升高时，水解速度增加值比磺化速度快，因此，一般水解的温度比磺化的温度要高。

磺化反应可逆性在药物合成中的重要应用是将磺酸基先临时占据芳环某特定的位置，然后再进行其他反应，待反应完成后，再于硫酸中加热，使磺酸基水解脱去。

（二）磺酸基的异构化

磺酸基不仅能够发生水解反应，在一定条件下还可以从原来的位置转移到其他位置，通常是转移到热力学更稳定的位置，称为磺酸基的异构化。一般认为，在含有水的硫酸中，磺酸基的异构化是水解－再磺化的反应，而在无水硫酸中是分子内的重排反应。温度的变化对磺酸基的异构化也有一定的影响，当苯环上有给电子基时，低温有利于磺酸基进入邻位，高温有利于进入对位，甚至有利于进入更稳定的间位。

例如，萘磺化时，在 80℃ 以下主要生成 α-萘磺酸，在高温时主要生成 β-萘磺酸。随着温度升高，α 位的磺酸基会通过逆反应大部分转移到 β 位。

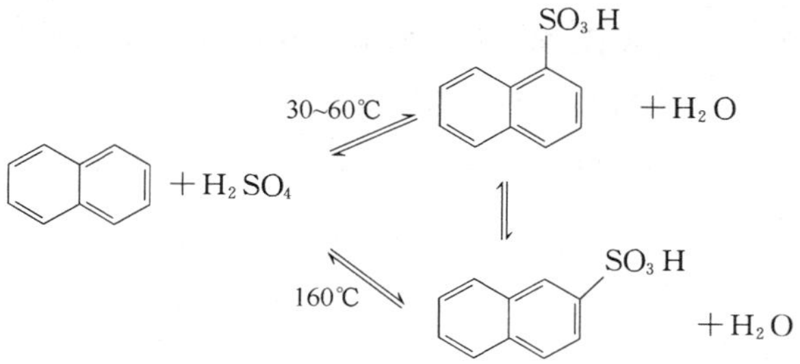

一般来说,对于较易磺化的过程,低温磺化是不可逆的,属于动力学控制,磺酸基主要进入电子云密度较高、活化能较低的位置,尽管这个位置空间障碍较大,或是磺酸基容易水解。高温磺化是热力学控制,磺酸基可以通过水解-再磺化或异构化而转移到空间障碍小或不易水解的位置,尽管这个位置的活化能较高。

四、添加剂的影响

磺化过程中加入少量添加剂,是生产中常用的技术手段之一,对反应有着明显的影响,主要表现在以下几个方面。

(一)促进反应

难以磺化的化合物,可以加入适量的催化剂以加速反应,提高产率。例如,吡啶与硫酸或发烟硫酸在320℃长时间供热所得吡啶-3-磺酸产率非常低,但加入硫酸汞做催化剂,不仅反应温度可降低至240℃,而且可得70%收率的磺化产物,此化合物为平滑肌、骨骼肌兴奋药溴吡斯的明的合成原料。

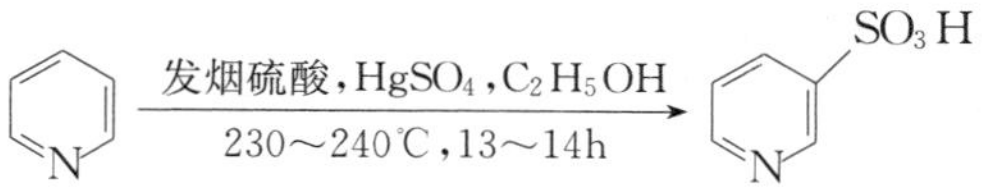

(二)改变定位

有的添加剂如汞、氯化钯、氧化铊等具有改变定位作用。例如,蒽醌的磺化,有汞盐存在主要生成 α-蒽醌磺酸,没有汞盐时主要生成 β-蒽醌磺酸。应该指出的是,只有在使用发烟硫酸时,这些添加剂才具有定位作用。

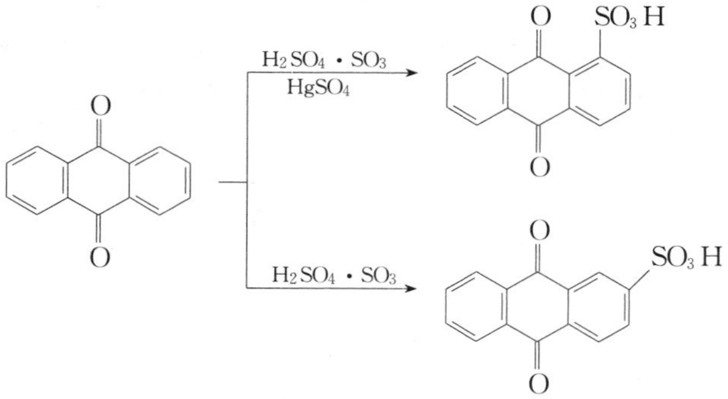

(三)抑制副反应

磺化时主要的副产物是砜、多磺化产物和氧化产物。生成砜的有利条件是高温和高浓度的磺化剂,此时芳磺酸与硫酸作用生成芳砜阳离子,而后与芳烃反应生成砜。

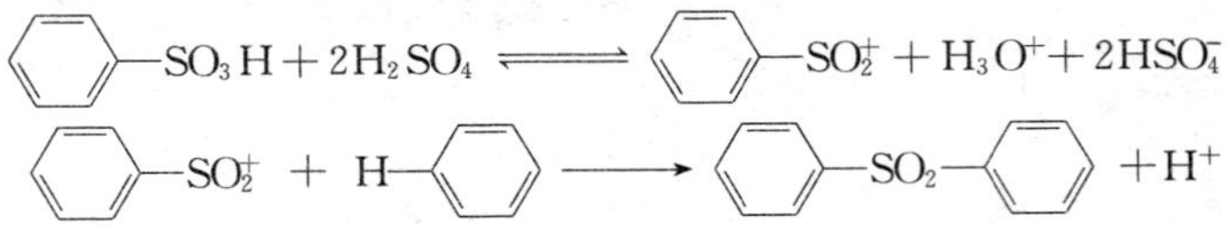

$$\text{⟨⟩—SO}_3\text{H} + 2\text{H}_2\text{SO}_4 \rightleftharpoons \text{⟨⟩—SO}_2^+ + \text{H}_3\text{O}^+ + 2\text{HSO}_4^-$$

$$\text{⟨⟩—SO}_2^+ + \text{H—⟨⟩} \longrightarrow \text{⟨⟩—SO}_2\text{—⟨⟩} + \text{H}^+$$

在磺化液中加入无水硫酸钠可以抑制砜的生成,因为硫酸钠在酸性介质中能解离产生 HSO_4^-,使平衡向左移动。

磺化时产生的氧化副反应形成羟基衍生物,并可进一步氧化为复杂产物。在环芳烃或多烷基取代苯磺化时特别明显,尤以高温和催化剂存在时为甚。通常在对羟基蒽醌磺化时,会加入硼酸使其与羟基作用形成硼酸酯,可以阻碍氧化副产物的生成;对萘酚进行磺化时,加入硫酸钠可以抑制硫酸所起的氧化作用。

【习题】

一、问答题

1. 什么是磺化反应? 磺化反应在药物合成中的应用有哪些?

2. 常用的磺化剂有哪些? 各自的磺化特点是什么?

3. 被磺化物质的结构、磺化剂的浓度、添加剂对磺化反应有什么影响?

二、完成下列反应

1.

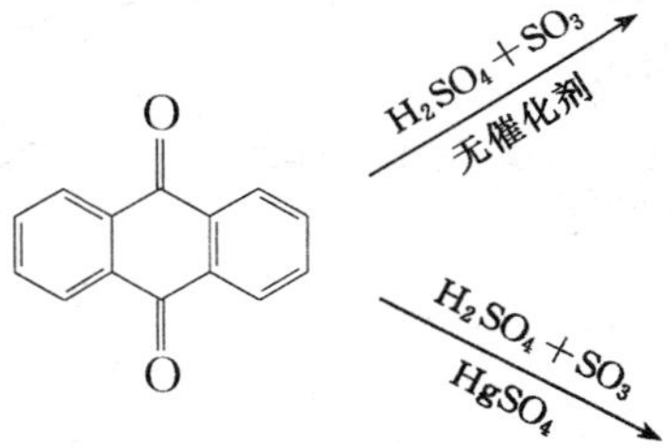

2.

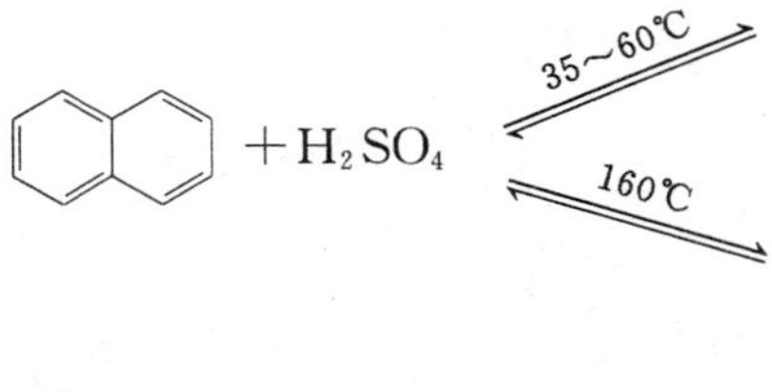

3.

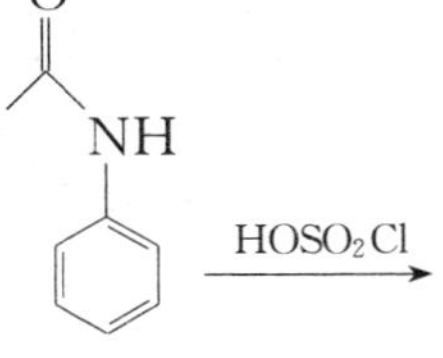

4.

三、下列路线中哪种比较合理,为什么?

学习情境四 卤 化

【学习目标】

1. 掌握常见卤化反应的类型和常用卤化试剂及特点,掌握卤素、卤化氢对烯烃的加成反应、卤素在芳环上的卤化反应。

2. 熟悉卤化反应的概念,熟悉羰基 α-氢的卤素取代反应和卤化氢与醇的置换反应。

3. 了解卤化反应在药物合成中的应用。

单元1 卤化应用的实例分析

一、制备药物中间体

有机化合物分子中引入卤素后,其理化性质会发生一定的变化。常使有机分子具有极性或极性增加,反应活性增强,容易被其他原子或基团所置换,生成多种衍生物。如乙醇溴化制得溴乙烷,后者又作为烃化剂使丙二酸二乙酯发生乙基化反应,生成二乙基丙二酸二乙酯,它是催眠镇静药巴比妥的中间体;又如,17α-羟基黄体酮的 C_{12} 位引入碘后,反应活性增强,易与醋酸钾发生反应,生成肾上腺皮质激素氢化可的松中间体。所以,卤化反应在药物合成中起着承上启下的"桥梁"作用,是合成药物及其中间体的重要反应之一。

$$C_2H_5OH \xrightarrow[\text{H}_2\text{SO}_4]{\text{NaBr}} C_2H_5Br \xrightarrow[\text{H}_2\text{SO}_2]{\text{CH}_2(\text{COOC}_2\text{H}_5)_2} (C_2H_5)_2C(COOC_2H_5)_2$$

二乙基丙二酸二乙酯

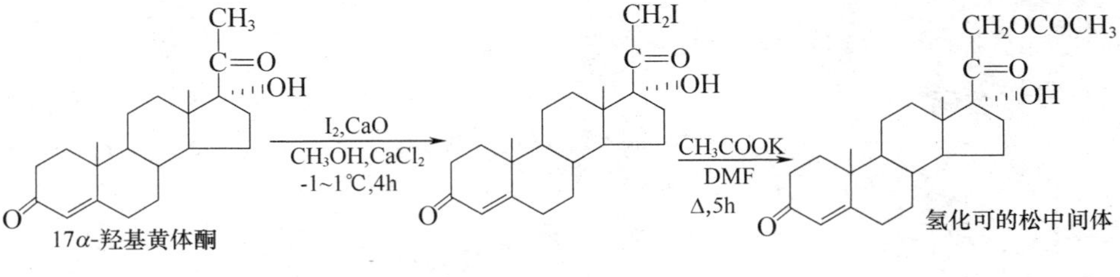

17α-羟基黄体酮   氢化可的松中间体

二、合成含卤素药物

含卤素药物在临床用药中占有一定比例。例如,抗菌药氯霉素和抗炎镇痛药双氯芬酸的分子中均含有氯原子;而抗肿瘤药氟尿嘧啶和抗菌药诺氟沙星中均含有氟原子。某些药物分子中引入卤素原子(Cl、Br、I)后,药理活性往往增强,毒副作用也会有所增加;氟原子的引入,一般使药理活性增强,但毒副作用降低。

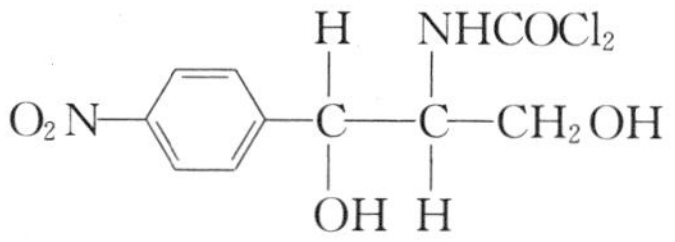

氯霉素 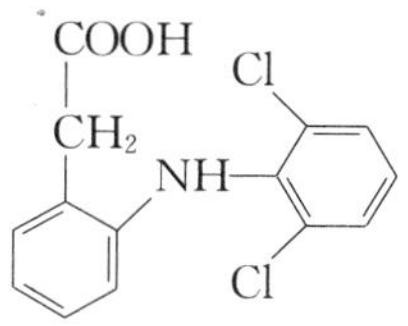　　　　　　　　双氯酚酸

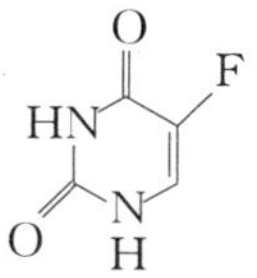

氟尿嘧啶 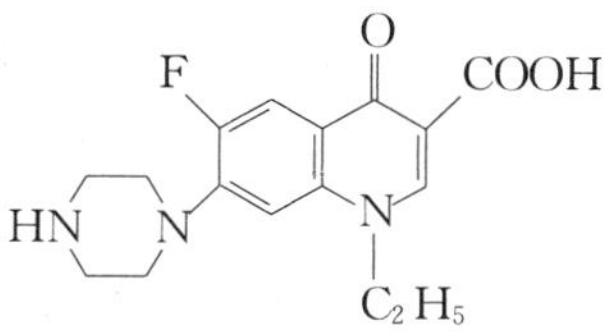　　　　　　诺氟沙星

三、其他作用

卤代烃是低极性化合物,具有较低的沸点和熔点,溶于非极性溶剂而不溶于水,本身是其他低极性化合物的良好溶剂,如氯仿、二氯乙烷等,卤化物不易燃,四氯化碳可以作为灭火剂,有的还作制冷剂,如氟利昂。四氯乙烯可用作有机溶剂、干洗剂和金属表面活性剂,也可用作驱肠虫药。

单元 2　卤 化 反 应

一、卤化反应的概述

向有机化合物分子中引入卤素(X)生成 C—X 键的反应称为卤化反应。按卤原子的不同,可以将卤化反应分成氟化、氯化、溴化和碘化。卤化有机物通常有卤代烃、卤代芳烃、酰卤等,在这些卤化物中,由于氯的衍生物制备最经济,氯化剂来源广泛,所以氯化在工业上大量应用;溴化物活性良好,制备也较容易,在制药工业中常用;由于碘的价格较贵,碘化的应用较少,只用于制备含碘药物或贵重药物;氟化技术要求较高,但由于氟的自然资源较广,许多氟化物具有较突出的性能,也越来越多地用于含氟药物的合成。

二、卤化反应的类型

按反应类型,卤化反应可以分为加成、取代和置换反应三种。

（一）加成反应

卤素或卤化氢与有机化合物分子的加成反应是形成卤化物的主要方法之一。

$$CH_2{=\!}CH{-}CHO + Br_2 \xrightarrow[0℃]{CCl_4} BrCH_2{-}\underset{\underset{Br}{|}}{CH}{-}CHO$$

$$CH{\equiv}CH \xrightarrow[HgCl_2]{HCl} CH_2{=}CHCl \xrightarrow[HgCl_2]{HCl} CH_3CHCl_2$$

$$\underset{O}{\bigcirc} \xrightarrow[100\sim110℃,6h]{HBr,H_2SO_4} Br(CH_2)_4Br \quad (85\%\sim90\%)$$

(二)取代反应

有机化合物分子中的氢原子被其他原子或基团所代替的反应称为取代反应。

$$\bigcirc \xrightarrow{Cl_2} \bigcirc{-}Cl$$

$$CH_3{-}\bigcirc{-}COOH \xrightarrow[100\sim115℃]{Cl_2,Tol} ClCH_2{-}\bigcirc{-}COOH$$

$$\underset{S}{\bigcirc}{-}COCH_3 \xrightarrow[回流1.5h]{Br_2,Cu_2Br_2} \underset{S}{\bigcirc}{-}COCH_2Br \quad (85\%)$$

$$CH_3COOH \xrightarrow{Cl_2}{S} ClCH_2COOH$$

(三)置换反应

在有机化合物分子中,氢以外的原子或基团被其他原子或基团所代替的反应称为置换反应。

$$\underset{H_3C}{\overset{H_3C}{>}}CH{-}\underset{H_2}{C}{-}CH_2OH \xrightarrow[100\sim106℃,1.5h]{HBr,H_2SO_4} \underset{H_3C}{\overset{H_3C}{>}}CH{-}\underset{H_2}{C}{-}CH_2Br \quad (80\%)$$

$$\text{(4-甲基-2-羟基喹啉)} \xrightarrow[100℃,15min]{\substack{POCl_3 \\ 80\sim85℃,0.5h}} \text{(4-甲基-2-氯喹啉)} \quad (89\%)$$

$$O_2N{-}\bigcirc{-}COOH \xrightarrow[回流30\sim40h]{SOCl_2} O_2N{-}\bigcirc{-}COCl \quad (90\%)$$

三、常用卤化剂及特点

卤化反应是借助卤化剂的作用来完成的,常用的卤化剂有以下几种。

(一)卤素

卤素进行卤化反应的活性不同,相对原子质量越小越容易进行卤化,其活性顺序为:$F_2 > Cl_2 > Br_2 > I_2$。在不同的条件下,卤素能与不饱和烃发生加成反应,与芳烃、羰基化合物发生取代反应。

（二）卤化氢

卤化氢或氢卤酸可以作为卤化剂，与烯烃、炔烃、环醚发生加成反应，与醇发生置换反应，得到相应的有机卤化物。卤化氢或氢卤酸的反应活性因键能增大而减小，顺序为：HI＞HBr＞HCl＞HF。氢卤酸的刺激性和腐蚀性都比较强，使用时应注意安全。

（三）含硫卤化剂

常用的含硫卤化剂有硫酰氯、亚硫酰氯和亚硫酰溴。

1. 硫酰氯

硫酰氯（SO_2Cl_2）又称氯化砜，是无色的液体，具有刺激性臭味。由于硫酰氯是在二氧化硫和氯气催化作用下制得的，所以放置后部分分解为二氧化硫和氯气而略带黄色。硫酰氯比氯气使用方便，在药物合成中，常用硫酰氯进行苄位氢原子的氯取代、酮的 α-氢原子的氯取代等。

2. 亚硫酰氯

亚硫酰氯（$SOCl_2$）又称氯化亚砜，是无色的液体。在湿空气中遇水蒸气分解为氯化氢和二氧化硫而发烟。亚硫酰氯是良好的氯化剂，反应活性强，可用于醇羟基和羧羟基的氯置换反应。

3. 亚硫酰溴

亚硫酰溴（$SOBr_2$）又称溴化亚砜，可用于醇的溴置换反应，但价格较贵。芳环上无取代基或具有给电子基的芳醛与亚硫酰溴一起加热反应时，生成二溴甲基苯。

（四）含磷卤化剂

含磷卤化剂主要有三卤化磷、三氯氧磷和五氯化磷等，其中五氯化磷的活性最强。

1. 三卤化磷

三卤化磷可用于醇羟基的卤置换反应，也可以用于脂肪族羧酸的酰卤化反应，与芳香族羧酸的反应较弱。

2. 三氯氧磷

三氯氧磷（$POCl_3$）又称磷酰氯，为无色透明液体，常因溶有氯气或五氯化磷而呈红色，其暴露于潮湿的空气中可迅速分解成为磷酸和氯化氢，产生白烟。在药物合成中，主要用于芳环上或缺电子的芳环上羟基的氯置换，如抗菌药吡哌酸中间体的制备。

3. 五氯化磷

五氯化磷（PCl_5）为白色或淡黄色晶体，极易吸收空气中的水分而分解为磷酸和氯化氢，并产生白烟和特殊的刺激性臭味。五氯化磷活性强，不仅能置换醇与酚分子中的羟基，还能置换缺电子芳杂环上的羟基和烯醇中的羟基。脂肪族、芳香族羧酸以及某些位阻较大的羧酸都能与五氯化磷发生酰卤化反应，生成相应的酰氯。五氯化磷受热易解离成三氯化磷和氯气，且温度越高，解离度越大，置换能力也随之下降，因此五氯化磷在使用时，反应温度不能过高，时间也不易过长。

单元 3　烯炔的卤化

烯烃和炔烃中的 C＝C 键和 C≡C 键,存在不稳定的 π 键,易被亲电试剂进攻发生加成反应。药物原料分子中大多含有此类不饱和键,利用原料分子中 C＝C 键和 C≡C 键与亲电型卤化剂的加成是药物原料分子卤化的常用方法。

一、烯烃的卤化

(一)烯烃与卤素的加成

在加成卤化反应中,由于氟的活性太高、反应剧烈且易发生副反应,因此无实用意义。碘与烯烃的加成是一个可逆反应,生成的二碘化物不仅收率低,而且性质也不稳定,故很少应用,而氯和溴对烯烃的加成在药物合成上较为重要。

1. 反应机理

氯和溴与烯烃的反应机理属于亲电加成。一般经过两步,首先卤素作为亲电试剂被烯烃双键的 π 电子所吸引,形成一种不稳定的 π-络合物,然后 π-络合物迅速异构化,形成桥型卤离子,即 σ-络合物,卤负离子从环的背面向缺电子的碳原子做亲核进攻,得到反向加成产物。π-络合物还能异构为开放式碳正离子和卤负离子对形式,由于碳-碳单键的自由旋转,经氯负离子的亲核进攻,常常同时生成相当量的同向加成产物。

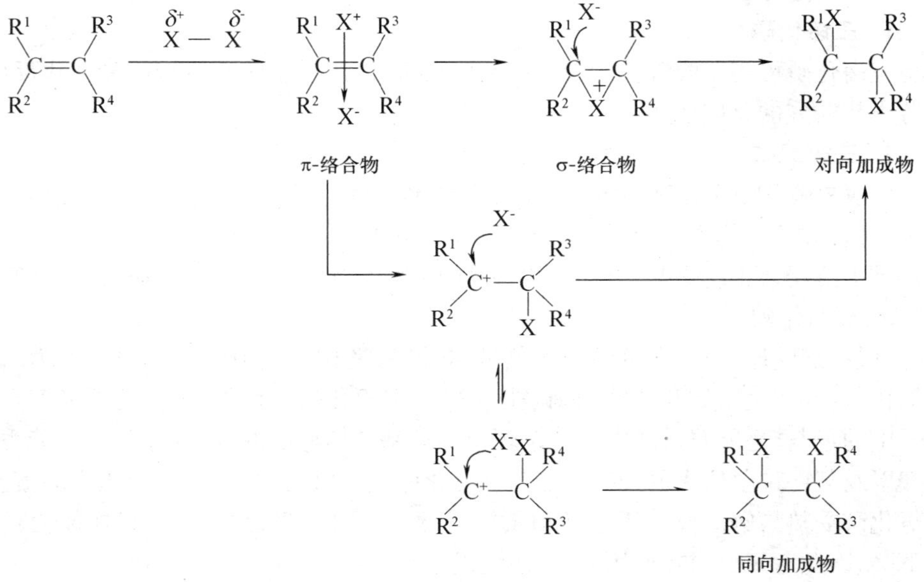

2. 立体化学

氯和溴与烯烃的加成以对向加成为主,产物主要是对向加成产物,但随着作用物的结构、试剂和反应条件的不同,同向加成产物的比例会有所调整。如双键上有苯基取代时(尤其苯环上又有给电子基),同向加成的机会增加,同向加成物比例随之增大,有的甚至只能得到同向加成产物。

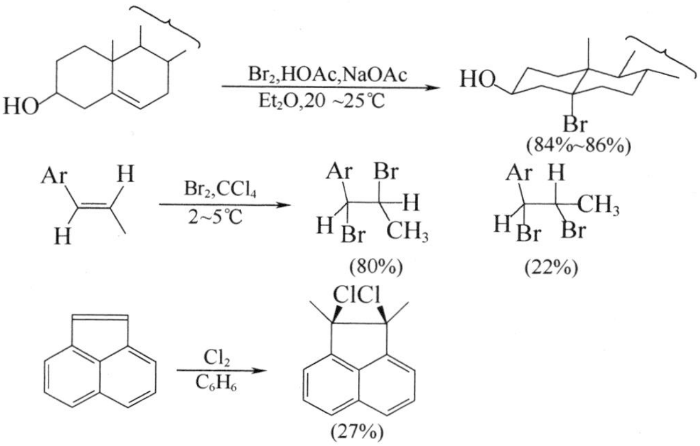

3. 主要影响因素

(1)烯烃的结构 当烯烃上带有供电子取代基(—OH、—OR、—NHCOCH$_3$、—C$_6$H$_5$、—R 等)时,其反应性能提高,有利于反应的进行;而当烯烃上带有吸电子取代基(—NO$_2$、—COOH、—CN、—COOR、—SO$_3$H、—X 等)时,则起相反作用。烯烃卤加成反应活泼顺序为:R$_2$C＝CH$_2$＞RCH＝CH$_2$＞CH$_2$＝CH$_2$＞CH$_2$＝CHCl。

(2)溶剂 在四氯化碳、氯仿、二硫化碳、乙酸乙酯等溶剂中,溴和氯气可以与无位阻的烯烃迅速反应,生成邻二卤化物。当在亲核性溶剂(水、羧酸、醇等)中进行时,由于亲核性的基团也可以进攻中间体碳正离子,产物中将混有其他加成产物(如 β-卤醇或其酯等)。若在反应介质中添加无机卤化物以增加卤负离子的浓度,则可以提高邻二卤化物的比例。

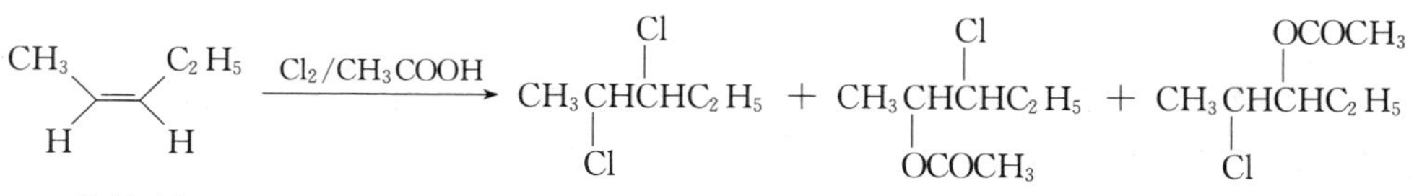

无添加剂		52%	33%	13%
有添加剂	LiCl	69%	21%	8%

(3)催化剂 双键碳原子上连有吸电子基的烯烃与氯或溴加成时,由于双键上的电子云密度降低,亲核倾向变小,在这种情况下,可以加入少量路易斯酸或叔胺进行催化,提高卤素的活性,促使反应顺利进行。

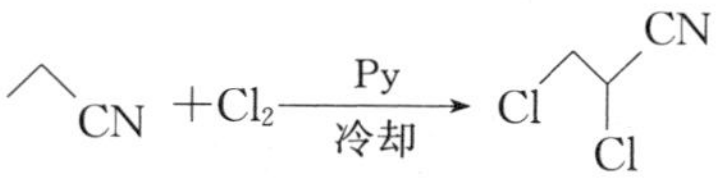

（4）反应温度 卤加成反应温度不宜太高,如烯烃与氯的反应,需控制在较低的反应温度下进行,以避免取代等副反应发生。

(二)烯烃与卤化氢的加成

卤化氢对烯烃的加成反应和卤素与烯烃的加成反应历程相似,也属于亲电加成反应,生成反式加成产物。

$$\diagdown C = C \diagup + H^+ \xrightarrow{\text{慢}} \diagdown C - \overset{+}{C} \diagup \xrightarrow{X^-} \overset{X}{\underset{H}{\diagdown C - C \diagup}}$$

若是不对称烯烃,定位符合马氏规则,即氢原子加在含氢较多的碳原子上。

$$R-CH = CH_2 + H-X \longrightarrow R-\overset{H}{\underset{X}{C}}-\overset{}{\underset{H}{CH_2}}$$

溴化氢与不对称烯烃加成,在有过氧化物存在时,则发生反马加成,称为过氧化物效应。在卤化氢与烯烃的加成反应中,主要影响因素有两点,一是氢卤键的键能,因为键能越大,氢卤键的活性越小,越难解离出氢离子和卤离子,卤化氢活泼性次序是:$HI>HBr>HCl$;二是烃基的结构,当烯烃上带有供电子取代基时,有利于反应的进行,当烯烃上带有强吸电子取代基时,如—COOH、—CN、—CF$_3$、—N$^+$(CH$_3$)$_3$,烯烃的 π 电子云向取代基方向转移,双键上电子云密度下降,反应速度减慢。

(三)应用实例

烯丙醛与溴的加成,用于制取抗癌药氨蝶呤钠的合成原料 2,3 - 二溴丙醛。

$$\diagup\!\!=\!\!\diagdown O + Br_2 \xrightarrow[0\text{℃}]{CCl_4} Br\diagdown\!\!\overset{Br}{\diagup}\!\!\diagdown\!\!\diagup O \quad (51\%)$$

2,3-二溴丙醛

抗高血压药卡托普利中间体和消炎镇痛药苄达明、抗组胺药奥沙米特的中间体 1-氯-3-溴丙烷的合成。

$$\diagup\!\!\diagdown\!\!\overset{}{\underset{O}{}}\!\!OH + HBr \xrightarrow{(PhCOO)_2} Br\diagdown\!\!\overset{}{\diagup}\!\!\overset{}{\underset{O}{}}\!\!OH$$

卡托普利中间体

$$\diagup\!\!=\!\!\diagdown Cl + HBr \xrightarrow[NaBr,-5\text{℃}]{(PhCOO)_2} Br\diagdown\!\!\diagup\!\!\diagdown Cl$$

1-氯-3-溴丙烷

在上述反应中加入过氧化物,反应则按反马加成的方式进行,即在含氢较多的双键碳上加上溴原子。

二、炔烃的卤化

(一)炔烃与卤素的加成

与烯烃相似,炔烃也能与卤素发生亲电加成反应,但炔烃的亲电加成比烯烃困难。炔烃与 1mol 卤素(氯或溴)反应,得到以反式加成为主要产物的邻二卤代烯烃。

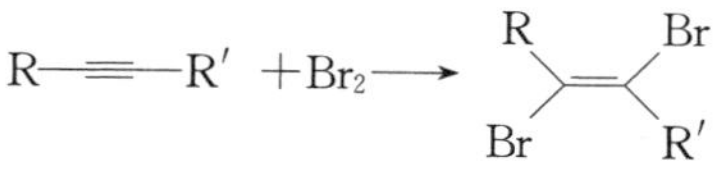

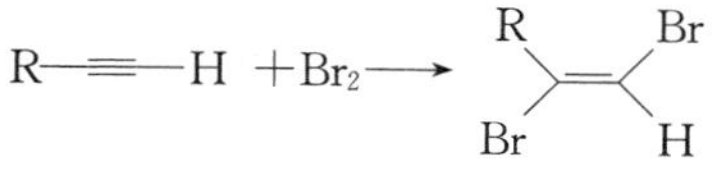

$$R\text{———}R' + Br_2 \longrightarrow \begin{array}{c} R \quad\quad Br \\ \diagdown C=C \diagup \\ Br \quad\quad R' \end{array}$$

$$R\text{———}H + Br_2 \longrightarrow \begin{array}{c} R \quad\quad Br \\ \diagdown C=C \diagup \\ Br \quad\quad H \end{array}$$

若与 2mol 卤素(氯或溴)反应,则生成四卤代烷。

$$R\text{———}R' + 2Cl_2 \longrightarrow RCCl_2\text{—}CCl_2R'$$

对于双键和三键相隔一个以上碳原子的烯炔,与 1mol 卤素(氯或溴)反应,优先发生在双键上。

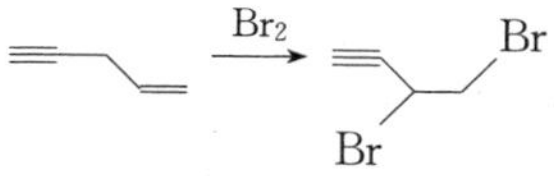

（90%）

对于端基炔,炔键碳原子上的氢活泼,在碱性水溶液中与卤素反应,可发生亲电取代,生成 1-溴-1 炔烃。

$$PhC\equiv CH + Br_2 \xrightarrow[\text{H}_2\text{O, r. t}]{\text{NaOH}} PhC\equiv C\text{—}Br$$

(二)炔烃与卤化氢的加成

卤化氢与炔烃的反应属于亲电加成机理,类似于卤化氢与烯烃的加成,但反应活性比烯烃低,加成方向符合马氏规则,生成的产物主要为反式卤代烯烃,反式烯烃进一步与卤化氢反应,生成同一个碳上有两个卤原子的偕二卤代物。

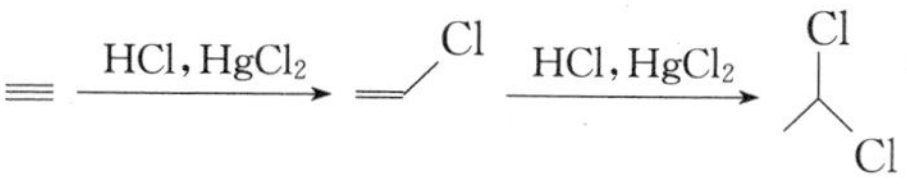

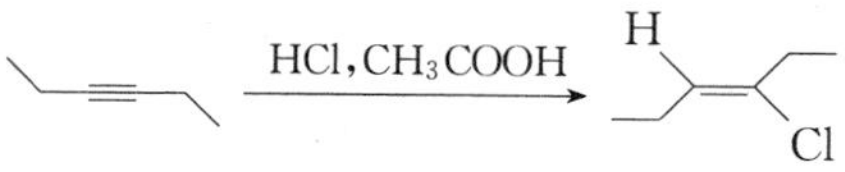

卤化氢与不饱和烃的亲电加成一般使用卤化氢气体,可将气体直接通入不饱

和烃中,或在中等极性的溶剂中进行反应,如醋酸。若使用氢卤酸,则可能发生水与烯烃的加成,加入含卤负离子的试剂可以提高卤代烃的收率。

单元4 芳烃的卤化

芳环上的氢和芳环侧链上的氢在不同的条件下可以被卤原子取代,生成不同的卤代物。

一、芳环的卤化

芳环的卤化主要是氯化和溴化,例如:

$$\text{苯} + Br_2 \xrightarrow{FeBr_3} \text{溴苯} + HBr$$

(一)反应机理

芳环的卤化反应机理属于亲电取代,一般按以下三步进行。

第一步:亲电试剂的形成。在卤化反应中,亲电试剂的主要形式有①在反应中被极化的卤素分子;②在催化剂作用下,发生极化的卤素分子;③由卤化剂提供的卤正离子;④其他形式的亲电试剂分子。

第二步:σ-络合物的形成。亲电试剂受芳环 π 电子的吸引,形成 π-络合物;然后 π-络合物发生异构化,形成四电子五中心的离域碳正离子,即 σ-络合物。这是决定反应速率的一步反应。

第三步:苯型卤化产物的形成。σ-络合物不稳定,容易消除质子,恢复稳定的芳香共轭体系。反应一般不可逆。

以铁催化下苯的氯取代反应为例,可表示如下:

$$2Fe + 3Cl_2 \longrightarrow 2FeCl_3$$
$$FeCl_3 + Cl:Cl \longrightarrow Cl^+[FeCl_4]^- \quad \text{第一步}$$
异裂

$$\text{苯} + Cl^+ \rightleftharpoons \text{} + Cl^+ \rightleftharpoons \text{} \quad \text{第二步}$$

π-络合物 $\quad$ σ-络合物

$$\text{} + [FeCl_4]^- \longrightarrow \text{} + H^+[FeCl_4]^- \quad \text{第三步}$$

$$H^+[FeCl_4]^- \rightleftharpoons HCl + FeCl_3$$

(二)主要影响因素

1. 芳烃的结构

若芳环上有取代基,所引入卤素的位置要受取代基影响;同时对卤化反应速度也有影响。芳环上有供电子基时,使芳环活化,易发生卤化,甚至多卤化反应,产物以邻、对位为主。芳环上有吸电子基时,则使芳环钝化,一般需强化反应条件,反应才能顺利进行,产物以间位为主。卤素使芳环钝化,但却是邻对位定位基。萘环的 α 位电子密度大,优先发生 α-卤代。

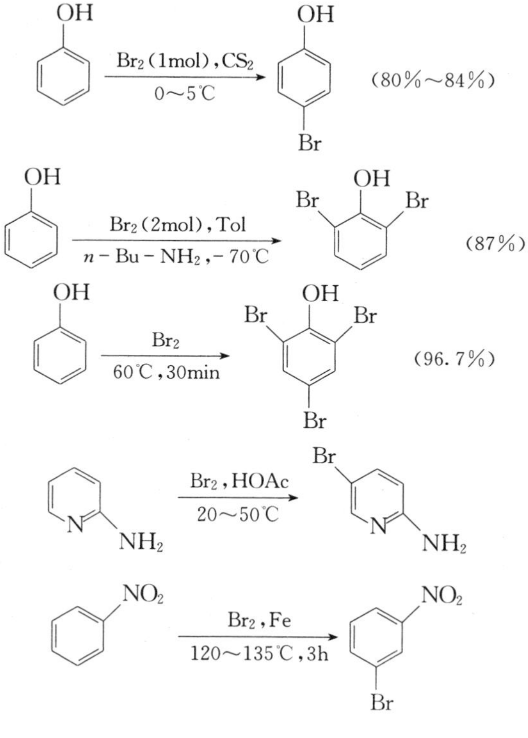

2. 催化剂

在反应中,路易斯酸可促进亲电试剂的形成,故用作催化剂。常用的催化剂有 $AlCl_3$、$SbCl_5$、$FeCl_3$、$FeBr_3$、$SnCl_4$、$TiCl_4$、$ZnCl_2$ 等。对于芳环上有较强的供电子基(—OH 和—NH$_2$ 等)的芳烃,可在没有催化剂存在的条件下进行,如驱虫药氯硝柳胺中间体的合成。

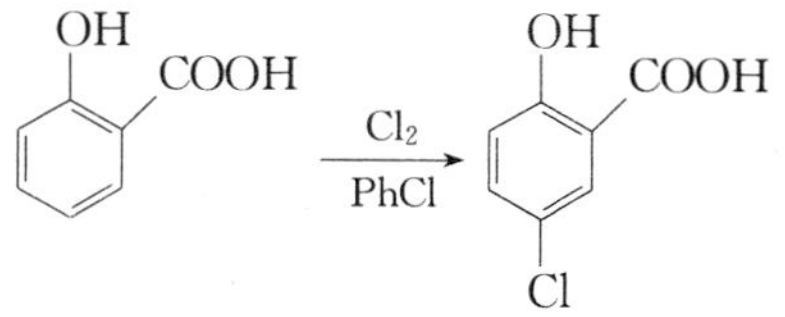

3. 溶剂

卤化反应通常是在液相中进行的,液相介质一般分为两类,一类是水或酸性水

55

溶液,常用的酸性水溶液有盐酸、稀醋酸;另一类是氯仿或其他卤代烃等有机溶剂。极性溶剂能提高反应活性;采用非极性溶剂,则反应速率慢,但在有的反应中可用来提高选择性。

二、芳环侧链的卤化

(一)反应机理

芳环侧链 α 位上的氢原子较为活泼,在光照、加热或引发剂的作用下易发生取代反应,卤原子取代 α 位上的氢原子,反应机理属于游离基型取代反应。

游离基型取代反应通常有链引发、链增长、链终止三个阶段,以甲苯的光氯化为例可表示如下:

链引发:$Cl:Cl \xrightarrow[\text{均裂}]{hv} 2Cl\cdot$

链增长:$C_6H_5CH_3 + Cl\cdot \longrightarrow C_6H_5CH_2\cdot + HCl$

$C_6H_5CH_2 + Cl_2 \longrightarrow C_6H_5CH_2Cl + Cl\cdot$

链终止:$C_6H_5CH_2\cdot + Cl\cdot \longrightarrow C_6H_5CH_2Cl$

$2C_6H_5CH_2\cdot \longrightarrow C_6H_5CH_2CH_2C_6H_5$ (副产物)

$2Cl\cdot \longrightarrow Cl_2 + 能量$

链引发是游离基的产生阶段,一般来讲,这种反应是由光照、辐射、热分解和引发剂等因素所引起的。

链增长阶段,每一步产生的游离基为下一步反应产生一个新的游离基而进行传递。

链终止阶段,游离基相互结合被消耗,从而结束反应。

游离基型的卤化反应在药物合成中常用于制备有机氯化物和溴化物等药物中间体。

(二)影响因素

1. 热效应

当反应温度升高时,有利于卤化剂均裂成游离基,同时也增强了游离基的活性。甲苯侧链的单氯代反应温度以 158～160℃ 为宜,在低温(20～40℃)反应时,不易在侧链上氯代,而在芳环上氯代,生成 2,4-二氯甲苯,收率约为 58%。

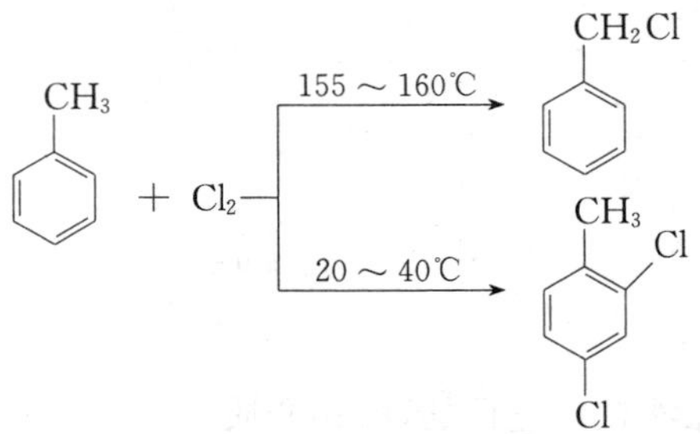

2. 光效应

用光照射反应物时,反应物吸收可见光或紫外光的电磁辐射后,电子从基态跃迁到激发态,反应物之一均裂,形成初始游离基。$400 \sim 500nm$ 可见光提供的能量足以使溴和氯均裂成游离基。另外还应考虑照射光的强度,已知引发速度与光强度的平方根成正比,光线强易引发,光线弱难引发。光引发主要的优点:①由光引发游离基的过程为与温度无关的过程,在较低温度下也能发生,加入引发剂时更是如此;②控制反应物浓度和光的强度可以调节游离基产生的速度,便于控制反应进程。

3. 引发剂

在热解引发时,通常需加入引发剂,使反应加速、反应温度降低、副产物减少。常用的引发剂有两大类型,一类是过氧化物,如过氧化苯甲酰和二叔丁基过氧化物等;另一类是对称的偶氮化合物,如偶氮二异丁腈(AIBN)等。这些物质对光极为敏感,易于形成游离基,而后再刺激反应物,生成反应物所需作用物的初始游离基。

$$C_6H_5-\overset{\overset{O}{\|}}{C}-O-\!\!\!|\!\!\!-O-\overset{\overset{O}{\|}}{C}-C_6H_5 \xrightarrow[\text{均裂}]{hv} 2C_6H_5COO\cdot$$

$$2C_6H_5COO\cdot + SO_2Cl_2 \xrightarrow{\text{快}} C_6H_5COOCl + Cl\cdot + SO_2\uparrow$$

$$(CH_3)_2\underset{CN}{\overset{|}{C}}-N=\!\!\!=\!\!\!N-\underset{CN}{\overset{|}{C}}(CH_3)_2 \xrightarrow{hv} 2(CH_3)_2\underset{CN}{\overset{|}{C}}\cdot + N_2\uparrow$$

$$(CH_3)_2\underset{CN}{\overset{|}{C}}\cdot + Cl_2 \xrightarrow{\text{快}} (CH_3)_2\underset{CN}{\overset{|}{C}}-Cl + Cl\cdot$$

式中的氯游离基就是作用物的初始游离基。

4. 溶剂

溶剂对游离基的卤素取代反应有明显的影响,能与游离基形成氢键的溶剂通常都能降低游离基的活性。游离基型的卤素取代反应多采用非极性惰性溶剂,以免游离基反应终止,同时,对反应中的水分也需加以控制。

5. 其他

芳烃侧链的光卤化反应,若反应体系中有铁、锑和锡存在,将会发生芳环上卤素亲电取代的副反应,影响游离基反应的正常进行。光卤化反应的终点常采用测定反应液比重的方法来控制。

此外,游离基型的卤化反应选择性不高,控制温度和配料比等反应条件,可以使某一产物的生成量增加。反应的产物需采用合适的分离手段进行分离和精制。

三、应用实例

（一）芳环上的卤化

拟肾上腺素药克仑特罗中间体的合成。

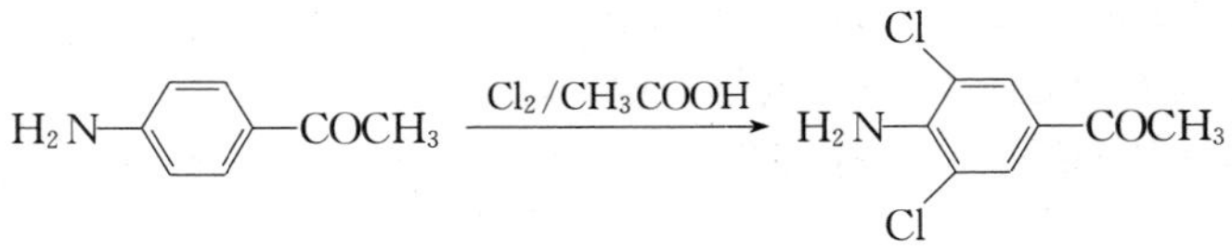

神经中枢兴奋药甲氯芬酯中间体的合成。

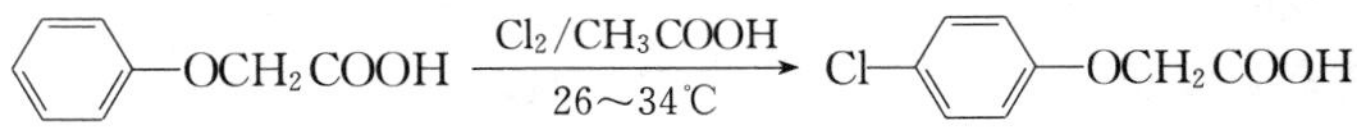

祛痰药溴己新中间体的合成。

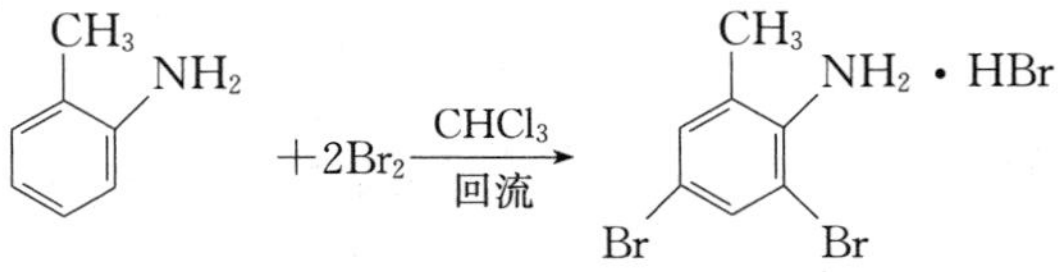

上述三种药物的合成中,在反应介质的使用上,前二者使用稀醋酸,后者使用氯仿。

（二）芳环侧链的卤化

抗生素-头孢洛宁、抗风湿药阿克他利的中间体对硝基苄溴的制备。

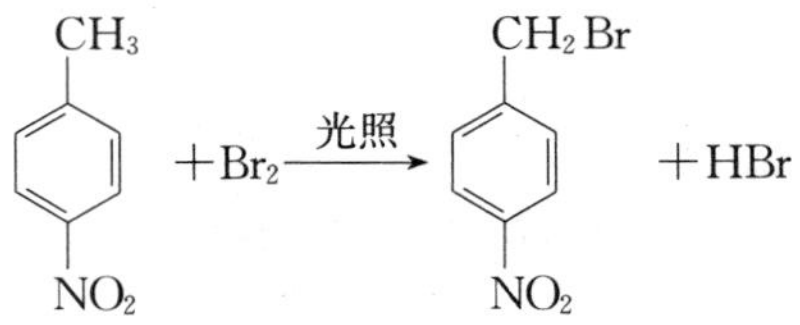

防晒药对氨基苯甲酸中间体的制备。

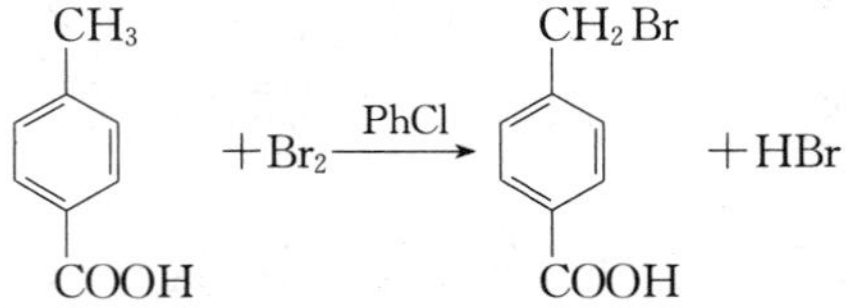

抗疟药乙胺嘧啶的中间体对氯氯苄的制备。

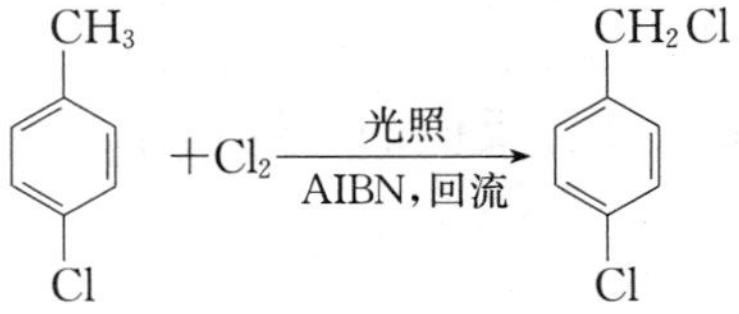

抗肿瘤药消卡芥中间体的制备。

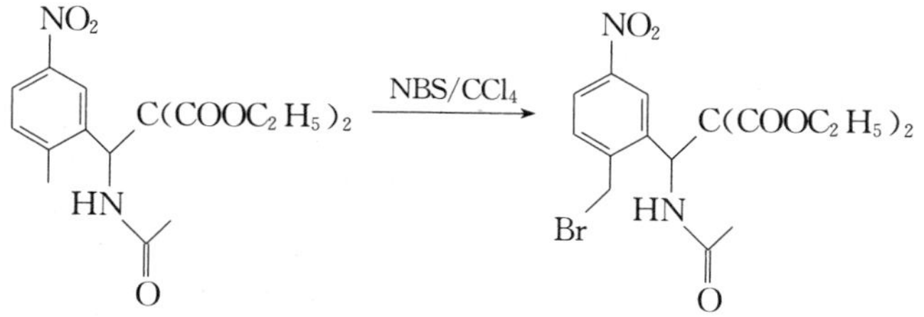

抗组胺药赛庚啶中间体的制备。

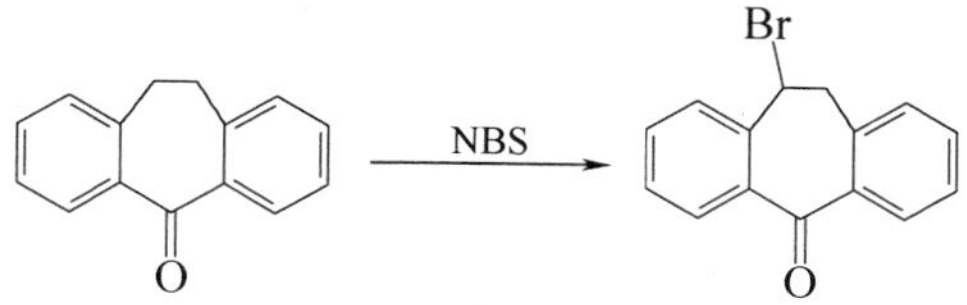

单元 5　羰基 α-氢的卤化

一、醛酮羰基 α-氢的卤化

醛和酮 α-碳上的氢原子因受羰基吸电子诱导效应和超共轭效应的影响而具有较高的活性,可被其他基团取代,因此,醛酮分子中的 α-氢原子也容易被卤素取代,生成 α-卤代醛酮。在药物合成中,利用这一原理可以合成具有良好化学反应活性、应用广泛的药物中间体 α-卤代醛酮。

(一)酮的 α-卤代

在酸或碱的催化作用下,羰基 α-碳原子上的氢原子可被卤素取代,但酸或碱的催化反应机理有所不同。

1. 酸催化下的 α-卤代反应

(1)反应机理　大多数情况下,羰基 α-氢原子被卤素取代的反应属于亲电取代机理。在酸性条件下,质子易与羰基氧原子结合成锌盐。羰基氧质子化后有利于获得 π 电子,增加了羰基的正电性,这就给予形成烯醇型的机会。通过烯醇型的加成消除过程,形成 α-卤代酮。

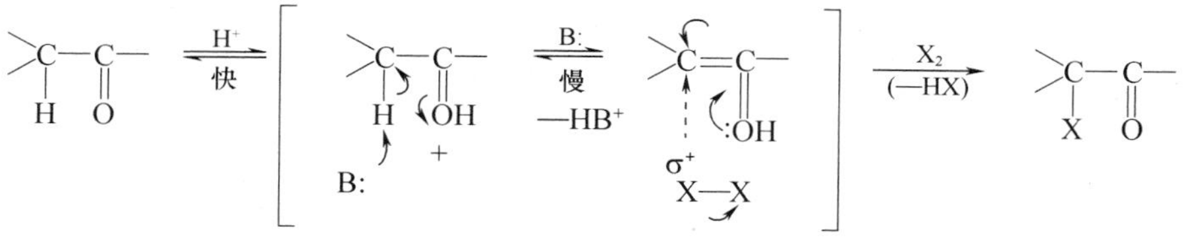

(2)主要影响因素

①催化剂:酸催化反应所用的催化剂可以是质子酸,也可以是路易斯酸。酸催化反应时,常有个诱导期,这是由于反应开始时,烯醇化速度较慢,而当反应生成的氢卤酸的浓度增大后,反应速度大大加快。反应初期,可加入少量的氢卤酸以缩短诱导期,光照也起到明显的催化效果。例如,苯乙酮的溴化,在催化量的三氯化铝存在下,生成α-溴代苯乙酮;而三氯化铝过量时生成间溴苯乙酮。

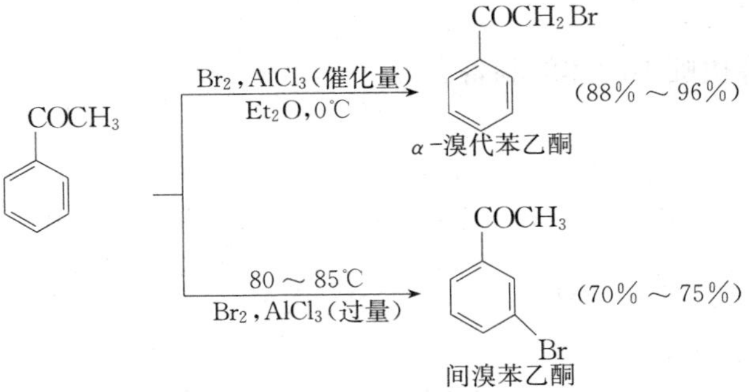

②碱:酸催化的α-卤取代反应中,也需要适量的碱,以帮助α-氢原子的脱去,这是决定烯醇化速度的过程。实际上,未质子的羰基化合物可作为有机碱发挥这样的作用。

③酮的结构:对于不对称的酮,若仅一个α-碳上有氢原子,产品一般比较单纯。如对硝基苯乙酮溴代得到抗生素氯霉素中间体;又如苯乙酮溴化得到抗蠕虫药左旋咪唑中间体。

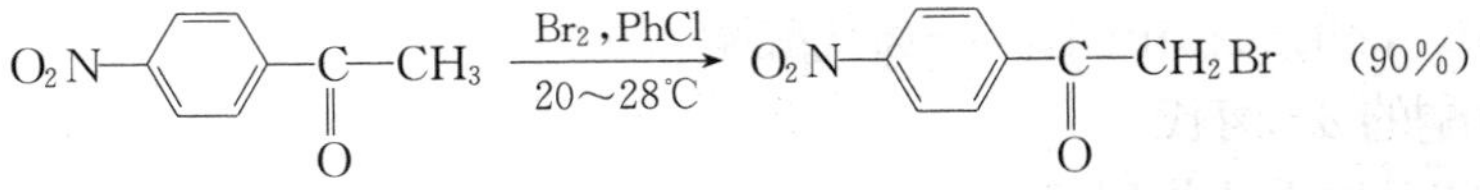

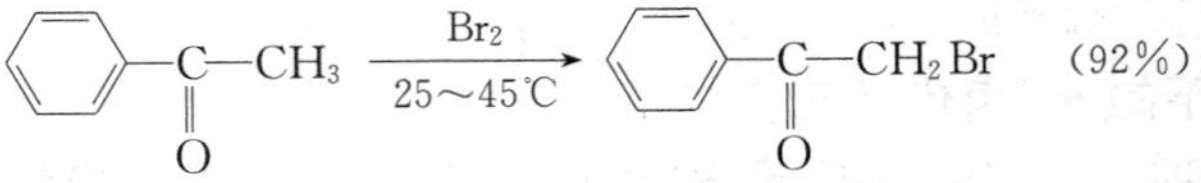

氯霉素中间体

左旋咪唑中间体

若两个α-碳上都有氢,α-卤代反应因α-碳原子上的取代基不同而反应进行的难易不同。羰基α-碳原子上有给电子基时,因为有利于酸化条件下烯醇化和烯醇式的稳定,卤素主要取代这个α-碳原子上的氢;羰基α-碳原子上有卤素等吸电子基时,则反应受阻。所以在同一个α-碳原子上引入第二个卤原子相对较困难。

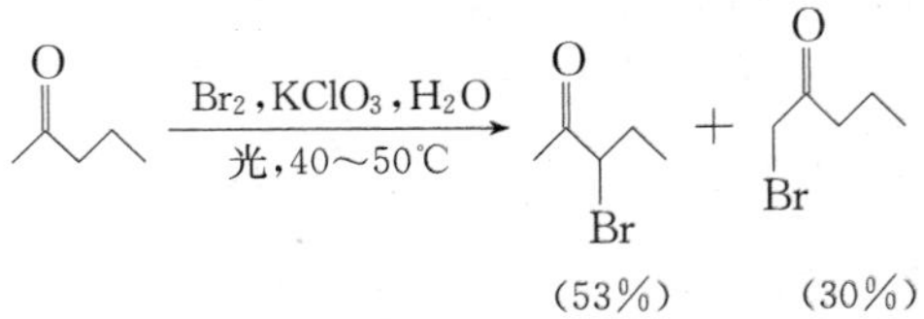

$$（30\%\sim40\%）$$

$$（55\%\sim58\%）$$

④溴化氢:在 α -羰基化合物的溴代反应中,溴化氢起双重作用,一方面可以加快烯醇化的速度;另一方面,由于溴化氢具有还原作用,它能消除 α -溴酮中的溴原子,使 α -溴化反应的收率受到限制。同时,通过烯醇互变异构的可逆过程,还可产生位置或立体异构。为此,常在反应中添加适量的醋酸钠或吡啶,以中和生成的溴化氢。

2. 碱催化下的 α -卤代反应

(1)反应机理:在碱的作用下,酮首先失去 α -氢原子,形成碳负离子或烯醇式氧负离子;然后卤素对该负离子进行亲电加成,生成 α -卤代酮。

(2)主要影响因素

①催化剂:本反应常用的催化剂有氢氧化钠(钾)、氢氧化钙以及有机碱类。

②酮的结构:与酸催化不同, α -碳上有给电子基团时,降低了 α -氢原子的酸性,不利于碱性条件下失去质子;有吸电子基团时,则 α -氢原子的活性增加,质子易于脱去,从而促进 α -卤代反应。所以在碱性条件下,同碳上容易发生多元取代,如卤仿反应。

$$RCH_2COCH_3 \xrightarrow[H_2O]{Br_2,NaOH} RCH_2COCBr_3 \xrightarrow{NaOH} RCH_2COONa + CHBr_3$$

$$CH_3COCH_3 + I_2 \xrightarrow{NaOH} CH_3COONa + CHI_3 \downarrow$$

③碘化氢:酮的 α -碘代反应可逆,常加入碱性物质以除去生成的碘化氢,使反应顺利进行。例如,在醋酸可的松、醋酸泼尼松等甾体类抗炎激素的半合成中,C17位的 β -甲酮基一般在碱 CaO 或 NaOH 的存在下,于有机溶剂中滴加碘液,反应生成的 α -碘代酮化合物不经分离,接着与醋酸钾反应,结果在甾体的 C21 位引入乙酰氧基。碱性物质 CaO 与反应体系中的少量水分作用形成 $Ca(OH)_2$、$Ca(OH)_2$,NaOH 在反应中既做催化剂,又可以中和生成的碘化氢。

$$CaO + H_2O \longrightarrow Ca(OH)_2$$

$$Ca(OH)_2 + 2HI \longrightarrow CaI_2 + H_2O$$

$$NaOH + HI \longrightarrow NaI + H_2O$$

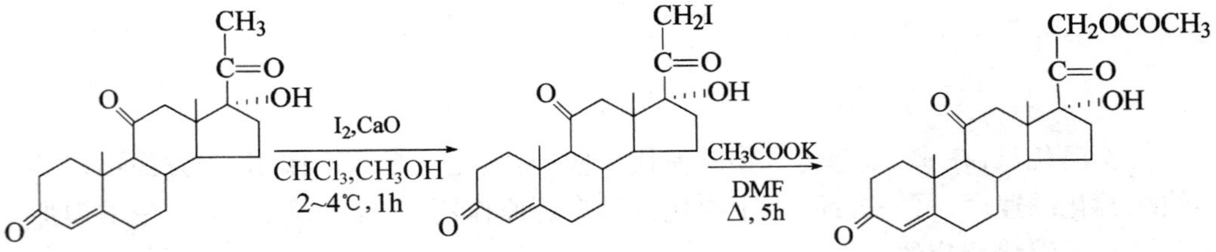

醋酸可的松

(二)醛的 α-卤代

在酸或碱的催化下,醛 α-氢原子可以被卤素取代,其机理与酮 α-氢的卤代反应类似。只是醛在该反应条件下不稳定,容易发生缩合反应。为了制得预期的卤代醛,最常用的方法是先将醛转化为烯醇脂,然后再与卤素反应。

$$CH_3(CH_2)_4CH_2CHO \xrightarrow{Ac_2O/AcOK} CH_3(CH_2)_4CH_2CH=CHOCOCH_3$$

$$\xrightarrow[(2)MeOH]{(1)Br_2/CCl} CH_3(CH_2)_4\underset{\underset{Br}{|}}{CH}CH(OCH_3)_2 \xrightarrow{HCl/H_2O} CH_3(CH_2)_4\underset{\underset{Br}{|}}{CH}CHO$$

对于无 α-氢的芳醛,可以用卤素直接取代醛基碳原子上的氢原子,生成相应的芳酰卤。

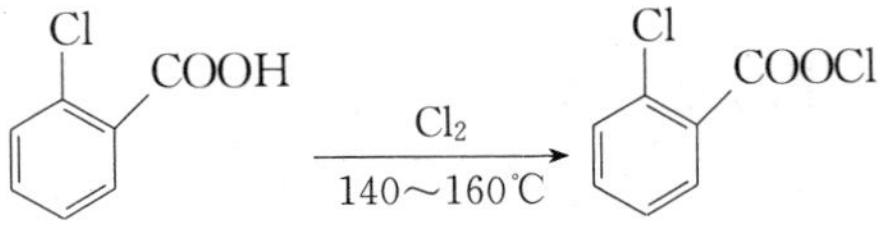

二、羧酸及其衍生物 α-氢的卤代

羧酸与卤素进行 α-氢的卤代反应不如醛酮容易,一般需要在硫、磷或三氯化磷等催化剂的作用下才能进行,这是由于羧酸的 α-氢活性较小的缘故。酰氯、酸酐、腈、丙二酸及其脂类的 α-氢原子活性较大,可以直接用卤素等各种卤化剂进行 α-卤取代反应。因此,对于羧酸的 α-卤取代反应,一般需先转化成酰氯或酸酐,然后再进行卤化,较实用的方法是制备酰卤和 α-卤代这两步在同一个反应器内一次完成,不需要纯化酰卤中间体。除局麻药丙胺卡因中间体和催眠镇静药溴米索伐中间体的制备外,还有一些类似的反应。

$$CH_3COOH \xrightarrow{Cl_2,S} ClCH_2COOH$$

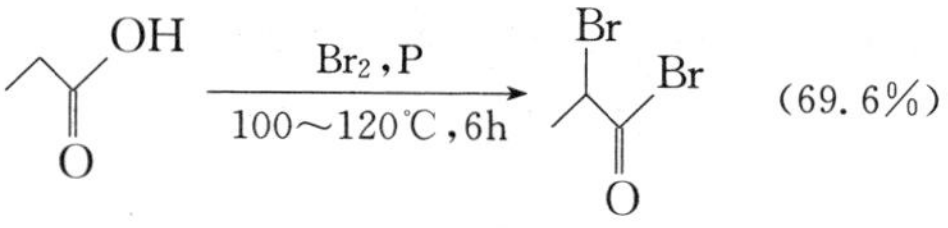

（69.6%）

丙胺卡因中间体

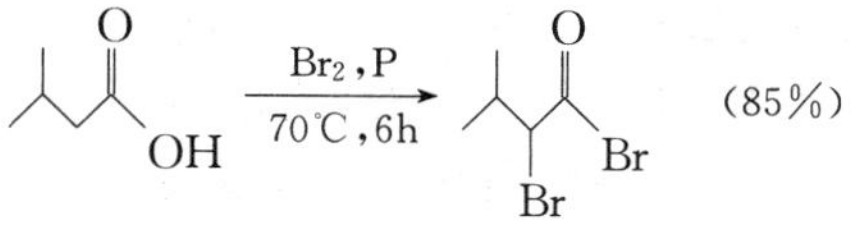

（85%）

溴米索伐中间体

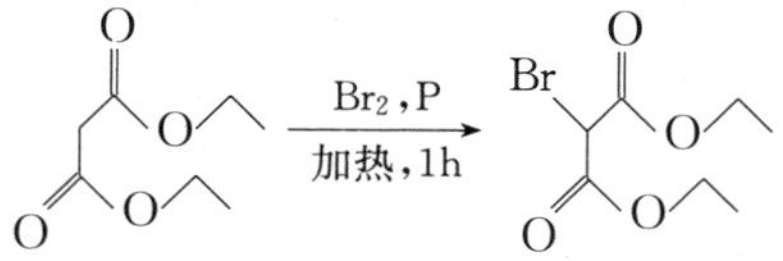

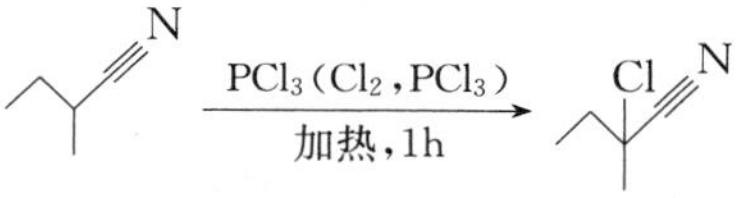

单元 6 醇、酚、羧中羟基的卤化

醇羟基、酚羟基以及羧羟基均可被卤基置换，这是制备卤化物的重要方法，常用的卤化剂有氢卤酸、含磷及含硫卤化剂等。

一、醇羟基的卤化

（一）卤化氢或氢卤酸与醇的反应

1. 反应机理

卤化氢或氢卤酸与醇的反应机理属于亲核置换，醇首先与质子作用生成𨦤盐，然后卤负离子置换𨦤盐中的水生成相应的卤化物。

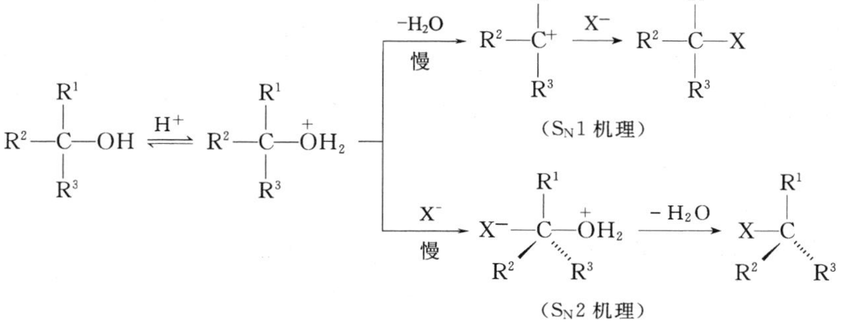

$(S_N1$ 机理)

$(S_N2$ 机理)

伯醇主要按 S_N2 机理进行反应,叔醇按 S_N1 机理反应的可能性大些,仲醇则介于两者之间。

2. 主要影响因素

(1)水 醇与卤化氢的反应属于可逆反应,为了使反应的平衡向生成有机卤化物的方向移动,可增加卤化氢的浓度或从反应体系中除去生成物之一。操作时,一般用干燥的卤化氢和无水醇反应,并加入去水剂除去生成的水。

(2)醇的结构 不同结构的醇与卤化氢或氢卤酸的反应活性不同,醇羟基的活性顺序为:烯丙醇、苄基醇>叔醇>仲醇>伯醇。

(3)卤化氢和氢卤酸 卤化氢和氢卤酸的活性顺序为:HI>HBr>HCl。HF应用较少。

醇的碘置换反应速度很快,生成的碘代烃易被反应体系中的碘化氢或氢碘酸还原成烃,因此常用的碘化剂是碘化钾、磷酸(或多聚磷酸)、碘和红磷等。反应中可将生成的碘代烃蒸馏出去,以离开反应体系。

(二)亚硫酰氯与醇的反应

亚硫酰氯与醇反应,生成卤代烃,放出二氧化硫和氯化氢。

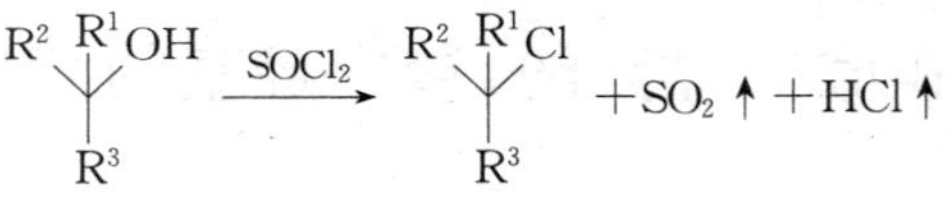

式中 R^1,R^2,R^3 可以是氢或烃基。

1. 反应机制

亚硫酰氯首先与醇作用,生成氯化亚硫酸单脂,然后断裂 C－O 键,释放出二氧化硫,形成卤代烃。氯化亚硫酸单脂的分解方式与溶剂有关,同时又决定了与羟基相连碳原子的构型在氯化反应中的变化。在二氧六环中反应,由于二氧六环氧原子上未共用电子对从脂基的反位和脂碳原子形成微弱的键,增加了反位方向的位阻,促进氯离子作分子内亲核置换,即 S_N1 机理,醇碳原子保持原有的构型。在吡啶中反应时,由于氯化氢和吡啶成盐而贮存于反应液中,解离后的氯负离子从脂基的反位作亲核置换,即按 S_N2 机理进行,得到构型反转的产物。若无溶剂,在某些催化剂(如氯化锌)的作用下,氯化亚硫酸单脂直接分解成碳正离子与氯负离子的离子对形式,然后再进一步形成外消旋产物,即按 S_N1 机理反应。

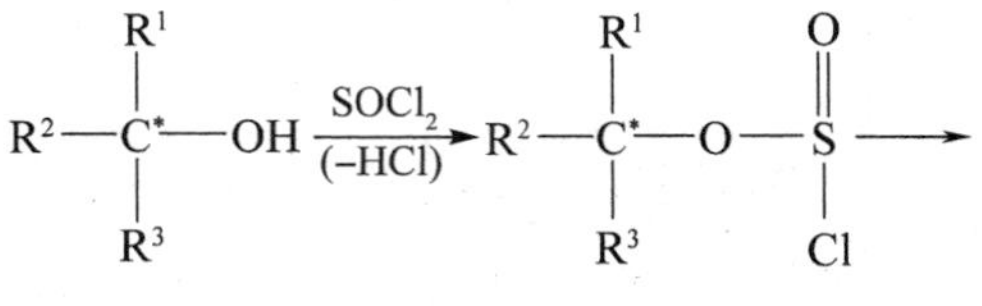

$R^1 \neq R^2 \neq R^3$

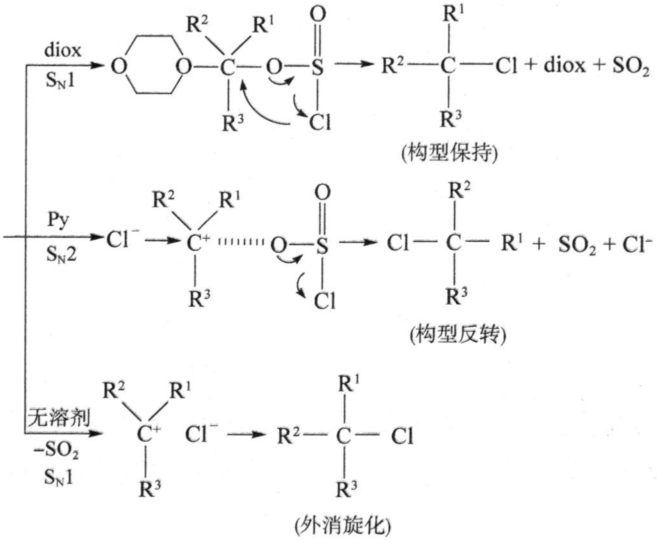

（构型保持）

（构型反转）

（外消旋化）

2. 主要影响因素

（1）催化剂　在没有催化剂存在时，亚硫酰氯与醇能顺利进行反应，如 1,10-癸二醇与亚硫酰氯直接反应，就能生成抗菌药地喹氯铵中间体。若添加氯化锌作为催化剂，反应速度明显加快，所得产物主要为外消旋体。有机碱（吡啶）可以作为本反应的催化剂，这是因为吡啶能与反应中生成的氯化氢结合，有利于提高卤化反应的速度。某些对酸敏感的醇与亚硫酰氯和吡啶在室温下反应时，可得到预期的氯置换反应产物，而分子中的其他部分不受影响。

$$HO(CH_2)_{10}OH \xrightarrow[-SO_2]{SOCl_2} Cl(CH_2)_{10}Cl \quad （88\%）$$

地喹氯铵中间体

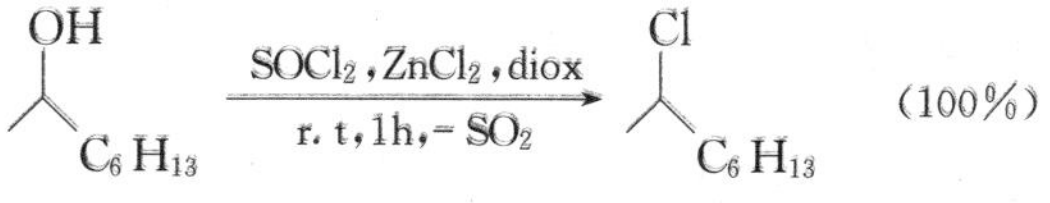

（98%外消旋化）

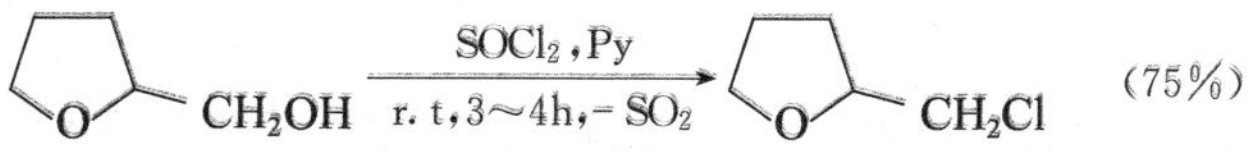

（75%）

若醇分子中有碱性基团，能与反应生成的氯化氢结合，可使反应加速。如 β-二乙氨基乙醇于室温下与亚硫酰氯反应，生成抗精神病药氯丙嗪侧链；双-（β-羟乙基）甲胺氯化生成最早应用临床的抗肿瘤药盐酸氮芥；镇痛药美沙酮中间体也是以氯化砜为氯化剂制得的。

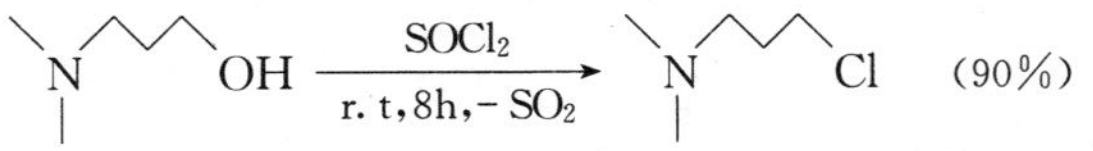

氯丙嗪侧链

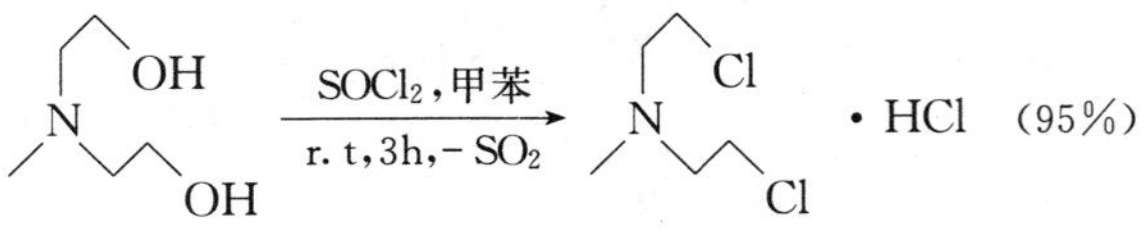

盐酸氮芥

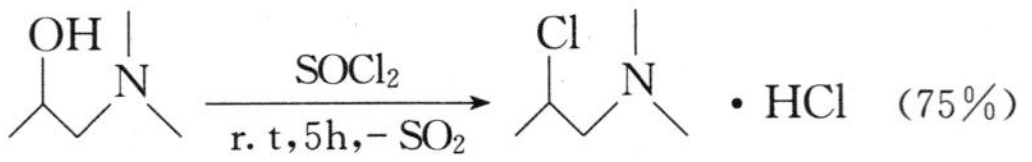

美沙酮中间体

(2)溶剂及其他　亚硫酰氯与醇的反应可以不要溶剂,也可以用苯、甲苯、吡啶、二氧六环、醚类等作为溶剂。因亚硫酰氯易水解,所以反应须在无水条件下进行。

3. 应用

亚硫酰氯在药物及其中间体合成中应用广泛,主要用于制备高沸点的卤代烃,如血管扩张药酚苄明中间体、抗心绞痛药吗多明合成原料。

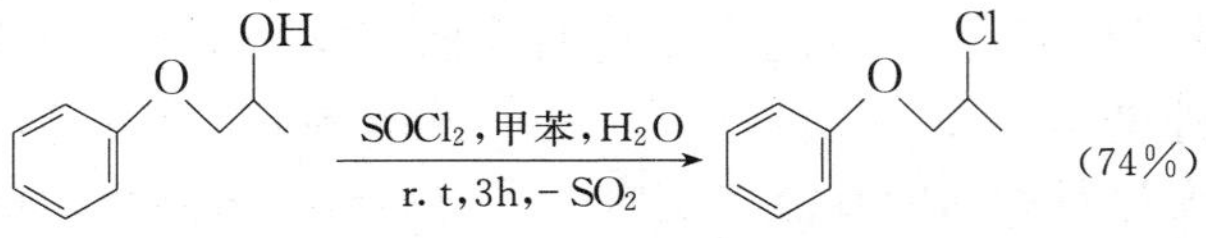

酚苄明中间体

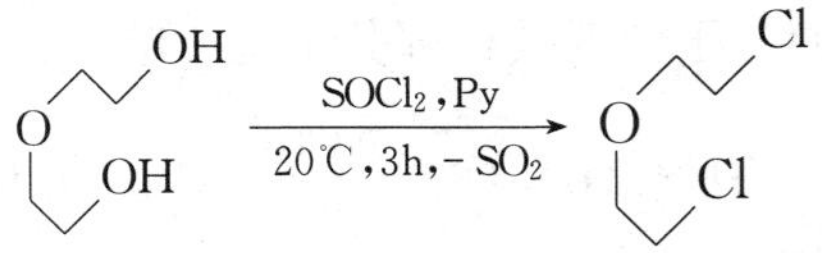

吗多明合成原料

(三)卤化磷与醇的反应

$$R—OH \xrightarrow{PX_3 \text{ 或 } PX_5} R—X$$

在三卤化磷、五卤化磷中,PBr_3 和 PCl_3 应用最多,前者效果最好,也可由 Br_2 和磷进行反应而直接生成,使用方便。

三卤化磷和醇进行反应时,首先生成亚磷酸的单、双或三酯混合物和卤化氢,然后,由于倾向于形成磷酰基(P=O)而使混合物中的烷氧键发生断裂,于是卤素负离子对酯分子中亲电性烷基作亲核取代反应,生成卤化物。

$$R—OH + PX_3 \xrightarrow[-HX]{} \left[—\overset{|}{P}H—O—R \right] \xrightarrow{X^-} R—X$$

$$\begin{cases} (RO)_3P + HX \longrightarrow RX + (RO)_2\overset{\displaystyle O}{\overset{\|}{P}}H \\[2ex] (RO)_2P + HX \longrightarrow RX + RO\overset{\displaystyle O}{\underset{\displaystyle X}{\overset{\|}{P}}}H \\[2ex] ROPX_2 + HX \longrightarrow RX + X_2\overset{\displaystyle O}{\overset{\|}{P}}H \\[2ex] (RO)_2\overset{\displaystyle O}{\overset{\|}{P}}H + HX \longrightarrow RX + RO\overset{\displaystyle O}{\overset{\|}{P}}OX \end{cases}$$

上述亲核取代过程,大多属 S_N2 机理。因此,光学活性醇在与三卤化磷反应后的主要产物常常为构型翻转的卤化物。但是,由于亚磷酸单脂反应的立体选择性不高,故会发生一定比例的外消旋化。

对于某些易发生重排的醇(仲醇、β 位具叔碳取代基的伯醇等),由于 S_N1 机理可能性增加,则随着所用卤化磷及其用量、反应条件的不同,其收率和重排副产物的比例也不同。

$$Me_3CCH_2OH \longrightarrow Me_3CCH_2Br + Me_2\underset{\displaystyle Br}{\overset{}{C}}CH_2Br + CH_3\underset{\displaystyle Br}{\overset{}{C}}HCHMe_2$$

$PBr_3(0.28mol)/20℃,22h(19\%)$	(60%)	(40%)	—
$PBr_3(0.75mol)/150℃,24h(64\%)$	(63%)	(26%)	(11%)
$PCl_3(0.28mol)/20℃,24h(1\%)$	(54%)	(46%)	—

$$\overset{\displaystyle}{\underset{\displaystyle OH}{}} \xrightarrow[\text{PE/r. t. ,12h}]{PBr_3} \quad \overset{}{}Br \quad (80\%)$$

五氯化磷和 DMF 反应也生成氯代亚氨盐 Vilsmeier－Haac 试剂,在二氧六环或乙腈等溶剂中和光学活性仲醇加热反应,可得高收率、构型翻转的氯代烃。

$$PCl_3 + HCONMe_2 \xrightarrow{120℃,15min} [Me_2N^+ \!-\! CHCl]Cl^- \quad (88\%)$$

$$n\text{-}C_6H_{13}\!-\!\overset{*}{C}H\!-\!OH \xrightarrow[80\sim100℃,3h]{\text{diox 或 MeCN}} n\text{-}C_6H_{13}\!-\!\overset{*}{C}H\!-\!Cl \quad \begin{matrix}(84\%\sim88\%)\\(98.6\% \text{ ee}\sim99.6\% \text{ ee})\end{matrix}$$
$$\underset{\displaystyle CH_3}{} \qquad\qquad\qquad\qquad \underset{\displaystyle CH_3}{}$$

$$[\alpha]_D^{20} = +2.71° \qquad\qquad\qquad\qquad [\alpha]_D^{20} = -10.53°$$

(四)有机磷卤化物与醇的反应

$$R\!-\!OH \longrightarrow R\!-\!X$$

三苯磷卤化物，如 Ph_3PX_2、Ph_3P^+ CX_3X^- 以及亚磷酸三苯脂卤化物 $(PhO)_3PX_2$、$(PhO)_3PRX^-$，在和醇进行卤置换反应时，具有活性大、反应条件温和等特点。由于反应中产生的卤化氢很少，因此不易发生卤化氢引起的副反应。

这两类试剂均可由三苯磷或亚磷酸三苯酯和卤素或卤代烷直接制得，不经分离纯化即和醇进行反应。其反应历程是这些试剂和醇反应生成醇烷氧基取代的三苯磷加成物或相应的亚磷酸酯，后经卤素负离子的 S_N2 反应，生成卤化物，同时发生构型反转。

$$\begin{cases} PPh_3 + X_2 \longrightarrow Ph_3PX_2 \\ Ph_3PX_2 + ROH \longrightarrow ROP^+Ph_3X^- + HX \end{cases}$$

$$\xrightarrow{\;X^-\;} RX + Ph_3P = O$$

$$(PhO)_3P + RX \longrightarrow (PhO)_2P^+ - RX^-$$

$$(PhO)_2P^+ - RX^- + R'OH \longrightarrow (PhO)_2P^+ - R + PhOH$$

$$\underset{OR'}{\big|}$$

$$\xrightarrow{\;X^-\;} R'X + (PhO)_2\underset{\underset{X}{|}}{P}=O$$

这些试剂的应用很广泛，常以 DMF 或 HMPTA 作为溶剂进行卤置换反应，也可在较温和的条件下将光学活性的仲醇转化成构型反转的卤代烃，或对某些在酸性条件下不稳定的化合物进行卤化。

$$\wedge\!\!\wedge\!\!\wedge\!\!\wedge\text{OH} \xrightarrow[\text{HMPTA}]{Ph_3PI_2} \wedge\!\!\wedge\!\!\wedge\!\!\wedge\text{I} \quad (82\%)$$

100a

三苯磷和六氯代丙酮（HCA）复合物与 Ph_3P/CCl_4 相似，也能将光学活性的烯丙醇在温和条件下转化成构型反转的烯丙氯化物，且不产生异构、重排副产物。此试剂比 Ph_3P/CCl_4 更温和、反应迅速，特别适用于用其他方法易引起重排反应的烯丙醇。

$$(94\%)$$
$$(>90\% \text{构型反转})$$

二、酚羟基的卤化

由于酚羟基活性较小，因而在醇卤置换反应中的氢卤酸、卤化亚砜均不能在酚的卤置换反应中获得满意的结果。一般必须采用五卤化磷或氧卤化磷合用（兼作溶剂），在较剧烈的条件下才能反应。对于缺 π 电子杂环上羟基的卤置换反应则相对比较容易,单独应用氧卤化磷也能得到较好的结果。

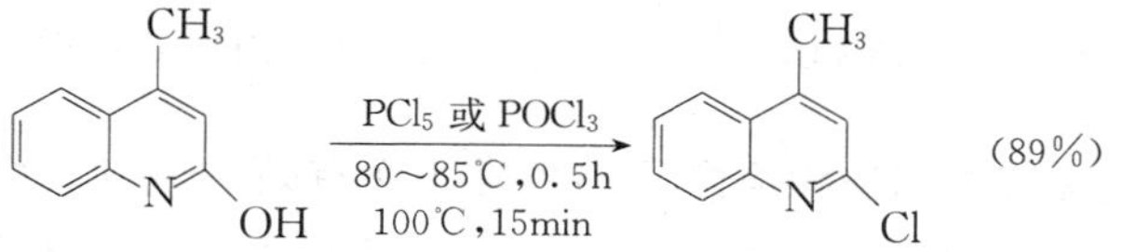

（89%）

五卤化磷受热易解离成三卤化磷和卤素。反应温度越高,离解度越大,置换能力也随之降低,同时还可能产生烯烃卤素加成或芳核卤代副反应。故采用氯化磷时,反应温度不宜过高。

一般来说,酚和有机卤化物的反应较为温和,预置换活性较小的酚羟基,因这些试剂沸点较高,可在较高温度和不加压条件下进行卤化。

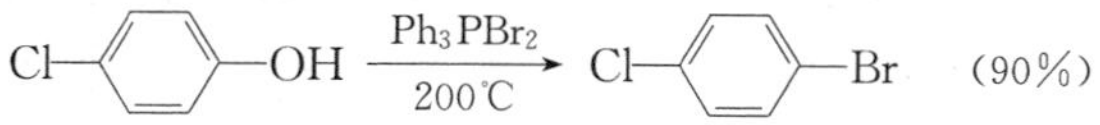

（90%）

三、羧羟基的卤化

和醇羟基的卤取代反应相似,羧羟基也能用无机酰卤。例如,卤化磷 PX_3、PX_5、POX_3 和卤化亚砜 SOX_2 来进行卤置换反应。

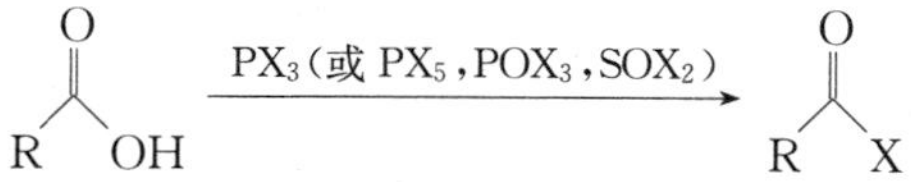

一般来说,不同结构羧酸的卤置换反应活性顺序为:脂肪酸>芳香酸、芳环上具有供电子取代基的芳香酸>无取代基的芳香酸>具有吸电子基的芳香酸。

五氯化磷的活性很大,和羧酸的卤置换反应比较剧烈,常用于将活性较小的羧酸转化成相应的酰卤,尤其适合用于具有吸电子基的芳酸或芳香多元酸的反应。反应后生成的氧氯化磷可借助分馏法除去,因此,要求生成的酰氯的沸点应与 $POCl_3$ 的沸点有较大差距,以有利于得到较纯的产品。

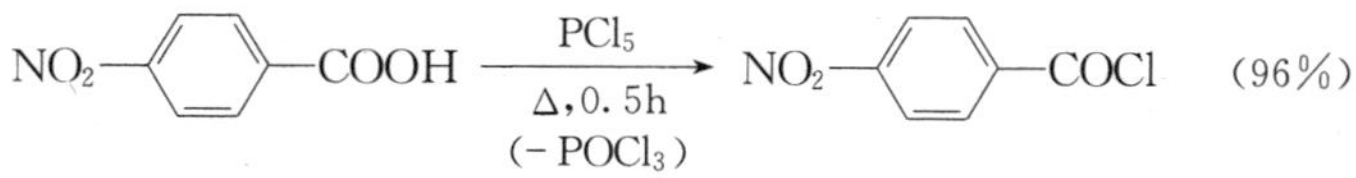

（96%）

三氯化磷的活性比五氯化磷小,一般适用于脂肪酸的卤置换反应。在实际使用时,常需稍过量的 PX_3 与羧酸一起加热,将生成的酰氯用适当的溶剂溶解后与亚磷酸分离,或直接蒸馏得到。

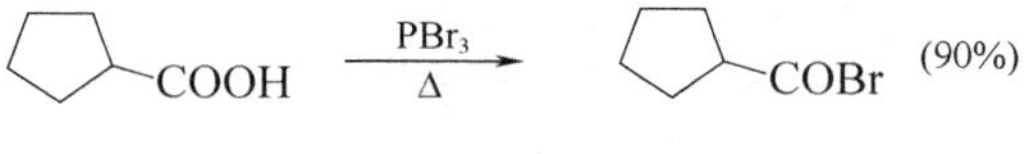

（90%）

氧氯化磷的活性更小,主要与活性较大的羧酸盐进行反应才能得到相应的酰氯,一般很少应用。

$$CH_3CH \!=\! CH \!-\! COONa \xrightarrow[\text{r. t}]{POCl_3/CCl_4} CH_3CH \!=\! CH \!-\! COOCl \quad (64\%)$$

氯化亚砜是由羧酸制备相应酰氯的最常用而有效的试剂。由于沸点低、易蒸馏回收、反应中生成的 SO_2 和 HCl 易逸去,故反应后无残留副产物,使得所得产品容易纯化,这是该试剂最大的优点。另外,它也能与酸酐反应生成酰氯。

$$RCO_2H + SOCl_2 \longrightarrow RCOCl + SO_2 \uparrow + HCl \uparrow$$

$$(RCO)_2O + SOCl_2 \longrightarrow RCOCl + SO_2 \uparrow$$

氯化亚砜可广泛用于各种羧酸的酰氯的制备,且对分子内存在的其他官能团如双键、羰基、烷氧基或脂基影响很小。其操作简单,只需将羧酸和氯化亚砜一起加热至不再有 SO_2 和 HCl 气体放出为止,然后蒸去溶剂后进行蒸馏或重结晶。除 $SOCl_2$ 本身可作为溶剂外,还可用苯、石油醚、二硫化碳等作溶剂。有时,加入少量的吡啶、DMF 等催化剂可提高反应速率。

$$PhCH \!=\! CHCOOH \xrightarrow[\triangle, 60min]{SOCl_2} PhCH \!=\! CHCOCl \xrightarrow[\triangle, 1h]{PhOH} PhCH \!=\! CHCOOPh \quad (89\%)$$

【习题】

一、单项选择题

1. 下列反应中,会产生过氧化物效应的是(　　)。
   A. 烯烃与卤素的加成　　　　　　　　B. 不对称烯烃与溴化氢的加成
   C. 芳烃与卤素的加成　　　　　　　　D. 醛或酮类的 α-氢卤代

2. 卤化剂 NBS 是指(　　)。
   A. N-溴代丁二酰亚胺　　　　　　　B. 次卤酸酯
   C. 硫酰氯　　　　　　　　　　　　　D. 次溴酸钠

3. 若无立体因素的影响,在卤化反应中氢原子活性最大的是(　　)。
   A. 苄基上的氢　　B. 烯丙位上的氢　　C. 叔碳上的氢　　D. 伯碳上的氢

4. 氟化反应很少使用是因为(　　)。
   A. 氟化物不可做药　　　　　　　　　B. 氟化物不可做药物中间体
   C. 反应剧烈难控制　　　　　　　　　D. 氟太昂贵

5. 在卤化氢对醇羟基的置换卤化中,各种醇的反应活性顺序是(　　)。
   A. 苄醇、烯丙醇＞叔醇＞仲醇＞伯醇
   B. 伯醇＞仲醇＞叔醇＞苄醇、烯丙醇
   C. 苄醇、烯丙醇＞伯醇＞仲醇＞叔醇
   D. 叔醇＞仲醇＞伯醇＞苄醇、烯丙醇

6. 醛 α-氢卤代反应不能直接用卤素取代是因为(　　)。

A. 醛的 α-氢不活泼   B. 反应太剧烈

C. 容易发生副反应   D. 产率太低

二、完成下列反应

1. 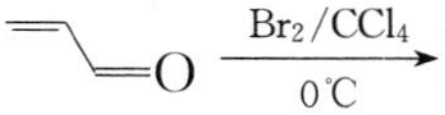 $\xrightarrow[0\,℃]{Br_2/CCl_4}$

2. $\xrightarrow{PBr_3}$

3. $\xrightarrow{Cl_2/AIBN}$

4. $\xrightarrow{48\%HBr}$

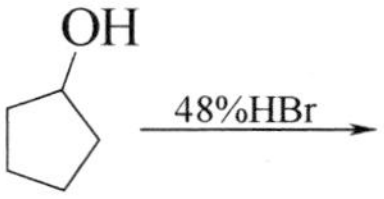

5. 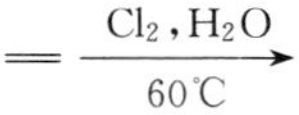 $=\!=$ $\xrightarrow[60\,℃]{Cl_2,H_2O}$

6. 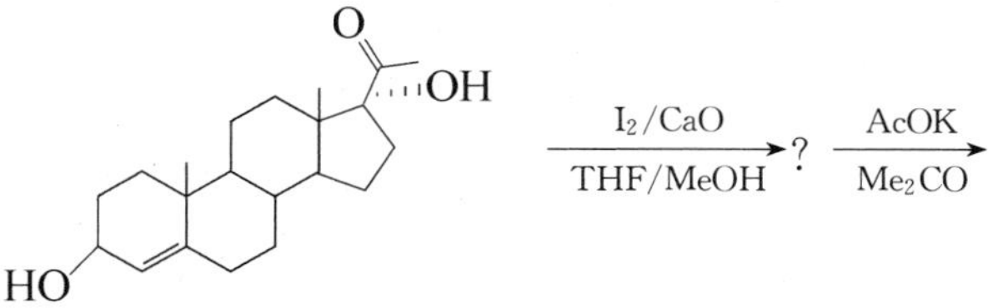 $\xrightarrow[THF/MeOH]{I_2/CaO}$? $\xrightarrow[Me_2CO]{AcOK}$

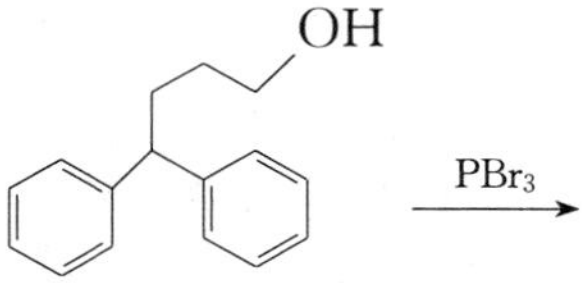

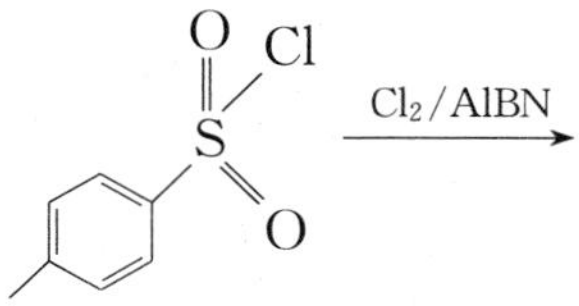

7. 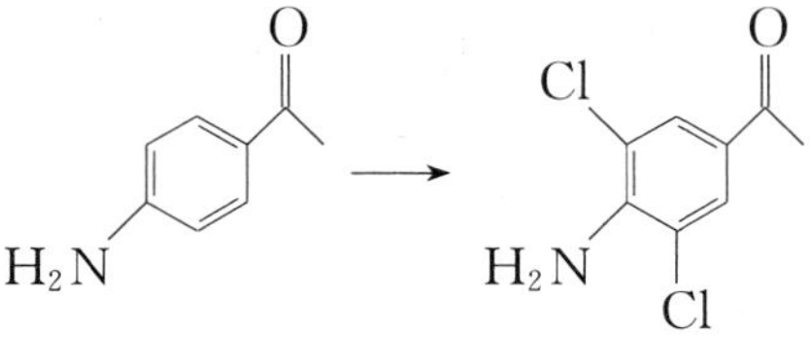 $\longrightarrow$

8. 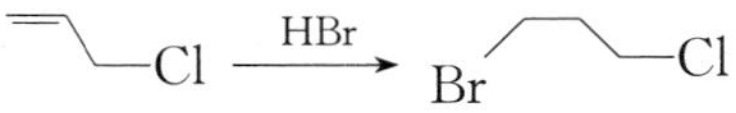 $\xrightarrow{HBr}$

9. 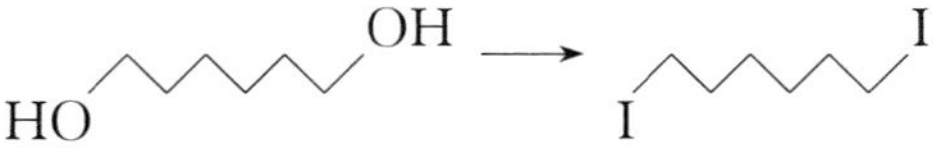 $\longrightarrow$

10. 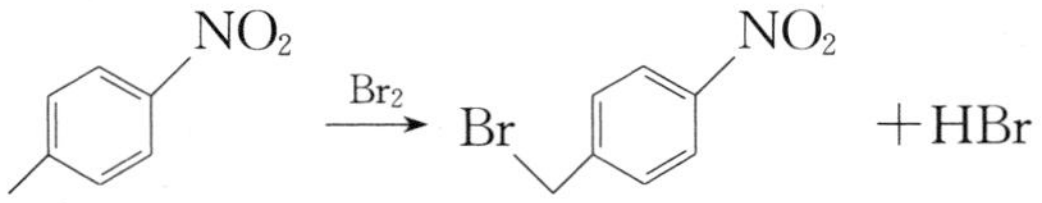 $\xrightarrow{Br_2}$ $+HBr$

三、简答题

1. 什么是卤化反应？按引入的卤原子不同,卤化反应分哪几种？按反应类型分,卤化反应又可分为哪几种？各举一例说明。

2. 什么是过氧化物效应？氯化氢、碘化氢与不对称烯烃的加成有过氧化物效应吗？为什么？

3. 在较高温度或游离基引发剂存在下,于非极性溶剂中,Br_2 和 NBS 都可用于烯丙位和苄位氢的溴代,试比较它们各自的优缺点。

四、以指定的原料为主合成下列物质

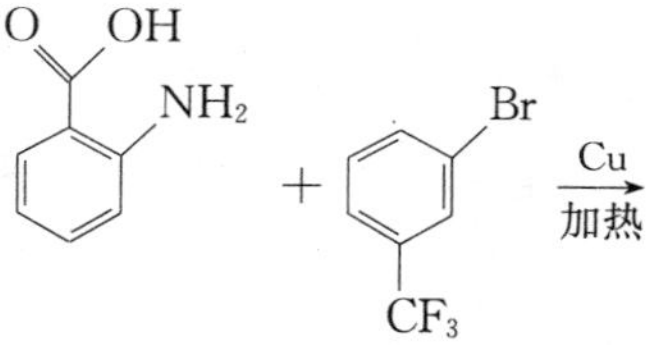

1.

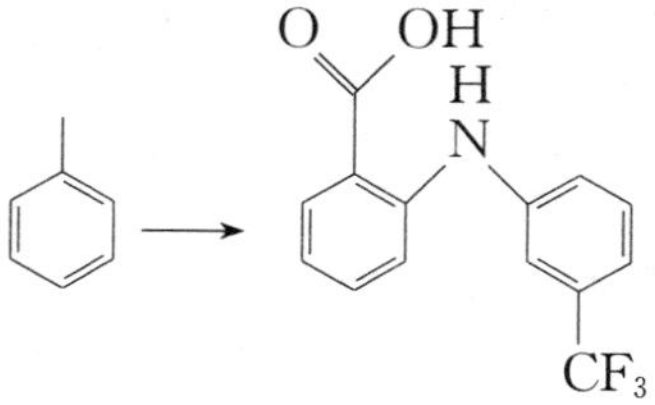

（氟灭酸）

2.

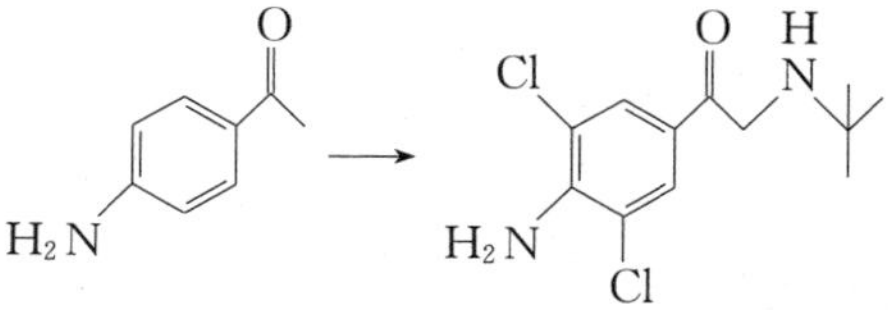

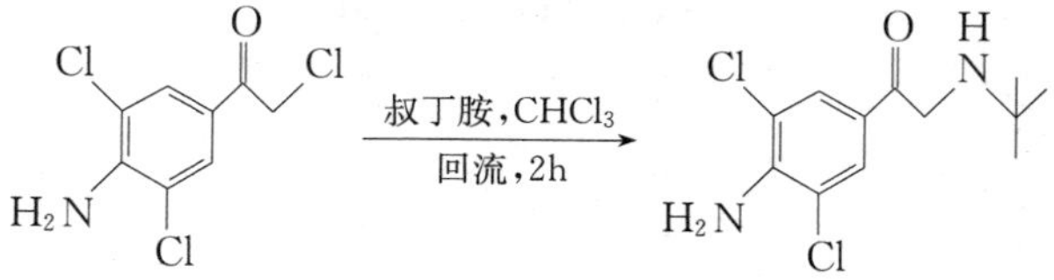

学习情境五 烃 化

【学习目标】
1. 掌握氧、氮、碳原子烃化反应中常用烃化剂类型、反应条件,掌握活性亚甲基化合物碳原子上烃化反应中不同烃基引入的顺序。
2. 熟悉烃化反应的定义、类型及其在药物合成中的重要性,熟悉氧、氮、碳原子上烃化反应的机制、影响因素。

单元1 烃化应用的实例分析

化学药物,有些结构简单,但大部分药物的结构较复杂,那些结构复杂的药物多是由简单的化工原料合成的。因此,药物合成中氧-碳,氮-碳,碳-碳键的形成非常普遍,使烃化反应在药物合成中有着非常广泛的应用。

实例分析1:没食子酸用硫酸二甲酯在碱性条件下甲基化,可生成多种药物合成的中间体3,4,5-三甲氧基苯甲酸甲酯。在氧上引入甲基,有O—C键的生成。

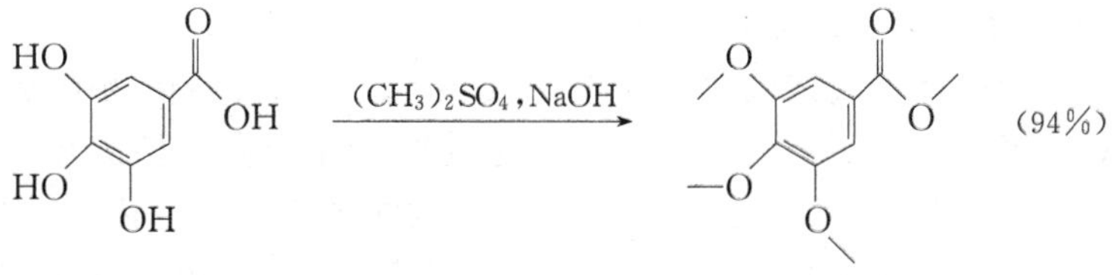

没食子酸   3,4,5-三甲氧基苯甲酸甲酯

实例分析2:7-甲基-4-羟基-1,8-萘啶-3-甲酸在氢氧化钠的乙醇溶液中,用溴乙烷烃化,可生成抗菌药萘啶酸。在氮上引入乙基,有N—O键的生成。

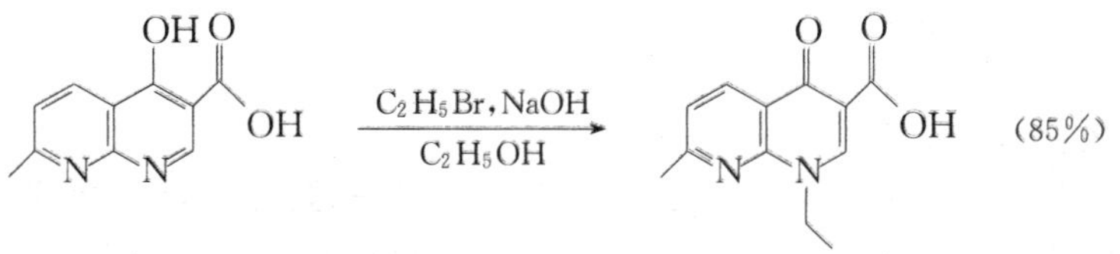

萘啶酸

实例分析3:抗真菌药克霉唑的合成,以邻氯三氯甲苯、苯和咪唑为原料,经两步烃化反应而得。第一步在碳上引入芳基,有C—C键的生成。

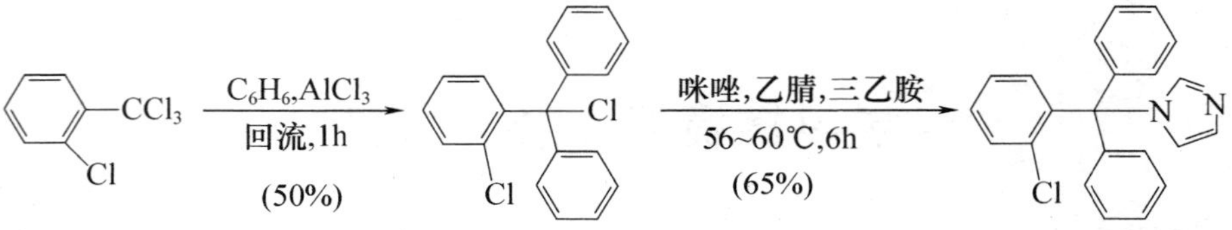

克霉唑

另外,在药物分子中氨基、羟基经烃化后,往往可以提高其脂溶性,氨基经烃化还可降低毒性,从而对改进药物的药理作用具有重要意义。

单元 2　烃 化 反 应

一、烃化反应的概述

在有机化合物分子中的碳、氮、氧、硫、磷、硅等原子上引入烃基的反应称为烃化反应。引入的烃基可以是烷基、烯基、炔基、芳基以及带有各种取代基的烃基,如羟甲基、氰乙基、羧甲基等。

二、烃化反应的类型

在有机合成中,碳、氧、氮原子上的烃化是最常见的烃化反应,分别称为碳原子上的烃化、氧原子上的烃化和氮原子上的烃化反应。

烃化反应的机理多属亲核取代反应(S_N1 或 S_N2),即被烃化物中带负电荷或未共用电子对的氧、氮、碳原子向烃化剂带正电荷的碳原子做亲核进攻。因此,烃化反应的难易,不但取决于被烃化物的亲核活性,同时也取决于烃化剂的结构及离去基团的性质。在药物及中间体的合成中,烃化剂的选用既要根据反应的难易、制取的繁简,又要考虑成本的高低、毒性的大小、副反应的多少,甚至溶剂的影响等情况也要综合考虑。在芳环上引入烃基则属于亲电取代反应,这时还要考虑催化剂的影响。

三、常用烃化剂及特点

(一)卤代烃

卤代烃为药物合成中最重要且应用最广泛的一类烃化剂。卤代烃作为烃化剂,其结构对烃化反应的活性有较大的影响。当卤代烃中的烃基相同时,不同卤素影响 C—X 之间的极化度,极化度大,反应速度快。一般卤原子的半径越大,所成键的极化度越大。因此,不同卤代烃的活性次序为:RF<RCl<RBr<RI。RF 的活性很小,且本身不易制得,故在烃化反应中应用很少。RI 尽管活性最大,但由于其不如 RCl、RBr 易得、价格较贵、稳定性差、应用时易发生消除或还原等副反应,

所以应用的也很少。在烃化反应中应用较多的卤代烃是 RCl 和 RBr,这一方面是由于它们的活性可以达到反应的要求;另一方面,它们很容易通过卤化氢对双键进行加成、卤素取代,特别是醇的卤素置换等反应制得。

一般相对分子质量小的卤代烃的反应活性比相对分子质量大的卤代烃更强些,因此在引入相对分子质量较大的长链烃基时,选用活性较大的 RBr 多些。另外,当所用卤代烃的活性不够大时,可加入适量的碘化钾(卤代烃的 $1/10 \sim 1/5$ 摩尔),使卤代烃中卤原子被置换成碘,而有利于烃化反应。

如果卤原子相同,则伯卤代烃的反应最好,仲卤代烃次之,而叔卤代烃常常会发生严重的消除反应,生成大量的烯烃,因此,不宜直接采用叔卤代烃进行烃化。氯苄和溴苄的活性较大,易于进行烃化反应;而氯苯和溴苯由于 $p-\pi$ 共轭,活性很差,烃化反应较难进行,往往要在强烈的反应条件下或芳环上有其他活化取代基(强吸电子基)存在时,方能顺利进行反应。

由于卤代烃类烃化剂的烃基可以取代多种功能基上的氢原子。因此,广泛用于氧、氮、碳原子等的烃化。

(二)硫酸酯和芳磺酸酯

硫酸酯($ROSO_2OR$)和芳磺酸酯($ArSO_2OR$)是常用烃化剂,反应机理与使用卤代烃的烃化反应相同。由于硫酸酯基和磺酸酯基比卤原子易脱离,其 α 碳原子更易受负离子的亲核进攻,活性比卤代烃大,它们之间的活性次序为:$ROSO_2OR > ArSO_2OR > RX$。因此,在使用硫酸酯和芳磺酸酯时,其反应条件较卤代烃温和。

1. 硫酸酯类烃化剂

常用的硫酸酯类烃化剂有硫酸二甲酯和硫酸二乙酯,可分别由甲醇、乙醇与硫酸作用制得。由于价格较贵,且只能用于甲基化和乙基化反应,因此应用不如卤代烃广泛。

硫酸二酯分子中虽有两个烷基,但通常只有一个烷基参加反应。它们是中性化合物,在水中的溶解度小,温度高时易水解生成醇和硫酸氢酯($ROSO_2OH$),因此一般将硫酸二酯滴加到含被烃化物的碱性水溶液中进行反应,碱可增加被烃化物的反应活性并能中和反应生成的硫酸氢酯,也可以在无水条件下直接加热进行烃化。

硫酸二酯类的沸点比相应的卤代烃高,因而能在较高温度下反应而不需加压。由于烃化活性大,其用量也不需要过量很多。硫酸二酯中应用最多的是硫酸二甲酯,它的毒性极大,能通过呼吸道及皮肤接触使人体中毒。因此,反应废液需经氨水或碱液分解,使用时必须注意防护。

2. 芳磺酸酯类烃化剂

芳磺酸酯也是一类强烃化剂,通常是由芳磺酰氯与相应的醇在低温下反应制得。

$$ArSO_2Cl + ROH \xrightarrow{NaOH} ArSO_2OR + HCl$$

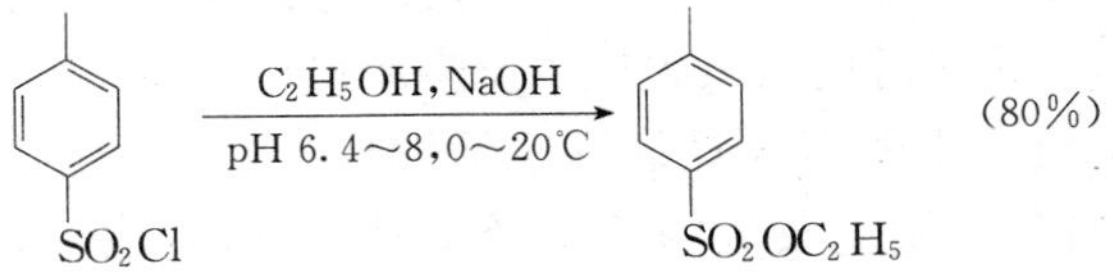

（80%）

芳磺酸酯中应用最多的是对甲苯磺酸酯（TsOR）。TsO⁻ 是很好的离去基团，而 R 可以是简单的烃基，也可以是复杂的、带有各种取代基的烃基。因此，芳磺酸酯的应用范围比硫酸酯广泛，常用于引入相对分子质量较大的烃基。

(三)烷氧类烃化剂

一般醚的烃化活性很低，只能用于活性大的氮原子的烃化，制备胺类化合物。环氧乙烷及其衍生物的分子内具有三元环结构，张力较大，容易开环，能和分子中含有活泼氢的化合物（如水、醇、胺、活性亚甲基、芳环）加成形成羟烃化合物，是一类活性较强的烃化剂。环氧乙烷及其衍生物，通常以相应的烯烃为原料，通过氯醇法或氧化法制备。

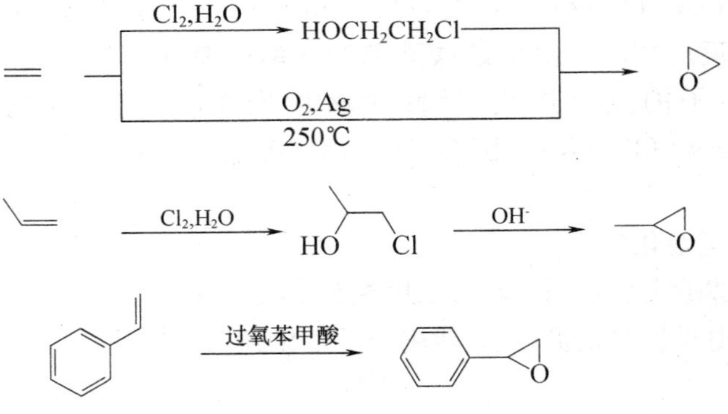

由于环氧乙烷及其衍生物烃化活性强，又易于制备，与含活泼氢的化合物加成可得羟烃化产物。因此，广泛用于氧、氮、和碳原子的羟烃化。例如，抗寄生虫药甲硝唑的合成，利用了氮原子上的羟乙基化。

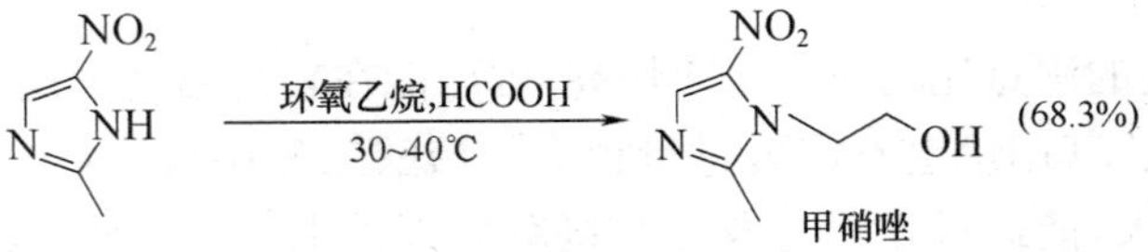

（68.3%）

甲硝唑

此外，醇类、醚类、烯烃、甲醛、甲酸、重氮甲烷、烷基金属等也有应用。

单元 3　氧原子上的烃化

氧原子上的烃化反应,包括烃化剂与醇、酚、羧酸及水(卤代烃的水解)的反应,本单元主要讨论醇和酚的烃基化。

一、醇的 O-烃化

在醇的氧原子上进行烃化反应可得醚,通常简单醚采用醇脱水的方法制备。本节主要讨论通过醇与烃化剂的反应制备混合醚的方法。

(一)卤代烃为烃化剂

1. 反应通式

醇在碱(钠、氢氧化钠、氢氧化钾等)存在下,与卤代烃生成醚的反应称为威廉森(Williamson)合成。它是 Williamson 于 1850 年发现的,是制备混合醚的有效方法。其反应过程如下:

$$ROH + B^- \longrightarrow RO^- + HB$$
$$R'X + {}^-OR \longrightarrow R'OR + {}^-X$$

2. 反应机理

由于卤代烃的结构不同,反应可分别按 S_N2 和 S_N1 机理进行。

S_N2 机理为:

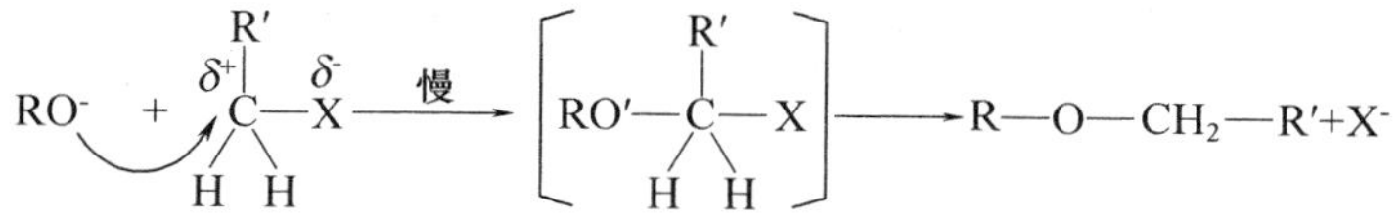

$$v = k\,[RO^-][R'CH_2X]$$

S_N1 机理为:

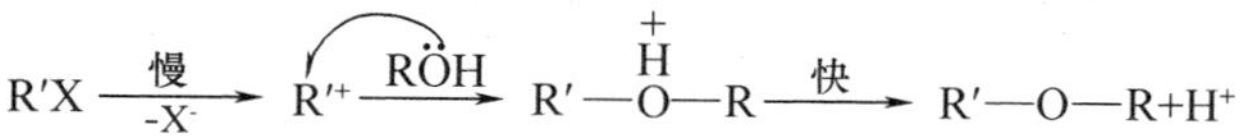

$$v = k\,[R'X]$$

3. 影响因素

(1)卤代烃的结构　S_N2 反应是 RO^- 直接向卤代烃的 α 碳原子亲核进攻,立体效应影响较大,卤代烃的立体位阻是决定因素。S_N1 反应则形成中间体碳正离子,碳正离子的稳定性起决定作用。因此,卤代烃发生 S_N2 和 S_N1 的活性次序为(1°、2°、3°分别表示伯醇、仲醇、叔醇):

$$\xrightarrow{\qquad\qquad}\ S_N1\ 依次增大$$
$$RX = CH_3X \quad 1°\ 2°\ 3°$$
$$S_N2\ 依次增大\ \xleftarrow{\qquad\qquad}$$

通常，CH_3X 和伯卤代烃主要按 S_N2 机理进行取代，仲卤代烃是 S_N2 和 S_N1 混杂，而叔卤代烃主要按 S_N1 机理进行。威廉森反应是在强碱性条件下进行的，用叔卤代烃作烃化剂时，中间体碳正离子在碱性条件下极易消除，还会与溶剂分子或碱性试剂进行取代等副反应。

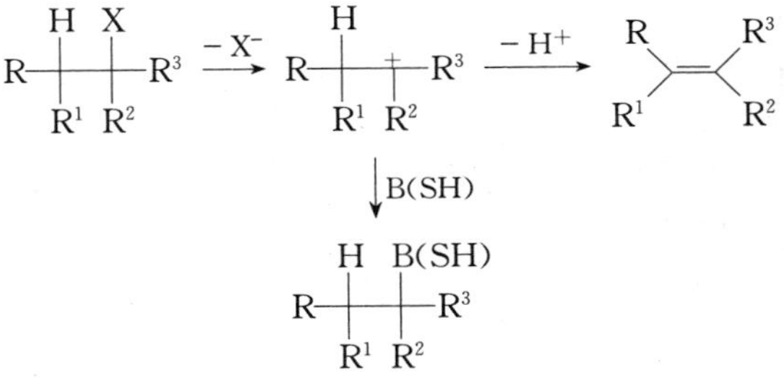

在进行威廉森合成反应时，一般不采用叔卤代烃，并尽量使反应按 S_N2 机理进行。但选择中性或弱碱性条件，卤代烃可以按 S_N1 机理取代。如 α -葡萄糖甲苷在弱碱存在下，与氯代三苯基甲烷反应，因 Ph_3CCl 不能发生消除，在极性溶剂中，可形成非常稳定的碳正离子 Ph_3C^+，此步为限速步骤，该碳正离子形成后迅速与伯醇羟基结合，生成 6 -三苯甲基- α -葡萄糖甲苷。

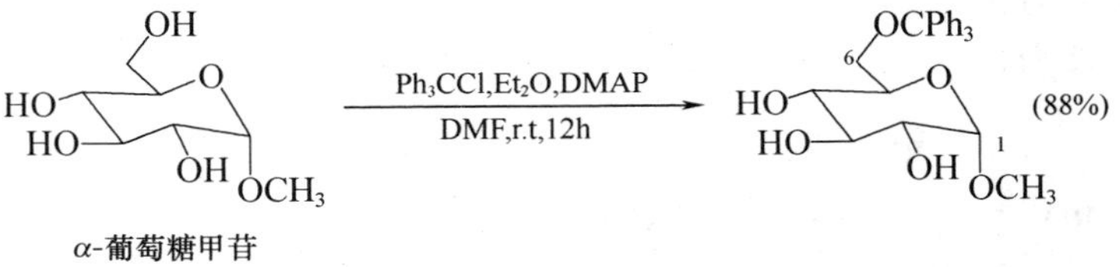

α -葡萄糖甲苷

（2）醇的结构　各种结构的醇都可以发生威廉森反应，对于活性较小的醇，必须先与金属钠作用制成醇钠，再进行烃化。对于活性大的醇，可在反应中加入氢氧化钠等碱作为去酸剂，即可进行反应。如甲醇的氢原子活性低，需先制成甲醇钠，再加入卤代烃。

$$CH_3ONa + ClCH_2COOCH_3 \xrightarrow[64\sim66℃,3h]{CH_3OH, pH\ 8\sim9} CH_3OCH_2COOCH_3 \quad (88.4\%)$$

抗组胺药苯海拉明的合成，可采用下列两种不同的方式。

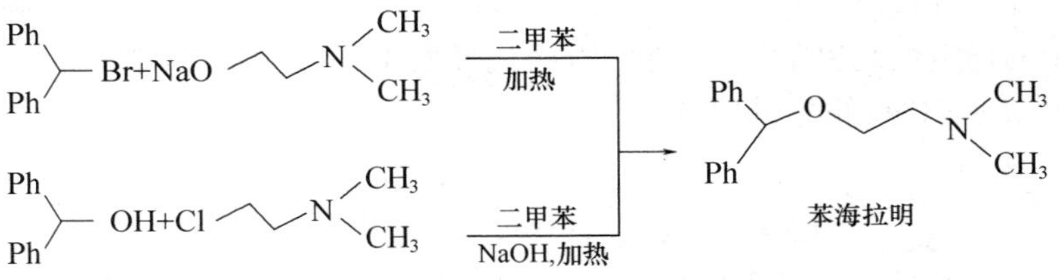

苯海拉明

　　由于醇羟基氢原子的活性不同,进行烃化反应时所需的条件也不同。前一反应醇的活性较差,需先做成醇钠再进行反应;后一反应采用苯甲醇为原料。由于两个苯基的吸电子作用,使羟基氢的活性增大,在氢氧化钠的存在下就可顺利反应。显然后一个反应优于前一反应,因此苯海拉明的合成采用后一种方式。

　　卤代醇在碱性条件下发生分子内的威廉森反应,形成环醚。这是制备环氧乙烷、环氧丙烷及更高级环醚的有效方法之一。

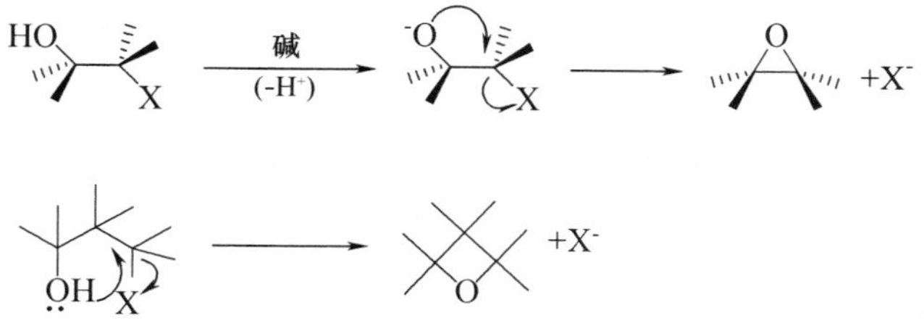

　　例如,环氧丙烷的制备。

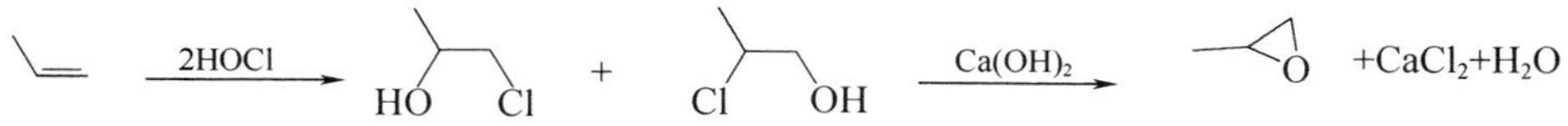

　　(3)碱和溶剂　　醇的亲核性较弱,在反应中加入钠、氢氧化钠、氢氧化钾等强碱性物质,使 ROH 转化成 RO$^-$,亲核性增强,反应加速,同时碱还有中和反应中生成的酸的作用。

　　质子性溶剂虽然有利于卤代烃的解离,但能与 RO$^-$ 发生溶剂化作用,降低 RO$^-$ 的亲核性,而极性非质子溶剂则具有增强 RO$^-$ 亲核性的作用。因此,在威廉森反应中常用极性非质子溶剂,如 DMSO、DMF、HMPTA、苯、甲苯等作为反应介质;若被烃化物醇为液体,可使用过量兼作溶剂,也可将醇钠悬浮于醚类(乙醚、四氢呋喃、乙二醇二甲醚等溶剂)中进行反应。

　　(二)酯类为烃化剂

　　硫酸二酯对活性较大的醇羟基(苄醇、烯丙醇),在氢氧化钠水溶液中,60℃以下即可顺利烃化。但对活性较小的醇羟基(甲醇、乙醇),在上述条件下则难以烃化。要想使活性较小的醇羟基烃化,必须先在无水条件下制成醇钠,然后在较高温度下与硫酸二酯类反应,方可得到烃化产物。

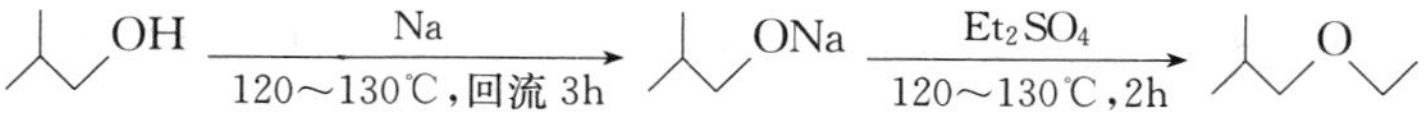

　　芳基磺酸酯作为烃化剂在药物合成中有广泛的应用。OTs 是很好的离去基,常用于引入相对分子质量较大的烃基。如鲨肝醇的合成,以甘油为原料,异亚丙基保护两个羟基后,再用对甲苯磺酸十八烷酯对未保护的伯醇羟基进行 O-烃化反

应,所得烃化产物经脱异亚丙基保护,便可得到鲨肝醇。

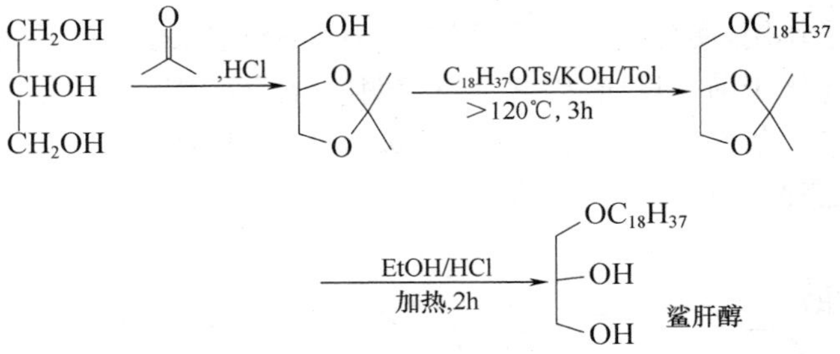

(三)环氧乙烷为烃化剂

环氧乙烷可以作为烃化剂与醇反应,在氧原子上引入羟乙基,又称羟乙基化反应。此反应一般用酸或碱催化,反应条件温和,速度快。酸催化属 S_N1 反应,而碱催化则属 S_N2 反应。在酸性条件下,环氧化合物首先质子化,对开环起催化作用。然后,氧环按以下两种不同的方式断裂。

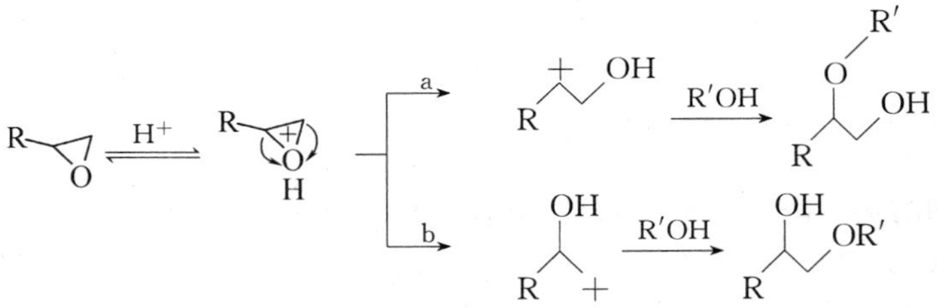

以上 a、b 两种断裂方式,以哪种方式断裂,与 R 基团的性质有关。如果 R 为给电子基,以 a 方式断裂形成的碳正离子稳定,因此以 a 断裂方式为主,生成伯醇类产物;若 R 为吸电子基,以 b 方式断裂形成的碳正离子稳定,因此以 b 断裂方式为主,生成仲醇类产物。

在碱性条件下,醇首先与碱生成的烷氧负离子与环氧乙烷衍生物发生 S_N2 反应,从空间位阻较小的一侧进攻环氧上的碳原子,生成仲醇类产物。

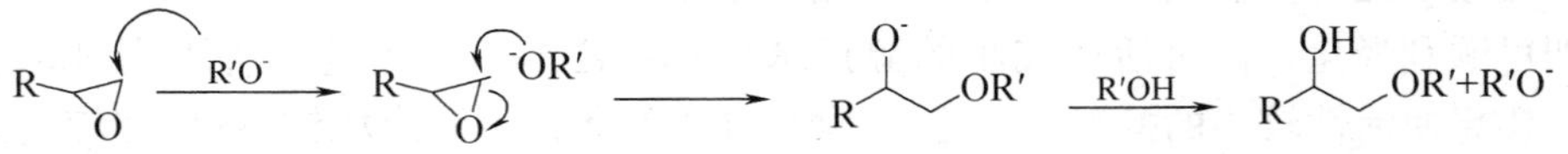

用环氧乙烷进行氧原子上的羟乙基化反应时,由于生成的产物中仍含有醇羟基,可以继续与环氧乙烷发生反应生成聚醚衍生物。避免这种副反应发生的方法是使反应物醇大大过量。但有时也可以利用这种副反应,使用过量的环氧乙烷,制备相应的聚合醚,如药用辅料聚山梨醇-80 的合成。

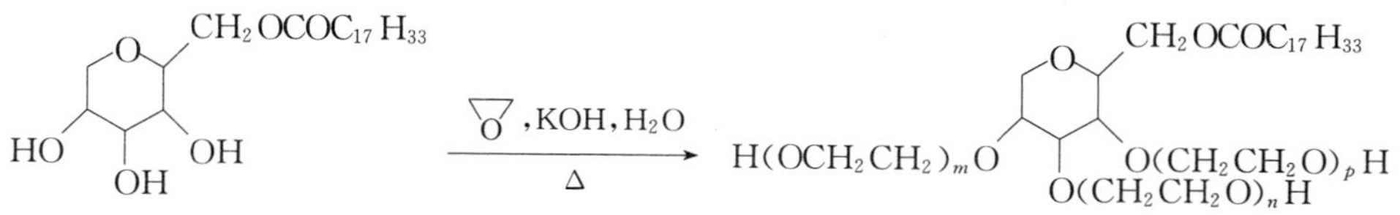

$(m、n、p$ 均约为 20)　　(75.5%)

聚山梨醇-80

(四)其他烃化剂

1. 烯烃类烃化剂

当烯烃双键的 α 位有羰基、氰基、酯基、羧基等吸电子基时,醇可与烯烃双键进行加成反应生成醚,进行醇的 O-烃化。在醇钠、氢氧化钠(钾)的催化下,醇与丙烯腈反应生成氰乙基醚。

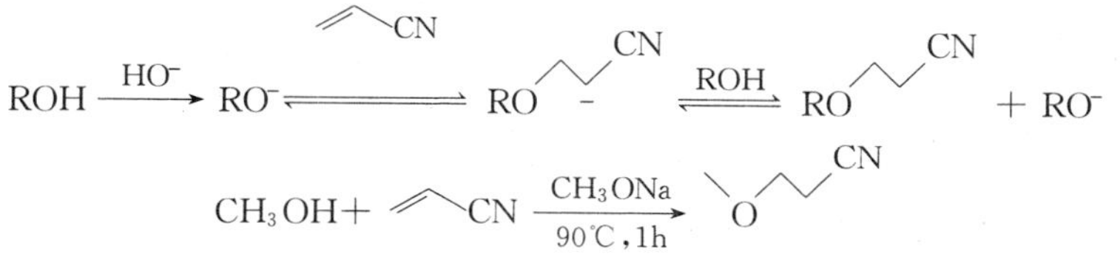

丙烯腈的烃化能力较弱,该反应是可逆的,常用过量的醇以提高氰乙基醚的收率,反应结束后再回收过量的醇。

2. 醇类为烃化剂

以醇类为烃化剂制备醚的方法可分为液相法和气相法两种。液相法常用的催化剂有硫酸、磷酸、对甲苯磺酸等。如用硫酸做催化剂时,硫酸首先与醇生成硫酸氢烷基酯,后者与醇发生 S_N2 反应生成醚。

$$ROH + H_2SO_4 \longrightarrow ROSO_3H \xrightarrow{ROH} ROR + H_2SO_4$$

活性较高的醇,如苄醇、烯丙醇、α-羟基酮等,可在非常温和的条件下使用少量的催化剂即可进行烃化反应。

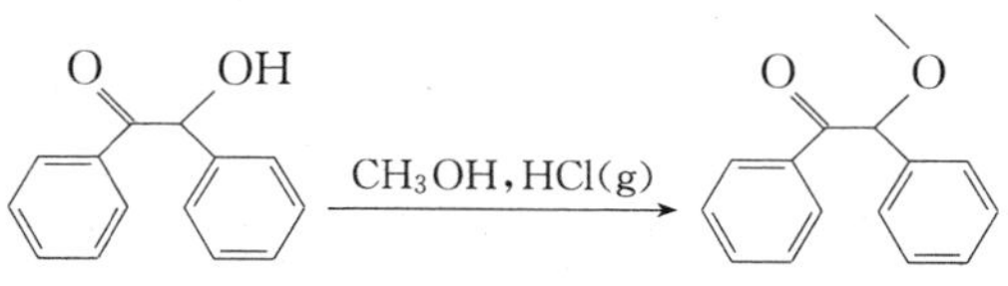

(84%)

3. 重氮甲烷

醇在一般条件下不易提供质子,因而不能被重氮甲烷甲基化,但在三氟化硼、氟硼酸或烷氧基铝的存在下仍可被甲基化成醚。

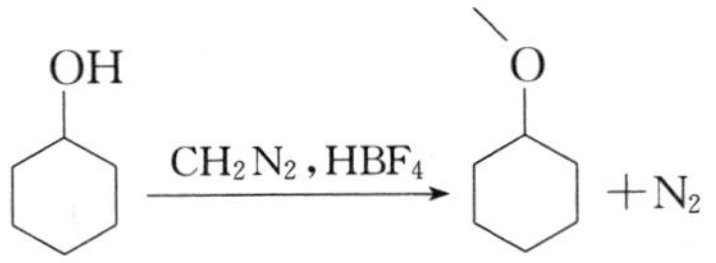

$$\text{环己醇} \xrightarrow[]{CH_2N_2,HBF_4} \text{甲氧基环己烷} + N_2$$

二、酚的 O-烃化

酚羟基和醇羟基一样,可以进行 O-烃化。但由于酚的酸性比醇强,所以反应更容易进行。

(一)卤代烃为烃化剂

1. 反应通式

由于酚的酸性比醇强,在碱性条件下与卤代烃作用,很容易得到较高收率的酚醚。常用的碱是氢氧化钠或碳酸钠(钾),反应溶剂可采用水、醇类、丙酮、DMF、DMSO、苯或甲苯等。反应液接近中性时,反应即基本完成。

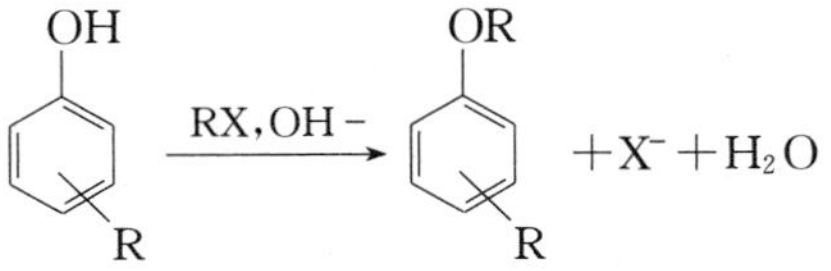

$$\text{ArOH} \xrightarrow[]{RX,OH^-} \text{ArOR} + X^- + H_2O$$

2. 反应机理

芳氧负离子 RO^- 向显正电性的 R' 亲核进攻,X 作为负离子离去。

$$RO^- + R\text{—}X \longrightarrow ROR' + X^-$$

3. 应用特点

(1)芳基脂肪醚的制备

水杨酰胺在氢氧化钠的乙醇溶液中,用溴乙烷烃化,可生成消炎镇痛药乙水杨胺。

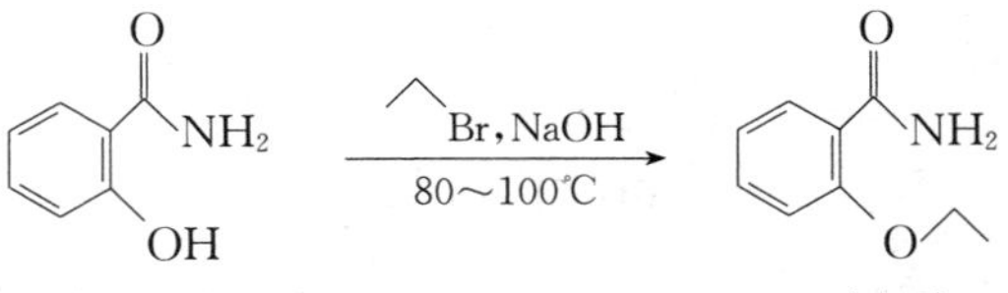

水杨酰胺 $\xrightarrow[80\sim100℃]{\text{Br},NaOH}$ 乙水杨胺

对氯苯酚的氢氧化钠水溶液中,用氯乙酸烃化,再用盐酸酸化,生成中枢兴奋药甲氯酚酯中间体。

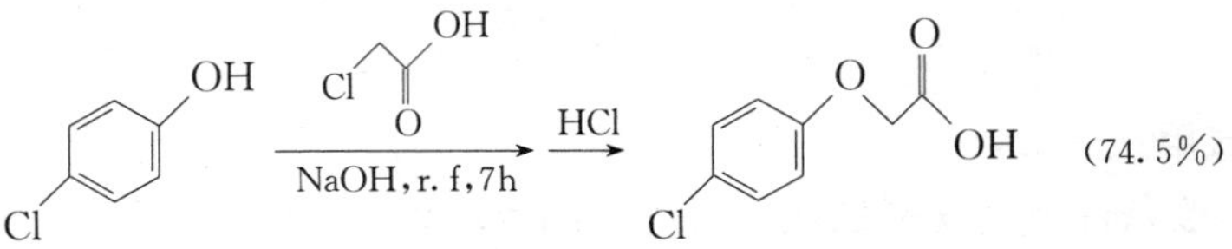

$$\xrightarrow[NaOH,r.f,7h]{HCl} \quad (74.5\%)$$

甲氯酚酯中间体

82

1-苄基-3-羟基吲唑钠与3-二甲氨基氯丙烷烃化,可生成消炎镇痛药苄达明。

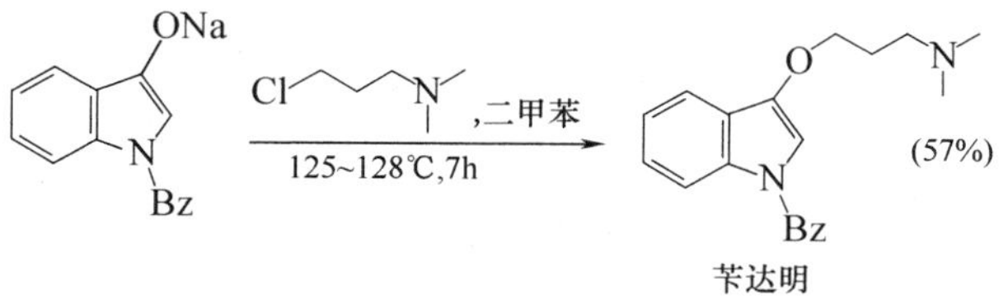

（2）有位阻或螯合酚的烃化　当酚羟基的邻位有羰基存在时,羰基和羟基之间容易形成分子内氢键,此时由于六元环的稳定性使酚羟基的酸性降低,具有这种结构的酚即为螯合酚。有位阻或螯合的酚用卤代烃为烃化剂效果不理想,如水杨酸进行烃化反应时,由于分子内氢键存在,使酚羟基烃化困难,而烃基化反应发生在羧基上,反应得到酯而不是酚甲醚。

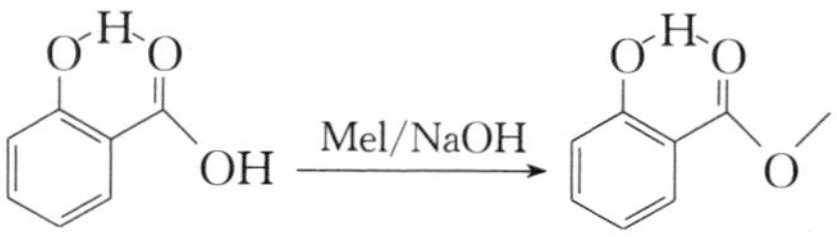

同样,黄酮类化合物中与羰基邻近的羟基在一般条件下也不容易烃化。

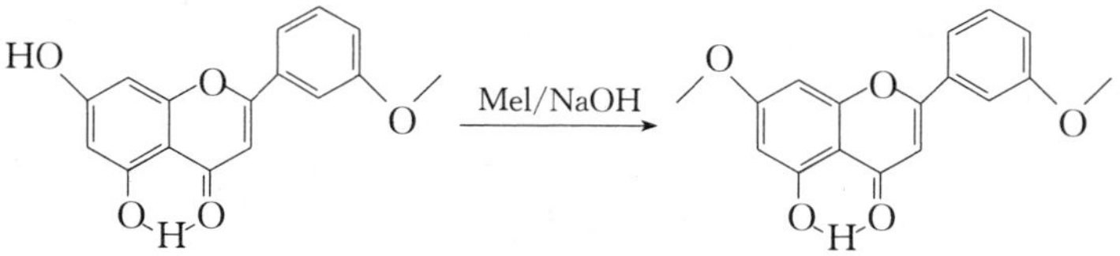

但改变实验条件,如在高温下（可消除分子内氢键）可进行烃化。由于卤代烃的沸点较低,常用芳磺酸酯和硫酸酯等高活性、高沸点的烃化剂。如难以烃化的羟基（形成分子内氢键的羟基）,用芳磺酸酯在剧烈条件下能顺利进行烃化。

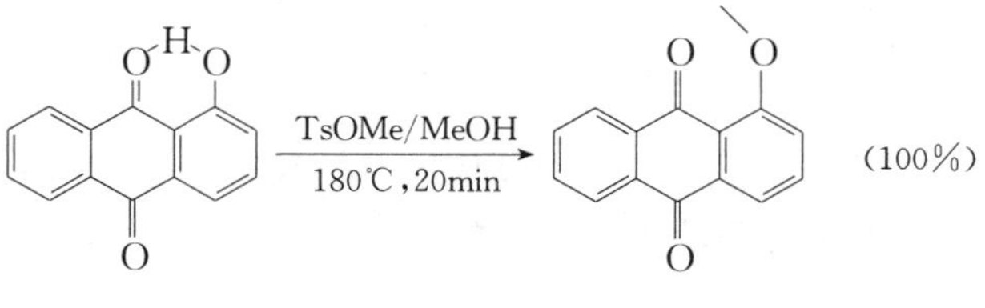

用活性大的硫酸二酯也可以顺利进行烃化。

（二）酯类为烃化剂

硫酸二酯对酚羟基很易烃化,在氢氧化钠水溶液中室温下即能顺利反应。如抗高血压药甲基多巴中间体和消炎镇痛药萘普生中间体的合成。

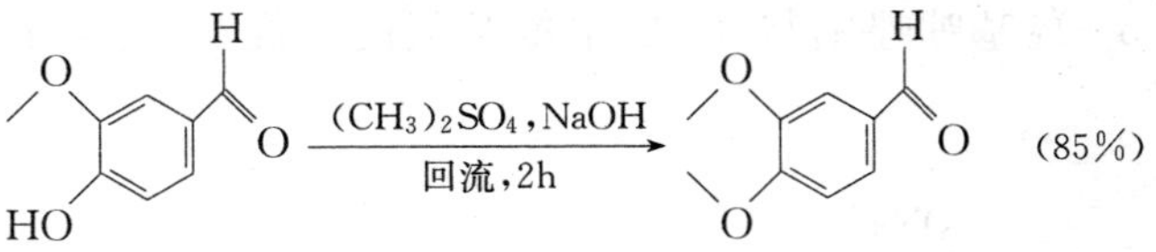

甲基多巴中间体

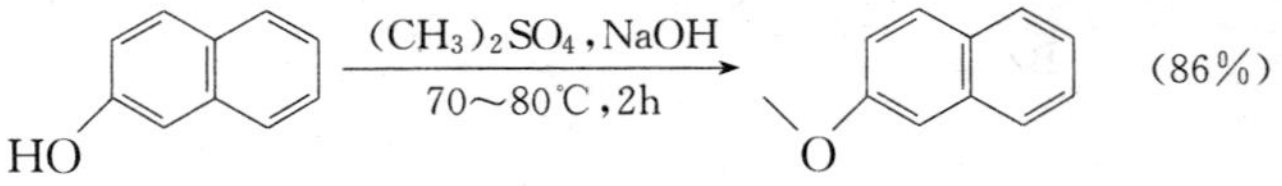

萘普生中间体

若分子中同时存在有酚羟基和醇羟基,由于酚羟基易成钠盐而优先被烃化。

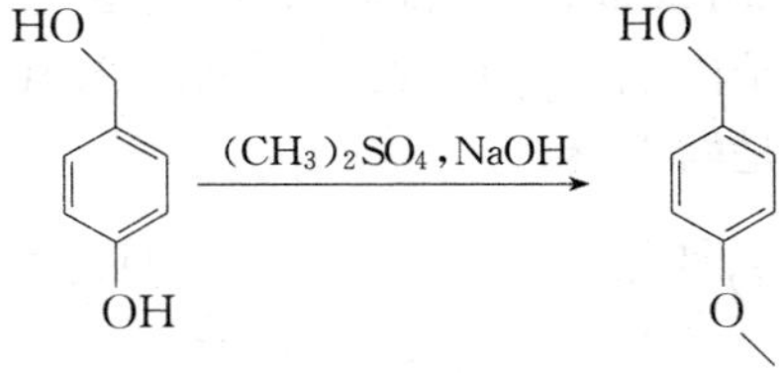

多元酚一般容易发生多烃化,但只要控制反应液的 pH 和选用适当的溶剂即可进行选择性烃化。如邻苯二酚在过量碱液中烃化,得双烃化产物,但若在硝基苯存在、pH 8～9 时烃化,由于单烃化产物生成后即溶于硝基苯中,避免了继续烃化而主要得单烃化产物。

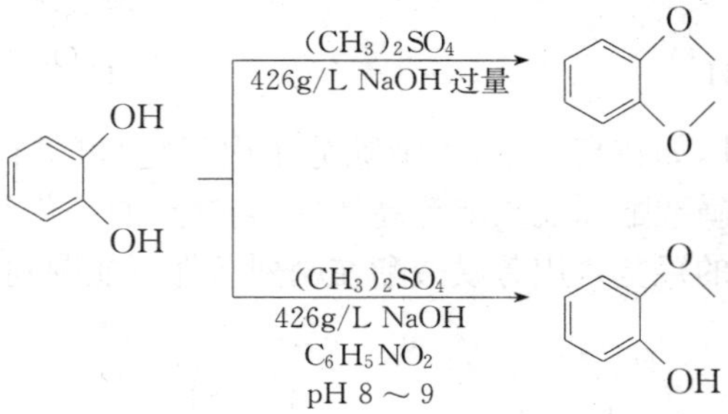

与邻近羰基形成氢键的酚羟基,用卤代烃一般较难烃化,改用活性大的硫酸二酯可顺利进行烃化,如抗肿瘤药阿克罗宁的合成。

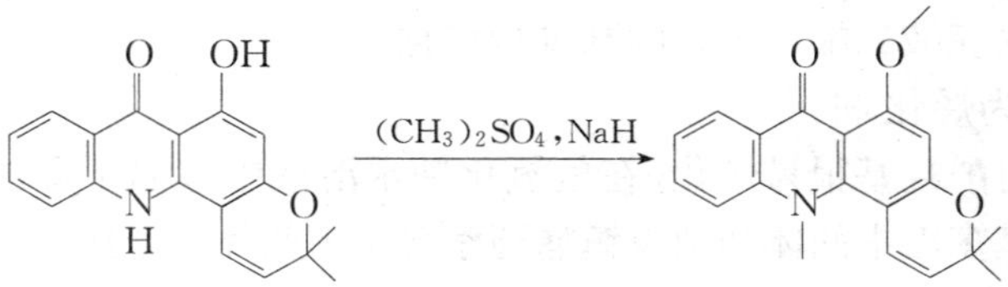

阿克罗宁

(三)环氧乙烷类烃化剂

环氧氯丙烷在碱性条件下与酚羟基反应,环氧环开裂,然后在过量碱存在下,β-氯代醇脱去氯化氢生成新的环氧乙烷化合物。例如,治疗前列腺疾病的药物萘哌地尔中间体的合成。

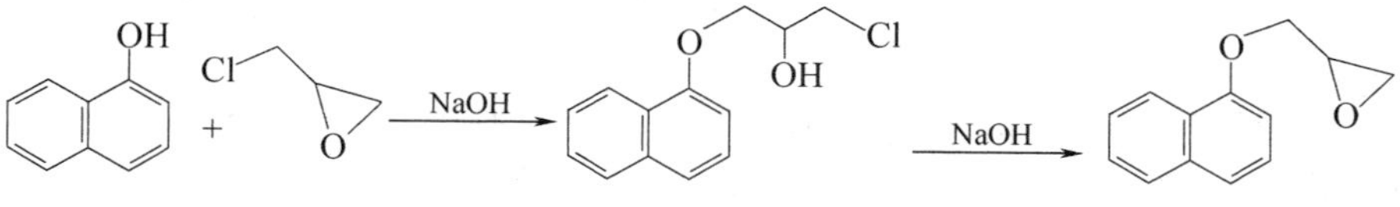

萘哌地尔中间体

(四)其他烃化剂

1. 重氮甲烷为烃化剂

重氮甲烷与酚的反应相对较慢,反应一般在乙醚、甲醇、氯仿等溶剂中进行,可用三氟化硼或氟硼酸催化。反应过程中除放出氮气外,无其他副产物生成。后处理简单,产品纯度好,收率高。缺点是重氮甲烷及其制备它的中间体均有毒,不宜大量制备。重氮甲烷是实验室中经常使用的甲基化试剂,反应过程可能是羟基解离出质子,转移到活泼亚甲基上而形成重氮盐,经分解放出氮气而形成甲醚或甲酯。由此可见,羟基的酸性越大,则质子越易发生转移,反应也越易进行。

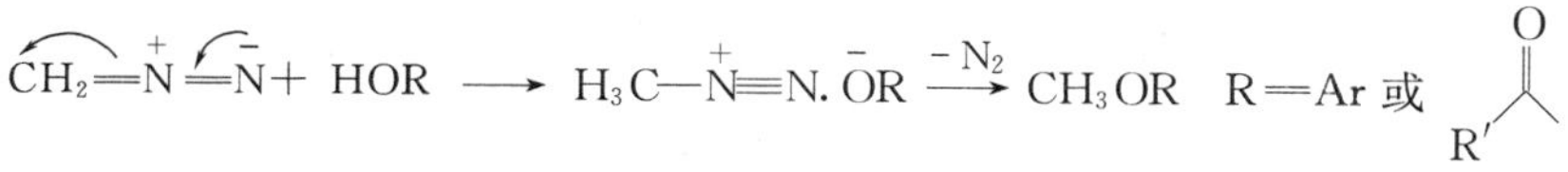

羧酸比酚类更易进行反应,从下面 3,4-二羟基苯甲酸与不同摩尔比的重氮甲烷反应产物的差异,可以比较出羧酸与酚活性的不同。

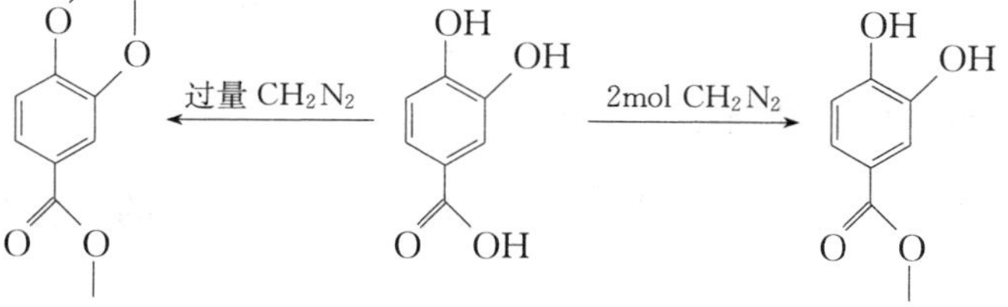

2. DCC 缩合法

二环己基碳二亚胺(DCC)是一种良好的脱水剂,酚可用 DCC 缩合法与醇进行烃化反应。DCC 是多肽合成中常用的缩合试剂,用于羧基-胺偶联生成肽键,可在较强烈条件下使酚-醇偶联。伯醇或某些仲醇与 DCC 生成很活泼的 O-烷基异脲中间体后,再与酚进一步作用而得酚醚,该方法进行酚的烃化,伯醇收率较好,仲、叔醇收率偏低。

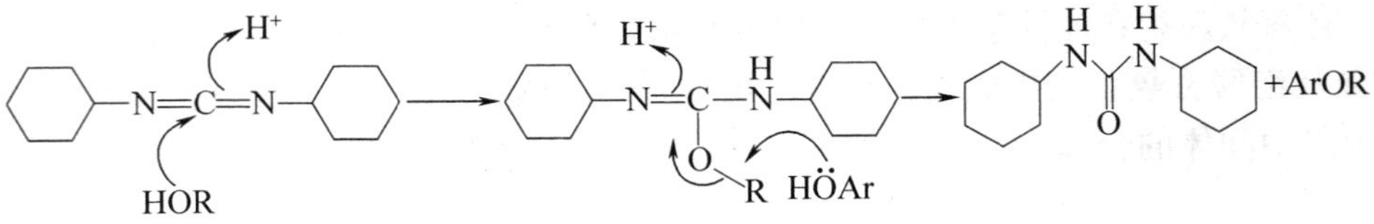

O-烷基异脲

$$PhOH+PhCH_2OH \xrightarrow[100℃]{DCC} PhOCH_2Ph \qquad (96\%)$$

单元 4　氮原子上的烃化

在氨及伯、仲胺的氮原子上引入烃基可分别得到伯、仲、叔胺,是制备胺类的主要方法。由于氨及胺具有碱性,亲核能力较强,因此,它们比羟基更容易进行烃化反应。常用的烃化剂有卤代烃、酯类及环氧乙烷等。如抗肿瘤辅助药格雷司琼中间体和局麻药甲哌卡因的合成。

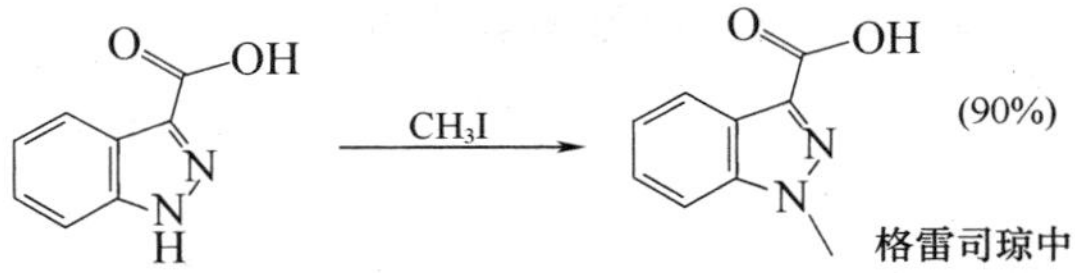

格雷司琼中间体

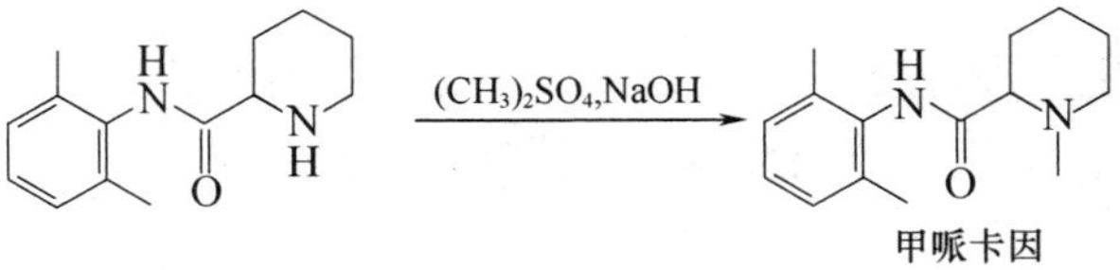

甲哌卡因

一、氨及脂肪胺的 N-烃化

卤代烃与氨或伯、仲胺之间进行的烃化反应是合成胺类的主要方法之一,但由于氨及胺分子中有多个活泼氢,可发生多取代,易得到混合物。

$$RX+NH_3 \longrightarrow R\overset{+}{N}H_3 X^- \underset{\rightleftharpoons}{\xrightarrow{NH_3}} RNH_2 + \overset{+}{N}H_4 X^-$$

$$RNH_2 + RX \longrightarrow R_2\overset{+}{N}H_2 X^- \underset{\rightleftharpoons}{\xrightarrow{NH_3}} R_2 NH + \overset{+}{N}H_4 X^-$$

$$R_2 NH + RX \longrightarrow R_3\overset{+}{N}H_2 X^- \underset{\rightleftharpoons}{\xrightarrow{NH_3}} R_3 N + \overset{+}{N}H_4 X^-$$

$$R_3 N + RX \longrightarrow R_4\overset{+}{N}X^-$$

然而,通过长期实践发现,在氨或胺的烃化反应中,原料的配比、反应溶剂、不同的烃化剂以及卤代烃的结构等,都可以影响反应速度及产物。因此,通过控制这些影响因素,就可以分别制备伯、仲、叔胺。

（一）伯胺的制备

（1）使用大大过量的氨与氯代烃反应,可抑制产物的进一步烃化,主要得到伯胺。

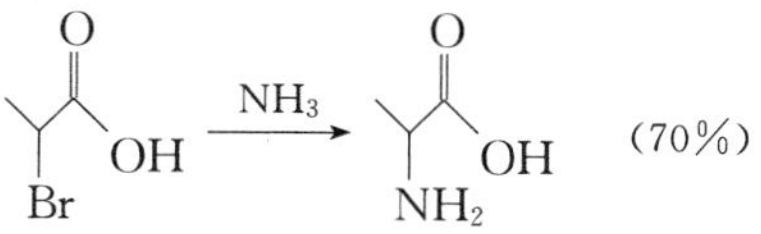

（2）Gabriel 合成法:将氨先制成邻苯二甲酰亚胺,再进行 N -烃化,此时氨中的两个氢原子已被酰基取代,只能进行单烃化反应。邻苯二甲酰亚胺氮原子上的氢具有酸性,与碱作用成盐后再与卤代烃共热,生成 N -烃基邻苯二甲酰亚胺,最后,进行水解或肼解得到高纯度的伯胺,此反应称为 Gabriel 反应。

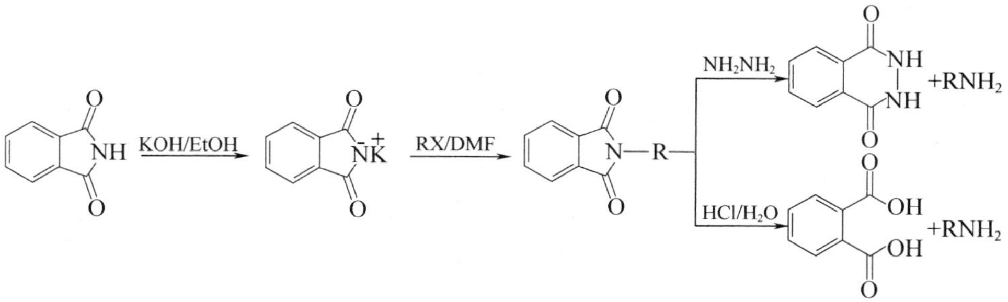

该反应的酸性水解一般需要剧烈条件,而肼解法反应条件温和得多,收率也高,特别适合对强酸、强碱或高温比较敏感的化合物制备伯胺,如 α -氨基酸的合成。

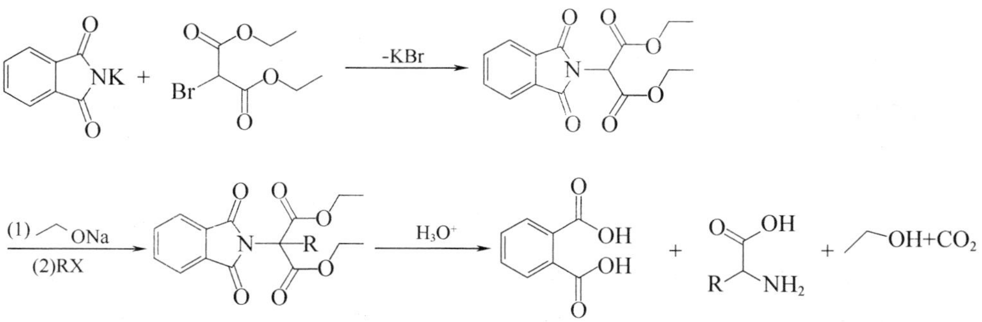

（3）Delépine 反应:卤代烃与环六亚甲基四胺(抗菌药乌洛托品)反应生成季胺盐,然后在醇中进行酸性水解,生成伯胺,此反应称为 Delépine 反应。

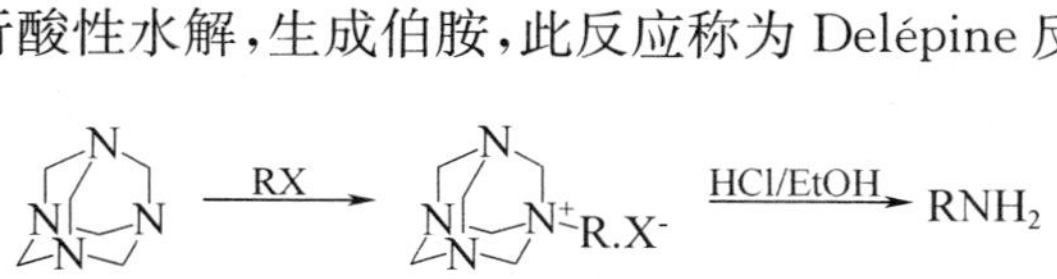

该反应常在氯仿、氯苯或四氯化碳中进行。卤代烃首先与环六亚甲基四胺形成不溶性的季铵盐,过滤分离后再在乙醇中盐酸分解得到伯胺盐酸盐,如抗菌药氯霉素中间体的合成。

$$\xrightarrow[\text{(CH}_2)_6\text{N}_4/\text{C}_6\text{H}_5\text{Cl}]{}$$

$$\xrightarrow[30\sim35℃,1h]{\text{EtOH/HCl}}$$

氯霉素中间体

该法的优点是操作简便,原料价廉易得。缺点是卤代烃需具有较高的反应活性,如 Ar—CH$_2$—、R—COCH$_2$—、CH$_2$＝CH—CH$_2$—、R—CH＝CH—CH$_2$—等,应用范围不如 Gabriel 合成广泛。

(4)其他合成方法:利用三氟甲磺酸酰化苄胺得 N-苄基三氟甲磺酰胺,这时氮上只有一个氢,在三氟甲磺酰吸电子效应影响下,有一定酸性,很易在碱性条件下与卤代烃反应,然后用氢化钠催化消除,水解得伯胺。

$$(CF_3SO_2)O+PhCH_2NH_2 \xrightarrow[-78℃]{Et_3N/CH_2Cl_2} PhCH_2NHSO_2CF_3 + CF_3SO_3H \cdot NEt_3$$

N-苄基三氟甲磺酰胺

$$PhCH_2NHSO_2CF_3 \xrightarrow[]{n\text{-}C_7H_{15}Br/NaOH} PhCH_2\underset{\underset{C_7H_{15}\text{-}n}{|}}{N}SO_2CF_3 \xrightarrow[100℃,3h]{NaH/DMF} \left[PhCH=\underset{\underset{C_7H_{15}\text{-}n}{|}}{N} \right]$$

$$\xrightarrow[\triangle,3h]{10\% \ HCl/THF} n\text{-}C_7H_{15}NH_2 \quad (80\%)$$

除上述方法外,也可以用两个苯硫基封锁氨中的氢,然后与丁基锂反应得锂盐,后者与卤代烃反应,经水解得伯胺。

$$(PhS)_2NH \xrightarrow[-20℃]{BuLi,THF} (PhS)_2NLi \xrightarrow{RX} (PhS)_2NR \xrightarrow{HCl} H_2NR$$

胺还可以用还原烃化方法的制备。醛或酮在还原剂的存在下,与氨或伯胺、仲胺反应,使氮原子上引进烃基的反应称为还原烃化反应。主要特点是没有季铵盐生成,可使用的还原剂很多,有催化氢化、金属钠加乙醇、钠汞齐和乙醇、锌粉以及甲酸等,其中以催化氢化和甲酸最常用。

还原烃化反应过程如下:

$$NH_3 \underset{\longleftarrow}{\overset{RCHO}{\longrightarrow}} \underset{\underset{OH}{|}}{RCHNH_2} \overset{H_2}{\longrightarrow} RCH_2NH_2$$

$$RCH\!=\!NH \overset{H_2}{\longrightarrow} RCH_2NH_2$$

$$RCH\!=\!NH + RCH_2NH_2 \rightleftharpoons \underset{\underset{NH_2}{|}}{RCHNHCH_2R} \overset{H_2}{\longrightarrow} (RCH_2)_2NH + NH_3$$

$$(RCH_2)_2NH + RCHO \rightleftharpoons \underset{\underset{OH}{|}}{(RCH_2)_2NCHR} \overset{H_2}{\longrightarrow} (RCH_2)_3N$$

$$RCH\!=\!NH + (RCH_2)_2NH \rightleftharpoons \underset{\underset{NH_2}{|}}{(RCH_2)_2NCHR} \overset{H_2}{\longrightarrow} (RCH_2)_3N + NH_3$$

利用还原烃化反应，既可以制备伯胺，又可以制备仲胺和叔胺。

（二）仲胺的制备

氨或伯胺与卤代烃反应可制备仲胺，由于活泼氢的存在，可以继续烃化使产物复杂，而产物的组成与反应物的结构及反应条件有关。一般来说，当卤代烃的活性较大，伯胺的碱性较强，且两者无明显位阻时，往往得到混合胺，产物的比例取决于反应条件；当卤代烃的活性较大，伯胺的碱性较强，两者之一具有空间位阻时，或卤代烃活性较大，而伯胺的碱性较弱，二者均无空间位阻时，产物较单一，主要得仲胺。

如支气管扩张药异丙肾上腺素中间体与抗虐药阿的平的合成。

异丙肾上腺素中间体

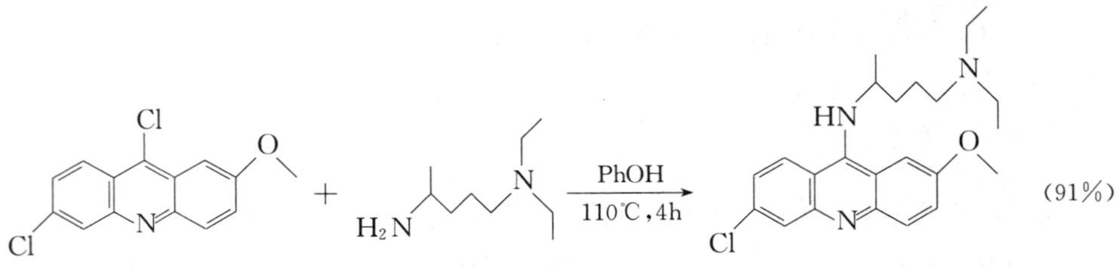

（91%）

阿的平

（三）叔胺的制备

制备叔胺的常用方法是卤代烃与仲胺反应。由于叔胺分子中不含有活泼氢，所以其制备较伯胺、仲胺简单，产物也较单一，如降血糖药优降宁中间体的合成。

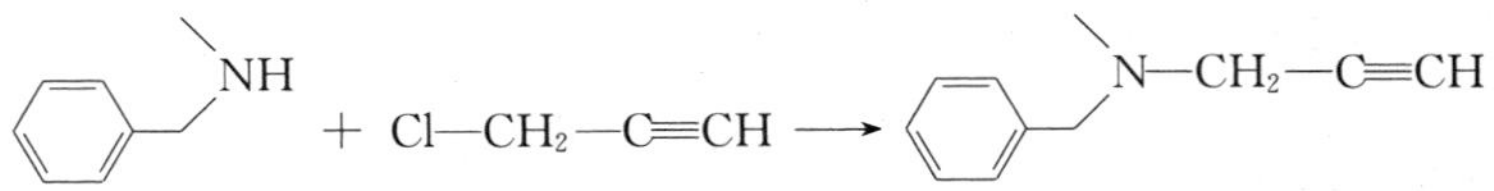

优降宁中间体

二、芳香胺及杂环胺的 N-烃化

（一）芳香胺的 N-烃化

1. N-烷基及 N,N-双烷基芳香胺的制备

苯胺与卤代烃反应，生成仲胺，进一步反应得叔胺。硫酸二甲酯、芳基磺酸酯也可用作烃化剂，通常得到仲胺及叔胺的混合物。通过酸酐酰化或苯磺酰氯酰化，利用仲胺生成酰胺或磺酰胺而叔胺不反应的特性，用稀酸可将得到的叔胺分离出来。

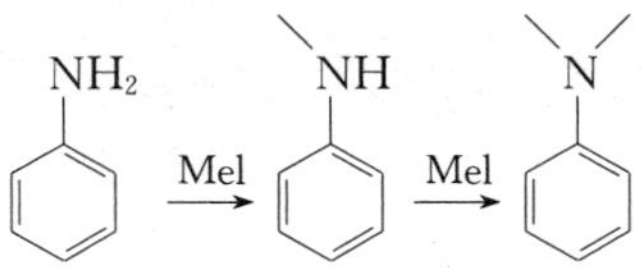

芳香伯胺可在硫酸的存在下，用原甲酸乙酯烃化并甲酰化，得 N-乙基甲酰苯胺类化合物，再水解为 N-乙基苯胺。如对氯苯胺经原甲酸乙酯烃化和甲酰化过程，制备 N-乙基对氯苯胺。

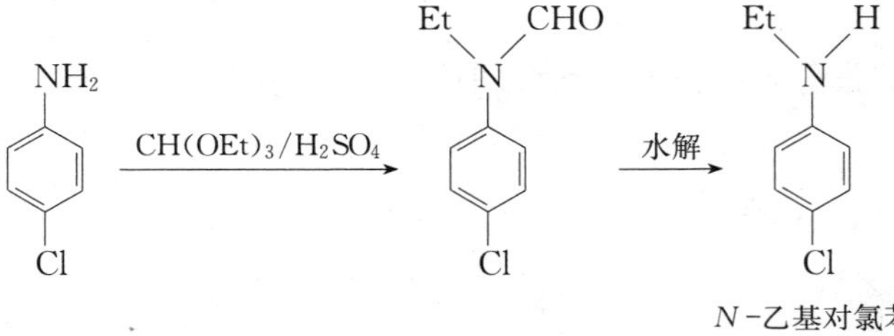

N-乙基对氯苯胺

苯胺与脂肪伯醇反应也可发生 N-烃化，如苯胺硫酸盐与甲醇在压力下加热，

得单及双烃基苯胺,也可在酸或 Raney – Ni 催化下进行。此反应是工业上用苯胺及其硫酸盐或盐酸盐与相应醇在压力下加热至 170~180℃制备 N –烃化及N,N –双烃化苯胺的基础,可加铜粉或氯化钙作催化剂。选择适当条件可主要得到仲胺或叔胺,一般通过蒸馏纯化。

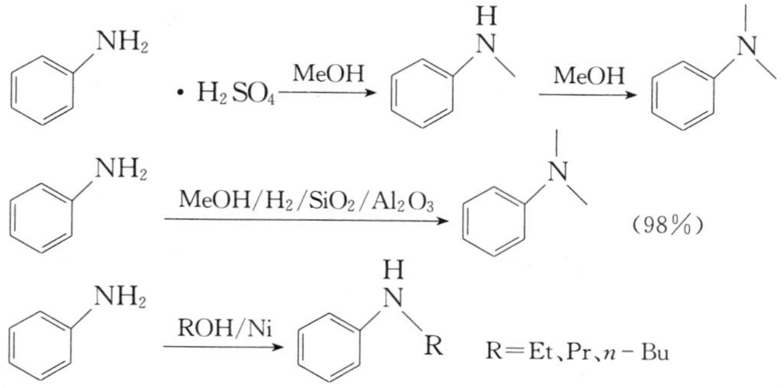

纯芳香仲胺可用类似脂肪仲胺的方式制备。先乙酰化或苯磺酰化芳香伯胺,再转成钠盐,经 N –烃化,水解便得。

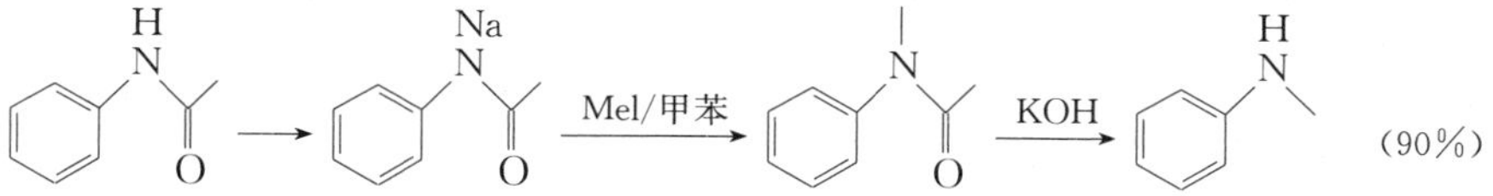

也可用还原烃化法制备。

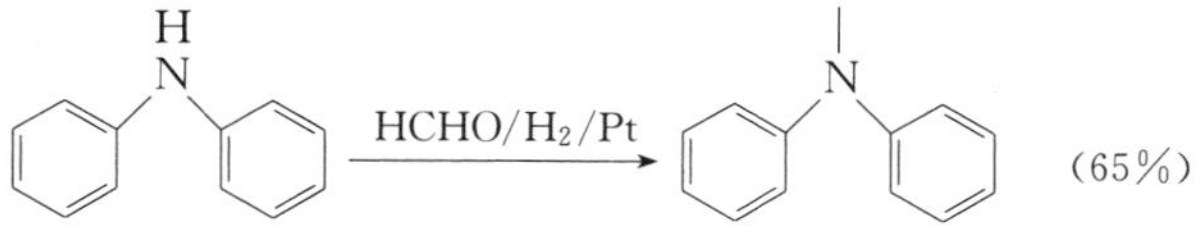

伯胺与羰基化合物缩合生成 Schiff′s 碱,再用 Raney – Ni 或铂催化氢化,得到仲胺的收率一般较好。

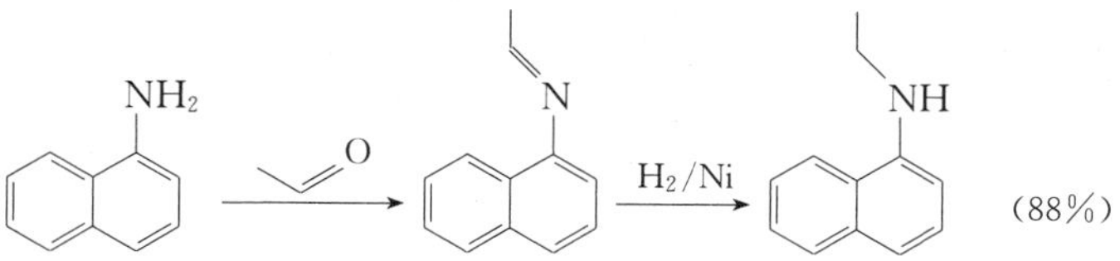

2. 芳香胺的 N –芳烃化

由于卤代芳烃活性低,又有位阻,故不易与芳伯胺反应。但加入铜盐作为催化剂,与无水碳酸钾共热,可生成二芳胺及其同系物,此反应称为乌尔曼反应。

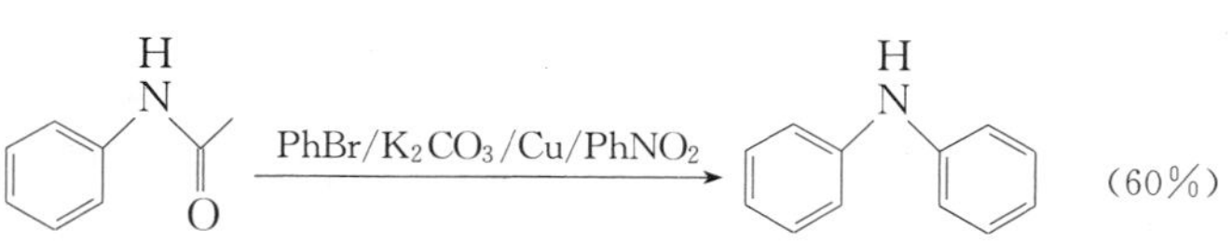

此反应常用于联芳胺的制备,如消炎镇痛药氯灭酸和氟灭酸的合成。

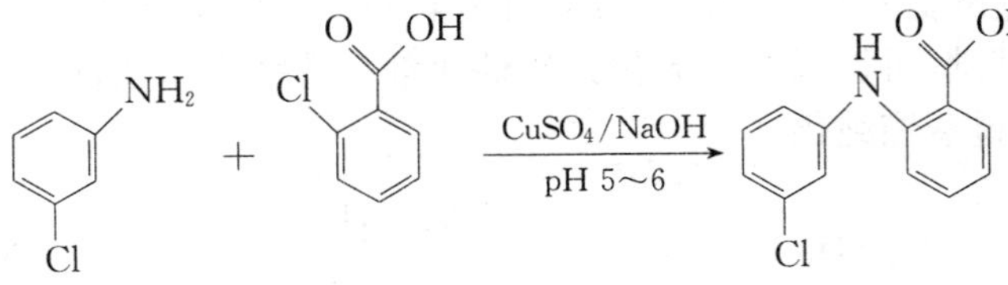

氯灭酸

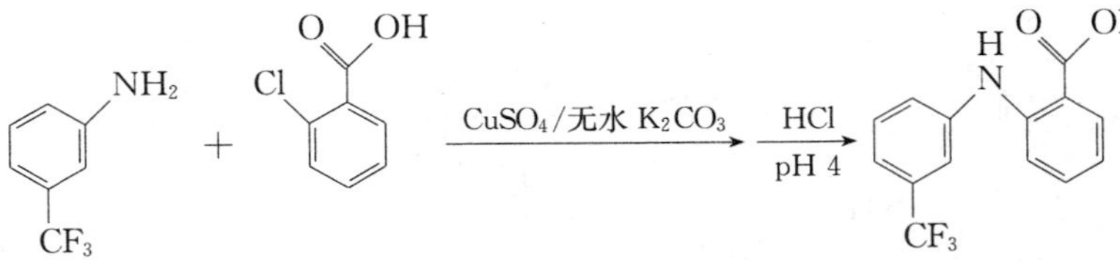

氟灭酸

(二)杂环胺的 N-烃化

杂环胺氮原子可以是环上或环外的非芳香性氮原子,由于 N 原子上孤对电子的存在,因此有亲核能力,可以与卤代烃等烃化剂发生烷基化反应。通常杂环胺氮原子的碱性较弱,发生 N-烷基化需要较强的条件。

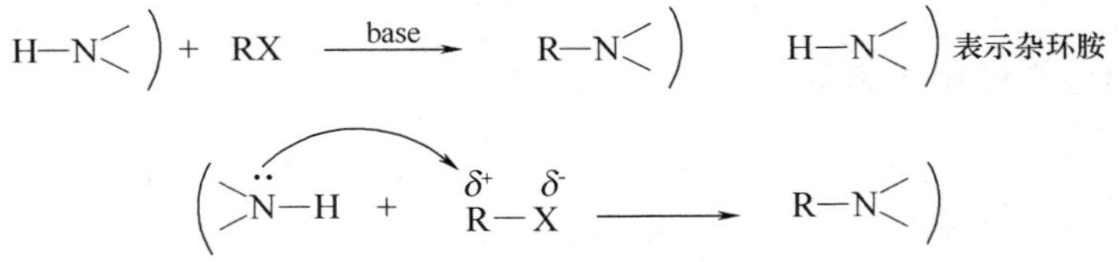

杂环胺的 N-烷基化主要是通过与卤代烃的亲核取代反应完成的,为了克服氮原子碱性弱的问题,一般可以与碱金属生成钠盐后再进行烷基化。

含氮六元杂环胺中,当氨基在氮原子邻或对位时,碱性较弱,可用 $NaNH_2$ 先制成钠盐再进行烃化,如抗组胺药曲吡那敏的合成。

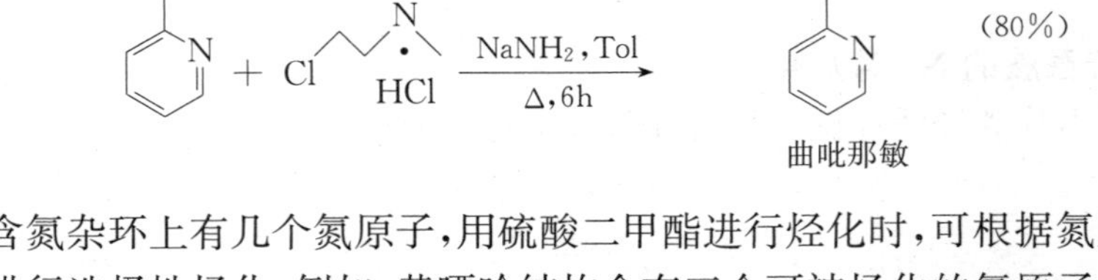

曲吡那敏

如果含氮杂环上有几个氮原子,用硫酸二甲酯进行烃化时,可根据氮原子的碱性不同而进行选择性烃化,例如,黄嘌呤结构含有三个可被烃化的氮原子,其中 N7 和 N3 的碱性强,在近中性条件下可被烃化,而 N1 上的 H 有酸性,不易被烃化,只能在碱性条件下反应。因此,控制反应溶液的 pH 可以进行选择性烃化,分别得到咖啡因和可可碱。

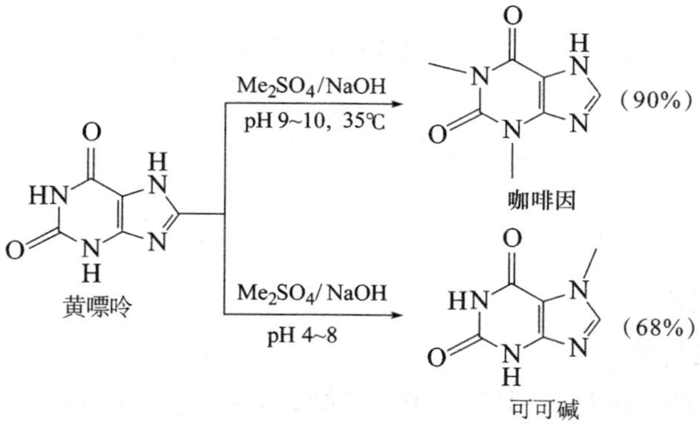

咖啡因

可可碱

还原烃化法也可用来制备杂环胺,如氨基比林的制备。

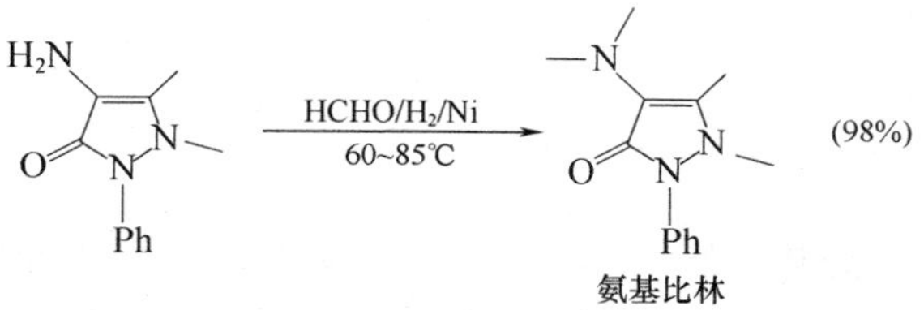

氨基比林

单元5 碳原子上的烃化

碳原子上的烃化反应是药物合成中构建分子骨架的重要用途之一,如止泻药地诺酚酯中间体的合成。

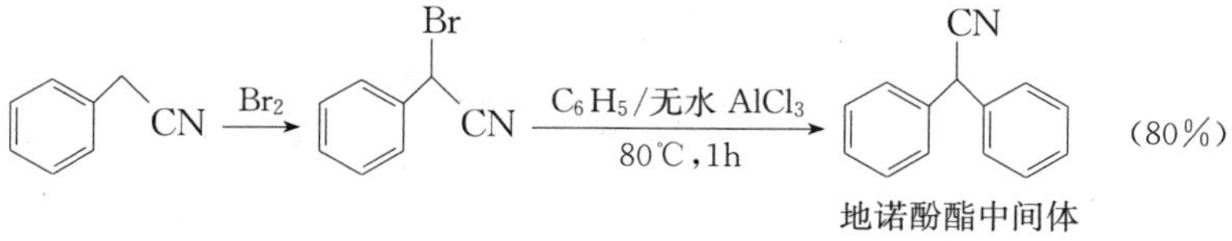

地诺酚酯中间体

一、芳烃的烃化

在三氯化铝等 Lewis 酸的存在下,卤代烃与芳香族化合物反应,芳环上的氢被烃基取代,这个反应称为 Friedel-Crafts 烷基化反应,简称 F-C 烷基化反应。烃化剂除卤代烃外,还可以是醇类、烯烃、环氧乙烷等。催化剂除最常用的三氯化铝外,还有三氯化铁、四氯化锡、二氯化磷、三氟化硼、硫酸和磷酸等。

（一）反应机理

Friedel-Crafts 烷基化反应属于亲电取代反应,反应过程如下。

第一步:亲电试剂的形成。

93

第二步:亲电试剂进攻芳环,形成 σ-络合物。

第三步:σ-络合物消除质子,形成产物,恢复芳香体系。

$$RCl + AlCl_3 \longrightarrow [RCl \cdot AlCl_3] \longrightarrow R^+ \cdot AlCl_4^-$$

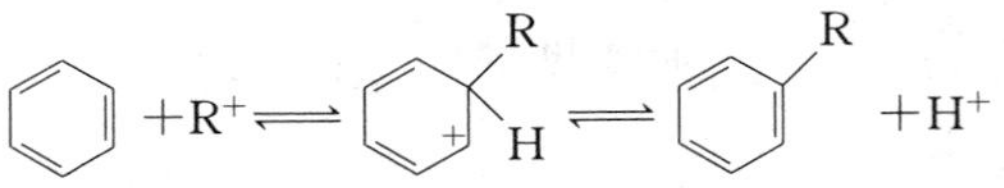

$$H^+ + AlCl_4^- \longrightarrow HCl + AlCl_3$$

(二)影响因素

1. 烃化剂的结构

常用的烃化剂为卤代烃(RX)。卤代烃的活性,既与 R 的结构有关,又与卤原子的性质有关。当卤原子相同,R 不同时,RX 的活性取决于中间体碳正离子的稳定性,其活性次序为:

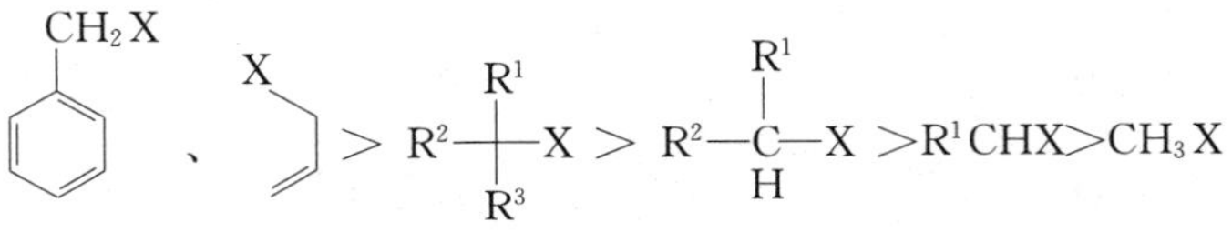

因此,当 R 为叔烃基或苄基时,活性较大,最易反应;R 为仲烃基的活性次之;而伯烃基反应最慢,需要强催化剂和反应条件才能进行烃化反应;卤代苯因活性太小,不能进行 F-C 烷基化反应。

当 R 相同,卤原子不同时,RX 的活性次序为 RF>RCl>RBr>RI。常用烃化剂除卤代烃外,还有醇、烯烃、环氧乙烷等。

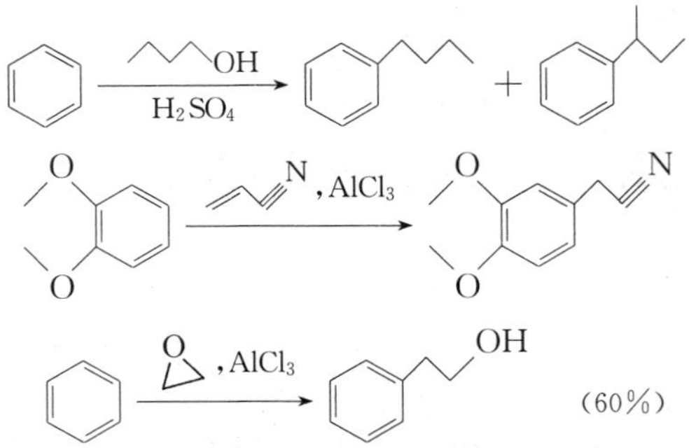

（60%）

2. 芳烃的结构

反应为亲电取代反应,一般来说,当芳环上有给电子基时,反应容易进行,如芳环上连有一个烃基时,有利于继续烃化而得到多烃基产物。苯环上烃基的空间结构对引入烃基数目有很大影响,如苯环上有叔丁基、异丙基等较大烃基时,由于位阻,引入烃基的数目减少。虽然—OH,—OR,—NH₂,—NR₂ 等也属于给电子基,但这些基团中含有未共用电子对的氧或氮原子,能与催化剂形成络合物而降低它们的给电子能力,也减小了催化剂的活性。因此,这类化合物的反应很少。

当芳环上有吸电子基时,对反应起抑制作用,反应较难进行,必须在强烈的条件下才能进行,如硝基苯、苯甲腈等不能发生 F－C 烷基化反应。但当苯环上同时含有强给电子基与硝基时,仍可发生 F－C 烷基化反应。

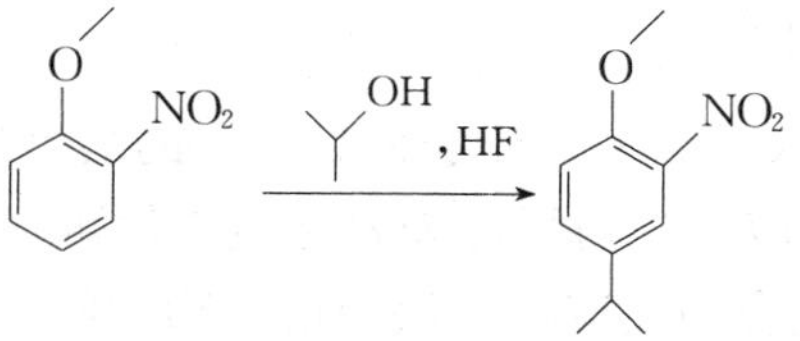

（80%）

3. 催化剂

常用的催化剂为 Lewis 酸和质子酸。

一般 Lewis 酸的催化活性大于质子酸,其活性次序为 $AlCl_3 > SbCl_5 > FeCl_3 > SnCl_4 > TiCl_4 > ZnCl_2$。其中无水三氯化铝的催化活性强,且价廉易得,是以卤代烃为烃化剂时最常用的催化剂。但它不适应于酚和芳胺等的烃化反应,因为这些化合物会使三氯化铝的活性降低,同样也不宜用于多 π 电子的芳杂环,如呋喃、噻吩等的烃化,因为即使在温和条件下,三氯化铝也能引起这些杂环的分解。

质子酸的活性次序为 $HF > H_2SO_4 > P_2O_5 > H_3PO_4$,以烯烃、醇、醛、酮为烃化剂时,常用硫酸作为催化剂。

4. 溶剂

当芳烃本身为液态时(苯),可用过量的反应物兼作溶剂,但用量要大,以减少多烷基化;当芳烃本身为固体时(萘),常用的溶剂为二硫化碳、四氯化碳、石油醚等;酚类的烃化,常用乙酸、石油醚和硝基苯为溶剂。

(三)烃基的异构化

在 F－C 烷基化反应中,当使用含三个或三个以上碳的烃基为烃化剂时,反应中会发生碳正离子的重排,产生烃基的异构化产物。如在三氯化铝存在下,1－氯丙烷与苯反应得到正丙苯和异丙苯的混合物。

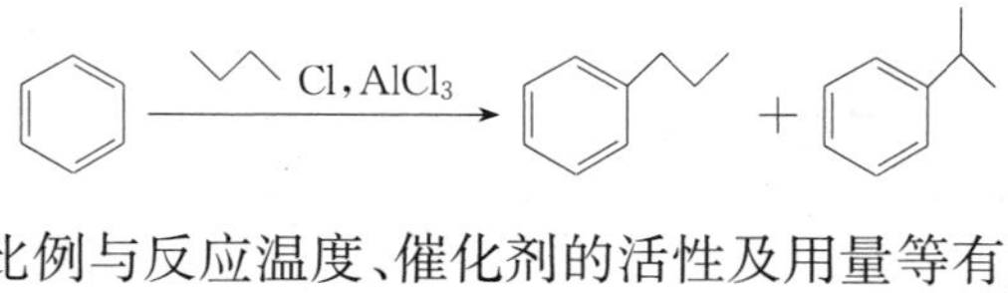

异构化产物的比例与反应温度、催化剂的活性及用量等有关。一般情况下,反应温度越高,催化剂活性越强、用量越大,越容易异构化。

(四)烃基的定位

当芳环上引入的烃基不止一个时,烃化的位置与反应条件(反应温度、反应时间、催化剂的强弱等)有关。一般情况下,在较缓和的反应条件下,引入烃基的位置遵循亲电取代反应的规律;在较强烈的反应条件下,容易得到较多的不规则产物。

二、炔烃的烃化

1913 年 Lebeau 和 Picon 首先报道了乙炔钠和碘代烷在液氨中反应生成1－炔烃衍生物，反应通式为：

$$HC\equiv CNa + RX \longrightarrow HC\equiv CR$$

乙炔及其他末端炔烃（$RC\equiv CH$）由于它们分子中的两个或一个氢原子和碳碳三键相连，因而具有酸性，在液氨中与强碱如氨基钠作用可得炔化钠，炔化钠作为亲核试剂与卤代烃及羰基化合物反应生成炔烃衍生物。例如，长效避孕药 18－甲基炔诺酮中间体的合成。

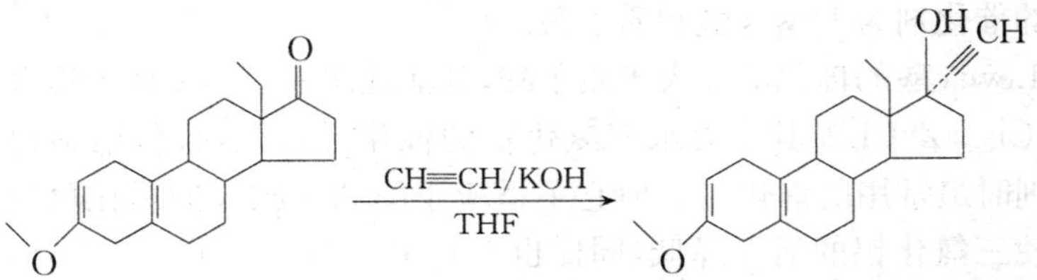

18－甲基炔诺酮中间体

金属炔化物与卤代烃的反应比较容易进行，而卤代烃的结构对反应有一定的影响。例如，当伯卤烷的 β 位没有侧链时（RCH_2CH_2X），能得到较好收率的炔烃 C－烃化产物；若卤代烃（伯、仲、叔卤代烷）的 β 位上有侧链时，则与炔化钠反应得 1－炔化物的收率很低，主要产物是卤代烃消除卤化氢生成的烯。

芳卤化物不能用来烃化炔离子，有些是活性太低，不能起反应，如氯苯；有些则与液氨发生氨解，如邻硝基氯苯。硫酸二酯可用于丙炔及 1－丁炔的合成，收率好。对甲基苯磺酸酯也可与乙炔钠在液氨中反应，进行烃化。

二卤代烷与乙炔钠在液氨中反应，可得到二炔类化合物，收率很好。

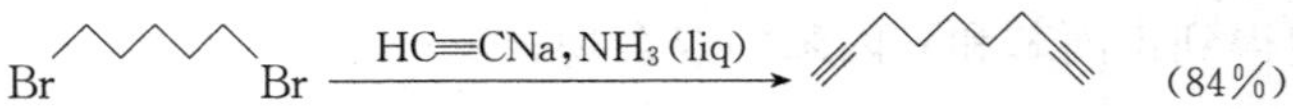

三、烯丙位、苄位的烃化

烯丙位、苄位碳原子上的氢，能与强碱作用生成相应的碳负离子，可与不同的亲电性烃化剂进行 C－烃化反应。

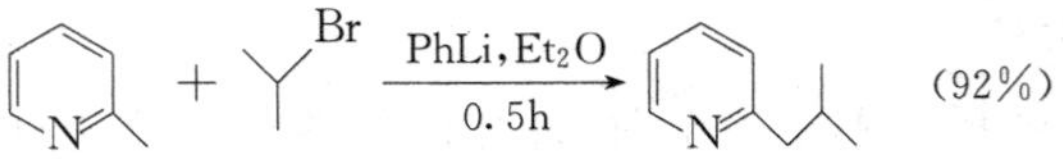

四、羰基化合物 α 位的烃化

羰基化合物 α 位碳上可引入羟基，这是合成许多化合物的重要方法。

(一)活性亚甲基化合物的 C-烃化

亚甲基上连有吸电子基团时,亚甲基上氢原子的活性增大,称为活性亚甲基。活性亚甲基化合物很容易溶于醇溶液,在醇盐等碱性物质存在下与卤代烃作用,得到碳原子的烃化产物。

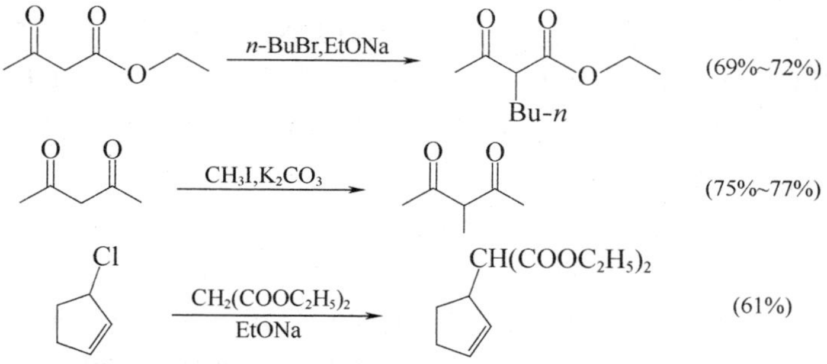

常见吸电子基团使亚甲基活性增大的能力为—NO$_2$＞—COR＞—SO$_2$R＞—CN＞—COOR＞—SOR＞—Ph。常见的具有活性亚甲基的化合物有丙二酸酯、氰乙酸酯、乙酰乙酸酯、丙二腈、苄腈、β-双酮、单酮、单腈以及脂肪硝基化合物等。

1. 反应机制

活性亚甲基碳原子的烃化反应属双分子亲核取代(S_N2)反应,即在碱性试剂的作用下,活性亚甲基形成碳负离子,此碳负离子可与邻位的吸电子基发生共轭效应,使负电荷分散在其他原子上,从而增加了碳负离子的稳定性,易于形成,然后碳负离子与卤代烃按 S_N2 机理发生烃化反应。

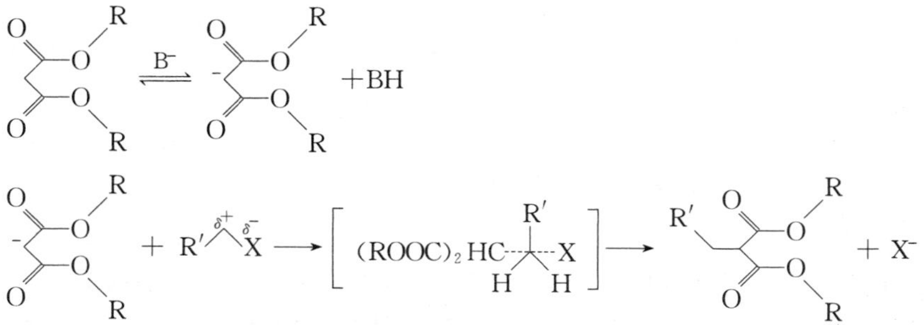

该反应多是在强碱性条件下进行的,叔卤代烃在这种条件下通常发生消除反应;仲卤代烃则是消除和烃化相互竞争,烃化收率很低;而伯卤代烃和卤甲烷是较好的烃化剂。

2. 主要影响因素

烃化反应的速度与反应物的浓度有关。在形成碳负离子的过程中,存在着溶剂、碱和亚甲基负离子之间的竞争性平衡:

$$CH_2(COOR)_2 + B^- \rightleftharpoons {}^-CH(COOR)_2 + BH$$

$$^-CH(COOR)_2 + R'OH \rightleftharpoons CH_2(COOR)_2 + R'O^-$$
$$B^- + R'OH \rightleftharpoons BH + R'O^-$$

因此要使亚甲基有足够的浓度,使用的溶剂(醇类)和碱的共轭酸(BH)的酸性必须比活性亚甲基化合物的酸性弱,方利于进行烃化反应。所以该反应催化剂和溶剂的选择至关重要。

(1)催化剂　反应常用的催化剂是醇钠(RONa),当 R 不同时,它们表现出不同的碱性,其催化活性次序为$(CH_3)_3CONa > (CH_3)_2CHONa > CH_3CH_2ONa > CH_3ONa$。通常根据亚甲基上氢活性的不同选择不同的醇钠,需要时也可采用氢化钠、金属钠做催化剂。

(2)溶剂　在反应中使用不同的溶剂,能影响碱性试剂的碱性,进而影响反应活性,一般采用醇钠作催化剂时多选用醇类作溶剂。对一些在醇中难以烃化的活性亚甲基化合物,可在苯、甲苯、二甲苯或煤油中采用氢化钠或金属钠,使活性亚甲基形成碳负离子后再进行烃化反应。也可采用在煤油中加入甲醇钠的甲醇液,与活性亚甲基化合物反应,待形成碳负离子后,再蒸馏分离出甲醇,避免可逆反应的发生,从而有效地形成活性亚甲基碳负离子,而利于烃化反应的进行。该法既不使用氢化钠也不使用金属钠,是一种较好的方法。

选用溶剂时不仅要考虑其对反应速率的影响,还要考虑副反应的发生。如极性非质子溶剂 DMF 或 DMSO 可明显增加烃化反应的速度,但也增加了副反应氧-烃化程度;当丙二酸酯或氰乙酸酯的烃化产物在乙醇中长时间加热,可发生脱烷氧羰基的副反应。

由于该反应是可逆反应,为防止此副反应,可采用碳酸二乙酯为溶剂。

(3)被烃化物的结构　被烃化物分子中的活性亚甲基上有两个活性氢原子,与卤代烃进行烃化反应时,是单烃化还是双烃化,要视活性亚甲基化合物与卤代烃的活性大小和反应条件而定。如丙二酸二乙酯与溴乙烷在乙醇中反应,主要得单乙基化产物,而双乙基化产物的量不多。当活性亚甲基化合物在足够量的碱和烃化剂存在下,可发生双烃化反应。当用二卤化物作烃化剂时,则得环状烃化产物。如镇咳药喷托维林中间体和镇痛药哌替啶(杜冷丁)中间体的合成。

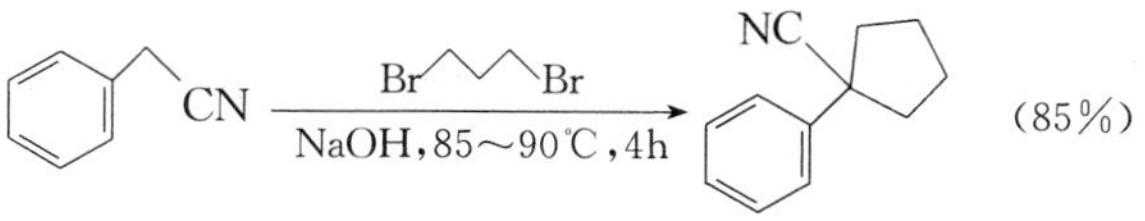

（85％）

喷托维林中间体

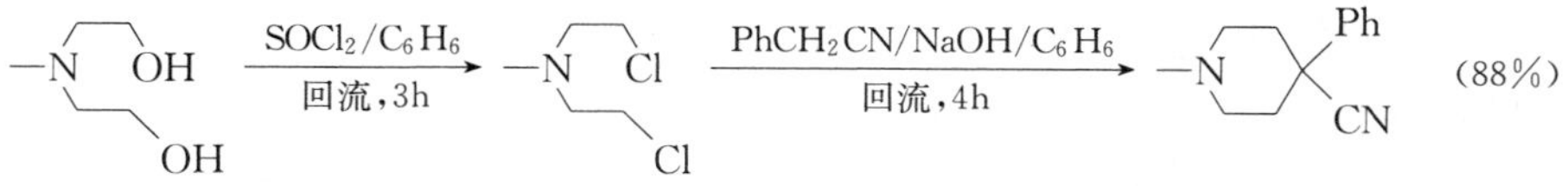

（88％）

哌替啶中间体

(二)醛、酮、羧酸衍生物α位的C-烃化

当亚甲基旁只有一个吸电子基团存在时,如醛、酮、羧酸衍生物等,如果进行α-C-烃化反应,情况比较复杂,想得到高收率的α-C-烃化衍生物,必须仔细控制反应条件。

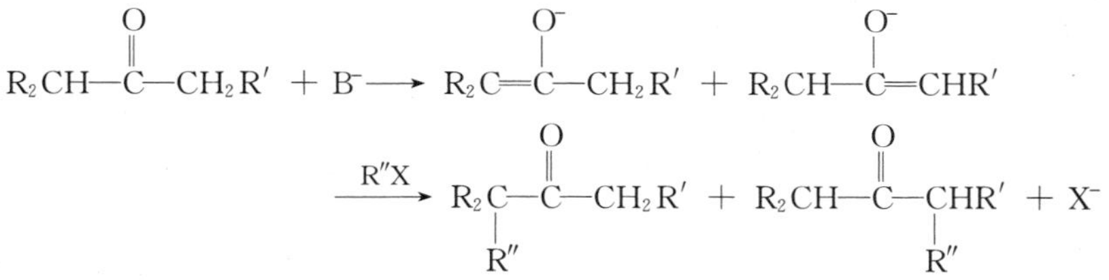

以酮为例,在碱存在下,可以生成烯醇 A、B 的混合物,其组成由动力学因素或热力学因素决定。当动力学因素决定时,产物组成决定于两个竞争性夺取氢反应的相对速度,产物比例由动力学控制决定。假如烯醇 A 及 B 能相互迅速转变,达到平衡,产物组成决定于烯醇的相对热力学稳定性,此为热力学控制。

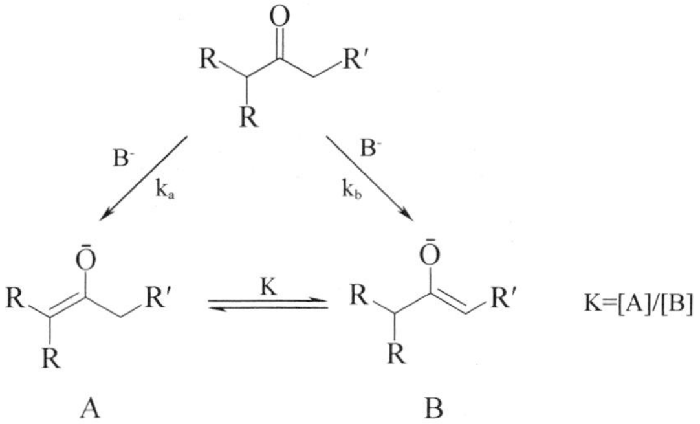

控制条件,可令由酮所得烯醇混合物受动力学或热力学控制。当用强碱如三苯甲基锂、在非质子溶剂中酮不过量时,将为动力学控制,烯醇一旦生成,相互转换较慢,体积小的锂离子紧密地与烯醇离子的氧原子结合,降低了质子转移的反应速度。当用质子溶剂及酮过量时,不利于动力学控制,它们将通过生成的烯醇之间质子转移达到平衡,这时为热力学控制。

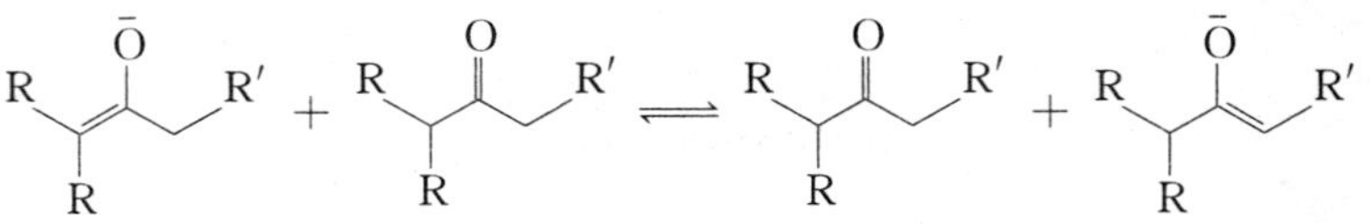

House 等研究了动力学及热力学控制下烯醇的组成,用醋酐与烯醇混合物反应,迅速生成烯醇醋酸酯,再用气相色谱或 NMR 测定烯醇醋酸酯的比例,即得出溶液中烯醇的比例。

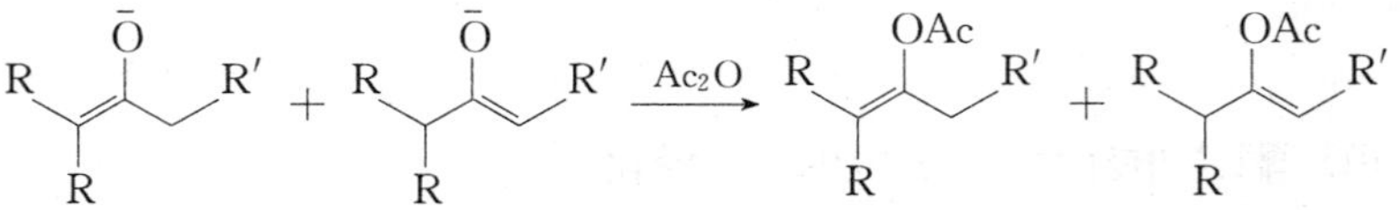

醛在碱催化下,α 位烃化较少见,易发生碱催化羟醛缩合。采用烯胺烃基化方法,可间接在醛的 α 位烃化。

酯在碱催化下的烃化需要很强的碱催化剂,较弱的催化剂如醇钠将促进酯缩合反应。用高度立体障碍的碱,特别是二异丙胺负离子(LDA)在低温下能成功地夺取酯及内酯的 α-氢,而不发生羰基加成,生成的烯醇再用溴代烷或碘代烷烃化。

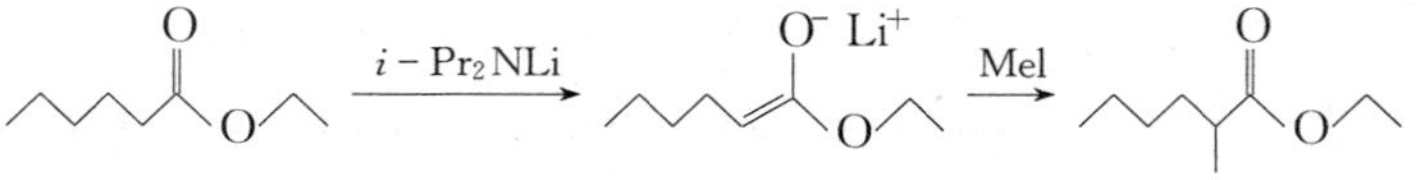

叔丁醇酯用位阻较小的碱即可生成烯醇,因叔丁酯阻碍了羰基的反应,如乙酸叔丁酯可用锂氨在液氨中烯醇化。

苯乙腈也易起 C-烃化反应,苯环及氰基增强了 C—H 键的酸性,并令碳负离子稳定。苯乙腈的 C-烃化反应在药物合成中的应用较普遍,如镇痛药美沙酮中间体的制备。

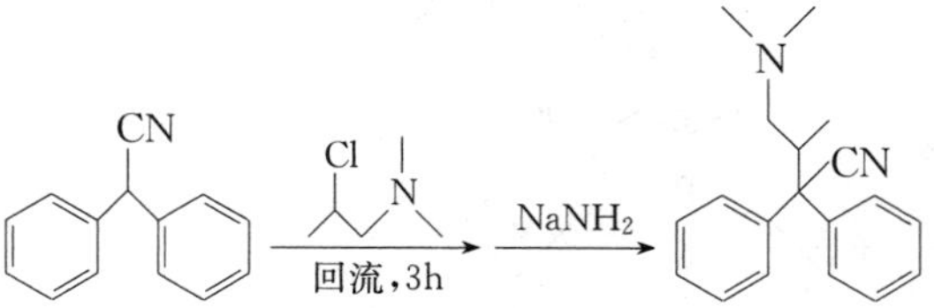

而镇静催眠药格鲁米特和抗心率失常药维拉帕米相关中间体的合成,均使用了苯乙腈类化合物为原料。

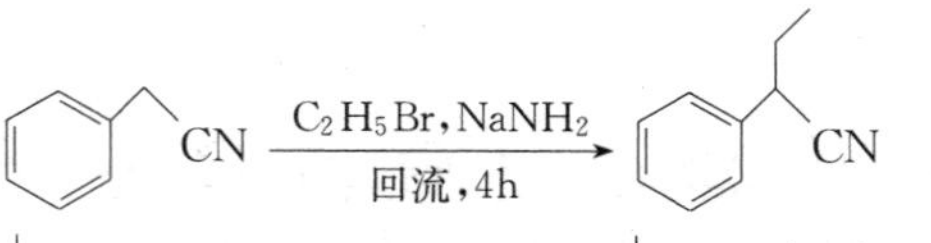

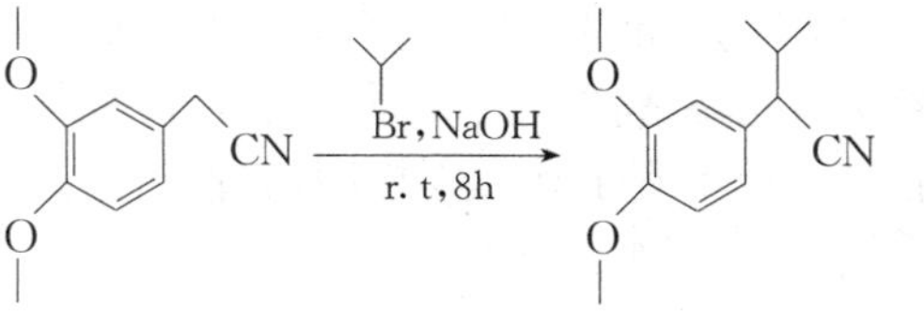

脂肪腈的酸性较弱,C-烃化研究得较少。

【习题】

一、单项选择题

1. 在亲核取代反应中,下列哪个氯化物的反应活性最大(　　)。

    A. RCl   RF   C. RBr   D. RF

2. 下列吸电子基团中吸电性最强的是(　　)。

    A. —NO_2 B. —$CH=CH_2$ C. —Ph   D. —CN

3. 在 Williamson 反应中常用溶剂为(　　)。

    A. 极性质子性溶剂   B. 极性非质子性溶剂

    C. 非极性溶剂   D. 极性溶剂

4. 在亲电取代反应中,下列哪个氯化物的反应活性最小(　　)。

    A. $(CH_3)_3CX$ B. $CH_3CH_2CH_2X$

    C. CH_3X D. $CH_2=CHCH_2X$

5. F-C 烷基化反应中常用催化剂中活性最强的是(　　)。

    A. $SnCl_4$ B. HF   C. $AlCl_3$ D. H_2SO_4

二、简答题

1. 常用的烃化剂有哪些?进行甲基化及乙基化时,应选择哪些烃化剂?引入较大烃基时应选择哪些烃化剂?

2. 用卤代烃对羟基进行烃化时,烃化剂及被烃化物的结构对反应有何影响?

3. 什么是 Williamson 合成?影响因素有哪些?

4. 什么是羟乙基化反应?在药物合成中有何意义?

5. 什么是 F-C 反应?进行 F-C 烃化反应时,芳香族化合物的结构、卤代烃对反应有何影响?常用哪些催化剂?

6. 活性亚甲基化合物进行烃化时如何选择碱及溶剂?

三、完成下列反应

1.( 　)+(　)⟶

2.

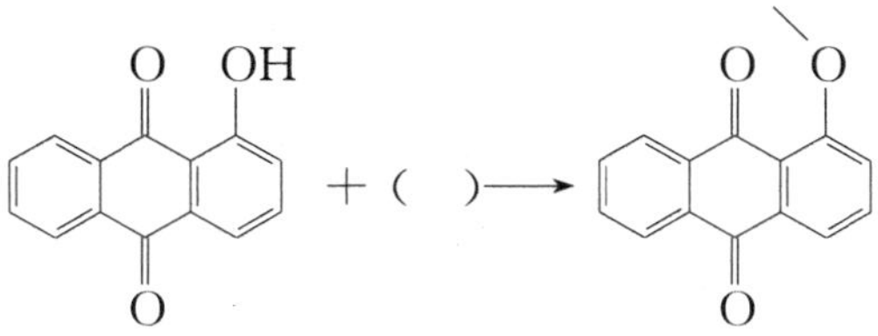

3.

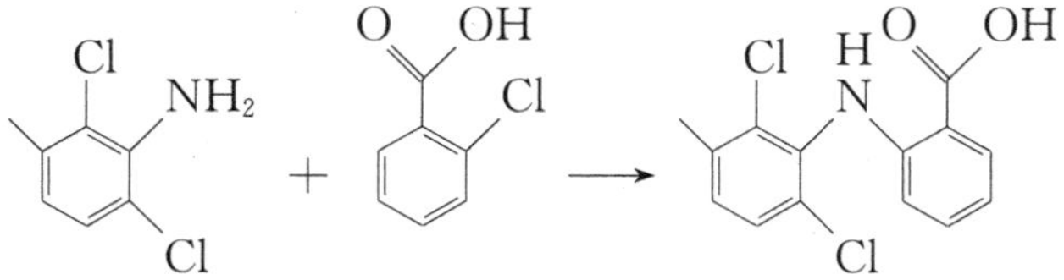

4. 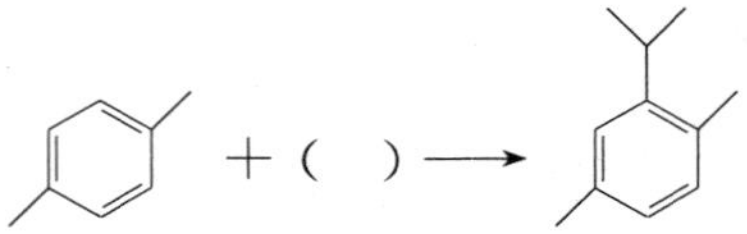 + ( ) ⟶

5. 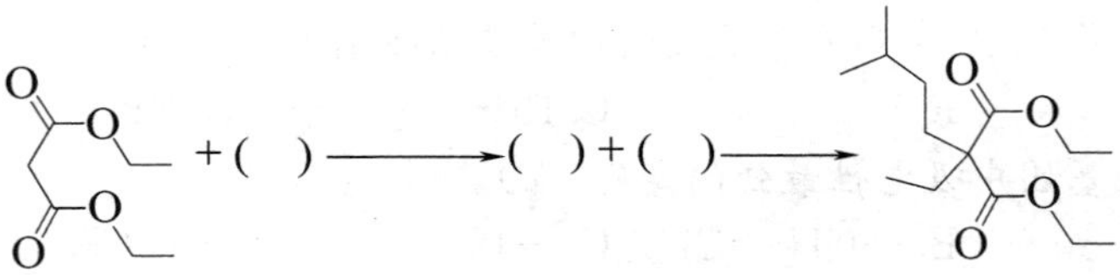 + ( ) ⟶ ( ) + ( ) ⟶

四、写出下列反应的主要产物

1. 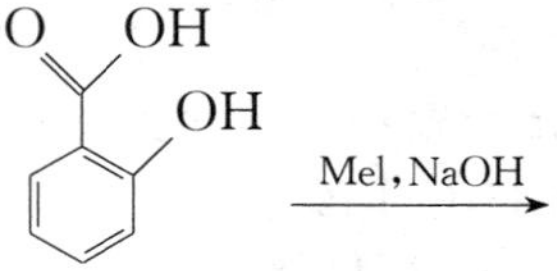 $\xrightarrow{\text{MeI,NaOH}}$

2. 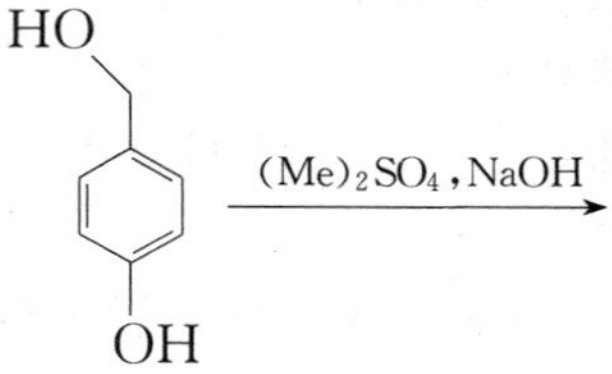 $\xrightarrow{(\text{Me})_2\text{SO}_4 \text{,NaOH}}$

3. 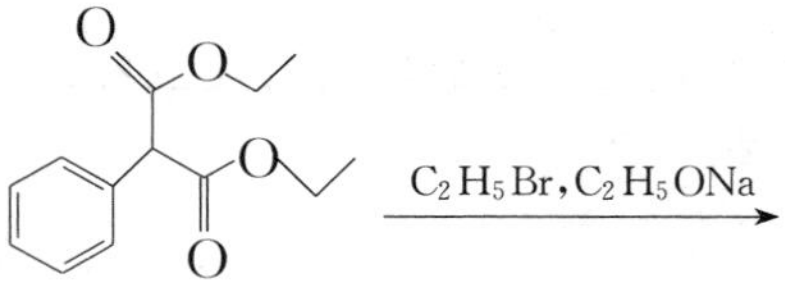 $\xrightarrow{C_2H_5Br,C_2H_5ONa}$

4. $\xrightarrow{\text{MeI,K}_2\text{CO}_3}$
$\xrightarrow{\text{过量}(\text{CH}_3)_2\text{SO}_4}$

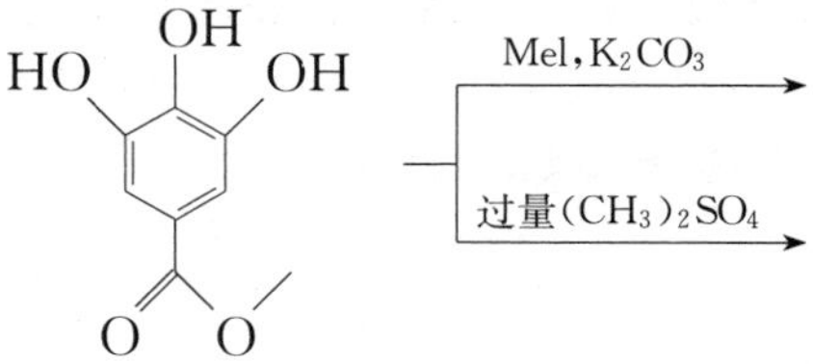

5. 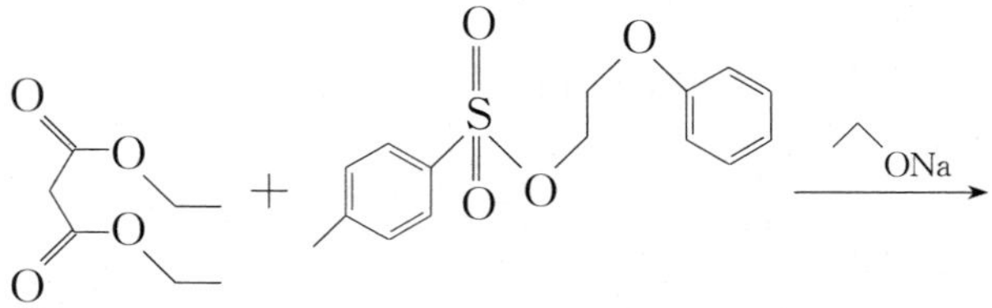 + $\xrightarrow{\text{ONa}}$

6. 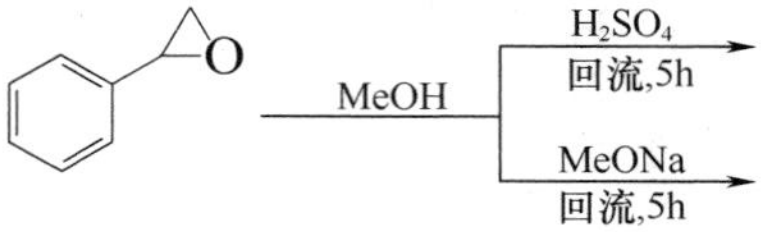 $\xrightarrow[\text{回流,5h}]{\text{MeOH} \quad \text{H}_2\text{SO}_4}$
$\xrightarrow[\text{回流,5h}]{\text{MeONa}}$

7.

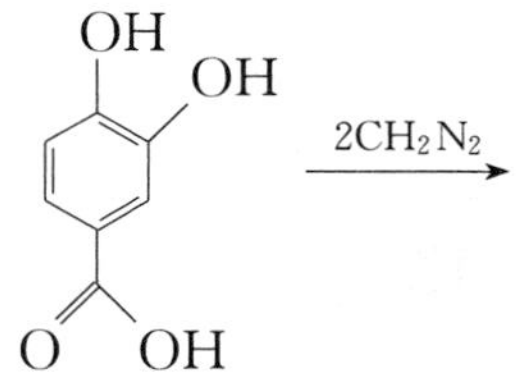

8.

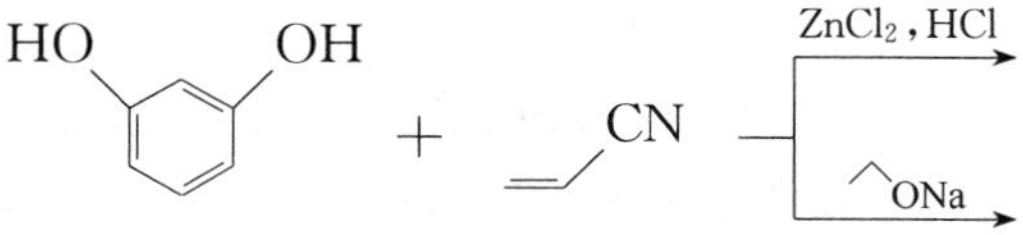

9.

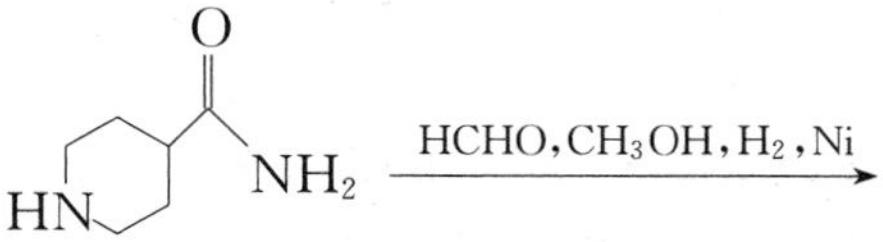

10.

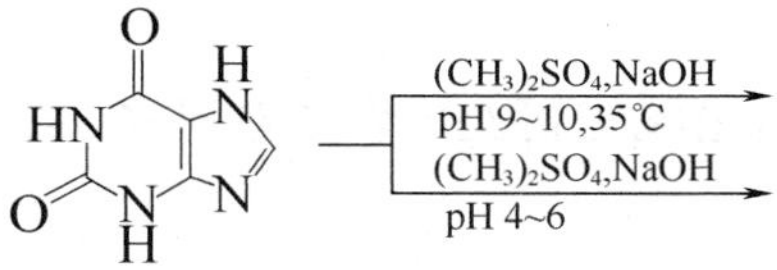

五、综合所学知识进行下列合成

1. 以环氧乙烷、甲苯、二乙胺为主要原料,选择适当的试剂和条件合成局麻药盐酸普鲁卡因。(提示:采用烃化反应和酰化反应)

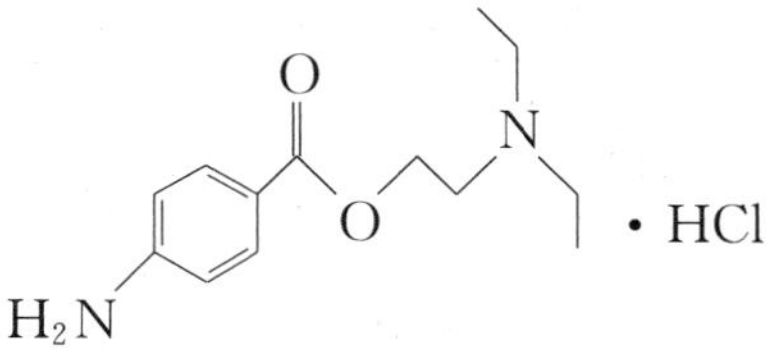

2. 以3,4,5-羟基苯甲酸为原料合成下列化合物。(提示:采用烃化反应和酰化反应)

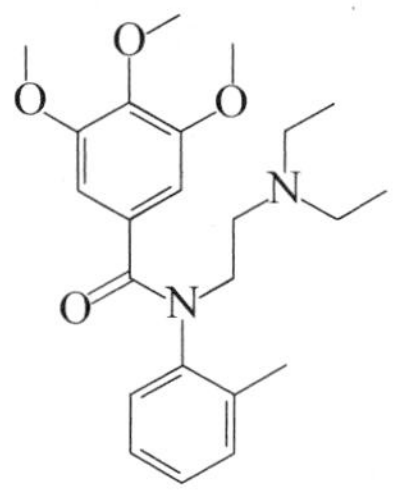

学习情境六 酰 化

【学习目标】

1. 掌握酰化反应的基本类型,羧酸、羧酸酯、酸酐、酰氯酰化剂的特点、适用范围、使用条件及其 N-酰化、O-酰化的主要影响因素及应用。

2. 掌握根据不同的被酰化物,正确选择酰化剂、反应条件的方法。

3. 掌握 Friedel-Crafts 酰化反应的基本原理、影响因素以及在药物合成中的应用,在生产中的应用及注意事项;掌握选择性酰化的方法及原理。

4. 熟悉维尔斯迈尔(Vilsmeier)反应、活性亚甲基化合物 α 位 C-酰化的原理、使用条件及在药物合成中的应用。

5. 理解各类反应的反应机制,了解新型酰化剂及其在医药科研、生产中的新技术与应用。

单元 1 酰化应用的实例分析

实例分析 1: 在非甾类抗炎药阿克他利的合成中,第一步酰化是为了保护羧基,第二步酰化是在氮原子上引入乙酰基,最后一步是进行选择性水解去保护基。

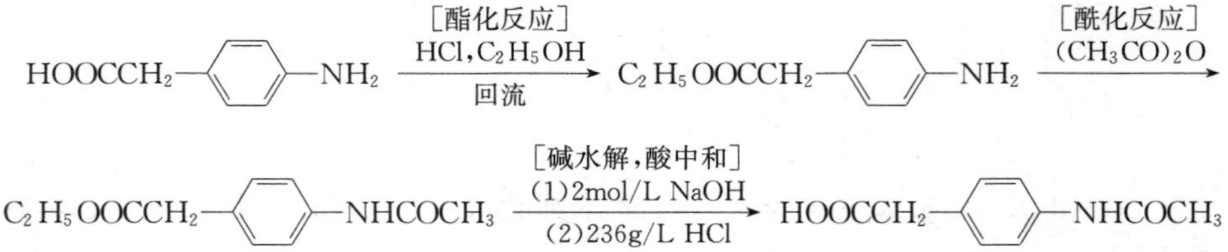

实例分析 2: 盐酸西替利嗪是新一代的 H_1 受体拮抗剂,作为长效的选择性口服强效抗变态反应药物,临床上已广泛用于治疗呼吸系统、皮肤和眼部过敏性疾病,并可用于儿童。合成中的第一步是酰化反应,第四、第五、第六步均为烃化反应。

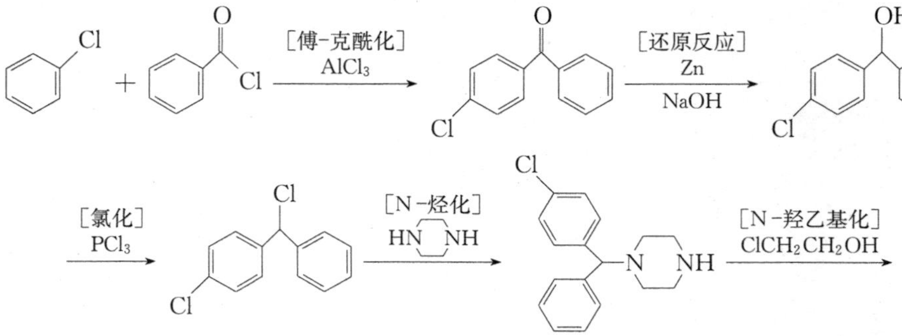

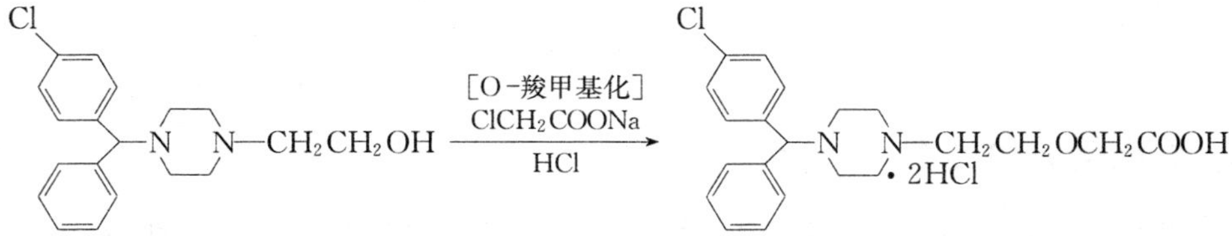

盐酸西替利嗪

实例分析 3：抗心律失常药胺碘酮的合成。

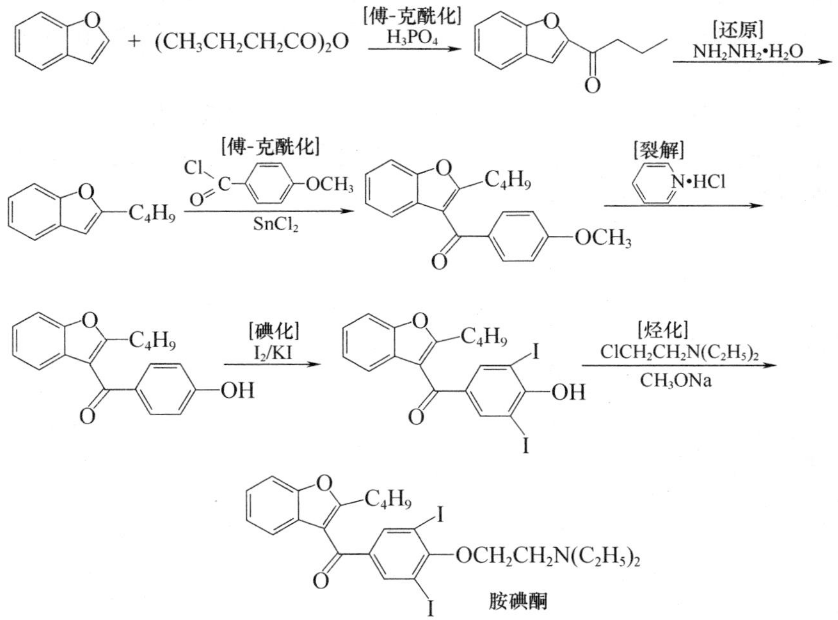

胺碘酮

单元 2　酰 化 反 应

一、酰化反应的概述

酰化反应是在有机化合物分子中的碳、氧、氮、硫等原子上引入酰基取代的反应。所谓酰基是从含氧无机酸、有机羧酸或磺酸等分子中除去一个或几个羟基后所剩余的基团。酰化反应的通式为：

$$\underset{O}{R-C-Z} + SH \longrightarrow \underset{O}{R-C-S} + HZ$$

式中　RCOZ——酰化剂

Z——离去基团 X、OCOR、OH、OR、NHR 等

SH——被酰化物质

S——R′O、R″NH、Ar 等

二、酰化反应的类型

酰化是药物合成中应用最多的反应类型之一，无论是改变分子的骨架，还是进行药物的结构修饰，都常采用酰化方法。此外，酰基还是最常见的保护基，因为它容易引入到分子中，又能够方便地从分子中脱除，在许多药物的合成中可用作保护基。为学习方便，常将酰化反应按下列方法分类。

(1)根据酰基所连的原子不同　可分为氧酰化、氮酰化、碳酰化、硫酰化等。所得的化合物分别为酯、酰胺、酮、硫代酸酯等。

(2)根据酰基的引入方式不同　可分为直接酰化和间接酰化。

①直接酰化法：是将酰基直接引入到有机化合物分子中的酰化，其中以亲电酰化应用最为广泛。

$$R-\overset{\overset{O}{\|}}{C}-Z + SH \longrightarrow R-\overset{\overset{O}{\|}}{C}-S + H^+ + Z^-$$

式中　Z——H、OROR′、OH、OR、NHR 等

S——RNH、RO、Ar 等

②间接酰化法：是在有机化合物分子中首先引入酰基等价体，经处理后给出酰基。最常见的是 Vilsmeier 反应，具体如下：

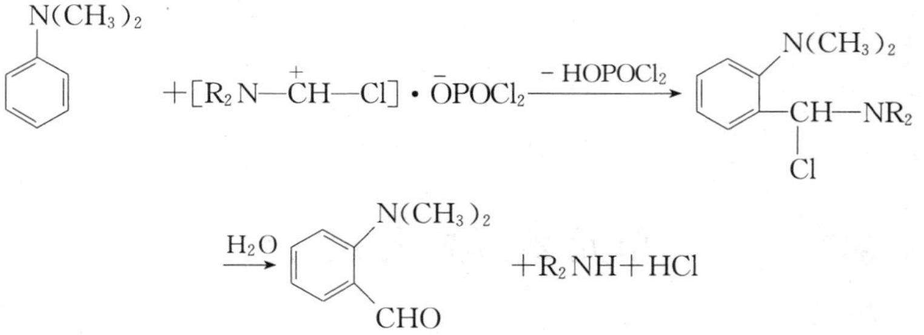

(3)根据所引入的酰基类型不同　可分为甲酰化、乙酰化、丙酰化、苯甲酰化以及带各种取代基的酰化。

(4)根据酰基的引入目的不同　可分为永久性酰化和暂时性酰化。

①永久性酰化：酰基作为目标产物的一部分或对目标产物的酰基修饰物。

②暂时性酰化：酰基作为临时基团，完成保护、定位或活化功能后再设法去除，目标产物中并不具有酰基。

三、常用酰化剂及特点

常用酰化剂主要是羧酸衍生物、羧酸、羧酸酯、酸酐、酰卤（氯或溴）等，酰胺的

活性较差,只在高温、高压等强烈条件下长时间才能完成反应。酰化剂(RCOZ)的活性是随—Z的离去能力增大而增加,也就是说酰化剂的酰化能力随离去基团的稳定性增加而增大。当R相同时,其酰化能力一般为酰卤＞酸酐＞羧酸＞羧酸酯＞酰胺;而对于氮酰化,酰化能力为酰卤＞酸酐＞羧酸酯＞羧酸＞酰胺。常用酰化试剂的酰化活性等如表6-1所示。

表6-1 常用酰化剂

酰化剂	酰化活性	选择性	反应条件	常规反应温度	用量	备注
羧酸类	弱	好	强酸催化	较高,＞100℃	过量	可逆
羧酸酯类			酸或碱催化	较高	过量	可逆
酸酐类			无或少量酸	＜100℃	过量较少	不可逆
酰卤类	强	差	无水,常加入碱作去酸剂	较低	定量或稍过量	不可逆

酰化剂成本:羧酸类(工业常用)＜羧酸酯类＜酸酐类＜酰卤类

单元3　氧原子上的酰化

　　氧原子上的酰化反应是醇或酚分子中的羟基氢原子被酰基取代而生成酯的反应,也称为酯化反应。其反应难易程度取决于醇或酚的亲核能力、空间位阻和酰化试剂的活性。醇的酰化一般规律为伯醇易于反应,仲醇次之,叔醇最难酰化反应。叔醇难于酰化的原因是立体空间位阻较大,并且在酸性介质中易脱去羟基而形成正碳离子,所以叔醇酰化需要活性较高的酰化试剂。另外,苄醇和烯丙醇易于脱去羟基形成正碳离子,也难于酰化。酚羟基由于受到芳环的影响使羟基氧原子的亲核能力降低,所以酚酰化比醇难。醇、酚的氧酰化的方法主要有羧酸法、酯交换法、酸酐法、酰卤法和其他方法等。

一、羧酸法

(一)基本原理

(1)反应通式　以醇和羧酸的直接酰化是可逆反应,反应式如下:

$$RCOOH + R'OH \xrightarrow{H^+} RCOOR' + H_2O$$

　　(2)反应机制　酸(质子酸及Lewis酸)催化下的加成-消除过程。首先在酸催化下羧酸形成质子化的羧酸,这时的羰基更加极化,甚至已形成碳正离子,醇羟基的氧原子对羰基碳亲核进攻,由此加成到羰基上;经电荷调整后,质子化的羟基以水的形式形成离子,质子化的酯消除质子,完成整个反应过程。

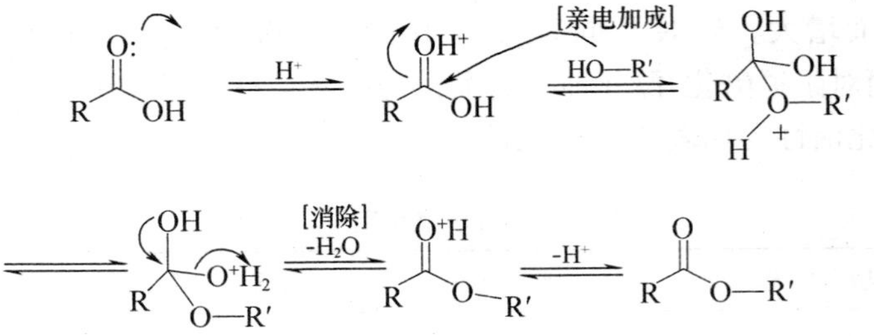

(二)主要影响因素

(1)醇的结构 按上述反应机制进行反应时,氧原子电子云密度降低时反应活性会降低,一般来说,反应活性为醇＞酚、烯丙醇。而难以酰化的酚、烯醇就需要较强的酰化剂(酸酐或酰卤)进行酰化。

此外,空间障碍也是一个较大的影响因素,酯化反应活性为伯醇＞仲醇＞叔醇,而叔醇在酸催化下会形成碳正离子,所以叔醇的酯化一般是以单分子亲核取代机理进行的,由于叔醇在酸性介质中易发生消除副反应,所以,一般不用羧酸与叔醇反应制备酯,叔醇羟基氧的酰化反应通常要选用酰化能力强的酸酐或酰氯作为酰化剂。

(2)羧酸的结构 羧酸是常用的廉价酰化剂,酰化对象主要是伯醇,还有少数仲醇。总的来说,脂肪族羧酸(甲酸活性越高,侧链越多,反应越困难)＞芳香族羧酸。芳香族羧酸中羧基的邻位连有给电子基时反应活性降低,羧基的对位有吸电子基时反应活性相对增大。这是因为,酸的结构对反应速率的影响除了电子效应影响着羰基碳的亲电能力外,主要是立体效应对反应速率起着主导作用。甲酸及其他直链脂肪族羧酸与醇的反应速度均较大,而具有侧链的羧酸反应就很困难,立体位置阻碍了醇对羧酸碳原子的进攻,侧链越多,反应就越难进行。芳香族羧酸的立体位阻的影响同样比电子效应大得多,而且更为明显。苯甲酸当邻位有甲基取代时,反应速度减慢;若两个邻位都有甲基时,则难以反应;而有吸电子基时,因能使羧羰基碳上的正电性增强,反而有利于反应。例如,在局部麻醉药盐酸普鲁卡因的合成中,反应物对硝基苯甲酸中硝基的存在,使亲电能力增强,羧基的酸性也增强,自身解离出来的酸就可以起到催化作用。

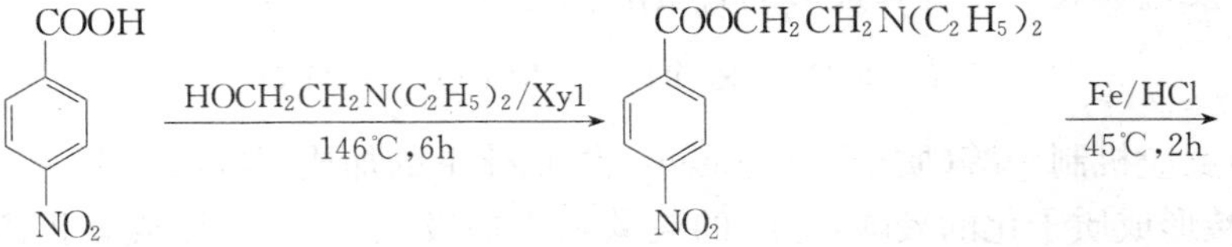

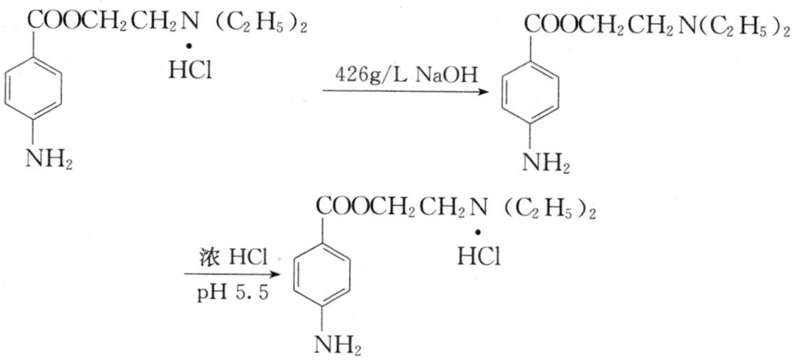

盐酸普鲁卡因

(3)反应温度与催化剂 在药物合成中,为了加快反应速度,缩短反应时间,多采用加热回流的方法以提高反应温度,并常加入催化剂使反应尽快达到平衡。

①质子酸:常用质子酸有硫酸、盐酸、磷酸、四氟硼酸、氯化氢气体等,也可用苯磺酸、对甲苯磺酸等有机酸,其中以硫酸使用最多。例如,降血脂药物氯贝丁酯合成时,是以 4-氯代苯氧异丁酸为原料,在硫酸的催化下,与乙醇反应。

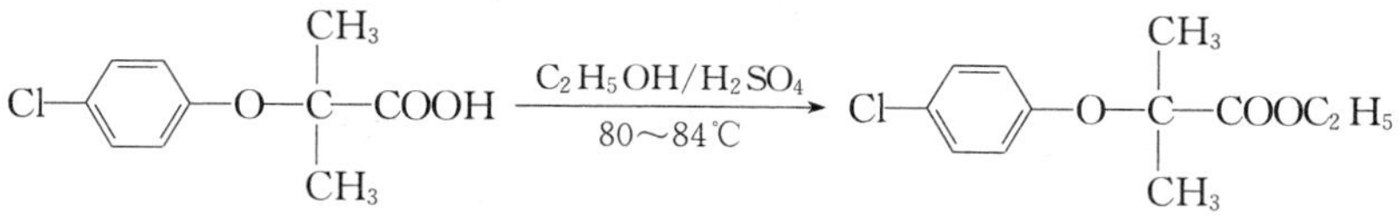

氯贝丁酯

②强酸型离子交换树脂:该法的优点突出,反应速度快,反应条件温和,选择性好,收率高;产物后处理简单,无需中和及水洗;树脂可循环使用,并可连续化生产;对设备无腐蚀,废水排放少等。将会在药物合成中得到广泛应用。

$$CH_3COOH + CH_3OH \xrightarrow[10min]{R-SO_3H/CaSO_4} CH_3COOCH_3 \quad (94\%)$$

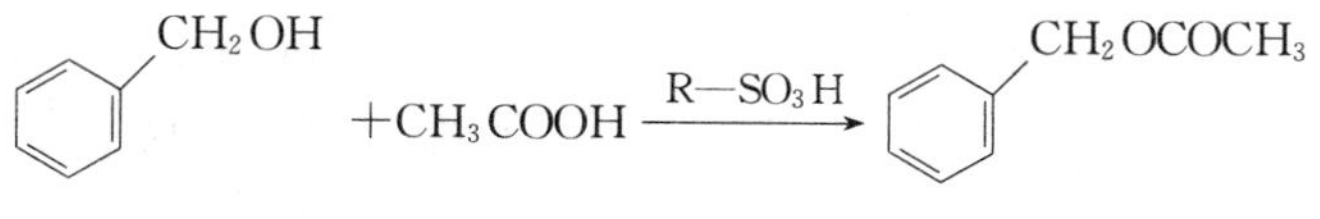

③脱水剂 DCC:以 DCC 作脱水剂,用羧酸直接酰化,条件温和,收率高,多用于酸、醇等价格较高或具有敏感官能团的某些结构复杂的酯及酰胺等化合物的合成。

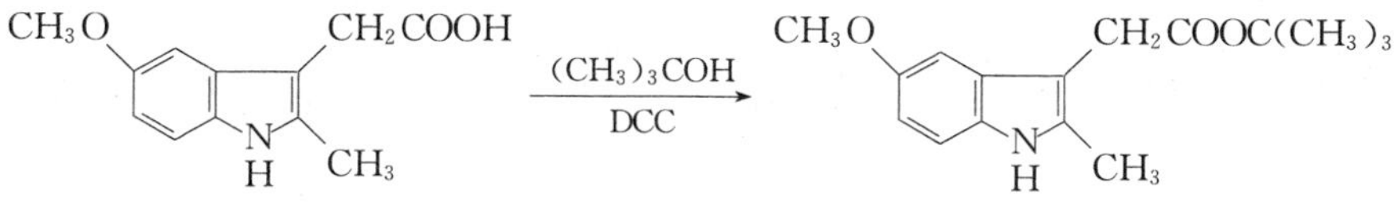

吲哚美辛中间体

(4)配料比与反应产物 为提高可逆过程中酯的收率,必须设法打破平衡,使反应向生成酯的方向进行。打破平衡的方法主要有两种。

①调整配料比：根据质量作用定律，增加反应物之一的浓度可增加反应的竞争力。配比多的反应物往往价格低廉，毒性较少，易于从反应体中回收或除去。

②除去生成物之一：将生成物及时从反应系统中除去，若在反应中生成的酯具有挥发性，沸点也较相应的醇、酸及水低时，可将生成的酯从反应系统中蒸馏出来。去水的方法主要有三种，加入脱水剂，最简单的方法就是加入脱水剂，如浓硫酸、无水氯化钙、无水硫酸铜等；蒸馏去水，如直接加热、导入热的惰性气体、减压蒸馏等，如戊酸雌二醇的合成；共沸脱水，该法对溶剂有一定的要求，如要求共沸点应低于100℃，共沸物中含水量尽可能高，溶剂和水的溶解度应尽可能小。常用的有机溶剂有苯、甲苯、二甲苯等，其最大优点是产品纯度好、收率高，不用回收催化剂。

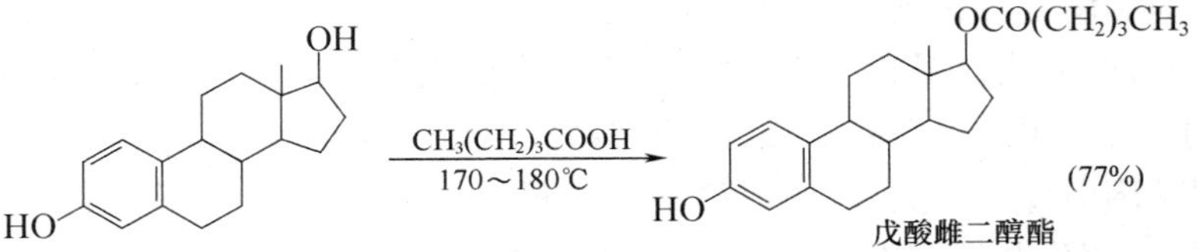

戊酸雌二醇酯

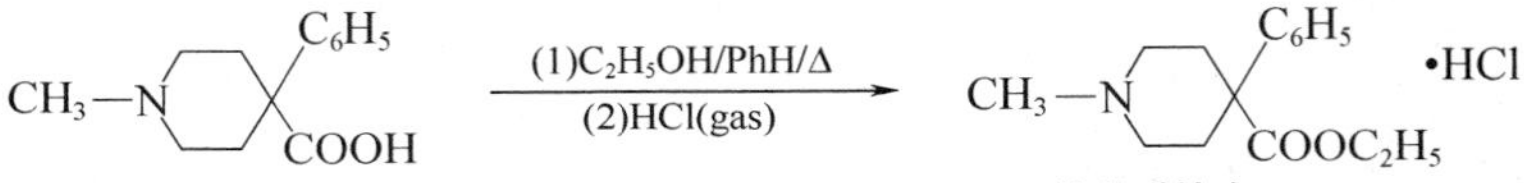

盐酸哌替啶

二、酯交换法

(一)基本原理

（1）反应通式　酯可与醇、羧酸或酯分子中的烷氧基或酰基进行交换，由一种酯转化为另一种酯，其反应类型有以下三种，都是利用反应的可逆性来实现的，其中以第一种酯交换方式应用最为广泛。

$$RCOOR' + R''OH \rightleftharpoons RCOOR'' + R'OH$$
$$RCOOR' + R''COOH \rightleftharpoons R''COOR' + RCOOH$$
$$RCOOR' + R''COOR''' \rightleftharpoons RCOOR''' + R''COOR'$$

（2）反应机制　酯与醇的交换中，酸催化可增加酯的亲电活性，碱催化可增加醇的亲核活性，其过程如下。

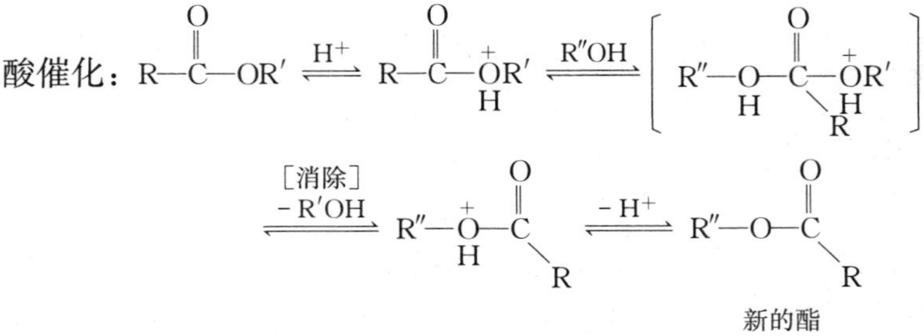

新的酯

碱催化：

$$R-\underset{O}{\overset{\parallel}{C}}-OR' \xrightarrow[\text{R''O}]{[\text{加成}]} \left[R-\overset{O^-}{\underset{OR''}{\overset{|}{\underset{|}{C}}}}\overset{OR'}{\underset{}{}}H \right] \xrightleftharpoons[-R'O]{[\text{消除}]} R-\underset{O}{\overset{\parallel}{C}}-OR''$$

(二)主要影响因素

(1)反应物的结构和性质 酯交换反应是利用反应的可逆性来实现的,为使反应向生成新酯的方向进行,一般常用过量的反应醇或将反应生成的醇不断地蒸出。反应过程中存在着两个烷氧基(R'O—,R''O—)之间亲核力的竞争,生成醇 R'OH 应易于蒸馏除去以打破反应平衡,反应醇 R''OH 的沸点高留在反应系统中有利于酰化反应的完成。也就是说,以沸点较高的醇交换出酯分子中沸点较低的醇,再利用减压作用迅速将生成的醇除去,操作温度较低,对一些因受热而不稳定的酸或结构复杂的醇等化合物的酯化比较适宜。酯交换反应的难易与醇的结构有关,通常情况下,伯醇最易反应,仲醇也有良好结果。

例如,正丁氨基苯甲酸乙酯与过量的二乙氨基乙醇在醇钠催化下进行酯交换,制得局部麻醉药丁卡因,交换下来的乙醇被及时蒸出。

$$CH_3(CH_2)_3NH-\underset{}{\overset{}{\bigcirc}}-COOCH_2CH_3 + HOCH_2CH_2N\overset{CH_3}{\underset{CH_3}{\big\langle}} \xrightarrow[\Delta]{C_2H_5ONa}$$

$$CH_3(CH_2)_3NH-\underset{}{\overset{}{\bigcirc}}-COOCH_2CH_2N\overset{CH_3}{\underset{CH_3}{\big\langle}} + C_2H_5OH$$

丁卡因

再如,抗胆碱药格隆溴铵(胃长宁)的合成中,就是用金属钠催化甲酯与仲醇进行交换。

格隆溴铵

(50%~60%)

(2)催化剂 酸或碱均可以催化反应的进行,常用的酸催化剂有硫酸、对甲苯磺酸等质子酸,也可以是 Lewis 酸;碱催化剂有醇钠、其他的醇盐或胺类,必须保证使用的碱不水解酯,反应需在无水介质中进行,同时其他醇生成的酯类产品不宜在乙醇中进行重结晶,其他酸生成的酯类产品不宜在乙酸中进行重结晶。反应采用何种催化剂,主要取决于醇的性质。若用含有碱性基团的醇或叔醇进行交换,一般宜采用醇钠催化,以防止用酸催化剂与碱性的醇成盐或叔醇发生消除水的副反应。例如,抗胆碱药溴美喷酯(宁胃适)的合成。

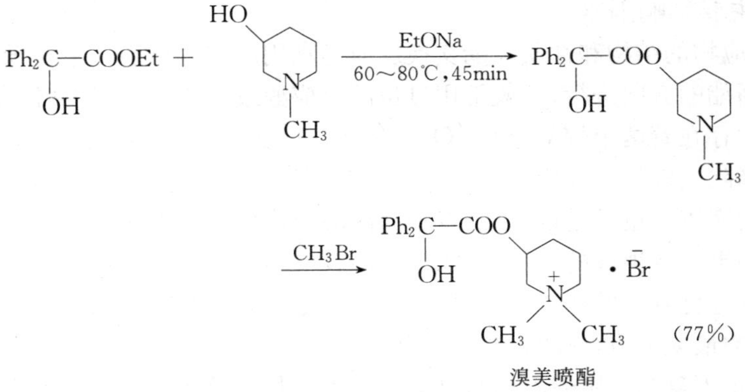

$$Ph_2C-COOEt + \text{[piperidine]} \xrightarrow[60\sim80℃,45min]{EtONa} Ph_2C-COO \text{[piperidine]}$$

$$\xrightarrow{CH_3Br} \text{[溴美喷酯结构]} \cdot \overset{-}{Br} \quad (77\%)$$

溴美喷酯

酯交换反应还可以选用强碱性离子交换树脂作为催化剂,其反应条件温和,适合于许多对酸敏感的酯的合成。

(三)活性羧酸酯及其在药物合成中的应用

无论是用羧酸和醇直接酯化,还是用普通的酯交换法,由于羧酸和酯的酰化能力较弱,反应温度还是相对较高,对于热敏性或反应活性较小的羧酸,以及溶解度较小的或结构复杂的醇等都不太适宜。活性羧酸酯的开发和利用,为复杂的化合物如肽、大环内酯类等物质的合成提供了较好方法。现介绍常用的三种活性酯。

(1)羧酸硫醇酯　将羧酸于2,2-二吡啶二硫化物在三苯膦存在的条件下反应,或与酰氯与2-吡啶硫醇反应,均可生成羧酸-2-吡啶硫醇酯。羧酸-2-吡啶硫醇酯是一个活性较强的酰化剂,但由于具有特殊的气味和毒性,使其应用受到一定的限制。

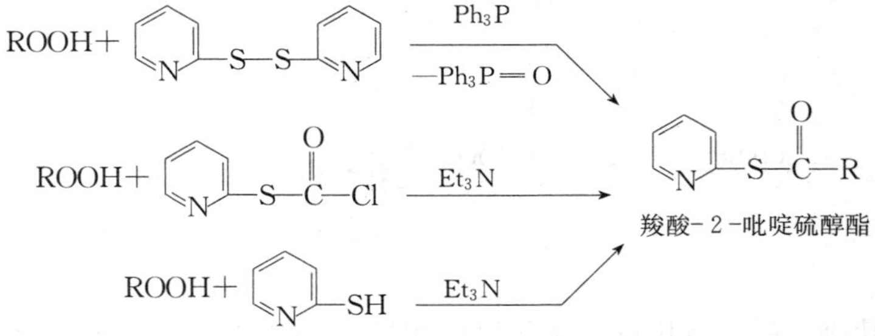

羧酸-2-吡啶硫醇酯

用该活性酯可以合成大环内酯以及内酰胺类化合物,收率较高。应用实例如下:

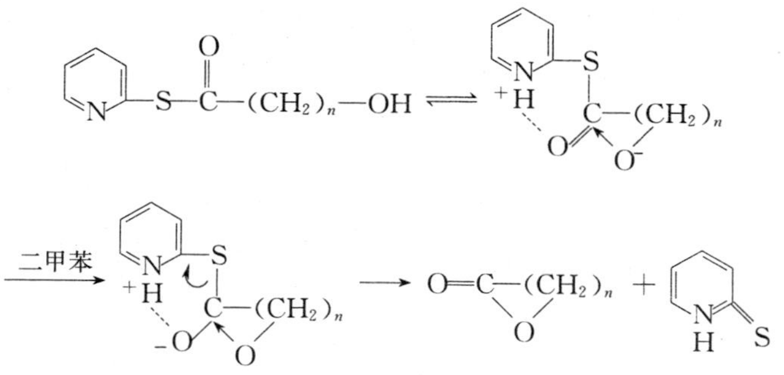

$n=14(88\%)$

（2）羧酸吡啶酯 羧酸与2-卤代吡啶季铵盐作用可得到相应的羧酸吡啶酯，由于杂原子中正电荷的作用使其活性增强，一般在加热条件下此活性酯与醇进行酯交换。

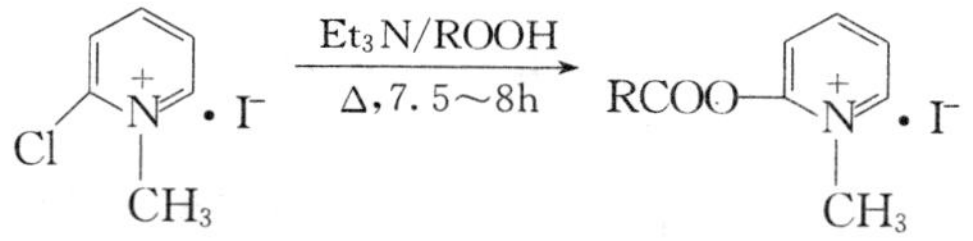

实例中应先将酸制成活性酯，然后进行分子内交换。

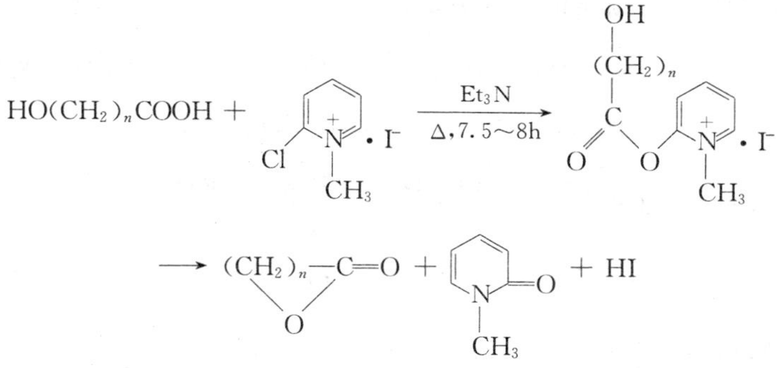

$n=5(89\%)$ $n=11(69\%)$

（3）羧酸三硝基苯酯 用2,4,6-三硝基氯苯（Cl-TNB）在碱性介质中与羧酸（盐）作用可生成活性酯中间体，即羧酸三硝基苯酯。此反应为可逆反应，得到的酯产量低且不易分离精制，但在反应系统中并不需要分离，直接用此活性酯进行酯交换，对空间位阻较小的醇效果良好。

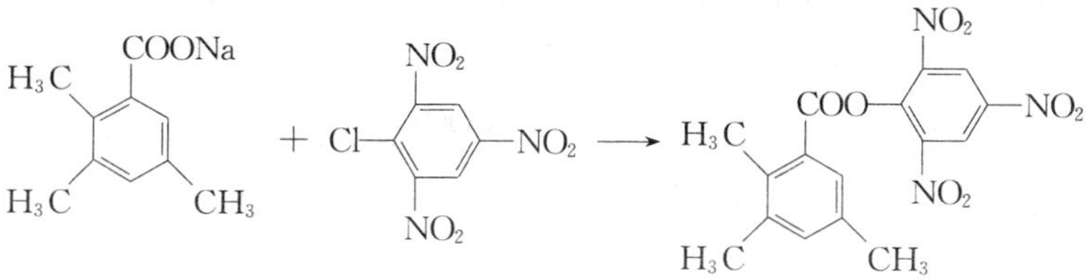

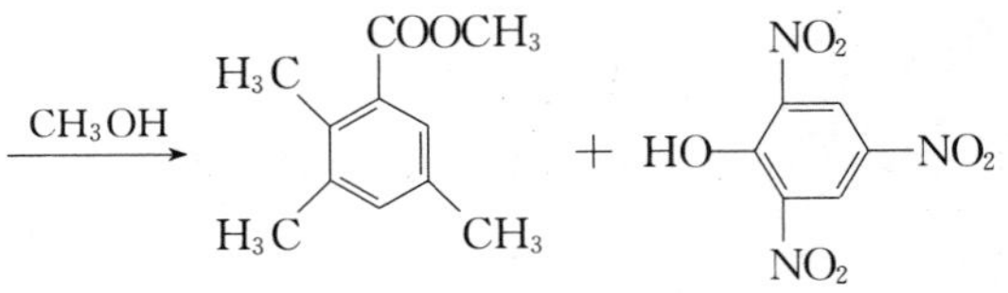

（96%）

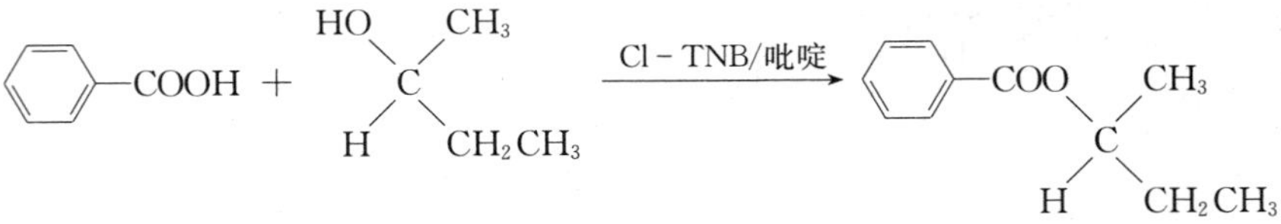

（98%）

三、酸酐法

（一）反应原理

酸酐是一类强酰化剂，与醇或酚都可以反应且不可逆。通式如下：

$$(RCO)_2O + R'OH(ArOH) \xrightarrow{\text{酸或碱}} RCOOR'(RCOOAr) + RCOOH$$

用酸酐为酰化剂时，可以不用催化剂，也可以用酸或碱催化，使反应进行更顺利。通过不同的机制使酰基的活性增强。

酸催化：$(CH_3CO)_2O + H^+ \rightleftharpoons (CH_3CO)_2\overset{+}{O}H \rightleftharpoons CH_3CO^+ + CH_3COOH$

$$CH_3CO^+ + R'OH \longrightarrow CH_3COOR' + H^+$$

碱催化：

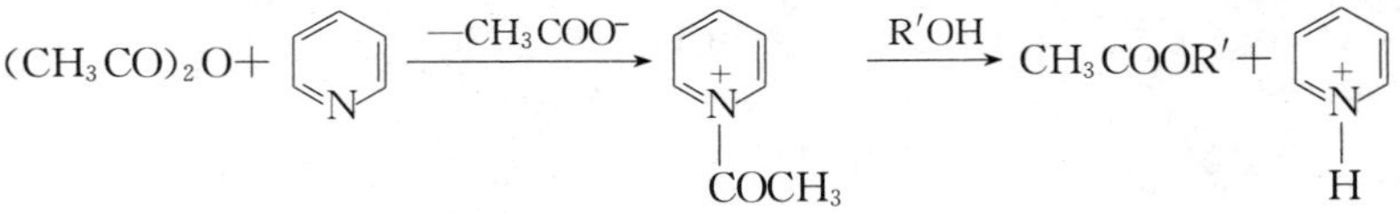

（二）影响因素

（1）催化剂

①酸催化剂：硫酸、氯化锌、三氟化硼、二氯化钴、三氯化铈、对甲苯磺酸，酸催化的活性一般大于碱催化。所用催化剂及其他反应条件的选择，主要根据醇或酚中羟基的亲核活性和空间位阻的大小而定。例如，阿司匹林的合成可以用反应母液醋酸兼作溶剂和催化剂，反应温度在 74℃ 左右，需数小时完成反应，产品较纯（工业生产）；若用硫酸催化，反应温度可以降低至 60℃，反应时间可以缩短为约 1h（实验室）。但后一种方法中产品残留的硫酸需除去，比较麻烦。

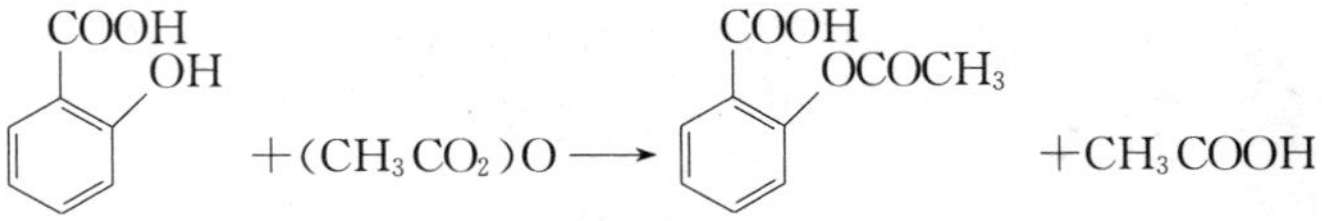

再如，炔诺酮乙酰化时，可用对甲苯磺酸作催化剂。

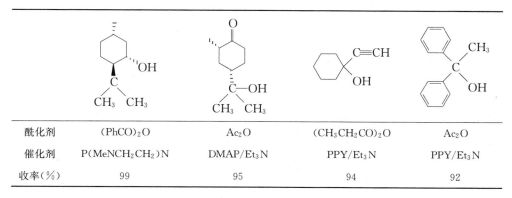

②碱性催化剂：吡啶、三乙胺、喹啉、N,N-二甲基苯胺等胺类，无水乙酸钠等。要根据羟基的亲核性、位阻的大小及反应条件，选用催化剂或不用催化剂。

当醇、酚羟基共存时，可采用三氟化硼为催化剂，选择性地对醇羟基进行酰化。

③其他催化剂　对于位阻较大的醇可采用对二甲氨基吡啶（DMAP）、4-吡咯烷基吡啶（PPY）等为催化剂，它们可以作为电子供给体增加吡啶环上氮原子的亲核性及碱性，采用这些催化剂形成的活性中间体与醇反应迅速生成酯的收率较好。活性中间体如下：

具体实例如下：

酰化剂	(PhCO)₂O	Ac₂O	(CH₃CH₂CO)₂O	Ac₂O
催化剂	P(MeNCH₂CH₂)₃N	DMAP/Et₃N	PPY/Et₃N	PPY/Et₃N
收率(%)	99	95	94	92

三氟甲磺酸盐如 Sc(OTf)$_3$、Cu(OTf)$_2$、Bi(OTf)$_3$ 等是近年来开发的一类新型催化剂,不仅用于伯醇、仲醇及叔醇在室温条件下与各种酸酐反应,也可采用对硝基苯甲酸酐及 Sc(OTf)$_3$ 为催化剂使羧酸与醇直接反应生成酯。

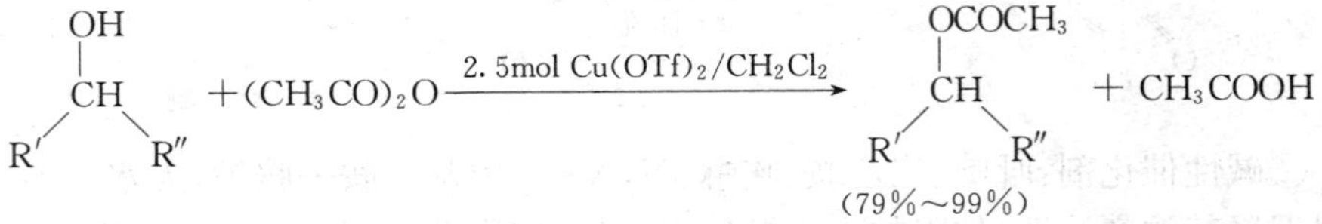

$$(79\% \sim 99\%)$$

(2)醇的结构　醇和酸酐发生酰化反应的难易程度与醇的结构关系较大,这种影响与直接发生酯化反应的影响类似,其影响规律为伯醇＞仲醇＞叔醇。

　　酚羟基由于受芳环的影响,羟基氧原子的亲核性降低,其酰化反应比醇困难。酸酐酰化能力强,可对酚羟基进行酰化。加入硫酸或有机碱等催化剂以加快反应速度,所有酸酐如反应激烈可用石油醚、苯、甲苯等惰性溶剂稀释。例如,维生素 E 可用乙酸酐酰化制成醋酸维生素 E,稳定性大大提高。

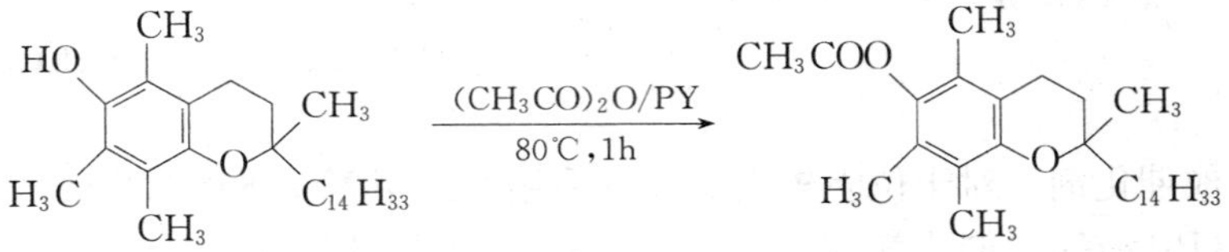

醋酸维生素 E

(3)酸酐的结构　常用的酸酐除乙酸酐、丙酸酐外,尚有一些二元酸酐,如邻苯二甲酸酐、顺丁烯二酸酐、琥珀酸酐等。混合酸酐的开发与利用比用单一酸酐进行酰化更有实用价值,在反应过程中形成反应活性更强的混合酸酐来进行酰化。

　　①羧酸-三氟乙酸混合酸酐:主要适用于立体位阻较大的羧酸的酯化。可使三氟乙酸酐先与羧酸形成混合酸酐后,再加入醇相互作用而得羧酸酯。对某些位阻较小的化合物,亦可先使羧酸与醇混合后再加入三氟乙酸酐。反应中由于三氟乙酐本身也能进行酰化,故要求醇的用量要多一些以减少副反应。

$$RCOOH + (CF_3CO)_2O \longrightarrow RCOOCOCF_3 + CF_3COOH$$

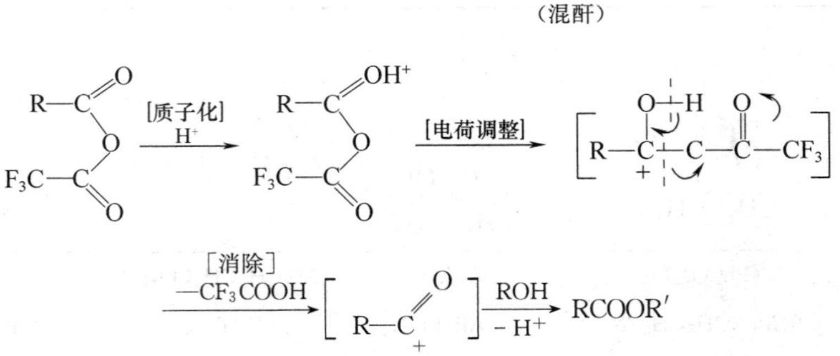

(混酐)

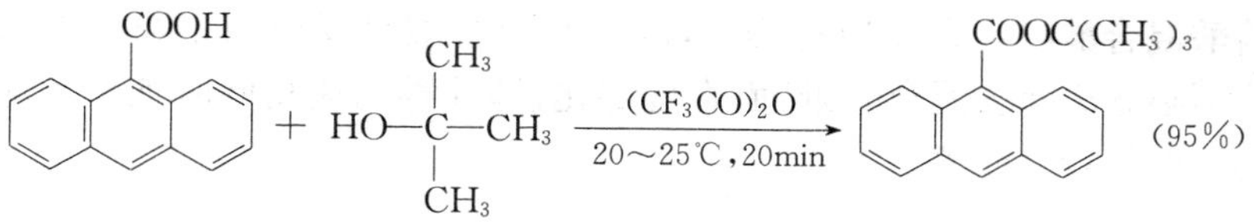

$$\text{(95\%)}$$

②羧酸-磺酸混合酸酐:羧酸与磺酰氯作用可形成羧酸-磺酸的混合酸酐,是一种活性酰化剂,其酰化能力在某些方面比三氟乙酸酐还要好。这些混合酸酐有的是在生成后分离出来应用,有的则在反应系统中直接形成后应用。由于反应是在吡啶中进行,因此对酸敏感的醇如叔醇、丙炔醇、烯丙醇等,此类试剂多用于位阻较大的酯或酰胺的制备。

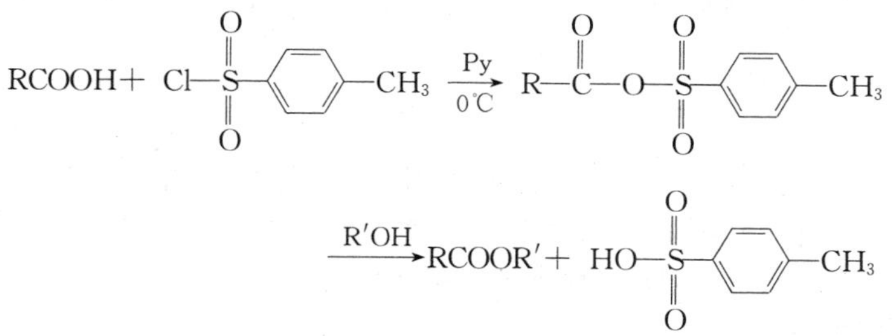

③羧酸-多取代苯甲酸混合酸酐:主要适用于合成大环内酯,常采用羧酸与多个吸电子基取代的苯甲酸形成混合酸酐的特殊试剂法。例如,羧酸与2,4,6-三氯苯甲酸的混合酸酐,这种混合酸酐不仅使反应羧酸受到活化,而且多取代氯苯的位阻大大减少了三氯苯酰化副反应的可能性。

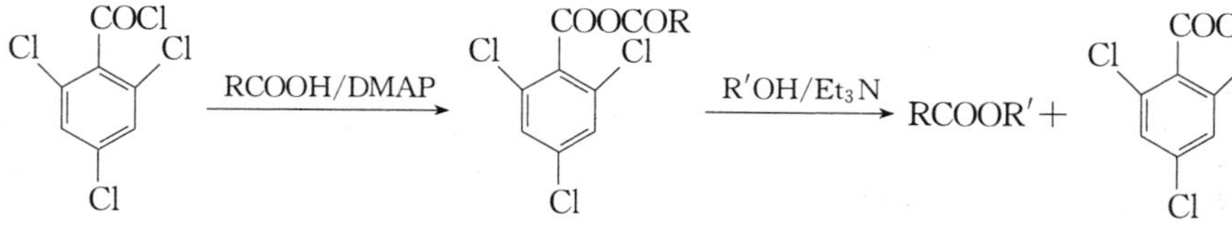

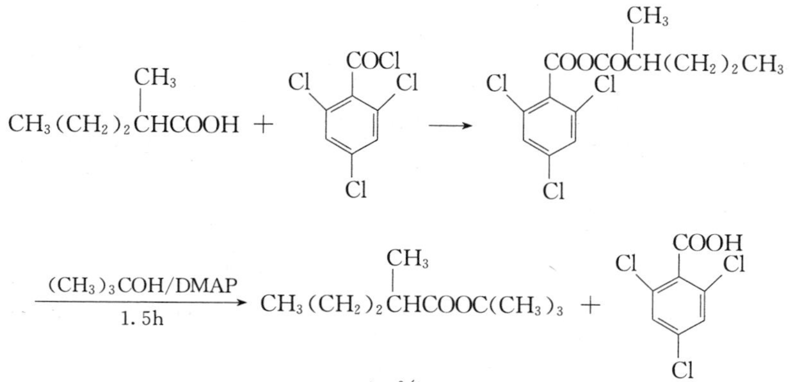

$$\text{(95\%)}$$

④羧酸-磷酸混合酸酐:羧酸与卤代磷酸酯在三乙胺存在的条件下反应可生成

羧酸-磷酸混合酸酐。在反应过程中,醇只与混合酸酐反应而不与卤代磷酸酯反应,因此不必分离除去混合酸酐,而直接酯化,即几种反应物同时加至反应系统中进行反应,操作较为简单。

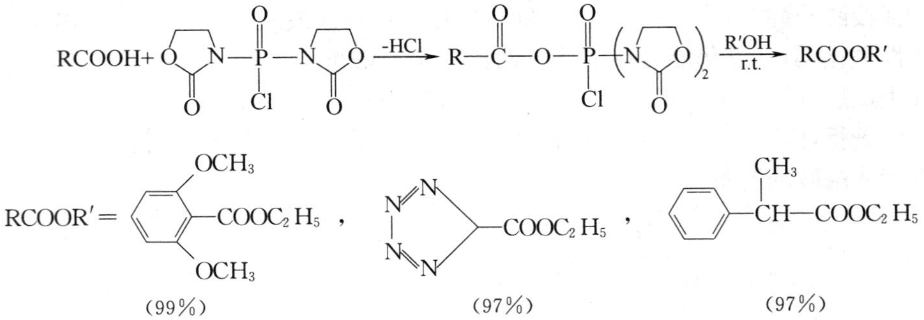

$$RCOOR' = $$

（99%）　　　　　　　（97%）　　　　　　　（97%）

（4）溶剂及其他　反应比较平稳,可不用溶剂,或用与酸酐对应的羧酸为溶剂;若反应激烈,不易控制,可加入惰性溶剂。常用苯、甲苯、硝基苯、石油醚等。严格控制反应体系中的水分,以防止酰化剂酸酐水解。

（三）应用实例

酸酐作为酰化剂主要用于结构复杂的醇、立体位阻较大的醇的酰化。

镇痛药盐酸阿法罗定（安那度尔）的合成。

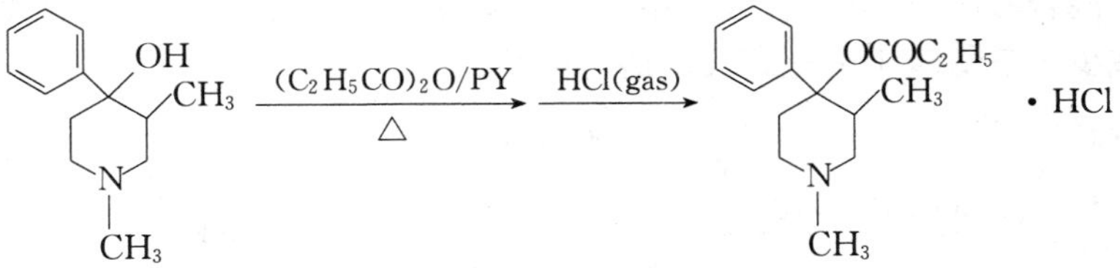

孕激素己酸孕酮的合成。

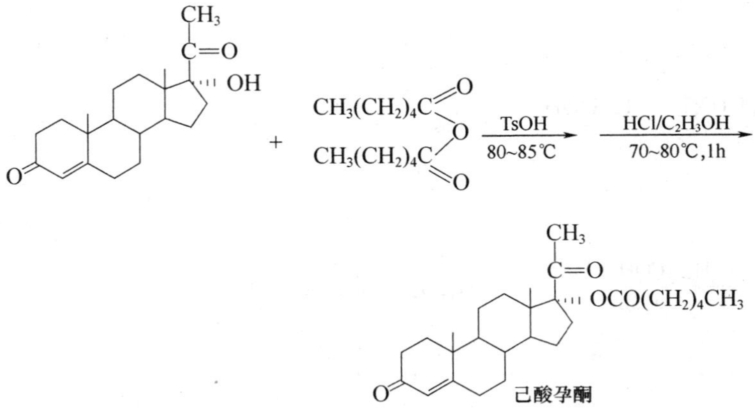

己酸孕酮

四、酰卤法

(一)反应原理

$$RCOCl + R'OH \longrightarrow RCOOR' + HCl$$

酰氯是一种活泼的酰化剂,反应能力强,反应不可逆。酰氯适用于位阻较大的醇羟基、酚羟基酰化,其性质虽不如酸酐稳定,但若某些高级脂肪酸的酸酐制备困难而不能使用酸酐为酰化剂时,则可将其制备成酰氯后再与醇反应。由于反应中释放出来的氯化氢需要中和,所以用酰氯酰化时多用吡啶(Py)、三乙胺、N,N-二甲基苯胺、N,N-二甲基吡啶、四甲基乙二胺等有机碱或碳酸钠等无机弱碱进行酰化。吡啶等有机碱不仅能中和氯化氢,而且对反应有催化作用。

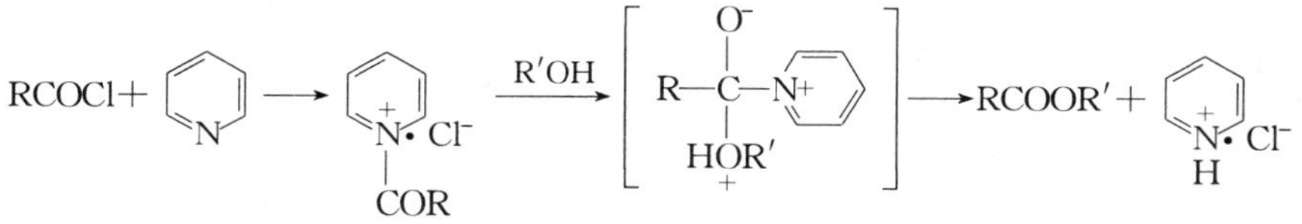

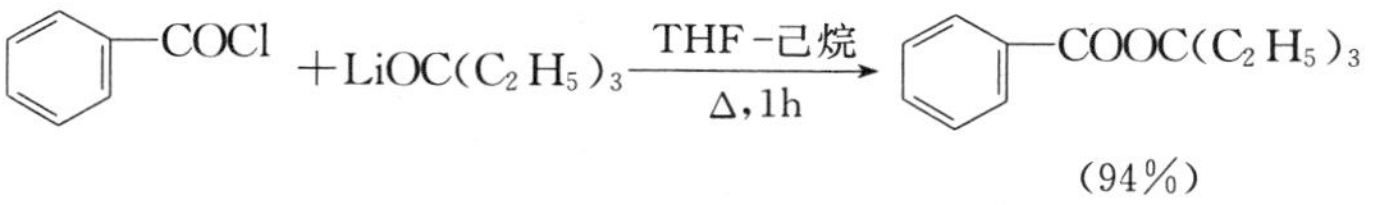

$$(94\%)$$

4-取代氨基吡啶(DMAP)和4-吡咯烷基吡啶(PPY)具有更强的催化作用,尤其适用于位阻较大的醇的酰化。

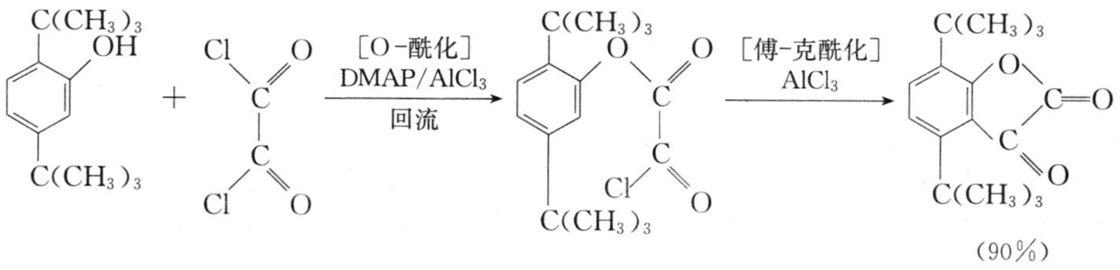

$$(90\%)$$

(二)影响因素

(1)催化剂 吡啶等有机碱不仅有中和氯化氢的作用,而且可以与酰氯形成活性中间体,对反应有催化作用。4-苄基吡啶与酰氯也可形成活性中间体,它在有机碱存在的条件下形成活性酰胺,可进一步与酸形成酸酐,与醇形成酯。

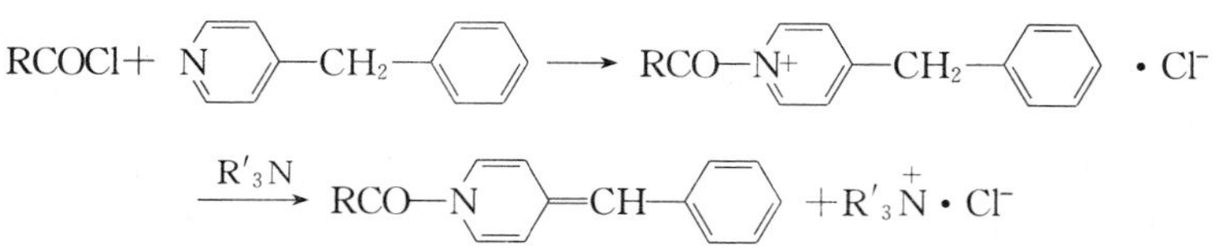

(2)酰氯的结构 酰氯的反应活性与结构有关,脂肪族酰氯的活性通常比芳香

族酰氯高，其中以乙酰氯最为活泼，反应激烈，但随着烃基氧原子数的增多，脂肪族酰氯的活性有所下降。芳香族酰氯的活性主要因羰基碳上的正电荷分散于芳环上而减弱。若脂肪族酰氯的 α -碳原子上的氢被吸电子基团所取代，则反应活性增强。当 R 不同时，反应速度不同，见表 6－2。

表 6－2　　不同酰氯的酰化速率

酰氯的 R 基	$—CH_3$	$—C_2H_5$	$—CH_2Cl$	$—CHCl_2$	$—CCl_3$
相对酰化反应的速度	1.0	0.784	1.48	4.46	33

对于芳酰氯，如果在芳环的间位或对位有吸电子取代基时，则反应活性增强；反之若为给电子取代基时，则反应活性减弱。

(三)应用实例

酰氯在碱性催化剂的存在下，可使醇羟基、酚羟基酰化，控制条件还可以选择性酰化酚羟基，而氨基不受影响，如异博帕胺的合成。

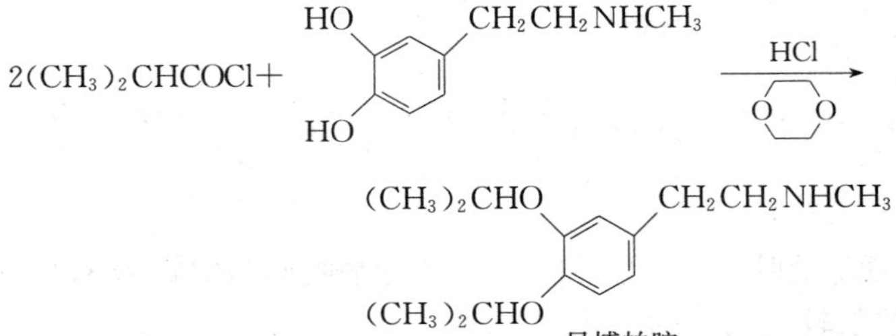

异博帕胺

单元 4　氮原子上的酰化

氮原子上的酰化反应是脂肪胺或芳香胺分子中氨基上的氢原子被酰基取代生成酰胺的反应。N－酰化是制备酰胺类化合物重要的方法，应用最广的是在伯胺、仲胺的 N 上进行酰化，就亲核而言胺比醇易于酰化，但有位阻的仲胺则要困难一些，一般规律为伯胺＞仲胺；位阻小的胺＞位阻大的胺；脂肪胺＞芳香胺。常用酰化试剂及活性顺序为酰卤＞酸酐＞羧酸酯＞羧酸。

一、羧酸为酰化剂

(一)反应原理

羧酸是一个弱酰化剂，羧酸与胺高温下脱水生成酰胺，反应中生成的水可使酰胺水解，反应可逆。通式如下：

$$R—\overset{\overset{\large O}{\|}}{C}—OH + R'R''NH \underset{[水解]}{\overset{[酰化]}{\rightleftharpoons}} R—\overset{\overset{\large O}{\|}}{C}—NR'R'' + HOH$$

作用机制：首先氨基氮原子的未共用电子对向羰基碳原子做亲核进攻，形成过渡状配位化合物，然后脱水形成酰胺。羧酸与胺成盐后使胺亲核能力下降。

$$R-\overset{O}{\overset{\|}{C}}-OH + R'R''NH \xrightarrow{[成盐]} R-\overset{O}{\overset{\|}{C}}-O^- \cdot R'R''\overset{+}{N}H_2 \xrightarrow{[加成]}$$

$$\left[R-\overset{\overset{O}{\|}}{\underset{\underset{+}{H\overset{}{N}R'R''}}{C}}-OH \right] \xrightarrow[-HOH]{[消除]} R-\overset{O}{\overset{\|}{C}}-NR'R''$$

(二)影响因素

（1）催化剂

①强酸作催化剂：适用于活性较强胺类的酰化。为加快酰化反应的速度，有时需加入少量强酸作为催化剂，质子与羧酸形成中间体碳正离子，然后再与氨基结合，最后脱去水、质子而形成酰胺。

$$RCOOH \rightleftharpoons R\overset{+}{\underset{OH}{\overset{OH}{C}}} \xrightarrow{R'NH_2} \left[R-\overset{\overset{OH\,H}{\|}}{\underset{\underset{OH\,H}{}}{C}}-\overset{+}{N}-R' \right] \xrightarrow{-H_2O} R-\overset{O}{\overset{\|}{O}}-NHR' + H^+$$

需要说明的是，质子除能催化羧酸形成碳正离子外，也可能与氨基结合形成胺盐，反而破坏了氨基与酰化剂的反应。所以，只有适当地控制反应介质的酸碱度，才能加快反应速度。

②缩合剂作催化剂：适用于活性弱的胺类、热敏性的酸或胺类。常用的此类缩合剂有二环己基碳二亚胺（DCC）和二异丙基碳二亚胺（DIC）等。DIC 常用于固相合成，因生成的脲易溶于很多有机溶剂中，可通过过滤方法除去。DCC 是一种良好的脱水剂，在羧酸直接酰化中，条件温和、收率高，在复杂结构的酰胺、半合成抗生素及多肽的合成中有较多的应用，其原理是 DCC 与羧酸生成活性中间体，进一步与胺作用生成酰胺。

在复杂结构的酰胺、半合成抗生素及多肽的合成中有较多的应用。例如,半合成青霉素合成通法中就有 DCC 法。

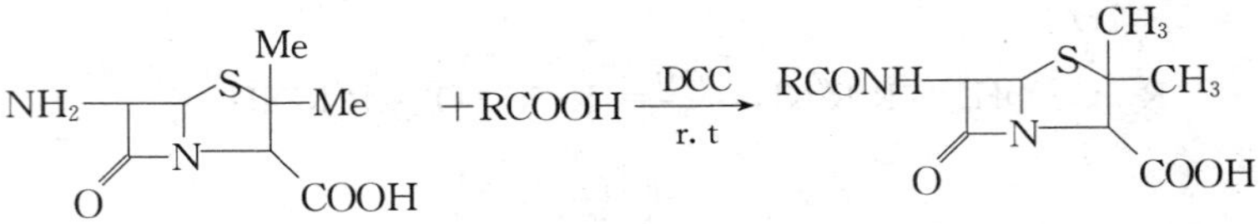

利用 DCC 类缩合剂有两个副反应,一个是酰基迁移至 N 上形成酰基脲的反应,另一个是光学活性氨基酸易消旋化,因此使其应用范围受到限制。

③活性磷酸酯作催化剂:活性磷酸酯是近年发展较快的一类 N-酰化偶合剂,这些试剂在反应中可迅速转化成相应的酯类活性中间体与胺反应生成酰胺。此类试剂由于具有活化能力强、反应条件温和、光学活性化合物不发生消旋化等特点,广泛应用于肽类或 β-内酰胺类化合物的合成中,如苯并三唑基磷酸二乙酯(BDP)。

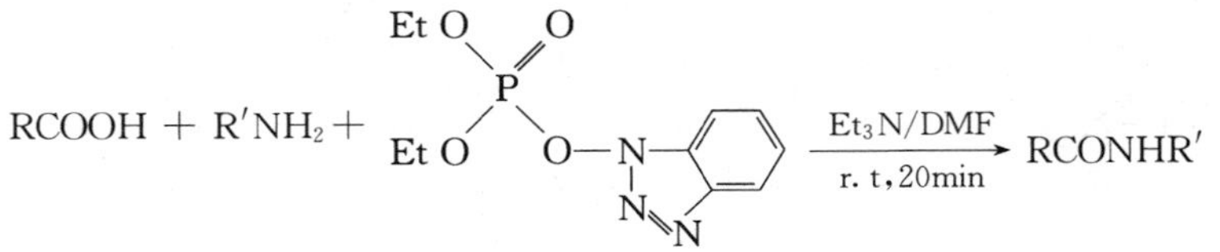

(2)胺的结构　羧酸作为酰化剂,一般用于碱性较强的胺类,其酰化反应的难易与胺类化合物的亲核能力及空间位阻有密切关系。氨基氮原子上的电子云密度越大,空间位阻越小,则反应活性越强。胺类化合物酰化反应的活性为伯胺＞仲胺;脂肪胺＞芳香胺。在芳香族胺类化合物中,当芳环上有给电子基团时,反应活性增强;反之,有吸电子基团时,则反应活性下降。

(3)配料比与水　此反应是可逆反应,为加快反应到达平衡并向生成酰胺的方向移动,必须使反应物之一过量,通常是羧酸过量。移去反应生成的水对酰化反应有利,去水的方法通常有三种。

①高温熔融脱水酰化法:适用于稳定铵盐的脱水,如苯甲酸和苯胺加热到 225℃进行脱水,可制得 N-苯甲酰苯胺。

②反应精馏脱水法:主要用于乙酸与芳胺的 N-酰化,例如,将乙酸和苯胺加热至沸腾,用蒸馏法先蒸出含水乙酸,然后减压蒸出多余的乙酸,即可得 N-乙酰苯胺。

③溶剂共沸脱水法:主要用于甲酸(沸点 100.8℃)与芳胺的 N-酰化反应。

(三)应用实例

解热镇痛药对乙酰氨基酚(扑热息痛)的合成。对乙酰氨基酚是以对氨基苯酚为原料合成的。在对氨基酚结构中,酚羟基的存在,使氨基的反应活性增强;同时由于氨基的亲电活性大于酚羟基,在弱酰化剂乙酸的作用下,就可以使氨基酰化,而酚羟基不被酰化,从而生成对乙酰氨基酚。

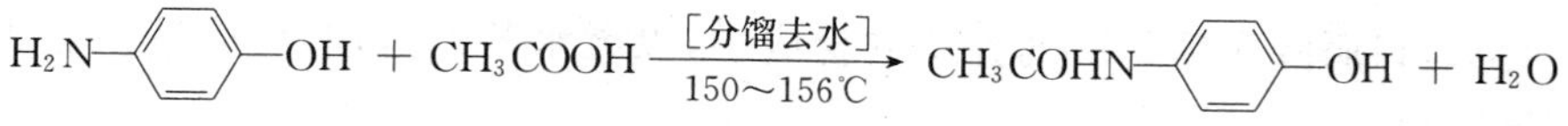

$$H_2N-\!\!\!\bigcirc\!\!\!-OH + CH_3COOH \xrightarrow[150\sim156℃]{[分馏去水]} CH_3COHN-\!\!\!\bigcirc\!\!\!-OH + H_2O$$

对乙酰氨基酚

二、羧酸酯为酰化剂

(一)反应原理

以羧酸酯为酰化剂进行氨基的酰化,可得到酰胺,生成的酰胺也可以发生醇解,使反应可逆。由于氨基的亲核活性大于羟基,其可逆倾向要小,同时生成的醇可以蒸馏除去,所以酯作为酰化剂对氨基的酰化还是比较多的。通式如下:

$$R\overset{\overset{O}{\|}}{-C}-OR' + R''NH_2 \rightleftharpoons RCONHR'' + R'OH$$

反应机制:以羧酸酯为酰化剂进行的 N-酰化反应过程可以视为酯的氨解反应,也是经历加成和消除过程。

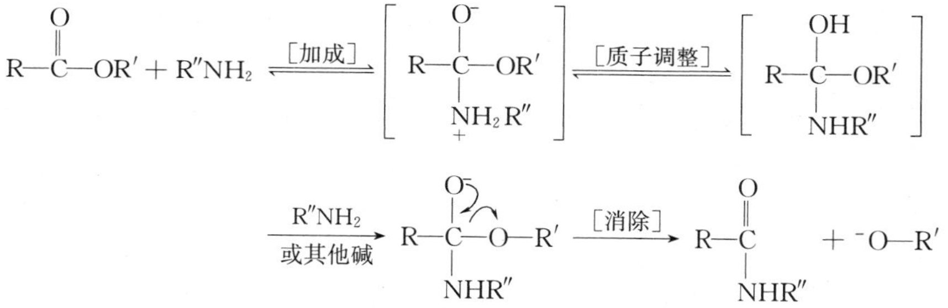

(二)主要影响因素

一般情况下,只有当羧酸酯比相应的羧酸、酸酐或酰氯容易获得,或者使用更方便时,才用羧酸酯作为酰化试剂。但近年来活性酯的迅速发展,使酯类酰化剂的应用范围大大扩展。

(1)反应物的结构　结构对酰化反应速率有很重要的作用,主要表现为空间位阻、电性及离去基团的稳定性。

①羧酸酯:酰基上 R 空间位阻越大,则活性越小,酰化反应速率越慢,需要在较高温度或一定压强下进行反应;反之,若 R 空间位阻越小,且具有吸电子作用(氯乙酸酯、腈乙酸酯、丙二酸二乙酯、乙酰乙酸酯等),则活性越高。酯结构中的离去基团(RO⁻)越稳定,活性越高,反应越易进行。

②胺的结构:空间位阻越小,碱性越强,活性越高;反之越小。例如,磺胺甲恶唑中间体的合成,采用羧酸酯与活性高的氨气,在较温和的条件下即可反应。

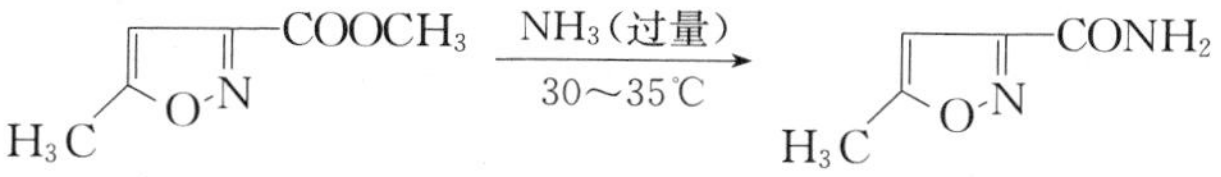

123

再如,口服降血糖药格列齐特的合成中,以无水苯作溶剂,反应液回流 1h,即可以完成反应。

$$CH_3-\text{<benzene>}-SO_2NHCOOC_2H_5 + H_2N-N\text{<bicyclic>} \xrightarrow[\text{回流}]{C_6H_6}$$

$$CH_3-\text{<benzene>}-SO_2NHCON\overset{H}{-}N\text{<bicyclic>}$$

③羧酸二酯　羧酸二酯与二胺类化合物若能发生两点式结合,生成较稳定的六元环化合物,则反应更易进行,活性更大,如哌拉西林等青霉素类药物中间体乙基-2,3-哌嗪二酮、催眠药苯巴比妥等药物的合成。

$$C_2H_5NHCH_2CH_2NH_2 + (COOC_2H_5)_2 \xrightarrow[50℃]{EtOH} C_2H_5-N\text{<ring>}NH + 2CH_3CH_2OH$$

哌拉西林中间体

$$\text{<structure>} \xrightarrow[(2)HCl]{(1)EtONa} \text{<barbituric structure>}$$

苯巴比妥

（2）催化剂的影响　由于酯的活性较弱,普通的酯直接与胺反应需要在较高的温度下进行。因此,在反应中常用碱作为催化剂脱掉质子,以增加胺的亲核性。常用的碱性催化剂有醇钠或更强的碱,如 NaH、Na、n-BuLi、LiAlH$_4$ 等,过量的反应物胺也可以起催化作用。

催化剂的选择与反应物活性及反应条件均有关,一般来说,反应物的活性越大时,可选择较弱的碱催化;反之,反应物的活性越小时,则选用较强的碱催化。因催化剂遇水易分解,产生的 NaOH 会导致水解副反应,故反应需无水操作。

$$CH_3COCH_2COOC_2H_5 + PhCH_2NH \xrightarrow[0℃]{EtONa/EtOH} CH_3COCH_2CONHCHHPh$$

$$\text{<diester>} + \text{<aniline>} \xrightarrow[120℃]{Na} \text{<diamide product>}$$

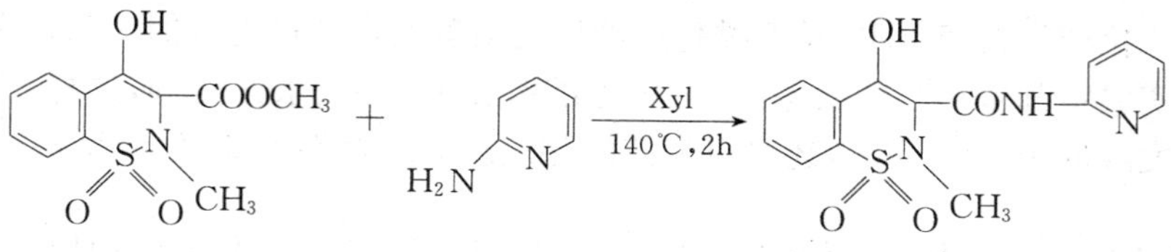

吡咯昔康

（三）应用实例

为了提高羧酸酯的活性，近年来，科研人员研究开发了很多活性酯，常见的有以下几种。

①芳环上具有强吸电子基的取代酚与羧酸形成的酚酯，如羧酸的对硝基苯酯、五氟酚酯等均为活性酯，常用于酰胺的制备。

②羧酸与炔进行加成反应生成的烯醇酯，如羧酸异丙烯酯，可在室温下与伯胺和环状仲胺反应生成酰胺。

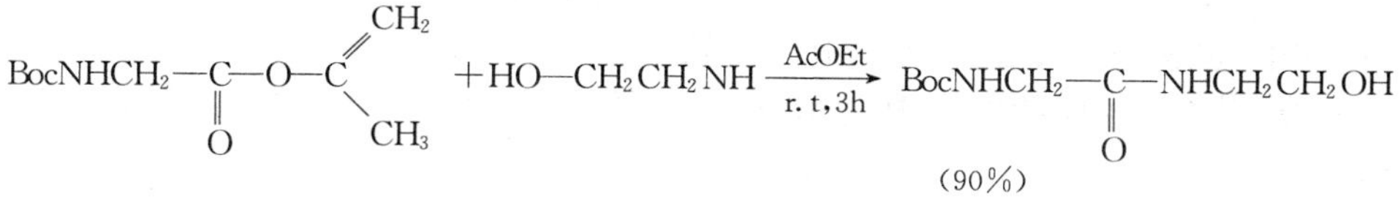

三、酸酐为酰化剂

（一）反应原理

酸酐是活性较强的酰化剂，可用于各种结构胺的酰化，其反应为不可逆反应。通式如下：

$$(RCO)_2O + HNR'R'' \longrightarrow RCONR'R'' + RCOOH$$

作用机制：酸酐先与胺发生加成，再消除一分子酸完成酰化。

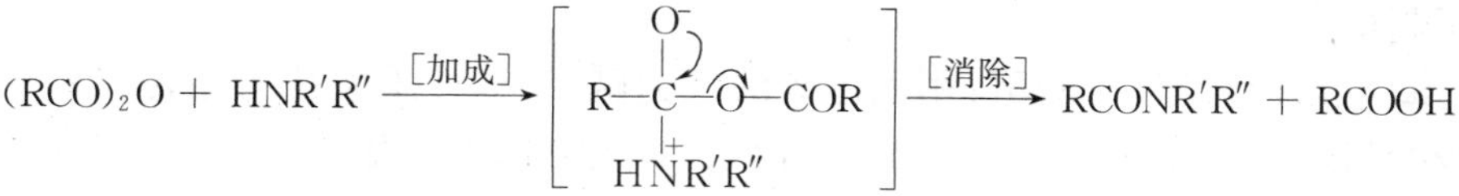

（二）主要影响因素

（1）反应条件 由于反应不可逆，因此酸酐用量不必过多，一般略高于理论量的 5%～10% 即可，酰化温度也不需太高，通常在 20～90℃ 即可顺利反应。至于反应中是否用溶剂，则需视反应物和产物的性能而定，一般情况下，当被酰化的胺和酰化产物熔点不太高时，可不另加溶剂；当被酰化的胺和酰化产物熔点较高时，可加入非水惰性有机溶剂（苯、甲苯、二甲苯、氯仿），以减少酰化剂的用量；当被酰化

125

的胺和酰化产物易溶于水、且乙酰化速度比乙酸酐的水解速度快时,可以用水作溶剂。如实验室制备对乙酰氨基酚,可用乙酸酐作酰化剂、水作溶剂,这样不仅能使反应温度降低至 80℃ 左右,还可以使乙酰化反应的选择性提高,仅使氨基酰化。

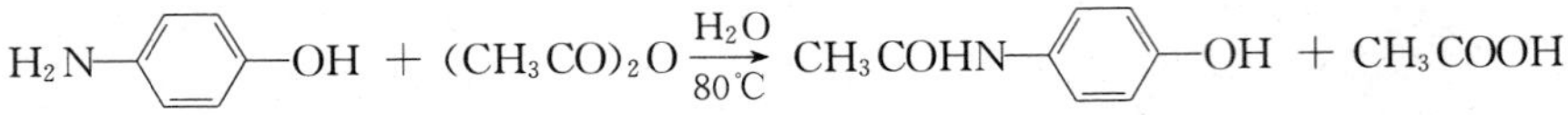

$$H_2N-\!\!\bigcirc\!\!-OH + (CH_3CO)_2O \xrightarrow[80℃]{H_2O} CH_3COHN-\!\!\bigcirc\!\!-OH + CH_3COOH$$

（2）催化剂　用酸酐为酰化剂可用酸或碱催化,由于反应过程有酸生成,故可以自动催化。某些难于酰化的氨基化合物可以加入硫酸、磷酸、高氯酸等酸性物质以加速反应。

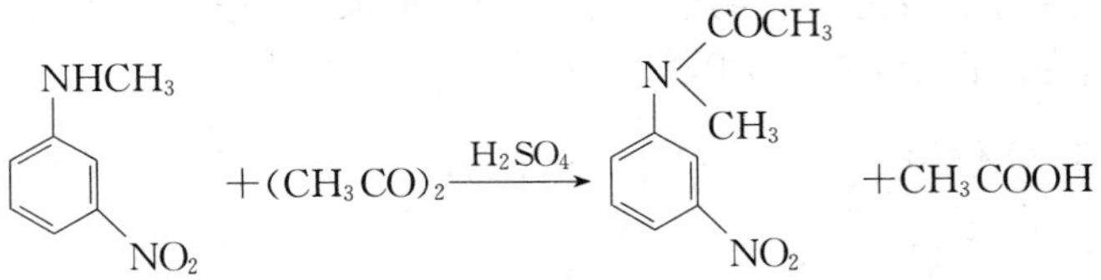

（3）酰化剂

①脂肪族酸酐:最常用的酸酐是乙酐,由于其酰化活性较高,主要用于较难酰化的胺类。相对分子质量较大的酸酐一般难制备,再加上酰基只有一半存在于目标产物中,也就是说,酸酐的原子利用率较低。

②环状酸酐:环状的酸酐为酰化剂时,在较高温度下可制得二酰亚胺类化合物。

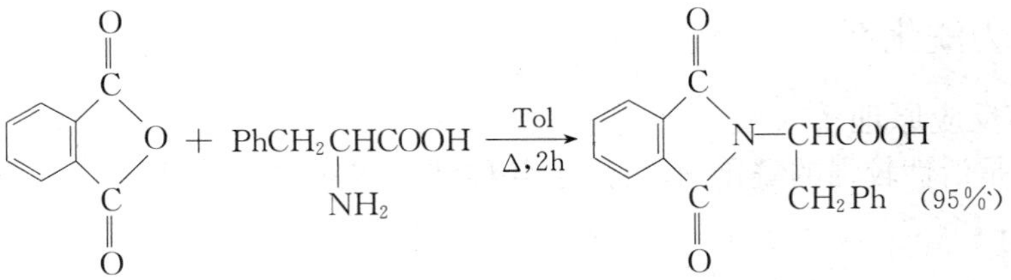

③混合酸酐:混合酸酐具有反应活性更强、应用范围更广以及离去基团离去能力强的特点,在药物合成中应用广泛。混合酸酐由某些位阻大的羧酸与一些试剂作用制得。

a. 羧酸-磺酸混合酸酐:用固体碳酸钾为碱,亲油性季铵盐为相转移催化剂,使羧酸与磺酰氯作用产生混合酸酐,此混合酸酐不经分离可直接与胺反应制得酰胺。

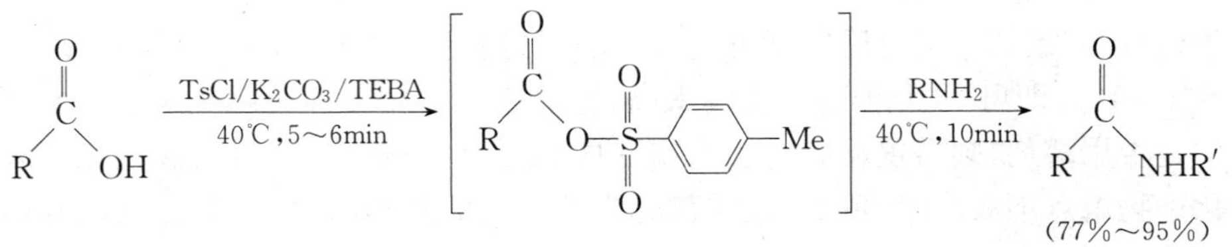

此方法常用于 β-内酰胺类抗生素的合成,其缺点是易产生消旋化副反应,不适合肽类化合物的合成。

b. 羧酸-磷酸混合酸酐:羧酸与磷酸衍生物形成的混合酸酐具有很高的反应活性,很容易与胺反应生成酰胺。由于反应的副产物多数溶于水、光学活性化合物不易发生消旋化的特点,该方法已广泛用于肽类化合物及 β-内酰胺类抗生素的合成。常用此类化合物有:

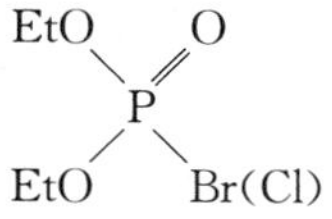

氯(溴)代磷酸二乙酯 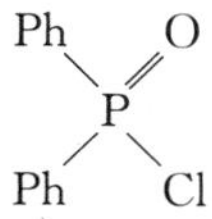　　二苯基磷酰氯(DPP—Cl) 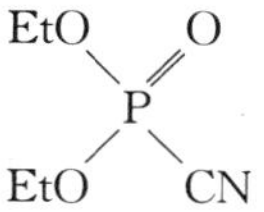　　氰代磷酸二乙酯(DEPC)

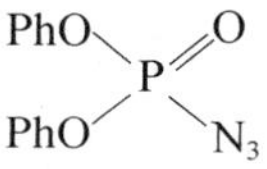

叠氮磷酸二乙酯(DPPA) 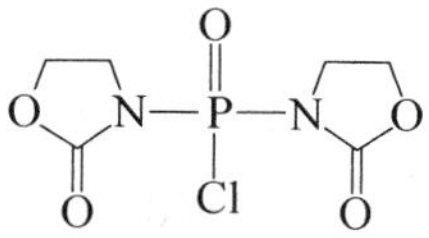　　　　　BOP—Cl

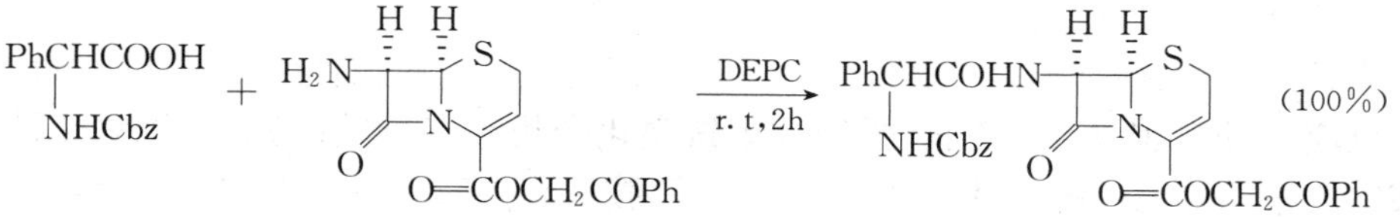

（三）应用实例

以头孢拉定的生产为例。头孢拉定的合成是以双氢苯甘氨酸(DHPC)为原料,成盐后经两次缩合制成混酐,再与 7-ADCA 进行酰化反应,而后经水解、中和、结晶和精制等过程制得。

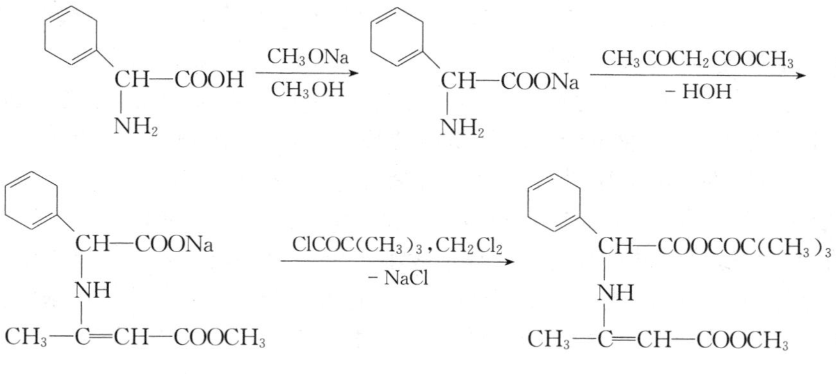

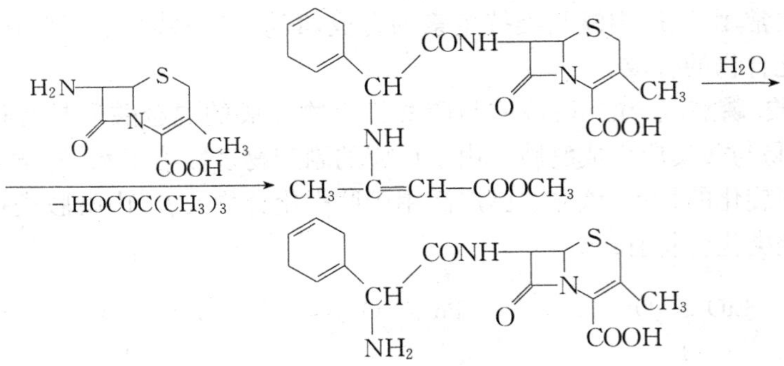

头孢拉定

四、酰氯为酰化剂

(一)反应原理

酰氯或酰溴性质活泼,很容易与胺反应生成酰胺,反应为不可逆。通式如下:

$$RCOCl + R'NH_2(ArNH_2) \longrightarrow RCONHR'(RCONHAr) + HCl$$

(二)主要影响因素

(1)卤化氢 反应中有卤化氢生成,为了防止其与胺反应生成铵盐而干扰正常反应,常加入碱性试剂以中和卤化氢。中和卤化氢可采用三种形式:①使用过量的胺反应;②加入吡啶、三乙胺、强碱性季铵类化合物等有机碱;③加入氢氧化钠、碳酸钠乙酸钠等无机碱。其中加入吡啶、三乙胺等有机碱不仅能中和氯化氢,而且可以催化反应。

(2)酰卤 用作酰化剂的酰卤主要是酰氯。因为,羧酸与氯化亚砜作用,可以很方便地制备酰氯,经济且活性良好。当然,有时也可在反应中形成酰溴,酰溴的酰化活性大于酰氯。对于不同类型的酰氯而言,酰化活性从高到低为脂肪酰氯>芳酰氯>磺酰氯,而酰氯稳定性顺序与活性相反。

(3)溶剂 反应采用的溶剂常常根据所用的酰化剂而定。对于高级脂肪酰氯,由于其亲水性差,而且容易分解,应在无水有机溶剂(氯仿、乙酸、苯、甲苯、乙醚、二氯乙烷、吡啶等)中进行。吡啶既可作为溶剂,也可以中和氯化氢,还能促进反应,但由于其毒性大,在工业生产中应尽量避免使用。乙酰氯等低级脂肪酰氯反应速度快,反应可以在水介质中进行。为了减少酰氯水解的副反应,常在滴加酰氯的同时,不断加入氢氧化钠、碳酸钠或固体碳酸钠,始终控制水介质的 pH 在 7~8。芳酰氯的活性比低级脂肪酰氯稍差,但一般不水解,可以在强碱性水介质中进行反应。磺酰氯在 30℃以下的水溶液中可以稳定存在,制成的磺酰氯可在水溶液中分离出来,减压干燥后可进行 N-磺酰化制成磺胺类药物,如磺胺甲恶唑的合成。

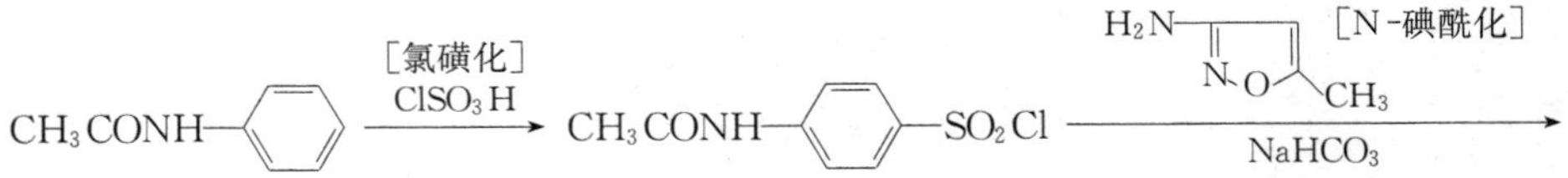

$$CH_3CONH-\!\!\!\!\bigcirc\!\!\!\!-SO_2-HN\!\!\diagdown\!\!\!\underset{CH_3}{\overset{N-O}{}} \xrightarrow[\text{(2)HCl}]{\text{(1)NaOH,H}_2O} H_2N-\!\!\!\!\bigcirc\!\!\!\!-SO_2-HN\!\!\diagdown\!\!\!\underset{CH_3}{\overset{N-O}{}}$$

磺胺甲恶唑

(三)应用实例

酰氯常用于活性低、位阻大的胺的酰化,因反应温度较低,特别适合热敏性胺的酰化。由于酰氯的活性高,一般在常温、低温下均可反应,所以多用于位阻较大的胺及热敏性物质的酰化,如抗生素羧苄西林的合成。

$$\bigcirc\!\!-\underset{COOH}{\overset{CH-COCl}{}}+6-APA \xrightarrow[-5\sim0℃]{NaOH} \bigcirc\!\!-\underset{COOH}{\overset{CH-CONH}{}}\cdots\overset{S}{\underset{O}{\diagup}}\overset{CH_3}{\underset{COOH}{}}$$

单元5 碳原子上的酰化

碳原子上的酰化反应是在芳烃、烯胺、活性亚甲基化合物等碳原子上引入羰基,从而得到醛、酮类化合物,且有机物的碳架发生了变化的反应。这些反应在药物合成中是非常有意义的。从反应机理上解释,芳烃的 C -酰化属于亲电取代反应,而烯胺、活性亚甲基化合物的 C -酰化属于亲核反应。

一、芳烃的 C -酰化

芳烃的 C -酰化可以制备芳酮和芳醛。在药物合成中醛、酮占有特殊的重要位置,它们常常是合成的起始原料或中间体。利用对羰基的亲核加成以及羰基 α -碳上氢的活泼性,可进一步发生缩合、卤化、还原、氧化等反应形成一系列目标产物。这类反应包括直接引入酰基的傅-克(Friedel – Crafts)酰化反应,间接引入酰基的 Hoesch 反应、维尔斯迈尔(Vilsmeier)反应、Gattermann 反应、瑞穆尔-替曼(Reimer – Tiemann)反应等。

(一)傅-克酰化反应

1. 定义与通式

在氯化铝、其他 Lewis 酸或质子酸的催化下,酰化剂与芳烃发生芳环上的亲核取代,生成芳酮的反应,称为 Friedel – Crafts 酰化反应(简称 F – C 反应),通式如下:

$$\bigcirc + RCOX \xrightarrow{AlCl_3} \bigcirc\!\!-\overset{O}{\overset{\|}{C}}-R + HX$$

常用的酰化试剂有酰卤、酸酐、羧酸等。

2. 反应机理

在 Lewis 酸催化剂存在的条件下,酸酐或酰卤与芳环发生 C-酰化反应,生成芳香族羰基化合物。反应属于典型的亲电取代,分三步进行。

第一步:亲电试剂的形成。

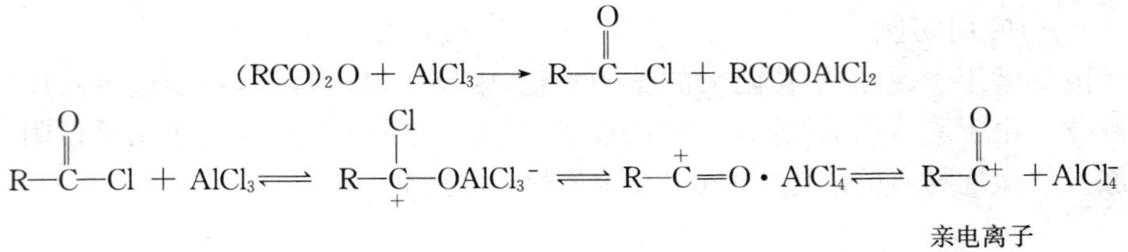

$$(RCO)_2O + AlCl_3 \longrightarrow R\overset{\overset{\displaystyle O}{\|}}{-C}-Cl + RCOOAlCl_2$$

$$R\overset{\overset{\displaystyle O}{\|}}{-C}-Cl + AlCl_3 \rightleftharpoons R\overset{\overset{\displaystyle Cl}{|}}{\underset{+}{-C}}-OAlCl_3^- \rightleftharpoons R\underset{+}{-C}=O \cdot AlCl_4^- \rightleftharpoons R\overset{\overset{\displaystyle O}{\|}}{-\overset{+}{C}} + AlCl_4^-$$

亲电离子

第二步:亲电试剂进攻芳环,形成 σ-络合物。

第三步:σ-络合物消除质子,芳环恢复共轭体系,生成芳酮衍生物。

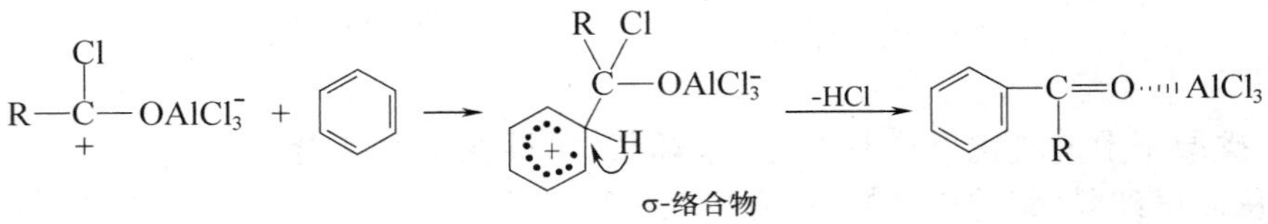

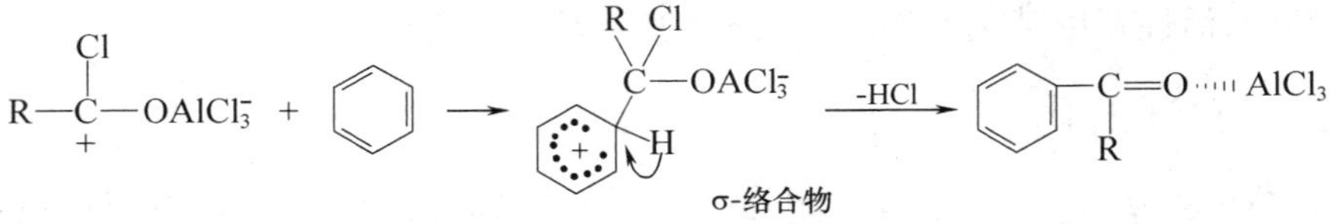

需要特别指出的是:

①反应生成的酮和 AlCl₃ 以络合物的形式存在,AlCl₃ 必须过量。酸酐酰化剂常用反应物摩尔数 2 倍以上的 AlCl₃ 催化,酰氯酰化剂常用反应物摩尔数 1 倍以上的 AlCl₃ 催化。

②反应结束后,产物需经稀酸处理溶解铝盐,才能得到游离的酮。

③母液中的铝盐可以综合利用,用作清洗锅炉的缓蚀剂。

3. 主要影响因素

(1)催化剂   酰化反应的催化剂为 Lewis 酸或质子酸,催化能力 Lewis 酸大于质子酸。常用的 Lewis 酸催化剂为 AlCl₃、BF₃、SnCl₄、ZnCl₂ 等。通常情况下,以酸酐和酰卤为酰化剂时采用 Lewis 酸催化,而以羧酸为酰化剂时则采用质子酸催化。

Lewis 酸中无水三氯化铝的活性最强,且价格低廉、最为常用。但不适宜具有多电子 p-π 共轭体系的呋喃、噻吩等杂环化合物的酰化,因这些化合物在三氯化铝的存在下会开环分解。可以选用活泼性较小的催化剂,如四氯化锡、三氟化硼等,可生成相应的酰化物。

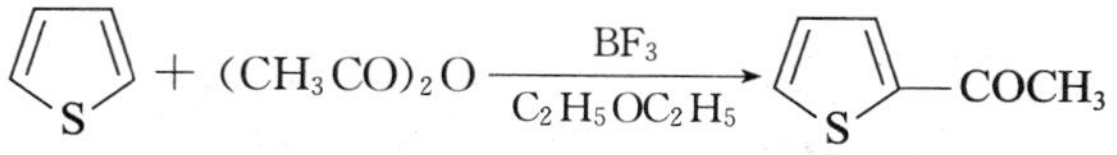

含有羟基、烷基、烷氧基、二烃氨基的芳香化合物一般不用三氯化铝催化,因为此时可能会发生异构化或脱烷基化等副反应。酚类物质发生反应常用羧酸为酰化剂,适宜的催化剂是 $ZnCl_2$,如驱虫药雷己锁辛中间体的合成。(想一想? 如果用酰氯或酸酐酰化,会得到什么产物?)

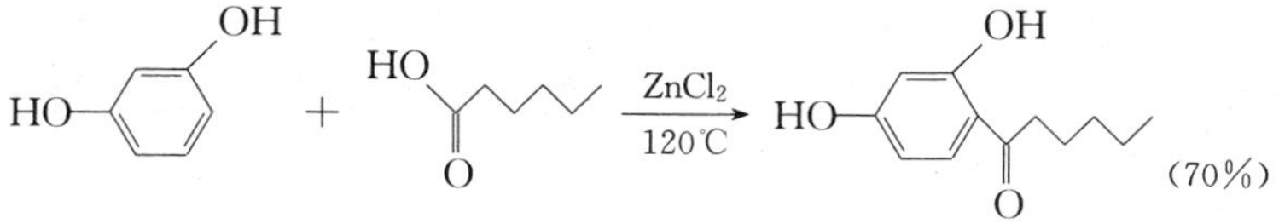

(2)酰化剂

①酰氯:酰卤酰化剂最常用的是酰氯。

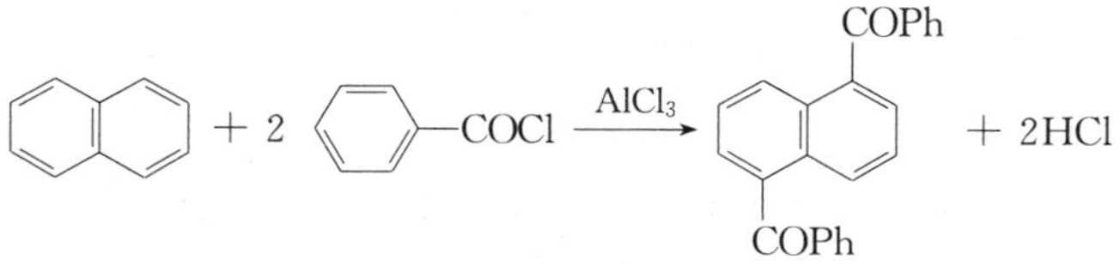

②酸酐:单酸酐中比较常用的是二元酸酐,如丁烯二酸酐(又称琥珀酸)、顺丁烯二酸酐(又称马来酸)、邻苯二甲酸酐及它们的衍生物。例如,利尿药氯噻酮中间体的合成。

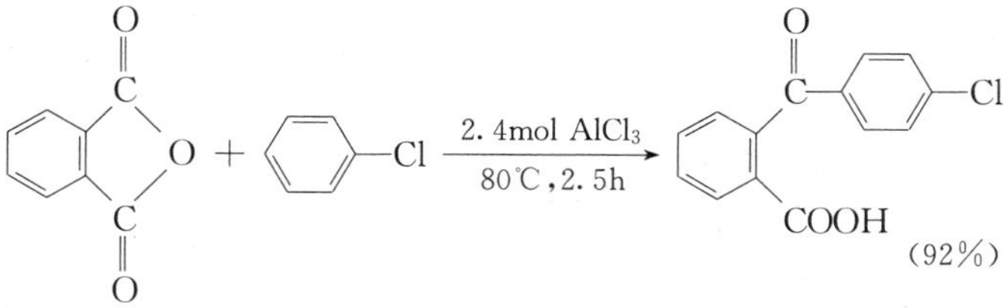

二元酸酐可制备芳酰脂肪酸,经还原后进一步环合可得芳酮衍生物。例如,2-甲基丁二酸酐与二甲苯反应,$AlCl_3$ 首先与电子密度较大的 1 位酰基氧原子结合,使 4 位酰基成为酰氯,先发生 C-酰化,经还原后,再发生分子内酰化,制得萘满酮衍生物。

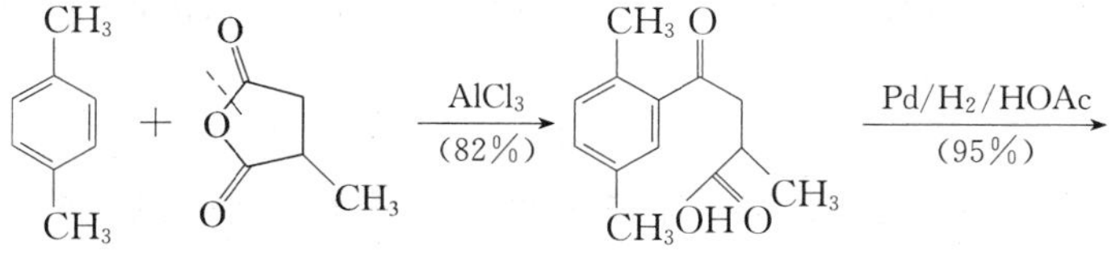

131

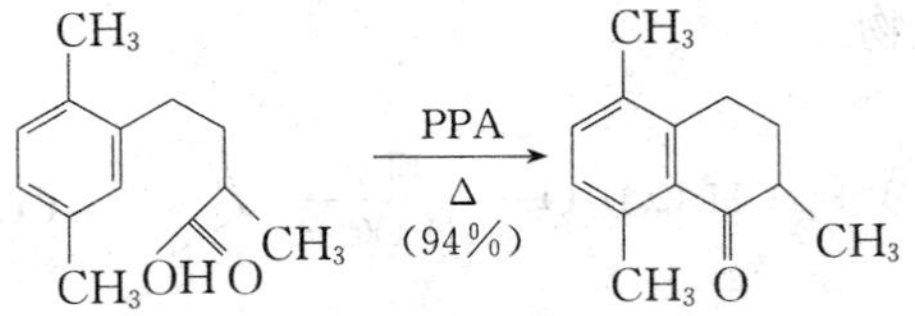

③混合酸酐（RCOOCOR′）：混合酸酐可作芳烃的 C-酰化剂,混合酸酐中吸电性强的一方为离去基团;如果吸电性接近,则小体积的一方为离去基团(实际上也是与电子效应有关)。

为了得到较单一的产品,常常使 R′ 为强的吸电子取代基,这样得到的产物主要是 ArCOR。如羧酸与磺酸的混合酸酐,特别是用三氟甲磺酸的混合酸酐,是一种很活泼的酰化试剂,它可以在没有催化剂的存在下很温和地进行酰化。如下述反应用 AlCl₃ 催化,只能得到 26% 的收率。

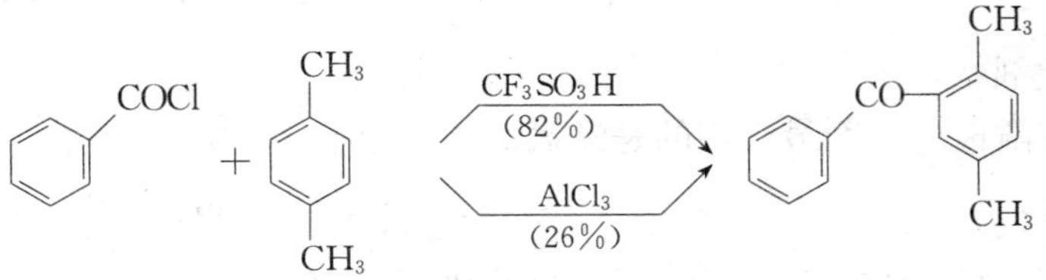

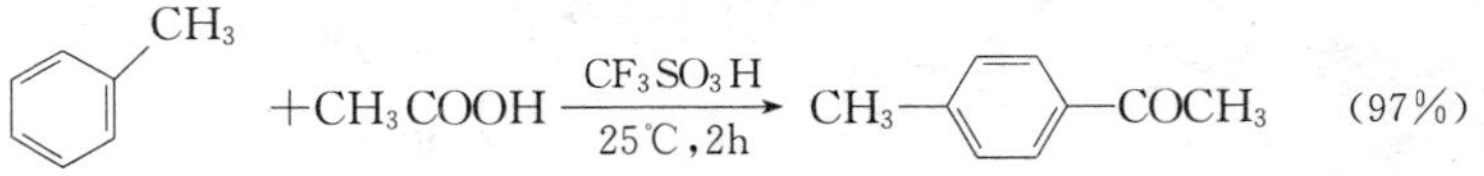

④羧酸:羧酸可以直接作酰化试剂,且当羧酸的烃基中有芳基取代时,可以进行分子内酰化得到芳酮的衍生物。这是制备稠环化合物的重要方法,反应难易与形成环的大小有关,一般由易到难的顺序是六元环＞五元环＞七元环。

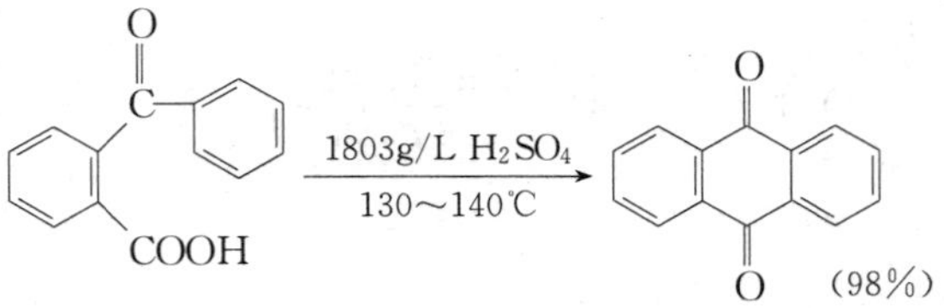

（3）被酰化物的结构　傅-克酰化反应是亲电取代反应,遵循芳环亲电取代反应的规律。

当芳环上含有给电子基时,反应容易进行,因酰基的立体位阻比较大,所以酰基主要进入给电子的对位,对位被占据,才进入邻位。氨基虽然也能活化芳环,但容易同时发生 N-酰化以及氨基与 Lewis 酸配合的副反应,因此在进行 C-酰化前应该首先对氨基进行保护。

当芳环上有吸电子基时,C-酰化反应难以进行。芳环上引入一个酰基后,芳环被钝化,一般就不易再引入第二个酰基而发生多酰化,使得 C-酰化反应收率很高,产品易于纯化。当然,当芳环上酰基的两侧都有给电子基时,则可以抵消酰基的吸电子作用,而且由于立体原因使羰基不能与芳环共平面,电子轨道不能相互重叠,因而显示不出酰基的钝化作用,这样可以引入第二个酰基。

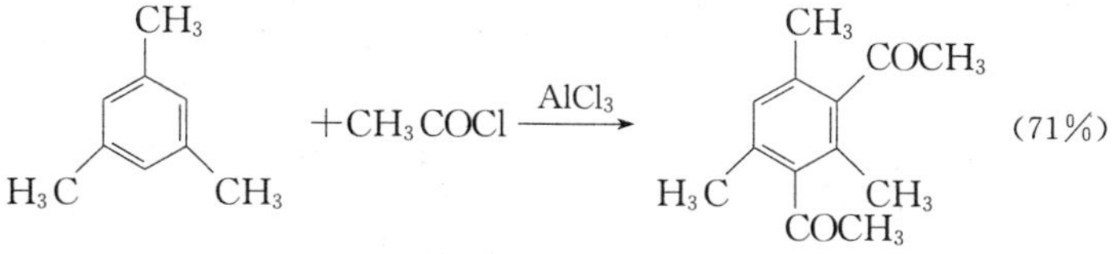

(71%)

多 π 电子芳杂环如呋喃、噻吩、吡咯等易于发生环上酰化,酰基一般取代在 α 位上,α 位被占时,可以取代 β 位。由于呋喃等杂环化合物活性比苯的活性大得多,所以即使采用质子酸做催化,在较温和的条件下,也能进行酰化反应。而缺 π 电子芳杂环如吡啶、嘧啶、喹啉等则难于酰化。例如,消炎镇痛药托美丁的合成。

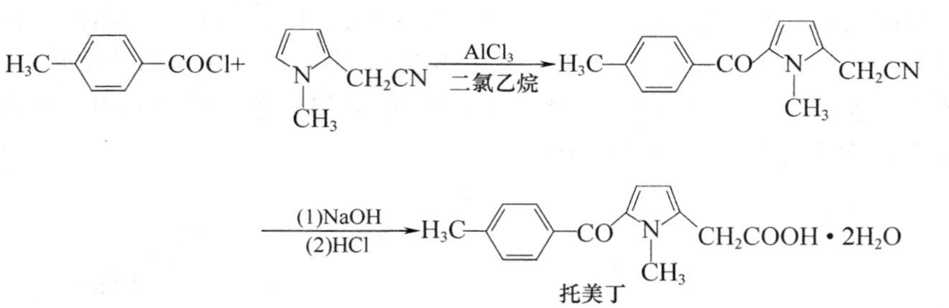

托美丁

(4)溶剂　溶剂对傅-克反应的影响很大,而且微妙。溶剂不仅可以改变反应速率,甚至可以改变酰化剂在芳环上的定位。C-酰化生成的芳酮与 AlCl₃ 的配合物多数为黏稠的液体或固体,所以在反应中常需加入溶剂。因此溶剂对反应的影响很大,不仅可以影响收率而且对酰基引入的位置也有影响。

常用的溶剂有二硫化碳、硝基苯、石油醚、四氯乙烷、二氯乙烷等,其中硝基苯与 AlCl₃ 可以形成复合物,反应呈均相、极性强、应用广。当反应的芳烃为液态时,也可过量使用兼做溶剂。

(二)瑞穆尔-替曼反应

1. 定义与反应式

酚类与氯仿在强碱条件下加热,生成芳香族羟基醛的反应称为瑞穆尔-替曼反应。以最简单的苯酚为例,经反应可制成水杨醛。

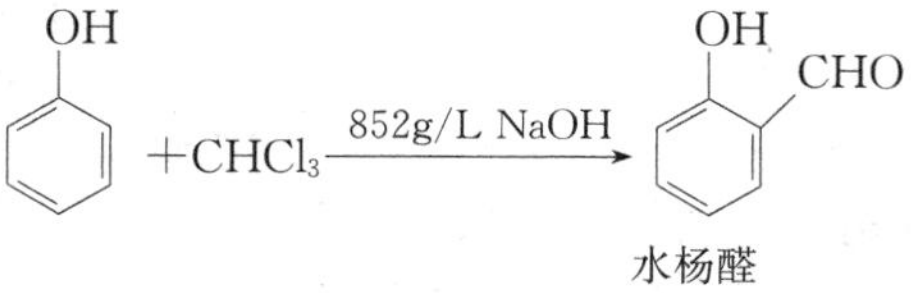

水杨醛

2. 反应机理

氯仿在碱的作用下发生 1,1-消除反应,生成活性中间体二氯卡宾,后者进攻酚盐羟基的邻位或对位,生成二氯甲基衍生物经水解生成醛。

$$CHCl_3 \underset{H_2O}{\overset{HO^-}{\rightleftharpoons}} {}^-CCl_3 \rightleftharpoons :CCl_2 + Cl^-$$

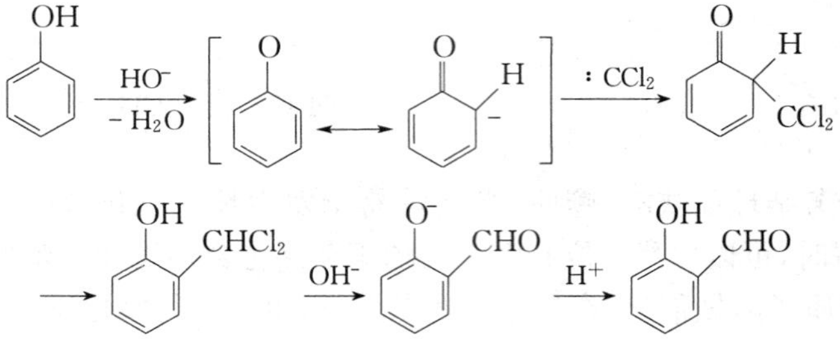

3. 应用

该反应具有原料易得、操作简便、未作用的酚可以回收等优点,虽然收率不高,但对于某些中间体的合成仍很有用。甲醛取代一般在酚羟基的邻位形成,对位异构体较少。若在反应中加入 β-环糊精作催化剂,可得到单一的对羟基苯甲醛。某些杂环化合物的酰化反应如下所示。

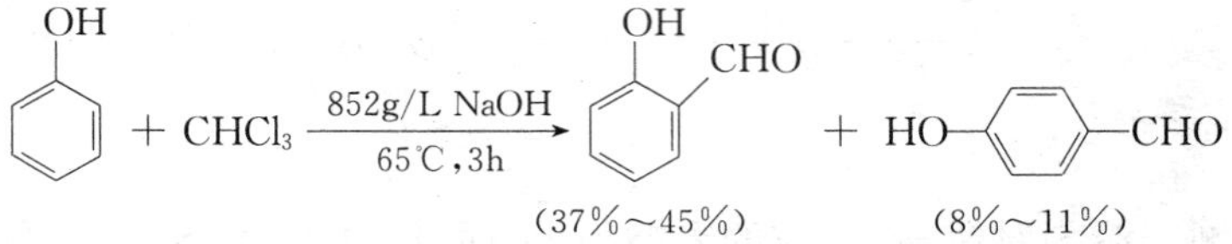

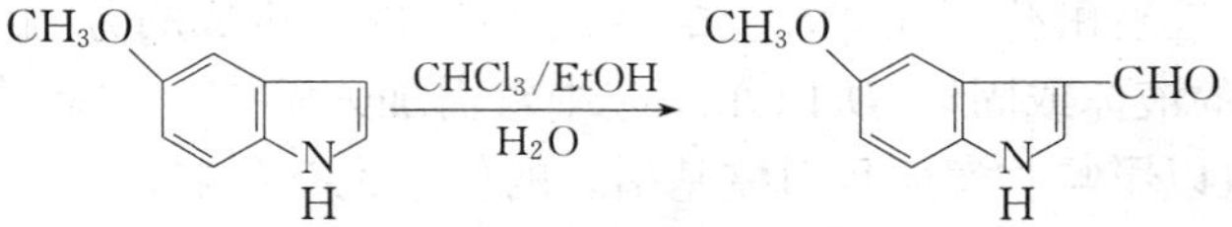

(三)维尔斯迈尔反应

1. 定义与通式

以氮取代的甲酰胺为甲酰化剂,在三氯氧磷作用下,在芳环及芳杂环上引入甲酰基的反应,称为 Vilsmeier 反应。通式为如下。

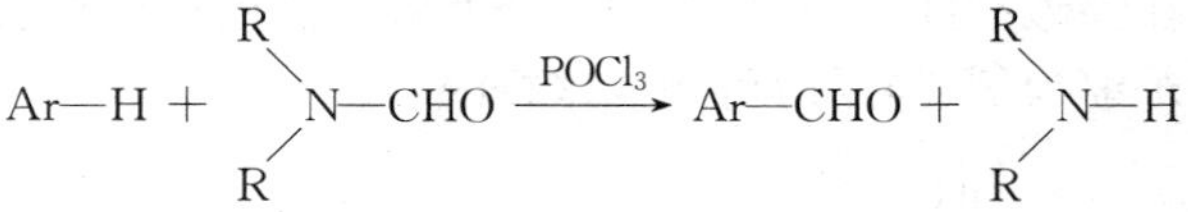

2. 反应机理

N-取代的甲酰胺先与三氯氧磷生成加成物,然后进一步解离为具有碳正离子的活性中间体,再对芳环电子密度最大、空间位阻最小的位置进行亲电取代反应,生成 σ-氯胺后很快水解成醛。

$$R_2N-CHO + POCl_3 \rightleftharpoons \left[\begin{array}{c} R \\ N^+ = C \\ R' \quad H \end{array} -O-POCl_2 \right] Cl^- \rightleftharpoons \begin{array}{c} R \quad Cl \\ N-C-O-POCl_2 \\ R' \quad H \end{array}$$

$$\begin{array}{c} R \quad Cl \\ N-C^+ \\ R' \quad H \end{array} \cdot {}^-O-POCl_2 \xrightarrow{\ \ } \text{(活性中间体)}$$

活性中间体

$$\xrightarrow{-H^+}$$

$$\xrightarrow{-H_2O} \quad O=CH-\underset{}{C_6H_4}-N(R'')_2 \quad + \quad R_2NH \cdot HCl$$

3. 催化剂

$POCl_3$、$COCl_2$、$ZnCl_2$、$SOCl_2$、Ac_2O、$(COCl)_2$ 等。氮取代甲酰胺可以是单取代或双取代烷基、芳烃基衍生物、N-甲基甲酰基苯胺、N-甲酰基哌啶等。

4. 应用

用于活泼的芳环及某些多 π 电子的芳杂环，是 N,N-二烷基苯胺、酚类、酚醚及多环芳烃等较活泼芳香族化合物的芳环上引入甲酰基最常用的方法。对某些多 π 电子的芳环如呋喃、噻吩、吡咯及吲哚等化合物环上的甲酰化，用该法也能得到较好的收率。

$$(CH_3)_2N-C_6H_5 \xrightarrow{DMF/POCl_3} \xrightarrow{H_2O} (CH_3)_2N-C_6H_4-CHO \quad (84\%)$$

$$\underset{S}{\bigcirc} \xrightarrow[10\sim15℃]{DMF/POCl_3} \underset{S}{\bigcirc}-CHO \quad (72\%\sim82\%)$$

抗肿瘤药 N-甲酰溶肉瘤素和异芳芥中间体的制备如下。

$$\begin{array}{c} HOCH_2CH_2 \\ N-C_6H_5 \\ HOCH_2CH_2 \end{array} \xrightarrow[10\sim30℃]{DMF/POCl_3} \begin{array}{c} HOCH_2CH_2 \\ N-C_6H_4-CHO \\ HOCH_2CH_2 \end{array}$$

5. 反应条件及改进

Vilsmeier 反应最常用的催化剂是 $POCl_3$，其他如 $COCl_2$、$ZnCl_2$、$SOCl_2$ 等，也可作催化剂。氮取代甲酰胺可以是单取代或双取代烷基、芳烃基衍生物、N-甲基甲酰基苯胺、N-甲酰基哌啶等。Vilsmeier 反应经改进和发展,还可以制备某些芳酮或杂环芳酮。

$$(CH_3)_2N-\langle\bigcirc\rangle + (CH_3)_2N-\overset{\overset{O}{\|}}{C}-C_6H_5 \xrightarrow{POCl_3} (CH_3)_2N-\langle\bigcirc\rangle-\overset{\overset{O}{\|}}{C}-\langle\bigcirc\rangle$$
$$(80\%)$$

$$\langle\text{indane}\rangle\text{-}R + (CH_3)_2N-\overset{\overset{O}{\|}}{C}-R' \xrightarrow{POCl_3} \langle\text{indene-COR'}\rangle\text{-}R$$

(R、R′为氢或烷基)

二、活性亚甲基化合物的 α 位 C-酰化

(一)基本原理

1. 反应通式

活性亚甲基上的氢原子具有一定的酸性,在强碱作用下可以在活性亚甲基的碳原子上引入酰基,得到 β-二酮、β-酮酸酯等化合物。

2. 作用机制

反应式中 X、Y 为吸电子取代基,如—COR′、—COOR′、—CN、—NO$_2$ 等,由于产物中含有三个活性基团,很容易分解其中一个或两个而实现官能团之间的转化。因此,本反应在药物合成中应用十分广泛。

$$\underset{Y}{\overset{X}{CH_2}} + B^- \underset{-BH}{\rightleftharpoons} \underset{Y}{\overset{X}{HC^-}} \xrightarrow{RCOCl} R-\overset{\overset{O}{\|}}{\underset{Cl}{C}}-\underset{Y}{\overset{X}{CH}} \xrightarrow{-Cl^-}$$

$$R-\overset{\overset{O}{\|}}{C}-\underset{Y}{\overset{X}{CH}} \underset{}{\overset{B^-}{\rightleftharpoons}} RCO\underset{Y}{\overset{X}{C^-}} \xrightarrow{RCOCl} (RCO)_2\underset{Y}{\overset{X}{C}}$$

(二)反应条件

活性亚甲基的 C-酰化比 C-烃化反应困难,所以常用强碱(NaOR、NaH、NaNH$_2$ 等)作催化剂,还可以用镁在乙醇中(加少量的 CCl$_4$ 为活化剂)与活性亚甲基化合物反应,生成乙氧基镁盐[EtOMg$^+$C$^-$H(COOEt)$_2$]。在苯、乙醚等溶剂中有较好的溶解度,并能顺利地与酰化剂反应。

$$CH_2(COOEt)_2 \xrightarrow{Mg/CCl_4/EtOH} EtO^+Mg^-CH(COOEt)_2$$
$$\xrightarrow{CH_3CH_2COCl/Et_2O} CH_3CH_2COCH(COOEt)_2$$

常用酰氯或酸酐为酰化剂,羧酸、酰基咪唑等也可以应用。反应中为避免酰化剂被分解,常用乙醚、四氢呋喃、DMF、DMSO 等惰性溶剂。

（三）药物合成中的应用

利用此反应在活性亚甲基上引入酰基,再经适当的转化,可以制备 β-二酮、β-酮酸酯、结构特殊的酮等化合物。例如,乙酰乙酸乙酯与酰氯作用得到二酰基取代的乙酸酯,如果将此二酸酯在水溶液中加热回流,可选择性地脱去乙氧羰基,得 1,3-二酮;如果在氯化铵水溶液中反应,则可使含碳少的酰基(通常是乙酰基)被选择性地脱去,得 β-酮酸酯。

$$CH_3COCH_2COOEt \xrightarrow{Na/Et_2O} CH_3CO\overset{-}{C}HCOOEt \xrightarrow{PhCOCl}$$

$$\underset{\underset{COPh}{|}}{CH_3COCHCOOEt} \quad
\begin{cases}
\xrightarrow{H_2O} & CH_3COCH_2COPh + CO_2 + EtOH \\
\xrightarrow[42℃]{NH_4Cl/H_2O} & PhCOCH_2COOC_2H_5 \quad (68\% \sim 70\%)
\end{cases}$$

利用这个方法,可以由丙二酸酯制备 α-酰基取代的丙二酸酯,这类化合物在酸性条件下不稳定,加热易脱羧。利用此性质,可以制备用其他方法不易制得的酮类化合物。

$$\xrightarrow[回流]{H_2SO_4/AcOH/H_2O}$$

单元 6　选择性酰化反应

在酰化反应中,当被酰化物(底物)中有两个或两个以上的可酰化基团时,如果只需酰化其中的一个或某几个基团时,则必须设法进行选择性的酰化。选择性酰化有两种基本方法,一种是活性差异法,另一种是保护基法。此外,还有其他一些方法。

一、活性差异法

一般说来,当被酰化的基团之间活性差异较大(至少 10 以上)时,采用弱化反应条件,提高选择性的方法,可以达到选择性酰化的目的。通常用选择性强的弱酰化剂羧酸或羧酸酯,而如果用酸酐则需要弱化反应条件(温度、反应时间和催化剂等)才能达到目的。

当分子中有羟基、氨基存在时,一般的活性顺序是氨基＞羟基。氨基的活性通常是伯胺＞仲胺,脂肪胺＞芳胺＞有吸电子基的芳胺;羟基的活性顺序一般为甲醇＞伯醇＞仲醇＞叔醇＞酚＞烯醇。当然由于所处的位置不同,再加上有氢键、内盐等因素的影响,基团中活性顺序是会发生改变的。

当分子中有羟基和氨基时,活性强的氨基可被选择性酰化。

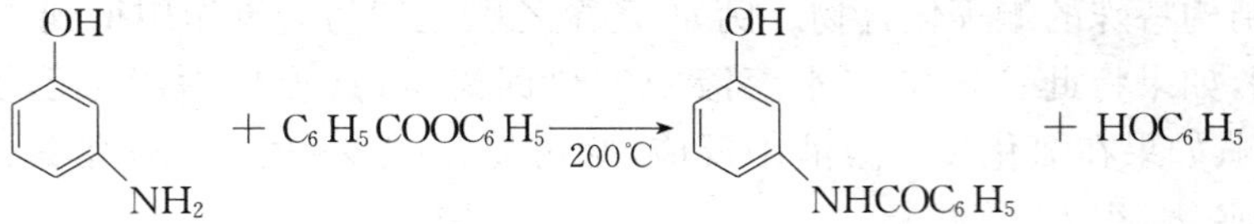

当分子中同时有醇羟基和酚羟基时,用乙酸乙酯为酰化剂,则仅酰化醇羟基,酚羟基不受影响。

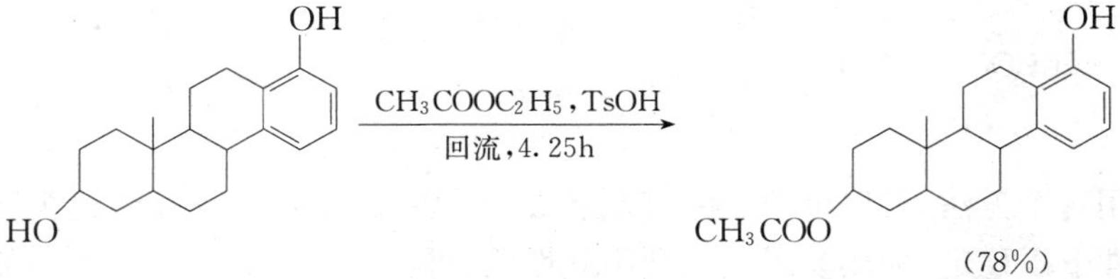

当分子中同时存在伯醇、仲醇和叔醇羟基时,位阻小、活性大的伯醇羟基优先被酰化,如叔丁基醋酸地塞米松的制备。

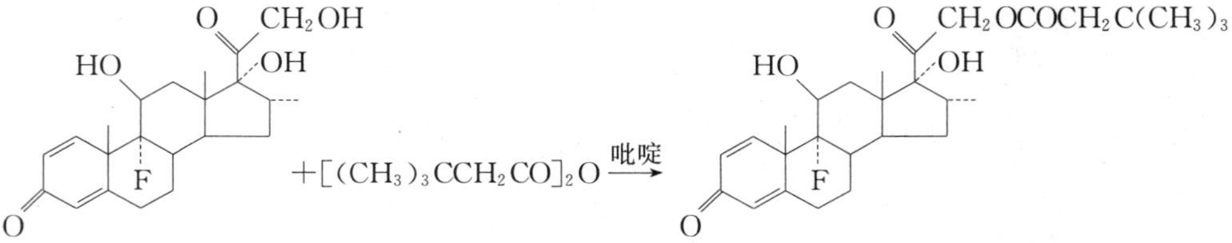

叔丁基醋酸地塞米松

当分子中同时存在的氨基碱性不同时,可以通过调节 pH,达到选择性酰化的目的。如磺胺在中性介质中,芳氨基的活性大于磺酰氨基,但在碱性介质中磺酰氨基形成负离子后,活性远远大于芳氨基,故可发生选择性酰化,形成磺胺醋酰钠。

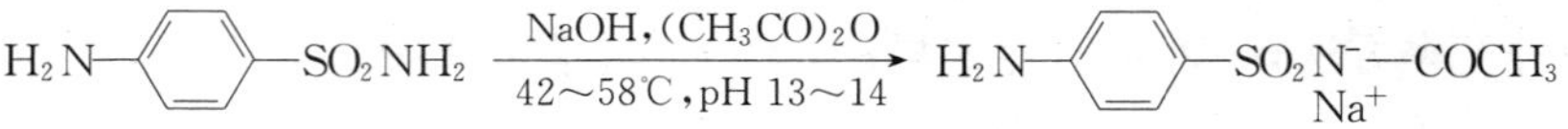

磺胺醋酰钠

分子中的氨基如果与邻位的酸性基团形成内盐,活性降低,则不能被酰化。

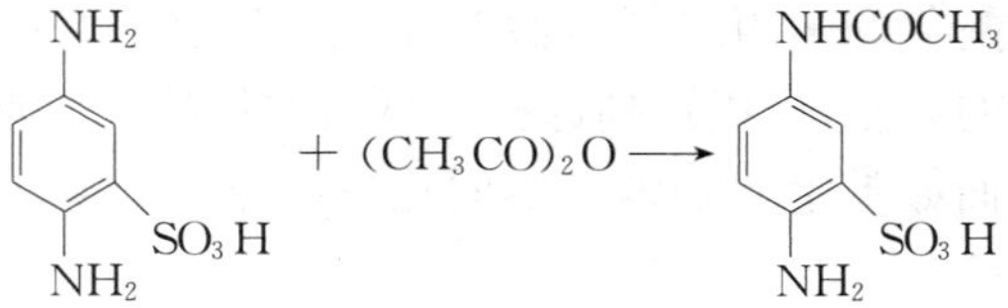

内盐

羟基与邻位的羰基或酯基形成分子内氢键时,其活性会大大下降,其他位置的基团则被酰化。

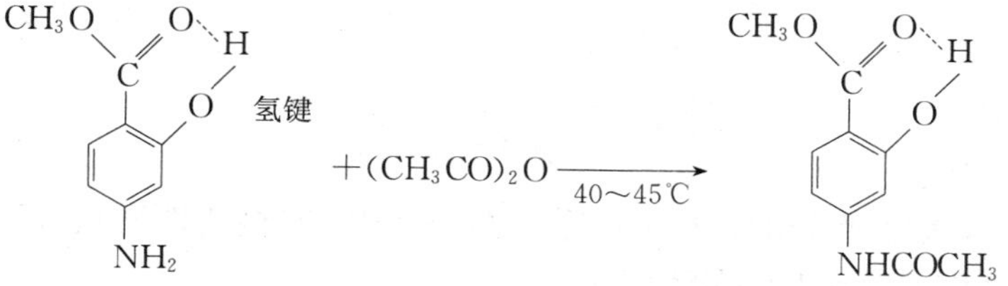

二、保护基法

当反应物分子中存在多个可被酰化的基团时,可先将不需要酰化的基团用临时保护基保护起来,等所需酰化的基团被酰化后,再去保护基,从而达到选择性酰化的目的。对保护基的基本要求是,容易引入到被保护的分子上去,反应期间相对稳定,反应结束后又便于脱除(即能上能下,相对稳定)。当然,由于保护基的引入与脱除会给操作带来麻烦,总收率也会受影响,但在用其他方法不能奏效的情况下,还是很有价值的。例如,在以苯胺为起始原料的磺胺类药物的合成通法中,苯胺先用乙酰基保护,然后再进行氯磺化,与相应的胺类化合物缩合后,用碱水解去除乙酰基,然后再用酸中和得游离的磺胺类药物。

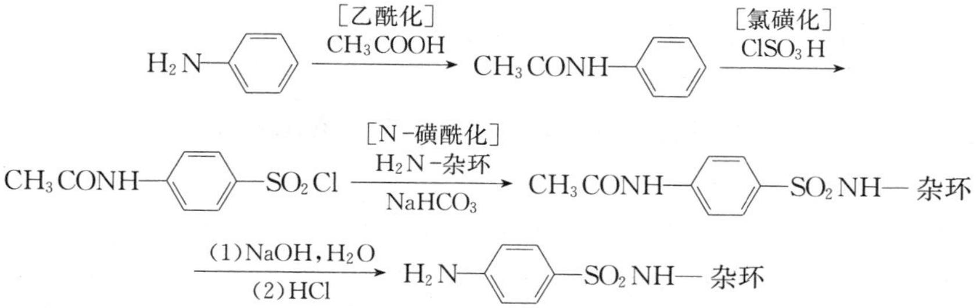

三、其他方法

当分子中同时存在醇羟基和酚羟基时,可在酸性条件下用高活性的酰氯或酸酐将其全部酰化,然后利用酚酯在碱性介质中水解较快的性质,将酚羟基暴露出来,达到选择性酰化醇的目的,如戊酸雌二醇的合成。当然,其他 17 位醇的酯化修饰物也是这样制备的。

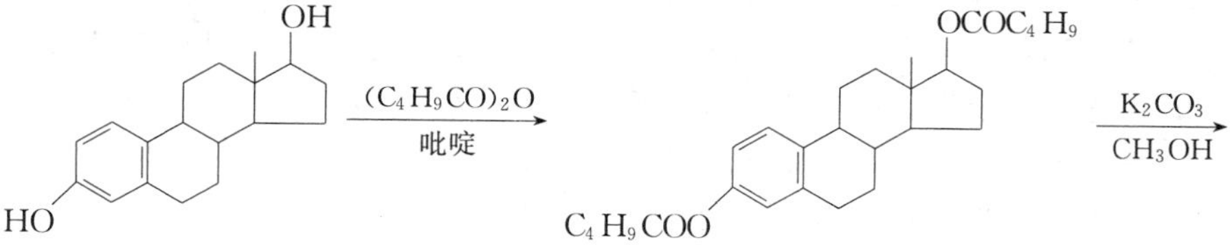

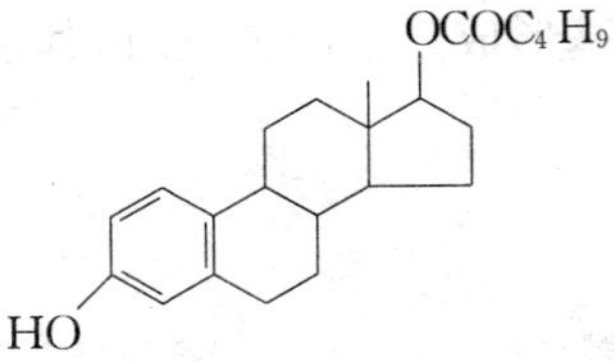

戊酸雌二醇

　　如果在氢氧化钾等碱性介质中反应,酚形成盐,亲核活性增强,反应活性会大于醇,此时酰化则优先发生在酚羟基上。

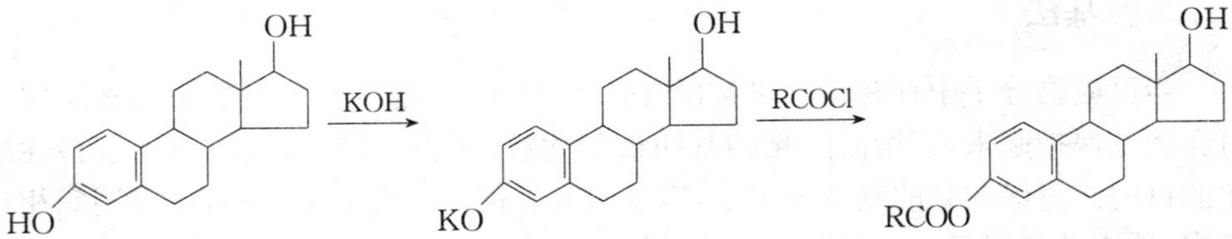

【习题】

一、判断题

　　1. 直接酯化反应为可逆反应,提高反应温度并加入催化剂可以使反应尽快达到平衡。

　　2. 酰化剂的活性顺序一般为酰氯＞酸酐＞羧酸＞羧酸酯,对于 N-酰化也是如此。

　　3. 酸和碱均可以催化酯的醇解,当醇分子中有碱性的氮原子时最好用碱催化。

　　4. 碱催化下的酯交换反应需无水操作,否则酯会发生皂化。

　　5. 酸酐对胺的酰化反应不可逆,所以酸酐不必过量太多。

　　6. 酰氯的反应活性和选择性都较强,所以用酰氯酰化时,反应温度不必太高。

　　7. 在傅-克酰化反应中,环上有供电子基时,反应速率较快;而当有吸电子基团时,反应速率较慢。

二、单项选择题

　　1. 在酸催化下,用羧酸作酰化剂时最适宜的反应物是(　　　)。

　　　　A. 伯醇　　　　　　B. 仲醇　　　　　　C. 叔醇　　　　　　D. 酚

　　2. 下列物质作为酰化试剂能力最强的是(　　　)。

　　　　A. 乙酸　　　　　　B. 乙酐　　　　　　C. 乙酰氯　　　　　D. 乙酰乙酯

　　3. 羟基氧原子上氢被酰基取代的反应产物是(　　　)。

　　　　A. 烃类　　　　　　B. 酰胺类　　　　　C. 酯类　　　　　　D. 醛或酮类

　　4. 在下列酰化反应中,N-酰化反应活性最弱的酰化剂是(　　　)。

　　　　A. CH_3COOH　　　B. CH_3COCl　　　C. $CH_3COOC_2H_5$　　D. $(CH_3CO)_2O$

5. 芳环碳原子上氢被酰基取代的反应产物是(　　)。

    A. 烃类　　　　　　B. 酰胺类　　　　C. 酯类　　　　　　D. 醛或酮类

6. 醇类药物与相同的酰化试剂发生酰化反应,其反应难易程度是(　　)。

    A. CH_3OH　　　　　B. CH_3CH_2OH　　C. $(CH_3)_2CHOH$　　D. $(CH_3)_3OH$

7. 下列胺类化合物中最易发生酰化的是(　　)。

A. 〔苯环〕$-CH_2NH_2$　　　　　　　　B. 〔苯环〕$-NH_2$

C. 〔苯环, 3位-NO_2〕$-NH_2$　　　　　D. 〔苯环, 3位-CH_3〕$-NH_2$

8. 下列化合物中不能发生傅-克酰化的是(　　)。

A. 〔苯环〕$-CH_3$　　　B. 〔苯环〕$-NH_2$　　C. 〔苯环〕$-NO_2$　　　D. 〔苯环〕

三、完成下列反应

1. $Cl-$〔苯环〕$-O-\overset{CH_3}{\underset{CH_3}{C}}-COOH + CH_3CH_2OH \xrightarrow{H_2SO_4}$

2. O_2N-〔苯环〕$-COOH + HOCH_2CH_2N(CH_3)_2 \xrightarrow{(\quad)}$

    O_2N-〔苯环〕$-COOCH_2CH_2N(CH_3)_2$

3. 〔苯环, 2位-OH〕$-COOH + (CH_3CO)_2O \xrightarrow[75℃]{CH_3COOH}$

4. CH_3-N〔哌啶环, 4位-COOH, 4位-C_6H_5〕$\xrightarrow[(2)HCl]{(1)CH_3CH_2OH, H_2SO_4}$

5. $HO-$〔苯环〕$-COOH + CH_3CH_2CH_2CH_2OH \xrightarrow[Al_2(SO_4)_3]{H_2SO_4}$

6. $HO-$〔苯环, 3位-NH_2〕$+$〔苯环〕$-COOC_6H_5 \xrightarrow{200℃}$

7. 〔苯环, 2位-NH_2, 1位-COOH〕$+ (CH_3CO)_2O \xrightarrow{回流}$

8.

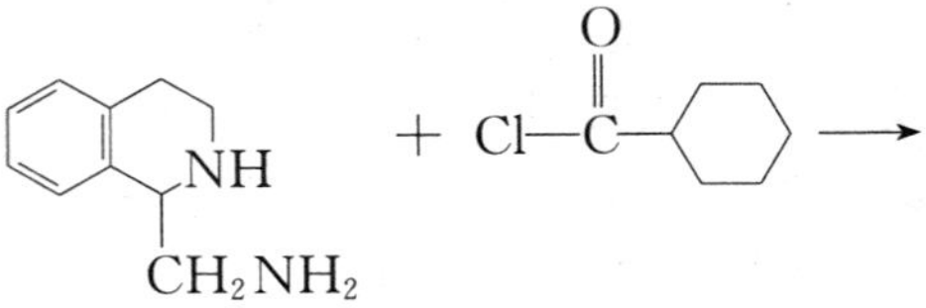

9.

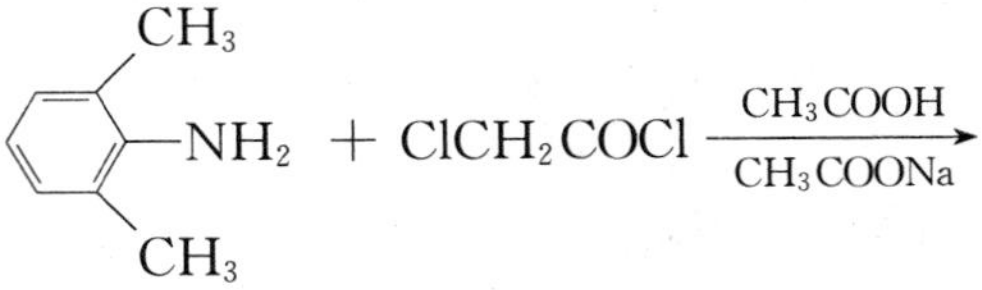

10.

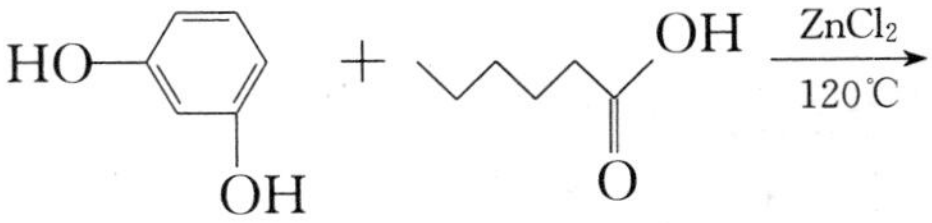

11.

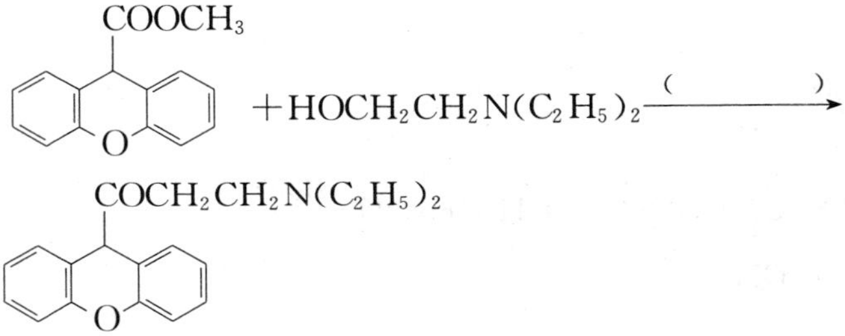

12.

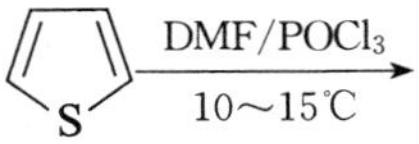

13.

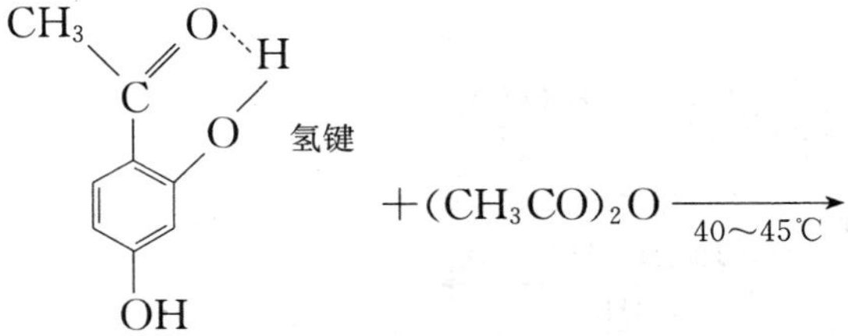

14. 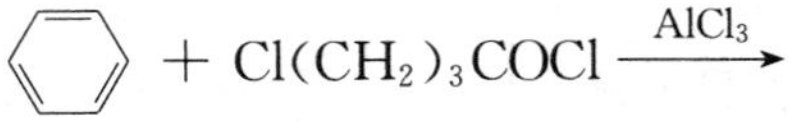 $\bigcirc$ + $Cl(CH_2)_3COCl$ $\xrightarrow{AlCl_3}$

15.  $H_2N-\bigcirc-SO_2NH_2$ $\xrightarrow{K_2CO_3/Ac_2O}$

四、问答题

1. 何为酰化反应？写出酰化反应的通式。

2. 常见的酰化剂有哪些？酰化能力、应用范围以及在使用条件上有何异同点？

3. 试说明羧酸与醇的酰化反应中如何提高酯的收率？

4. 以羧酸酯为酰化剂的反应中常见的催化剂有哪些？酸催化与碱催化的机制有什么不同之处？

5. 用醋酐作为酰化剂进行醇羟基氧的酰化反应,常用的催化剂有哪些？

6. 用酰氯进行氧酰化和氮酰化时,在反应中加入碱的目的是什么？选用哪种碱最好？

7. 傅-克酰化反应中用三氯化铝作催化剂时为什么需要无水操作？从 C-酰化反应的机理说明何种结构的芳香化合物有利于 C-酰化反应的进行。

五、以指定的原料为主,合成下列药物,并指出每步反应的类型

1. 水杨酸、对氨基苯酚合成解热镇痛药贝诺酯。

2. 二甲氨、苯乙腈等甲基吡啶合成镇痛药盐酸哌替啶。

3. 对硝基本甲酸合成盐酸普鲁卡因。

4. 由 2,6-二甲基苯胺合成盐酸利多卡因。

贝诺酯　　　　　　　　　　　　　　　盐酸哌替啶

盐酸普鲁卡因　　　　　　　　　　　　盐酸利多卡因

学习情境七 缩 合

【学习目标】

1. 掌握缩合的概念和类型，掌握羟醛缩合、Mannich 反应、Knoevenagel 反应、Perkin 反应、Darzens 反应、酯缩合及 Michael 加成反应的定义、反应条件、主要影响因素及在药物合成中的应用。

2. 熟悉羟醛缩合、安息香缩合、酯缩合、Darzens 反应、Michael 加成的机制。

3. 了解其他类型缩合的基本原理和应用。

单元1 缩合应用的实例分析

实例分析 1：催眠镇静药甲丙氨酯中间体 2-甲基-2-戊醛就是由两分子的丙醛经脱水缩合而成的。将丙醛滴加至稀的氢氧化钠水溶液中，并控制温度在 40℃ 左右。

$$2CH_3CH_2CHO \xrightarrow[40℃,15min]{稀\ NaOH} CH_3CH_2CH=\underset{\underset{CH_3}{|}}{C}-CHO \quad (89\%)$$

实例分析 2：肌肉松弛药盐酸乙哌立松的合成。

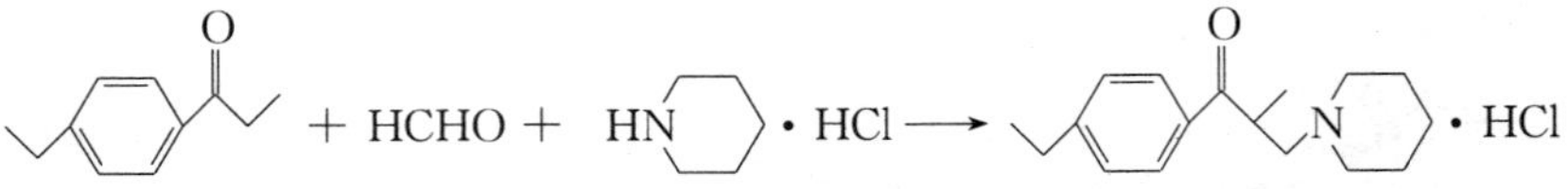

盐酸乙哌立松

单元2 缩 合 反 应

一、缩合反应的概述

缩合是两个或两个以上的有机化合物分子之间相互作用而形成较大分子的过程。在缩合过程中往往放出水、醇、氨、氯化氢等简单分子。就键的形成而言，包括碳-碳键的形成，也包括碳-杂键的形成。就反应的类型来看，与烃化、酰化等反应的界限也难以区别，故烃化、酰化也属于广义的缩合，有时也可以统称为合成。本章所涉及的内容仅限于有碳-碳新键形成的缩合反应及过程。

二、缩合反应的类型

缩合反应有不同的类型。按反应物不同可分为羟醛缩合、类似的羟醛缩合、酯缩合及其他类型的缩合等；也可按反应时所放出的简单分子的不同进行分类，如脱水缩合、脱醇缩合、脱卤化氢缩合、脱氨缩合等。当然也有一些反应并不需要脱除小分子，而是反应物分子间通过加成而变成较大分子，如迈克尔加成等。

单元 3 羟 醛 缩 合

醛或酮在一定条件下通过加成（和消除）过程，形成较大的分子。缩合反应分两种情况：一种是相同的醛或酮分子间的缩合称为自身缩合；另一种是不同的醛或酮分子间的缩合称为交错缩合。

一、自身缩合

自身缩合的醛酮一般情况下分子中应有 α-活泼氢，催化剂多为碱，少数为酸。含 α-活泼氢的醛或酮在酸或碱的催化下，生成 β-羟基醛，经脱水生成 α,β-不饱和醛或酮的反应，称为羟醛缩合反应，也称醛醇缩合反应。其通式如下。

$$2\ RCH_2COR' \xrightarrow{\text{酸或碱}} RCH_2-\underset{\underset{R'}{|}}{\overset{\overset{OH}{|}}{C}}-\underset{\underset{R}{|}}{\overset{\overset{H}{|}}{C}}-\overset{\overset{O}{\|}}{C}-R' \xrightarrow{-H_2O} RCH_2-\underset{\underset{R'}{|}}{C}=\underset{\underset{R}{|}}{C}-\overset{\overset{O}{\|}}{C}-R'$$

（一）反应机理

羟醛缩合反应可以被酸或碱所催化，其中碱催化应用较多。碱的作用是增加醛或酮的亲电活性，碱夺取醛或酮的 α-活泼氢后，使其形成碳负离子，该负离子进攻另一分子的羰基碳原子进行亲核加成，形成加成产物。加成产物还可在碱催化下发生脱水反应，生成 α,β-不饱和醛或酮类化合物。以 NaOH 催化下的丙醛缩合为例，其反应过程如下：

$$NaOH \rightleftharpoons \overset{+}{Na} + OH^-$$

$$CH_3CH_2CHO + OH^- \underset{}{\overset{\text{慢}}{\rightleftharpoons}} CH_3\overset{-}{C}HCHO + H_2O$$

$$CH_3CH_2\overset{\overset{O}{\|}}{C}+ \ + \ \underset{\underset{CH_3}{|}}{{}^-CHCHO} \rightleftharpoons CH_3CH_2\underset{\underset{H}{|}}{\overset{\overset{O}{\|}}{C}}-\underset{\underset{CH_3}{|}}{CHCHO} \xrightarrow{H_2O(-OH^-)} CH_3CH_2\underset{\underset{H}{|}}{\overset{\overset{O^-}{|}}{C}}-\underset{\underset{CH_3}{|}}{CHCHO}$$

$$\xrightleftharpoons{OH^-} CH_3CH_2\overset{\overset{\displaystyle OH}{|}}{\underset{\underset{\displaystyle H}{|}}{C}}\overset{}{\underset{\underset{\displaystyle CH_3}{|}}{C}}CHO \xrightarrow{-OH^-} CH_3CH_2\overset{}{\underset{\underset{\displaystyle H}{|}}{C}}=\overset{}{\underset{\underset{\displaystyle CH_3}{|}}{C}}CHO$$

　　总之,决定反应速度的是形成碳负离子的一步,碱可以增加丙醛的亲核活性。加成产物 β -羟基醛不稳定,温度升高的条件下会立即脱水。

　　丙醛缩合反应是在稀 NaOH 溶液中(64g/L 左右)进行的,先将稀碱液置于反应器中,在 20℃时开始慢慢加入丙醛,反应放热,控制温度在 40～42℃进行缩合。如果碱的浓度过大但反应温度偏高,缩合产物还能与未反应的丙醛继续发生羟醛缩合,这种连续反应的结果是得到相对分子质量较大的树脂状副产物。因此,必须严格控制碱的浓度和反应温度等条件。

　　在羟醛缩合反应中,能转变成亚甲基碳负离子的醛或酮常称为亚甲基组分,受碳负离子进攻的醛或酮称为羰基组分。从表观上看,羟醛缩合反应中总是亚甲基组分提供两个氢,羰基组分提供一个氧,脱水缩合成 α,β -不饱和醛或酮类化合物。

　　酸催化反应的原理是酸与醛或酮的羰基形成质子化的羰基后,提高羰基碳的亲电活性,同时也促进了另一分子醛或酮的烯醇化,从而有利于缩合反应。酸催化反应的产物均为脱水产物,即 α,β -不饱和醛或酮。

　　(二)主要影响因素

　　(1)催化剂　催化剂对羟醛缩合反应的影响较大,使用碱催化剂的范围可以是弱碱,如磷酸钠、醋酸钠、碳酸钠、碳酸钾、碳酸氢钠等;也可以是强碱,如氢氧化钠、氢氧化钾、乙醇钠、异丙醇铝等;氢化钠和氨基钠等,碱性更强的碱也会使用。氢化钠等强碱一般用于活性较差、位阻较大的反应物的缩合,如酮-酮缩合,并在非质子性溶剂中进行。碱的用量和浓度对产品收率及质量均有影响,浓度太稀,反应速度较慢;浓度过大或碱的用量太多,易引起副反应。尤其是低分子的脂肪醛可能缩聚成树脂状化合物。

　　(2)反应物醛的结构　含一个 α -活泼氢的醛自身缩合,得到单一的 β -羟基醛加成产物;含两个或三个 α -活泼氢的醛自身缩合时,若在稀碱溶液中、较低温度下反应,得到 β -羟基醛,温度较高时得到 α,β -不饱和醛。实际上,多数情况下加成和脱水反应是同时进行的,由于加成产物不稳定而难以分离,最终得到多是其脱水产物 α,β -不饱和醛。

　　(3)反应物酮的结构　含 α -活泼氢的脂肪酮自身缩合速度比醛慢,因为酮羰基的活性比醛低,其加成产物中的基团也更加拥挤、稳定性更差。要设法打破平衡或用碱性较强的催化剂如醇钠等才可以提高 β -羟基酮或其脱水产物的收率。如丙酮的缩合反应是用索氏提取法进行的,于滤纸做成的套筒中装有不溶性的氢氧化钡作催化剂,加热使提取器下方烧瓶中的丙酮成为蒸气,冷凝到提取器中的丙酮与氢氧化钡接触而发生缩合,含有少量产品的反应液经虹吸管流入下方的烧瓶。

由于丙酮的沸点低,蒸出的几乎是纯丙酮,这样在继续加热回流时,每次都保证是新鲜的较纯的丙酮在反应,生成的 4-羟基-4-甲基-2-戊酮收率可达 71%。加碘(也属于 Lewis 酸)或磷酸蒸馏,可得其脱水产物。环己酮在叔丁醇铝催化下可顺利进行缩合。

$$2\ CH_3COCH_3 \underset{\longleftarrow}{\overset{Ba(OH)_2}{\longrightarrow}} CH_3\underset{\underset{CH_3}{|}}{\overset{\overset{OH}{|}}{C}}\underset{}{\overset{H}{CH}}-COCH_3 \xrightarrow[\text{蒸馏}]{I_2\ 或\ H_3PO_4} CH_3-C=CH-COCH_3$$

$$(71\%)$$

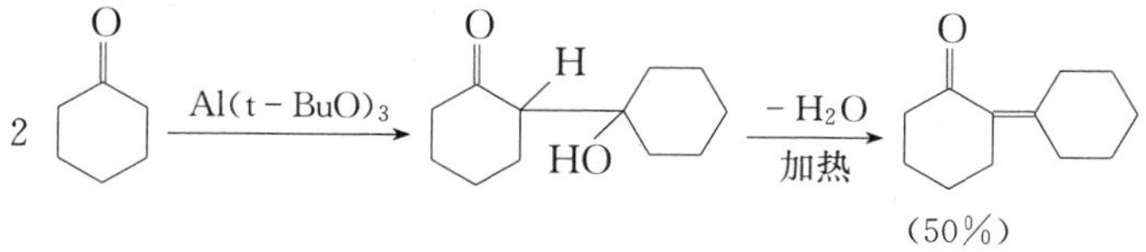

$$(50\%)$$

不对称酮的自身缩合,无论是酸催化还是碱催化,总是取代基较少,空间位阻小的 α-碳进攻羰基,初始加成产物进一步消除一分子水,生成 α,β-不饱和酮。例如:

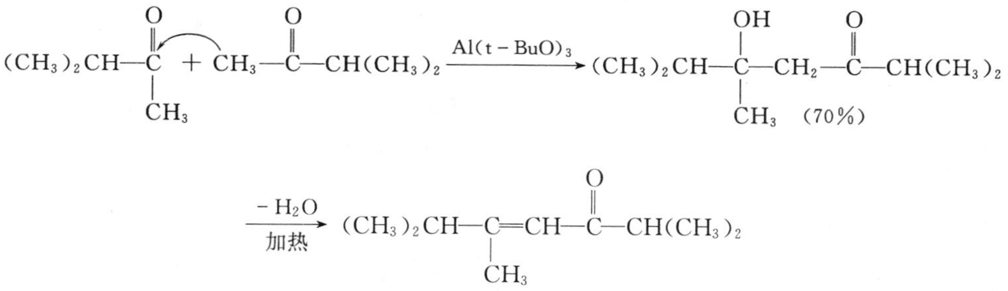

$$\xrightarrow[\text{加热}]{-H_2O} (CH_3)_2CH-\underset{\underset{CH_3}{|}}{C}=CH-\overset{\overset{O}{||}}{C}-CH(CH_3)_2$$

对于只有一个 α-碳上有氢的不对称酮的自身缩合,产物则比较单纯,如苯乙酮在乙醇钠催化下的缩合。

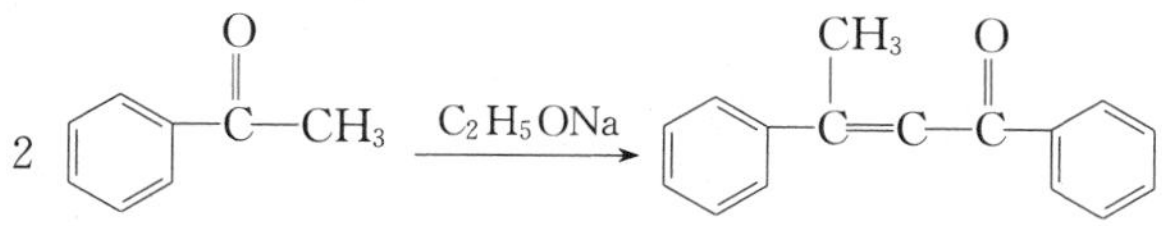

二、交错缩合

交错缩合的情况复杂,参加缩合的两种醛或酮可以都含 α-氢,也可以其中之一含有 α-氢,后者的产物往往比前者纯。

(一)含 α-氢的醛、酮的交错缩合

含 α-活泼氢的醛、酮交错缩合反应的机制与自身缩合类似。当两个不同的含 α-氢的醛缩合时,若活性差异较小,在发生交错缩合的同时还能发生自身缩合,反

应体系中至少有四种产物,如继续脱水,其产物更复杂,无实用价值。

含 α-氢的醛与含 α-氢的酮在碱性条件下缩合时,醛作为羰基组分,酮作为亚甲基组分,产物为 β-羟基酮或其脱水产物。如异戊醛与丙酮的缩合,主要产物是解痉药新握克丁的中间体。为了减少异戊醛的自身缩合副反应的发生,采用将醛慢慢滴加到含有催化剂的过量酮(酮的自身缩合比醛小)的加料方式。

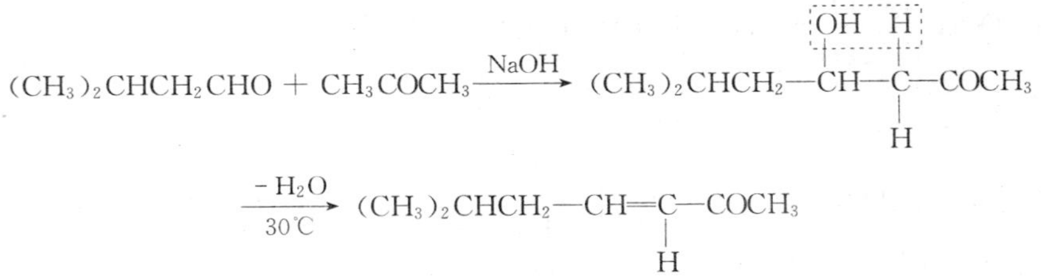

$$(CH_3)_2CHCH_2CHO + CH_3COCH_3 \xrightarrow{NaOH} (CH_3)_2CHCH_2-\underset{H}{\overset{OH}{CH}}-\underset{H}{\overset{H}{C}}-COCH_3$$

$$\xrightarrow[30℃]{-H_2O} (CH_3)_2CHCH_2-CH=\underset{H}{C}-COCH_3$$

若为不对称的甲基酮,无论是酸催化还是碱催化,主要得到 3-位缩合产物。

$$CH_3(CH_2)_n-CHO + \underset{CH_3}{\overset{O}{\underset{}{CH_2}}}\overset{2}{C}\overset{1}{CH_3} \xrightarrow{酸或碱} CH_3(CH_2)_n-CH=\underset{CH_3}{\overset{O}{C}}-CH_3$$

(二)甲醛与含 α-氢的醛、酮交错缩合

在碱性条件下,甲醛与含 α-氢的醛酮缩合,α-碳上的氢被羟甲基所代替,该反应又称为多伦斯(Tollens)缩合。甲醛不能发生自身缩合,但它可以作为羰基组分与含 α-氢的醛、酮进行反应,生成羟甲基化的产物。当然,在一定条件下(一般在酸性介质中加热),羟甲基化产物也可以继续脱水,生成脱水产物。

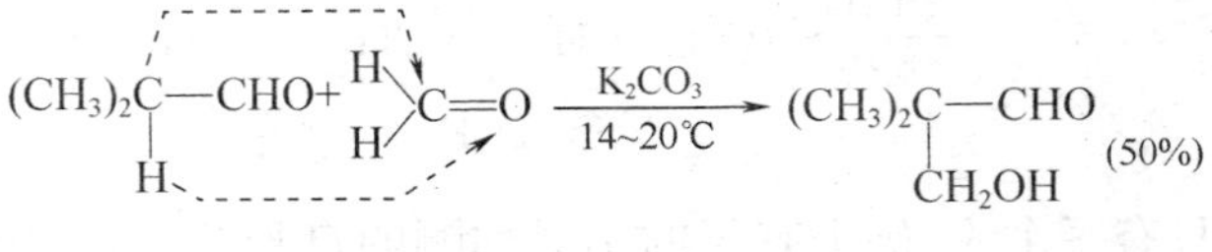

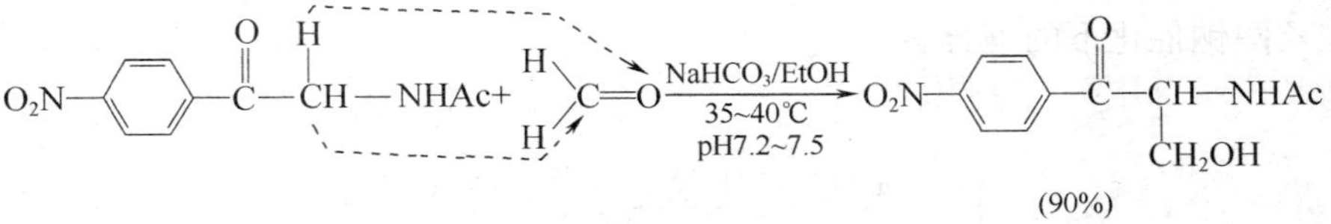

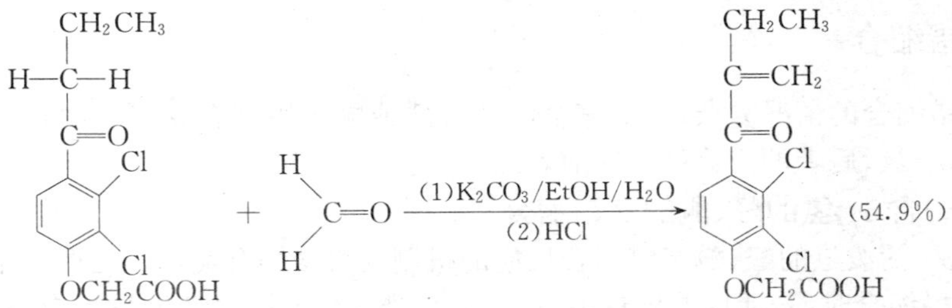

在上述的第二个反应中,必须严格控制反应液的 pH 和反应温度,若 pH 增大或温度升高,都会导致发生引入第二个羟甲基的副反应,反应的产物是氯霉素的中间体。第三个反应是在碱性条件下发生羟甲基化后,在酸性条件下脱水生成药物利尿酸。

多伦斯缩合反应所用的碱的种类与羟醛缩合类似,碱的浓度应为稀碱(10%左右),若碱的浓度过大,会发生康尼查罗(Cannizzaro)反应,在康尼查罗反应中,一分子的醛被氧化成酸,另一分子的醛被还原成醇;当反应物是甲醛和另一个不含 α-氢的醛时,因甲醛的还原性强而被氧化成酸,另一分子的其他不含 α-氢的醛被还原成醇。有时可以利用这一反应特性,将多伦斯缩合与康尼查罗反应相继发生,以缩短反应步骤,减少操作工序,这正是制备多羟基化合物的有效方法,如催眠镇静药甲丙氨酯的制备。在 2-甲基戊醛的 2-位上引入一个羟甲基后,产物不含 α-氢,于是在浓碱催化下,甲醛被氧化成甲酸,不含 α-氢的相对分子质量较大的醛被还原成醇。

$$CH_3CH_2CH_2\underset{\underset{CH_3}{|}}{\overset{\overset{CHO}{|}}{C}}\!-\!H \;+\; 2\,HCHO \xrightarrow[85\sim87℃]{30\%\,NaOH} CH_3CH_2CH_2\underset{\underset{CH_3}{|}}{\overset{\overset{CH_2OH}{|}}{C}}\!-\!CH_2OH \quad (95\%)$$

(三)芳醛与含 α-氢的醛、酮缩合

芳醛本身不含 α-氢,不能发生自身缩合,但它们可以作为羰基组分与含 α-氢的醛、酮(亚甲基组分)反应,主要发生交错缩合反应。在少量氢氧化钠等碱性催化剂的存在下,芳醛与 α-氢的醛或酮进行的羟醛缩合,脱水生成 α,β-不饱和醛或酮的反应又称克莱森-施米特(Claisen-Schmidt)反应。

芳醛与含 α-氢的脂肪醛容易发生缩合。如苯甲醛与乙醛反应,首先生成极不稳定的 β-羟基苯丙醛,然后立即在强碱存在下脱水,生成稳定的 β-苯丙烯醛,又称肉桂醛,它是合成抗麻风病药苯丙砜的原料。当然,乙醛在反应条件下也会发生自身缩合副反应,但反应速度相对较慢。为了减少自身缩合副反应的发生,常采取下列措施:①弱化反应条件控制在低温(0~6℃)下;②采用适宜的加料方式,将等摩尔的苯甲醛与乙醛混合均匀后,再滴加至氢氧化钠水溶液中,或将苯甲醛与氢氧化钠水溶液先混合,再慢慢加入乙醛。

当然,芳醛分子中的芳环可以是苯环,也可以是芳杂环。如康醛与乙醛缩合,

其产物呋喃丙烯醛是抗血吸虫药呋喃丙胺的中间体。

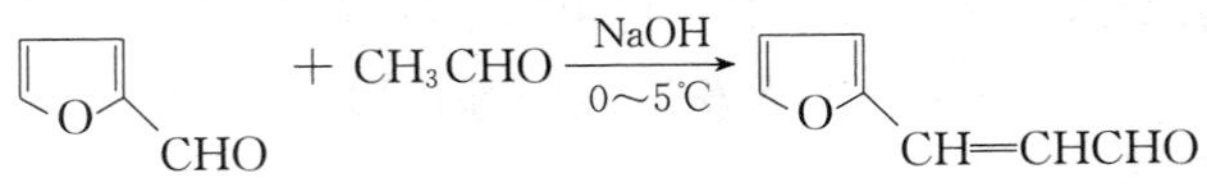

芳醛与含 α-氢的对称酮缩合时,可以得到单缩合产物或双缩合产物。若采用过量的酮参与反应,主要得到单缩合产物;若芳醛过量,主要得到双缩合产物。

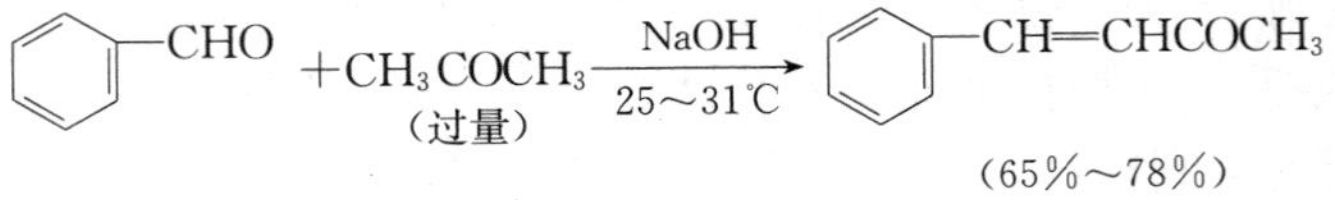

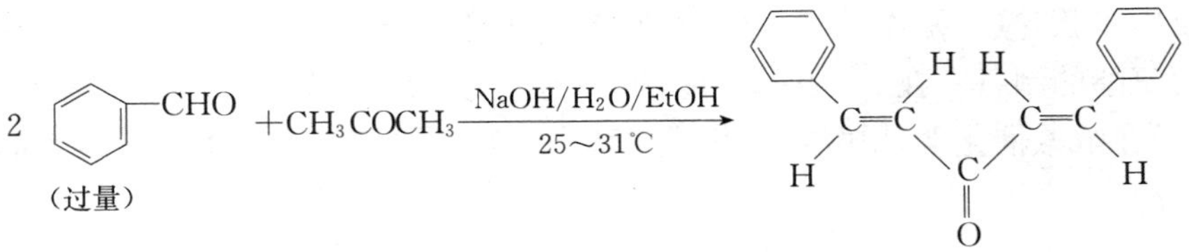

芳醛与不对称的酮缩合时,若酮仅一个 α-碳原子上有氢原子,酸催化或碱催化产品都比较纯;若酮的两个 α-碳原子上均有氢,酸催化或碱催化所得的产物是不同的。如苯甲醛与甲基脂肪酮缩合,碱催化一般得 1-位缩合产物,酸催化得 3 位缩合产物。

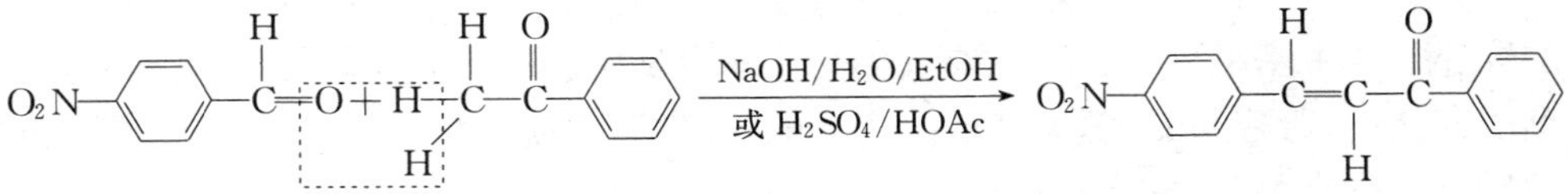

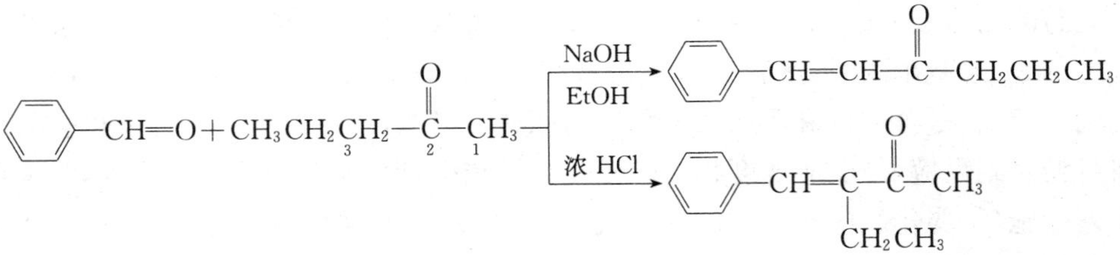

三、类似的羟醛缩合

(一)曼尼希反应

1. 定义与通式

在酸性条件下,含活泼氢的化合物与甲醛(或其他醛)和具有氢原子的伯胺、仲胺或它们的铵盐脱水缩合,结果含活泼氢的化合物中的氢原子被氨甲基所取代,生成 β-氨基酮类化合物,该反应称为氨甲基化反应,又称曼尼希(Mannich)反应。反应通式如下:

$$R'{-}H + HCHO + R_2NH \xrightarrow{H^+} R'{-}CH_2NR_2 + H_2O$$

本反应的产物称为曼尼希碱或曼尼希盐,实际操作中,通常先制成胺的盐酸盐,然后再进行反应。如抗震颤麻痹药盐酸苯海索中间体的制备,就是先将哌啶制成盐酸盐,再于酸性介质中与甲醛和苯乙酮反应。

$$\text{⟨苯⟩}{-}COCH_3 + HCHO + \text{⟨哌啶⟩}NH \cdot HCl \xrightarrow[\text{回流}]{HCl/C_2H_5OH}$$

$$\text{⟨苯⟩}{-}COCH_2CH_2{-}N\text{⟨哌啶⟩} \cdot HCl + H_2O$$

2. 反应机理

在酸性介质中,胺与酸成盐达成平衡。

$$R_2NH_2^+ \rightleftharpoons R_2NH + H^+$$

反应要求胺以游离状态参与反应,游离胺先对甲醛进行亲核加成,生成 N-羟甲基化产物,进一步在酸的作用下脱水,生成氨甲基碳正离子。该碳正离子与含活泼氢的化合物进行亲电取代,生成氨甲基化产物,同时放出质子。

$$R_2NH + HCHO \rightleftharpoons R_2NCH_2OH \xrightarrow{H^+} R_2N\overset{+}{CH_2OH_2} \overset{-H_2O}{\rightleftharpoons} R_2N\overset{+}{CH_2}$$

$$R_2N\overset{+}{CH_2} + R'{-}H \longrightarrow R_2NCH_2{-}R + H^+$$

3. 主要影响因素

（1）含活泼氢化合物的结构 在曼尼希反应中,含活泼氢的化合物可以是醛、酮、羧酸、羧酸酯类、酚及某些杂环化合物等。其中以酮的应用较多,酮首先是在酸的催化下烯醇化达到平衡,亚甲基碳正离子向酮的烯醇式进行亲电加成,消除质子后得曼尼希碱。

$$R''{-}\underset{O}{\overset{|}{C}}{-}CH_3 \rightleftharpoons R''{-}\underset{OH}{\overset{|}{C}}{=}CH_2$$

$$R''{-}\underset{OH}{\overset{|}{C}}{=}CH_2 + \overset{+}{C}H_2NR_2 \rightleftharpoons R''{-}\underset{\overset{+}{O}H}{\overset{|}{C}}{-}CH_2CH_2NR_2 \rightleftharpoons R''{-}\underset{O}{\overset{|}{C}}{-}CH_2CH_2NR_2 + H^+$$

含活泼氢的化合物中仅有一个活泼氢时,产品比较纯;若有两个以上的活泼氢时,在一定条件下,这些氢可逐步被氨甲基所代替。如甲基酮在甲醛和氨过量时容易发生下列反应,分子中的活泼氢可逐步被代替,形成多氨甲基化产物。

$$RCOCH_3 \xrightarrow[NH_4Cl]{HCHO} RCOCH_2CH_2NH_2 \cdot HCl \xrightarrow[NH_4Cl]{HCHO}$$

151

$$RCOCH(CH_2NH_2)_2 \cdot 2HCl \xrightarrow[NH_4Cl]{HCHO} RCOC(CH_2NH_2)_3 \cdot 3HCl$$

丙二酸和酚类也可以发生多氨甲基化反应。

(2)胺的结构　曼尼希反应中胺的碱性、种类和用量对反应都有影响。正常的曼尼希反应是胺类的亲核活性大于含活泼氢的化合物的亲核活性,所以一般使用碱性较强的脂肪胺,并用其盐酸盐。不同种类的胺对反应产物也有影响,仲胺氮原子上仅有一个氢原子,产物纯,应用也较为广泛;伯胺的氮原子上有两个氢,可生成叔胺的曼尼希盐。如抗胺药苯茚胺中间体的制备。

$$2 \; \text{C}_6\text{H}_5\text{—COCH}_3 + 2HCHO + CH_3NH_2 \cdot HCl \xrightarrow[80\sim85℃\;2.5\sim3h]{C_2H_5OH}$$

$$\text{C}_6\text{H}_5\text{—COCH}_2\text{CH}_2\overset{\overset{\displaystyle CH_3}{|}}{N}\cdot HCl \quad (58\%)$$
$$\underset{CH_2CH_2CO\text{—C}_6\text{H}_5}{}$$

氨分子中含有三个氢,进行反应时产物较复杂。由此可见,曼尼希反应必须严格控制配料比和反应条件,一般的配比为 1mol 的羰基化合物用 $1\sim1.1mol$ 的铵盐,配以 $1.5\sim2mol$ 的甲醛。

(3)醛的结构　参加曼尼希反应的醛主要是甲醛,可以是单体,也可以是多聚体。其他的醛也能发生类似的反应。

(4)催化剂　曼尼希反应需要在弱酸性(pH $3\sim7$)介质中进行。常用的酸为盐酸,操作时先将胺或氨与盐酸生成盐,必要时再另加入盐酸或醋酸。加入的酸有三个方面的作用。①催化作用:酸可增强甲醛的亲电活性,故对反应有催化作用,酸性不足会对反应有抑制作用。②解聚作用:在酸性条件下加热,三聚甲醛和多聚甲醛易解聚成甲醛,使反应正常进行。③稳定作用:在酸性条件下生成的曼尼希盐,稳定性增加。如局麻药盐酸达克罗宁的合成。

$$n\text{-}C_4H_9O\text{—}\text{C}_6\text{H}_4\text{—COCH}_3 + (HCHO)_n + \text{—NH} \cdot HCl \xrightarrow[回流,6h]{C_2H_5OH}$$

$$n\text{-}C_4H_9O\text{—}\text{C}_6\text{H}_4\text{—OCH}_2CH_2\text{—N}\text{—} \cdot HCl$$

如果想得到曼尼希碱,只要将所得的曼尼希盐用强碱置换就可以。

当反应物(如吲哚)对盐酸不稳定时,可用醋酸作催化剂,如色氨酸中间体的合成。

$$\text{吲哚} + HCHO + HN(CH_3)_2 \xrightarrow[30\sim40℃]{CH_3COOH} \text{吲哚-CH}_2N(CH_3)_2 \quad (95\%)$$

具有酸性的某些含活泼氢的化合物,如酚类,因其本身能提供质子而起到自身催化作用,因而能直接与游离胺和甲醛发生曼尼希反应,如抗疟药常咯啉的合成。

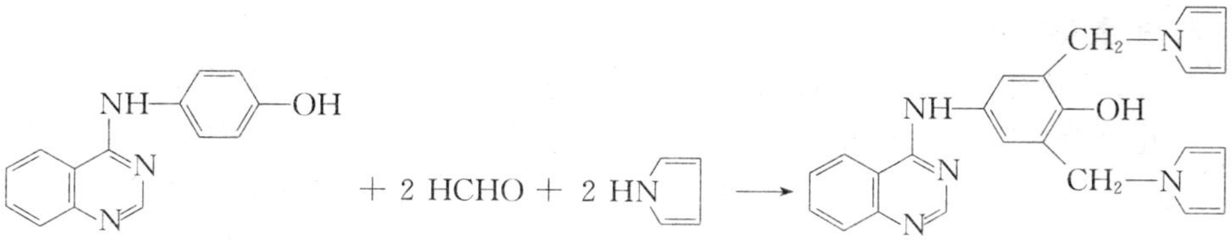

(5)溶剂与其他　曼尼希反应的溶剂通常是水或乙醇,多在回流状态下进行,条件温和,操作简便。

4. 应用实例

曼尼希反应在药物及中间体合成中应用广泛。这是由于曼尼希碱或曼尼希盐除本身就可作为药物使用或用作合成药物的中间体外,还可以进行消除、氢解、置换等反应,从而可制得所需的许多物质。例如,在利尿酸的合成中就是通过曼尼希反应和消除反应的相继发生所制得的。

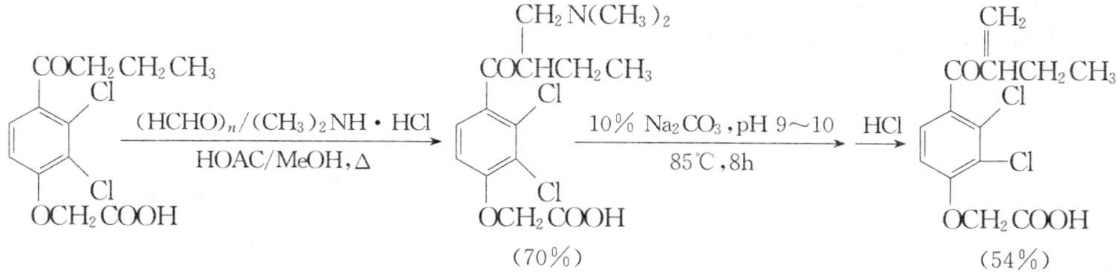

抗胆碱药曲地碘铵的合成。

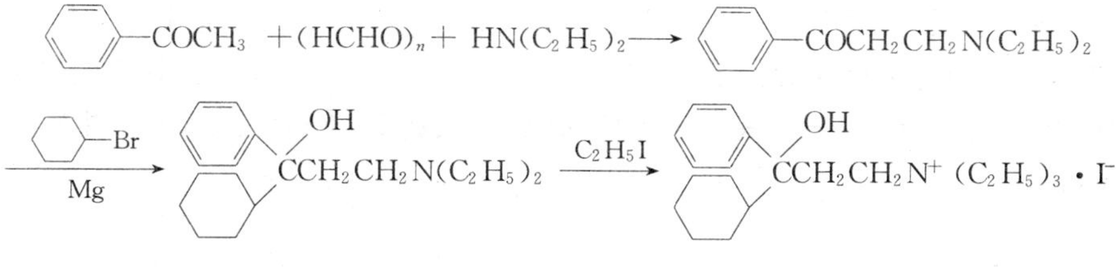

(二)克脑文革缩合

1. 定义与通式

醛或酮与含有活性亚甲基的化合物在氨、胺或它们的盐酸盐催化下,脱水缩合形成 α,β-不饱和化合物的反应称为克脑文革(Knoevenagel)缩合。反应通式如下:

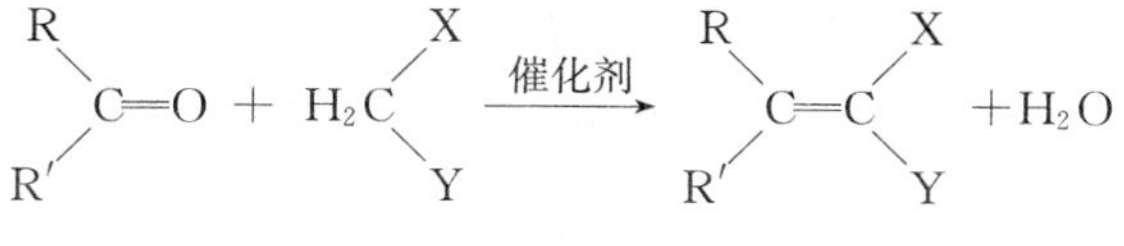

式中　R′——氢或烃基

X,Y——氰基、酯基、酮基、硝基等

2. 主要影响因素

(1)活性亚甲基化合物的结构　参加反应的活性亚甲基的化合物一般有两个吸电子基,如丙二酸酯类、乙酰乙酸乙酯类、氰乙酰胺类、丙二腈、丙二酰胺;也可是含一个强吸电子基的硝基或腈基,如脂肪硝基化合物和氰类化合物。如下所示,藜芦醛于丁胺催化下与硝基乙烷缩合,所得产物是抗高血压药甲基多巴的中间体。

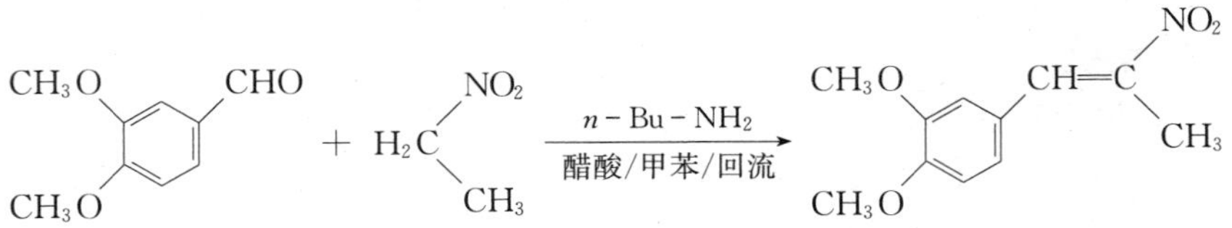

(2)催化剂　反应所用的催化剂有氨-乙醇、丁胺、醋酸铵、吡啶、哌啶、甘氨酸、β-氨基丙酸、氢氧化钠、碳酸钠等。对于活性较弱的反应物可以使用活性较强的醇钠作催化剂,如甲氧苄啶合成中的亚甲基化合物只有一个吸电子基,活性较弱,必须用甲醇钠催化才能进行下列缩合。当然,对于活性较大的反应物也可以不用催化剂。

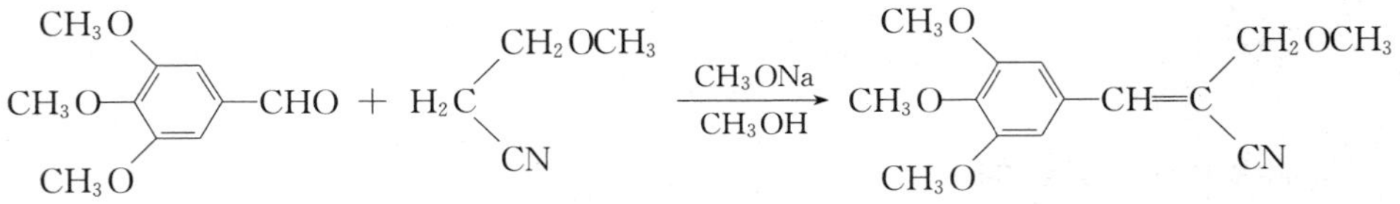

(90%～93%)

(3)溶剂　反应常用苯、甲苯等有机溶剂共沸脱水,促使反应完全,同时又可以防止含活性亚甲基的酯类化合物的水解。在用吡啶作溶剂和催化剂(有时加入少量哌啶)的条件下缩合,往往会发生脱羧反应,生成 α,β-不饱和酸或其衍生物。

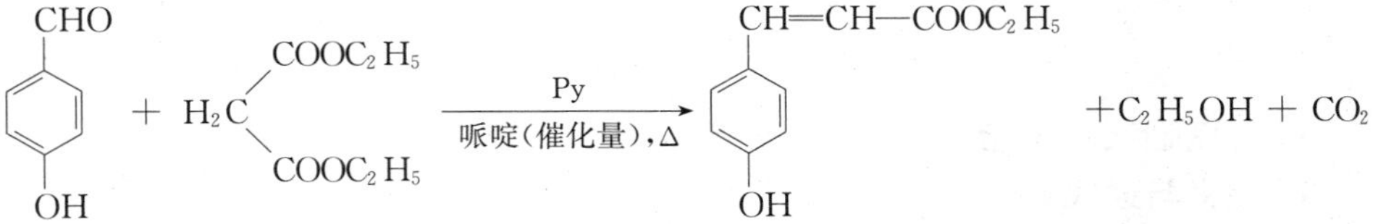

(4)羰基化合物的结构　芳醛和脂肪醛均可以顺利进行反应,其中芳醛的反应效果更好一些。如苯甲醛与丙二酸二乙酯反应,收率约为90%。

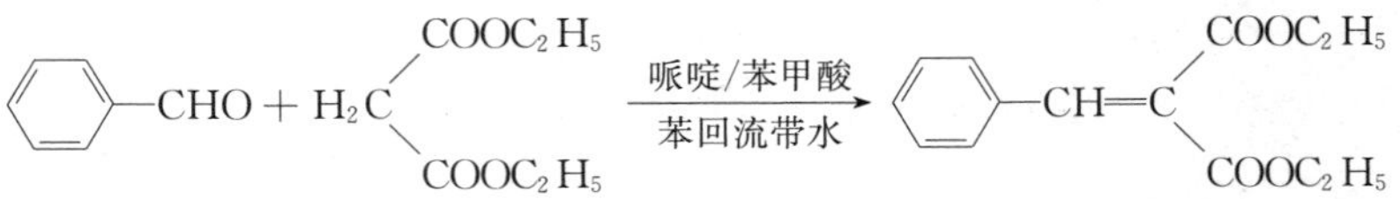

(89%～91%)

位阻小的酮(如丙酮、甲乙酮、脂环酮等)与活性较高的亚甲基化合物(丙二腈、氰乙酸、脂肪硝基化合物等)可顺利进行克脑文革缩合,收率也较高。但这些酮与丙二酸酯、β-酮酸酯及β-二酮的缩合收率不高。位阻大的酮反应较困难,收率也较低。

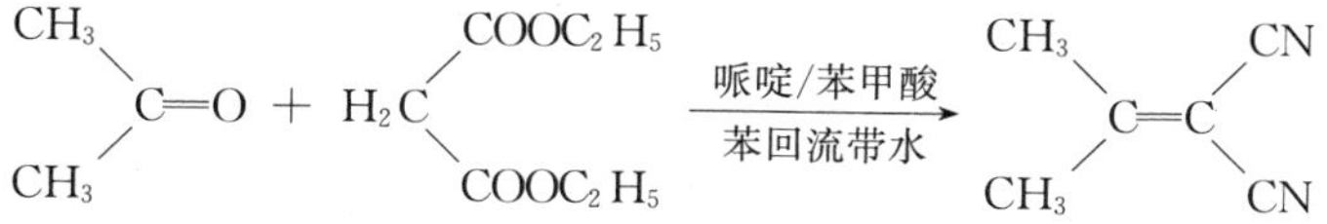

(92%)

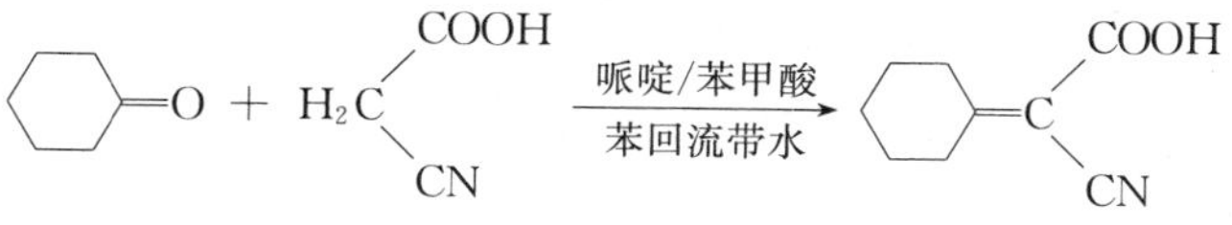

(65%~75%)

3. 应用实例

克脑文革缩合在药物及中间体合成中应用甚多,主要用于制备α,β-不饱和羧酸及其衍生物,α,β-不饱和腈和硝基化合物,产物的构型一般为E型。如抗癫痫药乙琥胺中间体的制备。

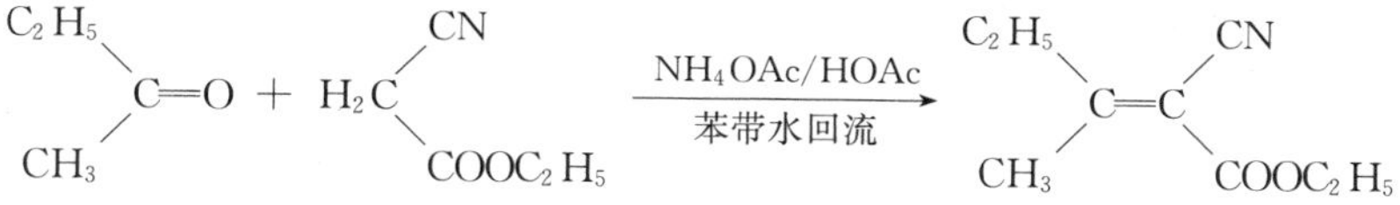

(81%~87%)

再如,脑血管扩张药尼莫地平中间体的合成。

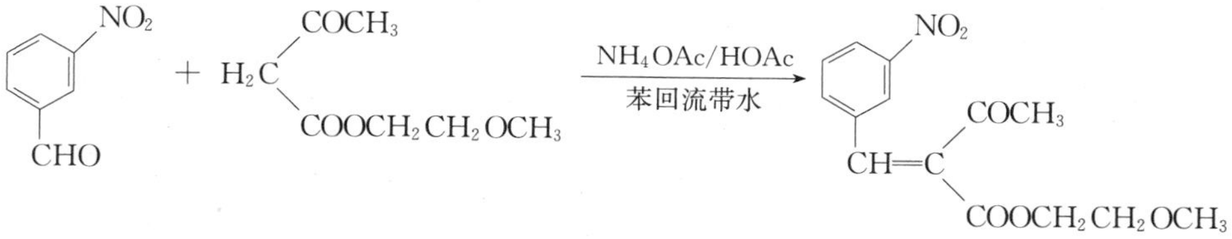

(三)达参反应

1. 定义与通式

醛或酮与α-卤代酸酯在碱催化下缩合,生成α,β-环氧酸酯的反应称为达参(Darzens)反应,又称缩水甘油酸酯反应。通式如下:

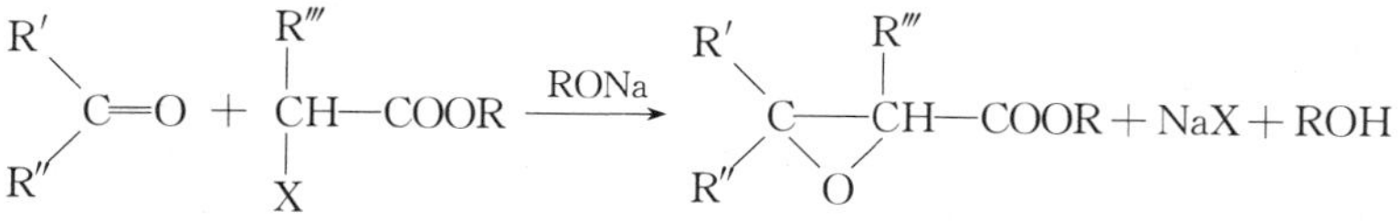

2. 反应机理

在醇钠的作用下,α-卤代酸酯首先形成碳负离子,该负离子向醛或酮的碳基碳进行亲核加成;初始加成物再以分子内亲核置换的方式把卤负离子置换下来,最后生成α,β-环氧酸酯。

$$RONa \longrightarrow RO^- + Na^+$$

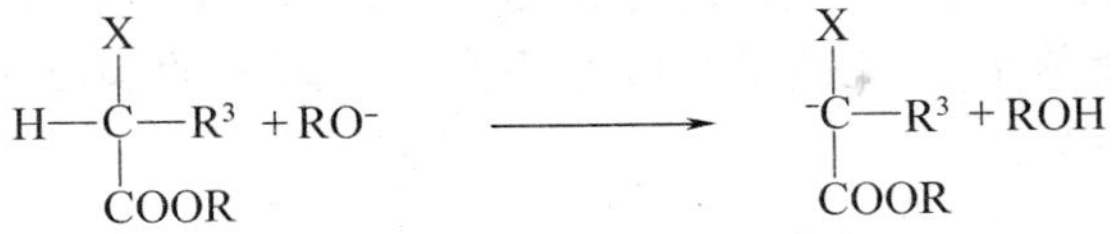

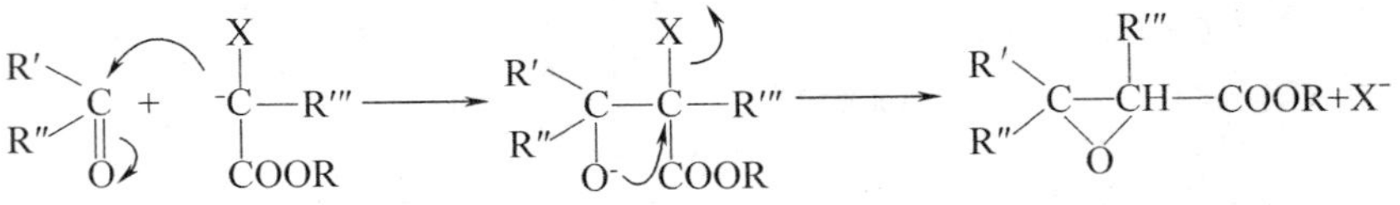

$$Na^+ + X^- \longrightarrow NaX$$

3. 主要影响因素

（1）催化剂　达参反应的催化剂有醇钠、氨基钠、叔丁醇钾等。其中以醇钠最常用，叔丁醇钾效果最好，所得产物的收率也比用其他催化剂时高。对于反应活性低的化合物，用叔丁醇钾和氨基钠催化比较合适。

（2）α-卤代酸酯的结构　在加达参反应的α-卤代酸酯中，以α-氯代酸酯最合适。α-溴代酸酯和α-碘代酸酯虽活性较大，但因易发生烃化副反应，产品复杂而很少采用。由于α-卤代酸酯和催化剂均易水解，达参缩合需在无水条件下完成，反应温度也不高。

（3）羰基化合物的结构　参加达参反应的羰基化合物除脂肪醛收率不高外，脂肪酮、芳香酮、脂环酮、不饱和酮和芳香醛均可以获得较好收率。

4. 应用实例

通过达参反应可以制得α,β-环氧酸酯，其构型有顺式、反式两种，一般酯基与邻位碳原子上的大基团处于异侧的反式异构体占优势。该反应的意义主要还在于其产物经碱水解、脱羧等反应，可以转化成比原来的反应物醛或酮多一个碳原子的醛或酮。操作方法有两种：一种是将α,β-环氧酸酯用碱水解，酸中和，加热脱羧，如布洛芬的合成；另一种是碱水解后继续加热脱羧，最后用酸调至近中性，如维生素 A 中间体的合成。

非甾体抗炎药布洛芬的合成。以异丁苯为起始原料，先发生傅-克酰化反应，再发生达参反应，其产物经碱水解，酸中和加热脱羧得醛，将醛氧化即得布洛芬。

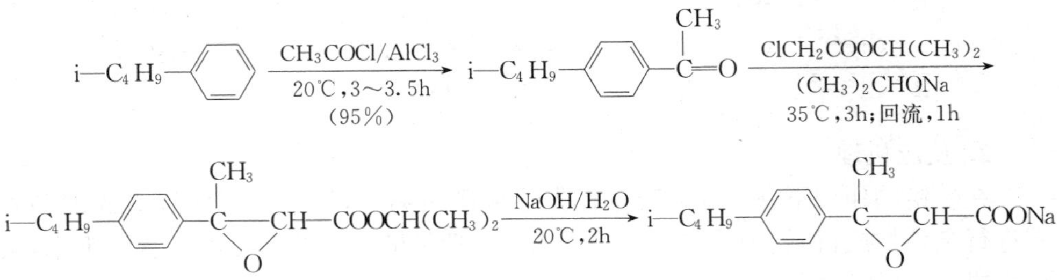

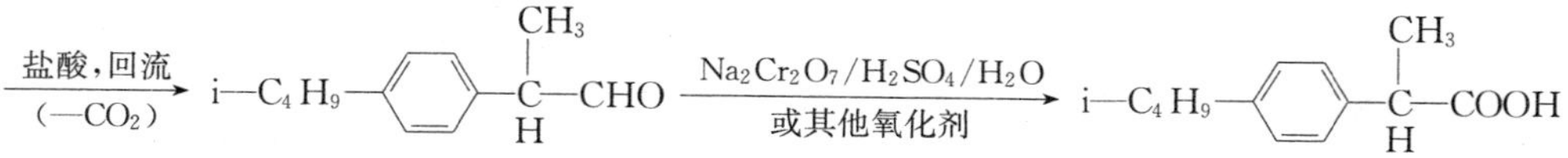

$$\xrightarrow[\text{(}-CO_2\text{)}]{\text{盐酸,回流}} \text{i-}C_4H_9\text{—}\bigcirc\text{—}\underset{H}{\overset{CH_3}{C}}\text{—CHO} \xrightarrow[\text{或其他氧化剂}]{Na_2Cr_2O_7/H_2SO_4/H_2O} \text{i-}C_4H_9\text{—}\bigcirc\text{—}\overset{CH_3}{C}\text{—COOH}$$

(75%,以异丁基苯乙酮计) 　　　　　　　　　　　　(大于90%)

在维生素 A 中间体十四碳醛的制备中,起始原料是 β-紫罗兰酮,三步的总收率为 87%左右。

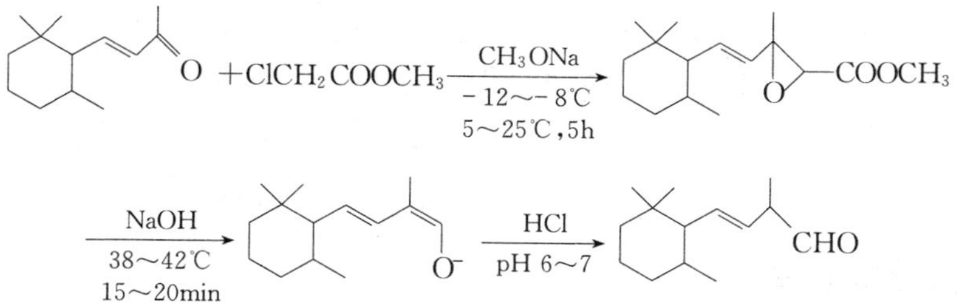

(四)柏琴反应

1. 定义与通式

芳香醛与脂肪酸酐在相应羧酸盐或叔胺催化下缩合,生成 β-芳丙烯酸类化合物的反应称为柏琴(Perkin)反应。其通式如下:

$$ArCHO + (RCH_2CO)_2O \xrightarrow[\text{(2)}H_3^+O]{\text{(1)}RCH_2COOK} ArCH=\underset{R}{\overset{COOH}{C}} + RCH_2COOH$$

2. 反应机理

以苯甲醛与醋酐的反应为例说明。在无水醋酸钾催化下,醋酐的 α-氢形成碳负离子,该负离子向苯甲醛进攻亲核加成;初始加成物经分子内酰基转移后,再与另一分子的醋酐作用消除乙酰基;最后水解即得到 β-苯丙烯酸,产率约为 60%。

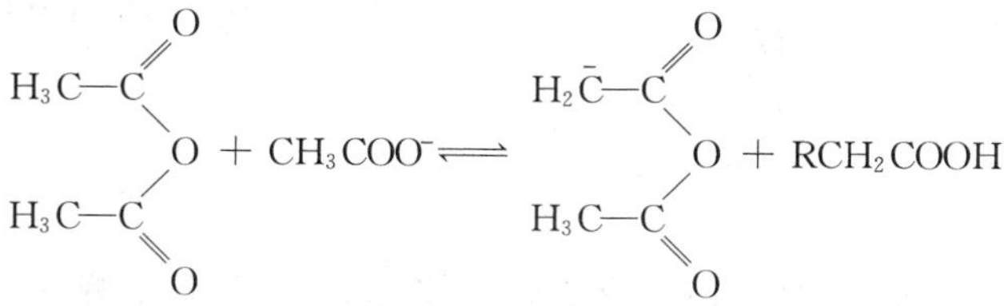

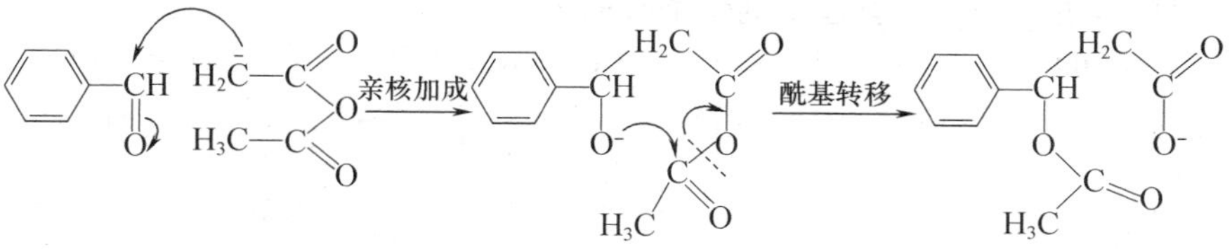

157

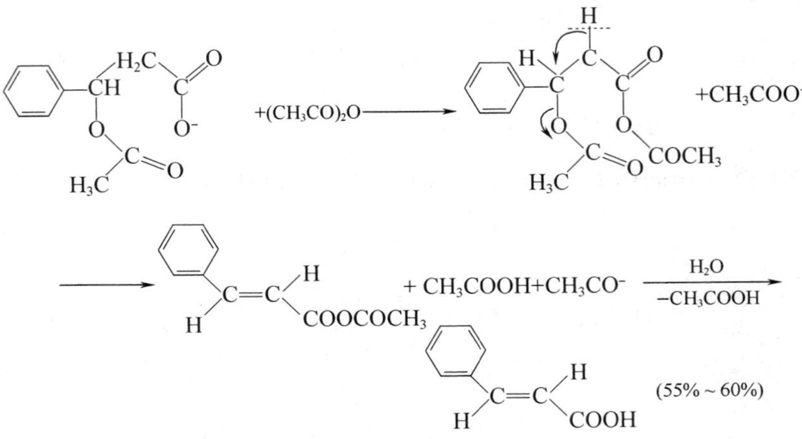

(55% ~ 60%)

3. 主要影响因素

(1)催化剂　柏琴反应所用的催化剂是与羧酸相应的羧酸钾盐或钠盐,无水羧酸钾盐的效果较好、反应速度快、收率也高。

(2)酸酐的结构　参加反应的酸酐最好是具有两个或三个 α-氢的低级简单酸酐,高分子的酸酐来源困难,必要时可采用高级羧酸与低级酸组成的混合酸酐参与反应。

(3)芳醛的结构　芳环上的吸电子基越多,吸电子能力越强,反应越易进行,并且收率较高;反之,芳环上连有给电子基时,反应较困难,收率一般较低。芳杂环也能发生类似的缩合。

(4)温度及其他　柏琴反应的温度一般要求较高,大多在 $130\sim200℃$,这是因为羧酸分子中的活性亚甲基的活性较弱,催化剂羧酸盐的碱性也较弱,只有强化温度条件才可促使反应进行。但温度不可过高,否则,会发生脱羧和消除副反应。

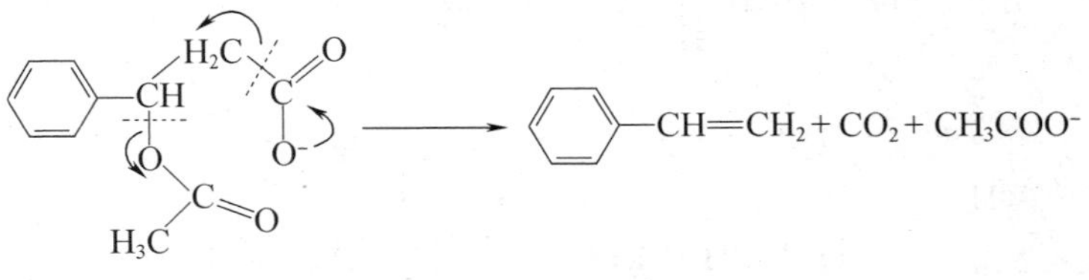

4. 应用

反应主要用于制备 β-芳丙烯酸类化合物,如间硝基苯甲醛在丁酸钠催化下与丁酸酐反应,生成物是胆囊造影剂碘番酸的中间体。

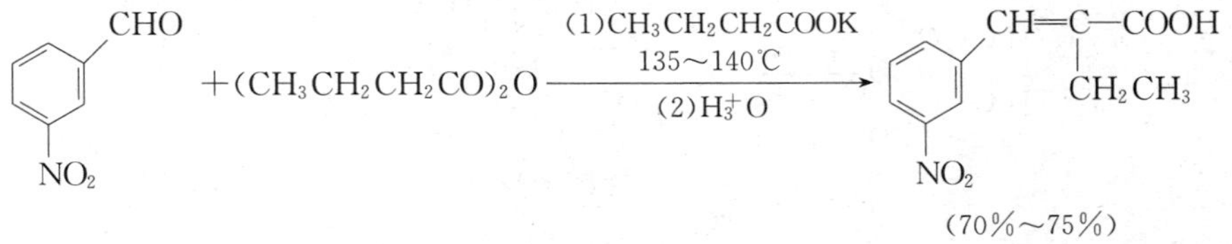

(70%～75%)

单元 4　酯缩合反应

酯与具有活性亚甲基的化合物在适宜的碱催化下脱醇缩合，生成β-羰基化合物反应称为酯缩合反应，又称克莱森(Claisen)缩合。具有活性亚甲基的化合物可以是酯、酮、腈，其中以酯类与酯类的缩合最重要，应用也较为广泛。

一、酯-酯缩合

酯与酯的缩合反应大致可分为三种类型：同酯缩合，即相同的酯分子间的缩合反应；异酯缩合，不同的酯分子间的缩合反应；狄克曼反应，二元羧酸酯分子内进行的缩合反应。

(一)同酯缩合

1. 通式

酯分子中α-氢的酸性比醛、酮的小，酯羰基上的正电荷也比醛、酮的小，再加上酯在氢氧化碱中缩合容易发生皂化反应，所以在通常的羟醛缩合条件下，酯不能发生类似的缩合。必须在无水条件下，使用活性更强的碱(醇钠，氨基钠等)作催化剂，两分子的酯才可通过消除一分子的醇缩合起来，通式如下。

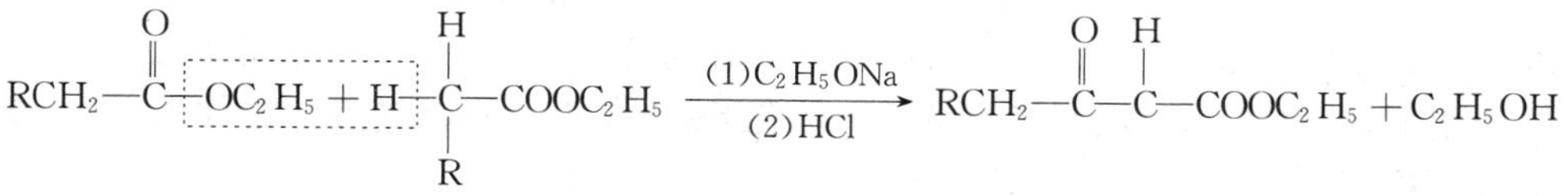

2. 反应机理

在乙醇钠的作用下，酯的α-氢被脱除形成碳负离子，碳负离子向另一酯羰基的碳原子进行亲核加成，初始加成物消除烷氧基负离子，生成β-酮酸酯。β-酮酸酯分子中的亚甲基同时受酮基和酯基吸电子效应的影响，亚甲基上的氢酸性较强，容易与反应体系中的乙醇钠作用，生成较为稳定的β-酮酸酯钠盐。若想得到β-酮酸酯，用酸中和即可。

$$C_2H_5ONa \longrightarrow C_2H_5O^- + Na^+$$

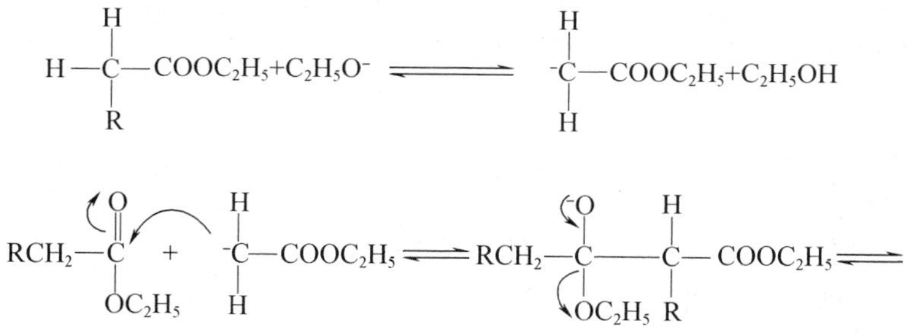

$$RCH_2-\underset{\underset{}{O}}{\overset{\overset{}{O}}{C}}-\underset{\underset{H}{}}{\overset{\overset{H}{}}{C}}-COOC_2H_5+C_2H_5O^- \Longleftrightarrow RCH_2-\underset{\underset{R}{}}{\overset{\overset{O}{}}{C}}-\overset{\bar{}}{C}-COOC_2H_5+C_2H_5OH$$

$$RCH_2-\underset{\underset{R}{}}{\overset{\overset{O}{}}{C}}-\overset{\bar{}}{C}-COOC_2H_5+H^+ \longrightarrow RCH_2-\underset{\underset{R}{}}{\overset{\overset{O}{}}{C}}-\underset{}{\overset{\overset{H}{}}{C}}-COOC_2H_5$$

3. 主要影响因素

（1）分馏去醇　醇钠催化下的酯缩合是一系列的平衡过程。酯与醇钠形成碳负离子的反应是平衡的不利步骤,而最后形成 β-酮酸酯钠盐的反应恰是反应平衡有利的一步,使整个反应能顺利进行。为了提高可逆反应的收率,可采用蒸馏或分馏的方法,及时将生成的低沸点醇从反应体系中移走。

（2）催化剂　酯缩合反应所需的催化剂是强碱,强碱可增加酯的亲核活性。碱性越强,越有利于酯形成碳负离子,使平衡向生成物方向移动。常用的碱性催化剂的强弱顺序是三苯甲基钠＞氨基钠＞异丙醇钠＞乙醇钠＞甲醇钠。催化剂的选择和用量根据酯分子中的 α-氢的活性和数目而定。

（3）酯的结构　参加缩合反应的酯必须具有 α-活泼氢,当酯分子中含有两个或三个 α-活泼氢时,产物 β-酮酸酯的酸性比醇大得多,在足量醇钠等碱性催化剂的作用下,几乎全部转化成稳定的 β-酮酸酯钠盐,从而使可逆反应的平衡向生成物方向移动。此时,催化剂的用量是反应成功的关键,通常情况下,每生成 1mol 的 β-酮酸酯,需用 1mol 以上的醇钠催化。对于只含一个 α-氢的酯,因其缩合产物不能与醇钠等碱性催化剂成盐而不利于产物的生成。在这种情况下,必须使用比醇钠更强的碱（如氨基钠、氢化钠、三苯甲基钠等）,才有利于生成碳负离子,即使这样,反应的产率也不会很高。

（4）溶剂与其他　酯缩合反应在非质子溶剂中进行顺利,常用的溶剂有乙醚、四氢呋喃、乙二醇二甲醚、苯及其同系物、二甲基甲酰胺等。由于酯类物质多数为液态,反应物本身为兼作溶剂,就不必再加入溶剂。酯缩合反应需要在无水条件下完成,这是由于催化剂遇水分解,生成氢氧化钠,后者又称游离碱,游离碱能使酯类发生皂化副反应,从而影响缩合反应的正常进行。为此,常根据醇钠中游离碱的含量,加入与游离碱等摩尔的乙酸乙酯或草酸二乙酯消除游离碱后,再进行正常的酯缩合反应。

（二）异酯缩合

异酯缩合反应的机理和主要影响因素与同酯缩合类似。在参加反应的两种酯分子中如果都含有 α-氢,并且它们的活性差异较小,除发生异酯缩合外,也可以发生同酯缩合,结果得到四种不同的缩合产物,主要产物的收率较低,难以纯化,缺少实用价值；如果两种酯的 α-氢活性差异较大，再设法尽量减少同酯缩合的机会，可以得到某一主产物。生产上先将这两种不同的酯混合均匀，然后再将该混合物迅速投入碱性催化剂中，使之立即发生异酯缩合。

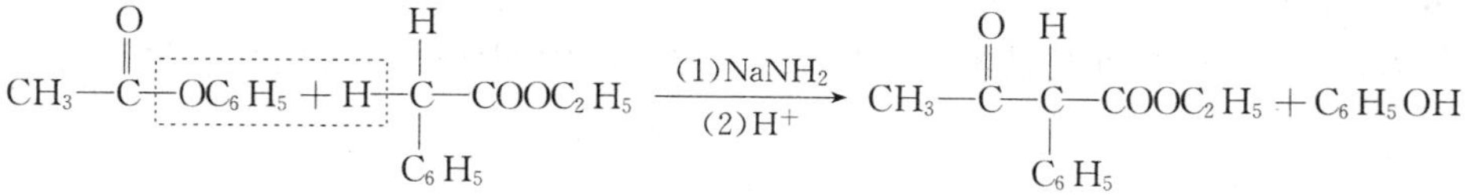

应用最多的异酯缩合是含 α-氢的酯与不含 α-氢的酯在碱性条件下的缩合，产物 β-酮酸酯的收率较高。常见的不含 α-氢的酯有甲酸乙酯、草酸二乙酯、碳酸二乙酯、芳香族羧酸酯等。

氟乙酸乙酯与甲酸乙酯在甲醇钠存在下缩合，生成的氟代丙烯酸乙酯的烯醇型钠盐，它是抗肿瘤药氟尿嘧啶中间体。

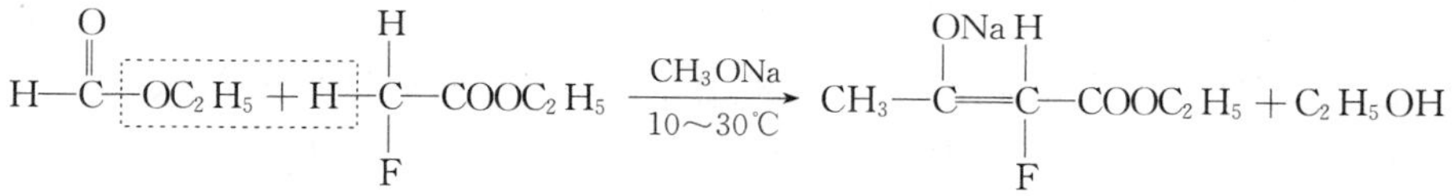

苯乙酸乙酯与草酸二乙酯在乙醇钠催化下缩合，生成物经加热脱羧后，可得苯基丙二酸二乙酯，它是催眠镇静药苯巴比妥的中间体。

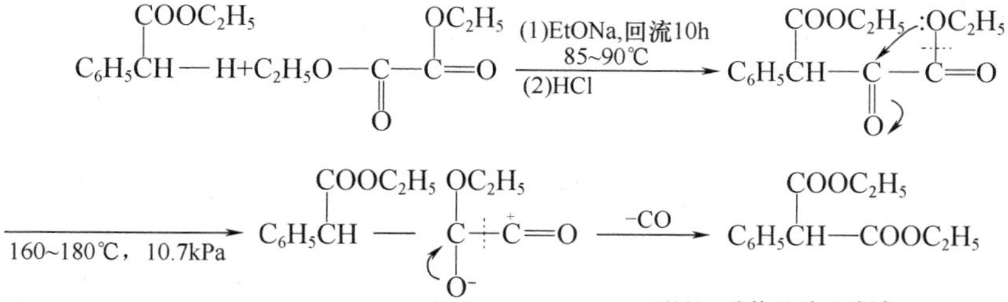

(98%，以苯乙酸乙酯计)

苯乙酸乙酯与碳酸二乙酯在氨基钠催化下可直接缩合，同样可得到苯基丙二酸二乙酯，步骤较短是其优点。但碳酸二乙酯制备时需用光气，毒性较大，操作麻烦，氨基钠的使用也不如乙醇钠方便。

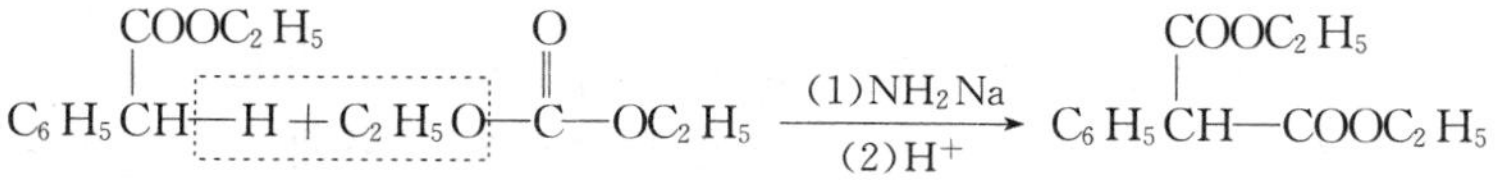

在上述反应条件下，含 α-活泼氢的酯也会发生同酯缩合副反应。若将含 α-活泼氢的酯滴加到碱与不含 α-活泼氢的酯混合物中，或采用碱与不含 α-活泼氢的酯交替加料方式，则可以降低该副反应的发生。

161

(三)分子内的酯缩合

同一分子中含有两个酯基时,在碱催化剂存在下分子内部会发生酯缩合,形成环状的 β-酮酸酯类缩合物的反应称为狄克曼反应。该反应主要用于合成五元、六元或七元的环状 β-酮酸酯类衍生物,后者还可再经水解及加热脱羧反应,生成相应的环酮。例如,镇痛药盐酸哌替啶、芬太尼等的中间体就是采用本法合成的。

$$CH_3-N \begin{array}{c} CH_2COOCH_3 \\ \\ CH_2COOCH_3 \end{array} \xrightarrow[\substack{(2)HCl,pH\ 4 \\ (3)NaOH,pH>10}]{(1)Na/二甲苯,回流3\sim4h} CH_3-N\bigcirc=O \quad (57\%)$$

$$C_6H_5CH_2CH_2-N \begin{array}{c} CH_2COOCH_3 \\ \\ CH_2COOCH_3 \end{array} \xrightarrow[\substack{(2)HCl,回流 \\ (3)NaOH,pH\ 12}]{(1)CH_3ONa/甲苯/苯} C_6H_5CH_2CH_2-N\bigcirc=O$$

二、酯-酮缩合

酯-酮缩合与酯-酯缩合类似,只是由于酮的 α-氢活性比酯的大,如丙酮的 pKa 为 20,乙酸乙酯的 pKa 为 24,这样在碱性条件下,酮比酯更容易脱除 α-氢,形成的碳负离子向酯羰基进行亲核加成,生成 β-二酮类化合物。反应的产物是合成维生素 B_6 的中间体。

$$CH_3OCH_2-\overset{\overset{\displaystyle O}{\|}}{C}-OCH_3 + CH_3-\overset{\overset{\displaystyle O}{\|}}{C}-CH_3 \xrightarrow[(2)H^+]{(1)NaOCH_3,60\sim65℃} CH_3OCH_2COCH_2COCH_3$$

$$\xrightarrow[NH_4OH,30\sim35℃]{CNCH_2COOC_2H_5} \text{(吡啶环结构)} \quad (60\%\sim62\%,以甲氧乙酸甲酯计)$$

同样,不含 α-氢的酯草酸二乙酯与丙酮在甲醇钠催化下缩合,其产物乙酰丙酮酸乙酯是抗菌增效剂甲氧苄啶的中间体。

$$\begin{array}{c} COOC_2H_5 \\ | \\ COOC_2H_5 \end{array} + CH_3-\overset{\overset{\displaystyle O}{\|}}{C}-CH_3 \xrightarrow[(2)H^+]{(1)NaOCH_3,60\sim65℃} \begin{array}{c} CO-CH_2-\overset{\overset{\displaystyle O}{\|}}{C}-CH_3 \\ | \\ COOC_2H_5 \end{array}$$

然而,酮的结构越复杂,反应活性往往越弱。当不对称酮的两个 α-碳上都有活泼氢时,取代基较少的 α-碳形成负离子,向酯羰基进行亲核加成,进而脱醇生成缩合产物。如丙酸甲酯与 2-丁酮的缩合,2-丁酮分子中的 3-位碳上的氢因甲基供电子作用和空间位阻的存在,反应活性大大降低,这时 1-位碳形成碳负离子向酯进攻,通过脱除甲醇而形成缩合产物。

$$CH_3CH_2\overset{\displaystyle O}{\overset{\|}{C}}-OCH_3 + CH_3-\overset{\displaystyle O}{\underset{1}{\overset{\|}{C}}}\underset{2}{-}CH_2\underset{3}{CH_3} \xrightarrow[(2)H^+]{(1)NaNH_2} CH_3CH_2COCH_2COCH_2CH_3 \quad (51\%)$$

若酮分子中仅一个 α-碳上有氢或酯不含 α-氢,所得产物都比较纯。如甲酸乙酯与甲基酮类化合物反应时,产物是抗菌药鱼腥草素钠的中间体。

$$H-\overset{\displaystyle O}{\overset{\|}{C}}-OC_2H_5 + CH_3CO(CH_2)_8CH_3 \xrightarrow[(2)H^+]{(1)Na} H-\overset{\displaystyle O}{\overset{\|}{C}}-CH_2CO(CH_2)_8CH_3$$

若在一个分子内同时存在酯基和酮基时,如果位置合适,也可以发生分子内的酯-酮缩合反应,生成 β-二环酮类化合物。

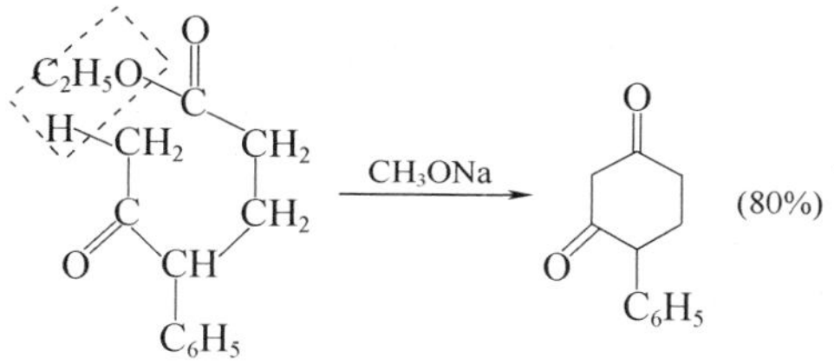

三、酯-腈缩合

在碱性条件下,腈形成碳负离子,向酯羰基进行亲核加成,初始加成物消除烷氧基,形成缩合产物。如抗疟药乙胺嘧啶中间体的合成。

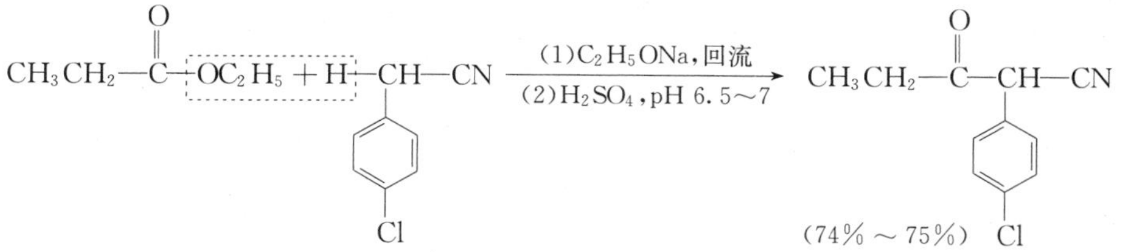

碳酸二乙酯与苯乙腈缩合,所得产物是合成苯巴比妥的中间体。

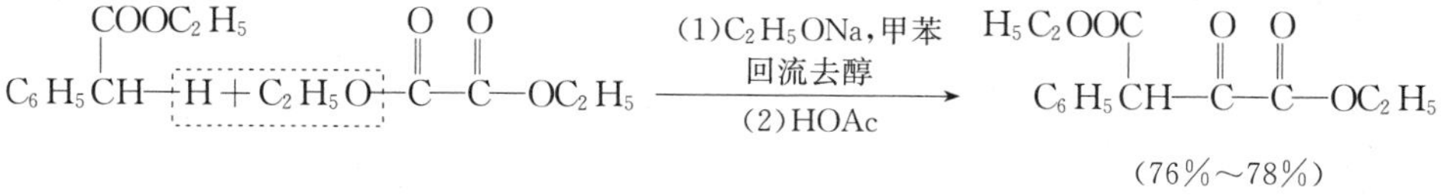

单元 5　成环缩合反应

一、环合反应的概述

成环缩合反应又称环合反应。凡两个以上的有机化合物分子之间相互反应,或单个分子内反应而形成环状结构化合物的反应均称为环合反应。环合反应是使链状化合物生成环状化合物的缩合反应,如巴比妥的合成。

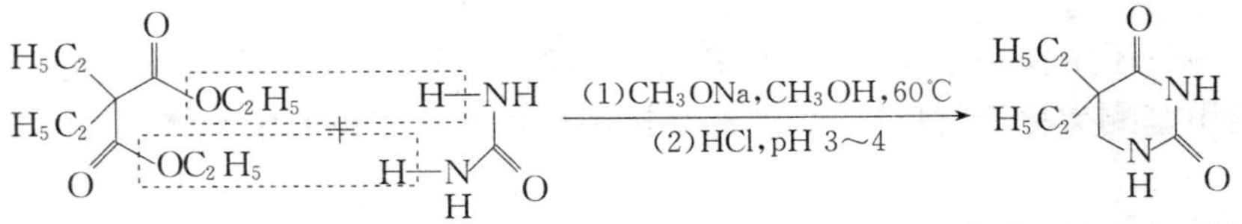

环合反应的本质是广义的缩合,而且是一种特殊类型的缩合,具有以下特点:

1. 产物

环合反应的产物多为五元或六元的芳杂环,这些环比较稳定,也容易形成。

2. 反应物

反应物分子多有两个活性点,可以发生两点式缩合而形成环状化合物,但绝大多数环合反应是先由两个反应物分子连接成链,再于适宜的位置闭合成环。如安乃近中间体的合成,先经脱水缩合成链状,再脱氨或脱醇闭合成环,对于脱水和脱氨的反应,在酸性介质中有利,而3-丁酮酰胺在酸性较强时又易水解,进而分解成丙酮,生产上控制 pH 2.5 较为有利。

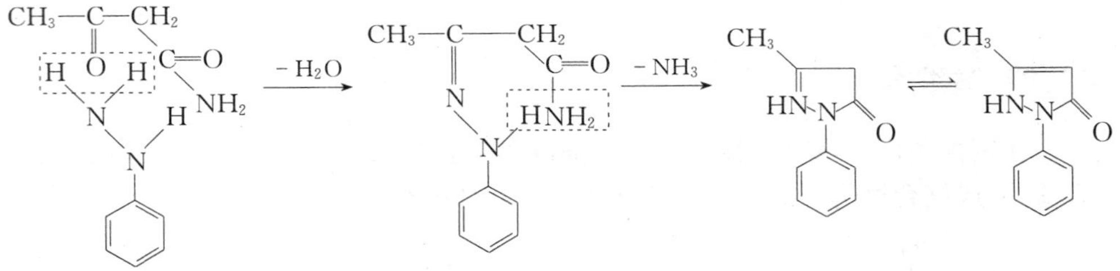

3. 缩合条件

与广义的缩合反应的条件类似,反应可以用酸或碱催化,酸可以增加反应物的亲电活性,碱催化可以增加反应的亲核活性。环合时往往脱除水、氨、醇、卤化氢等小分子。

4. 成键方式

环合反应的成键方式有三种,第一种是形成碳-碳键,第二种是形成碳-杂键,第三种是同时形成碳-碳键和碳-杂键。后两种应用较多。

二、环合反应的类型

环合反应有不同的类型。按参加环合反应的有机物分子数可分为单分子环合、双分子环合和多分子环合;按反应中脱去的小分子可分为脱水环合、脱醇环合、脱卤化氢环合和脱氨环合等。

三、环合反应的结构剖析与原料选择

在环状化合物的制备中,需要根据所制备目标分子的结构,采用与目标分子结构相近、来源方便、供应及时、价格低廉的化合物作为起始原料。每步反应的收率要尽可能高,同时还要考虑到原子利用率问题。取代基导入最好是在形成母体时同时带入,实在无法带入的要分析产物的结构特征,采用恰当的方法引入到母体上。当然,在形成母体时带入的多余基团还要设法除去,从而制得我们所需要的药物或其中间体。

四、吡唑衍生物的合成及应用

1. 吡唑烷酮的合成

保泰松和羟基保泰松分子含有 3,5 -吡唑烷二酮结构,其制备方法是采用丙二酸二乙酯的衍生物和肼的衍生物为原料,通过脱两分子的醇成环。如羟布宗中间体的合成。

O
H
C—C—C₄H₉ - n
H　C₂H₅O
C═O
C₆H₅O
N
H C₂H₅O
N
(1)C₂H₅ONa
(2)H⁺
C₆H₅O
O
H
C—C—C₄H₉ - n
N
C═O
N

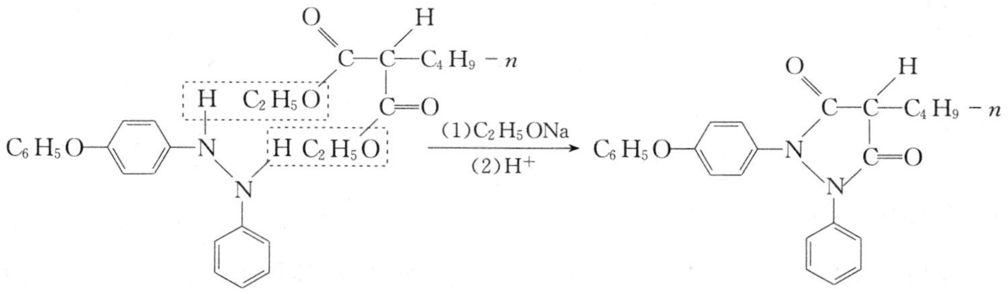

2. 吡啶衍生物的合成

(1)对称取代二氢吡啶类化合物的合成　通常采用汉栖(Hantzsch)吡啶合成法,所用原料为两分子的β-酮酸酯与一分子的醛和一分子的氨进行环合,如钙拮抗剂硝苯地平的合成。若想得到取代基对称的吡啶衍生物,经硝酸等氧化剂氧化即可。

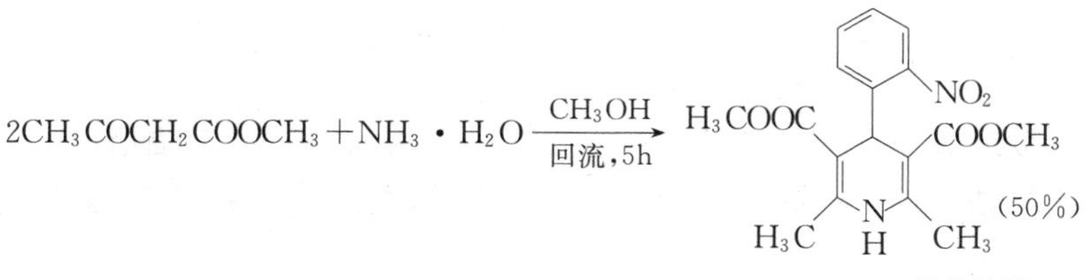

2CH₃COCH₂COOCH₃ + NH₃ · H₂O
CH₃OH
回流,5h
NO₂
H₃COOC
COOCH₃
N
H
H₃C
CH₃
(50%)
尼莫地平

(2)不对称取代二氢吡啶类的合成　在二氢吡啶类钙拮抗剂中,3,5 位上的两个酯基不对称时药理活性比对称者强,因此,许多地平类药物不对称结构较多。合成的通法是先分别制成β-二羰基化合物和β-烯氨基羰基化合物,然后,再通过两点式结合形成产物。如在脑血管扩张药尼莫地平的合成中,先将间硝基苯甲醛与乙酰乙酸异丙酯经克脑文革反应制成硝酯,再与氨酯在异丙醇钠催化下环合生成药物。

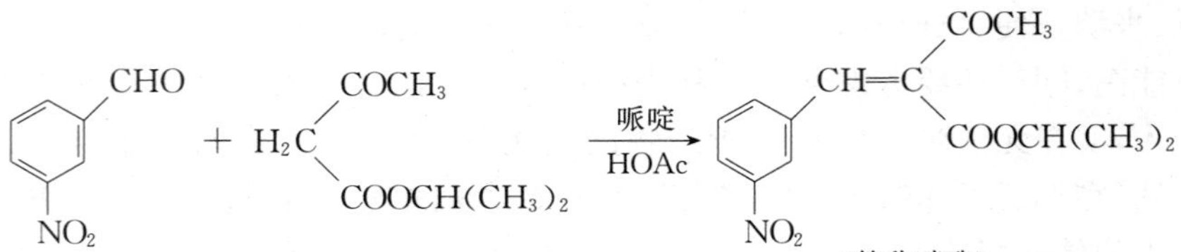

（简称硝酯）

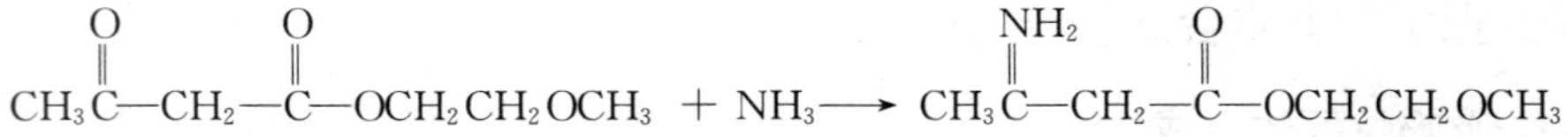

（简称氨酯）

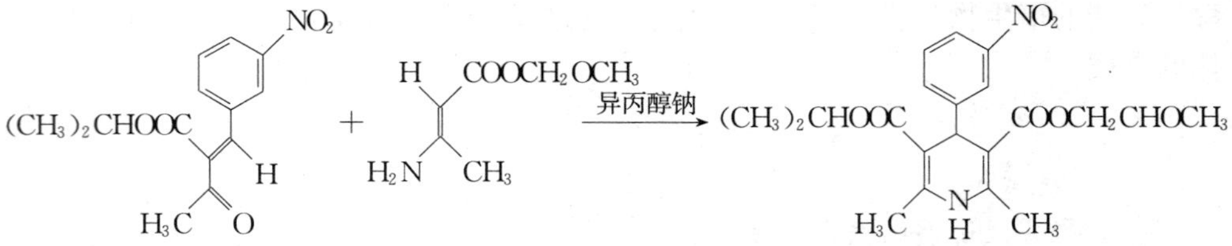

尼莫地平

五、嘧啶衍生物的合成及应用

嘧啶衍生物是生物体中很重要的一类化合物,把嘧啶作为潜在的药物研究得较多,许多合成药物结构中含有孤立的或稠合的嘧啶环。按下列剖析式可知,合成嘧啶的原料有两种。一种具有 N—C—N 基本给构;另一种原料具有 C—C—C 基本结构,且 1,3 位具有活性基团的物质,常称为 1,3 活泼反应剂。

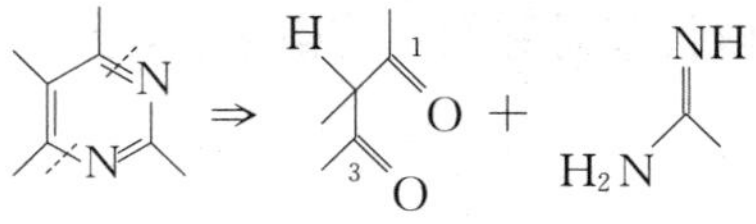

1,3 活泼反应剂有 1,3-二醛、β-二酮、β-醛酮、β-醛酯、β-酮酯、β-二酯、β-酮腈、β-酯酮腈和 β-二腈等,具有 N—C—N 基本给构的物质有尿素、硫脲、脒和胍。

抗甲状腺药甲硫氧嘧啶的合成就是由乙酰乙酸乙酯(以烯醇式)与硫脲通过脱水和脱醇缩合而成的。

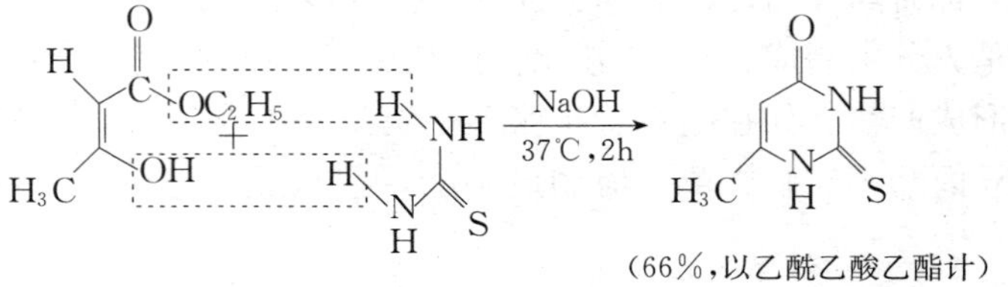

（66%,以乙酰乙酸乙酯计）

巴比妥及其类似物的合成。以 β-二酯和尿素为原料,在甲醇钠的催化下,脱去两分子的乙醇,制得催眠镇静药苯巴比妥钠盐,再经酸中和即得苯巴比妥。

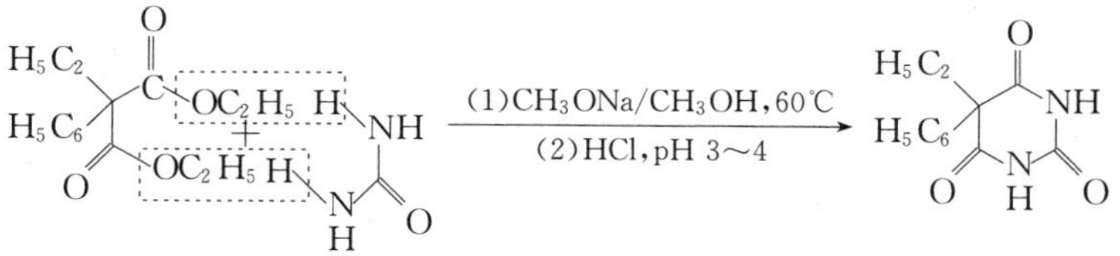

按照上述方法可制得 4,6-二羟基嘧啶衍生物。如将尿素换成硫脲可制得含硫的巴比妥类药物。如硫喷妥钠的合成。

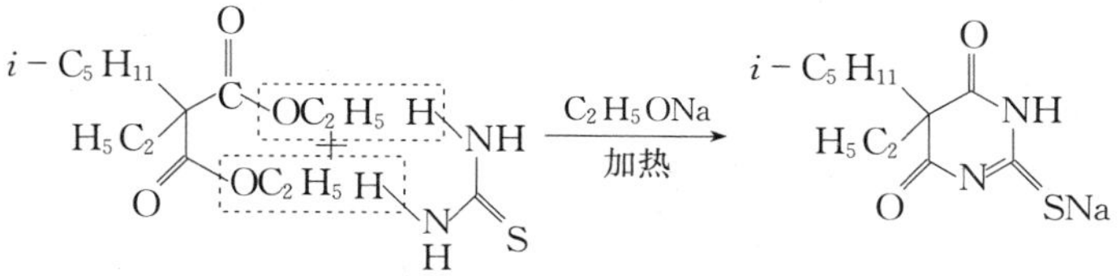

抗菌增效剂甲氧苄啶的合成。

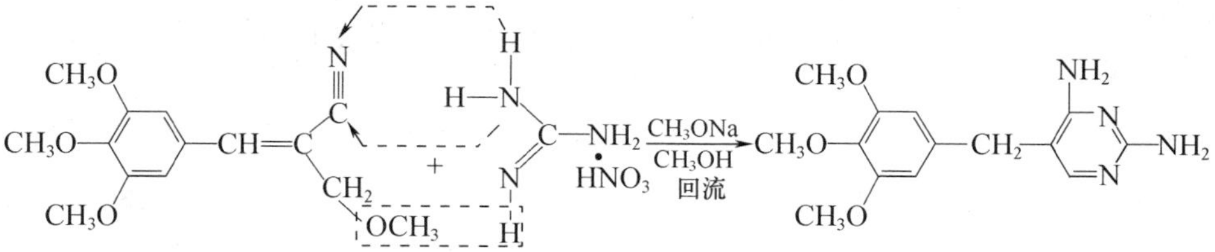

抗肿瘤药氨蝶呤中间体 2,4,6-三氨基嘧啶的合成,原料是丙二腈和硝酸胍。

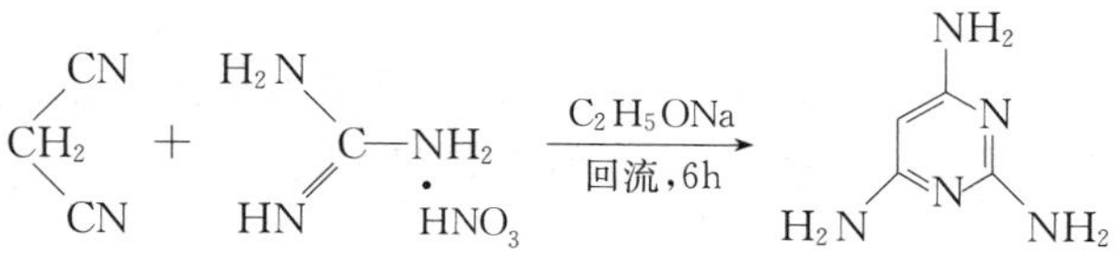

六、嘌呤衍生物的合成及应用

嘌呤有两种异构体,都是嘧啶并咪唑环基本结构。9H-嘌呤衍生物主要是抗肿瘤药,7H-嘌呤衍生物主要是中枢兴奋药、平喘药等。

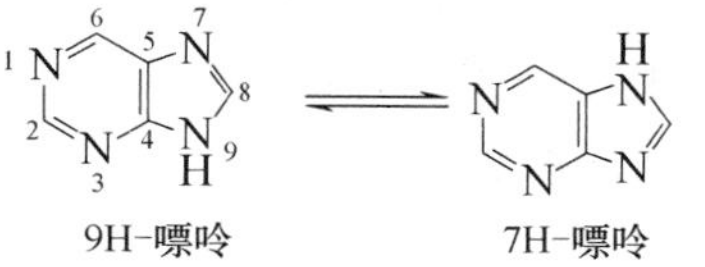

9H-嘌呤　　　　7H-嘌呤

167

9H-嘌呤类抗肿瘤药 6-巯基嘌呤的合成。按照如下方式剖析,母核合成应先合成嘧啶环,再合成咪唑环。以氰乙酸乙酯为起始原料,在乙醇钠的存在下与硫脲环合,生成 2-巯基-4-氨基-6-羟基嘧啶后,与亚硝酸钠及盐酸作用,生成亚硝基取代物。用连二亚硫酸钠后,于碱性条件下用活性镍脱硫,生成 4,5-二氨基-6-羟基嘧啶;再与甲酸回流,环合成 6-羟基嘌呤;在吡啶中与五硫化二磷(P₂S₅)加热反应,即得 6-巯基嘌呤。

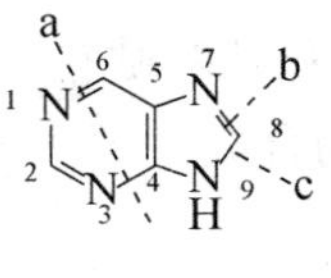

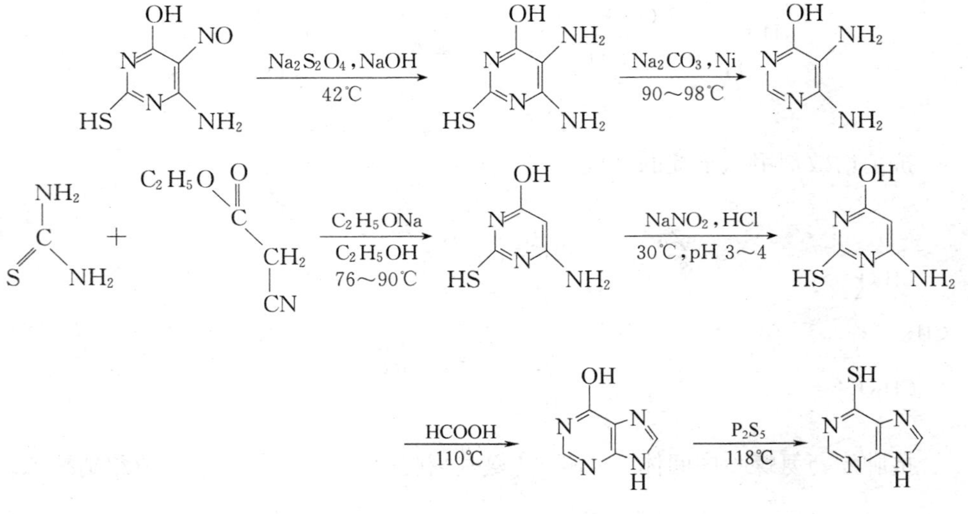

7H-嘌呤类化合物茶碱及咖啡因的合成。工业生产中茶碱和咖啡因往往采用联合生产方式,制成的茶碱经甲基化即可得到咖啡因。

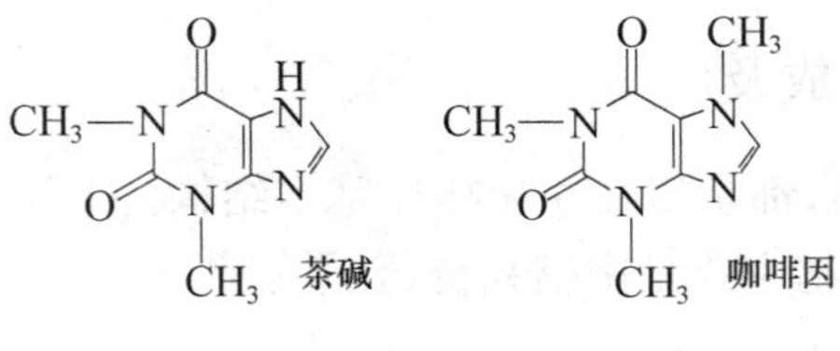

茶碱   咖啡因

7H-嘌呤类的结构剖析式与 9H-嘌呤类相相似,也是先合成嘧啶环,再合成咪唑环,只是 1,3 位的两个甲基是成环时带入的,7 位的甲基是成环后引入的。目前,国内最先进的二甲脲合成路线如下:

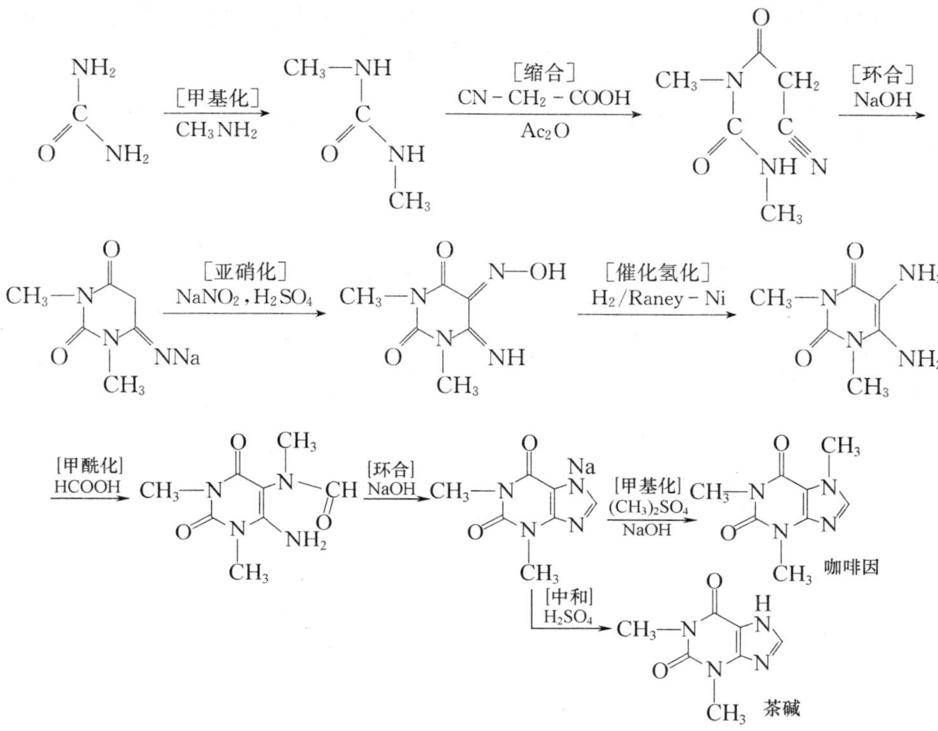

单元 6　其他缩合反应

一、迈克尔加成

（一）定义与通式

活泼亚甲基化合物与 α,β-不饱和化合物,在碱性催化剂存在下发生的加成反应称为迈克尔(Micheal)加成。反应通式如下。

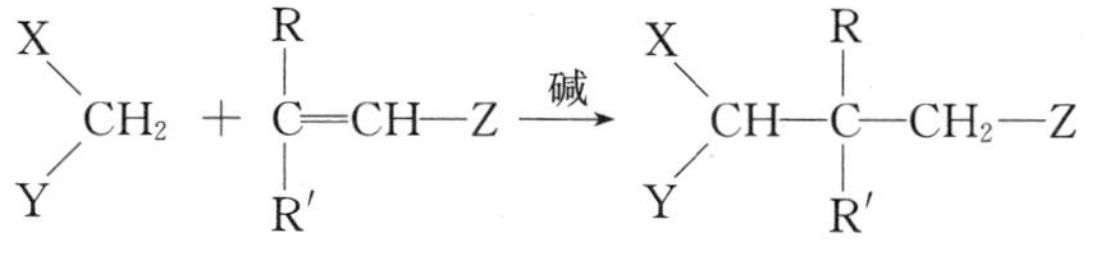

式中　X,Y,Z——吸电子基

R,R'——氢或烃基

（二）反应机理

以丙二酸二乙酯与丙烯腈的缩合反应为例说明该反应机制。

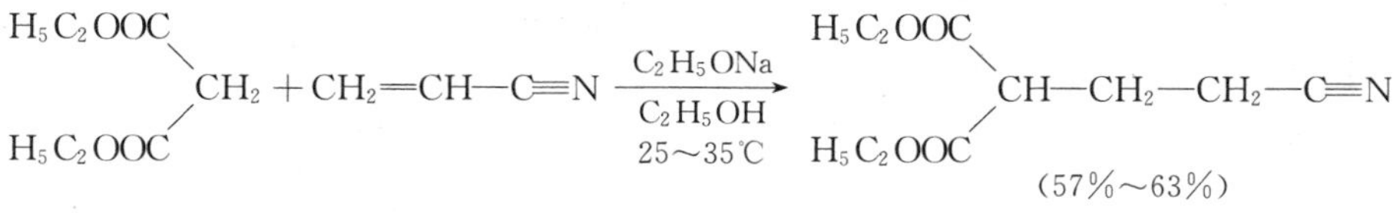

$(57\% \sim 63\%)$

该反应的机制类似于羟醛缩合,首先是活性亚甲基化合物在碱催化下,形成碳负离子;接着该碳负离子向 α,β-不饱和化合物中带部分正电荷的 β-碳原子进行亲核加成,完成反应。

$$C_2H_5ONa \longrightarrow C_2H_5O^- + Na^+$$

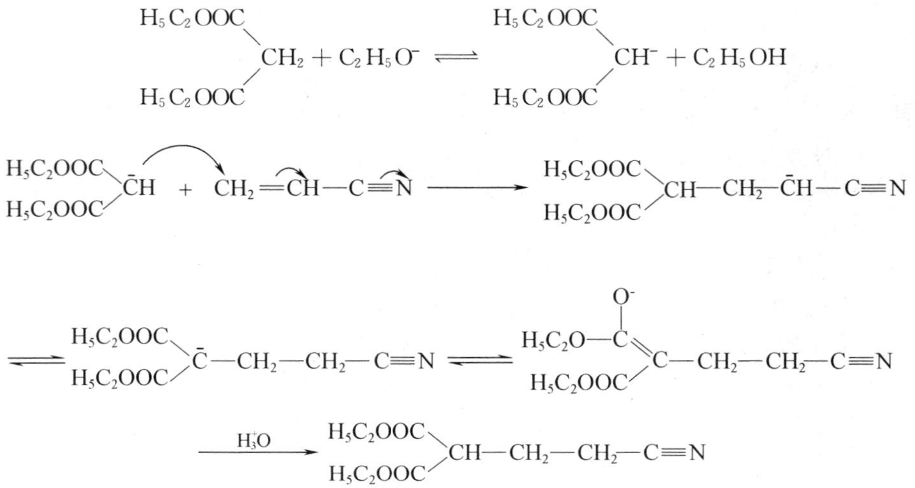

(三)影响因素

(1)反应物的结构　亚甲基化合物分子中,X、Y 多为吸电子基,其吸电子能力越强,活性越大。常用的化合物有丙二酸酯、氰乙酸酯、乙酰乙酸酯、乙酰丙酮和硝基烷类。参加反应的 α,β-不饱和化合物是一类亲电性的共轭体系。常见的有 α,β-烯醛类、α,β-烯酮类、α,β-烯酯类、α,β-烯腈类等。

(2)催化剂　本反应中所用的催化剂种类很多,如醇钠、醇钾、氢氧化钠、氢氧化钾、金属钠砂、氨基钠、氢化钠、哌啶、吡啶、三乙胺和季铵碱等。催化剂的选择与反应物的活性和反应条件有关,一般而言,反应物的反应活性较强,可用弱碱催化;反应物的活性较差,则需用强碱催化。当用强碱催化时,催化剂的用量一般仅为 $0.1\sim0.3mol$,过多反而会引起副反应。

(3)温度　反应是可逆反应且为放热反应,因此,反应一般在不太高的温度下进行。温度升高,收率反而下降。

(四)应用实例

(1)增长碳链　通过麦克尔加成可在活性亚甲基位引入至少含三个碳原子的侧链,如催眠药格鲁米特中间体的制备。

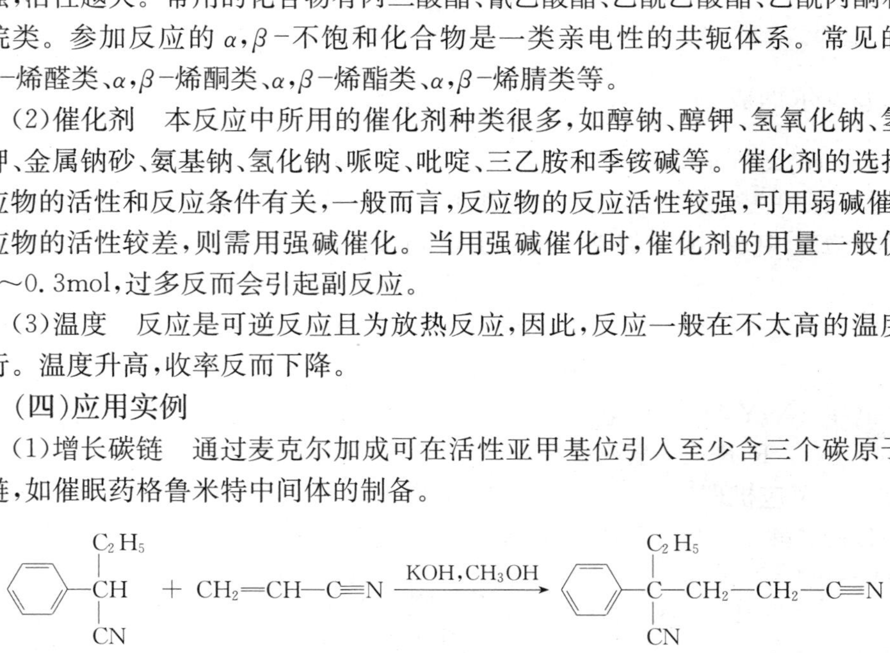

(约 100%)

其他类似的应用反应。

$$\begin{array}{c} H_5C_2 \\ \diagdown \\ CH_2 \\ \diagup \\ NC \end{array} + CH_2\!=\!CH\!-\!COOC_2H_5 \xrightarrow[C_2H_5OH]{C_2H_5ONa} \begin{array}{c} H_5C_2 \\ \diagdown \\ CH\!-\!CH_2\!-\!CH_2\!-\!COOC_2H_5 \\ \diagup \\ NC \end{array}$$

α,β-不饱和环酮也能发生反应。

$$\begin{array}{c} H_5C_2OOC \\ \diagdown \\ CH_2 \\ \diagup \\ H_5C_2OOC \end{array} + \text{(环己烯酮)} \xrightarrow[C_2H_5OH]{C_2H_5ONa} \begin{array}{c} H_5C_2OOC \\ \diagdown \\ CH \\ \diagup \\ H_5C_2OOC \end{array}\text{(环己酮)}$$

（2）鲁滨逊(Robinson)增环反应　环酮与 α,β-不饱和酮在碱催化下发生麦克尔加成,紧接着再发生分子内的羟醛缩合,闭环而产生一个新的六元环;然后再继续脱水,生成二环或多环不饱和酮,该反应称为鲁滨逊(Robinson)增环反应。广泛用于甾体和萜类化合物的合成。

$$\text{(甲基环己二酮)} + H_2C\!=\!CH\!-\!\underset{\underset{CH_3}{|}}{\overset{\overset{O}{\|}}{C}} \xrightarrow[CH_3OH,\text{加热}]{KOH(\text{催化量})} \text{(中间体)} \xrightarrow[(2)H^+]{(1)\text{吡咯,苯带水}} \text{(双环酮)}$$

（63%～65%）

（3）类似的迈克尔加成　在抗菌增效剂甲氧苄啶的合成中,用甲醇与丙烯腈在甲醇钠催化下缩合,反应类似于迈克尔加成,只是进攻的离子是甲氧负离子。

$$CH_3OH + CH_2\!=\!CH\!-\!C\!\equiv\!N \xrightarrow{CH_3ONa} CH_3O\!-\!CH_2\!-\!CH_2\!-\!C\!\equiv\!N$$

二、安息香缩合

芳醛虽然不含 α-活泼氢,但在含水乙醇中以氰化钠或氰化钾为催化剂,加热后可以发生自身缩合,生成 α-羟基酮,该反应又称为安息香缩合。通式如下:

$$Ar\!-\!\overset{\overset{O}{\|}}{C}\!-\!H \xrightarrow[pH\,7\sim8]{NaCN\ \text{或}\ KCN} Ar\!-\!\overset{\overset{O}{\|}}{C}\!-\!\underset{\underset{H}{|}}{\overset{\overset{OH}{|}}{C}}\!-\!Ar$$

（一）反应机制

首先是氰负离子对羰基进行亲核加成,使羰基发生极性转换,形成氰醇负离子。由于氰基不仅是良好的亲核试剂和易于离去的基团,而且具有很强的吸电子能力,所以连有氰基的碳原子上氢酸性很强,在碱性介质中立即形成氰醇碳负离子,被氰基和芳基组成的共轭体系所稳定。其次是氰醇碳负离子向另一分子的芳醛进行亲核加成,初始加成物经质子迁移后再脱去氰基,生成 α-羟基酮。该反应的限速步骤是氰醇碳负离子向另一分子芳醛进行的亲核加成反应。

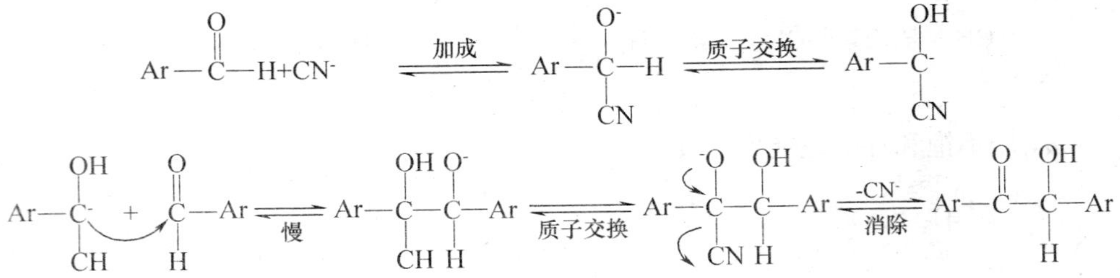

(二)主要影响因素

(1)催化剂　反应所用的催化剂是氰负离子,它在反应中起三种作用。①亲核加成:由于氰基带负电荷,可作为亲核试剂向芳醛羰基碳进行亲电加成。②极性转换作用:醛基上引入氰基后,醛基上的氢变得活泼,从而能发生质子交换,生成亲核性的碳负离子,就这样,醛基由亲电性基团转变成亲核性基团。③离去作用:氰基是较好的离去基团,在反应最后离去,即得到产物 α-羟基酮。除碱金属氰化物以外,镁、汞、钡的氰化物也可以使用。还可以用维生素 B_1 作催化剂代替氰化物进行反应,维生素 B_1 分子中含有一个噻唑环与嘧啶环,碱夺去噻唑环上的氢原子而生成碳负离子,该碳负离子的作用如同氰负离子(CN^-),从而发生安息香缩合。用这种催化剂进行的反应具有操作简单,节省原料,耗时短,污染轻等特点。此外,用相转移催化进行安息香缩合,反应时间短,收率高。近年来,化学家在维生素 B_1 催化安息香缩合时噻唑环形成碳负离子的启发下,发现了直接采用噻唑啉离子可以作为有效的催化剂。

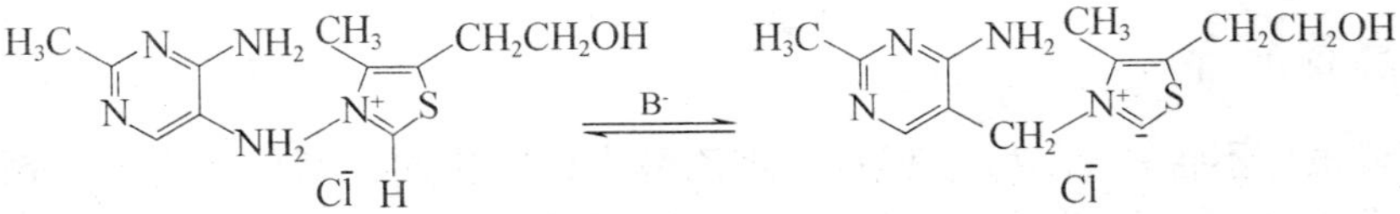

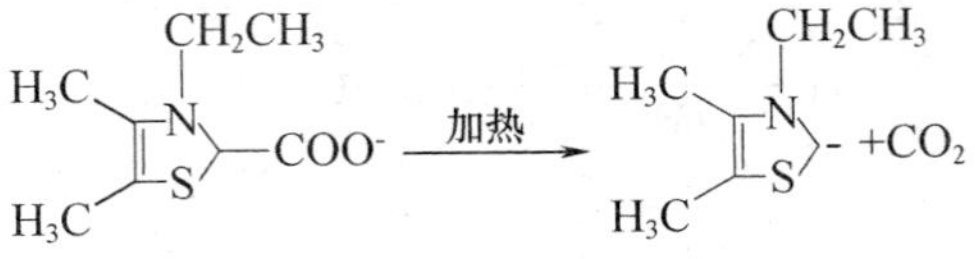

(2)反应物芳醛的结构　当芳环上连有强供电子基时会降低羰基的活性,使安息香缩合难以进行;当芳环上连有强吸电子硝基时,虽然能增加羰基的活性,有利于氰负离子的加成,但加成后生成的碳负离子因硝基的吸电子作用而比较稳定,不易与另一分子芳醛再加成。因此,对二甲氨基苯甲醛和对硝基苯甲醛都不易发生

安息香缩合。当苯甲醛发生安息香缩合时,其产物可作为合成抗癫痫药苯妥英的中间体,也是抗胆碱药贝那替嗪的中间体。其他不含 α -氢的醛如糠醛、α -羰基丙醛等也可以发生类似的缩合反应。

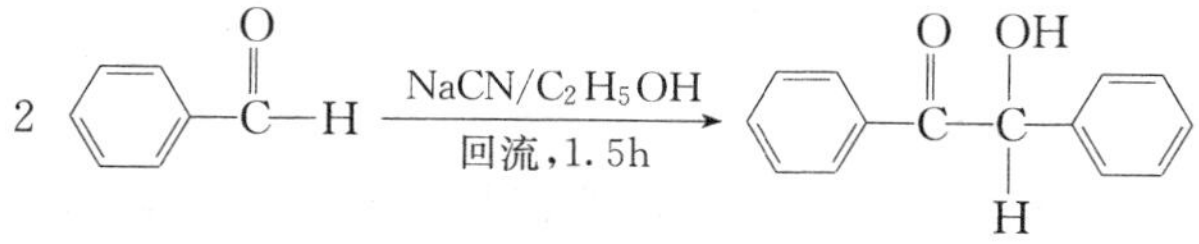

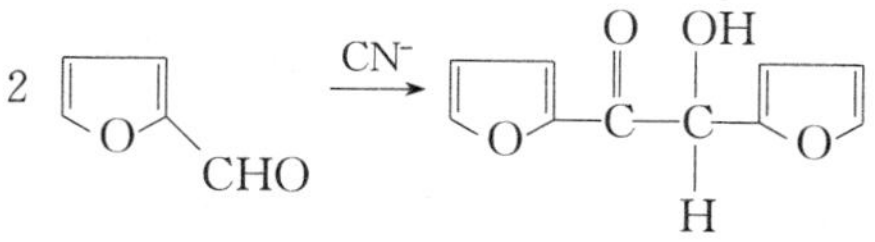

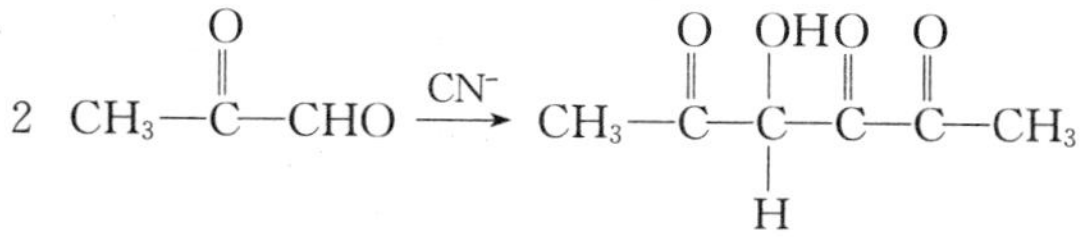

三、非醛酮类化合物与酮的加成缩合

非醛酮类化合物如氯仿等,在碱性介质中可解离成具有亲核活性的碳负离子(Cl_3C^-),从而可向酮羰基的碳原子进行亲核加成,生成三氯叔丁醇,这是兼有局部麻醉及止痛作用的药物。三氯叔丁醇的制备方法是将丙酮与氯仿混合均匀,搅拌降温到 8℃ 左右,缓缓加入碾碎的氢氧化钠或氢氧化钾固体,在 15℃ 以下进行反应;反应完毕,过滤,滤液蒸馏回收未反应的丙酮(过量并兼作溶剂)和氯仿,倒入冰水中即析出结晶。

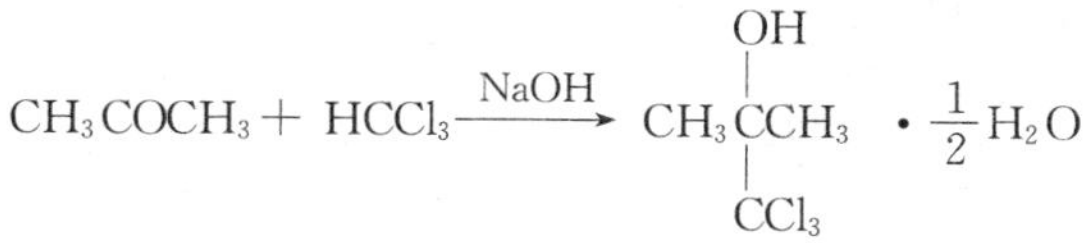

在药物合成中有时常将下列三个反应在一个反应器内相继完成:①丙酮与氯仿缩合成三氯叔丁醇;②三氯叔丁醇立即与酚类物质脱水缩合成醚;③缩合物在碱性介质中水解成羧酸钠盐。这样可简化操作步骤,提高收率。如调血脂药氯贝丁酯的合成。

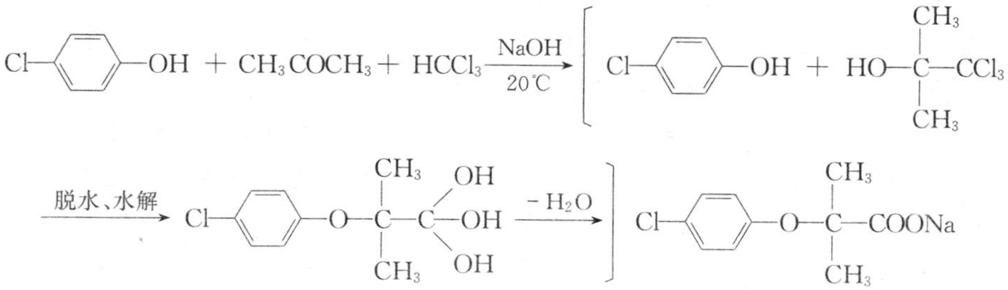

$$\xrightarrow{\text{HCl}} \text{Cl}-\text{C}_6\text{H}_4-\text{O}-\underset{\underset{\text{CH}_3}{|}}{\overset{\overset{\text{CH}_3}{|}}{\text{C}}}-\text{COONa} \xrightarrow{\text{C}_2\text{H}_5\text{OH}/\text{H}_2\text{SO}_4} \text{Cl}-\text{C}_6\text{H}_4-\text{O}-\underset{\underset{\text{CH}_3}{|}}{\overset{\overset{\text{CH}_3}{|}}{\text{C}}}-\text{COOCH}_2\text{CH}_3$$

需要说明的是,用本法制得氯贝丁酯时,因缩合反应不完全,可能会有少量的杂质对氯苯酚,故在质量检查时需要对其进行限量检查。在一种改良的合成方法中就没有对氯苯酚副产物,它是以苯酚作为起始原料,与丙酮、氯仿缩合后,再进行氯化反应和酯化反应。由于异丁酸氧基的空间位阻大,主要得到对位取代的氯贝丁酯。

$$\text{C}_6\text{H}_5-\text{OH} + \text{CH}_3\text{COCH}_3 + \text{HCCl}_3 \xrightarrow[\underset{20\text{℃}}{\text{NaOH}}]{[\text{缩合}]} \text{C}_6\text{H}_5-\text{O}-\underset{\underset{\text{CH}_3}{|}}{\overset{\overset{\text{CH}_3}{|}}{\text{C}}}-\text{COONa}$$

$$\xrightarrow[\text{[氯化、酯化]}]{\text{Cl}_2/\text{C}_2\text{H}_5\text{OH}} \text{Cl}-\text{C}_6\text{H}_4-\text{O}-\underset{\underset{\text{CH}_3}{|}}{\overset{\overset{\text{CH}_3}{|}}{\text{C}}}-\text{COOCH}_2\text{CH}_3$$

【习题】

一、单项选择题

1. 羟醛缩合反应中催化剂 NaOH 的浓度一般为(　　)。
A. 小于 10% 　　　B. 20% 　　　C. 30% 　　　D. 40%

2. 丁醛在碱性介质中加热自身缩合的产物是(　　)。

A. $\text{CH}_3\text{CH}_2\text{CH}_2\text{CH}=\underset{\underset{\text{CH}_2\text{CH}_3}{|}}{\text{C}}-\text{CHO}$ 　　B. $\text{CH}_3\text{CH}_2\text{CH}_2\text{CH}=\underset{\underset{\text{CH}_3}{|}}{\text{C}}-\text{CH}_2\text{CHO}$

C. $\text{CH}_3\text{CH}_2\text{CH}_2\text{CH}=\underset{\underset{\text{H}}{|}}{\text{C}}\text{CH}_2\text{CH}_2\text{CHO}$ 　D. $\text{CH}_3\text{CH}_2\underset{\underset{\text{CHO}}{|}}{\text{C}}=\underset{\underset{\text{CH}_2\text{CH}_3}{|}}{\text{C}}-\text{CHO}$

3. 关于酯缩合叙述不正确的是(　　)。
A. 酯缩合反应可用醇钠催化 　　B. 酯酮缩合中酮形成碳负离子
C. 反应中必须除去游离碱 　　D. 酯腈缩合中酯形成碳负离子

4. 达参反应中最常采用的 α-卤代酸酯是(　　)。
A. α-氟代酸酯 　B. α-氯代酸酯 　C. α-溴代酸酯 　D. α-碘代酸酯

5. 关于柏琴反应不正确的叙述是(　　)。
A. 有供电子基芳醛活性强 　　B. 与酸酐相应的羧酸钾盐效果好
C. 反应温度越高对反应越有利 　　D. 反应需在无水条件下进行

6. 下列反应中不需要无水操作的是(　　)。
A. 克莱森缩合 　　B. 达参反应 　　C. 多伦斯缩合 　　D. 柏琴反应

7. 关于环合反应下列说法不正确的是（　　）。

A. 环合是特殊的缩合

B. 产物是环状化合物

C. 往往脱除小分子

D. 反应中主要形成碳－碳键

8. 由乙酰乙酸乙酯与硫脲环合而成的化合物是（　　）。

A.

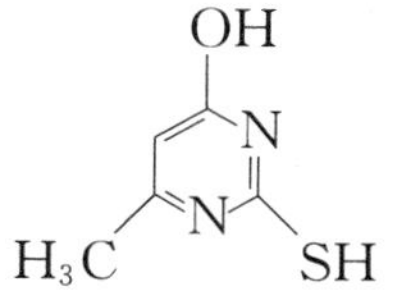

B.

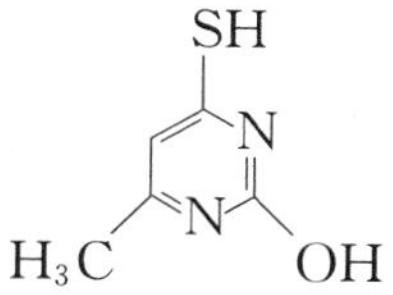

C.

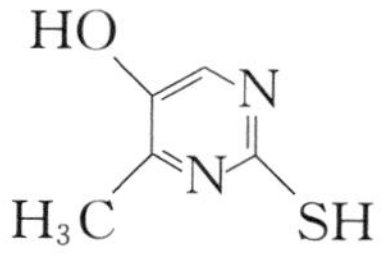

D.

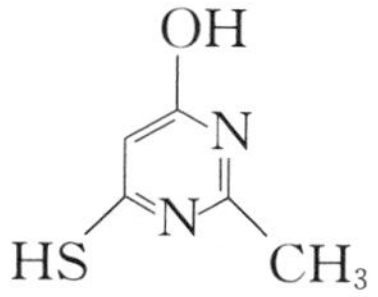

9. 下列反应需要无水操作的是（　　）。

A. 羟醛缩合　　　　B. 克莱森缩合　　C. 克脑文革反应　　D. 曼尼希反应

10. 下列是酯缩合反应中的催化剂，活性最强的是（　　）。

A. 甲醇钠　　　　　B. 乙醇钠　　　　　C. 异丙醇钠　　　　D. 氨基钠

二、简答题

1. 写出在氢氧化钠催化下丁醛自身缩合的反应机制，并指出哪一步是限速步骤。

2. 酯缩合反应为什么要用醇钠等强碱而不用氢氧化钠？碱性强弱对反应有什么影响？

3. 什么是曼尼希反应？曼尼希反应中加入的酸有什么作用？

4. 什么是克脑文革缩合？反应中的活性亚甲基化合物在结构上有什么特点？

5. 什么是环合反应？环合反应具有哪些特点？

三、写出下列反应的主要产物

1.

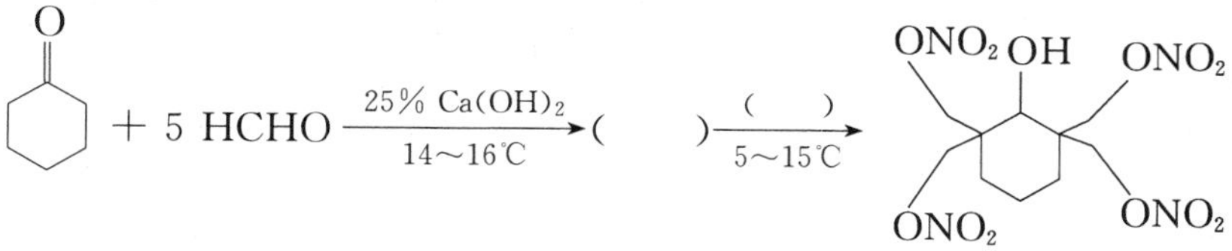

2. 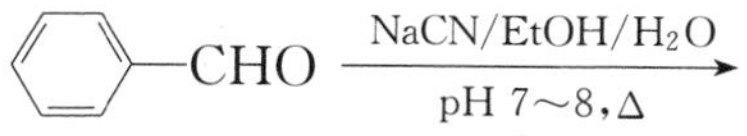 2 —CHO $\xrightarrow[\text{pH }7\sim8,\Delta]{\text{NaCN/EtOH/H}_2\text{O}}$

3. $2\ CH_3COOC_2H_5 \xrightarrow[(2)33\%\ HOAc\ \text{水溶液}]{(1)C_2H_5ONa,78℃,8h}$

4. 反应产物是营养药乳清酸的中间体

$$CH_3COOC_2H_5 + \begin{array}{c} COOC_2H_5 \\ | \\ COOC_2H_5 \end{array} \xrightarrow[(2)H_2SO_4]{(1)CH_3ONa,100℃,1h}$$

5. 最终产物是抗肿瘤药利血生的中间体

$$C_6H_5CH_2COOC_2H_5 + HCOOC_2H_5 \xrightarrow[20\sim30℃,12h]{C_2H_5OH,Na} (\qquad) \xrightarrow{HCl,pH\,1}$$

6. 产物是非甾类抗炎药萘普生的中间体

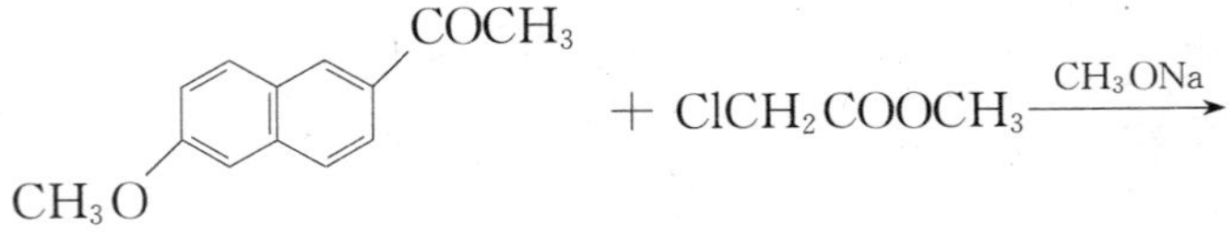

$$+\ ClCH_2COOCH_3 \xrightarrow{CH_3ONa}$$

7.

$$CH_2 + CH_2{=}CH{-}C{\equiv}N \xrightarrow[C_2H_5OH]{C_2H_5ONa} (\qquad) \xrightarrow{H^+}$$

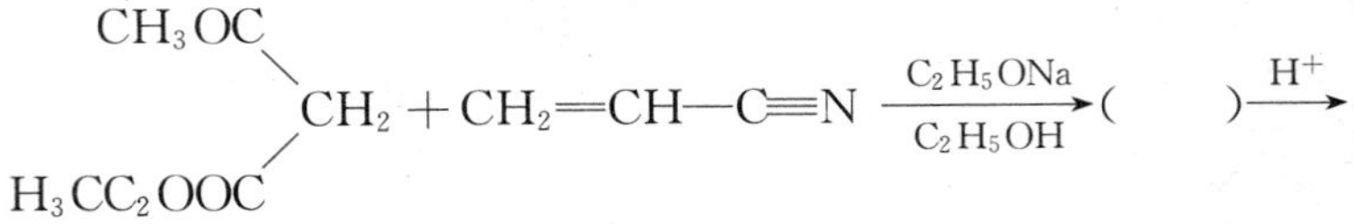

8. 产物是抗甲状腺药丙基硫氧嘧啶的中间体

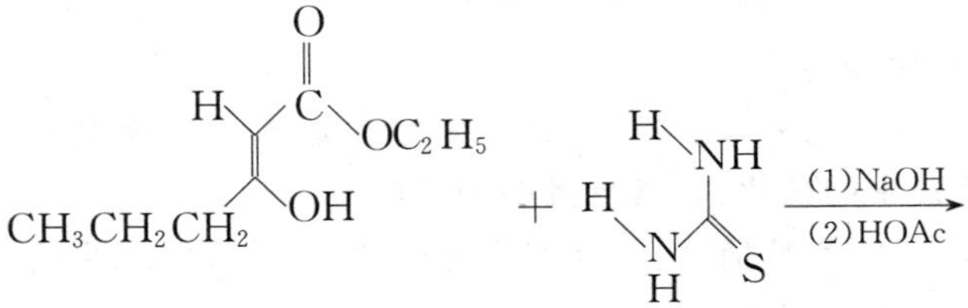

$$\xrightarrow[(2)HOAc]{(1)NaOH}$$

9. 缩合同时脱羧,产物是止血药咖啡酸中间体

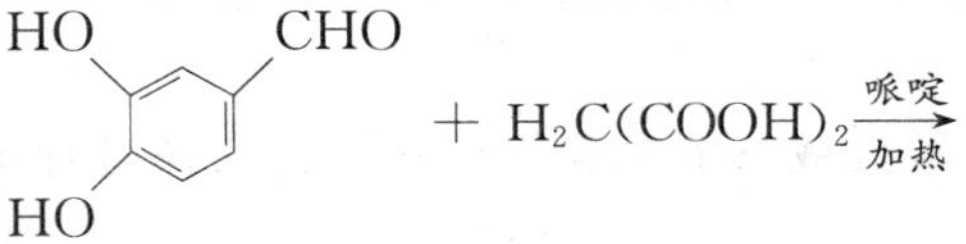

$$+\ H_2C(COOH)_2 \xrightarrow[加热]{吡啶}$$

10. 产物是抗癫痫药扑米酮

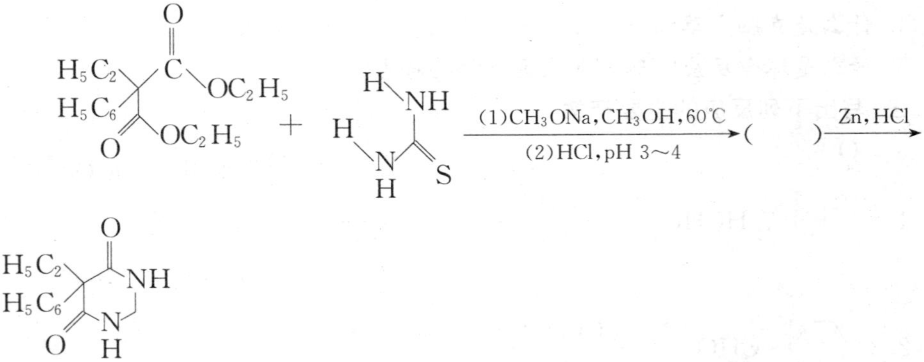

$$\xrightarrow[(2)HCl,pH\,3\sim4]{(1)CH_3ONa,CH_3OH,60℃} (\qquad) \xrightarrow{Zn,HCl}$$

四、药物合成制备,用给定的物质为主要原料,以化学方程式表示制备过程,并同时注明反应条件及所加试剂。

1. 以丙醛为基本原料制备催眠药甲丙氨酯。

提示:

$$CH_3CH_2CH=C-CHO \xrightarrow[\text{1.0MPa,100℃,12h}]{\text{活性镍}} CH_3CH_2CH-\overset{H}{\underset{CH_3}{C}}-CHO$$
$$\underset{CH_3}{|}$$

$$CH_3CH_2CH_2-\overset{CH_2OH}{\underset{CH_3}{\overset{|}{C}}}-CH_2OH \xrightarrow[\text{HCl}]{\text{NaNCO(异氰酸钠)}} CH_3CH_2CH_2-\overset{CH_2OCONH_2}{\underset{CH_3（甲丙氨酯）}{\overset{|}{C}}}-CH_2OCONH_2$$

2. 以苯酚和对氯苯甲酰氯为主要原料,合成降血脂药非诺贝特。

3. 以苯乙酸乙酯为起始原料,合成苯巴比妥。

4. 以乙酸乙酯为起始原料,合成抗甲状腺素药甲基硫氧嘧啶。

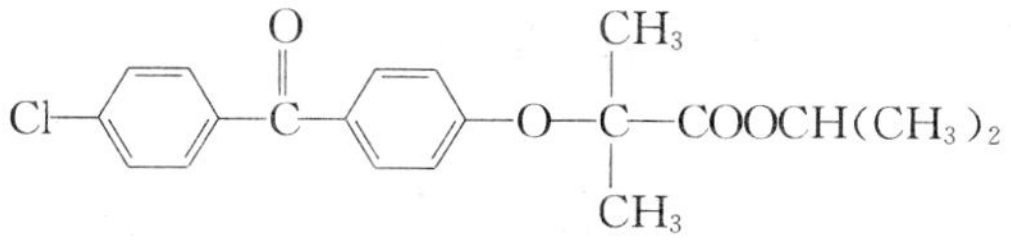

非诺贝特 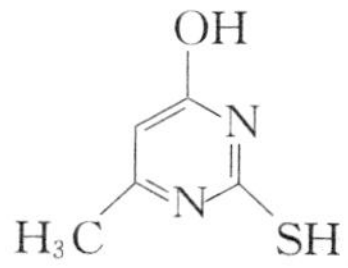　　　　　　　　　　甲基硫氧嘧啶

5. 以下列原料为主合成尼群地平。

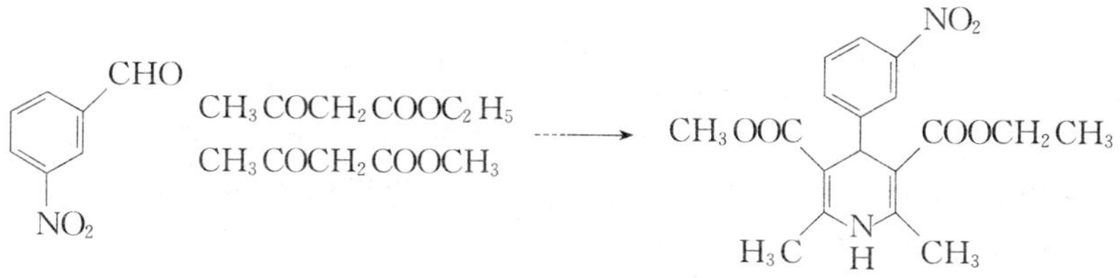

尼群地平

学习情境八 氧 化

【学习目标】

1. 掌握氧化反应的概念和类型。

2. 熟悉常用氧化试剂的种类、特性及应用。

3. 了解各类氧化反应的条件、主要影响因素及在药物和中间体合成中的应用。

单元 1 氧化应用的实例分析

实例分析 1:抗生素类增效剂舒巴坦中间体 6-氨基-1,1-二氧青霉烷酸的合成。

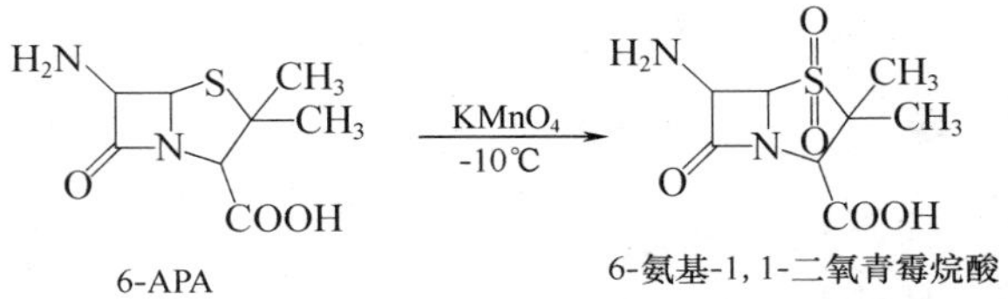

6-APA

6-氨基-1,1-二氧青霉烷酸

实例分析 2:由动物胆汁中提取的胆酸经去氢化反应制备去氢胆酸,可用于治疗胆囊炎等疾病。

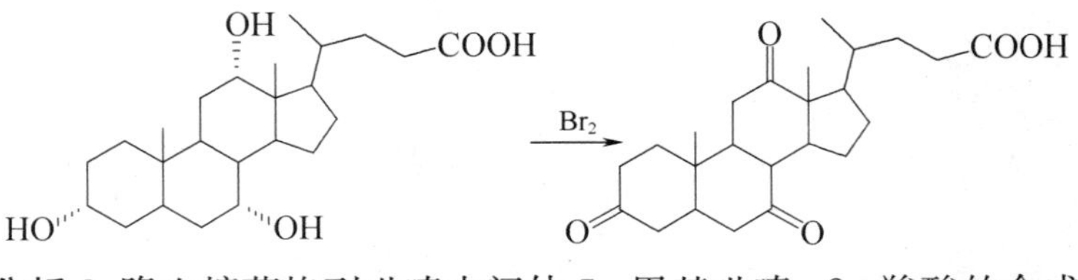

实例分析 3:降血糖药格列吡嗪中间体 5-甲基吡嗪-2-羧酸的合成。

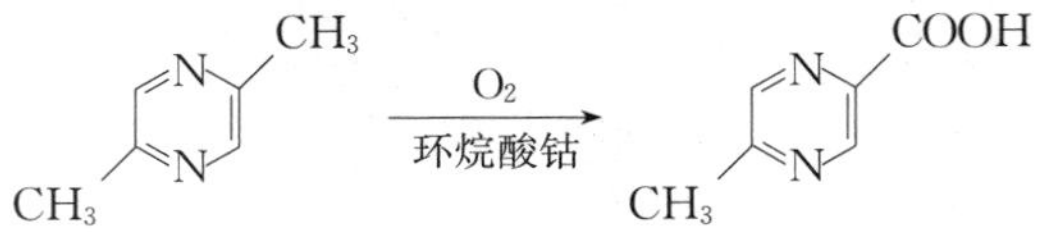

单元 2 氧 化 反 应

一、氧化反应的概述

从广义上讲,凡是有机物分子中碳原子失去电子,碳原子总的氧化态增高的反应称为氧化反应。从狭义上讲,氧化反应是反应物分子中的氧原子数增加,氢原子数减少的反应。药物合成反应中提到的氧化反应是狭义概念的氧化,即有机物分子中加入氧原子(实例分析1)或脱去氢原子(实例分析2)或两者同时发生的反应(实例分析3)。通过氧化或脱氢,可以合成诸如醇、醛、酮、醌、羧酸、酚、环氧化物等含氧化合物以及不饱和结构物质(如芳烃),是实现官能团转化的重要方法,在药物合成反应中占有极其重要的地位。其反应对象涵盖了从烷烃、烯烃到醇、醛等多种化合物。

二、氧化反应的类型

氧化反应在药物合成中属于基团的转变反应,通常按照操作方式分为用化学试剂的化学氧化、用电解方法的电解氧化、用催化剂的催化氧化和用微生物的生物氧化等。习惯上把空气和氧以外的其他氧化剂统称为化学氧化剂,使用化学氧化剂所进行的氧化反应就称为化学氧化。其中,化学氧化是药物合成中最主要的氧化方法。

三、常用氧化剂及特点

氧化反应通常是在氧化剂或氧化催化剂的存在下实现的。简单地说,氧化剂是能使反应对象发生氧化反应的物质,属于亲电试剂。因此,有机分子中电子云密度较大的部位容易受到进攻而发生氧化反应。氧化剂的种类很多,特点各异。往往一种氧化剂可以与多种不同的基团发生反应,而同一种基团也可以被多种氧化剂氧化,同时还伴随很多副反应。因此,在有机合成中选择合适的氧化剂是非常重要的。

根据氧化反应类型的不同,氧化剂分为化学氧化剂、生物氧化剂等多种类型。其中化学氧化剂是药物合成中最常用的氧化剂,根据氧化能力和选择性不同分为通用型氧化剂和专用型氧化剂。常用的高锰酸钾、重铬酸钾、硝酸和次氯酸钠等都属于通用型的,可以氧化多种基团,它们的氧化能力强,但选择性差。活性二氧化锰、Jones试剂(CrO_3/H_2SO_4)、三氧化铬吡啶络合物、二氧化硒等都属于专用型的,只能有选择地氧化某些基团,对于其他可氧化基团不进行反应或进行得很慢。

(一)锰化合物

常用的锰化合物氧化剂为高锰酸钾和二氧化锰。它们的氧化能力不同,应用范围也不尽相同。

1. 高锰酸钾

高锰酸钾为红紫色斜方晶系,粒状或针状结晶,溶于水成深紫红色溶液,微溶于甲醇、丙酮和硫酸,遇乙醇、过氧化氢则分解,加热至240℃以上放出氧气。高锰酸钾是常用的强氧化剂,反应介质pH不同氧化能力也不同,在不同的介质中会出现不同的产物,在酸性介质中还原产物为 Mn^{2+},呈淡粉色;在中性介质中还原产物为 MnO_2,为棕黑色沉淀;在碱性介质中还原产物为 MnO_4^{2-},呈绿色。这是由于在不同介质中,MnO_4^{2-} 都具有一定氧化性,可与不同的还原剂作用。

高锰酸钾氧化性较强,通常在水中进行,若被氧化的有机物难溶于水,可用丙酮、吡啶、冰醋酸等有机溶剂。在碱性或加热的情况下可将伯醇直接氧化成酸,将仲醇氧化成酮。当所生成酮的羰基 α-碳原子上有氢时,可被烯醇化,进而被氧化断裂,使酮的收率降低。只有当氧化所生成酮的羰基 α-碳原子上没有氢的时候,用高锰酸钾氧化才可得到较高收率的酮。

在中性介质中,高锰酸钾可将芳环上的乙基氧化成乙酰基,可用于苯乙酮衍生物的制备。

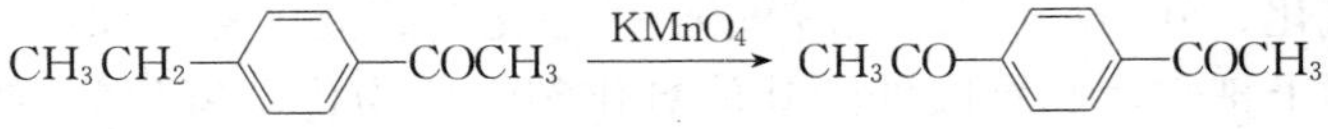

在碱性条件下,高锰酸钾可将伯醇或醛氧化成相应的羧酸,芳环上的脂肪族侧链氧化成羧基,芳基甲基酮的甲基也可氧化成羧基,生成 α-酮酸。四氢萘在碱性条件下可被氧化成为邻羧基苯乙酮酸。

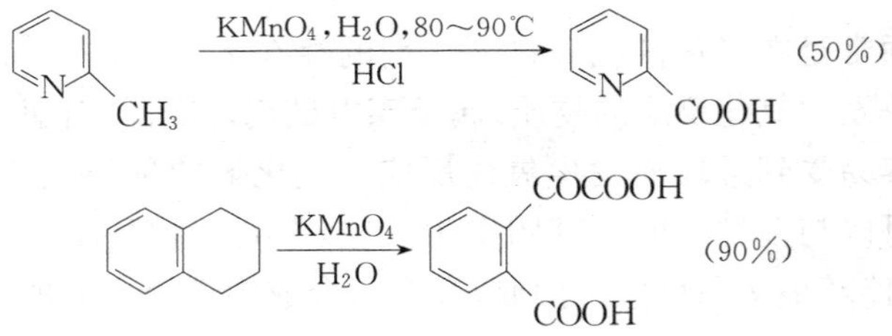

在温和的条件下,烯键可发生顺-邻二羟基化或羰基化。

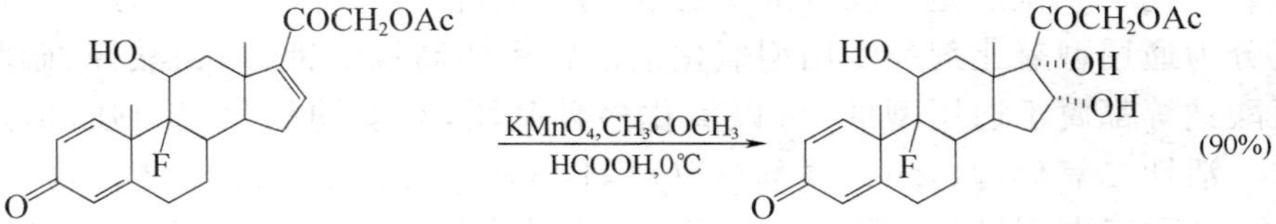

反应在 pH 大于 12 的条件下,使用计算量的低浓度高锰酸钾,首先生成环状锰酸酯,再经水解生成顺式 1,2-二醇。如果 pH 小于 12,则有利于进一步氧化,生成 α-羟基酮或双键断裂产物。

在酸性条件下,氧化芳香族及杂环化合物的侧链,可伴有脱羧反应,芳环有时也被氧化,适用于产物比较稳定的化合物的合成。稠环化合物经高锰酸钾氧化,部分芳环被破坏。例如,α-硝基萘氧化为硝基邻苯二甲酸,其中与硝基相连的苯环电子云密度低,环较稳定,不容易被氧化。

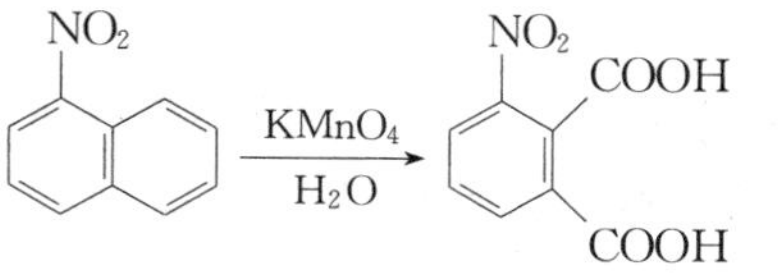

2. 二氧化锰

二氧化锰作为氧化剂主要有两种存在形式,即活性二氧化锰、二氧化锰-硫酸混合物,都属于较温和的氧化剂。二氧化锰的氧化选择性较强,可将伯醇和仲醇氧化成羰基化合物,特别适合于烯丙醇和苄醇羟基的氧化。反应在室温下,于中性溶剂(水、苯、石油醚、氯仿等)中,将醇与 MnO_2 在溶剂中搅拌几个小时即可完成。氧化反应的醇被吸附到二氧化锰表面进行反应,一般市售二氧化锰活性很小或根本没有活性,故活性二氧化锰必须新鲜制备,并在使用前进行活性检查。活性二氧化锰最大的优点是选择性好,反应条件温和,特别是在同一分子中有烯丙位羟基和其他羟基共存时,可选择性地氧化烯丙位羟基,故被广泛应用于甾体化合物、生物碱、维生素 A 等天然产物的合成。

用活性二氧化锰作为氧化剂制备 $11-\beta-$羟基睾丸素,反应在室温下进行,可选择性地氧化烯丙位羟基为酮。

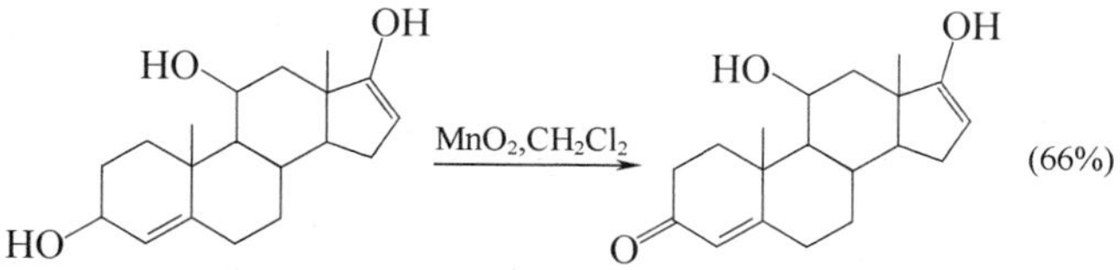

用二氧化锰氧化法制备镇静药地托咪啶的重要中间体 4-醛基咪唑,可将烯丙醇选择性地氧化为醛。

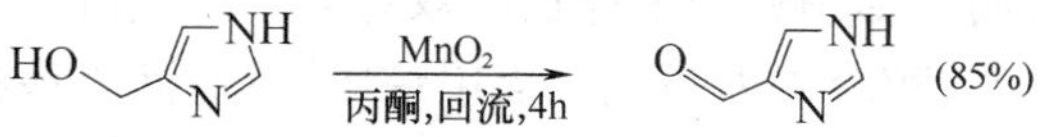

抗抑郁药盐酸齐美定的中间体吡啶-3-基-4-溴苯基甲酮的制备,二氧化锰为氧化剂氧化相应的醇,收率较高,但由于吡啶环的影响,反应要加热回流 10h。

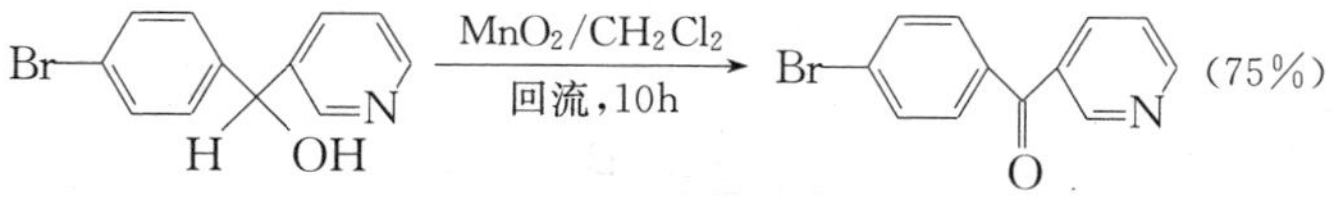

利尿药盐酸西氯他宁的中间体 $4\alpha-3-O-$亚异丙基吡哆醛的制备。

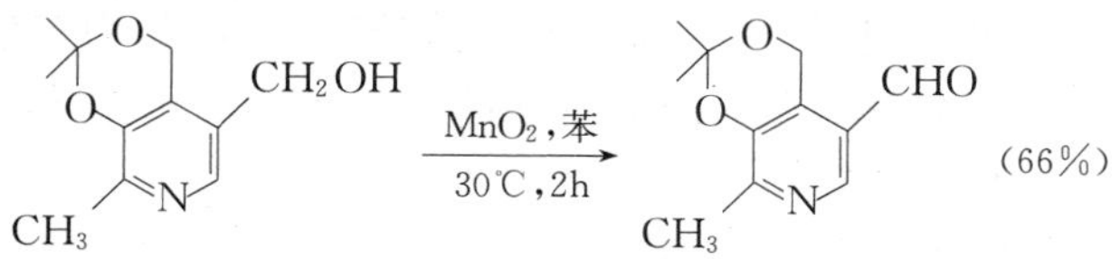

(二)铬化合物

铬化合物是常用的化学氧化剂,其主要是一类六价铬化合物,包括铬酸、重铬酸盐、铬酐(CrO_3)、氧化铬-吡啶配合物(Collins 试剂)、氯铬酸吡啶鎓盐(PCC)等,反应一般在酸性条件下进行。

$$K_2Cr_2O_7 + 4H_2SO_4 \longrightarrow K_2SO_4 + Cr_2(SO_4)_3 + 4H_2O + 3[O]$$

$$2CrO_3 + 3H_2SO_4 \longrightarrow Cr_2(SO_4)_3 + 3H_2O + 3[O]$$

1. 铬酸与重铬酸盐

中性条件下铬酸盐的氧化能力很弱,在酸性条件下生成铬酸与重铬酸的动态平衡体系。

$$H_2CrO_4 \rightleftharpoons H^+ + HCrO_4^- \rightleftharpoons 2H^+ + CrO_4^{2-}$$

$$2HCrO_4^- \rightleftharpoons Cr_2O_7^{2-} + H_2O$$

在稀水溶液中,铬酸几乎都以 $HCrO_4^-$ 的形式存在,在浓溶液中则以 $Cr_2O_7^{2-}$ 的形式存在。铬酸溶液呈橘红色,反应后变为绿色的 Cr^{3+}。常用的铬酸是 CrO_3 的稀硫酸溶液,如 Beckmann 重铬酸氧化剂,由 60g 重铬酸钾,80g 浓硫酸和 270mL 水配制而成,可用于氧化伯醇和仲醇。例如,将薄荷醇氧化为薄荷酮,收率可达到 83%～85%。

Jones 试剂是一种改良的铬酸氧化剂,由三氧化铬、硫酸与水配制而成。将 26.72g 三氧化铬溶于 23mL 浓硫酸中,然后以水稀释至 100mL 即可,配制简单,唯一的缺点是不稳定,需要现配现用。Jones 试剂为选择性氧化试剂,尤其适合将仲醇氧化成相应的酮,而不影响分子中存在的双键或叁键;也可氧化烯丙醇(伯醇)成醛。一般把仲醇或烯丙醇溶于丙酮或二氯甲烷中,然后滴入该试剂进行氧化反应,一般在低于室温的温度下进行,如 2,4-二烃基环戊烯的氧化。

治疗帕金森氏综合征的药物普拉克索的重要中间体 4-乙酰氨基环己酮的制备。

铬酸及其衍生物的氧化机理目前尚不十分清楚,一般认为铬酸氧化醇的机理是醇和铬酸首先生成铬酸酯,然后酯分解断键生成醛、酮。通常铬酸酯的分解是决定反应速率的步骤,但对于位阻大的醇来说,铬酸酯的生成是决速步。通常有如下所示的分子内和分子间两种机理解释。

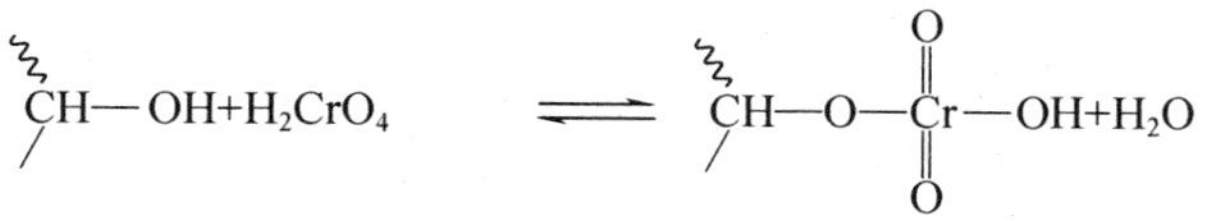

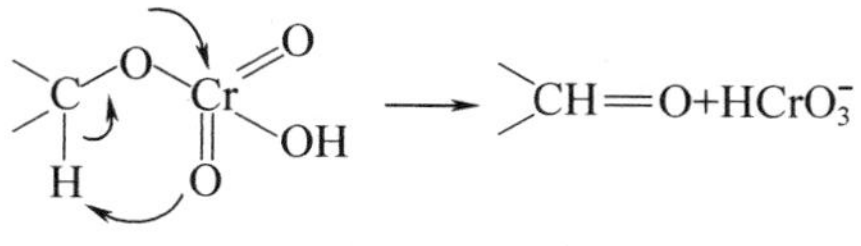

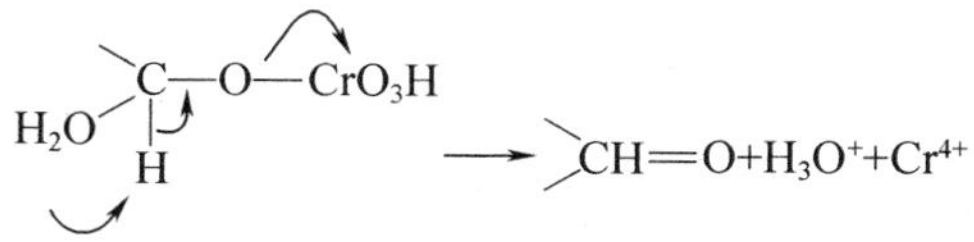

$$CH-OH + H_2CrO_4 \rightleftharpoons CH-O-Cr-OH + H_2O$$

分子内断裂：

$$C-O-Cr-OH \longrightarrow CH=O + HCrO_3^-$$

分子间断裂：

$$H_2O + C-O-CrO_3H \longrightarrow CH=O + H_3O^+ + Cr^{4+}$$

铬酸可以直接将苄位伯醇的酯氧化为羧酸。用铬酸氧化芦荟大黄素苄位伯醇的酯化产物，可以得到芳香羧酸产物，即用于治疗关节炎的消炎镇痛药双醋瑞因。

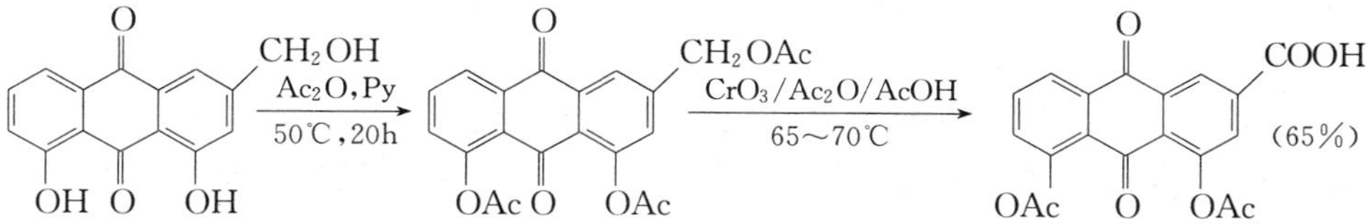

$$\xrightarrow[50℃,20h]{Ac_2O,Py} \xrightarrow[65\sim70℃]{CrO_3/Ac_2O/AcOH} \quad (65\%)$$

重铬酸钠可将酚羟基及甲基醚氧化成醌，可用于合成辅酶 Q_{10} 和艾地苯醌的重要中间体辅酶 Q_0（2,3-二甲氧基-5-甲基-1,4-苯醌）的制备。辅酶 Q_0 本身也可用于减缓神经系统紊乱症的治疗和作为染发剂使用。

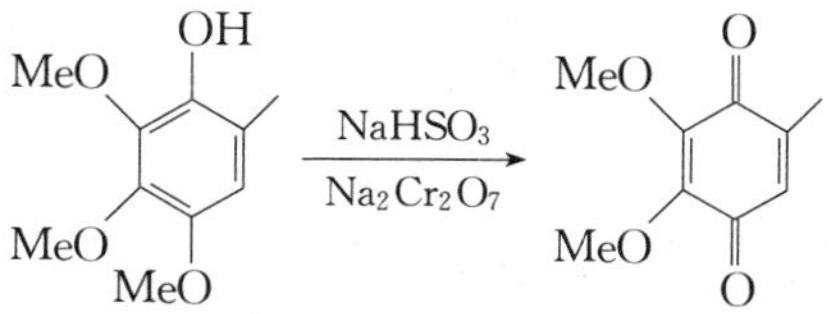

$$\xrightarrow[Na_2Cr_2O_7]{NaHSO_3}$$

铬酸可氧化两个叔羟基形成的1,2-二醇，发生碳碳键断裂，生成羰基化合物。

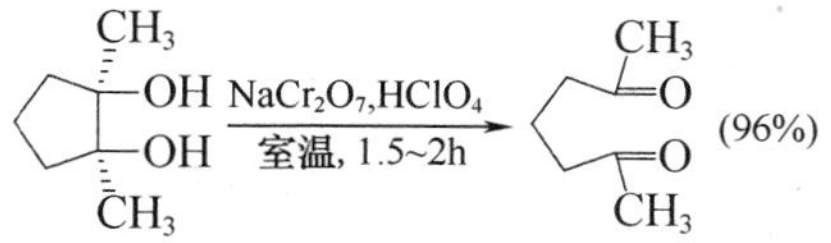

$$\xrightarrow[室温,1.5\sim2h]{NaCr_2O_7,HClO_4} \quad (96\%)$$

2. 三氧化铬吡啶配合物

三氧化铬（铬酸酐）是一种多聚体，可在水、醋酐、吡啶等溶剂中解聚，生成不同的铬化合物。其中，与吡啶形成的配合物在氧化反应中应用较为广泛，有 Sarett 试剂（铬酸酐吡啶络合物）、Cornforth 试剂（铬酸酐-水-吡啶络合物）以及 Corey 试剂（铬酸酐-吡啶-氯化氢络合物）。

Sarett 试剂是将三氧化铬加到吡啶中生成的络合物,简写为 CrO₃(Py)₂,该试剂反应条件温和,效果优于 Jones 试剂,与烯炔作用时,不氧化碳碳重键,只发生烯丙位的氧化,得到 α,β-不饱和醛酮。该反应应用于有机合成和某些天然产物的转化。

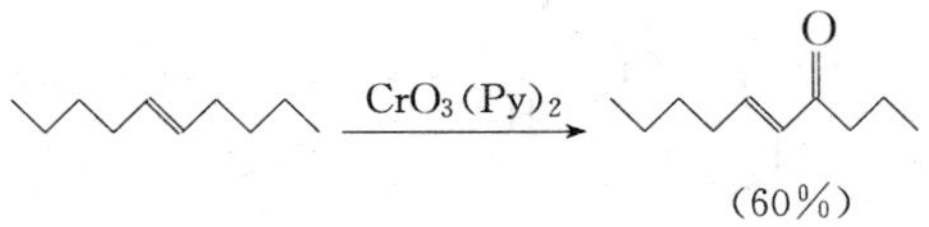

(60%)

不饱和醇也可用该试剂进行选择性氧化。

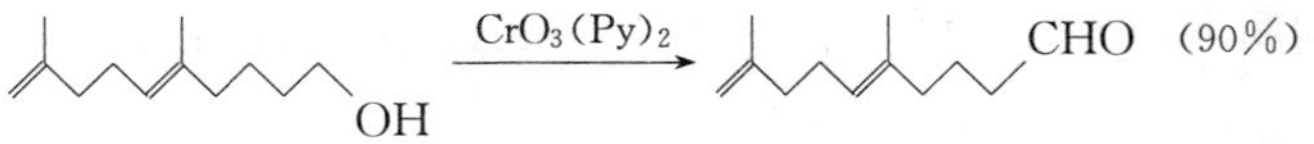

该试剂的缺点是氧化产物难分离,对相对分子质量小的伯醇效果差,配制时易燃。Collins 把吡啶作为 CrO₃ 的配体和用二氯甲烷作溶剂,克服了 Sarett 氧化剂的缺点,高选择性地将大多数伯、仲醇氧化成相应的羰基化合物,而不影响分子中的 C=C、—SR、—NO₂ 等。

Corey 试剂(PCC)是一种世界公认的有效选择性氧化剂,制备简单稳定,应用非常广泛,可选择性地氧化醇羟基,能有效地氧化甾体化合物中的烯丙基和苄基。如天然雌激素 6-酮-17-β-雌二醇的合成。

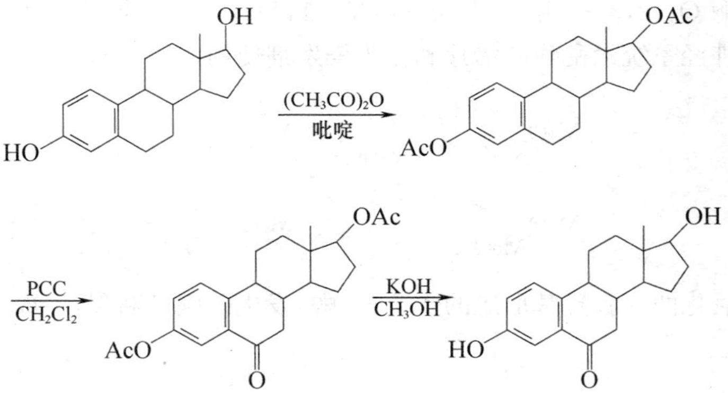

新型氟喹诺酮类抗菌剂吉米沙星的重要中间体 4-(N-叔丁氧羰基)氨基甲基-1-(N-叔丁氧羰基)吡咯烷-3-酮的合成。

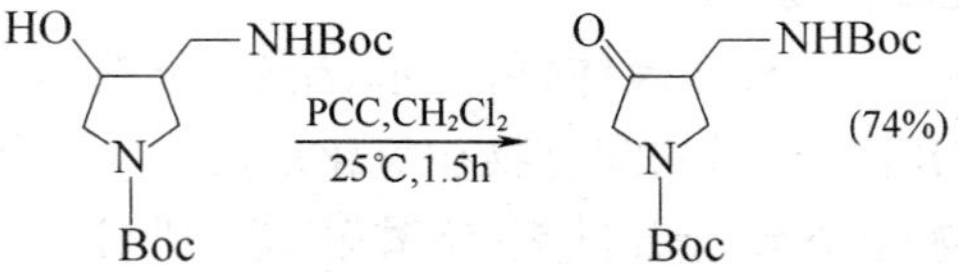

(三)含卤氧化剂

含卤氧化剂主要有卤素(氟例外)、次氯酸钠、氯酸、高碘酸等。下面主要介绍卤素和次卤酸盐。

1. 卤素

氯气作为氧化剂实际上是通入水或碱的水溶液中,生成次氯酸或次氯酸盐而进行氧化反应的。

$$NaOCl \longrightarrow HOCl \longrightarrow HCl + [O]$$

氯气也可通入其他溶剂中使用。氧化反应常伴有氯化反应。氯气可将二氧化物、硫醇、硫化物氧化成磺酰氯,如对硝基苯磺酰氯的合成。

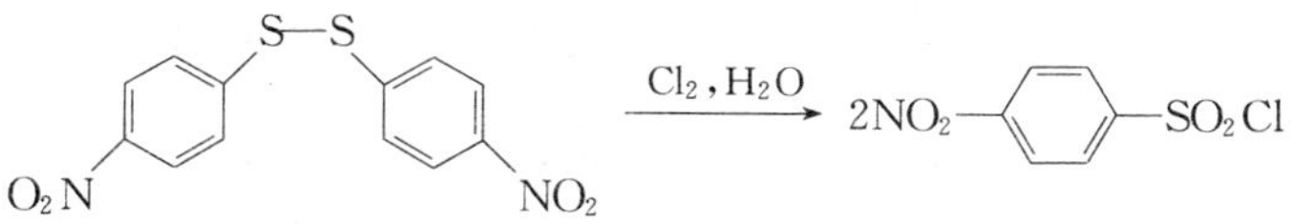

对硝基苯磺酰氯是药物磺胺的中间体。糠醛用氯气氧化,杂环裂解生成糠氯酸。

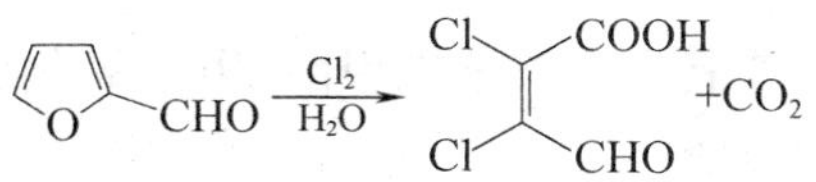

氯气的四氯化碳溶液在吡啶存在下可作为脱氢氧化剂,使伯醇、仲醇生成羰基化合物,而且仲醇的氧化速度比伯醇快。

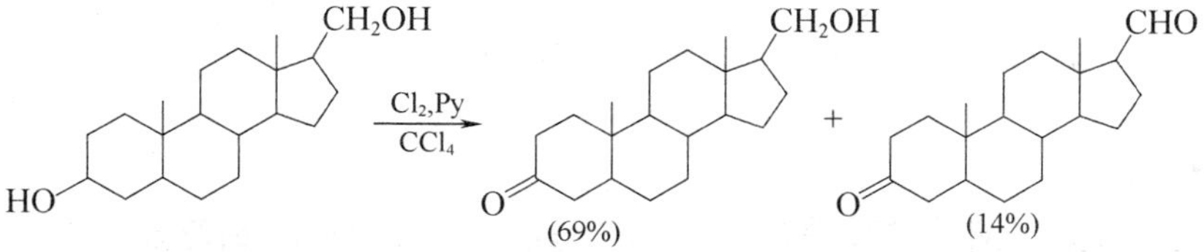

溴的氧化能力比氯弱。溴为液态,可配成一定浓度的四氯化碳、氯仿、二硫化碳或冰醋酸溶液来使用。葡萄糖可被溴氧化成葡萄糖酸,是补钙剂葡萄糖酸钙的原料。

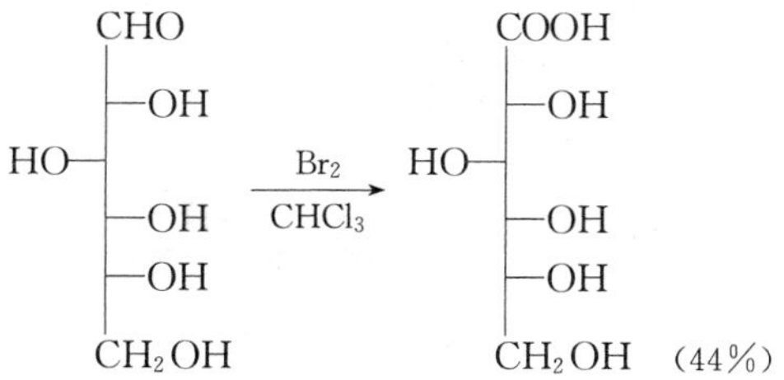

用计算量的碘在碱性溶液中可将硫醇氧化为二硫化物,这是测定硫醇纯度的一种方法。

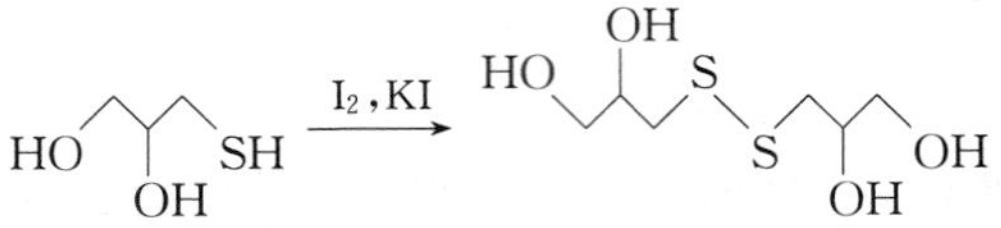

2. 次卤酸盐

在 0℃下,氢氧化钠溶液用氯气饱和生成次氯酸钠溶液。次氯酸钠具有很强的氧化能力,一般在碱性条件下使用。甲基酮首先发生卤代反应,而后碳-碳键断裂生成氯仿和羧酸,此反应称为氯仿反应。

$$(CH_3)_3C—COCH_3 \xrightarrow{\text{NaOCl}} (CH_3)_3C—COOH + CHCl_3$$

1,3-环己二酮被次氯酸钠氧化成戊二酸。

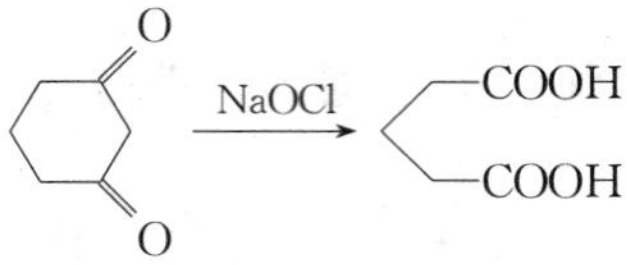

另外,次氯酸钠可将萘氧化成邻苯二甲酸,甲苯氧化成苯甲酸,肟氧化成硝基化合物,硫醇氧化成磺酸,硫醚氧化成亚砜或砜等。某些氨基酸可用次氯酸钠进行氧化脱羧。

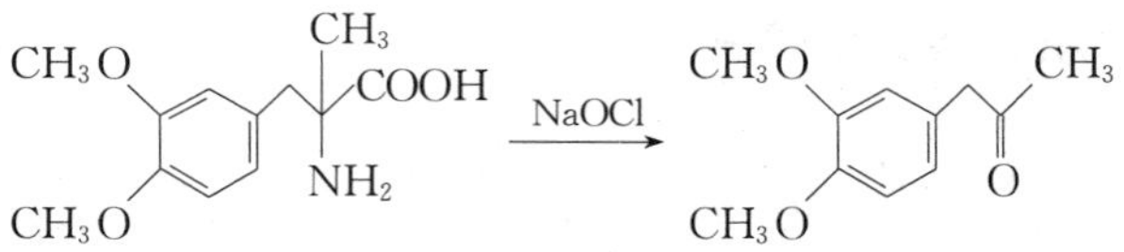

【阅读材料】

医药工业生产中常用氧化剂——活性二氧化锰的制备方法

一般市售二氧化锰活性很小或根本没有活性,故活性二氧化锰必须新鲜制备,在使用前应检查活性。检查活性的方法是用一定量的二氧化锰氧化肉桂醇,生成的肉桂醛与 2,4-二硝基苯肼反应,生成相应的苯腙,由苯腙的量判断二氧化锰的活性。

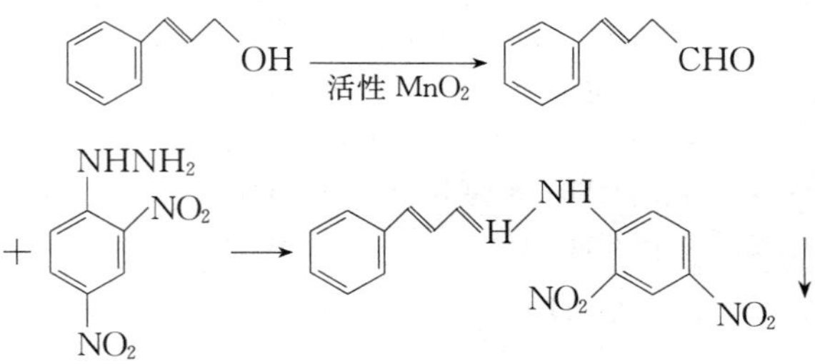

活性二氧化锰的制备方法较多,制备方法不同,氧化活性也不同。下面介绍几种常用的制备方法。

（1）硫酸锰-高锰酸钾法　将热的硫酸锰溶液与高锰酸钾溶液混合,生成活性二氧化锰。根据需要可以控制二氧化锰沉淀时 pH。在碱性条件下沉淀出的二氧化锰活性最高,酸性条件下沉淀的活性次之,中性条件下沉淀的活性较小。

$$2KMnO_4 + 3MnSO_4 + 2H_2O \longrightarrow K_2SO_4 + 5MnO_2 + 2H_2SO_4$$

（2）锰盐热分解法　将碳酸锰、草酸锰或硝酸锰加热至 $250 \sim 300℃$,可得到活性适中的二氧化锰。用稀硝酸洗涤并于 $230℃$ 干燥,活性可进一步提高。

（3）丙酮高锰酸钾氧化法　将饱和的高锰酸钾丙酮溶液室温放置 $3 \sim 4d$,至紫色消失,生成活性二氧化锰。

（4）活性炭还原高锰酸钾法　将活性炭与高锰酸钾溶液一起加热回流,直至紫色完全消失。这样得到的二氧化锰适用于胺类及腙类的氧化。

单元3　药物合成中常用的氧化反应

药物合成中借助氧化反应可以得到种类繁多的化合物,如醇、醛、酮、羧酸、酚、醌、环氧化合物等含氧化合物,以及脱氢的不饱和烃类、芳香化合物等。由于氧化反应都是通过氧化剂或氧化催化剂等来实现的,这些试剂种类纷繁,而且同样的氧化剂在不同的条件下氧化产物也不同,因此为了便于药物合成中的氧化手段和方法的选择,下面以官能团的衍变为主线介绍药物合成中常用的氧化反应。

一、烃类化合物的氧化

（一）脂肪烃的氧化

脂肪烃主要包括脂肪族饱和烃及环烷烃,这类分子中碳-氢键的氧化相对困难,主要是因为在催化剂的作用下,最初形成的氧化产物比原料更易被进一步氧化,并且容易继续发生分子间反应,造成产物复杂,应用价值不高。但对于具有特殊结构形式的叔丁烷和环状烷烃来说,在特定的反应条件下可以得到收率高的氧化产物,具有一定的实际应用价值。

叔丁烷在 HBr 的催化作用下被氧气氧化为叔丁基过氧醇（$t - BuOOH$）,产物对叔丁基过氧醇是一个应用价值较高的过氧化物,常作为氧化剂使用。

另外,高级烷烃可以通过催化氧化生成高级脂肪酸的混合物。例如,制皂业以石蜡 C_{20} 以上等高级烷烃为原料在 MnO_2 催化及 $110℃$ 下制得高级脂肪酸。

$$R—CH_2—CH_2—R' + O_2 \longrightarrow RCOOH + R'COOH + 其他羧酸$$

金刚烷醇的制备,可用于进一步合成治疗痤疮和粉刺的维 A 酸类药物阿达帕林。

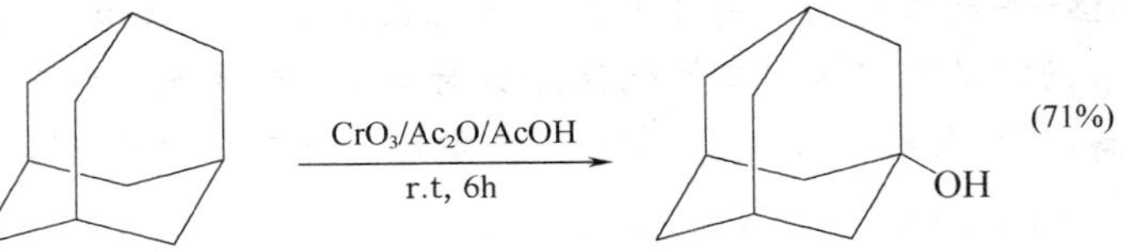

(二)含烯烃化合物的氧化

烯烃的氧化根据氧化试剂的不同会有不同阶段的氧化产物,同时烯键邻近结构的不同也会导致氧化产物的不同。主要包括烯烃环氧化、氧化成 $1,2$-醇、断裂氧化等几种情况。

1. α,β-不饱和羰基化合物的环氧化

α,β-不饱和羰基化合物中,碳碳双键与羰基相共轭,一般在碱性条件下用过氧化氢或叔丁基过氧化氢使之环氧化。α,β-不饱和酮的环氧化机理是,首先 ROO—亲核加成,然后形成环氧化物。

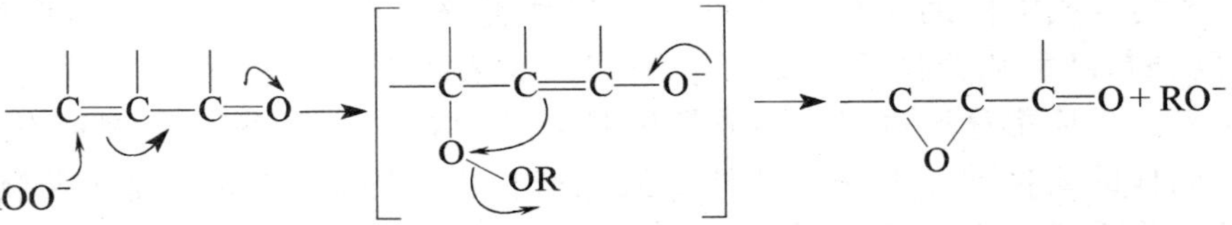

在上述环氧化过程中,与羰基共轭的双键被过氧负离子进攻后生成碳-碳单键中间体,因此链状化合物中双键构型可由不稳定的构型向稳定构型转化。

Z 和 E 型的 3-甲基戊-3-烯-2 酮经碱性过氧化氢处理,氧化得到相同的 E 构型的环氧化物。

环氧化反应具有立体选择性,氧环常在位阻小的一面形成。例如下面的反应结果。

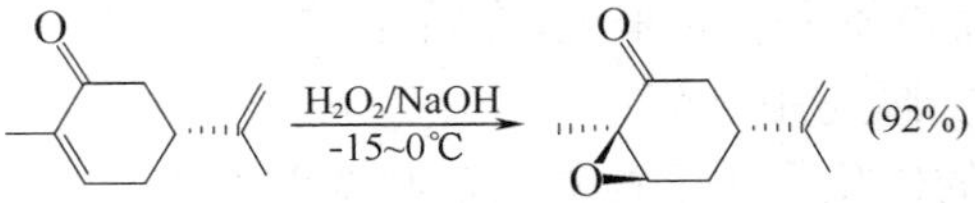

在 α,β-不饱和醛或酯的环氧化中,pH 不同可影响产物结构。桂皮醛在碱性过氧化氢的作用下,得到环氧化的酸,而调节 pH 为 10.5,用 t-BuOOH 氧化,产物为环氧化的醛。对于不饱和酯的环氧化,控制 pH 可使酯不被水解,从而得到较高收率的环氧化的酯。

肉桂醛 $\xrightarrow{\text{H}_2\text{O}_2/\text{NaOH/Me}_2\text{CO}}$ 2-苯基环氧乙烷甲酸 (66.5%)

$\xrightarrow[\text{pH 10.5}]{\text{t-BuOOH/NaOH/MeOH}}$ 2-苯基环氧乙烷甲醛 (73.0%)

$H_3C-CH=C(COOC_2H_5)_2 \xrightarrow[\text{pH 8.5}\sim9.0]{\text{H}_2\text{O}_2/\text{NaOH}}$ 环氧产物 (82.0%)

过氧化氢或烷基过氧化物对不饱和羰基化合物的环氧化,虽然氧环常倾向于在位阻小的一面形成或者趋向于产生构型较稳定的环氧化合物,但都只能得到少量或中等程度的对映体过量的产物,要达到不对称环氧化,即获得高对映选择性的不对称环氧化产物,必须借助手性化合物或手性金属络合物催化剂催化。

2. 非共轭双键的环氧化

这类烯键电子云密度较大,环氧化过程带有明显的亲电性特征,用于这类反应的试剂很多,包括过氧化氢、烷基过氧化氢及有机过氧酸等。其中用过氧化氢或烷基过氧化氢对烯键进行环氧化反应通常需要在钒(V)、钼(Mo)、钨(W)、铬(Cr)、锰(Mn)、钛(Ti)等过渡金属配合物的催化下进行。

对于非官能化烯键的环氧化最有效的催化剂是 $Mo(CO)_6$ 和 Salen-Mn 配合物。以 $Mo(CO)_6$ 为催化剂时,常用过氧化氢作氧化剂。反应常在烃类溶剂中进行,醇和酮作溶剂有抑制反应的倾向。

$\xrightarrow[\text{[Mo]}]{\text{t-BuOOH}}$

此类反应为均相催化过程,机理较为复杂,烷基过氧化氢的结构可影响反应速率,当烷基上有吸电子基时,可增加环氧化速率,在辛-2-烯环氧化时,不同的烷基过氧化氢有不同的反应速率。

对于烯丙醇双键,因受醇羟基的影响而电子云密度增加,更容易发生环氧化反应,因而当与非官能化双键共存时具有很好的选择性。

$\xrightarrow{\text{ROOH/C}_6\text{H}_6\text{VO(acac)}_2}$ (>93%)

$\xrightarrow{\text{ROOH/VO(acac)}_2}$

烯丙醇的不对称氧化最成功的方法是 Sharpless 环氧化反应,此方法由 Sharpless 于 1980 年发现,具有简易性、可靠性、光学纯度高、产物的绝对构型可以预见等优点,在不对称环氧化反应中占有重要的地位,现已成为标准的经典方法,同时在抗生素、消炎药和心脏病药物等许多手性药物合成中得到了广泛的应用。此法是用 t-BuOOH 为氧化剂,四异丙氧基钛和酒石酸二乙酯(DET)或二异丙酯(DIPT)为催化剂,可以得到各种烯丙基伯醇的环氧化产物(光学产率大于 90%,化学产率 70%~90%)。本法可通过选择具有合适手性的酒石酸酯以及选用烯丙醇的 Z-或 E-几何构型,可以预见产物的绝对构型,这是其他过渡金属配合物催化剂不能达到的。

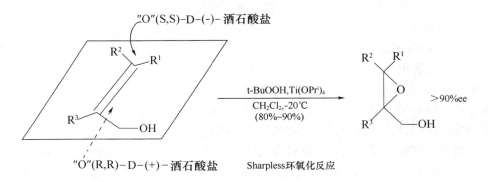

大环内酯类抗生素红霉素中间体的制备。

在有机过氧酸氧化剂中,间氯过氧苯甲酸比较稳定,是烯双键环氧化的较好试剂。过氧酸氧化烯键,先生成环氧化合物,但若反应条件选择不当,会进一步反应生成邻二醇的酰基衍生物,再在碱的作用下,形成邻二醇。过氧苯甲酸、单过氧邻苯二甲酸和间氯过氧苯甲酸较适合于合成环氧化合物,反应过程是由过氧酸的亲电性进攻双键而发生的,其过程如下:

由反应机理可知,过氧酸分子中存在吸电子基可加速环氧化反应,如三氟过氧醋酸是过氧酸中最强的环氧化过氧酸。另一方面,烯键碳上有推电子基(烃基),可使烯键电子云密度增大,增加环氧化速率。

在多烯烃中,当仅使其中一个双键环氧化时,甲基取代的烯键优先被环氧化。

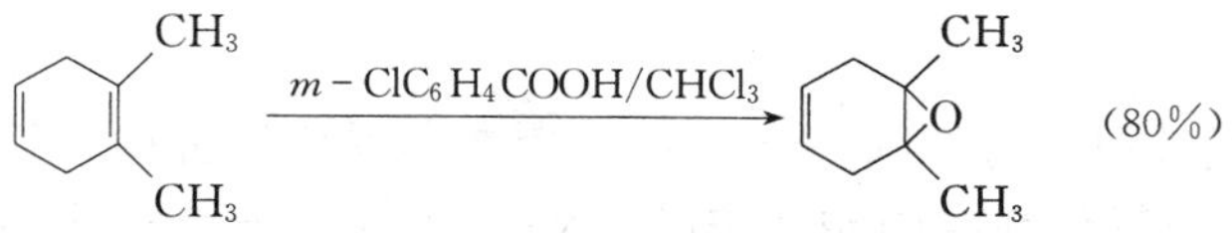

过氧酸的环氧化有高度立体选择性(但无高度对映选择性),在反应过程中发生顺式加成因而原烯烃的构型不变,通常是从位阻较小的一侧进攻得到相应的环氧化合物。

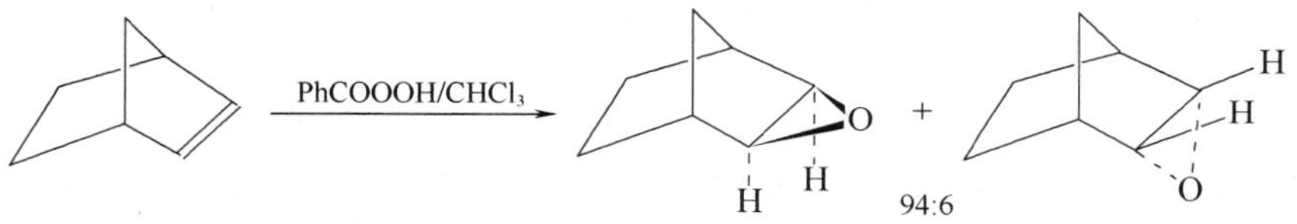

烯丙位的羟基对过氧酸的环氧化存在明显的立体化学影响,即所形成的氧环和羟基处在同侧的化合物为主产物。一般认为是在过渡态中羟基和试剂之间形成氢键,有利于在羟基的同侧环氧化。而烯丙位的其他基团,如乙酰基氧,则由于位阻效应主要得到环氧与乙酰氧基处在异侧的产物。

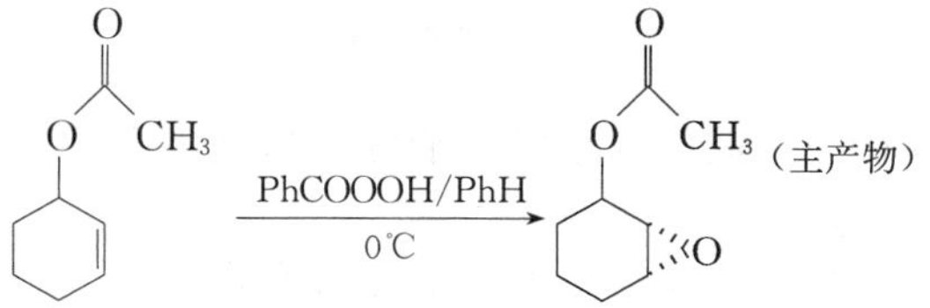

(三)苄位烃基的氧化

苄位烃基的氧化可生成相应的芳香醇、醛、酮和酸,在药物合成中用途也较为广泛。苄位烃基性质相对活泼,易形成自由基或碳正离子的氧化中间体,因而对氧化较为敏感。

1. 氧化为醇或酯

苄位上直接羟基化或者酯化,只有在选择适当的氧化剂或催化剂和控制一定的反应条件下才能实现,否则常会被进一步氧化,使产物不纯。对于甲苯及其衍生物来说,较好的羟基化和酰氧化试剂有硝酸铈盐、四醋酸铅和四氟醋酸铅等。其中,硝酸铈铵对芳烃的苄位 C—H 键氧化有较好的选择性。将甲苯置于冰醋酸中,在硝酸铈铵作用的无水条件下回流可得到 90% 收率的醋酸苄酯。

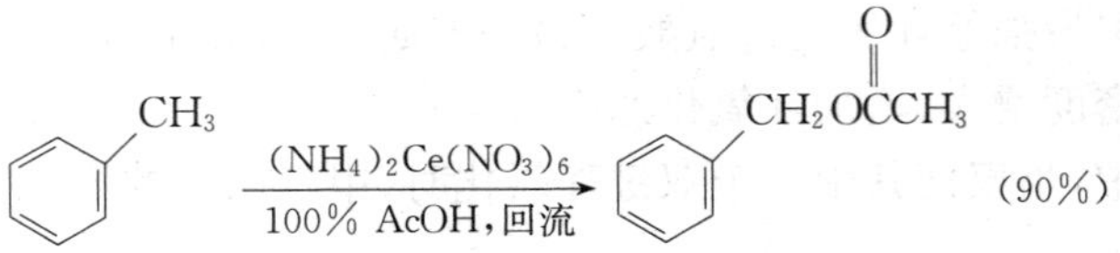

(90%)

2. 氧化成醛

醛基尤其是苯甲醛易被进一步氧化,要是氧化反应停留在醛基阶段,需用选择性氧化剂,较好的氧化剂有硝酸铈铵(CAN)、三氧化铬-醋酸酐、钴乙酸盐和铈乙酸盐。将硝酸铈铵和 50% AcOH 混合在一起可将甲苯芳烃苄位的 C—H 键氧化成芳醛,反应中选择合适的温度是重要的,温度过高会导致苯甲酸衍生物生成。

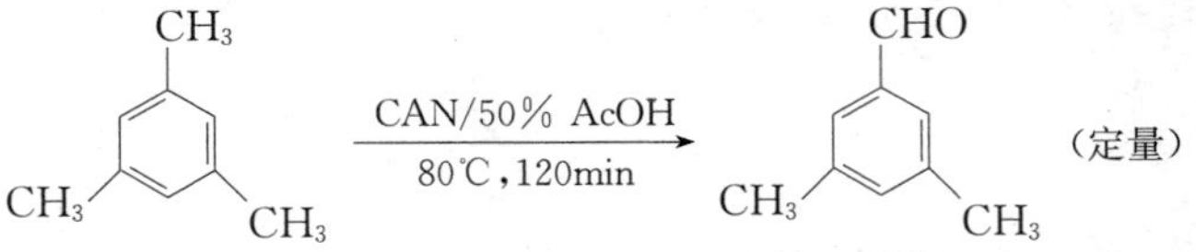

(定量)

三氧化铬-醋酸酐具有较好的氧化性能,需在硫酸或硫酸/醋酸混合物中进行氧化反应,反应过程中,苄甲基首先被转化成同碳二醇的二乙酸酯,后经酸性水解得到醛。二乙酸酯的形成,对保护潜在的醛基不被进一步氧化有重要的作用。如果存在多个甲基,则都可以氧化成相应的醛。

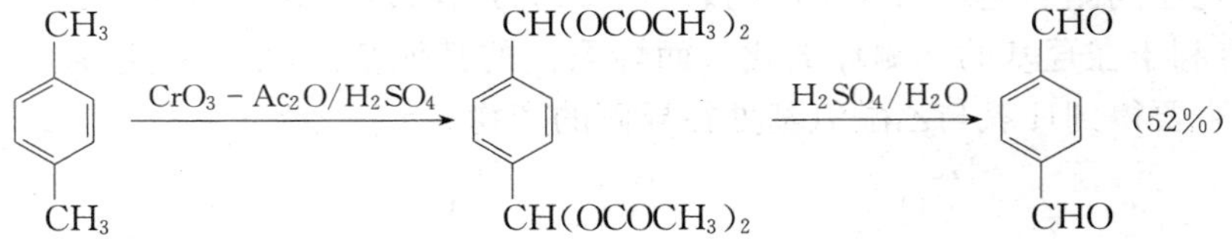

(52%)

用铬酰氯(CrO_2Cl_2)作催化剂也可使苄位甲基氧化成苯甲醛,如对溴甲苯被铬酰氯氧化成对溴苯甲醛,收率可达 80%。

在抗抑郁药诺米芬辛、心绞痛治疗药硝苯地平的合成中,中间体邻硝基苯甲醛的制备是使用三氧化铬-醋酸酐-浓硫酸作为氧化剂进行反应的。

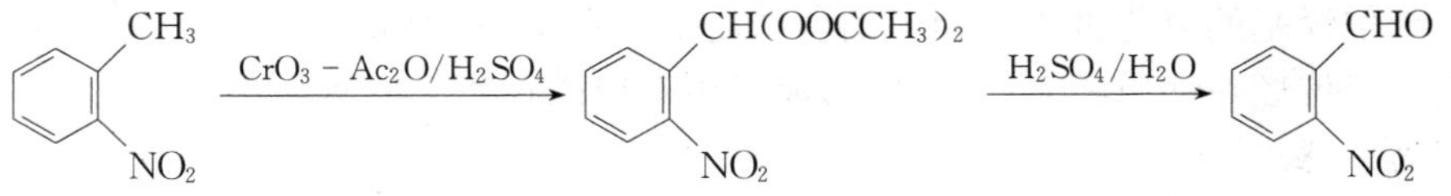

3. 氧化成酮、羧酸

苄位亚甲基被氧化成酮,常用的氧化剂或催化剂是铈络合物和铬(VI)氧化物或铬酸盐。前者主要是硝酸铈铵(CAN),反应在酸性介质中进行,一般用硝酸作为反应介质,收率较高。

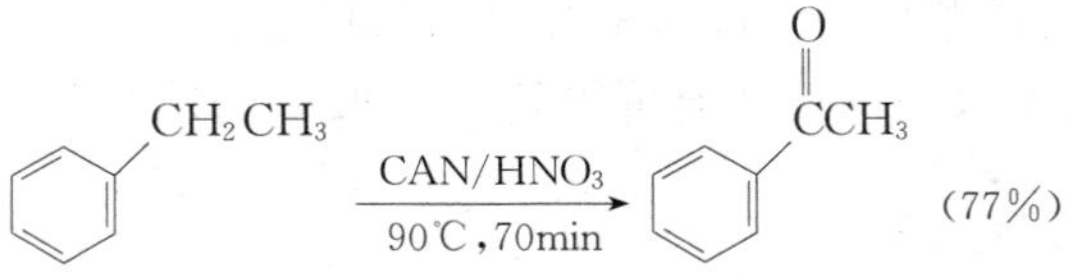

(77%)

用铬的氧化物和铬酸盐作催化剂时,影响因素较多,如氧化剂种类、铬酸盐种类和苄分子结构等。对苯乙烷来讲,重铬酸铵盐和四重铬酸铵盐可以以较高的反应速率进行氧化。苄位亚甲基上有苯基时,不管用什么氧化剂,三氧化铬或铬酸酯作催化剂都会得到高产率的酮。

很多强氧化剂,如高锰酸钾、重铬酸钠和稀硝酸等可氧化苄位甲基成相应的芳烃甲酸,也适用于稠环和芳香氮杂环侧链的氧化。

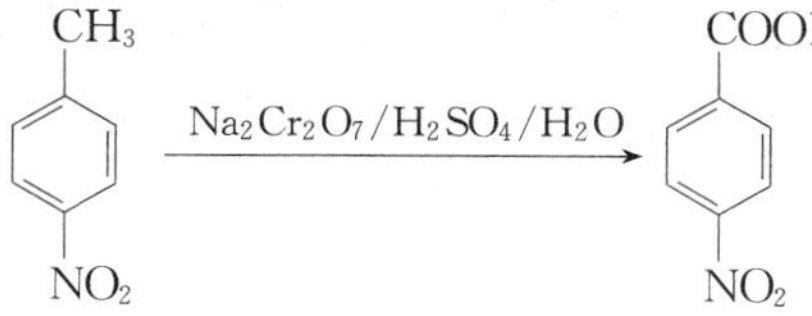

一般来说,当苯环上有吸电子基团和芳香氮杂环上的甲基需氧化时,或者有多个甲基需氧化时,可以使用强氧化剂高锰酸钾(碱性或中性)和重铬酸钠(酸性)。硝酸作氧化剂时反应缓和,破坏性小,成本较低。用稀硝酸(小于等于45%)对多甲基苯进行氧化时,几乎都集中在一个甲基上发生,这主要是因为另外的烷基受到氧化成羧酸吸电子性的影响,使进一步氧化变得困难。

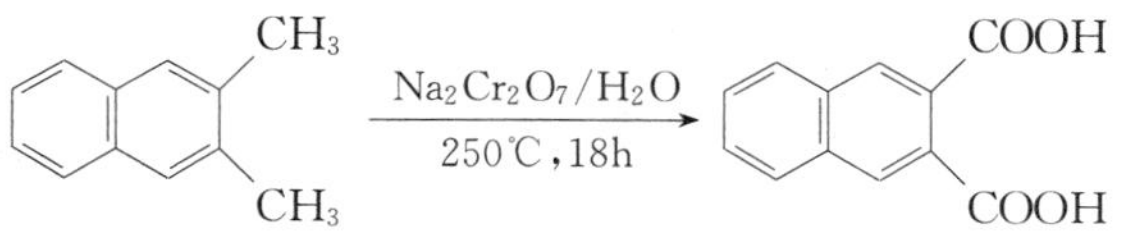

(四)羰基 α-活性烃基的氧化

羰基 α 位烃基因受到邻近羰基吸电子性的影响而活性较高,容易被氧化成为 α-羟基酮和 $1,2$-二酮化合物。

1. 氧化成 α-羟基酮

常用四醋酸铅或醋酸汞为氧化剂制备 α-羟基酮,反应先在 α 位上引入乙酰氧基(即形成酯),再经水解生成 α-羟基酮。

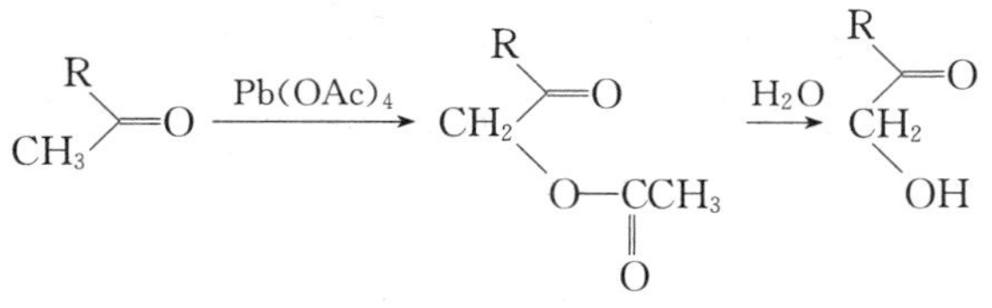

羰基 α 位活性甲基、亚甲基和次甲基均会发生上述类似反应,若当初始原料分子中同时存在这些活性基团时,产物是多种 α-羟基酮的混合物,应用价值不大。但在反应中加入 BF_3 则对活性甲基的乙酰氧基化有利,因 BF_3 可催化酮的烯醇化而加速反应,并对动力学控制的烯醇化作用有利,故有利于活性甲基的乙酰氧基化。

3-乙酰氧基孕甾-11,20-二酮在 BF_3 存在时可被选择性地氧化成 3,21-二乙酰氧基孕甾-11,20-二酮,收率达 86%。

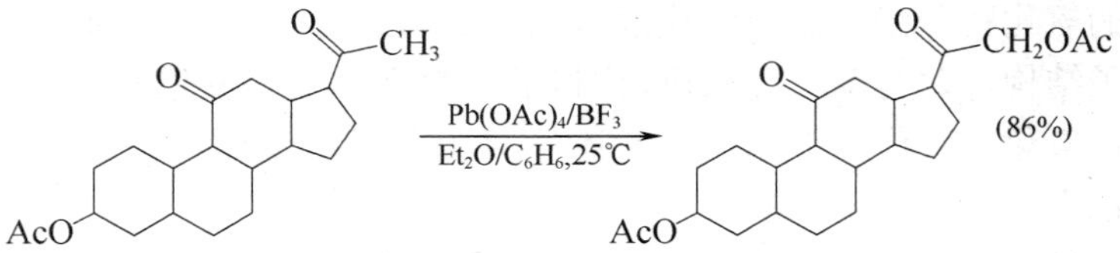

2. 氧化成 1,2-二酮化合物

二氧化硒可将羰基 α 位活性烃基氧化成相应的羰基化合物，形成 1,2-二酮化合物。由于二氧化硒对羰基两个位的甲基、亚甲基缺乏选择性，故适合于羰基邻位仅有一个可氧化的烃基或两个亚甲基处于对称位置。

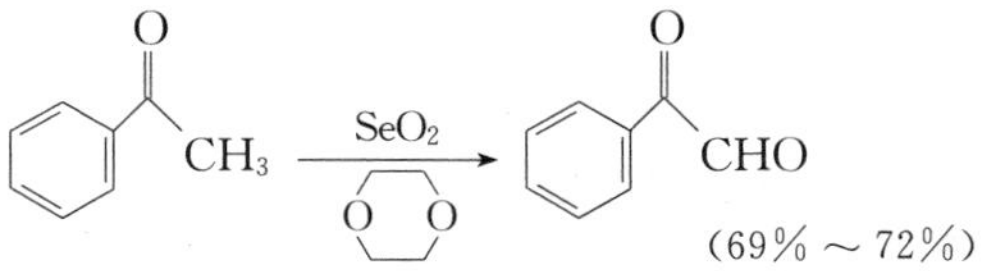

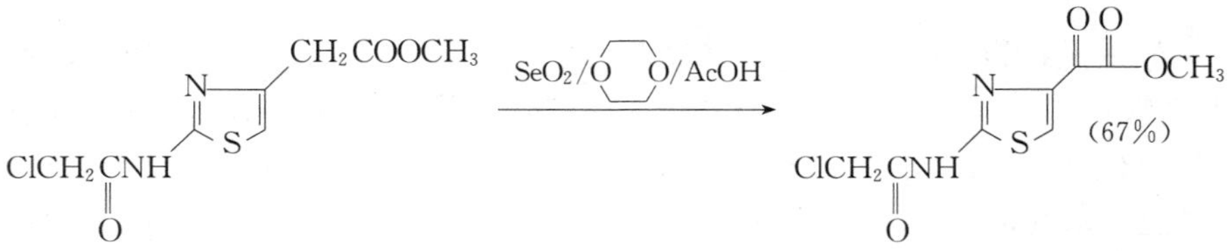

二氧化硒是缓和的氧化剂，反应中常以二恶烷、乙酸、乙酐、乙腈为溶剂，在沸水浴或溶剂回流状态下进行反应。若二氧化硒用量不足会导致羰基 α 位的活性烃基氧化成醇，此时若以乙酐作溶剂则生成相应的酯，使进一步氧化困难，因此一般使二氧化硒用量稍过量。溶剂中存有少量的水可促使氧化加速，可能是亚硒酸在起作用。

(五)烯丙位烃基的氧化

烯丙位的甲基、亚甲基或次甲基在一些氧化剂作用下可被氧化成相应的醇（酯）、醛或酮，二双键不被氧化或破坏，但可能发生双键位置迁移，主要是因为在反应中生成了烯丙基自由基或正离子中间体。烯丙位烃基的氧化常用以下几种氧化剂。

1. 二氧化硒

二氧化硒是非常具有应用价值的烯丙基氧化剂，主要是对活性 C—H 键的氧化，可将烯丙位烃基氧化成相应的醇，最初的氧化产物易被二氧化硒进一步氧化成羰基化合物，通常氧化产物是醛或酮。如要得到醇，氧化反应可在乙酸中进行，生成乙酸酯，抑制进一步氧化，再水解成所需的醇。另外，也可用化学计量或者稍过量的二氧化硒以及化学计量的 t-BuOOH 进行氧化反应，其中 t-BuOOH 的作用是维持 Se(IV) 的氧化态，在此条件下可得醇为主的产品，也可用催化剂量的 SeO$_2$ 和过量的 t-BuOOH 得到较高产率的烯丙基醇。

研究认为氧化机理为：SeO$_2$ 作为亲烯组分与具有烯丙位氢的烯发生亲电烯反应，脱水的同时发生[2,3]-σ-迁移重排，恢复原来位置的双键，然后生成的硒酯裂解可得到氧化产物。

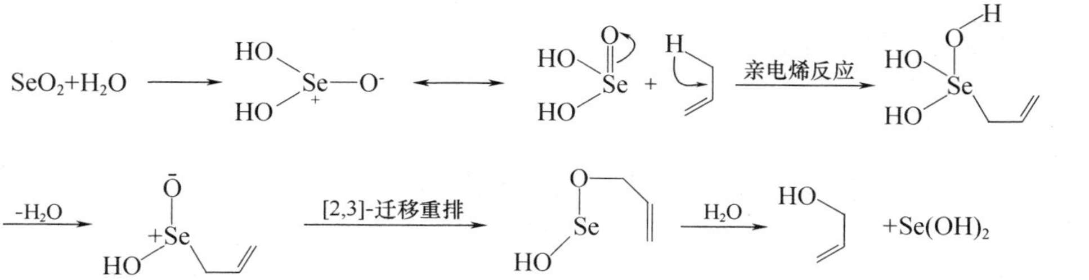

新型抗菌促生长剂喹塞克斯的重要中间体 2-醛基-喹喔啉-1,4-二氧化物的制备，可用二氧化硒氧化 2-甲基喹喔啉-1,4-二氧化物，得到较高收率的醛基氧化产物。

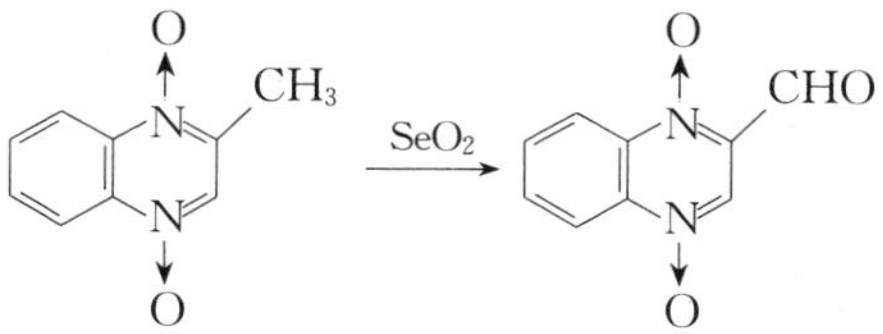

2. 用 CrO$_3$-吡啶配合物（Collins 试剂）和铬的其他配合物氧化

Collins 试剂是氧化铬（Ⅵ）-吡啶配合物[CrO$_3$(py)$_2$]和 CH$_2$Cl$_2$ 组成的溶液，它和氯铬酸吡啶翁盐（PCC：C$_5$H$_5$NHCrO$_2$Cl）在室温下可使醇迅速地氧化成相应的羰基化合物，而对醇中的双键、苄位亚甲基和硫醚等不起作用。用过量的 Collins 试剂（室温）或 PCC（在二氯甲烷或苯中回流），或在硅藻土（或分子筛）存在时使用 PCC，以及在用 Collins 试剂的同时加入 3,5-二甲基吡唑，都能使烯丙位氧化，产物收率均很好。

甾体化合物等多环结构中的烯丙位在 Collins 试剂和 PCC 试剂作用下发生氧化反应，生成相应的共轭烯酮。

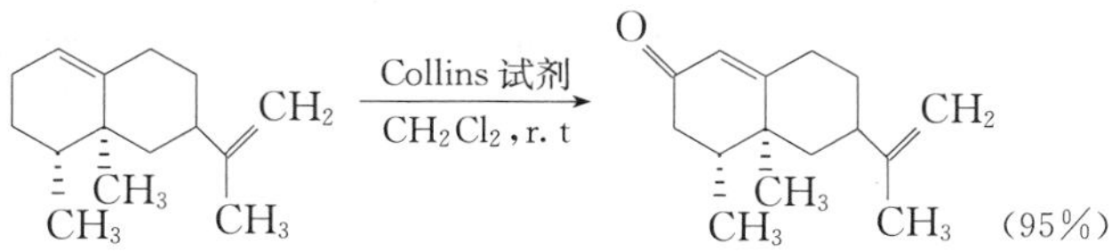

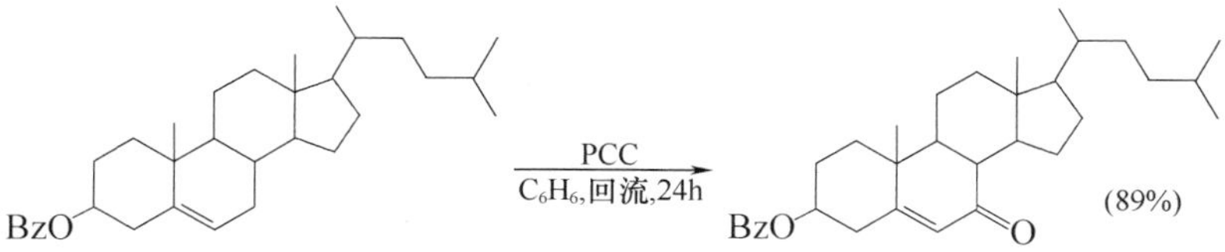

二、醇类化合物的氧化

醇类的氧化反应是有机合成中常用的反应之一,不同种类醇的氧化或者同一种醇在不同氧化条件下,可分别得到不同氧化程度的产物,如醛、酮、酸等。可以用作醇类氧化的试剂种类很多,包括过渡金属氧化物和盐类,以及络合物、硝酸、过碘酸、二甲基亚砜以及重排反应等。

(一)伯醇、仲醇的氧化

伯醇、仲醇可以被氧化成为醛或酮,若氧化反应继续进行可最终氧化为羧基。常用的氧化剂包括锰化合物、铬化合物、碳酸银、二甲基亚砜、次卤酸盐或卤酸盐、羰基化合物(Oppenauer 氧化)、N-卤代酰胺氧化,另外还可以用硝酸或氮的氧化物氧化、硒化合物氧化、四氧化钌金属络合物催化剂氧化、以及二价铜盐氧化和 Pb(OAc)$_4$ 氧化法等,也可利用某些重排反应达到由醇合成醛酮的目的。下面仅介绍几种重要的氧化方法。

高锰酸钾可氧化异戊醇生成异戊酸钾,经硫酸酸化后可得到镇静催眠药溴米索伐的中间体。

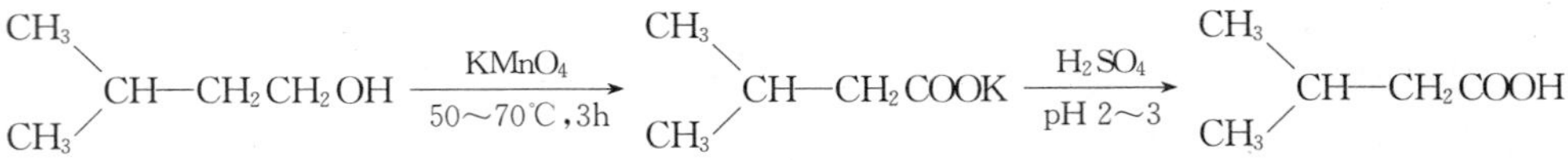

抗菌药羧卞青霉素中间体的制备。

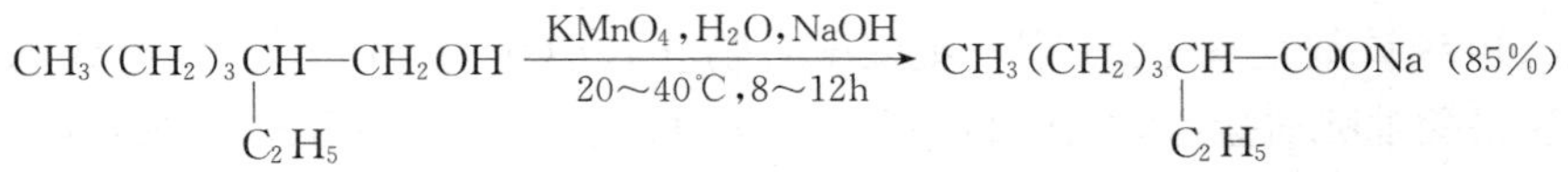

3β-胆甾醇用高锰酸钾和醋酸氧化,可定量地生成胆甾-3-酮。

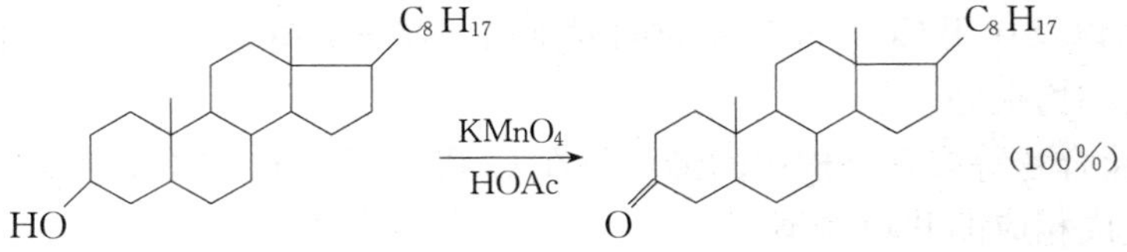

活性二氧化锰可选择性地氧化伯醇、仲醇成为羰基化合物,产物停留在醛或酮阶段,如维生素 A 醛的制备。

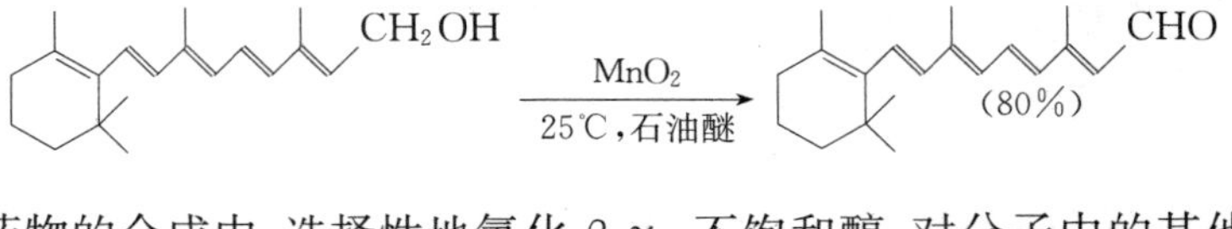

甾体药物的合成中,选择性地氧化 β,γ-不饱和醇,对分子中的其他羟基没有影响,如睾丸素和 11β-羟基睾丸素的合成。

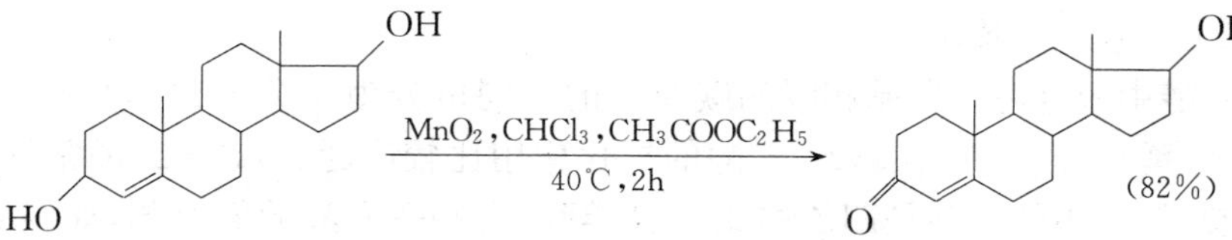

（82%）

睾丸素

（52%）

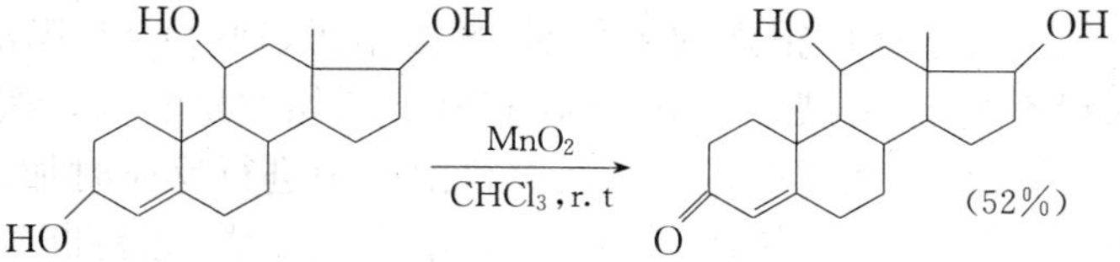

羟基睾丸素

铬酸氧化剂最重要的应用之一即氧化伯、仲醇成醛、酮。饱和醇常用 $Na_2Cr_2O_7 - H_2SO_4 - H_2O$，不饱和醇以 $CO_3 - HOAc$ 为好。对于存在有易氧化基团的醇来说，铬酸氧化更多采用的是琼斯（Jones）改良方法，即将化学计量的三氧化铬的硫酸水溶液滴加到被氧化醇的丙酮溶液中进行反应，可选择性地氧化含有双键、三键的醇类，反应迅速，收率良好。

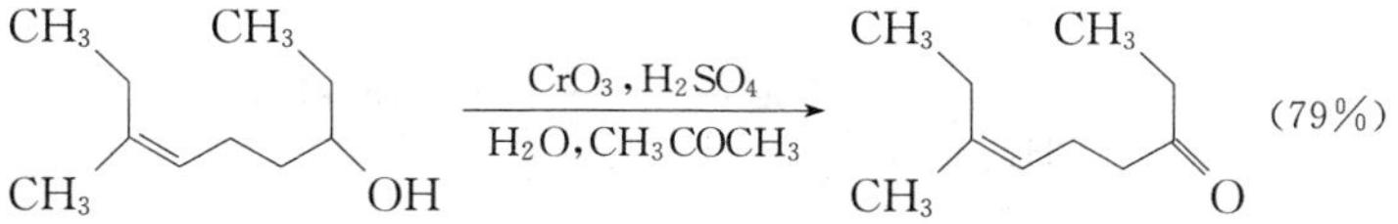

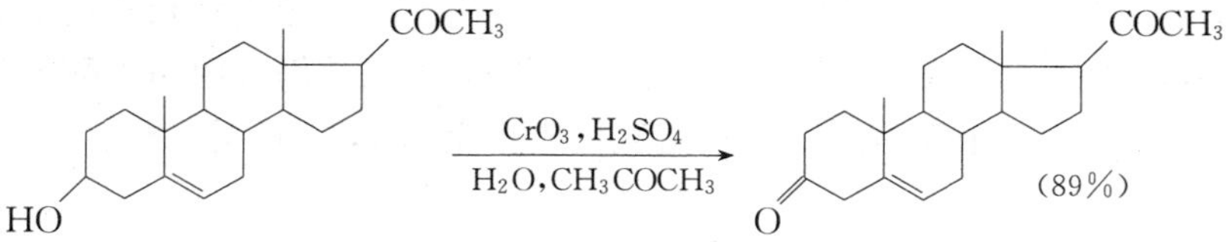

（79%）

（89%）

氯铬酸吡啶嗡盐（PCC）是目前应用最广泛的伯醇和仲醇氧化成醛和酮的试剂，其吸湿性不高，易于保存，不仅有市售试剂，而且在实验室中也可安全方便地制备，氧化条件方便、温和，多以二氯甲烷为反应介质。缺点是反应后生成黑褐色胶状物质，后处理麻烦。

治疗心绞痛药物哌克昔林的重要中间体二环己基甲酮可以通过 PCC 氧化来制备。

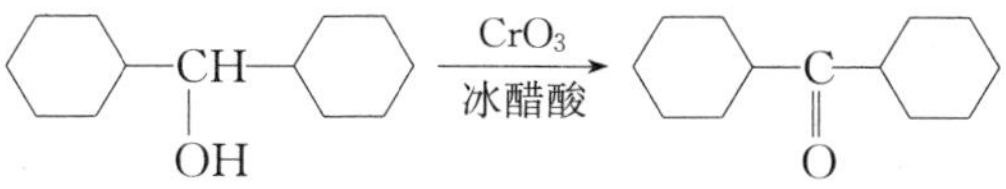

硝酸可以将环己醇氧化成己二酸，可以作为驱肠虫药哌嗪己二酸盐的重要原料。

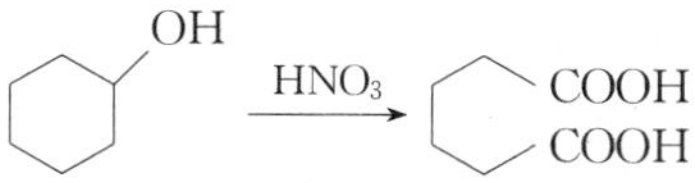

197

(二)二元醇的氧化

二元醇中根据两个羟基相隔的碳原子的不同可分为 1,2 -二醇,1,3 -二醇以及 $1,n$ -二醇($n \geqslant 4$),其中 1,2 -二醇的氧化应用比较广泛。1,2 -二醇常导致碳-碳键断裂,最常用的试剂是四乙酸铅和过碘酸,有些一元醇的氧化剂,如铬酸也可用于由 2 个叔羟基构成的 1,2 -二醇(频那醇)的氧化。

四乙酸铅是一种选择性很强的氧化剂,是由铅丹(Pb_3O_4)与醋酸一起加热制得的。四乙酸铅不稳定,易被水分解,常在有机溶剂如冰醋酸、苯、氯仿、乙腈等中进行氧化,个别情况也可在水中进行。在有机溶剂中进行反应时加入少量水或醇可加快反应速度。1,2 -二醇在 $Pb(OAc)_4$ 作用下,发生碳-碳键断裂,生成相应的小分子醛或酮,环状邻二醇则生成二羰基化合物。氧化机理是形成五元环状中间体,后者分解为羰基化合物。

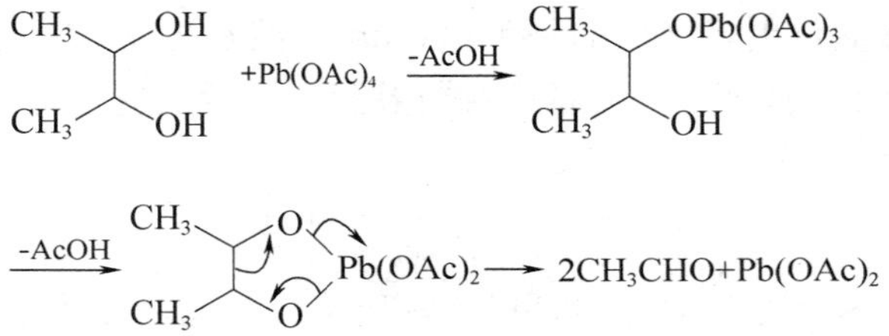

所有类型的 1,2 -二醇均能被 $Pb(OAc)_4$ 氧化。在五元或六元环状 1,2 -二醇中,虽顺式异构体比反式异构体易被氧化,反式 1,2 -二醇仍常用四乙酸铅氧化,如反式 - 9,10 -二羟基十氢萘用四乙酸铅氧化成相应的 1,6 -环癸二酮。

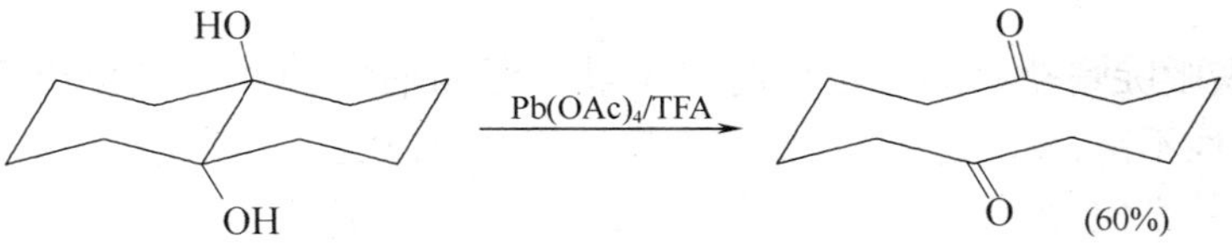

高碘酸(HIO_4)常在缓冲水溶液中应用,室温反应,对水溶性 1,2 -二醇,如糖类的氧化降解特别有用,是一种重要的氧化剂。由于反应常定量地进行,可用于判定结构,如 D -核苷中的核糖可被高碘酸氧化成相应的开环二醛,而脱氧核苷和高碘酸不反应,由此可区分两类核苷的结构。

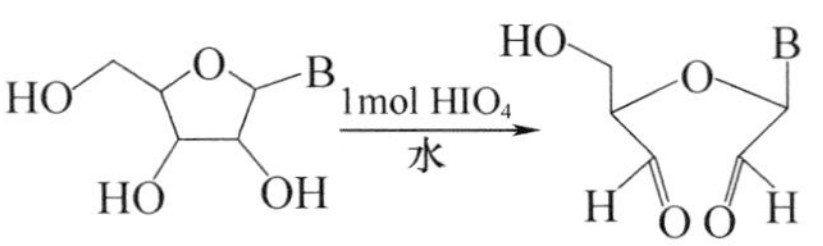

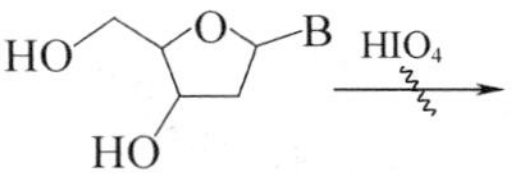

高碘酸氧化广泛应用于多元醇及糖类化合物的降解,并根据降解产物研究它们的结构。葡萄糖被高碘酸氧化,消耗 5 分子高碘酸,生成甲酸和甲醛,证明葡萄糖分子中有 5 个可被氧化的部位,即分子中的—CH_2OH 氧化成甲醛。

$$\begin{array}{c} CHO \\ |\\ \underline{\quad}OH \\ | \\ HO\underline{\quad} \\ | \\ \underline{\quad}OH \\ | \\ \underline{\quad}OH \\ | \\ CH_2OH \end{array} + 5HIO_4 \xrightarrow[\text{水}]{\text{室温}} 5HCOOH + HCHO + 5HIO_3$$

三、醛酮类化合物的氧化

(一)醛的氧化

一般情况下,醛易被氧化成羧酸,常用的氧化试剂有卤素、铬酸、高锰酸盐和氧化银等。

葡萄糖可被溴氧化成葡萄糖酸,可以作为补钙剂葡萄糖酸钙的原料。溴的氧化能力较弱,可配成一定浓度的四氯化碳、氯仿、二硫化碳或冰醋酸溶液来使用。

$$\begin{array}{c} CHO \\ |\\ \underline{\quad}OH \\ | \\ HO\underline{\quad} \\ | \\ \underline{\quad}OH \\ | \\ \underline{\quad}OH \\ | \\ CH_2OH \end{array} \xrightarrow[CHCl_3]{Br_2} \begin{array}{c} COOH \\ |\\ \underline{\quad}OH \\ | \\ HO\underline{\quad} \\ | \\ \underline{\quad}OH \\ | \\ \underline{\quad}OH \\ | \\ CH_2OH \end{array} (44\%)$$

葡萄糖　　　　　　　　　葡萄糖酸

重铬酸钾的稀硫酸溶液(即铬酸),可氧化糠醛为糠酸。

$$\text{〈O〉}\text{—CHO} \xrightarrow[100℃]{\text{铬酸}} \text{〈O〉}\text{—COOH} \quad (75\%)$$

高锰酸钾的酸性、中性或碱性溶液都可氧化芳香醛和脂肪醛成羧酸,并且收率较高。

$$\begin{array}{c} OH \\ | \\ CH(CH_2)_3CHO \end{array} \xrightarrow[KMnO_4,NaOH,H_2O]{r.t} \begin{array}{c} O \\ \| \\ C(CH_2)_3COOH \end{array} (90\%)$$

对于含有一些易氧化基团的醛类分子,常需选择性高的氧化剂,新制备的氧化银是选择性较好的氧化剂,其氧化能力较弱,适于醛的氧化,不影响双键等易氧化基团。

$$\text{环己烯-CHO} \xrightarrow[\text{室温}]{Ag_2O/THF/H_2O} \text{环己烯-COOH （97%）}$$

(二)酮的氧化

酮的氧化产物依赖于所应用的氧化剂,反应较复杂。首先酮可被双氧水氧化,如环己酮,在中性和弱碱性条件下氧化成1,1′-二羟基双环己基过氧化物衍生物,而在酸性条件,如在HCl的催化下,生成另外一种氧化物1-羟基-1′-氢过氧双环己基过氧化物。

$$\text{（90%）} \xleftarrow[\text{r.t,1h}]{30\% H_2O_2} \text{环己酮} \xrightarrow[\text{r.t,1h}]{30\% H_2O_2/HCl} \text{（62%）}$$

稀硝酸可将环酮氧化成二元酸,氧化收率很高,这是制备长键二元羧酸的重要方法。

$$\text{环己酮} \xrightarrow[\text{微热}]{33\% HNO_3} \text{COOH COOH （100%）}$$

在有机过氧酸的作用下,酮能发生氧化-重排反应,生成相应的酯或内酯化合物,即 Baeyer－Villiger 反应,常用的有机过氧酸包括过氧乙酸、过氧苯甲酸、三氟过氧乙酸等。该反应提供了一种由酮制备酯的好方法,广泛应用于抗生素、类固醇和信息素中间体等天然产物的合成,某些用其他方法难以合成的羟基酸可由内酯进一步水解得到。

$$\xrightarrow[\text{50℃,4h}]{H_2O_2,HOAc} \text{（95%）}$$

(三)α-羟酮的氧化

α-羟酮在合成药物中有应用价值。此类氧化的实质是醇的氧化,由于邻位羰基的影响,反应易发生。常用的氧化剂为一些高价的金属盐类和金属氧化物。氧化剂能力较强的氧化剂,常可引起碳-碳键的断裂,氧化副反应较多。可用的氧化剂有 Bi_2O_3、$Cu(OAc)_2$、$HgCl_2$、$K_3Fe(CN)_6$、$O_2/CuSO_4$ 和 $NaBrO_3$,这些氧化剂反应条件较温和,氧化收率都较高。

$$\xrightarrow[\text{80℃,3.5h}]{CuSO_4 \cdot 5H_2O/Py} \text{（95%）}$$

苯妥英钠、贝那替秦、氯化甘脲等药物的重要中间体1,2-二苯基乙二酮(联苯甲酰)的制备即利用苯偶姻的氧化反应。

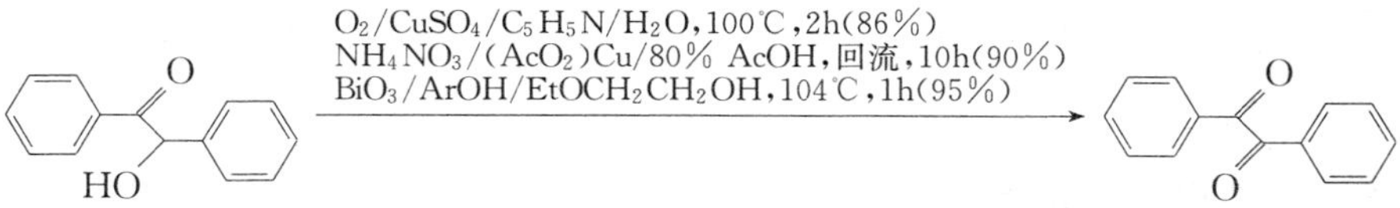

O₂/CuSO₄/C₅H₅N/H₂O,100℃,2h(86%)
NH₄NO₃/(AcO₂)Cu/80% AcOH,回流,10h(90%)
BiO₃/ArOH/EtOCH₂CH₂OH,104℃,1h(95%)
O
HO
O
O

四、芳烃的氧化

(一)芳烃的氧化开环

芳烃对于一般氧化剂,如高锰酸钾、铬酸等是相对稳定的,而且苄位碳-氢键易被氧化。当芳环上连有氨基、羟基等供电基团时,苯环易被氧化。由于这类反应产物复杂,合成意义不大。但当稠环和稠杂环化合物被氧化时,常是稠环中一个苯环被氧化开环成芳酸,被氧化开环的苯环常带有释电子基,在稠杂环中,被氧化的常是苯环,故用 $KMnO_4$ 可合成某些邻二芳甲酸或杂环邻二甲酸。

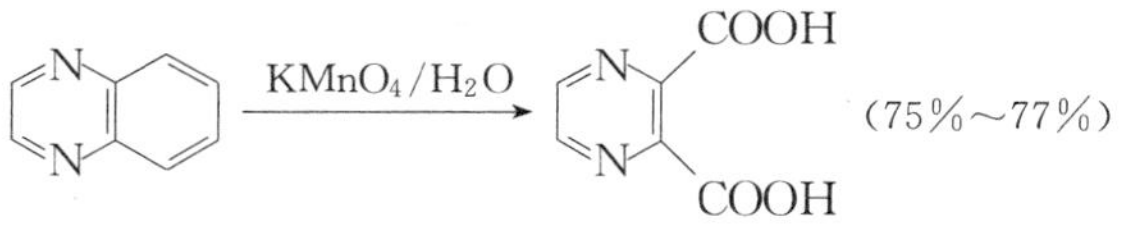

N
N
KMnO₄/H₂O
COOH
N
N
COOH
(75%~77%)

用四氧化钌(RuO_4)和稀的次氯酸盐水溶液,可以使稠环中一个苯环被氧化开环成相应的邻二苯甲酸类衍生物,它比 $KMnO_4$ 的氧化能力温和些,对原料的破坏较少,但缺点在于反应时间相当长。然而催化四氧化钌和过碘酸钠所组成的试剂可激烈地破坏苯环,而不影响或极少影响与之相连的侧链烷基或环烷基。由此,可以方便地合成一些羧酸,在这些反应中烷基或环烷基的构型保持不变。

重要的医药中间体环己基甲酸和叔丁基甲酸的制备。

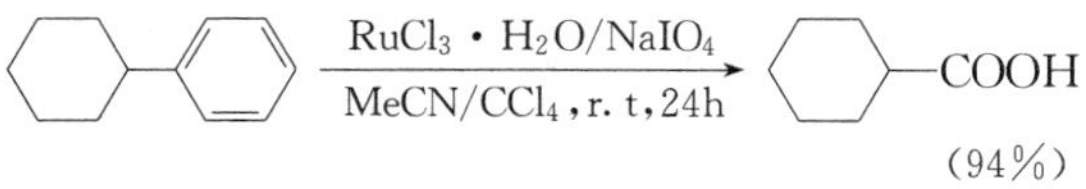

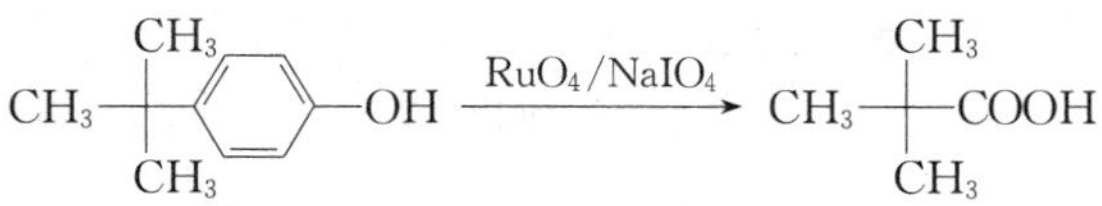

RuCl₃·H₂O/NaIO₄
MeCN/CCl₄,r. t,24h
COOH
(94%)

CH₃
CH₃
CH₃
OH
RuO₄/NaIO₄
CH₃
CH₃
COOH
CH₃

过量臭氧亦可使芳环氧化开环,产物为一些简单的脂肪族化合物,无合成意义。同样,吸电子基会减慢苯环和臭氧的反应,供电子基可加速反应。但臭氧可用于多环化合物中选择性的氧化开环。中枢神经系统的兴奋剂马钱子碱中间体的制备过程中采用臭氧进行氧化开环反应。

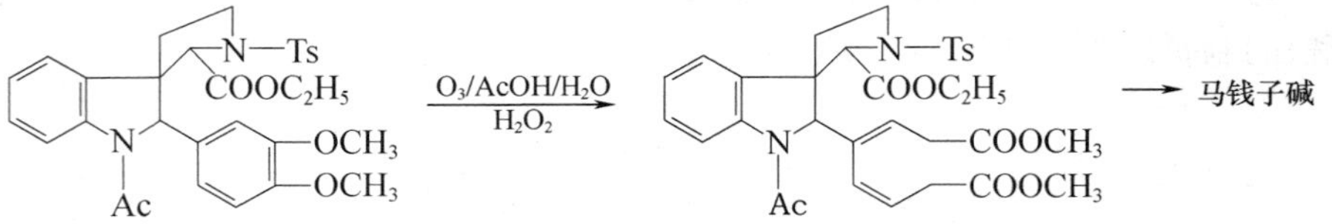

$$\xrightarrow[H_2O]{O_3/AcOH/H_2O,\ H_2O_2} \quad \longrightarrow\ 马钱子碱$$

(二)芳烃的氧化成醌

许多氧化剂都可将芳烃氧化成醌,在选择不同氧化剂时,要与所氧化的芳烃的氧化态相适应,大致规律是芳烃的氧化态越高,则选择氧化剂的强度(或氧化能力)应越弱或越温和,这样才能得到收率较高的醌。芳烃氧化态的高低和芳烃取代基原子的电负性相关,同样也和取代基的数量相关。一般来说,氧化态递升的次序是:芳烃(即无取代基的苯环、芳稠环和它们的烷基芳烃)、苯酚类(包括单取代的酚、芳醚、苯胺类和相应的烷基取代苯酚类)、对苯二酚及邻苯二酚等。

稠环芳烃以 Ce(Ⅳ)的硫酸铈铵盐作氧化剂,氧化成醌的收率较好。

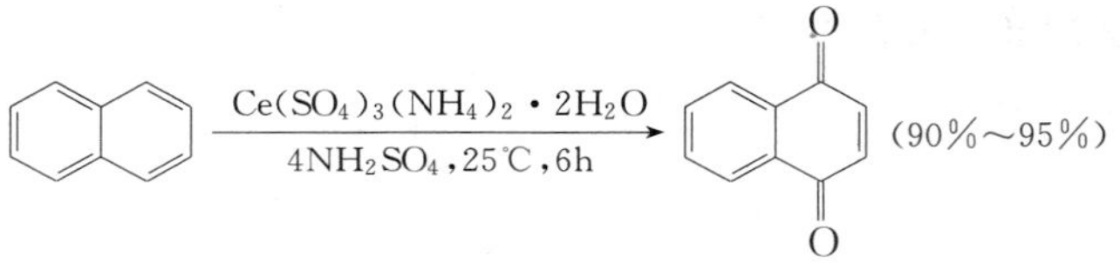

带有羟基、氨基、烷氧基或苄基的芳香环因被活化而较易被氧化成醌,常用的氧化剂有铬酸、HgO、CAN(硝酸铈铵)、Pb(OAc)$_4$ 和 FeCl$_3$ 等。

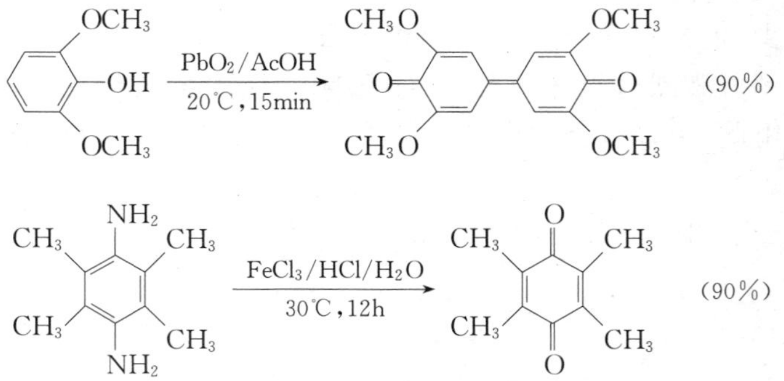

氢醌(包括邻二氢醌)通常可在温和的氧化条件下转变为醌,特别对于不含卤素的氢醌,Ag$_2$O 和 Ag$_2$CO$_3$ 等弱氧化剂即可有效地完成氧化,反应常在无水 MgSO$_4$ 等干燥剂共存的条件下,于无水乙醚中进行,氢醌和邻二氢醌均可转为高收率醌。

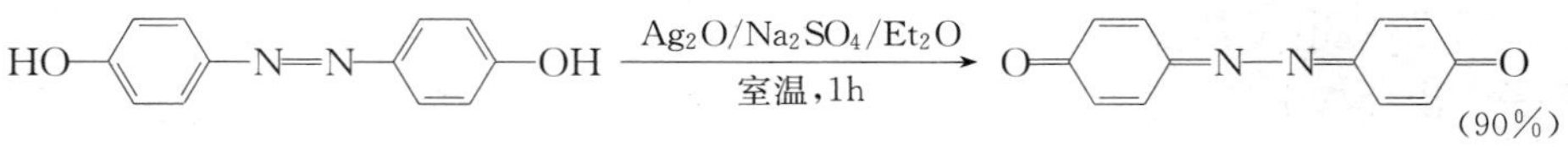

(三)芳环酚羟基化

在芳环上通过氧化引入酚羟基的方法主要是利用过二硫酸钾在冷碱溶液中将酚类氧化,在原有酚羟基的邻对位引入酚羟基。反应一般发生在酚羟基的对位,对位有取代基时,则在邻位氧化。此法收率不高,但它是酚类苯环上引入酚羟基的重要方法。

在 4 -甲基- 5,7 -二甲基香豆素的 6 -位上引入酚羟基,用其他方法较困难。

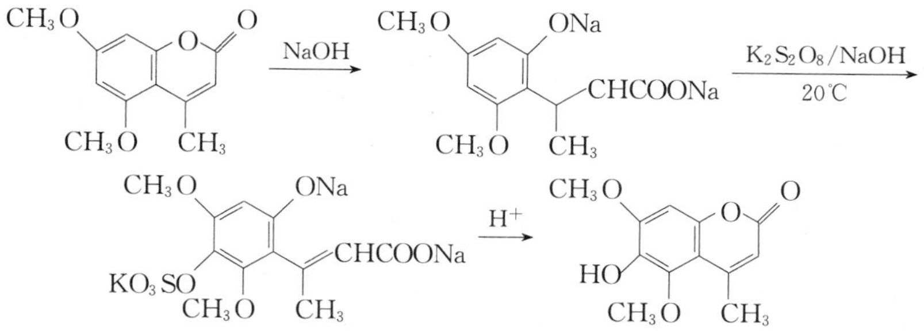

单元 4　生 物 氧 化

酶是生物体内产生的一类蛋白质,具有特殊的催化功能。生物体内进行的许多化学变化如氧化、还原、水解、酯化、缩合等,都是在酶的催化作用下进行的。因此,酶被称为生物催化剂。酶催化反应不仅存在于生物体内,也广泛用于医药产品如抗生素、有机酸、氨基酸、核酸、甾体激素等的工业生产中。酶的种类很多,应用于工业上的酶主要是通过微生物发酵得到的。在实际生产中不必将酶分离提纯,可在发酵产生酶的同时进行催化反应,其中,利用微生物对有机化合物进行氧化的反应称为生物氧化。

一、生物氧化的特点与关键

生物氧化反应是酶催化反应,因此具有酶催化反应的独特优点。

①高度专一性:酶对被作用物有高度选择性,一种酶只能催化特定的一类或一种物质。如淀粉酶只能催化淀粉的水解反应;节杆菌只能在甾体的 1,2 -位引起脱氢等。因此,反应副产物少。

②高催化活性:酶催化活性比相应的非生物催化剂高得多,一般高出 10 万倍到一亿倍。如 1g 结晶的 α -淀粉酶,在 65℃、15min 内,可使 2kg 淀粉转化为糊精。

③反应条件温和:一般在室温常压条件下即可进行酶催化反应,故对设备没有特殊要求。

④环境友好:酶本身无毒,反应过程中也不产生有毒物质,从而保证了安全操作,避免了环境污染。

由于上述特点,使得许多用化学方法不能完成的反应,可以通过生物氧化实现,这在工业生产上具有重大经济价值。

酶是温和条件下进行反应的高效催化剂,但由于酶的特点使生物氧化存在以下缺点。

①酶是一种蛋白质,一般对酸、碱、热和有机溶剂等不稳定,容易失活。

②酶只能和底物作用一次,生产能力低,生产周期长。

③通常发酵液体积大,产物的提取、分离、精制较麻烦,从而使生物氧化在药品生产应用中受到一定限制。

近年来,固定化酶技术成为生物氧化研究的热点内容,即通过将水溶性的酶或含酶细胞固定在某种载体上,成为不溶于水但仍具有催化活性的酶衍生物。固定化酶具有易分离回收并重复使用、稳定性高、可控性好、成本降低等很多优点,因此使酶催化反应又进入一个新阶段,生物氧化在药品生产中也将会有更广阔的前景。

生物氧化的关键是选择专属性高的微生物和控制适宜的发酵条件。在生物氧化时,控制好发酵条件至关重要,主要包括以下几个方面:

①培养基。这是微生物生长的营养物质,包括碳源、氮源、无机盐及微量元素等。每种微生物都有自身适宜的培养基。

②灭菌。发酵污染杂菌是药物生产的大敌,因此在发酵进行前,发酵罐、培养基、空气过滤器及有关设备都必须用蒸汽灭菌。

③选择最适发酵温度。

④选择最适发酵 pH。

⑤选择最佳接种时间。

⑥通气和搅拌。药物生产菌大多是需氧菌,通气和搅拌的目的是要保证发酵液有最好的氧溶解性。

⑦有时还需补料(加糖、通氨等)以控制发酵过程处于最佳范围。

二、生物氧化在药物合成中的应用

生物氧化现已越来越多地用于抗生素、氨基酸、有机酸、核酸、维生素和甾体激素等的合成中。

(1)葡萄糖酸钙的合成　葡萄糖酸钙是一种营养药,有助于骨质的形成并能维持肌肉和神经的正常兴奋性,用于缺钙症。葡萄糖在黑霉菌的作用下,可被氧化成葡萄糖酸,再用碳酸钙中和,可得葡萄糖酸钙。

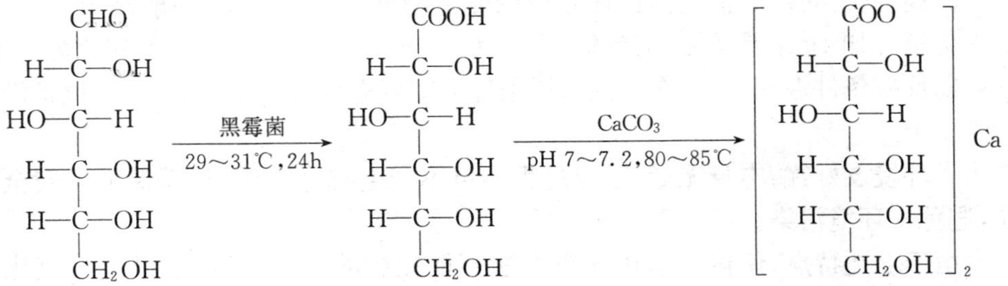

葡萄糖 　　　　　　　　　葡萄糖酸 　　　　　　　葡萄糖酸钙(86%～92.5%)

（2）维生素 C 的合成　维生素 C 的合成中也使用了生物氧化,其中二步发酵法是近年来新发展的方法,D-山梨醇用黑醋菌氧化,可生成 L-山梨糖,再用假单胞菌氧化而得 2-酮-L-古龙糖酸,后者经酸处理烯醇化、内酯化转变为维生素 C。

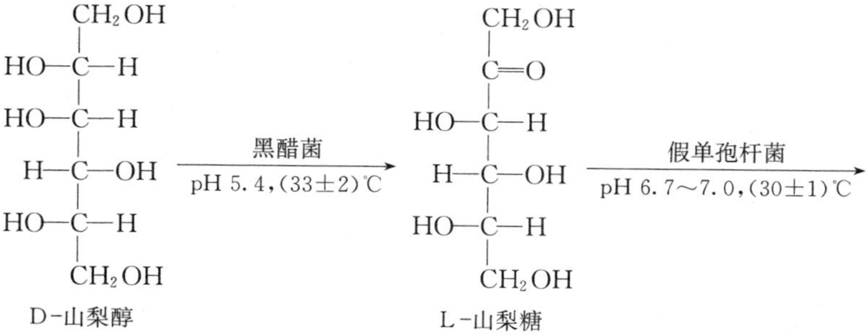

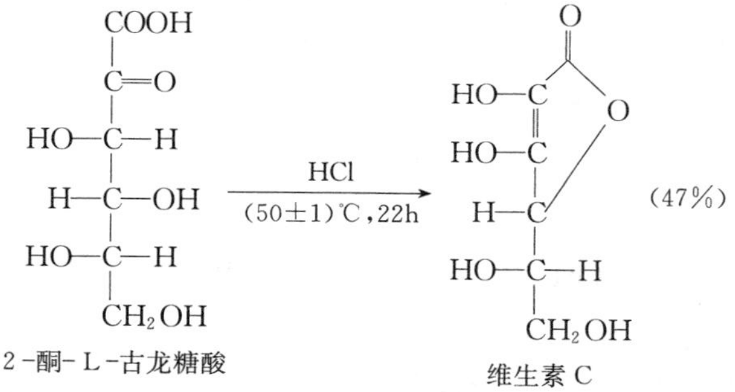

D-山梨醇　　　L-山梨糖

2-酮-L-古龙糖酸　　维生素 C

（3）氢化可的松的合成　氢化可的松是常用的甾体激素类药物,其制备可以醋酸化合物为原料,由犁头菌在发酵过程中产生的氧化酶和水解酶,在 11-位引入 β-羟基,21-位醋酸酯水解而得。

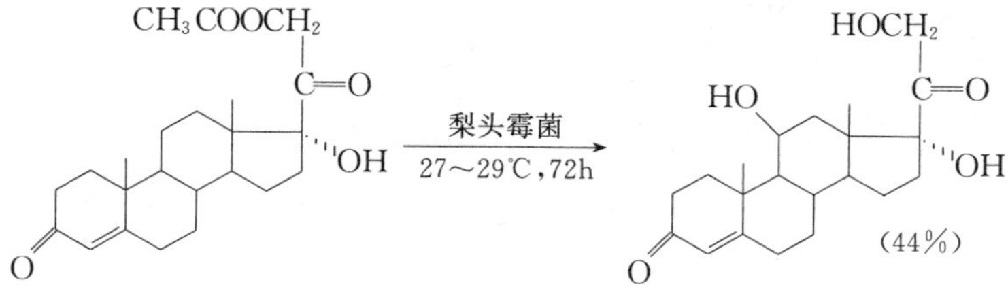

【习题】

一、问答题

1. 什么是氧化反应? 常用的氧化试剂有哪几种?

2. 选用高锰酸钾作氧化剂时,常在什么条件下进行反应? 为什么?

3. 活性二氧化锰的制备方法有哪些?

4. 铬化合物有哪些有效氧化形式? 举例说明其氧化特点。

5. 什么是生物氧化? 生物氧化的特点和关键各是什么?

二、为下列反应选择合适的氧化剂

1.

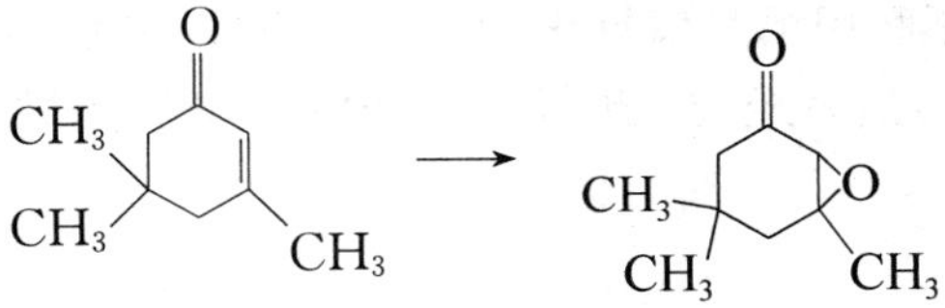

2.

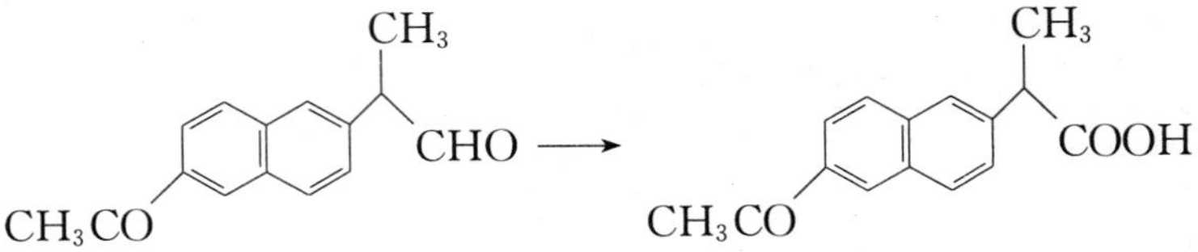

3.

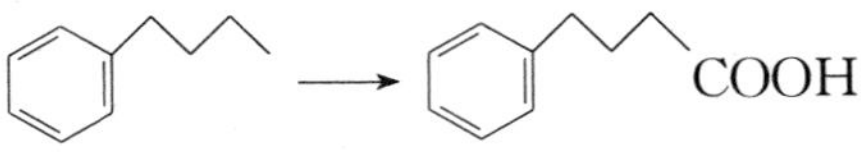

4.

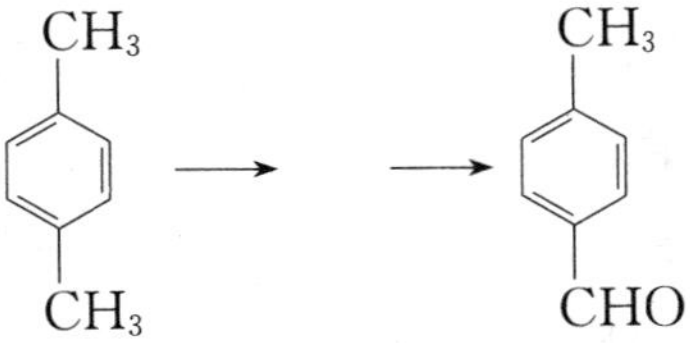

5.

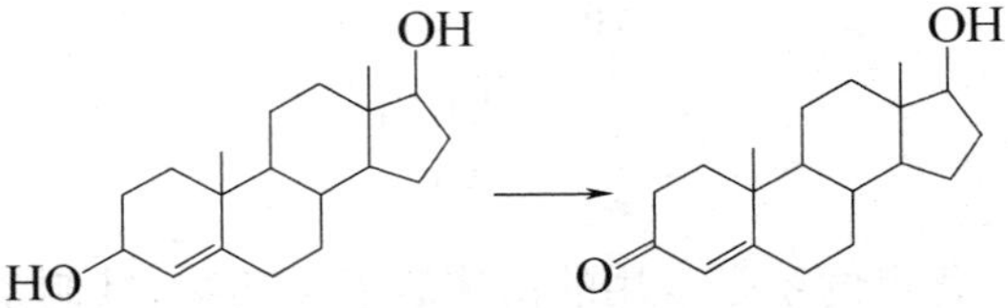

三、写出下列反应的主要产物

1. 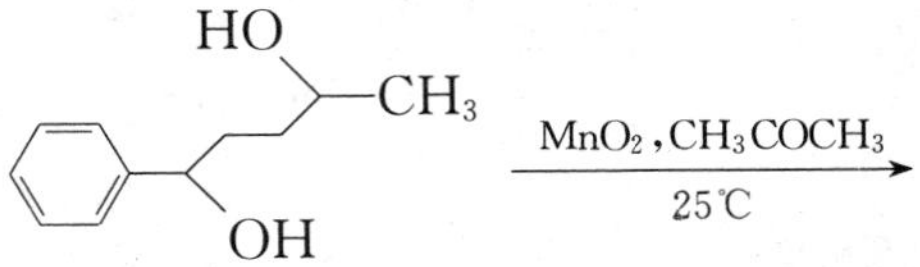
$$\xrightarrow[25℃]{MnO_2 , CH_3COCH_3}$$

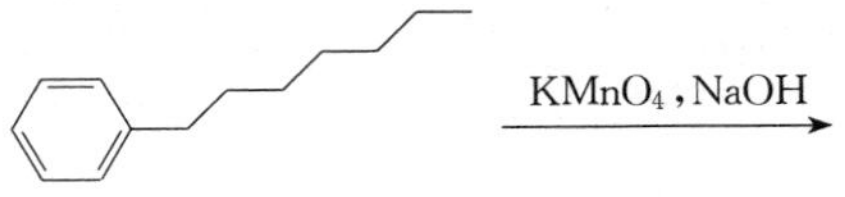

2.
$$\xrightarrow{KMnO_4 , NaOH}$$

3. $\text{—CH}_2\text{OH}$
$$\xrightarrow[r.t]{CrO_3 , Py}$$

4.
$$\xrightarrow{Pb(OAc)_4}$$

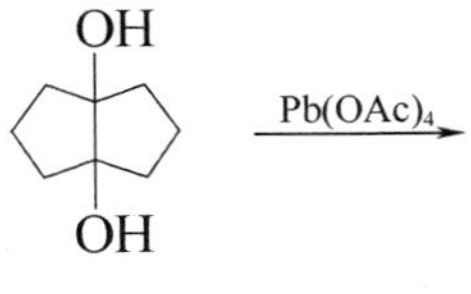

5. 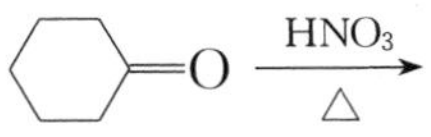
$$\xrightarrow[\triangle]{HNO_3}$$

学习情境九　还　　原

【学习目标】
1. 了解还原反应的基本概念和分类。
2. 掌握还原剂的种类及应用特点。
3. 熟悉还原反应的影响因素。
4. 掌握各类还原反应的条件及在药物及其中间体合成中的应用。

单元 1　还原应用的实例分析

实例分析 1:局部麻醉药利多卡因中间体 2,6 -二甲基苯胺的制备。

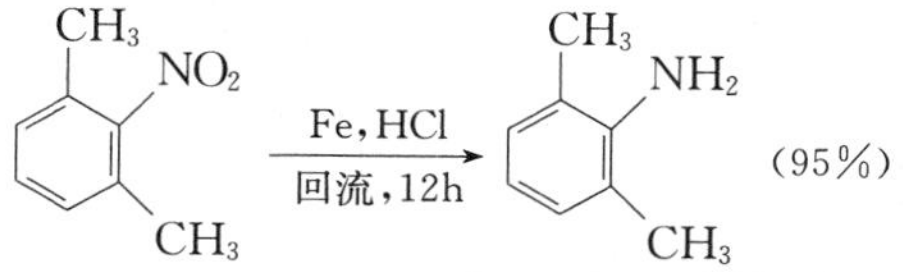

实例分析 2:抗蠕虫药己雷琐辛的制备。

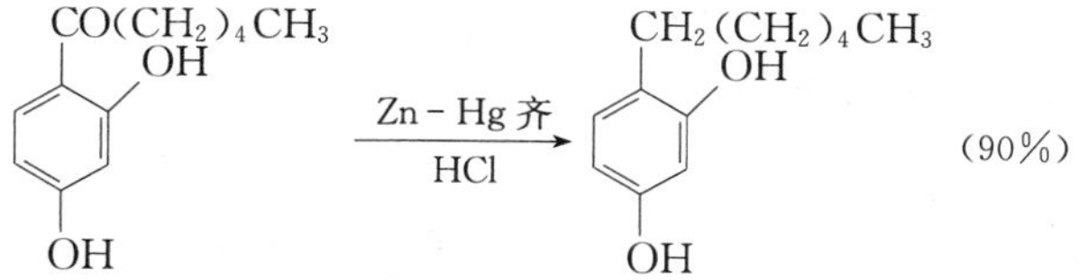

实例分析 3:苯乙双胍中间体苯乙胺的制备。

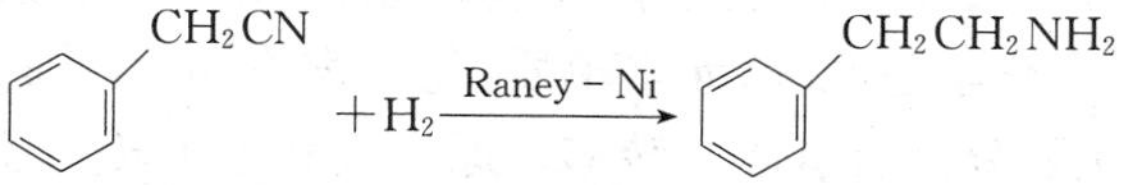

实例分析 4:抗真菌药物阿莫罗芬盐酸盐的制备。

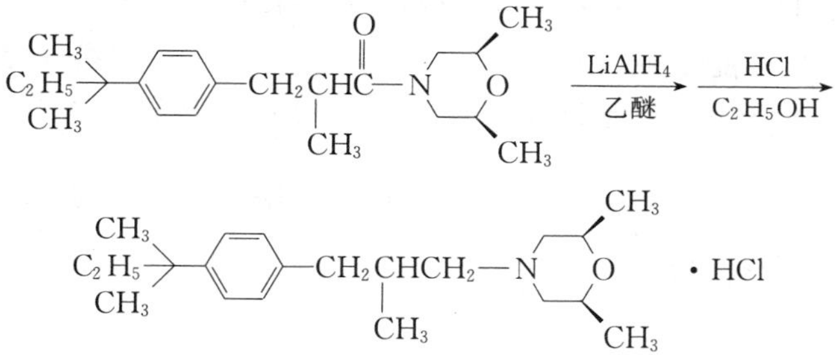

阿莫罗芬盐酸盐

实例分析 5:心血管系统药物贝凡洛尔中间体的合成。

207

$$CH_3O-\!\!\!\!\!\!\!-CH_2CH=\!\!N-OH \xrightarrow[NH_3,EtOH]{Raney-Ni,N_2} CH_3O-\!\!\!\!\!\!\!-CH_2CH_2NH_2$$

$$(76\%)$$

$$CH_3O \qquad\qquad CH_3O$$

上述反应中,在相应试剂的作用下,反应底物都发生了特定官能团的变化,如局部麻醉药利多卡因中间体 2,6 -二甲基苯胺的制备过程中芳香硝基在酸性介质中用铁粉将其还原为芳香氨基(实例分析 1),在抗蠕虫药己雷琐辛的制备中羰基转化为亚甲基(实例分析 2),在苯乙双胍中间体苯乙胺的制备中氰基在金属镍作用下与氢气发生加成反应生成伯胺(实例分析 3),在抗真菌药物阿莫罗芬盐酸盐的制备反应中酰基转变为亚甲基(实例分析 4),在心血管系统药物贝凡洛尔中间体的合成中由肟转化成了伯胺基团(实例分析 5)。这些转化具有一些共同点,即官能团中氧原子数减少或氢原子数增加或两者皆有,此类反应即本章要讨论的还原反应。

单元 2　还 原 反 应

一、还原反应的概述

有机化合物分子中,凡得到电子或电子偏移,使一个或几个原子上的电子云密度升高的反应称为还原反应。在分子组成上主要表现为被还原物氧原子数减少,或氢原子数增加,或二者兼而有之。

二、还原反应的类型

还原反应是借还原剂来完成的。根据所用还原剂及其操作方法的不同,可将还原反应分为化学还原、催化氢化还原、生物还原、电化学还原及光化学还原五种类型。化学还原是在化学还原剂(元素单质、化合物等)的直接作用下完成的还原反应,按反应机理主要分为负氢离子转移还原反应和电子转移还原反应。催化氢化还原是在催化剂的存在下,借助于分子氢与有机化合物发生的还原反应。生物还原反应是利用微生物发酵或活性酶进行的还原反应。本章主要讨论前两种。

根据被还原官能团或反应物的不同,还原反应还可以分为氮氧官能团(—NO_2,—NO,=N—OH)和亚氨基(=NH)的还原、羰基的还原、烯键和炔键的还原、碳氮不饱和键(—C≡N, C=N—)的还原、羧酸及其衍生物的还原以及还原脱卤或去硫反应等多种类型。

三、常用化学还原剂及特点

在化学还原反应中,化学试剂直接使有机化合物发生还原,本身被氧化。这些化学试剂就是化学还原剂,包括无机还原剂和有机还原剂。无机还原剂主要有活泼金属(包括合金)、金属氢化物以及一些低价元素的化合物;有机还原剂有金属有机化合物和有机化合物两类。

(一)金属还原剂

包括活泼金属、合金及其盐类。一般用于还原反应的活泼金属有碱金属、碱土金属以及 Al、Sn、Fe 等,合金包括钠汞齐、锌汞齐、铝汞齐、镁汞齐等,金属盐有 $FeSO_4$、$SnCl_2$ 等。这些还原剂在反应过程中均有电子得失,同时产生质子的转移。此类金属有较强的供电子能力,是电子的供给者,水、醇、酸、氨类等化合物提供质子,其还原机理是电子-质子的转移过程。例如,羰基化合物用金属还原为羟基化合物,是羰基首先自金属原子得到一个电子,形成负离子自由基,后者再由金属得到一个电子,形成 2 价负离子,2 价负离子由质子供给者得到质子生成羟基化合物。

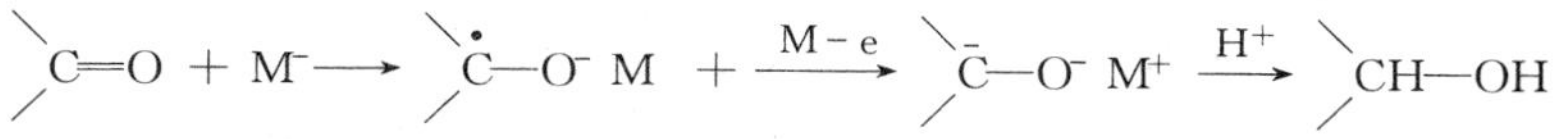

1. 铁和低价铁盐

铁在酸性条件下(硫酸、醋酸、盐酸等)为强还原剂,铁粉在使用前宜用稀酸处理以提高还原活性。铁-酸还原剂可将芳香族硝基、脂肪族硝基以及其他含氧氮功能基(亚硝基、羟氨基等)还原成氨基,将偶氮化合物还原成两个胺,将磺酰氯还原成巯基。一般对卤素、烯键或羰基无影响,是一种选择性还原剂。芳香硝基化合物用此法还原成芳伯胺,价廉简便,在药物合成中较早使用并应用广泛。如抗菌类药物双氯西林中间体、平喘药甲氧那明中间体以及抗感染药呋喃唑酮中间体的制备。

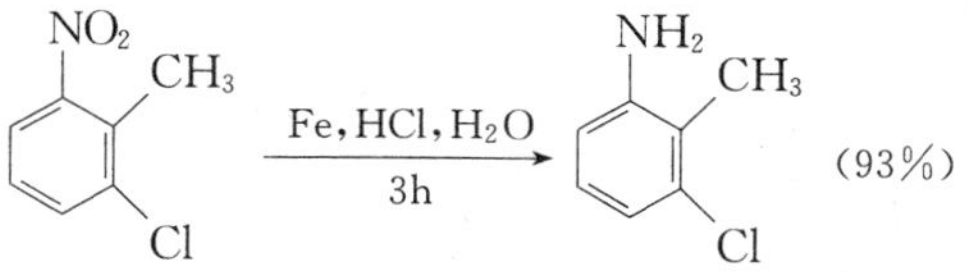

双氯西林中间体

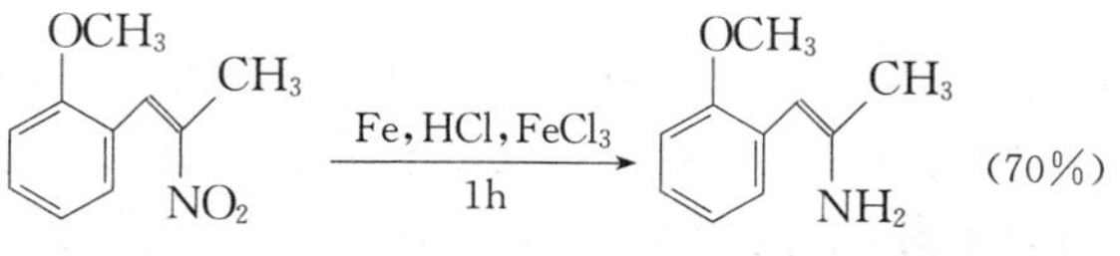

甲氧那明中间体

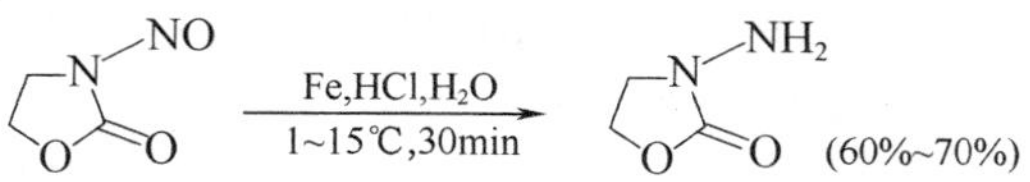

呋喃唑酮中间体

$$4PhNO_2 + 9Fe + 4H_2O \xrightarrow{Fe, H^+} 4PhNH_2 + 3Fe_2O_4$$

1 分子的硝基化合物需要得到 6 个电子才能被还原为氨基,1mol 的硝基化合物还原成氨基化合物时,理论上需要 2.25mol 的铁。

用铁-酸还原的有机化合物分子要有一定的酸稳定性。芳香硝基化合物被还原时,芳环上取代基的性质对反应有影响。芳环上有吸电子基团时,硝基氮原子上的正电荷增加,接受电子的能力增强,有利于还原反应的进行,反应温度相对较低;反之,芳环上有给电子基团时,硝基氮原子上的正电荷减少,负电荷相对增加,接受电子的能力减弱,不利于还原反应,反应所需温度较高。例如,局部麻醉药普鲁卡因可由对硝基苯甲酸-β-二乙氨基乙酯被铁-酸还原而得,反应于 55℃ 下进行,而扑热息痛中间体对硝基苯酚的制备则需要将温度提高到 100℃。

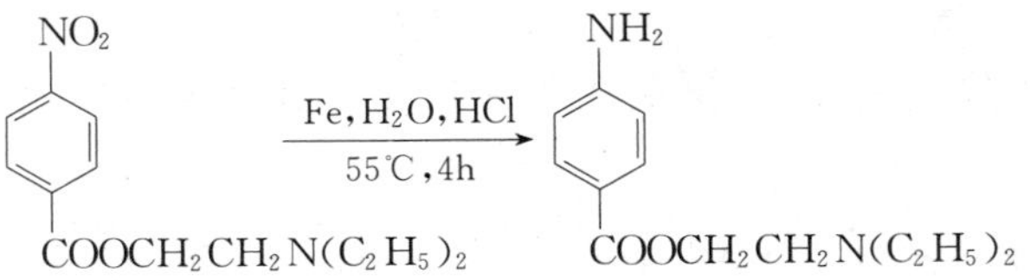

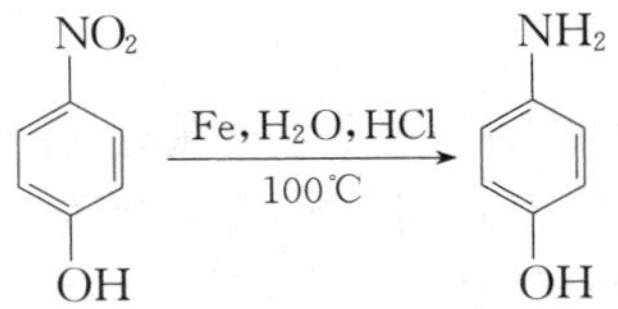

铁粉作还原剂时,粒度一般为 80 目,且含硅的铁粉效果较好,而熟铁粉、钢粉及化学纯铁粉效果差。反应前应先将少量稀酸与铁粉混合加热一定时间进行活化,除去表面的氧化铁形成亚铁盐作为电解质,也可加入氯化铵等电解质促进还原反应。例如,在局部麻醉药苯佐卡因的制备过程中,使用氯化铵电解质,可控制在近中性条件下进行反应。

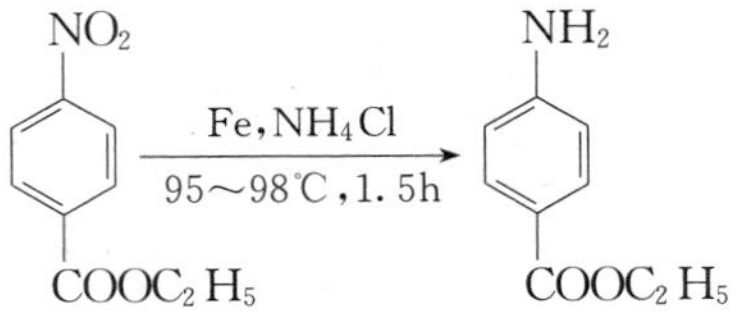

一般用水做溶剂,同时兼作质子源。1mol 的硝基化合物,用 50～100mol 水,若加入甲醇、乙醇、吡啶等水溶性溶剂,对反应有利。除此之外也可使用乙醇或醋酸作溶剂,醋酸作为质子源,如抗癫痫药卡马西平中间体的制备。

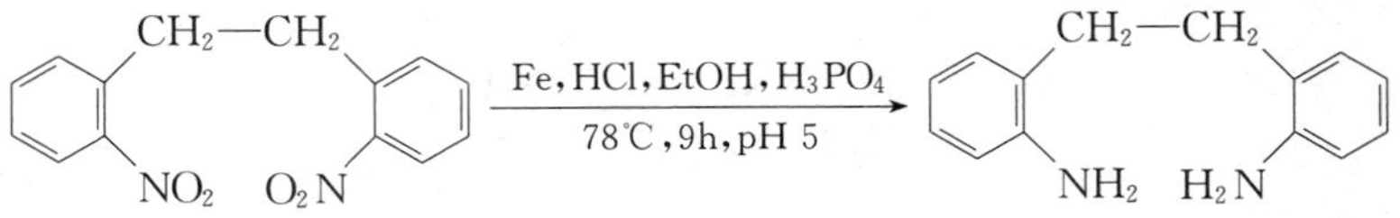

低价铁盐如 $FeSO_4$、$FeCl_2$、$Fe(OAc)_2$、$(HCOO)_2Fe$ 等也可作为还原剂。$FeSO_4$ 常与氨水一起使用,将硝基还原成氨基时,分子中的醛基、羟基等不受影响。

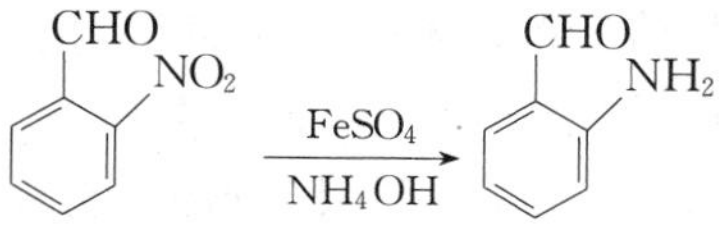

2. 钠和钠汞齐

金属钠在醇类(甲醇、乙醇、丁醇等)、液氨或惰性有机溶剂(苯、甲苯、乙醚等)中都是强还原剂,可用于—OH、C ═O、—COOH、—COOR、—CN 以及苯环及杂环的还原。钠汞齐在醇、水中,无论碱性条件还是酸性条件都是强还原剂,但由于汞的毒性大,钠汞齐已较少使用。为增加金属钠的表面积,常将其轧成钠丝或在甲苯中加热制成钠砂使用。除了甲酸酯和羧基直接与芳环相连的芳酸酯外,其他羧酸酯可被醇和金属钠还原成相应的伯醇,该反应称为 Bouveault - Blanc 还原反应。

$$(CH_3)_2N-CH_2-CH(CH_3)-COOC_2H_5 \xrightarrow{Na, C_2H_5OH} (CH_3)_2N-CH_2-CH(CH_3)-CH_2OH$$

反应中钠提供电子,醇提供质子并兼作溶剂。该醇往往是构成被还原酯中的醇,如甲醇、乙醇、丁醇、戊醇等,反应温度常为所用醇的回流温度。由于催化氢化和氢化铝锂的广泛应用,此法在实验室中已少使用,但因其简便易行,在工业上仍较广泛使用。除甲酸酯和芳酸酯外,各种羟酸酯还原为醇的效果都较好,如心血管药物乳酸普尼拉明中间体的制备。

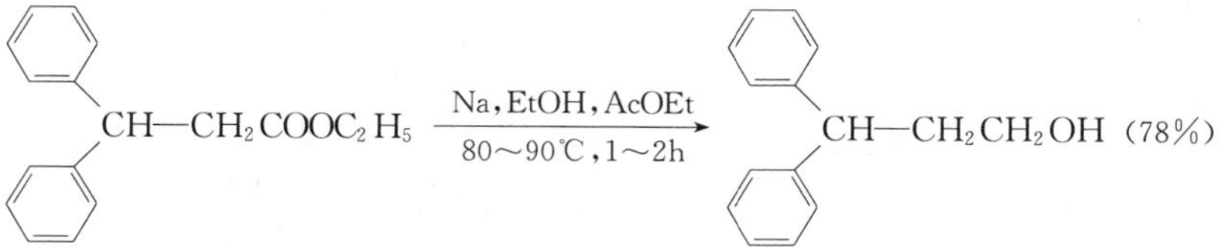

高级脂肪酸酯能顺利还原为醇,因反应不影响分子中的孤立双键,故此法是生产上制备长链不饱和醇的唯一途径。

$$CH_3(CH_2)_7CH{=}CH(CH_2)_7COOR \xrightarrow[C_2H_5OH]{Na} CH_3(CH_2)_7CH{=}CH(CH_2)_7CH_2OH \quad (82\%\sim84\%)$$

同理,二元羟酸也可以被还原成二元伯醇,如地喹氯铵的中间体 1,10 -癸二醇的制备。

$$C_2H_5OOC-(CH_2)_8-COOC_2H_5 \xrightarrow[C_2H_5OH]{Na} HOH_2C-(CH_2)_8-CH_2OH \quad (54\%)$$

上述反应的主要副反应是由钠与醇作用生成的醇钠使具有 α -活泼氢的酯发生的克莱森缩合,不利于还原反应的进行,可加入尿素分解醇钠以提高还原产率。

金属钠-醇还原体系,易将芳酯混酮还原为仲醇,把肟和腈还原为胺;芳杂环能安全被还原;孤立炔键还原成烯键。共轭体系中某些部位的烯键可以被还原,根据条件不同还原结果也有所差别。例如,利用金属钠-乙醇还原体系制备非甾体雌激素类药物己烷雌酚中间体和抗肿瘤药司莫司汀(甲环亚硝脲)中间体。

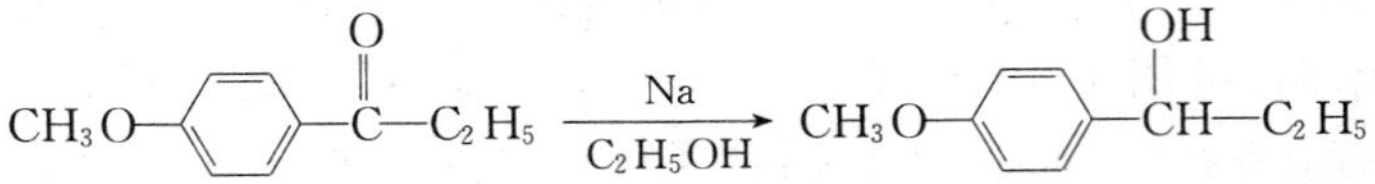

己烷雌酚中间体

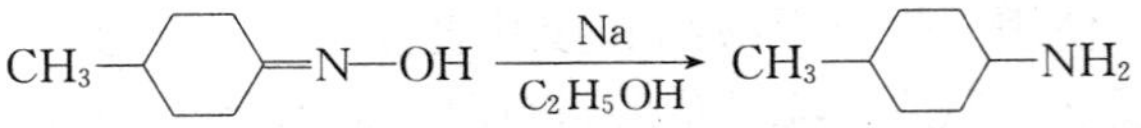

司莫司汀中间体

在非质子溶剂中,如苯,钠汞齐可使酮还原为双分子还原产物 α -二醇(频哪醇)。

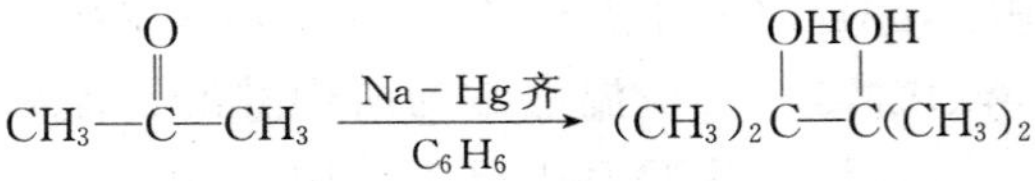

苯环或杂环可被钠-汞齐或醇/钠体系还原,如 1,3,5 -环己三醇及四氢萘的合成。

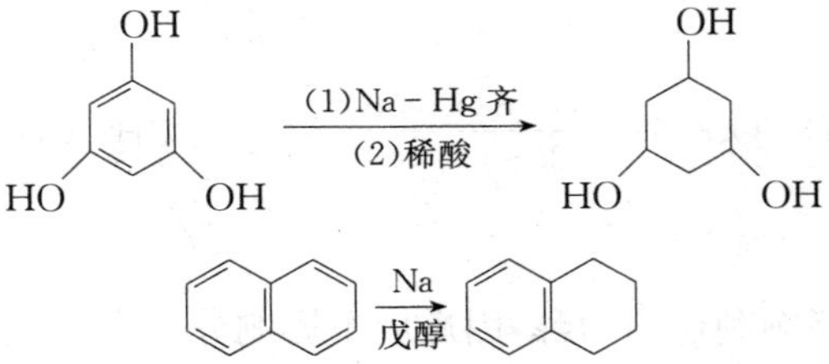

钠汞齐和醇/钠可将三键还原为双键,而只有与芳环或羰基相邻时双键才能被还原为饱和化合物。钠汞齐也可将羧酸、酰胺还原成醇。

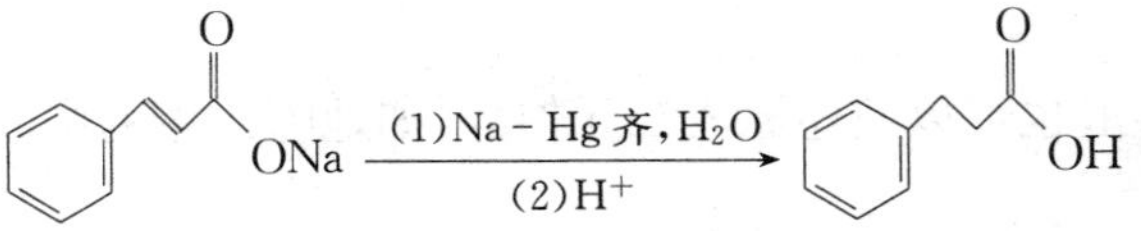

在液氨中,金属钠可以将酯还原为伯醇,如组胺 H_2 受体拮抗剂类消化性溃疡药西咪替丁中间体的制备。

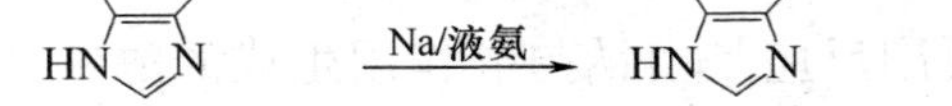

西咪替丁中间体

有乙醇存在时,钠在液氨中可将芳环还原成二氢化合物,称为 Birch 还原。金属锂、钾也能发生此反应,反应速度为锂＞钠＞钾。铁盐等杂质对反应有影响。芳环上的取代基性质对反应有很大影响。吸电子基团如—COONa 可使反应容易进行,生成 1,4 -二氢化物;给电子基团如 R,—NH₂,—OR,O⁻ 等,则使反应较难进行,生成 2,5 -二氢化物。

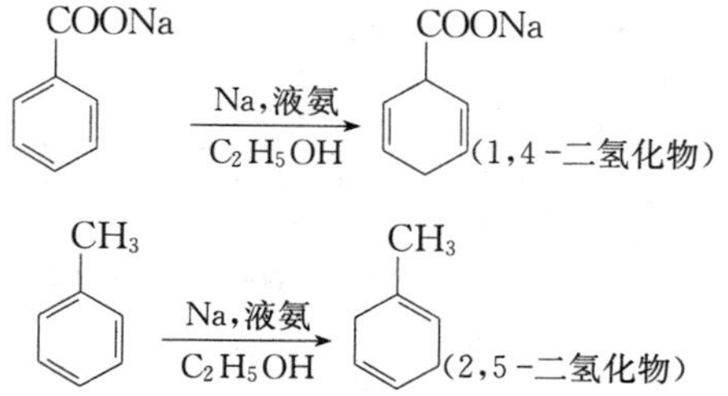

钠或锂等碱金属的 Birch 还原反应在药物合成中应用较广,很多甾体化合物就是通过该反应制备的,如长效避孕药 18 -甲基炔诺酮中间体的制备。

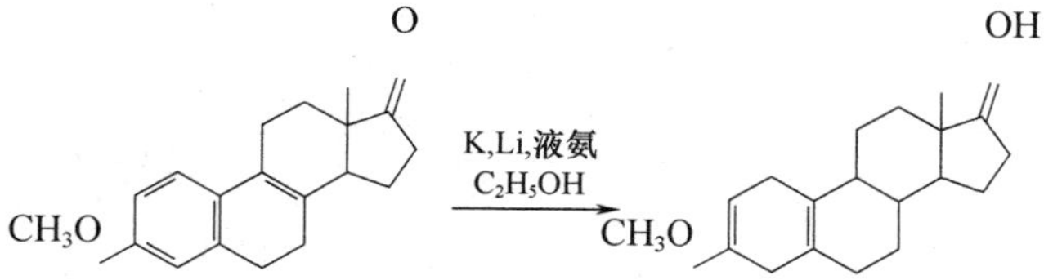

3. 锌和锌汞齐

无论在酸性、碱性还是中性条件下,锌粉都具有还原性,反应介质不同,还原的官能团和相应的产物也不尽相同。锌汞齐一般在酸性条件下使用。在中性或微碱性条件下,锌粉可单独使用,也可在醇或氯化铵、氯化镁、氯化钙的水溶液中使用。锌在这些条件下呈弱碱性,可将硝基苯还原成胺。在氢氧化钠的存在下,锌粉可使芳香族硝基化合物发生双分子还原,生成氧化偶氮苯、偶氮苯和氢化偶氮苯。

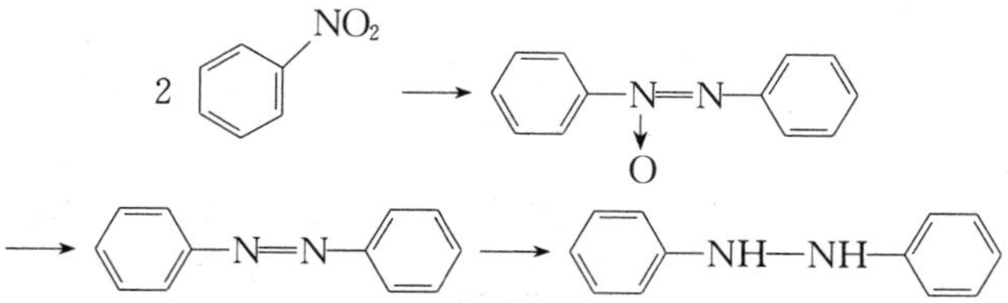

在碱性乙醇液中用锌粉还原偶氮化合物,可合成消炎镇痛药羟布宗中间体。

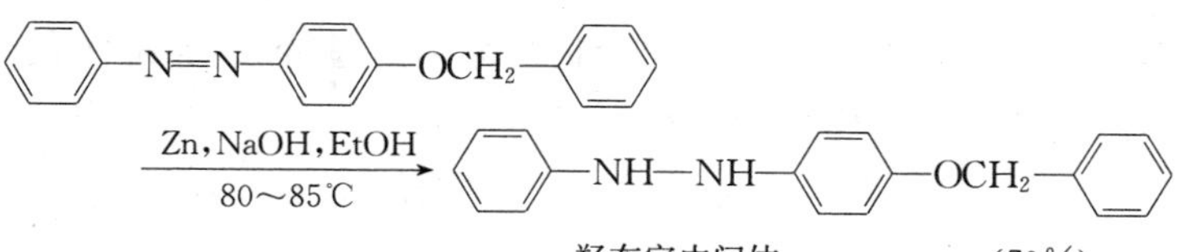

发生双分子还原是由于在碱性条件下缺乏质子,生成的负离子自由基会发生偶联。控制条件可使反应停止在某一阶段。生成的氢化偶氮苯在酸的作用下发生重排,生成联苯胺类化合物,这是制备偶氮染料刚果红中间体联苯二胺的重要方法。

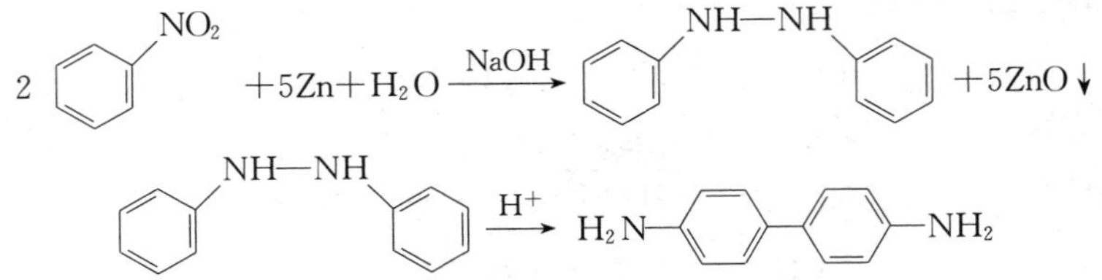

偶氮染料刚果红中间体联苯二胺

在碱性条件下,锌粉可将二苯酮类化合物还原成二苯甲醇,也可将某些氯化物还原脱氯。例如,抗组胺药苯海拉明中间体二苯甲醇和抗胆碱药溴丙胺太林(普鲁本辛)中间体的制备是利用锌粉在碱性条件下还原二苯酮;抗感染药甲氧苄氨嘧啶中间体的制备则是利用锌粉的还原脱氯反应。

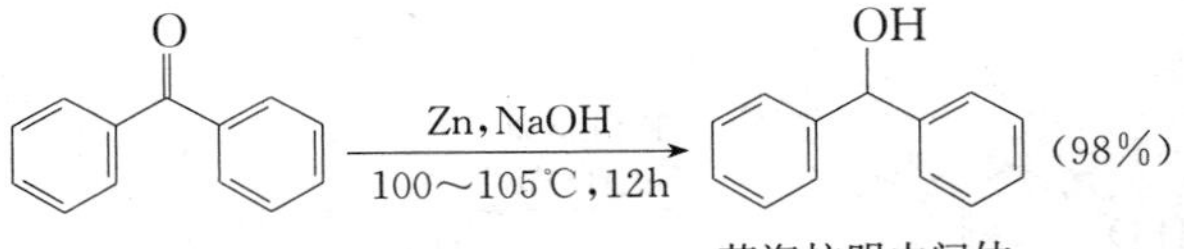

苯海拉明中间体

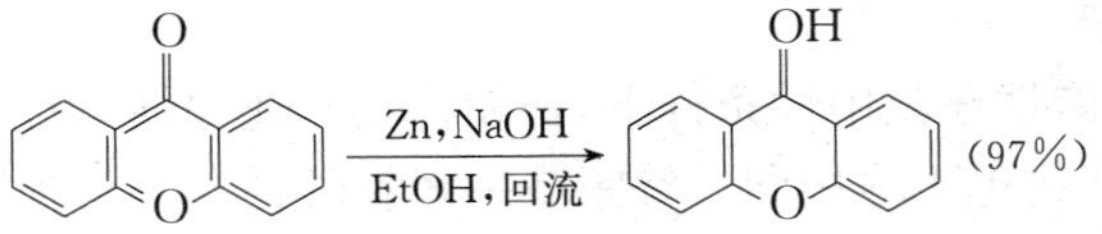

溴丙胺太林中间体

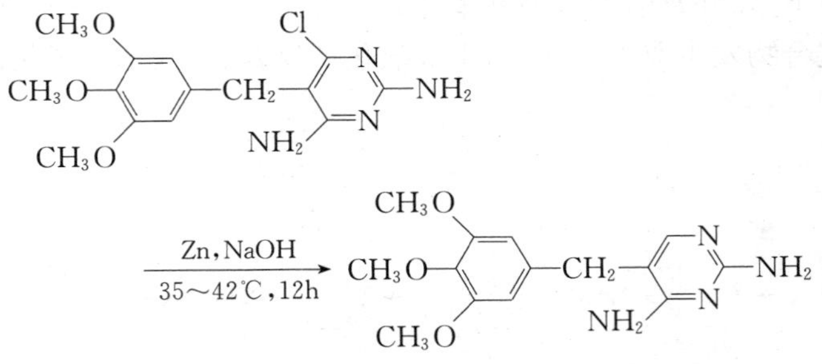

甲氧苄氨嘧啶中间体

在中性水溶液中,锌可将芳硝基化合物还原为芳基羟胺,叔醇中的羟基可被锌粉还原脱除,但不影响分子中的不饱和键。

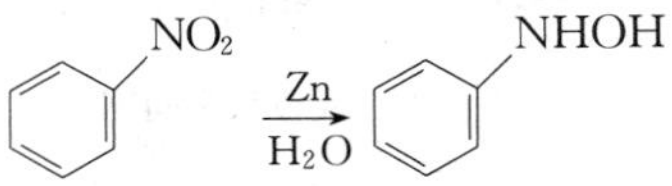

$$(Ph)_3C-OH \xrightarrow[H_2O]{Zn} (Ph_3)C-H$$

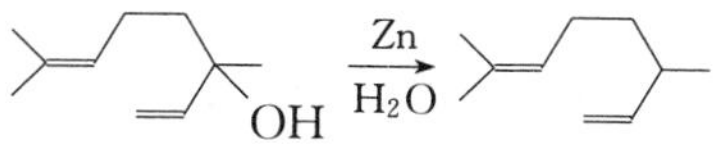

在酸性条件下锌粉和锌汞齐作还原剂时,常用盐酸,也可以用硫酸和醋酸。锌粉在酸性条件下可将硝基和亚硝基还原成氨基,将碳-硫双键、硫-硫键、碳-卤键等还原裂解,α-位有吸电子基的卤原子、苄位或烯丙位卤原子易被还原裂解下来,有些醚键可裂解开环,还可以将酮还原为醇或亚甲基、醛基还原为甲基,醌还原为氢醌。例如,升压药多巴胺中间体、血管收缩药羟甲唑啉中间体以及解毒药亚甲蓝中间体的制备都是利用锌在酸性条件下的还原反应。

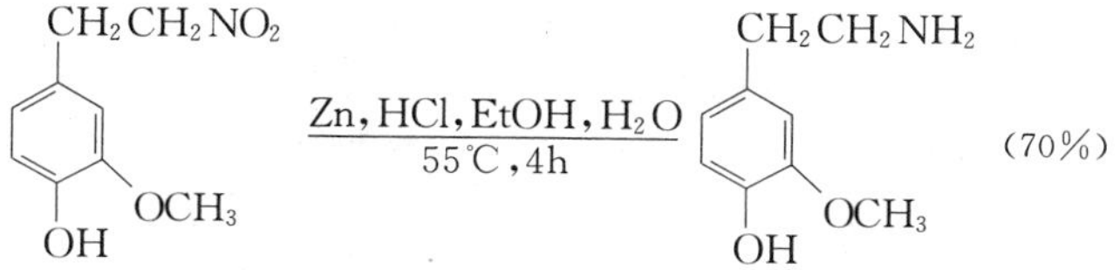

多巴胺中间体

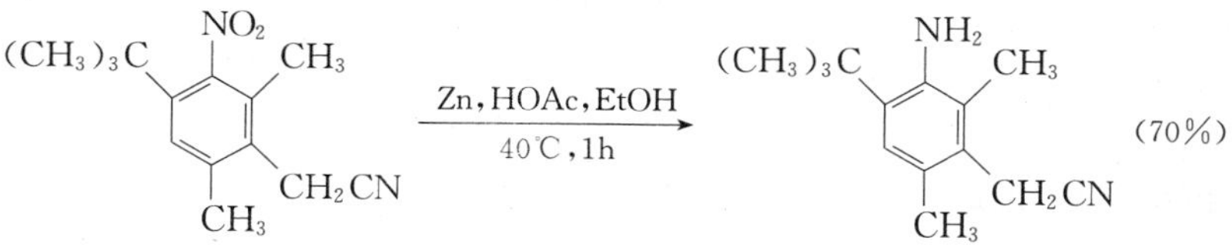

羟甲唑啉中间体

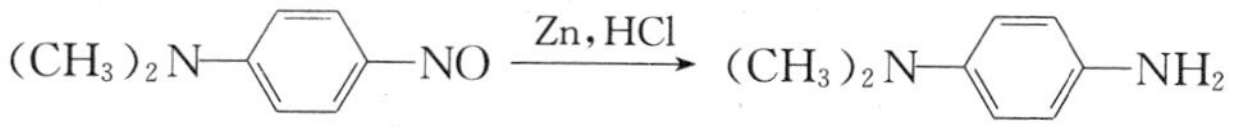

亚甲蓝中间体

抗癫痫药扑米酮、前列腺素中间体以及孕激素炔诺酮中间体的制备即利用锌粉在酸性条件下的还原裂解反应。

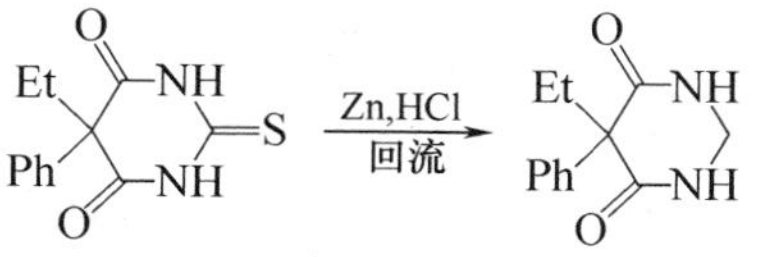

扑米酮

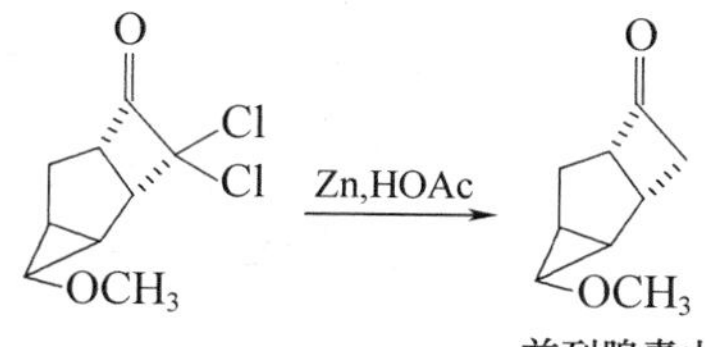

前列腺素中间体

215

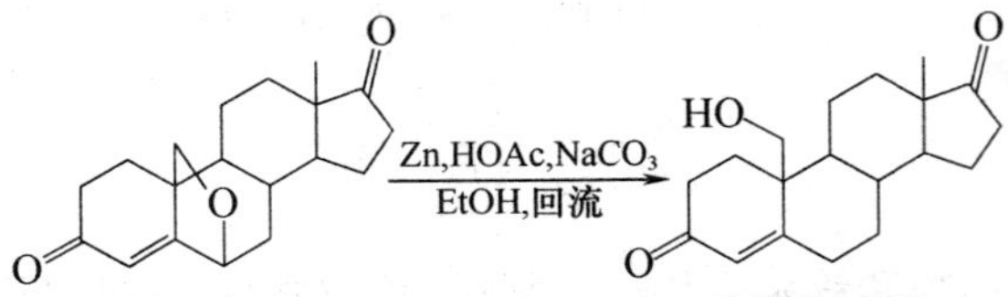

炔诺酮中间体

抗过敏药赛庚啶中间体和维生素 K4 的制备即通过锌粉在酸性条件下将酮还原为醇、醌还原为氢醌。

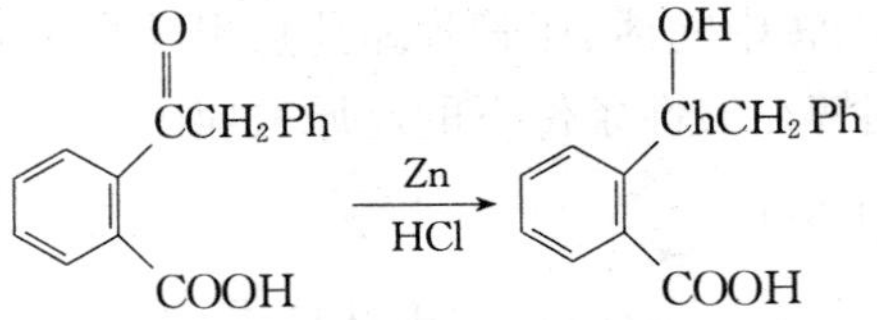

赛庚啶中间体

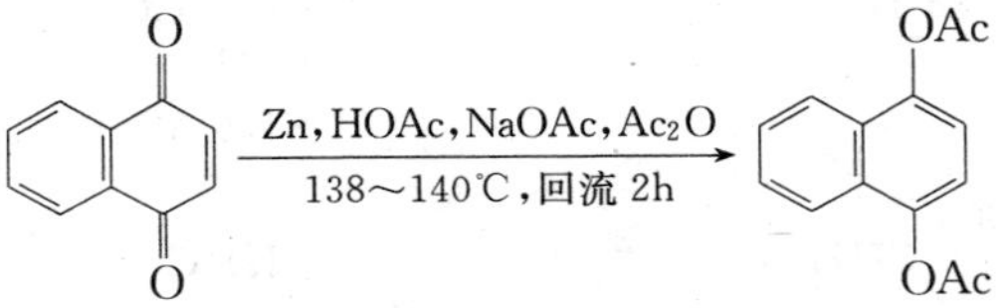

维生素 K$_4$

4. 锡和二氯化锡

二者都是较强的还原剂,但因价格贵而多用于实验室中,工业上很少使用。将锡熔融慢慢倒入冷水中可制成锡的细小颗粒。锡可将硝基还原成氨基,也可将腈还原成胺。

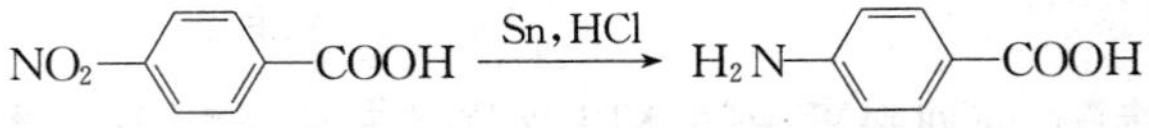

二氯化锡作还原剂时常将其配成盐酸溶液,因其能溶于醇,有时还原反应也在醇中进行,在醇溶液中能将硝基还原成氨基。二氯化锡不还原羧基和羟基(三苯甲醇例外),含醛基的硝基苯类用二氯化锡可还原为氨基芳醛。用计量的二氯化锡还原多硝基化合物时,可只还原其中一个硝基。

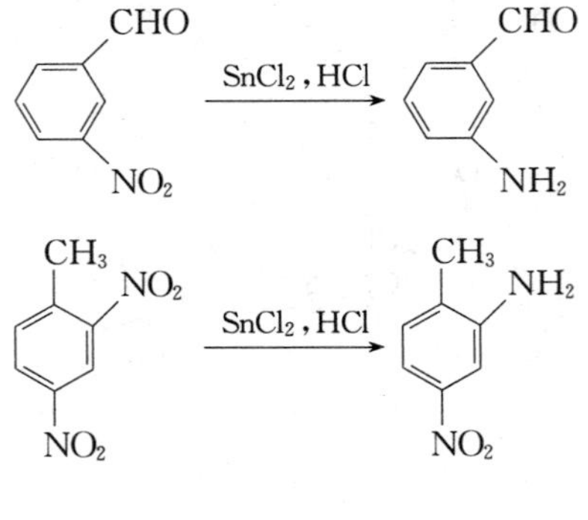

驱虫药甲胺苯脒中间体可用锡还原硝基成氨基来制备。

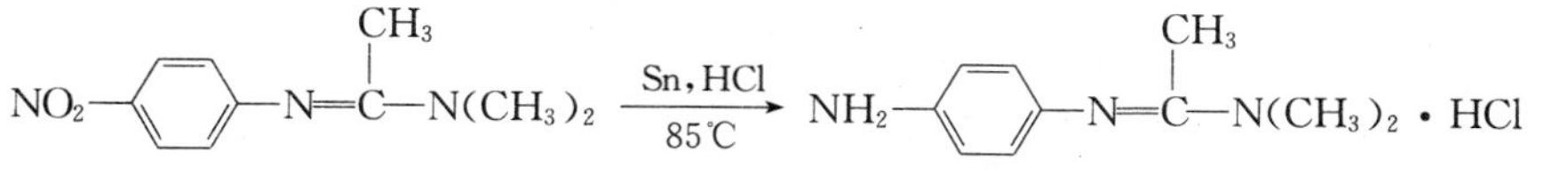

甲胺苯脒中间体 （65%）

在低温条件下，芳香族重氮盐可被二氯化锡还原为芳肼，偶氮化合物则被还原为两分子的胺类化合物。二氯化锡在冰醋酸或在氯化氢气体饱和的乙醚溶液中，则可将脂肪族或芳香族腈还原为醛基，如格拉司琼中间体、柳氨酚中间体及甲状腺素中间体的合成。

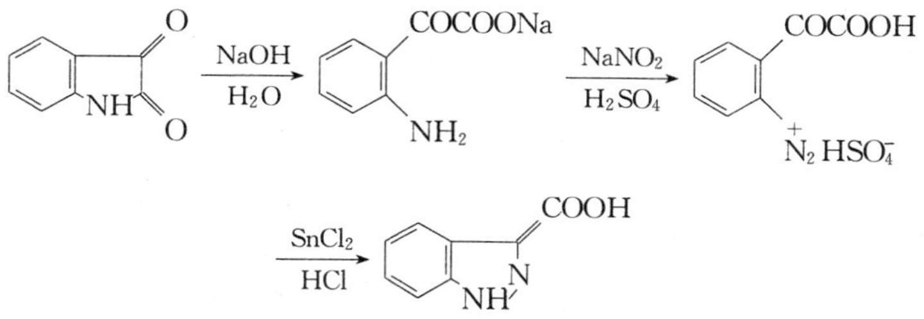

格拉司琼中间体

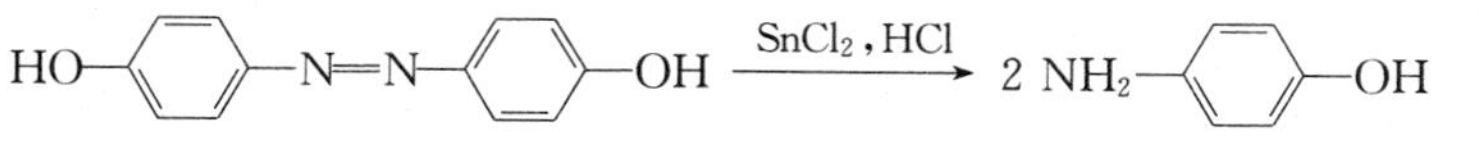

柳氨酚中间体

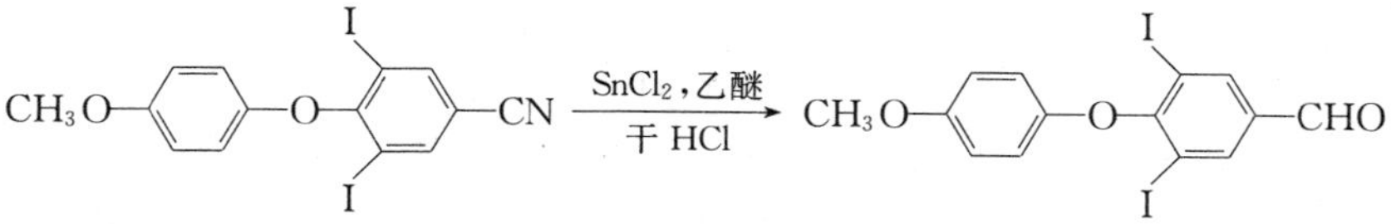

甲状腺素中间体

（二）含硫化合物

含硫化合物大多是缓和的还原剂，包括硫化物（硫化钠、硫氢化钠、多硫化钠等）和含氧硫化物（亚硫酸钠、亚硫酸氢钠、连二硫酸钠、二氧化硫等），主要用于将含氧氮的官能团还原为氨基，常在碱性条件下使用。

1. 硫化物

硫化物中硫的氧化数为负二，由于负二价的硫具有较低的还原电势，电子移动的有效范围窄，因此硫化物是一类比较温和的还原剂，一般只能将硝基或亚硝基还原成氨基，如果是多硝基化合物可进行部分还原。二硫化物中主要是二硫化钠，可由等摩尔的硫化钠和硫在水中加热制备，可将硝基还原为氨基，二硫化钠本身被氧化为硫代硫酸钠。该反应后处理简单，反应时间短，可密闭操作和连续生产，因此工业上多采用该还原剂。例如，抗蠕虫药甲苯咪唑中间体、解热镇痛药对乙酰氨基酚中间体对氨基苯酚及抗结核药对氨基水杨酸钠中间体间硝基苯胺的制备。

217

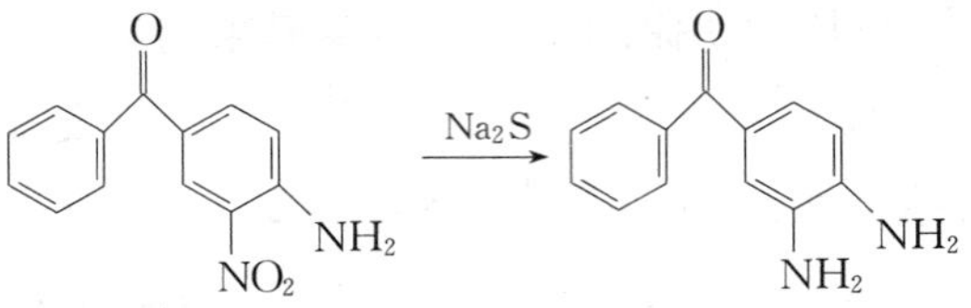

甲苯咪唑中间体

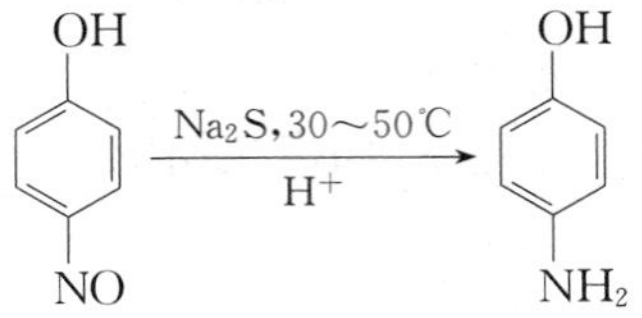

对氨基苯酚

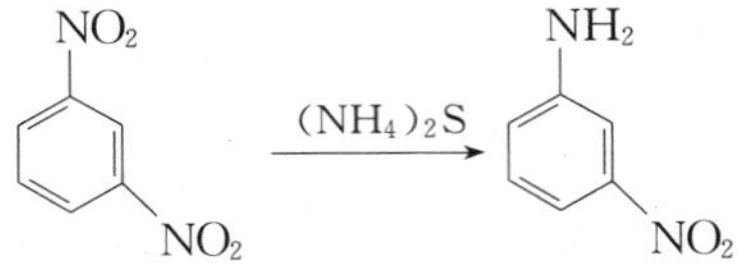

间硝基苯酚

解热镇痛药非那西丁的制备。

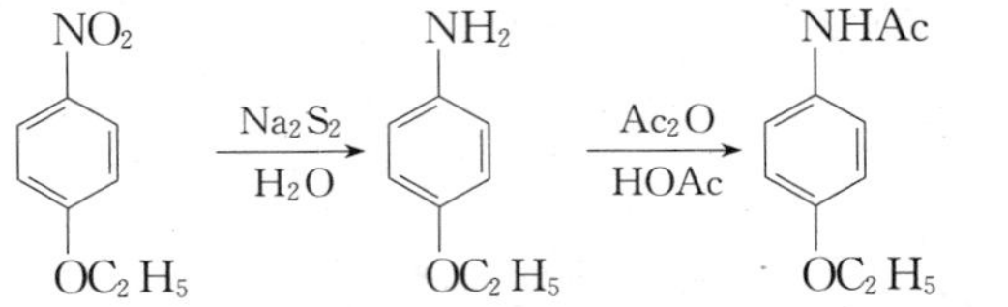

非那西丁

处于硝基对位的甲基或亚甲基可被硝基致活,在二硫化物的存在下,甲基或亚甲基被氧化成醛基或酮基,硝基被还原为氨基,该反应需在反应物浓度较稀的条件下完成。反应的机理是二硫化钠发生歧化反应,生成具有还原性的硫化钠和具氧化性的新生态硫,在两者共同作用下,使对硝基芳烃的硝基还原,烃基氧化,如抗结核药氨硫脲中间体的合成。

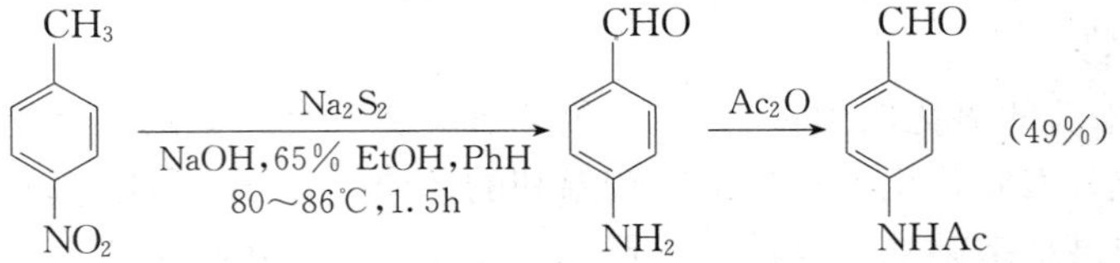

氨硫脲中间体

2. 含氧硫化物

此类还原剂主要有亚硫酸盐和亚硫酸氢盐、连二亚硫酸钠等。亚硫酸盐和亚硫酸氢盐是在酸性介质中使用的还原剂,常用钠盐和铵盐,能将硝基、亚硝基、羟胺基、偶氮基还原成胺,将重氮基还原成肼。在起还原作用的同时,也可在芳环上发生磺化反应,其还原机理是亚硫酸对上述被还原官能团的不饱和键进行加成,加成产物 N-磺酸铵盐经水解生成相应产物。例如,4-亚硝基安替比林被亚硫酸氢铵还原后进一步酸水解,碱中和可以得到解热镇痛药安乃近中间体 4-氨基安替比林。

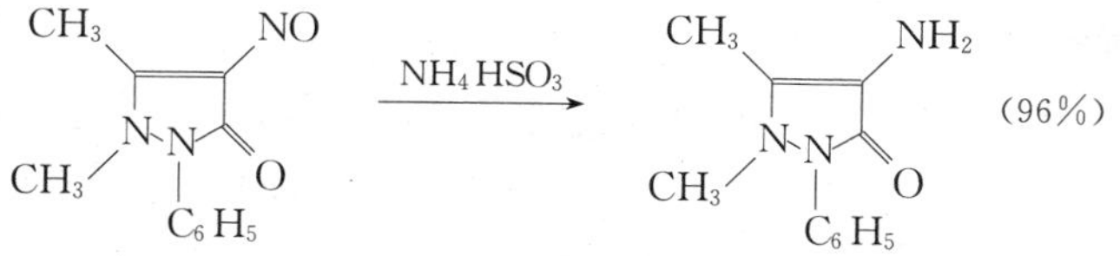

4-亚硝基安替比林　　　　　4-氨基安替比林

连二亚硫酸钠($Na_2S_2O_4 \cdot 2H_2O$),又称保险粉或次亚硫酸钠,是活性较强的碱性还原剂,广泛应用于实验室研究和医药工业生产中,在生物化学上常用以还原酶或辅酶,在药物制剂生产中用作抗氧剂,在药物合成中用于还原含氮不饱和基团($-NO_2$,$-NO$,$-NH-OH$,$=NOH$,$-N=N-$等)成氨基,并能将醌还原成氢醌。连二亚硫酸钠性质极其不稳定,固体状态在空气中易氧化,受热或在水溶液中易分解,在酸性水溶液中迅速分解失活。因此,使用该还原剂时,应临时配成水溶液,并在碱性条件下使用(注意:配制溶液时,应将连二亚硫酸钠逐渐加入水中,不可反加,否则会导致反应剧烈,甚至着火爆炸)。例如,抗肿瘤药巯嘌呤中间体、维生素类药叶酸的合成原料、维生素 E 中间体以及抗凝血药莫哌达醇中间体等化合物的制备。

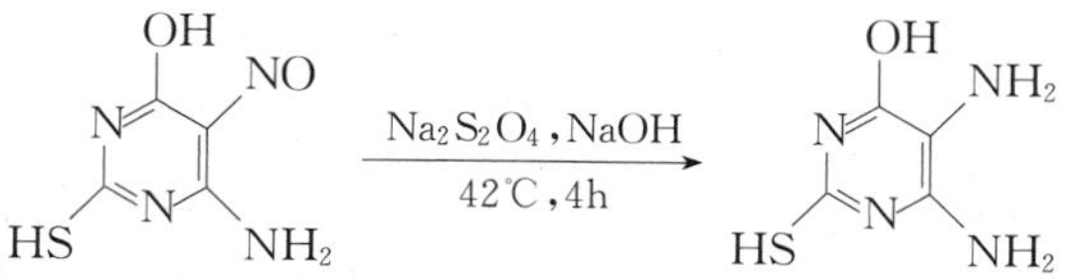

硫嘌呤中间体

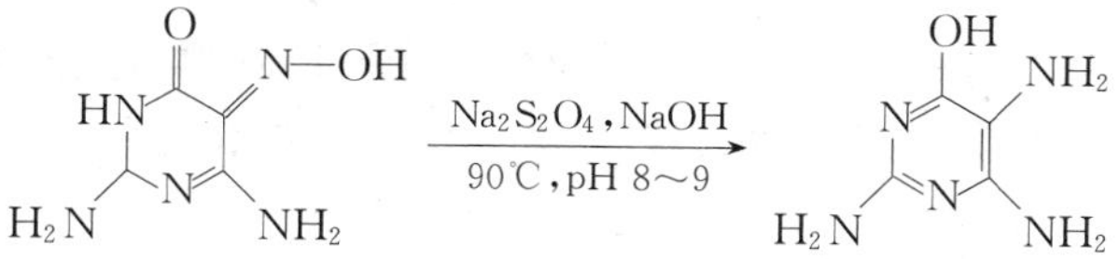

合成叶酸的原料

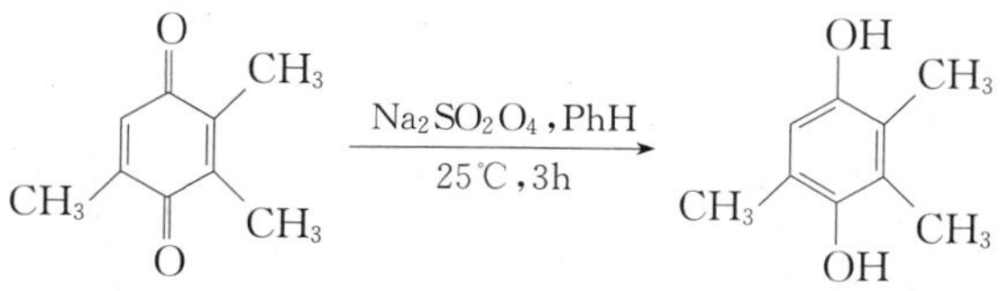

维生素 E 中间体

$$\text{(86\%)}$$

莫哌达醇中间体

(三)金属复氢化物

本类还原剂都是以金属氢化物与氢化锂或硼烷形成络合氢负离子的盐类形式存在,不仅还原作用广泛,且试剂种类也逐渐增多。常用的金属复氢化物包括氢化铝锂、硼氢化钠、硼氢化钾、硼氢化锂等。

$$Li + AlH_3 \longrightarrow Li^+ AlH_4^-$$
$$KH + BH_3 \longrightarrow K^+ BH_4^-$$
$$NaH + BH_3 \longrightarrow Na^+ BH_4^-$$
$$LiH + BH_3 \longrightarrow Li^+ BH_4^-$$

由于组成元素的活性不同,本类还原剂具有不同的反应特性,在进行还原反应时应根据还原对象的不同选择合适的还原剂、反应条件和后处理方法。就还原能力而言,氢化铝锂最强,可被还原的功能基团范围也最广,选择性较差;硼氢化锂次之;硼氢化钾(钠)还原性较弱,选择性较强。

1. 氢化铝锂

氢化铝锂为白色多孔的轻质粉末,放置时变灰色。可由粉末状氢化锂与无水三氯化铝在干醚中反应制备。

$$4LiH + AlCl_3 \longrightarrow LiAlH_4 + 3LiCl$$

氢化铝锂中的四氢铝负离子具有亲核性,可向羰基中带正电的碳原子进攻,继而发生氢负离子转移。由于四氢铝负离子结构中有四个氢可被利用,因此加成反应原则上可以继续进行,最后形成四烷氧基铝负离子,后者再于质子溶剂中分解,生成醇类还原产物。理论上 1mol 氢化铝锂可还原 4mol 羰基化合物。

氢化铝锂性质非常活泼,遇水、酸、醇等含活泼氢的化合物立即分解,所以反应要在无水条件下进行,常用的溶剂是无水乙醚和干燥的四氢呋喃,反应结束后可加入乙醇、含水乙醚、152.7g/L 氯化铵水溶液、水、饱和硫酸钠溶液等将未反应的氢化铝锂分解。

$$LiAlH_4 + 2H_2O \longrightarrow LiAlO_2 + 4H_2 \uparrow$$

氢化铝锂还原活性很强,除烯键一般不受影响外,几乎能将所有的含氧不饱和基团还原成相应的醇,将脂肪族含氮不饱和基团还原为胺,芳香族硝基、亚硝基、氧化偶氮化合物还原为偶氮化合物,卤代烷还原为烃,二硫化物和磺酸衍生物还原为硫醇,炔被还原成烯。

醛的还原 $CH_3(CH_2)_5CHO \xrightarrow{LiAlH_4} CH_3(CH_2)_5CH_2OH$ (80%)

酮的还原 $CH_3CH_2\overset{O}{\overset{\|}{C}}CH_3 \xrightarrow{LiAlH_4} CH_3CH_2\overset{OH}{\overset{|}{C}}CH_3$ (80%)

羧酸的还原 $(CH_3)_3CCOOH \xrightarrow{LiAlH_4} (CH_3)_3CCH_2OH$ (93%)

酯的还原 $CH_3COOC_2H_5 \xrightarrow{LiAlH_4} CH_3CH_2OH$ (90%)

酸酐的还原 $C_2H_5\overset{O}{\overset{\|}{C}}O\overset{O}{\overset{\|}{C}}C_2H_5 \xrightarrow{LiAlH_4} 2CH_3CH_2CH_2OH$ (80%)

酰氯的还原 $Ar\overset{O}{\overset{\|}{—C}}Cl \xrightarrow{LiAlH_4} Ar—CH_2—OH$ (80%)

酰胺的还原 (88%)

腈的还原 (88%)

2. 硼氢化钠和硼氢化钾

硼氢化钠又称钠硼氢,是一种白色吸湿性结晶粉末,在干空气中稳定,在湿空气中分解。硼氢化钾又称钾硼氢,为白色结晶性粉末,无吸湿性,在空气中稳定,工业生产中多采用硼氢化钾。

硼氢化钠(钾)的还原作用比较温和,具有很高的选择性,操作简便安全,不需要高温高压和无水操作,在水或醇中都相当稳定。不溶于乙醚和四氢呋喃,能溶于水、甲醇、乙醇等但分散甚微,因而常用水和醇类为溶剂。反应若需在较高温度下进行时则可选用异丙醇(沸点 82.5℃)或二甲氧基乙醚(沸点 162℃)作溶剂。反应液中加入少量碱可对还原反应有促进作用。反应通常在室温下进行,有些反应需要在加热或回流状态下进行。用含水溶剂时,需控制反应在碱性条件下进行,因为pH 过低会使还原剂很快分解,放出氢气而导致还原能力减弱或消失,所以硼氢化钠(钾)不能在酸性条件下反应。使用时通常是先将过量的硼氢化钠(钾)溶解在含碱的溶剂中制成还原剂,再将底物滴加到还原液中,若底物对碱不稳定可反滴。还原反应完成后,用稀酸分解过量的还原剂和烃氧基硼复合物,得到还原产物醇,生成的硼酸也便于分离。

硼氢化钠(钾)是将醛、酮还原成醇的首选试剂,分子中的硝基、氰基、亚氨基、烯键、炔键、卤素等一般不受影响,但可将较活泼的酰氯还原成醇,环状酸酐还原成酯。例如,氯霉素中间体肉桂醇的合成中使用硼氢化钠将醛基还原成伯醇,双键不受影响。

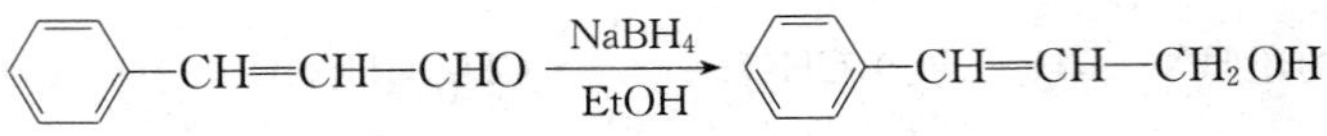

支气管扩张药氯丙那中间体、孕激素炔诺酮中间体及抗蠕虫药左旋咪唑中间体中酮基的还原都可以使用硼氢化钠(钾)。

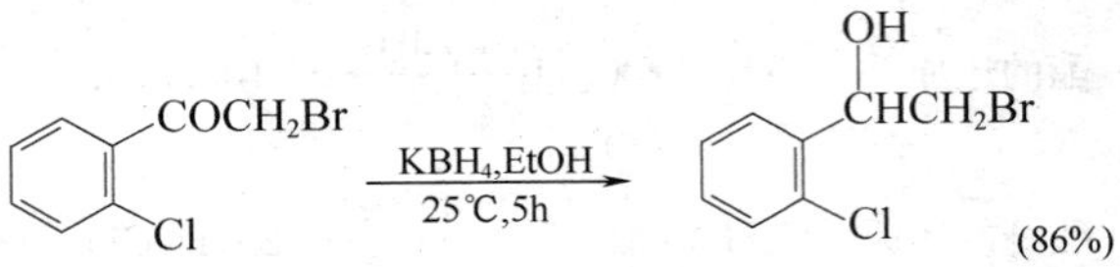

氯丙那中间体

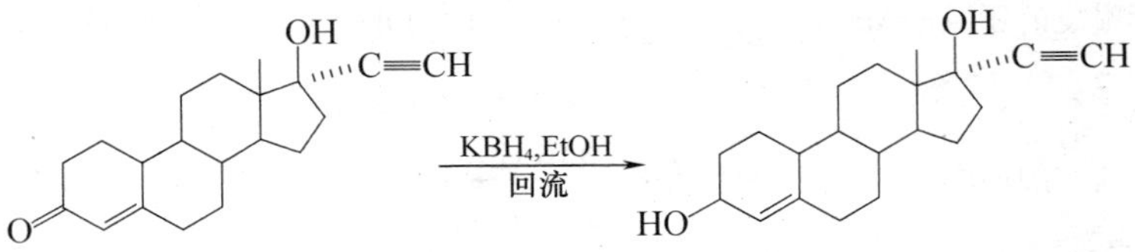

孕激素炔诺酮中间体

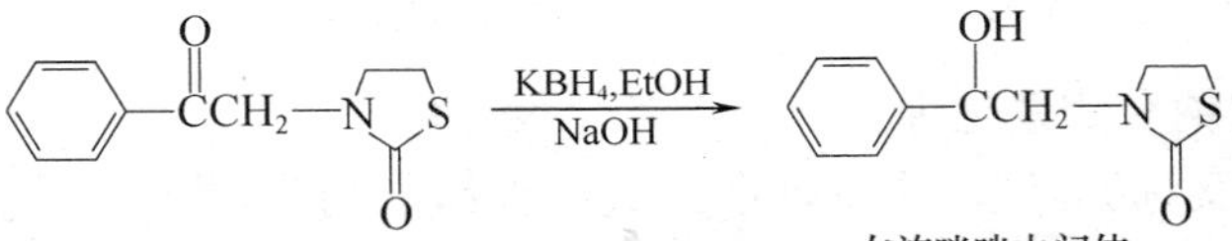

左旋咪唑中间体

(四)肼

肼类化合物最常用的是水合肼($N_2H_4 \cdot H_2O$),在碱性条件下是较强的还原剂。

$$N_2H_4 + 4OH^- \longrightarrow N_2 + 4H_2O + 4e^-$$

其显著特点是在还原反应中自身被氧化成氮气,副反应少。水合肼在碱性条件下能将醛、酮的羰基还原成亚甲基,该反应称为 Wolff - Kishner -黄鸣龙反应。

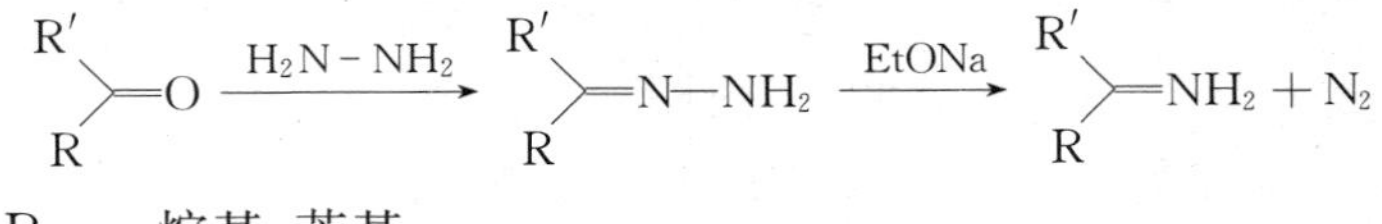

式中　R——烷基、芳基
　　　R′——烷基、芳基或氢

经典的方法是羰基化合物与纯肼先生成腙,然后在醇钠的存在下于高温高压下进行反应。经黄鸣龙改进后,采用水合肼、一缩二乙二醇或二缩三乙二醇等高沸点溶剂以及氢氧化钾在常压下反应,方法简便、安全,收率也有所提高。肼还原的特点是分子中的双键、羧基等还原时不受影响,立体位阻较大的酮也可被还原,但还原共轭羰基时,有时会发生双键移位的现象。

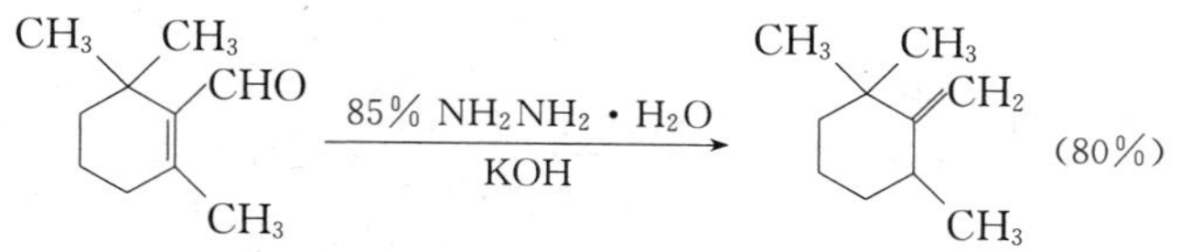

分子中有对强碱和高温敏感的基团时不能用上述方法，若将被还原的羰基与水合肼反应生成腙，然后在室温下加入叔丁基醇钾的二甲亚砜溶液，有时反应会迅速发生，可避免高温等条件带来的麻烦。克莱门森还原反应是在酸性条件下进行的，而 Wolff－Kishner－黄鸣龙反应是在碱性条件下进行的，二者互补，在合成中广泛应用。

水合肼可将硝基化合物还原为胺，多硝基化合物可利用控制反应条件的方法进行选择性还原。

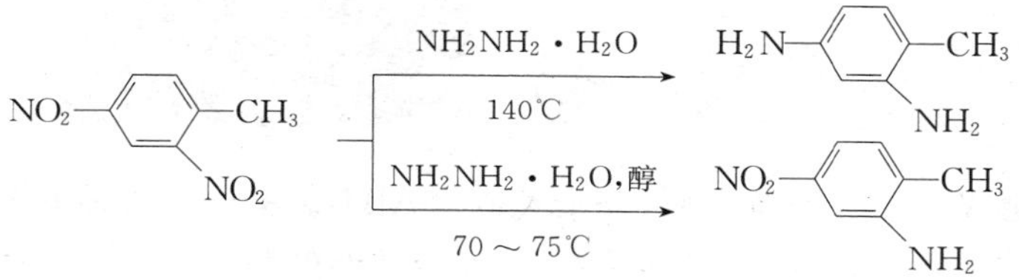

肼和氢化反应催化剂一起使用，如钯－炭、Raney－Ni，则很容易发生催化还原，条件温和，常压或低压反应，产品收率高。反应中金属催化剂促进肼分解为氮(氨)和氢。此法相当于催化氢化反应，肼是氢的来源。控制肼的用量可将硝基化合物和最终产物胺之间的还原中间产物分离出来，这些中间体继续与肼和催化剂反应，可最终生成胺。肟可被还原为胺。

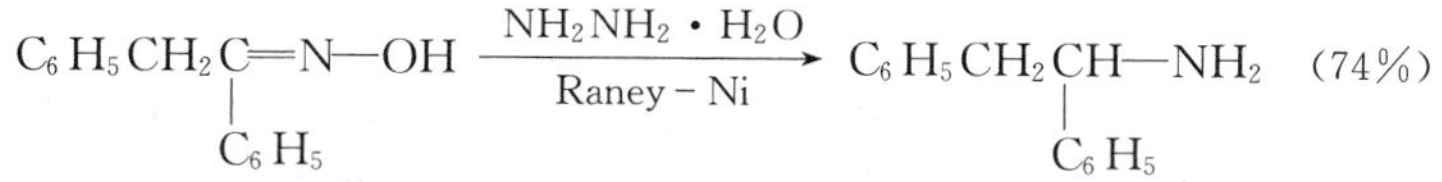

水合肼被过氧化氢、高铁氰化钾或偏碘酸钠(Na_3IO_3)等氧化剂氧化生成二亚胺 HN＝NH，可选择性地还原—C＝C—、—N＝N—等不饱和键，而对—CN、$—NO_2$、—CH＝N—、S＝O、C＝O 等基团无影响。

$$PhCH{=}CHCOOH \xrightarrow{HN{=}NH} PhCH_2CH_2COOH \quad (81\%)$$

肾上腺皮质激素中间体及尿酸排泄促进剂苯溴马隆中间体的合成。

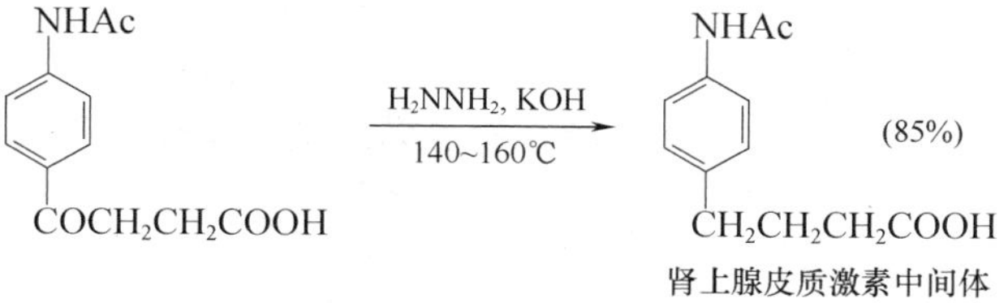

肾上腺皮质激素中间体

$$\text{H}_2\text{N}-\text{NH}_2 \cdot \text{H}_2\text{O}$$

(66%)

苯溴马隆中间体

【阅读材料】

氢化铝锂

氢化铝锂是一种复合氢化物,分子式为 LiAlH₄。氢化铝锂缩写为 LAH,是有机合成中非常重要的还原剂,尤其是对于酯、羧酸和酰胺的还原。纯的氢化铝锂是白色晶状固体,工业品为灰色粉末,密度为 0.917g/m^3,熔点为 150℃(分解),在 120℃以下和干燥空气中相对稳定,但遇水即爆炸性分解。

一、氢化铝锂的制备

1947 年,H. I. Schlesinger、A. C. Bond 和 A. E. Finholt 首次制得氢化铝锂,其方法是令氢化锂与无水三氯化铝在乙醚中进行反应。

$$4\text{LiH} + \text{AlCl}_3 -\text{Et}_2\text{O} \longrightarrow \text{LiAlH}_4 + 3\text{LiCl}$$

这个反应一般称为 Schlesinger 反应,反应产率以三氯化铝计算为 86%。反应开始时要加入少量氢化铝锂作为引发剂,否则反应要经历一段诱导期才能发生,并且一旦开始后会以猛烈的速度进行,容易发生事故。Schlesinger 法有很多缺点,如需要用引发剂、氢化锂要求过量和高度粉细、需要用稀缺的原料金属锂、反应中3/4 的氢化锂转化为价廉的氯化锂等。虽然如此,但相对于其他方法,Schlesinger 法较简便,至今仍是制取氢化铝锂的主要方法。

其他制取氢化铝锂的方法包括以下几种。

(1)高压合成法　用碱金属或氢化物、铝、高压氢在烃或醚溶剂中反应。

$$\text{LiH} + \text{Al} + 2\text{H}_2 \longrightarrow \text{LiAlH}_4$$

(2)由氢化铝钠制取　工业合成上一般采用高温高压合成氢化铝钠,然后与氯化锂进行复分解反应。这一制备方法可以实现氢化铝锂的高产率。

$$\text{Na} + \text{Al} + 2\text{H}_2 \longrightarrow \text{NaAlH}_4$$

$$\text{NaAlH}_4 + \text{LiCl} -\text{Et}_2\text{O} \longrightarrow \text{LiAlH}_4 + \text{NaCl}$$

其中 LiCl 由氢化铝锂的醚溶液过滤掉,随后使氢化铝锂析出,获得包含 1%

（质量分数）左右 LiCl 的产品。

　　氢化铝钠若换成氢化铝钾也可反应,可与氯化锂或是乙醚或四氢呋喃中的氢化锂反应。

　　氢化铝锂是白色固体,但工业品由于含有杂质,通常为灰色粉末。氢化铝锂可以通过从乙醚中重新结晶来提纯,若进行大规模的提纯可以使用索式提取器。一般来说,不纯的灰色粉末用于合成,因为杂质是无害的,可以很容易地与有机产物分离。纯氢化铝锂粉末是在空气中自燃,但大块晶体不易自燃。一些氢化铝锂工业品中会包含矿物油,以防止材料与空气中的水反应,但更通常的做法是放入防水塑料袋中密封。

　　氢化铝锂可溶于多种醚溶液中,不过,由于杂质的催化作用,氢化铝锂可能会自动分解,但是在四氢呋喃中表现得更稳定。因此,虽然在四氢呋喃的溶解度较低,相比乙醚,四氢呋喃应该是更好的溶剂。

	LiAlH$_4$ 的溶解度/(mol/L)				
温度/℃	0	25	50	75	100
乙醚	—	5.92	—	—	—
四氢呋喃	—	2.96	—	—	—
乙二醇二甲醚	1.29	1.80	2.57	3.09	3.34
二乙二醇二甲醚	0.26	1.29	1.54	2.06	2.06
三乙二醇二甲醚	0.56	0.77	1.29	1.80	2.06
四乙二醇二甲醚	0.77	1.54	2.06	2.06	1.54
二恶烷	—	0.03	—	—	—
二丁醚	—	0.56	—	—	—

二、氢化铝锂的应用

　　氢化铝锂可将很多有机化合物还原,实际中常用乙醚或四氢呋喃溶液。氢化铝锂的还原能力比相关的硼氢化钠更强大,因为 Al—H 键弱于 B—H 键。由于存储和使用不方便,工业上常用氢化铝锂的衍生物双(2-甲氧基乙氧基)氢化铝钠(红铝)作为还原剂,但在小规模的工业生产中还是会使用氢化铝锂。

三、氢化铝锂的操作步骤

　　氢化铝锂还原反应的操作与格氏反应相似,需要无水、干燥的条件。装置一般有磁力搅拌、滴液漏斗和回流冷凝器(用氯化钙干燥管或 N$_2$ 隔绝潮湿空气)三口瓶,在冰浴冷却下,先加入氢化铝锂,由滴液漏斗慢慢加入无水乙醚或 THF,搅拌几分钟,再将溶解在无水乙醚或 THF 中的反应物滴加到氢化铝锂过量的乙醚或 THF 溶液中,滴加的速度以维持反应混合物平稳的沸腾回流为限,也可以先加入底物的 THF 液,再分次慢加氢化铝锂。然后继续反应,反应温度据反应活性及物质的稳定性而定。反应结束后,在剧烈搅拌下(一般换成机械搅拌),小心地用含水的乙醚,或乙醚/酒精混合液,或滴加冰水,滴加浓碱溶液来分解过剩的还原试剂(最好不要过量)。最好是用乙酸乙酯回流一段时间来分解,产物是酒精,通常不会影响产物的析离,也不产生氢气。

若使用乙醚溶剂,将反应混合物倒入含有稀酸(一般 HCl 或 H_2SO_4)的冰水中,分解铝的复合物,溶解氢氧化铝的沉淀。产物或在水中,或在乙醚层中,分液并萃取几次,萃取前有可能要调节水溶液的 pH,以使产品最大程度地提取出。若是THF,过滤沉淀,用干燥剂干燥,再分离就行了。

若涉及三氯化铝的氢化铝锂复合物的反应,则一般是将回流 30min 后的氢化铝锂醚液在冰水冷却下用滴液漏斗滴加到三氯化铝的醚溶液中,室温下搅拌30min(形成复合氢化物)再滴加要还原的物质。

若涉及改性的氢化铝锂,如手性(BINAL - H)试剂,也是将改性的辅助试剂用醚稀释之后滴加到氢化铝锂的醚液中,等生成手性试剂后再滴加要还原的物质。

单元 3　氮氧官能团的还原反应

氮氧官能团是有机物分子中氮原子与氧原子直接相连的基团,主要包括硝基、亚硝基、羟胺、肟及一些氮氧杂环等。氮氧官能团可以通过化学还原、催化氢化还原、电化学还原等手段进行还原,主要生成胺类化合物。在药物合成中,应用最广泛的是硝基化合物的还原,以伯胺产物为主。硝基化合物还原成胺,通常是通过亚硝基化合物、羟胺、偶氮化合物等中间体过程,因而用于还原硝基化合物成胺的方法,也可使用于上述中间过程各化合物的还原。肟是由羰基化合物制备的,将其还原成胺是转变醛、酮成相应胺的常用方法。用于氮氧化合物还原的试剂通常包括Fe、Zn、Sn、Na 等活泼金属还原剂,Na_2S、$Na_2S_2O_4$ 等含硫化合物,$LiAlH_4$、$NaBH_4$等金属复氢化物,Ni、Pd 等催化氢化试剂。

一、硝基化合物的还原

还原硝基化合物的常用方法有活泼金属还原法、硫化物还原法、催化氢化法、复氢化物还原法及 CO 选择性还原。

(一)活泼金属为还原剂

1. 金属铁为还原剂

铁粉在盐类电解质(低价盐和氯化铵等)的水溶液中具有强的还原能力,可将芳香族硝基、脂肪族硝基或其他含氮氧功能基(亚硝基、羟胺等)还原成相应的胺基。该反应是被还原物在铁粉表面进行电子得失的转移过程,铁粉为电子供给体。

在铁粉的还原反应中,一般对卤素、烯键等基团无影响,可用于选择性还原。在医药工业中,铁粉仍常被用作硝基化合物的还原剂。对于不同的硝基化合物,用铁粉还原的条件有所不同。芳环上有吸电子基时,由于硝基氮原子的亲电性增强,还原较易,还原温度较低;当有给电子基时,会使得硝基氮原子上的电子云密度较高而不易接受电子,故反应温度较高。例如,消炎镇痛药苯恶洛芬中间体的制备。

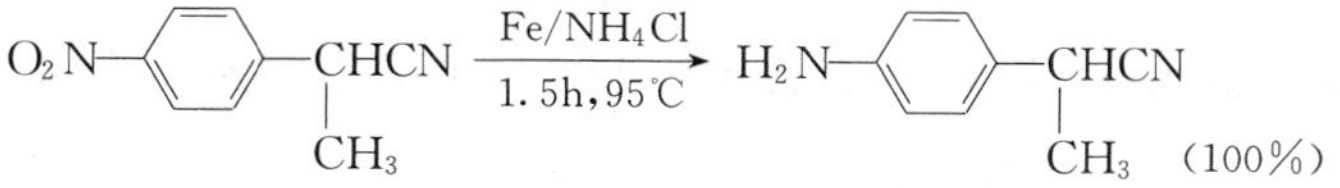

苯恶洛芬中间体

氯噻酮中间体 2-(3-氨基-4-氯苯甲酰)苯甲酸、双氯西林中间体 2-氨基-6-氯苯甲酸、抗结肠炎药物美沙拉嗪(5-氨-2-羟基-苯甲酸)、诺氟沙星中间体(3-氯-4-氟苯胺)的合成。

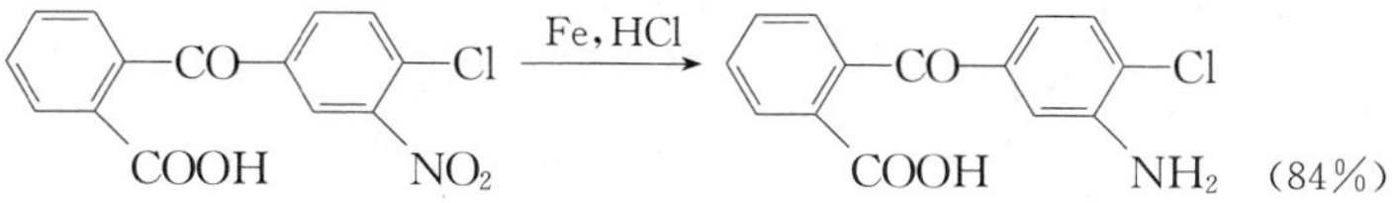

氯噻酮中间体

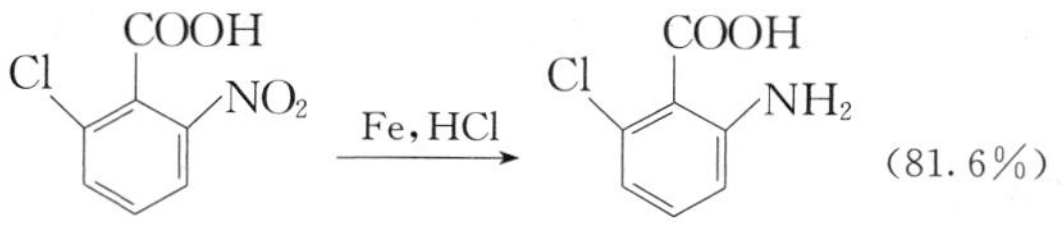

2-氨基-6-氯苯甲酸

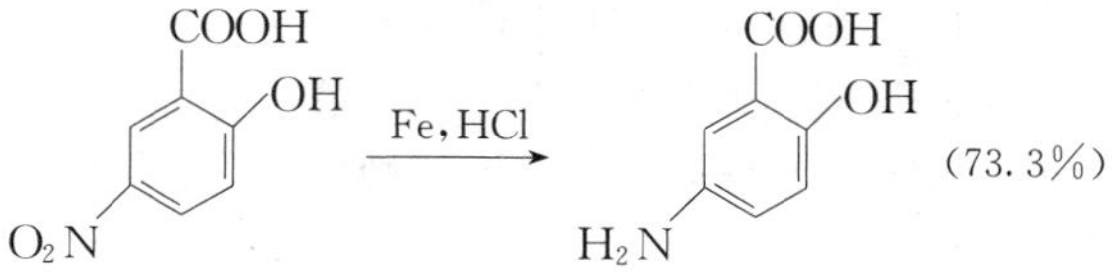

美沙拉嗪

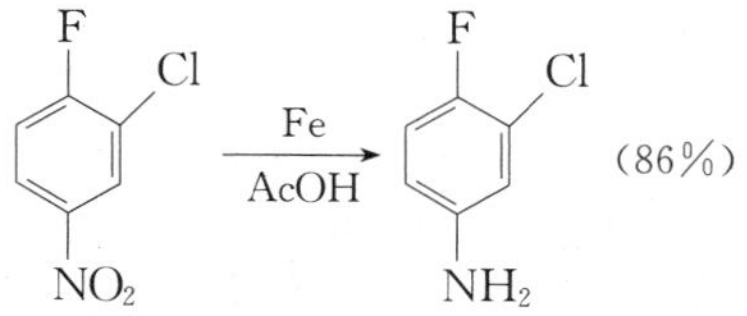

诺氟沙星中间体

保泰松中间体偶氮苯的制备,可将硝基还原为偶氮化合物。

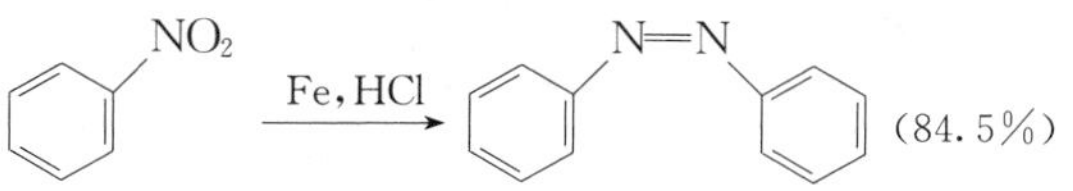

偶氮苯

2. 其他金属为还原剂

锡或氯化亚锡在酸性体系中可用于还原硝基化合物,锌可在酸性、中性或碱性条件下还原硝基化合物,如抗组胺药奥沙米特中间体的制备。

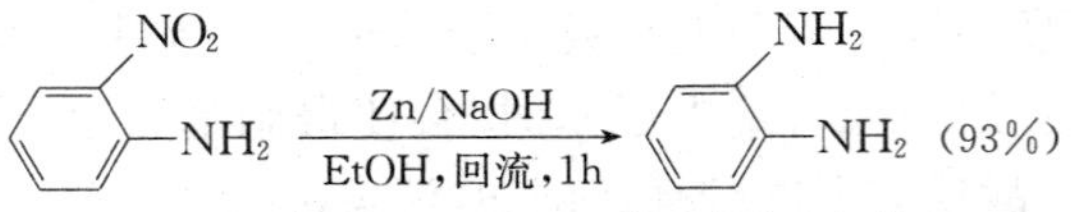

奥沙米特中间体

药物对羧基苄胺、氨甲苯酸、普鲁卡因胺等中间体对氨基苯甲酸的制备。

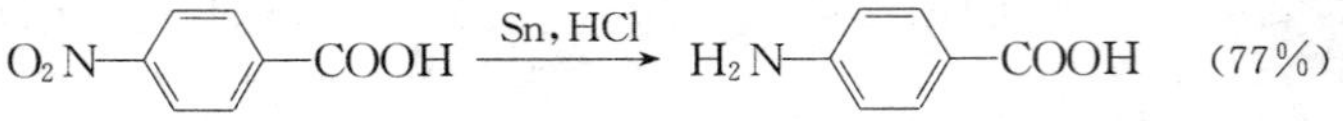

对氨基苯甲酸

驱虫药甲胺苯脒中间体的合成,利用锌/NaOH 体系进行还原。

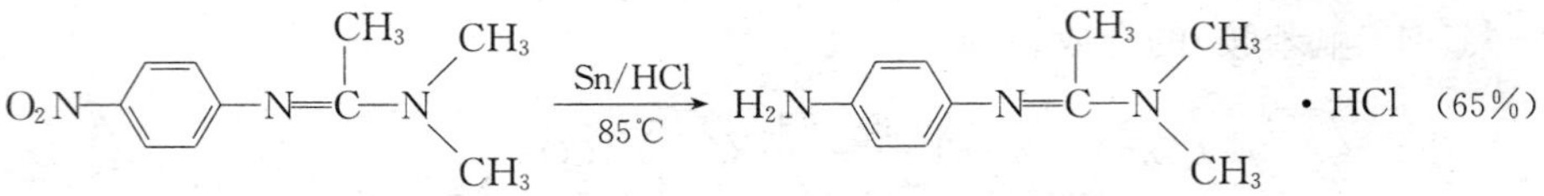

甲胺苯脒中间体

(二)含硫化合物为还原剂

硫化物和含氧硫化物可将氮氧官能团还原成相应的胺基,通常在碱性条件下使用。

1. 硫化物为还原剂

在用硫化物进行的还原反应中,硫化物是电子供给体,水或醇是质子供给体,反应后硫化物被氧化成硫代硫酸盐。使用硫化钠反应后有氢氧化钠生成,使反应液碱性增大,易产生双分子还原副产物,可在反应液中添加氯化铵中和生成的碱来避免。例如,甲苯达唑的中间体对氨基二苯酮、醋丁酰心安中间体 2-氨基-4-硝基苯酚的制备,利用硫化钠为还原剂,将芳香硝基还原为芳胺。

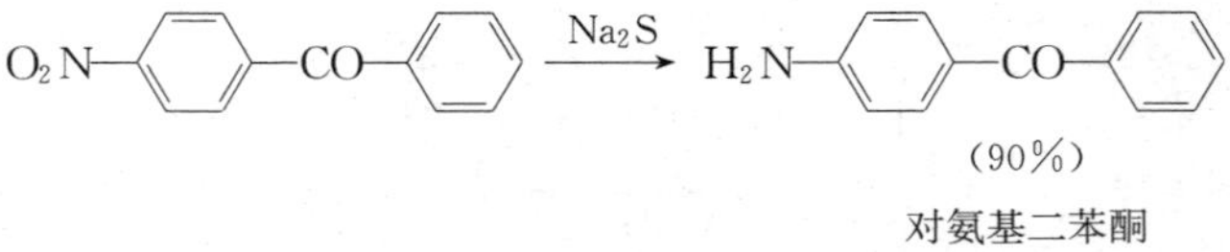

对氨基二苯酮

醋丁酰心安中间体

2. 含氧硫化物为还原剂

连二亚硫酸钠还原能力强,可还原硝基、重氮基及醌基等,由于连二亚硫酸钠受热或在水溶液中特别是酸性溶液中迅速分解失效,因此应在碱性条件下临时配置使用,如抗凝血药莫哌达醇中间体的制备。

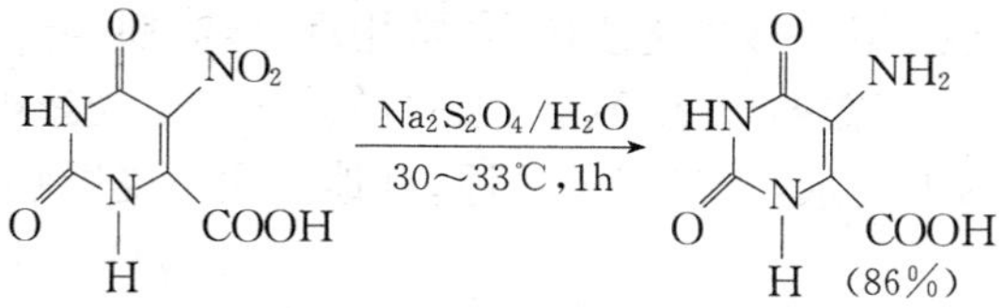

莫哌达醇中间体

(三)金属氢化物为还原剂

$LiAlH_4$ 或 $LiAlH_4/AlCl_3$ 混合物可有效地还原脂肪族硝基化合物为伯胺。芳香族硝基化合物用 $LiAlH_4$ 还原时通常得到偶氮化合物,与 $AlCl_3$ 合用可还原成胺。

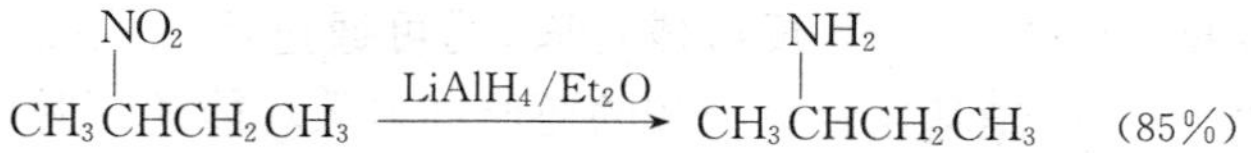

硝基化合物一般不被硼氢化钠所还原,若在催化剂如硅酸盐、钯、二氯化钴等的存在下,则可还原硝基化合物为胺,如小檗碱、氧烯洛尔等中间体邻氨基苯酚的制备。

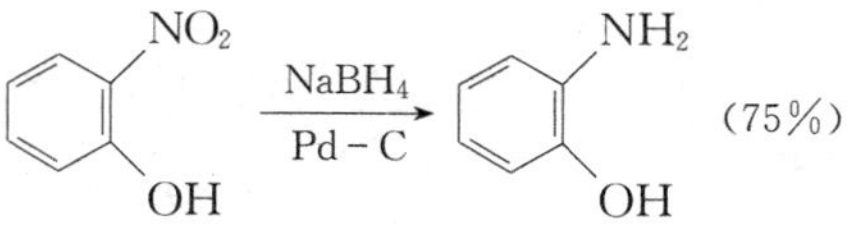

邻氨基苯酚

硫代硼氢化钠是还原芳香族硝基化合物十分有效的还原剂,而不影响分子中存在的氰基、卤素和烯键。

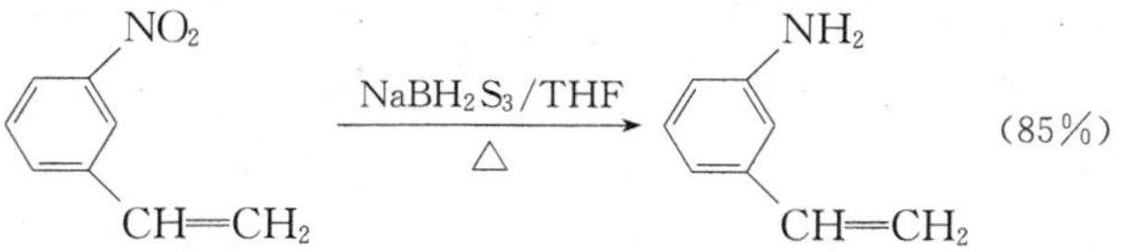

(四)催化氢化还原

催化氢化法是还原硝基化合物的常用方法,成本低廉,操作简便。活性镍、钯、铂等均是最常用的催化剂,使用活性镍时氢压和温度要求较高,钯和铂可在温和条件下进行反应,如抗菌药奥沙拉秦中间体的合成。

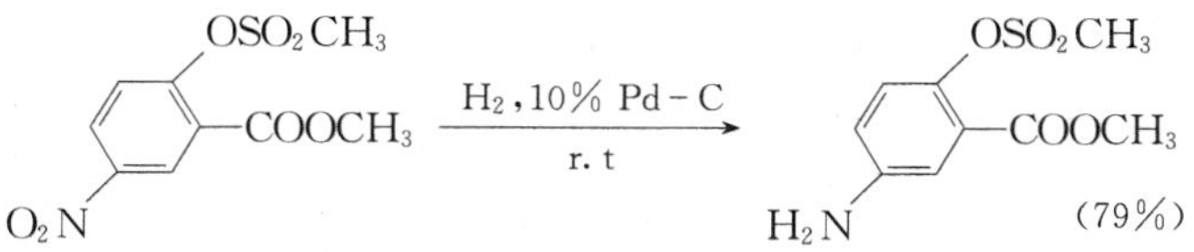

奥沙拉秦中间体

229

硝基化合物也可采用转移氢化法还原,常用环己烯、肼、异丙醇等作为供氢体。反应条件温和,分子中存在的羧基、氰基、独立烯键均可不受影响。例如,强髓袢利尿药吡咯他尼中间体的合成,仅硝基被还原,其他基团不受影响。

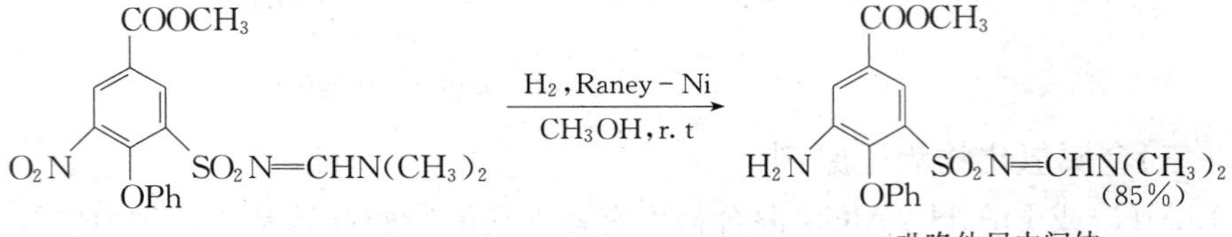

吡咯他尼中间体

二、肟的还原

醛、酮与羟胺反应成肟,与氨反应成亚胺,均可通过还原得胺,是醛、酮转变为胺基的有效途径。还原硝基化合物为胺的还原剂多数均能还原肟。

(一)活泼金属为还原剂

金属铁和钠可还原肟为胺基。例如,咖啡因中间体紫脲酸可使用铁-酸进行还原,降压药利美安定中间体的合成可利用金属钠进行还原。

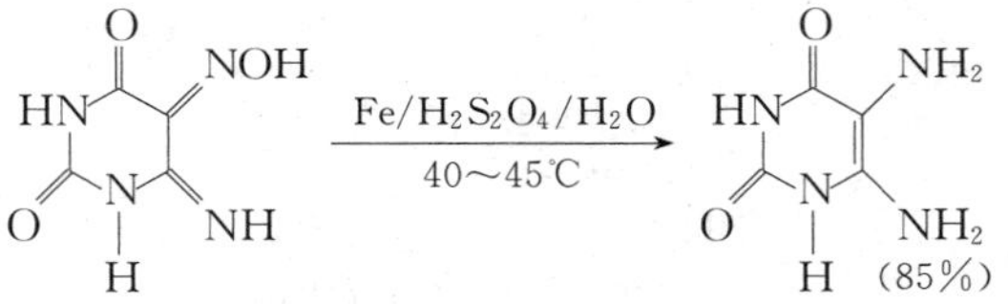

紫脲酸

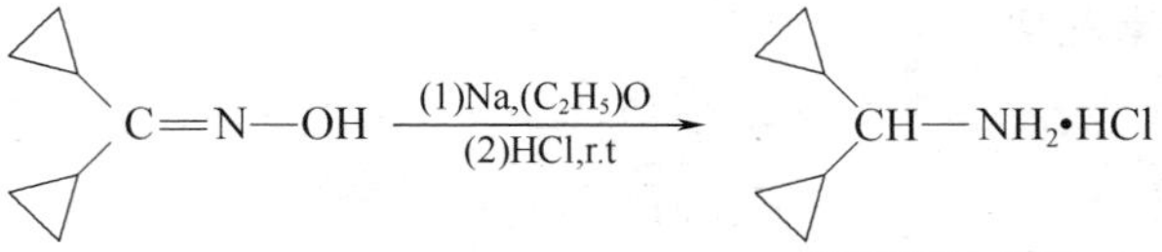

利美安定中间体

(二)金属复氢化物为还原剂

氢化铝锂在无水醚或无水四氢呋喃中常用于肟的还原,用氢化铝锂还原 4-苯-3-丁烯-2-酮肟时,烯键不受影响。

硼氢化钠以四氢呋喃为溶剂在较低温度下将肟还原为羟胺,以双(2-甲氧乙基)醚为溶剂在较高温度下可将肟还原为胺。

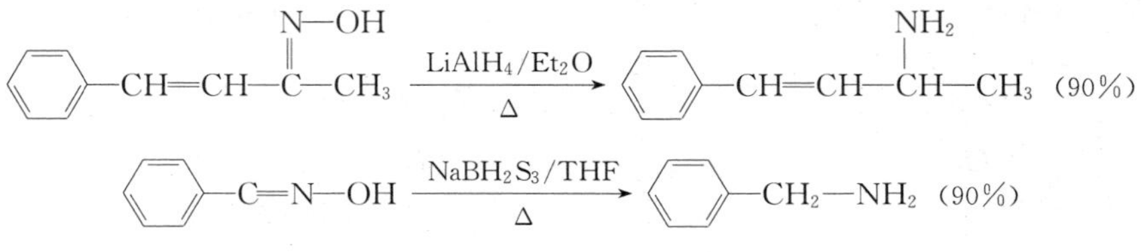

止吐药格拉司琼中间体内向 3-氨基-9-甲基-9-氮杂双环[3,3,1]壬烷的制备。

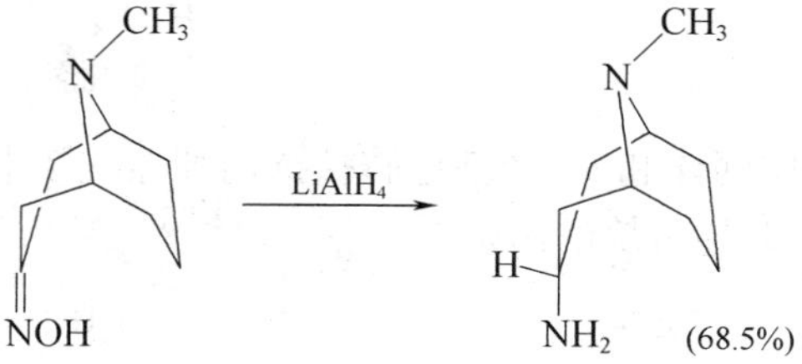

格拉司琼中间体

(三)硼烷为还原剂

用乙硼烷还原对硝基苯甲醛肟时,可选择性地还原肟为伯胺而保留硝基。

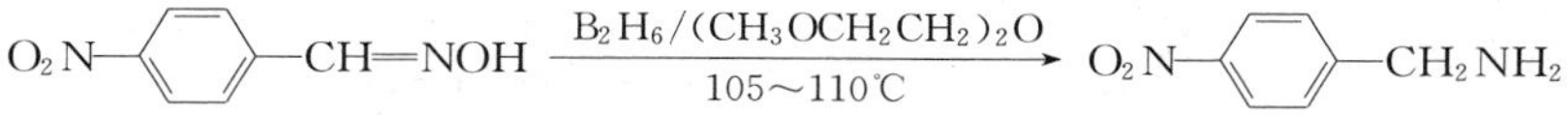

(四)肼试剂为还原剂

通常用水合肼为还原剂,也可与氢化催化剂共同使用,可将硝基还原为伯胺,如止咳祛痰剂盐酸溴己新中间体的合成。

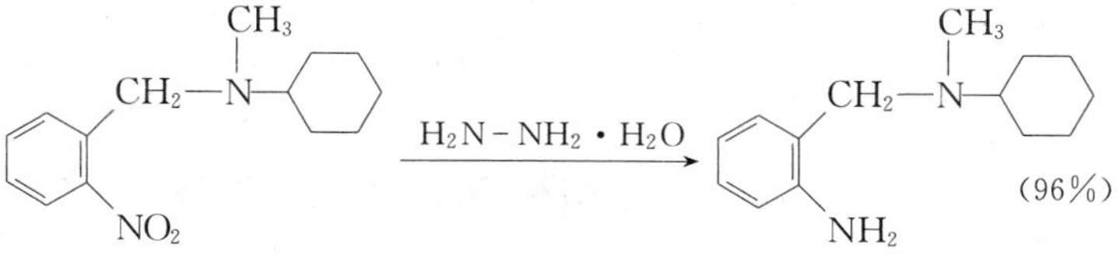

盐酸溴己新中间体

用于治疗溃疡性结肠炎的药物马沙拉嗪 5-氨基水杨酸和止咳祛痰药溴己新中间体 N,N-甲基邻氨基苄基环己胺的制备。

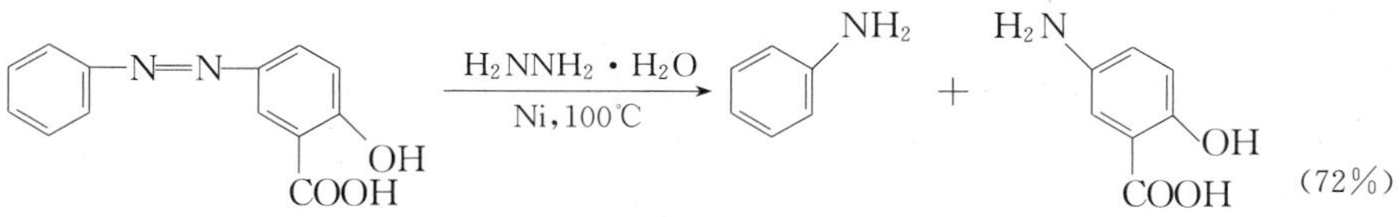

5-氨基水杨酸

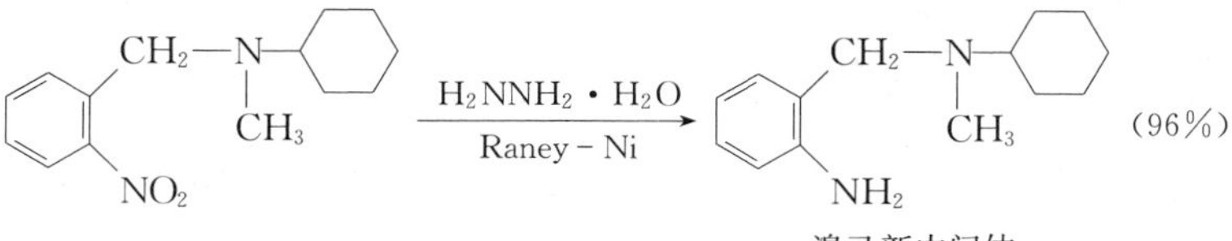

溴己新中间体

(五)催化氢化

催化氢化是还原肟成伯胺的有效方法,常用的催化剂是镍和钯,在制药工业中有着广泛应用,如心血管系统药物盐酸贝凡洛尔中间体的制备。

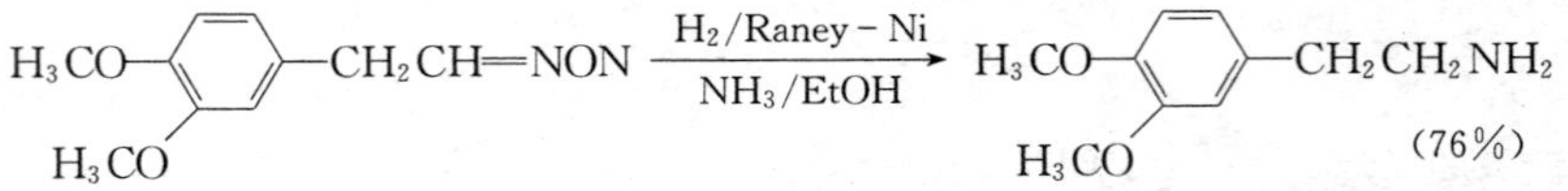

贝凡洛尔中间体

止吐药格拉司琼中间体和 5-羟基色胺拮抗剂吲唑酰胺中间体内向-3-氨基-8-甲基-氮杂双环[3,2,1]辛烷的制备。

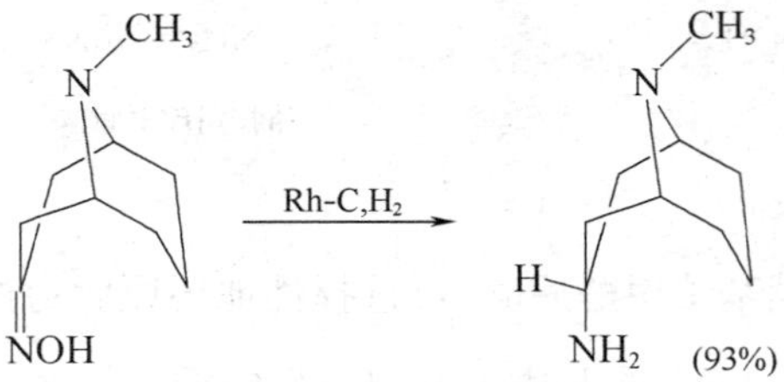

格拉司琼中间体

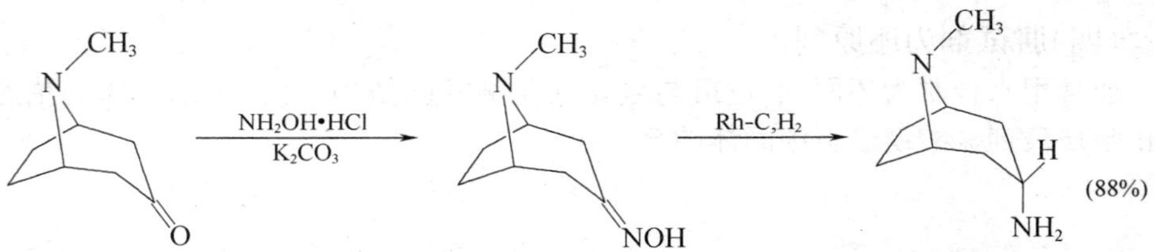

吲唑酰胺中间体

二氟尼柳中间体 2,4-二氟苯胺的制备,两种方法都利用硝基的氢化还原。

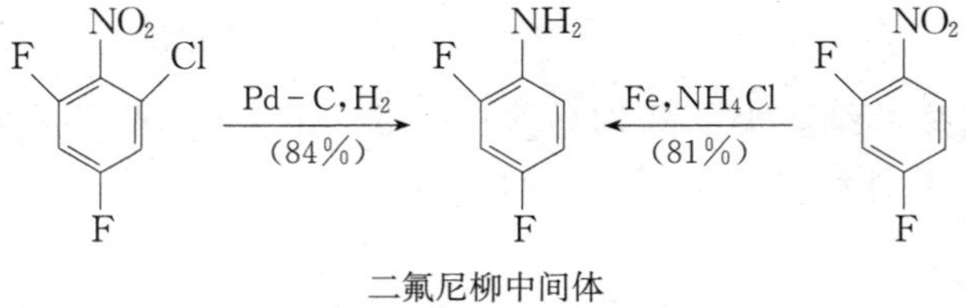

二氟尼柳中间体

三、其他氮氧官能团的还原

氮氧杂环化合物如异恶唑环,通过还原可以发生开环反应,生成伯胺基团。例如,地西泮中间体 2-氨基-5-氯-二苯酮的制备,可以由 5-氯-3-苯基-苯并异恶唑通过铁-酸体系还原开环。

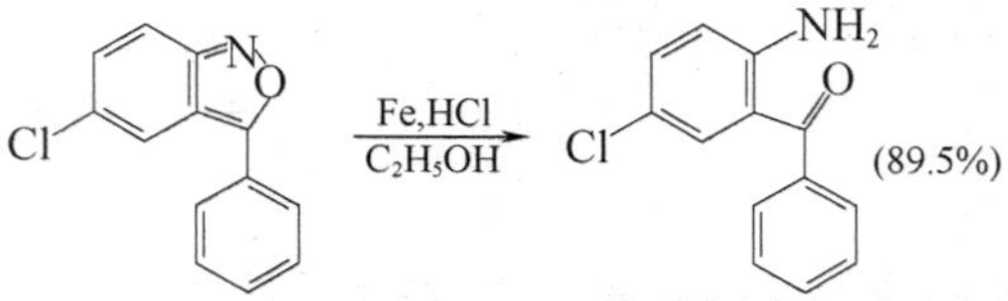

地西泮中间体

单元 4 醛、酮的还原反应

醛、酮是药物合成中最重要、最常用的中间体,不仅最广泛地存在于自然界,而且易通过合成的方法制备。醛、酮通过还原反应可直接得到烃类,是合成烷烃及芳烃的常用方法;可十分容易还原得到相应的醇,是制备醇、酚类化合物最重要的手段;通过还原胺化反应,是转变羰基为胺或取代胺基的最简洁的途径。

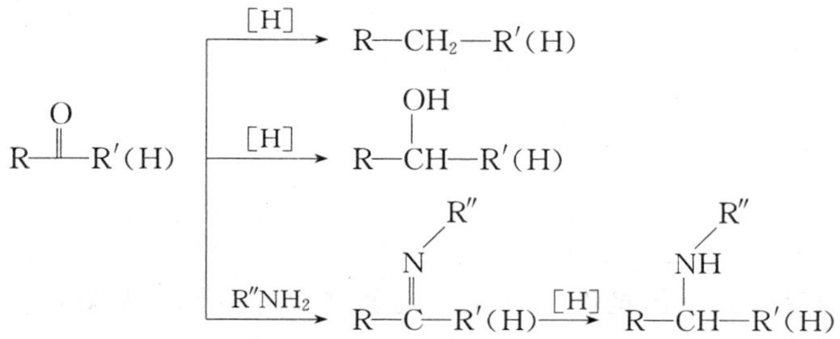

一、还原成烃基的反应

醛、酮可用多种方法还原为烃类(烷烃或芳烃)。最常用的方法:在强酸性条件下用锌汞齐直接还原为烃(克莱门森反应);在强碱性条件下,首先与肼反应成腙,然后分解为烃(Wolff - Kishner -黄鸣龙反应);催化氢化还原和金属氢化物还原。

(一)克莱门森还原反应

在酸性条件下,用锌汞齐或锌粉还原醛基、酮基为甲基和亚甲基的反应称克莱门森(Clemmensen)反应。锌汞齐是将锌粉或锌粒用 272～544g/L 的二氯化汞水溶液处理后制得的。将锌汞齐与羰基化合物在约为 59g/L 的盐酸中回流,醛基还原为甲基,酮基则还原为亚甲基。Clemmensen 反应历程常见有碳离子中间体和自由基中间体两种解释。克莱门森还原反应主要用于酮的还原,最适合芳香-脂肪混酮的还原,几乎可应用于所有芳香脂肪酮的还原,反应易于进行且产率较高。芳环上连有羧基时,反应速度加快,收率较好;芳环上连有羟基和甲氧基时,对反应有利。

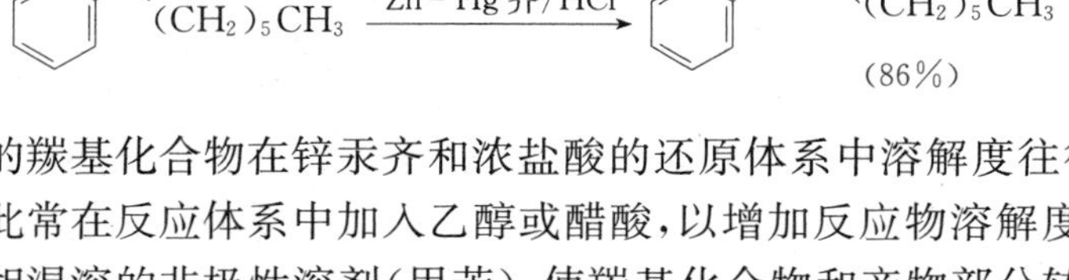

被还原的羰基化合物在锌汞齐和浓盐酸的还原体系中溶解度往往很小,对反应不利。因此常在反应体系中加入乙醇或醋酸,以增加反应物溶解度。另外还常加入与水不相混溶的非极性溶剂(甲苯),使羰基化合物和产物部分转入其中。反

应产物的极性比反应物低,在非极性溶剂中有更大的溶解度。甲苯的加入一方面可使在水相中生成的产物及时被抽提出来,有利于反应的进行;另一方面还可以避免反应物在水相中浓度过高,发生副反应。

底物分子中有羧酸、酯、酰胺等羰基存在时可不受影响,但对 α-酮酸及其酯类只能将酮基还原成羟基,而对 β-酮酸或 γ-酮酸及其酯类则可将酮基还原为亚甲基。

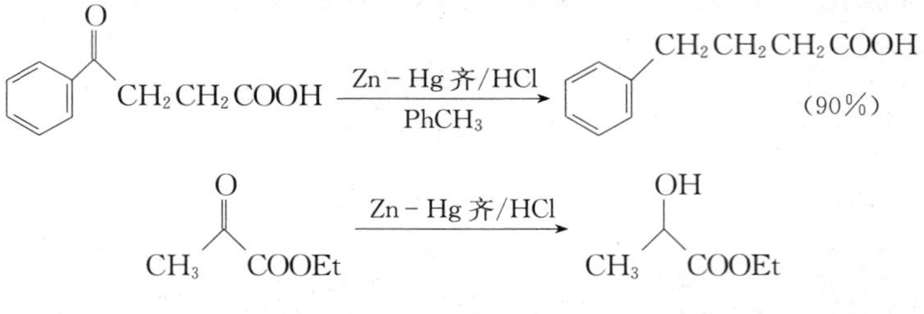

还原不饱和酮时,一般情况下分子中的孤立双键可不受影响,与羰基共轭的双键可同时被还原;而与酯羰基共轭的双键,则仅双键被还原。

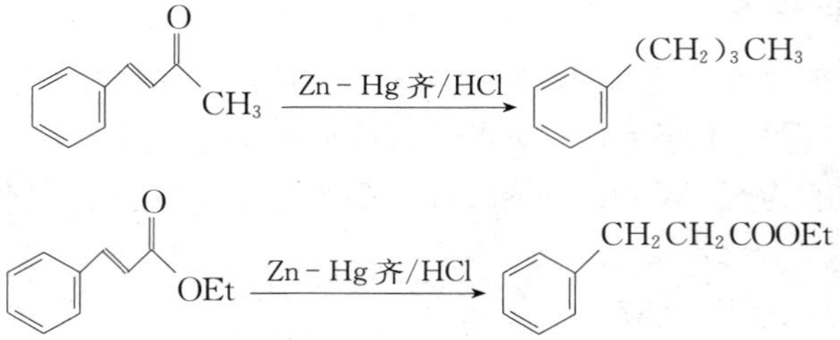

利用克莱门森还原法制备抗肿瘤药甲酰溶肉瘤素中间体。

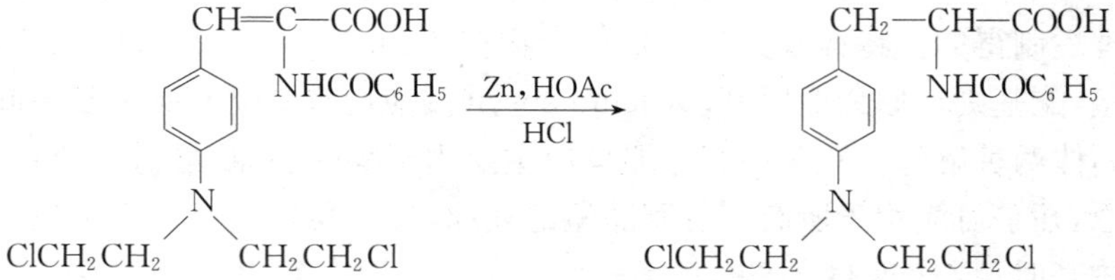

甲酰溶肉瘤素中间体

抗凝血药吲哚布芬的合成。

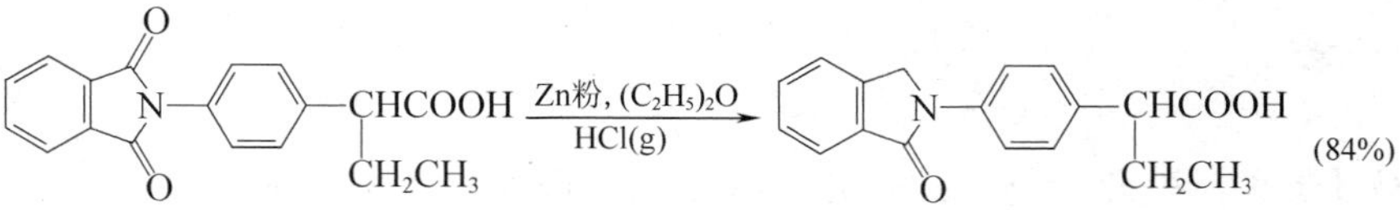

吲哚布芬

234

(二)Wolff－Kishner－黄鸣龙反应

如前所述,醛、酮在强碱性条件下与水合肼缩合成腙,进而放出氮分解,转变成甲基或亚甲基的反应,称为 Wolff－Kishner－黄鸣龙反应,可用下列通式表示。

$$\underset{R'}{\overset{R}{{}}}C=O \xrightarrow{H_2NNH_2} \underset{R'}{\overset{R}{{}}}C=NNH_2 \xrightarrow[\text{或 KOH}]{NaOEt} \underset{R'}{\overset{R}{{}}}CH_2 + N_2\uparrow$$

式中 R＝烷基、芳基

R′＝烷基、芳基、氢

最初,本反应是将羰基转变为腙或缩氨基脲后,与醇钠置于封管中在 200℃左右温度下,长时间热压分解,操作繁杂,收率较低,缺少使用价值。1946 年经我国科学家黄鸣龙改进,将醛或酮和 85％水合肼、氢氧化钾混合,在二聚乙二醇或三聚乙二醇等高沸点溶剂中加热回流 1h 生成腙,加热蒸出生成的水和过量的肼,然后升温至 180～200℃在常压下回流反应 2～4h,分解腙成为烃类,即还原得到亚甲基产物。经黄氏改进的方法,不但省去加压反应步骤,而且收率有所提高,一般在 60％～95％之间,具有工业生产价值。如抗癌药苯丁酸氮芥中间体的制备。

$$CH_3CONH——\overset{O}{\overset{\|}{C}}CH_2CH_2COOH$$

$$\xrightarrow[140\sim160℃,1h]{H_2NNH_2/H_2O/KOH} CH_3CONH——CH_2—CH_2CH_2COOH$$

(85％)

苯丁酸氮芥中间体

若底物结构中存在对高温和强碱敏感的基团,则不能采用上述反应条件。可先将醛或酮制成相应的腙,然后在 25℃左右加入叔丁醇钾,二甲亚砜溶液在温和条件下发生放氮反应,收率一般在 64％～90％之间,但有连氮副产物生成。

$$C_6H_5—\overset{O}{\overset{\|}{C}}—C_6H_5 \xrightarrow{H_2NNH_2} C_6H_5—\overset{\overset{NH_2}{|}}{\overset{N}{\underset{\|}{C}}}—C_6H_5 \xrightarrow[DMSO]{t-BuOK} C_6H_5—CH_2—C_6H_5 \quad (95％)$$

克莱门森还原与 Wolff－Kishner－黄鸣龙反应均可使羰基变为亚甲基,但后者弥补了克莱门森反应的不足,能适用于对酸敏感的吡啶、四氢呋喃衍生物,对于甾族羰基化合物及难溶的大分子羰基化合物尤为合适。分子中有双键、羰基存在时,还原不受影响,一般位阻较大的酮基也可被还原。

9(11)-烯海可吉宁醋酸酯经 Wolff－Kishner－黄鸣龙还原反应,可得到肾上腺皮质激素倍他米松的中间体 9(11)-烯惕告吉宁醋酸酯。

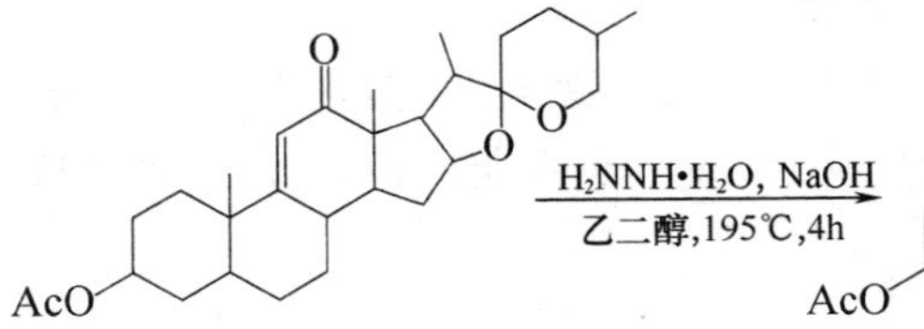

二、还原成醇的反应

醛、酮可被多种还原剂还原成醇,应用最为广泛的是金属氢化物、醇铝以及催化氢化,这里主要讨论前两种。

(一)金属复氢化物为还原剂

金属氢化物是还原羰基化合物为醇的首选试剂,具有反应条件温和、副反应少及产率高等优点,特别是某些烃基取代金属化合物,显示了对官能团的高度选择性和较高的立体选择性,在复杂天然产物的合成中能体现出更多的优点。最常用的为氢化铝锂、硼氢化钠(钾、锂)、硫代氢化硼钠($NaBH_2S_3$)、三异丁基硼氢化锂等。

金属复氢化物具有四氢铝离子(AlH_4^-)或四氢硼离子(BH_4^-)的复盐结构,这种复合负离子具有亲核性,可向极性不饱和键中带正电的碳原子进攻,继而发生氢负离子转移而进行还原,在质子溶剂中得到醇。由于四氢铝离子或四氢硼离子都有四个可供转移的负氢离子,还原反应可逐步进行,理论上 1mol 还原剂可还原 4mol 的羰基化合物。

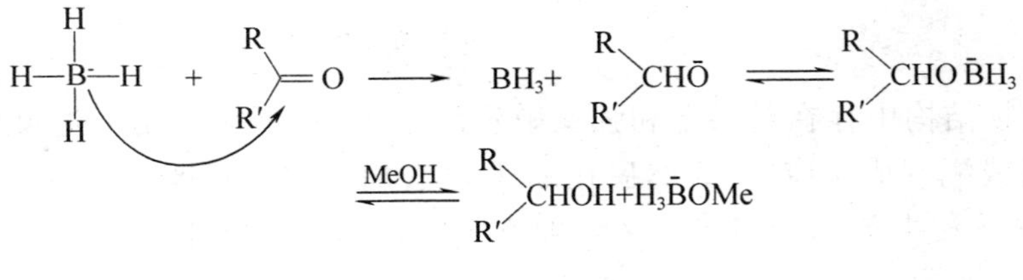

这类还原剂的还原能力,以氢化铝锂最大,可被还原的功能基范围也最广泛,因而选择性较差,主要用于羧酸及其衍生物的还原。硼氢化锂次之,硼氢化钠(钾)较小,因而选择性较好,成为醛酮还原为醇的首选试剂。由于各种金属复氢化物的反应活性和稳定性不同,使用时反应条件也有所不同。氢化铝锂遇水、酸或含羟基、巯基化合物易分解,故反应需在无水条件下进行;硼氢化钠(钾)则在常温下遇水、醇都较稳定。使用硼氢化物还原醛酮为醇,分子中存在的硝基、氰基、亚氨基、双键、卤素等可不受影响,在制药工业上得到广泛的应用。

避孕药炔诺酮中间体、抗真菌药芬替康唑中间体和驱虫药左旋咪唑中间体的制备,都采用了硼氢化物作为还原剂。

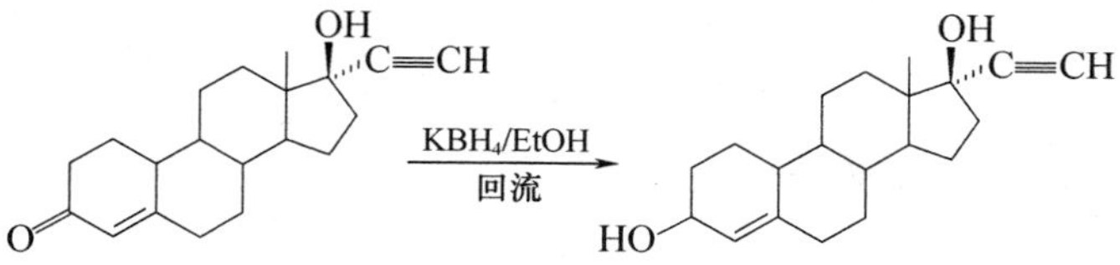

炔诺酮中间体

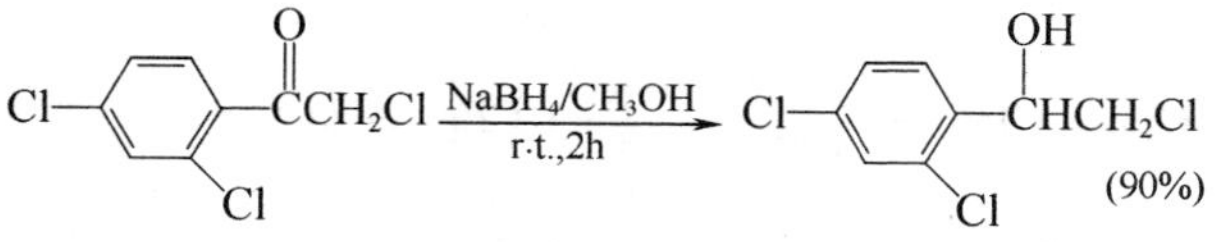

芬替康唑中间体

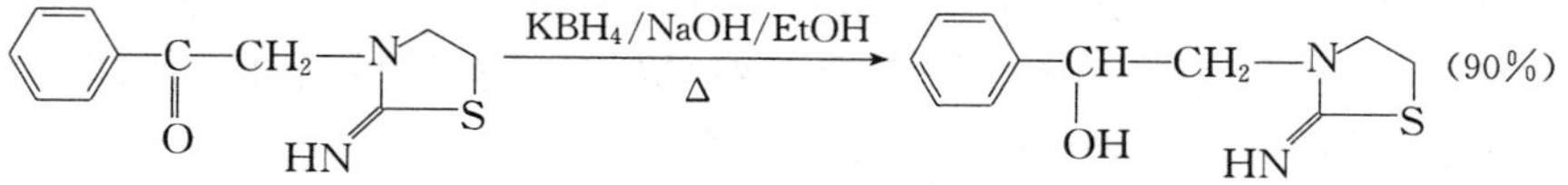

左旋咪唑中间体

前列腺素 PGE_2 中酮基的还原可使用大位阻的异丁基硼氢化锂作为还原剂，从位阻较小的环戊烷环进攻，产物仅生成 $PGE_{2\alpha}$ 而没有差向异构体生成。

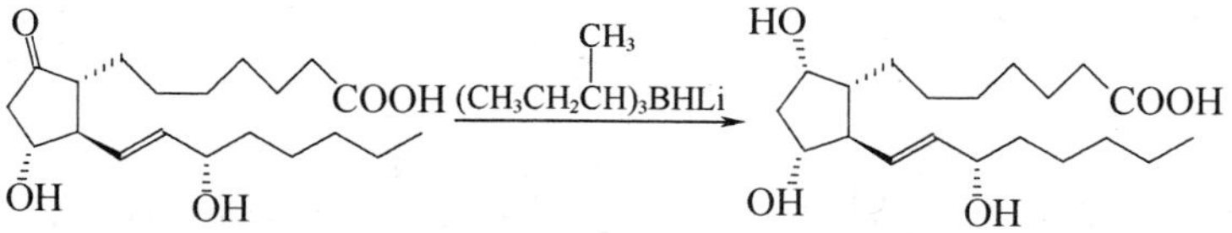

PGE_2　　　　$PGE_{2\alpha}$

(二)醇铝为还原剂

醇铝为醇羟基中的氢原子被铝原子所代替的一类化合物，通式为 Al(OR)$_3$，如乙醇铝、异丙醇铝等。异丙醇铝能溶于有机溶剂，在蒸馏时不被破坏，还原能力强，副反应少，故常采用。将醛、酮等羰基化合物和异丙醇铝在异丙醇中共热可还原得到相应的醇，同时将异丙醇氧化成丙酮，此反应称为 Merrwein－Ponndorf－Verley 还原。

$$\begin{matrix}R\\ \quad\diagdown\\ \quad C{=}O\\ \quad\diagup\\ R'\end{matrix} + (CH_3)_2CH{-}OH \xrightleftharpoons{Al[OCH(CH_3)_2]_3} \begin{matrix}R\\ \quad\diagdown\\ \quad CH{-}OH\\ \quad\diagup\\ R'\end{matrix} + (CH_3)_2C{=}O$$

异丙醇是脂肪族和芳香族醛、酮类的选择性很高的还原剂，对分子中含有的烯键、炔键、硝基、缩醛、腈基及卤素等可还原功能基无影响。

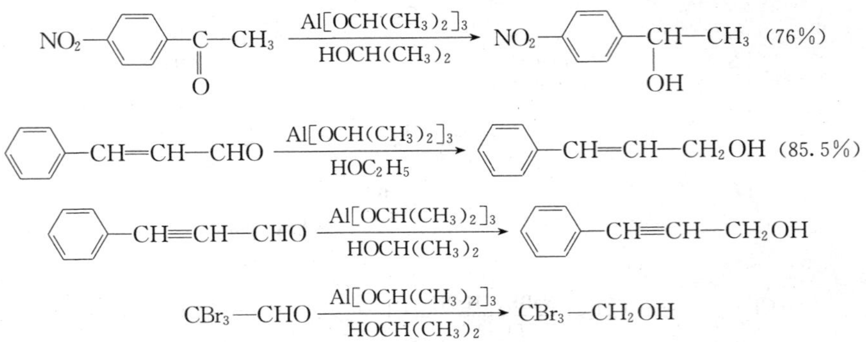

$$NO_2-\text{C}_6H_4-\underset{\underset{O}{\|}}{C}-CH_3 \xrightarrow[HOCH(CH_3)_2]{Al[OCH(CH_3)_2]_3} NO_2-\text{C}_6H_4-\underset{\underset{OH}{|}}{CH}-CH_3 \quad (76\%)$$

$$\text{C}_6H_5-CH=CH-CHO \xrightarrow[HOC_2H_5]{Al[OCH(CH_3)_2]_3} \text{C}_6H_5-CH=CH-CH_2OH \quad (85.5\%)$$

$$\text{C}_6H_5-CH\equiv CH-CHO \xrightarrow[HOCH(CH_3)_2]{Al[OCH(CH_3)_2]_3} \text{C}_6H_5-CH\equiv CH-CH_2OH$$

$$CBr_3-CHO \xrightarrow[HOCH(CH_3)_2]{Al[OCH(CH_3)_2]_3} CBr_3-CH_2OH$$

异丙醇铝还原羰基化合物时,首先是异丙醇铝的铝原子与羰基的氧原子以配位键结合,形成六元环过渡态,然后异丙基上的氢原子以氢负离子的形式从烷氧基转移到羰基碳原子上,得到一个新的醇-酮配合物,铝氧键断裂后生成新的醇-铝衍生物和丙酮,蒸出丙酮有利于反应完全。醇-铝衍生物经醇解后得还原产物,是决定反应步骤,因而反应中要求有过量的异丙醇存在。

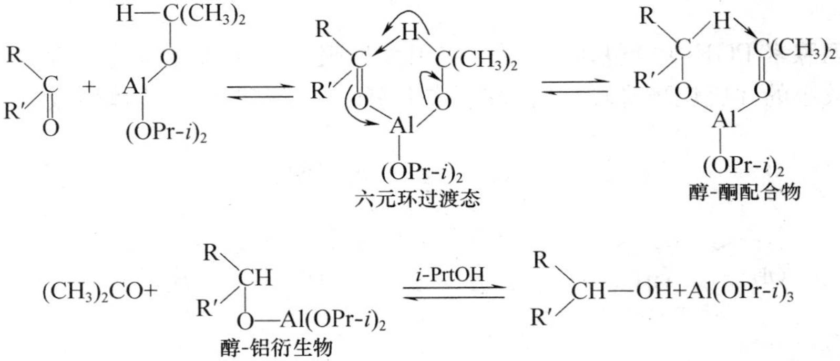

六元环过渡态　　　　醇-酮配合物

醇-铝衍生物

本反应为可逆反应,因而增大还原剂量及移出生成的丙酮,均可缩短反应时间,使反应完全。由于新制异丙醇铝是以三聚体形式与酮配位,因此酮类与醇-铝的配比应不少于1:3,方可得到较高的收率,如抗菌药氯霉素中间体的制备。

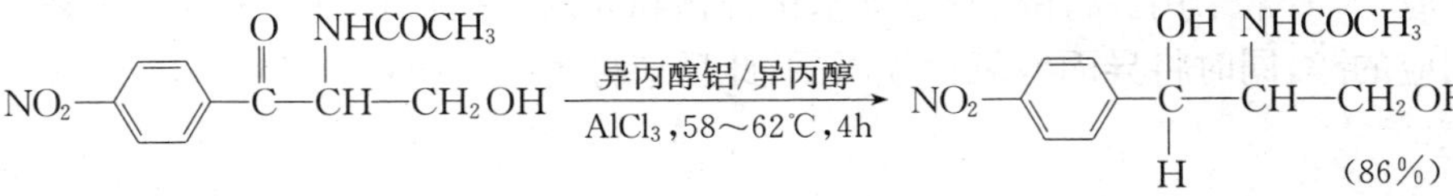

氯霉素中间体

氟苯桂嗪中间体二对氟苯基甲醇的制备。

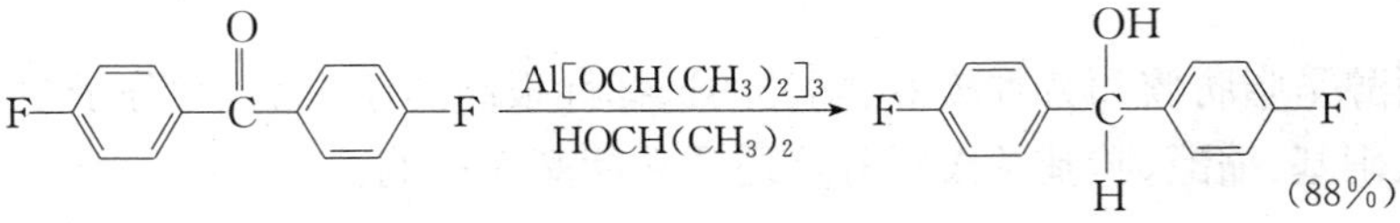

二对氟苯基甲醇

三、还原成胺的反应

在还原剂的存在下,羰基化合物与氨、伯胺或仲胺反应,分别生成伯胺、仲胺或叔胺。常用的还原剂有催化氢化、活泼金属与酸、金属氢化物、甲酸及其衍生物。

(一)羰基的还原胺化反应

还原胺化反应是羰基转变为胺的重要方法,在药物合成中得到了广泛的应用。该反应历程是通过 Schiff 碱中间体进行的,首先羰基与胺加成得羟胺,继之脱水成亚胺,最后还原为胺类化合物。

$$\underset{R'}{\overset{R}{\diagdown}}C=O + R''-NH_2 \longrightarrow \underset{R'}{\overset{R}{\diagdown}}\underset{OH}{\overset{}{C}}-NHR'' \underset{}{\overset{-H_2O}{\rightleftharpoons}} \underset{R'}{\overset{R}{\diagdown}}C=NR'' \overset{[H]}{\longrightarrow} \underset{R'}{\overset{R}{\diagdown}}CH-NHR''$$

五个碳以上的脂肪醛与过量氨在镍催化剂的存在下还原烃化主要得到伯胺,苯甲醛与等摩尔氨反应得到苄胺,当芳香醛与氨的摩尔比为 2:1 时,Raney-Ni 催化氢化后所得烃化产物以仲胺为主。

$$\text{C}_6\text{H}_5-\text{CHO} + \text{NH}_3 \xrightarrow[\text{EtOH}]{\text{H}_2/\text{Raney}-\text{Ni}} \text{C}_6\text{H}_5-\text{CH}_2\text{NH}_2 \quad (90\%)$$

$$2\ \text{C}_6\text{H}_5-\text{CHO} + \text{NH}_3 \xrightarrow{\text{H}_2/\text{Raney}-\text{Ni}} \text{C}_6\text{H}_5-\text{CH}_2\text{NHCH}_2-\text{C}_6\text{H}_5 \quad (81\%)$$

一些高位阻的叔胺可以利用甲醛的还原胺化反应制备。

$$\text{HCHO} + \underset{C_2H_5}{\overset{CH_3}{\diagdown}}CHNHCH\underset{C_2H_5}{\overset{C_2H_5}{\diagup}} \xrightarrow{H_2/Pt} \underset{C_2H_5}{\overset{CH_3}{\diagdown}}CHNCH\underset{C_2H_5}{\overset{C_2H_5}{\diagup}} \quad (73\%)$$

医药中间体(N-乙基)-α-萘胺。

$$\text{CH}_3\text{CHO} + \text{(1-氨基萘)} \xrightarrow{\text{H}_2/\text{Raney}-\text{Ni}} \text{(1-乙氨基萘)} \quad (88\%)$$

(二)Leuckart 反应

在甲酸及其衍生物的存在下,羰基化合物与氨、胺和甲酸(甲酸铵、甲酰胺)等的还原反应称为 Leuckart 反应,可以用来制备各种胺类化合物,与氢化还原胺化反应相比具有较好的选择性。一些易还原基团如硝基、亚硝基、烯键等不受影响。许多不溶于水的脂肪酮、脂肪芳香酮及杂环酮,用甲酸铵或甲酰胺还原,水解后得到高收率的伯胺。若用 N-烷基取代或 N,N-二烷基取代的甲酰胺代替甲酸铵可得仲胺或叔胺。

$$\text{C}_6\text{H}_5\text{-COCH}_3 \xrightarrow[180\sim185\text{℃}]{\text{HCOONH}_4} \text{C}_6\text{H}_5\text{-CHCH}_3 \overset{\text{NH}_2}{|} \quad (66\%)$$

$$\underset{R'}{\overset{R}{\diagdown}}\text{C}=\text{O} \xrightarrow[\text{HCOOH}]{\text{HCON(CH}_3)_2} \underset{R'}{\overset{R}{\diagdown}}\text{C}=\text{N(CH}_3)_2$$

伯胺或仲胺可通过该反应进行 N -甲基化,生成 N,N -二甲基或 N -甲基衍生物。

$$\text{C}_6\text{H}_5\text{-CH}_2\text{NH}_2 + 2\text{HCHO} \xrightarrow{2\text{HCOOH}} \text{C}_6\text{H}_5\text{-CH}_2\text{-N}\underset{\text{CH}_3}{\overset{\text{CH}_3}{\diagup}} + 2\text{CO}_2 + 2\text{H}_2\text{O}$$

环辛酮与二甲基甲酰胺及甲酸在高压釜中于 190℃加热,得到 N,N -二甲基-环辛基胺。

$$\text{（环辛酮）}=\text{O} \xrightarrow[\text{HCOOH}]{\text{HCON(CH}_3)_2} \text{（环辛基）}=\text{N(CH}_3)_2 \quad (75\%)$$

单元 5　羧酸及其衍生物的还原反应

羧酸及其衍生物酰卤、酯、酰胺及酸酐,均具有较高的氧化状态,易被还原成醛,并可进一步还原为醇。由羧酸及其衍生物合成醛,在医药工业上是制备醛的主要方法之一,但需采用选择性较好的还原剂并控制适当的反应条件。腈可视为羧酸的前体,易水解得羧酸,可被还原成胺。羧酸及其衍生物的还原活性视还原剂和还原方法而异,一般说来,酰氯活性最高,酯、酰胺、酸酐及腈次之,羧酸较难还原,需选用高活性的还原剂和较剧烈的反应条件。

一、酰卤的还原

酰卤易被氢化铝锂、硼氢化钠(钾)等较活泼的金属氢化物还原为醇,但用三叔丁氧基氢化铝锂或三丁基锡氢(Bu₃SnH)在低温下反应时,可选择性地将酰卤还原为醛,对芳酰卤及杂酰卤还原收率较高,且对分子中的硝基、氰基、酯基、双键、醚键没有影响。

$$\text{CN-C}_6\text{H}_4\text{-COCl} \begin{cases} \xrightarrow{\text{LiAlH}_4} \text{CN-C}_6\text{H}_4\text{-CH}_2\text{OH} \\ \xrightarrow[\text{二甘醇,} -78\text{℃}]{\text{LiAlH(OBu-}t)_3} \text{CN-C}_6\text{H}_4\text{-CHO} \end{cases}$$

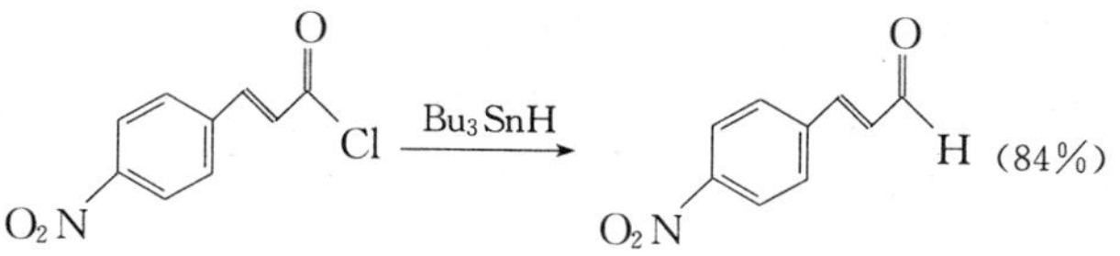

酰卤在适当的反应条件下，用催化氢化或金属氢化物选择性地还原为醛的反应称为 Rosenmund 反应，酰卤与加有活性抑制剂(如硫脲、喹啉-硫)的钯催化剂或以硫酸钡为载体的钯催化剂，于甲苯或二甲苯中，控制通入氢量使其略高于理论量，即可使反应停止在醛的阶段，一般用于制备一元脂肪醛和芳香醛。此条件下，分子中存在的双键、硝基、卤素、酯基等均不受影响。例如，重要中间体三甲氧基苯甲醛的合成。

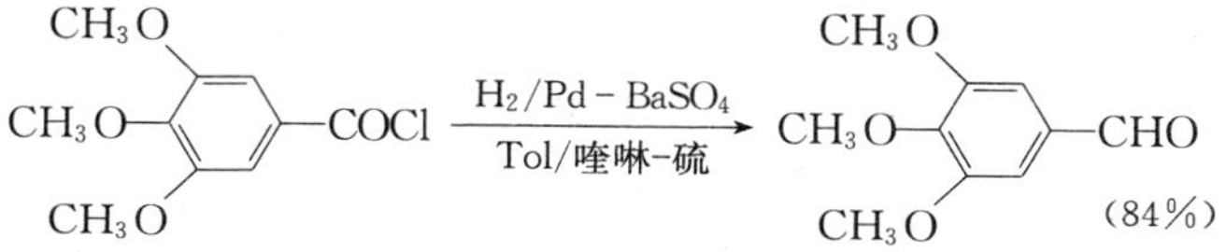

2,6 -二甲基吡啶可作为钯催化剂的抑制剂。在钯催化下将氢通入含酰氯及 2,6 -二甲基吡啶的四氢呋喃溶液中，在室温下反应，可得到较高收率的醛。本法条件温和，特别适用于对热敏感的酰氯的还原，如 8 -壬酮酰氯采用钯催化剂还原时，羰基可不受影响。

$$CH_3-\overset{\overset{\displaystyle O}{\|}}{C}-(CH_2)_6COCl \xrightarrow[\text{2,6-二甲吡啶, r.t}]{H_2/Pd-BaSO_4/THF} CH_3-\overset{\overset{\displaystyle O}{\|}}{C}-(CH_2)_6CHO \quad (85\%)$$

二、酯及酰胺的还原

(一)还原成醇

将羧酸酯还原为伯醇的方法很多，金属氢化物尤其是氢化铝锂是广为应用的还原剂。

1. 金属氢化物为还原剂

羧酸酯用 0.5mol 的氢化铝锂还原时可得到伯醇。仅用 0.25mol 并在低温下反应或降低氢化铝锂的还原能力，可使反应停留在醛的阶段。

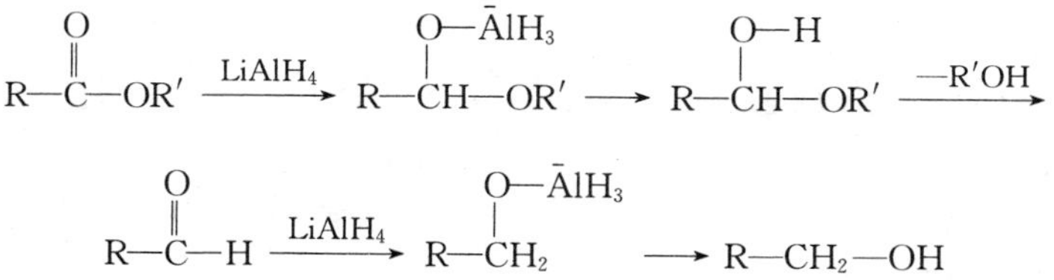

降低氢化铝锂还原能力的方法是加入不同比例的无水三氯化铝或加入计算量

的无水乙醇,取代氢化铝锂中 1～3 个氢原子而生成铝烷或烷氧基氢化铝锂,以提高其还原的选择性。如采用本试剂可选择性地还原 α,β-不饱和酯为不饱和醇;若单用氢化铝锂还原,则得饱和醇。

$$3LiAlH_4 + AlCl_3 \longrightarrow 3LiCi + 4AlH_3$$

$$\text{(Ph)}-CH=CHCOOEt \xrightarrow[\text{Et}_2\text{O}]{\text{LiAlH}_4 - \text{AlCl}_3 (3:1)} \text{(Ph)}-CH=CHCH_2OH \quad (90\%)$$

单纯使用硼氢化钠对酯还原的效果较差,若在 Lewis 酸如三氯化铝的存在下,还原能力大大提高,可顺利地还原酯,甚至可还原某些羧酸。如用此试剂可选择性地还原对硝基苯甲酸酯为对硝基苯甲醇。

$$O_2N-\text{(Ph)}-COOR \xrightarrow[(CH_3OCH_2CH_2)_2O]{NaBH_4/AlCl_3} O_2N-\text{(Ph)}-CH_2OH \quad (84\%)$$

硼氢化钠和酰基苯胺在 α-甲基吡啶中反应,生成的酰苯胺硼氢化钠是还原酯的有效试剂。该反应的优点是反应操作简便,不需无水条件,反应选择性好,一些易被氢化铝锂、硼氢化钠-三氯化铝还原的基团(酰胺基、氰基等)均不受影响。

$$CN-\text{(Ph)}-COOCH_3 \xrightarrow[\substack{N/100℃,5h \\ CH_3}]{NaBH_4/RCONHC_6H_5} CN-\text{(Ph)}-CH_2OH \quad (89\%)$$

2. Bouveault - Blanc 反应

本反应是将羧酸酯用金属钠和无水醇直接还原生成相应的伯醇,主要用于高级脂肪酸酯及二元羧酸的还原,通常使用乙醇作溶剂,但为了得到较高的温度,可用丁醇作溶剂。

$$CH_3(CH_2)_{10}COOEt \xrightarrow[\triangle]{Na/EtOH/Tol} CH_3(CH_2)_{10}CH_2OH \quad (75\%)$$

月桂醇

由于催化氢化和氢化铝锂的广泛应用,此法在实验室中已少采用,但因其简便易行,在工业上仍较广范应用。

心血管药物乳酸普尼拉明中间体的制备。

$$\begin{matrix} Ph \\ | \\ Ph \end{matrix} CH-CH_2COOEt \xrightarrow[85～90℃,1～2h]{Na/EtOH/AcOEt} \begin{matrix} Ph \\ | \\ Ph \end{matrix} CH-CH_2CH_2OH \quad (78\%)$$

乳酸普尼拉明中间体

(二)还原成醛

羧酸酯及酰胺可用多种金属氢化物还原成醛。氢化二异丁基铝(DIBAH)可使芳香族及脂肪族酯以较好的产率还原成醛，对分子中存在的卤素、硝基、烯键等均无影响。

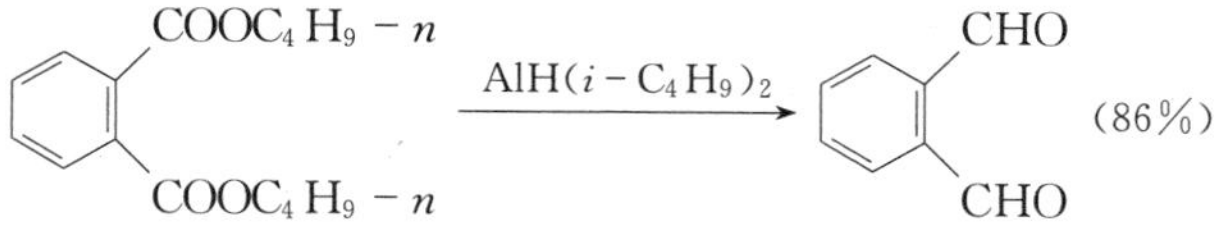

（86%）

由于酰胺很难用其他方法还原成醛，因而本法更具有合成价值。氢化二乙氧基铝锂、氢化三乙氧基铝锂可使脂肪、脂环、芳香和杂环酰胺以 $60\%\sim90\%$ 的产率还原成相应的醛，并具有较好的选择性。例如，重要医药中间体对氯苯甲醛的制备。

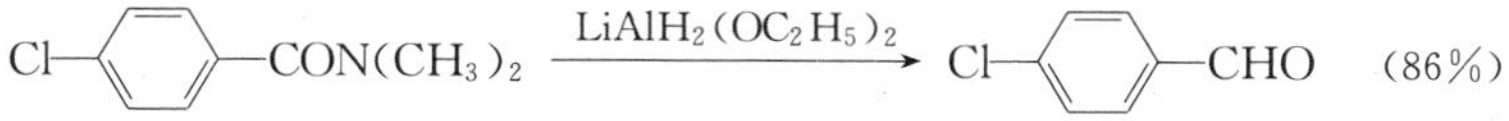

（86%）

N,N-羰基二咪唑与羧酸在室温即能迅速反应，几乎以定量的产率生成相应的酰胺，它在四氢呋喃中与氢化铝锂反应即生成醛。

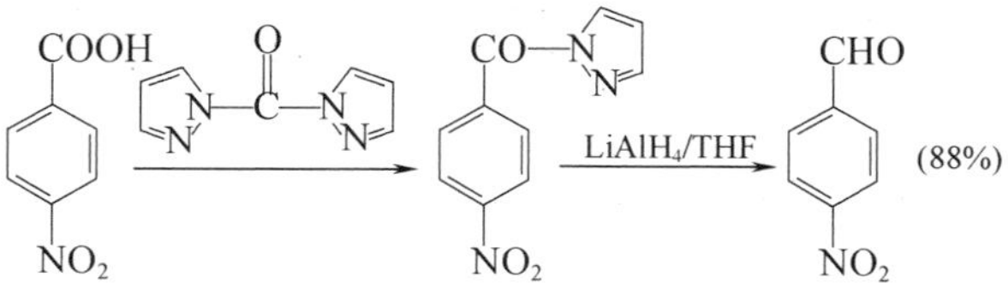

（88%）

（三）酰胺的还原

酰胺的还原可用于合成伯、仲、叔胺。在某些反应条件下，常伴以碳-氢键的断裂而生成醛。酰胺不宜用活泼金属还原，催化氢化法还原酰胺要求在高温、高压下进行。因此，金属氢化物如氢化铝锂是还原酰胺为胺的主要试剂，反应可在比较温和的条件下进行。例如，抗肿瘤药物三尖杉酯碱中间体和祛痰药盐酸氨溴索中间体的合成。

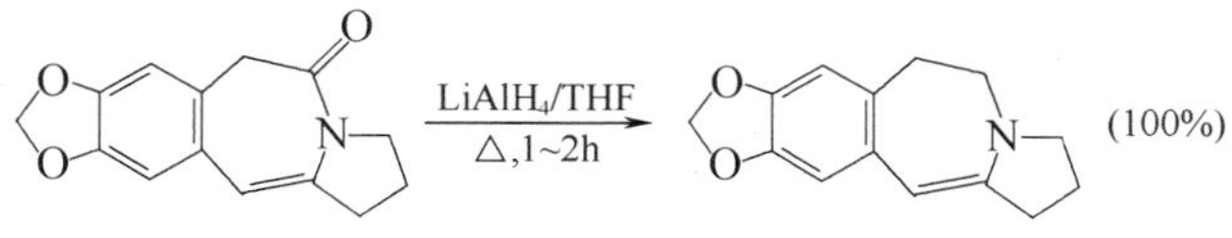

（100%）

三尖杉酯碱中间体

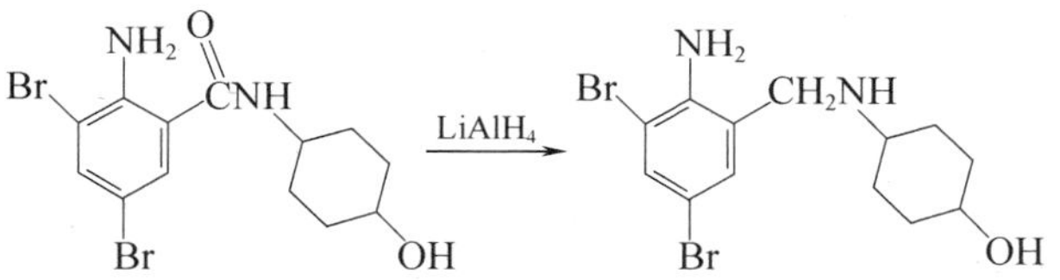

盐酸氨溴索中间体

单独使用硼氢化钠不能还原酰胺为胺,但由乙酸与硼氢化钠形成的酰氧硼氢化钠却是十分有效的还原剂。例如,将乙酸与 1,4 -二氧六环慢慢加至硼氢化钠和苯甲酰胺的 1,4 -二氧六环溶液中,回流反应可得到重要的医药中间体苄胺。

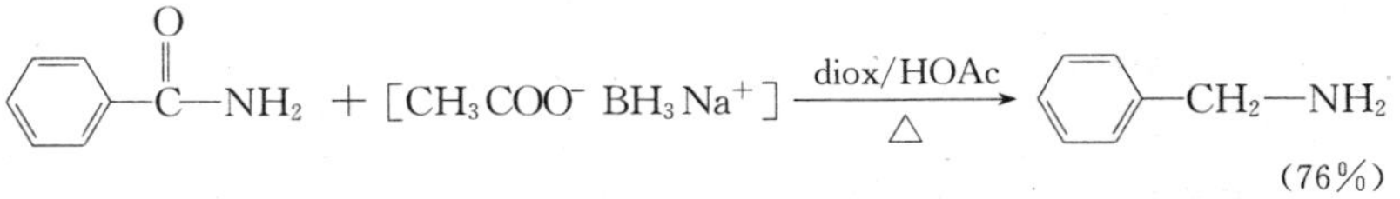

乙硼烷是还原酰胺的良好试剂,通常还原反应在四氢呋喃中进行,产率极佳。还原反应速度为:N,N -二取代酰胺＞N -单取代＞未取代;脂肪族酰胺＞芳香族酰胺。与氢化铝锂还原不同,用乙硼烷作还原剂时,没有生成醛的副反应,且不影响分子中存在的硝基、烷氧羰基、卤素等基团,但若有烯键存在则同时被还原。

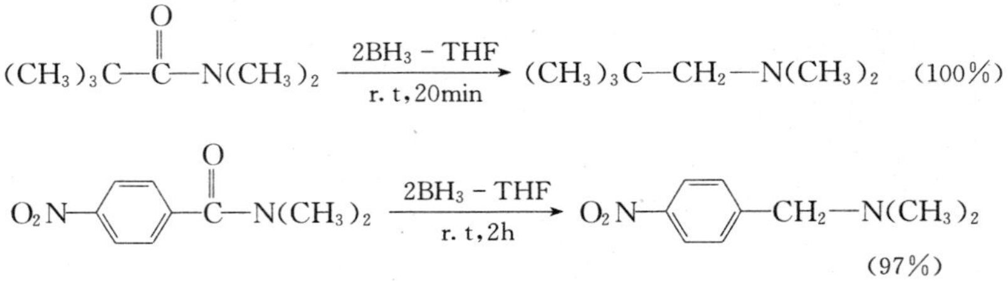

三、腈的还原

腈通常由卤烃制备,易水解为羧酸并还原为伯胺,是间接引入羧基及胺基的常用方法。腈的还原主要使用金属氢化物还原和催化氢化。由于腈易水解为羧酸,故而不宜采用活泼金属与酸的水溶液作为还原体系。氢化铝锂可还原腈成伯胺,为使反应进行完全,通常加入过量的氢化铝锂;乙硼烷可在温和条件下还原腈为胺,分子中的硝基、卤素等可不受影响。

过量的氢化铝锂可顺利还原邻甲基苯腈中的腈基,产物邻甲基苄胺是重要的药物中间体。

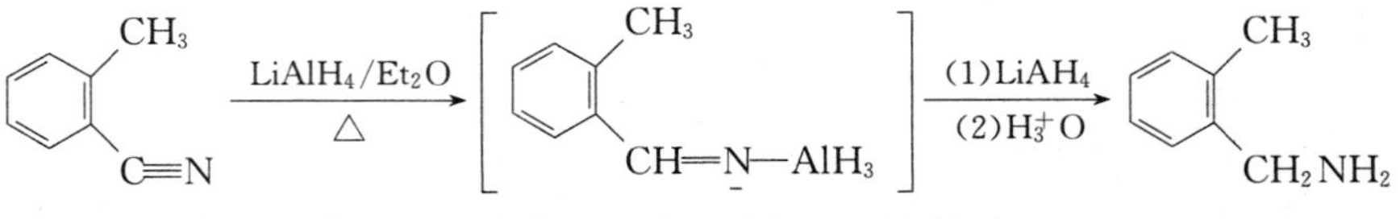

间硝基苄胺的制备,在硼烷作用下氰基被还原为伯胺。

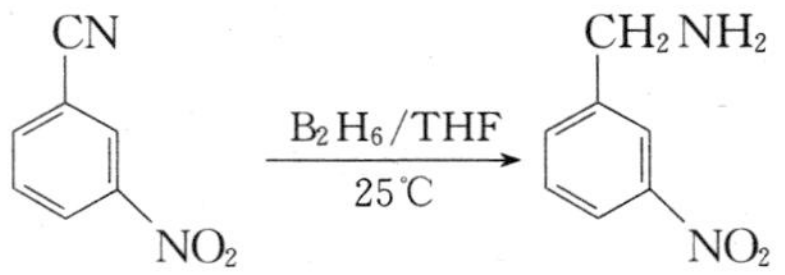

硼氢化钠通常不能还原腈基,但在加入活性镍、氯化钯等催化剂的条件下,还

原反应可顺利进行。或者先将腈与 β-二醇在浓硫酸中缩合生成杂环中间体二氢-1,3-恶嗪,再被硼氢化钠还原为四氢恶嗪,而后在草酸水溶液中水解成醛,此法对于芳腈和脂腈都适用。

$$RCN + \underset{OH}{\overset{OH}{\diagup}} \xrightarrow{H_2SO_4} \underset{R}{\overset{O}{\diagup}} N=C \xrightarrow{NaBH_4} \underset{R}{\overset{O}{\diagup}} \underset{H}{N}-CH \xrightarrow{H_3^+O} RCHO$$

苄胺在硼氢化钾与催化剂氯化钯的共同作用下,顺利还原为苄胺。

$$\overset{CN}{\diagup} \xrightarrow[r.t]{KBH_4/PdCl_2/MeOH} \overset{CH_2NH_2}{\diagup} \quad (90\%)$$

苄胺

催化氢化还原可采用钯、铂或铑为催化剂,在醛酸或酸性溶剂中还原,或用镍为催化剂,在溶剂中加入过量的氨,可以得到高收率的伯胺还原产物。例如,维生素 B_6(Vitamin B_6)中间体的制备中,采用了钯-酸-水体系,可将硝基、碳-氯及腈基一并还原。

$$\overset{CH_2OCH_3}{\underset{CH_3}{O_2N \diagup CN}} \xrightarrow[1.47\times10^5 Pa, 25\sim30\text{℃}]{H_2/5\% \ Pd-C/H_2O-HCl} \overset{CH_2OCH_3}{\underset{CH_3}{H_2N \diagup CH_2NH_2}} \quad (70\%)$$

维生素 B_6 中间体

四、羧酸的还原

氢化铝锂是还原羧酸为伯醇最常用的试剂,反应在温和的条件下进行,收率高,应用十分广泛。

$$\underset{CH_3}{\overset{CH_3}{CH_3-C-COOH}} \xrightarrow[Et_2O]{LiAlH_4} \underset{CH_3}{\overset{CH_3}{CH_3-C-CH_2OH}} \quad (92\%)$$

硼氢化钠在一般情况下不能还原羧酸,但在三氯化铝的存在下,其还原能力大大提高,可将羧酸还原为醇。

$$O_2N-\overset{}{\diagup}-COOH \xrightarrow[AlCl_3]{NaBH_4} O_2N-\overset{}{\diagup}-CH_2OH \quad (82\%)$$

硝酸芬替康唑中间体的合成。

$$\overset{}{\diagup}-S-\overset{}{\diagup}-COOH \xrightarrow[AlCl_3]{NaBH_4} \overset{}{\diagup}-S-\overset{}{\diagup}-CH_2OH \quad (65\%)$$

硝酸芬替康唑中间体

硼烷是选择性地还原羧酸为醇的优良试剂,条件温和,反应速度快,且不影响分子中存在的硝基、酰卤、卤素等基团。硼烷为亲电性还原剂,首先是由缺电子的硼原子与羰基氧原子上未共用电子相结合,然后硼原子上的氢以负氢离子形式转移到羰基碳原子上而使之还原成醇。

$$\begin{matrix} R \\ R' \end{matrix} C{=}O\text{:} \xrightarrow{BH_3} \begin{matrix} R \\ R' \end{matrix} \overset{+}{C}{=}\overset{-}{O}\cdots\bar{B}H_3 \longrightarrow \begin{matrix} R \\ R' \end{matrix} \overset{+}{C}{-}\overset{-}{O}{-}\bar{B}H_2$$

$$\longrightarrow \begin{matrix} R \\ R' \end{matrix} \underset{H}{C}{-}O{-}BH_2 \xrightarrow{H_2O} \begin{matrix} R \\ R' \end{matrix}CH{-}OH + BH_2OH$$

硼烷还原羧基的速度比还原其他基团更快,因此当羧酸衍生物分子中有氰基、酯基或醛、酮羰基时,若控制硼烷用量并在低温下反应,可选择性地还原羧基为相应的醇,而不影响其他取代基。硼烷还原脂肪酸的速度大于芳香酸,位阻小的羧酸大于位阻大的羧酸;对脂肪酸酯的还原速度一般较羧酸慢,对芳香酸酯几乎不反应。

$$\begin{matrix} COOH \\ COOEt \end{matrix} \xrightarrow[-18℃,10h]{2BH_3/THF} \begin{matrix} CH_2OH \\ COOEt \end{matrix} \quad (88\%)$$

单元 6　催化氢化反应

一、催化氢化的概述

在催化剂的存在下,有机化合物与氢或其他供氢体发生的还原反应,称为催化氢化,是药物合成的重要手段之一。采用催化氢化可以大大降低成本,提高产品质量和收率,缩短反应时间,减少"三废"污染。特别是对于一些化学还原难以制备的化合物更具有优越性。

催化氢化包括氢化和氢解。氢化又称加氢,是在催化剂的存在下,含有不饱和键化合物中的 π 键断裂并与氢加成的反应;氢解是在催化剂的存在下,某些碳-杂 σ 键或杂-杂 σ 键断裂并与氢结合成两部分产物的反应。通常情况下两者统称为催化氢化。

$$\text{氢化} \quad \text{C=C} + H_2 \longrightarrow \underset{H\ H}{\text{C-C}}$$

$$\text{氢解} \quad {-}\overset{|}{\underset{|}{C}}{-}X + H_2 \longrightarrow {-}\overset{|}{\underset{|}{C}}{-}H + HX$$

二、催化氢化的类型

按照作用物和催化剂的存在形态,催化氢化可分为均相催化氢化和非均相催化氢化。

(一)非均相催化氢化

非均相催化氢化按氢源不同又可分为多相催化氢化和转移催化氢化。

1. 多相催化氢化

多相催化氢化在医药工业中应用最广泛,是在有不溶于反应介质的固体催化剂的作用下,以气态氢为氢源,还原液相中作用物的反应。机理是催化剂将氢气和作用物吸附在金属表面,被活化的氢和底物相互作用发生加成反应,氢的加成多是顺式加成。

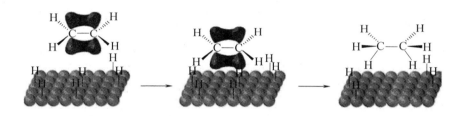

氢化催化剂是一类能显著改变氢化反应速度而本身并不显著参与化学反应的特殊物质,主要是过渡金属元素。如镍(Ni)、铜(Cu)、钯(Pb)、铂(Pt)、钌(Ru)、铑(Rh)、铱(Ir)等呈高度分散的活化态金属均不溶于有机溶剂,一般称之为非均相催化剂。实验室内常用的非均相催化剂有氧化铂、氧化钯、Raney‐Ni 等,反应性 Pt＞Pd＞Ni。

2. 转移催化氢化

转移催化氢化与多相催化氢化不同之处在于,以有机化合物作为给氢体代替气态氢源。常用的氢源包括氢化芳烃、不饱和萜类及醇类。如环己烯、环己二烯、四氢萘、α‐蒎烯、乙醇、异丙醇、环己醇等。

$$2 \begin{array}{c} \text{COOH} \\ \end{array} + \begin{array}{c} \end{array} \xrightarrow[\text{回流}]{\text{Pd-C,二甲苯}} 2 \begin{array}{c} \text{COOH} \\ \end{array} + \begin{array}{c} \end{array}$$

转移催化氢化主要利用钯催化剂(钯黑和钯‐炭),不需在压力下氢化,反应条件比较温和;操作简便,不需要特殊设备;具有较高的选择性,给氢体可以定量加入,易于控制氢化反应的深度;产物收率好,纯度高。但是给氢体价格较高,氢化活性低,反应液中多了给氢体脱氢后的产物,会给产物提纯带来麻烦。

(二)均相催化氢化

均相催化氢化是在溶于反应介质中催化剂的作用下,以气态氢为氢源还原作用物的反应,是相对较新发展的催化反应。均相催化剂主要是金属铑、钌、铱的三苯基膦络合物，如氯化三苯膦络铑［(Ph₃P)₃RhCl］、氢氯三苯膦络钌［(Ph₃P)₃RuClH］、氢化三苯膦络铱［(Ph₃P)₃IrH］等。氯化三苯膦络铑可由氯化铑与过量的三苯基膦在乙醇中回流来制备。

$$RhCl_3 \cdot 3H_2O + 3Ph_3P \xrightarrow[\triangle]{C_2H_5OH} (Ph_3P)_3RhCl$$

均相催化氢化主要特点是催化剂呈络合分子状态溶于反应介质中，与多相催化氢化相比，具有活性大、条件温和、选择性好、催化剂不易中毒等优点。氢化时不会导致烯键发生异构化和氢解反应，并可用于不对称氢化还原。

三、催化氢化的影响因素

催化氢化反应速度和选择性，主要取决于作用物的结构和催化剂的类型，但与作用物的纯度、助催化剂与抑制剂的选用、氢压、反应温度、溶剂、反应液的酸碱度及搅拌等反应条件也有密切关系。

（一）作用物的结构

作用物的结构是影响氢化反应的最重要因素，在其他条件相同时，不同结构作用物的氢化难易顺序可参考表 9－1。表中，由上至下，作用物的氢化由易到难。值得注意的是，由于作用物分子结构、基团所处的化学和物理环境（电性效应及空间效应），选用催化剂的类型和反应条件的不同，均能改变其难易顺序。

表 9－1 不同结构作用物氢化难易顺序

作用物	产物	常用催化剂、典型反应条件与活性比较
酰卤 RCOX	醛 RCHO	Pd 催化剂，室温，0.1MPa，常用喹啉、硫磺、硫脲或其他抑制剂调节选择性
硝基物 ArNO₂ RNO₂	伯胺 ArNH₂ RNH₂	Pd－C、Ni、PtO₂ 等催化，室温，0.1～0.4MPa，中性或弱酸性条件下还原时：芳香硝基物＞脂肪硝基物
炔 R—C≡C—R	烯	Pd－BaSO₄－Pd(OAc)₂ 催化，喹啉作抑制剂，室温，较低压力，或采用 P－2 型硼化镍催化，顺式氢化；顺式异构体＞反式异构体
烯 R—CH＝CH—R	烷 R—CH₂—CH₂—R	Pd、Pt、Ni 催化，室温，常压，反应迅速（多取代和高位阻烯除外），活性：孤立双键＞共轭双键，小位阻双键＞大位阻双键，后者需提高温度和氢压
醛 RCHO	伯醇 RCH₂OH	Pt 催化，室温，0.1～0.4MPa，中速，酸催化；Ni(W－6，W－7)，高压，50～100℃；芳醛采用 PtO₂ 催化剂，Fe²⁺ 为助催化剂，低温，反应效果好，无氢解副反应

续表

作用物	产物	常用催化剂、典型反应条件与活性比较

酮
R—CO—R′
	仲醇
	R—CH—R′
	     |
	    OH
		Pt 催化,室温,0.1～0.4MPa,中速,酸催化;Ni 催化,高压,50～100℃;Ni 催化,少量 PdCl$_2$ 为助催化剂,低温氢化效果好;活性酮和位阻小的酮易氢化,芳脂酮在酸性条件和温度较高时易氢解

苄卤 C$_6$H$_5$CH$_2$—X (X=Cl,Br) C$_6$H$_5$CH$_2$—X—R (X=O,N)	芳烃 C$_6$H$_5$CH$_3$＋HX C$_6$H$_5$CH$_3$＋HXR	常用催化剂为 Pd、Pt;氢化活性视 X 而定: $\overset{+}{C_6H_5CH_2N} > C_6H_5CH_2X > C_6H_5CH_2O^-$ > C$_6$H$_5$CH$_2$N ;苄氧基脱苄宜在中性条下进行,苄胺脱苄酸性条件下有利,脱卤碱性条件有利
氰 RCN	伯胺 RCONH$_2$	Ni 催化,氨存在下氢化;Pt,Pd 催化,在酸性溶液中或醋酸中进行。中性条件下氢化,有仲胺副产物
含氮芳杂环 吡啶 喹啉 吡咯	饱和或部分饱和含氮杂环 哌啶 1,2,3,4-四氢喹啉 四氢吡咯	PtO$_2$,Pd-C 催化,酸性条件下效果好;Ni 催化活性较差,需在高温高压下反应;活性:季铵盐＞其他铵盐＞游离胺
稠环芳烃	部分氢化产物	活性:菲＞蒽＞萘;芳香性较小的环首先被氢化
酯 RCOOR′	醇 RCH$_2$OH＋HOR′	Cu(CrO$_2$)$_2$,Ni 催化,200℃,高压;Pd、Pt 通常无催化活性
酰胺 RCONH$_2$	胺 RCH$_2$NH$_2$	内酰胺易氢化;脂肪酰胺难氢化,需在高压下进行;不能用醇类作溶剂,一般选用二氧六环
苯系芳烃	脂环烃	难氢化,Ni、Pd 催化,10～20MPa,100～200℃,活性:苯胺＞苯酚＞甲苯＞苯
羧酸 RCOOH	伯醇 RCH$_2$OH	难氢化,RhO$_2$ 或 RuO$_2$ 为催化剂,200℃,120MPa
羧酸盐	无	不能氢化

(二)作用物的纯度

有多种物质能部分或完全地抑制氢化过程,使催化剂失去活性。因此,进行催化氢化的作用物要有一定的纯度,以防止催化剂中毒。作用物并不都需要蒸馏、重结晶等化学或物理手段提纯,在含有作用物的溶液中,于搅拌下把 Raney-Ni 等廉价的催化剂或作为吸附剂的活性炭加到溶液中,过滤后进行氢化。这一方法可以直接用于液体作用物的氢化,简便而有效。

（三）催化剂的种类和数量

催化剂的种类不同,其活性和选择性亦不相同。更换催化剂,改变反应条件,可以改变基团的活性顺序。

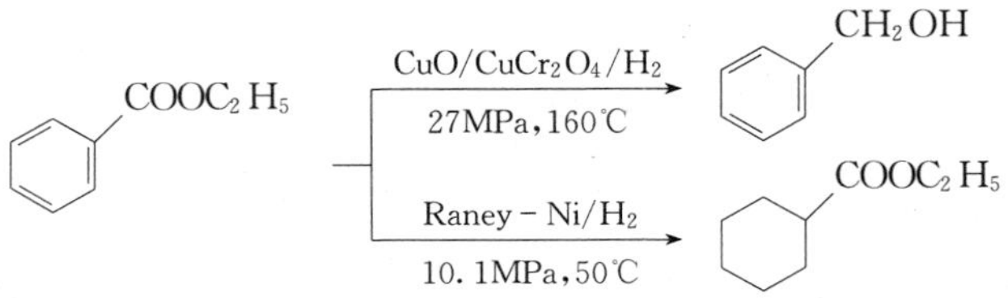

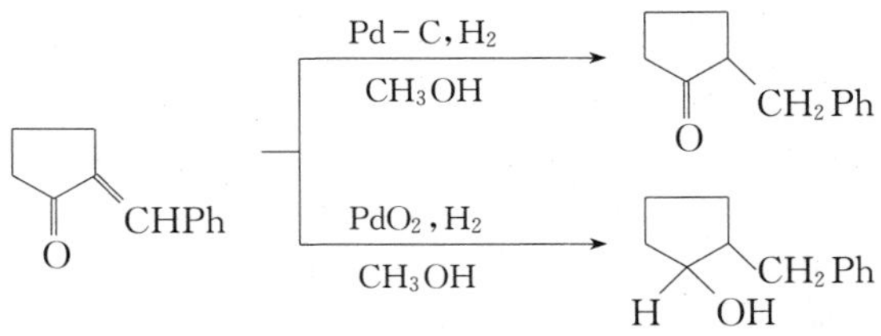

催化剂中加入抑制剂可增加氢化反应的选择性。在下列反应中,BaSO₄ 兼作载体和抑制剂,再加入喹啉与硫磺共热制得的毒剂－N 作抑制剂,仅使酰卤氢解成醛,分子中的硝基、烯键不受影响。

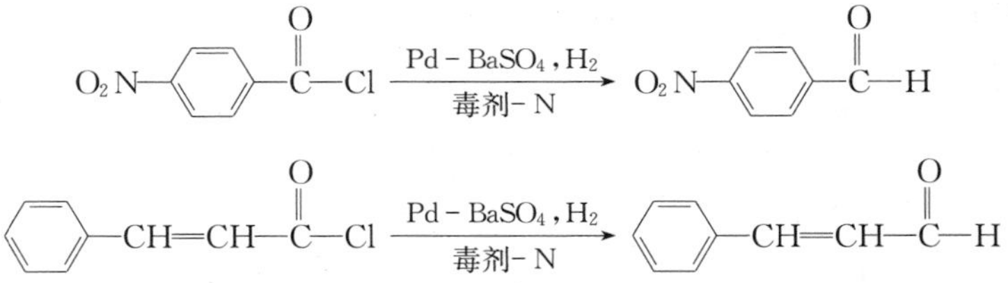

（四）溶解和介质的酸碱度

溶剂的极性、酸碱度、沸点、对作用物和产物的溶解度等因素,都可影响氢化反应的速度和选择性。常用的溶剂有水、甲醇、乙醇、乙酸乙酯、四氢呋喃、环己烷和二甲基甲酰胺等,溶剂的活性顺序与极性顺序基本一致,在选用溶剂时,最好是溶剂的沸点高于反应温度,并对产物有较大的溶解度,以利于产物从催化剂表面解吸,使催化剂的活性中心再发挥作用。

加氢反应大多在中性溶剂中进行,但有机胺和含氮芳杂环的氢化,通常选用乙酸作溶剂,以防催化剂中毒。碱性条件可以促使碳－卤键氢解,少量酸能促进碳－氧键、碳－氮键及碳－碳键的氢解。介质的酸碱度既能影响反应速度和选择性,又会对产物的构型产生较大的影响。

反应介质酸度不同,产物顺式和反式异构体的比例也不同。

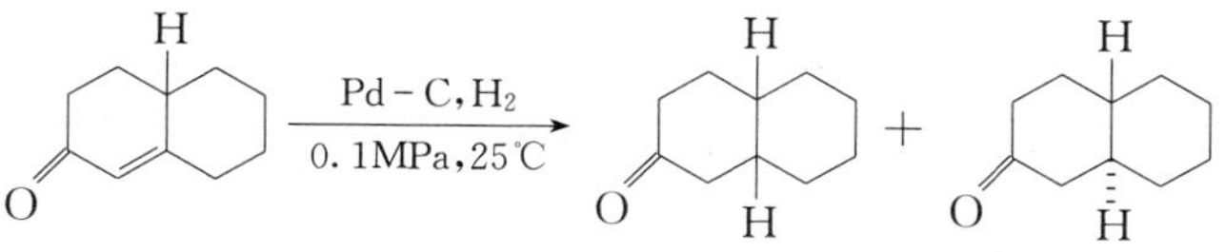

| 溶剂 | C₂H₅OH | 53% | 47% |
| C₂H₅OH+10% HCl | 93% | 7% |

脂环酮的还原,通常酸性条件得 a-型羟基,碱性或中性条件下得 e-型羟基。

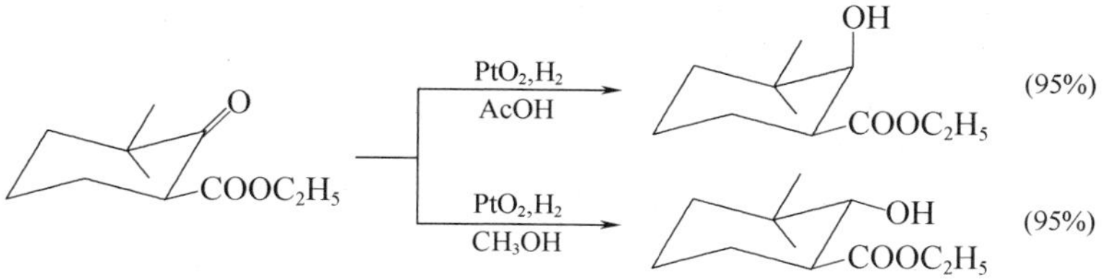

(五)温度

大部分的催化氢化反应速度随温度升高而加快,但达到某一温度时,再提高温度,反应速度反而下降。这是因为氢化反应是放热反应,氢气在催化剂表面的吸附量随温度升高而降低。此外,催化剂的耐热性也有一定的限度,故在反应速度达到基本要求的前提下,应选用尽可能低的反应温度。

(六)压力

在催化氢化反应中,提高压力是克服空间位阻和加快反应速度的有效手段。压力增大,氢的浓度增大,不仅加速反应,还有利于化学平衡向加氢的方向移动,尤其是有利于羧酸酯、酰胺和芳环等难于氢化还原物质的反应。但压力过高会使副反应增多,反应选择性降低,故应选择适当的压力进行反应。

(七)接触时间

催化氢化反应是在催化剂表面上进行的,必须保证足够的时间使作用物与催化剂充分接触。不同的作用物和催化剂,反应时所需的接触时间不同,应根据具体情况,通过实验来决定。接触时间短,反应不充分;接触时间长,会造成过渡氢化或副反应增加,对氢化反应反而不利。

(八)搅拌

氢化反应中,搅拌对于均匀分散催化剂、增大传质传热面积和加快反应速度起到重要的作用。催化氢化为放热反应,若搅拌效率低,可致局部过热,副反应增加或选择性下降。微量反应液通氢鼓泡即可使反应液搅拌充分;大量作用物氢化时,必须加强搅拌。常压和低压氢化中,自吸式搅拌效果好;氢化反应在高压釜中进行时,可采用永磁旋转搅拌、机械搅拌、电磁旋转搅拌和电磁往复式搅拌。

四、催化氢化的技术

(一)液相催化加氢

液相催化加氢是将氢气鼓泡到含有催化剂的液相反应物中进行加氢的操作。

常用于一些不易气化的高沸点原料(油脂、脂肪羧酸及其酯、二硝基物等)。其特点是避免了采用大量氢气使反应物气化的预蒸发过程,经济上较合理,在工业生产中具有广泛的用途。

液相催化加氢反应器按催化剂状态不同,可分为三类:泥浆型反应器、固定床反应器、流化床反应器。

液相催化加氢常用于芳香族硝基化合物的催化加氢,采用钯、铑、铂或骨架镍作催化剂。如 2,4-二氨基甲苯的制备,它是由 2,4-二硝基甲苯通过液相催化加氢还原而制得的。甲苯经过二硝化得到混合的二硝基甲苯,其中 2,4 与 2,6-异构体的比例是 80:20,其反应式及工艺过程如下:

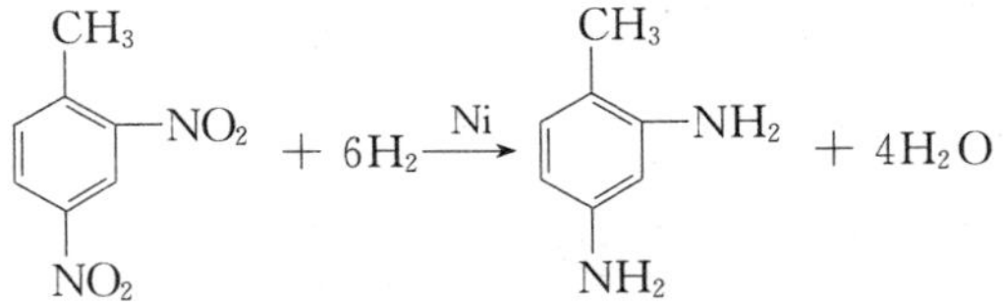

该反应采用立管式泥浆型反应器,甲醇作为溶剂。将含有 0.1%~0.3% 骨架镍的二硝基甲苯的甲醇溶液(1:1),用高压泵连续地送入反应器中,同时通入氢气。反应器内温度约为 100℃,压力保持在 15~20MPa。从第一塔流出的反应物分别进入并联的第二塔、第三塔,当物料从最后一个塔流出时,催化反应完成。经减压装置后在气液分离器中分出氢气,在沉降分离器中分出催化剂,分出的氢气及催化剂循环使用,得到的粗产品依次脱甲醇、脱水经精馏得到纯度为 99% 的二氨基甲苯。

(二)气相催化加氢

气相催化加氢是反应物在气态下进行的加氢反应,适用于易气化的有机化合物(苯、硝基苯、苯酚等)的加氢,气相催化加氢实际上是气-固相反应。含铜催化剂是普遍使用的一类,最常用的是铜-硅胶载体型催化剂及铜-浮石、$Cu-Al_2O_3$。

气相催化加氢主要用于由硝基苯生产苯胺,采用铜-硅胶载体型催化剂,它的优点是成本低,选择性好,缺点是抗毒性差。由于原料硝基苯中微量的有机硫化物极易引起催化剂中毒,所以工业生产中常使用石油苯为原料生产的硝基苯制备苯胺。由于采用流化床反应器,催化剂在反应中处于激烈的运动状态,所以要求催化剂有足够的耐磨性能。催化剂的颗粒大小对流化质量和有效分离均很重要,一般选用颗粒为 0.2~0.3mm 较适宜。1mol 硝基物理论上需要 3mol 氢气,实际生产中常用氢油比为 9:1(摩尔比),这样有利于反应热的移出和使流化床保持较好的流化状态。硝基苯在汽化器中与氢气混合,通过反应器下部气体分配盘进入流化床反应器,控制反应温度为 270℃,压力为 0.04~0.08MPa。反应器出料经冷凝,分出氢气循环使用。液体分层,水层去回收苯胺;苯胺层经干燥塔除去水分,最后经过精馏得到产品苯胺。

五、催化氢化的应用

(一)非均相催化氢化

1. 多相催化氢化

(1)炔烃的氢化　炔烃易被氢化,首先氢与炔进行顺式加成,生成烯烃,进一步氢化后生成烷烃。控制反应温度、压力和通氢量等可使反应停留在烯烃阶段。如维生素 B_6 中间体和维生素 A 中间体顺丁烯 1,4-二醇的合成。

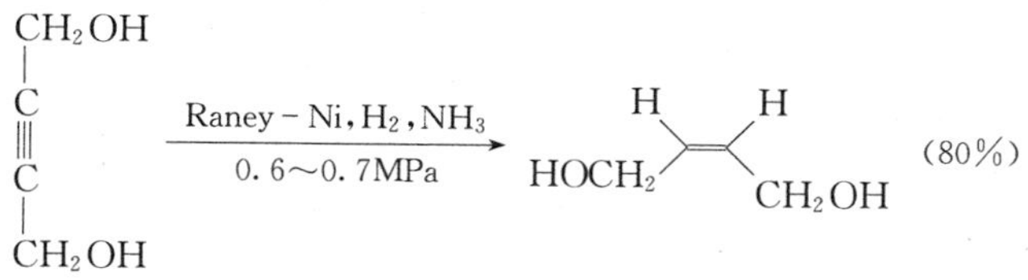

炔烃还原通常用钯、铂、Raney-Ni 等,在常温常压下能迅速反应。控制条件可以优先还原炔键,其他基团(芳硝基和酰卤除外)可以保留。若分子中有多个炔键,末端的炔键优先被还原,位阻小的炔键优先还原。例如,利尿药螺内酯(安体舒通)中间体的制备,以 Raney-Ni 为催化剂,炔键被选择性的还原为烷烃,双键不发生反应。

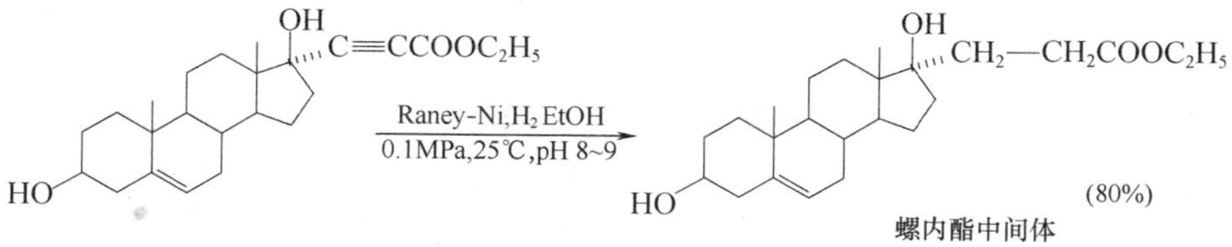

螺内酯中间体

(2)烯烃的氢化　烯烃易被氢化成烷烃,催化剂通常为钯、铂或镍。烯烃为气体时,可以先与氢气混合,再通过催化剂;烯烃为液体或固体时,可以溶解在惰性溶剂中,加催化剂后通入氢气,搅拌反应。

单烯烃的还原,烃键上取代基数目及大小都会影响其氢化活性,一般随取代基的增加而活性降低。例如:无取代烯键>单取代烯键>二取代烯键>三取代烯键>四取代烯键>末端烯键>顺式内部取代烯键>反式内部取代烯键>三取代烯键>四取代烯键。二烯和多烯在一定条件下可以部分氢化或完全氢化;结构复杂的烯烃还原时,除炔键、芳香硝基和酰卤外,其他还原性基团一般不受影响。例如,醋酸孕甾双烯醇酮中 C16-双键优先被还原,生成雄激素美雄酮中间体。

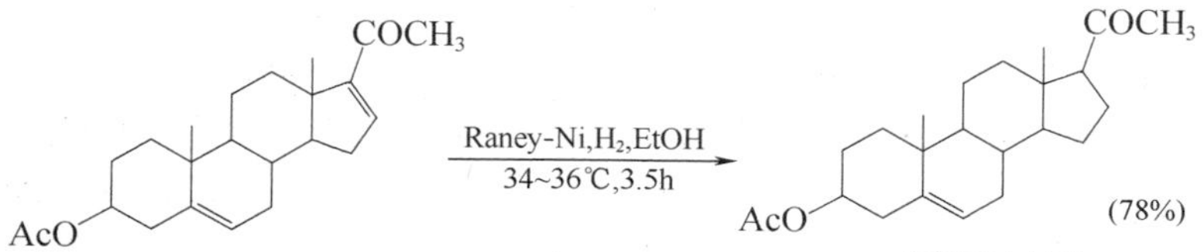

美雄酮中间体

烯键氢化是催化氢化主要的应用，是合成药物中间体的重要手段，在许多药物及中间体的制备中广泛应用。

解痉药新握克丁中间体、降压药卡托普利中间体、用于治疗心绞痛等疾病的β-肾上腺素能受体阻断剂盐酸卡替洛尔的合成。

$$(CH_3)_2CHCH_2CH{=}CHCOCH_3 \xrightarrow[1.5MPa,50℃]{H_2,Pt-C} (CH_3)_2CHCH_2CH_2{—}CH_2COCH_3 \quad (89\%)$$

新握克丁中间体

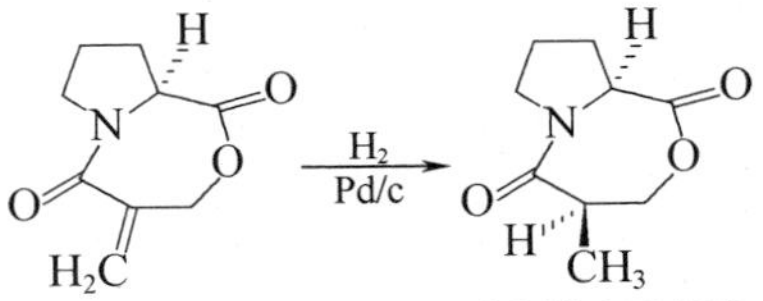

卡托普利中间体

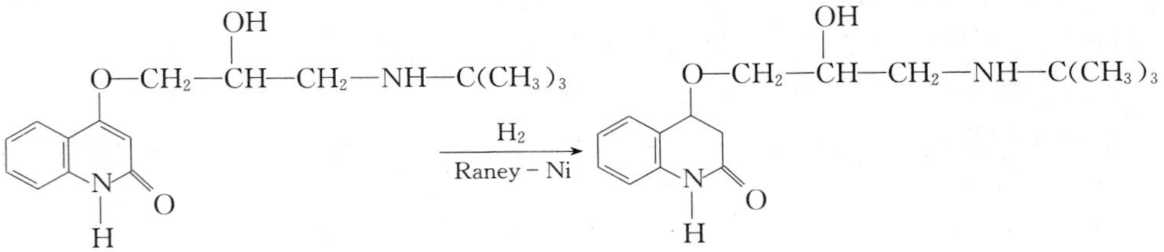

卡替洛尔

(3)醛和酮的氢化　醛和酮在一般情况下氢化还原生成醇，高温氢化可生成饱和烃，Raney-Ni、铂和钯是最常用的催化剂。脂肪族醛和酮一般用铂催化，并加入一定量的氯化铁和氯化亚锡作助催化剂，酸对反应也有促进作用；使用 Raney-Ni 催化时须提高反应温度和压力；若用高活性 Raney-Ni(如 W-6 型)，并加入适量 NaOH、三乙胺等碱性物质助催化，反应可在低温低压下顺利进行。例如，抗胆碱药格隆溴铵中间体、血管扩张药环扁桃酯中间体等脂肪族酮的氢化。

$$HOCH_2\overset{\overset{\displaystyle O}{\|}}{C}CH_2CH_2OH \xrightarrow[0.25MPa,60\sim100℃]{Raney-Ni,H_2} HOCH_2\overset{\overset{\displaystyle OH}{|}}{C}HCH_2CH_2OH$$

格隆溴铵中间体

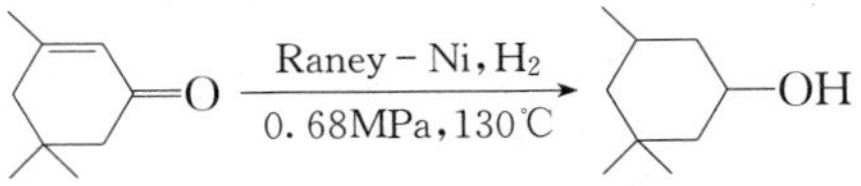

环扁桃酯中间体

芳香醛和芳香酮通常使用钯催化氢化，温和条件(常温、低压)下控制氢气量(消耗 1mol 氢即中止反应)和催化剂用量(5%～7%)，反应可停留在氢化阶段得到醇，否则醇会进一步氢解。也可以使用 Raney-Ni，但需新鲜制备并提高温度(70～100℃)、压力(4.9～9.9MPa)和催化剂用量，并加适量碱助催化。例如，平喘药盐酸异丙肾上腺素、抗菌药黄连素中间体等芳香族醛酮的制备。

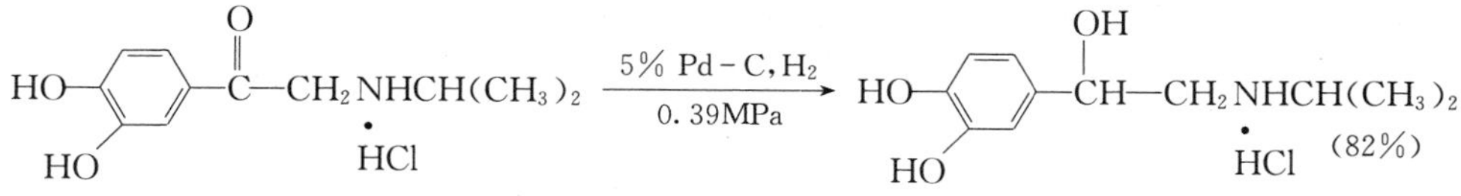

盐酸异丙肾上腺素

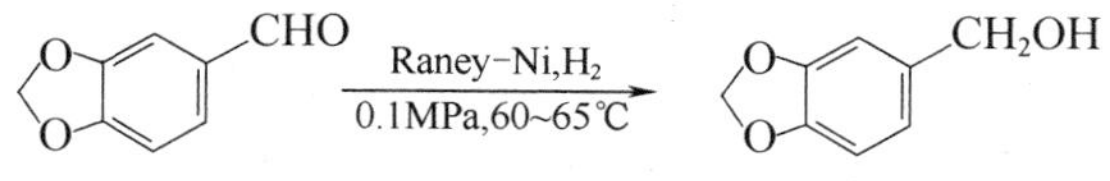

黄连素中间体

含有碱性基团的醛或酮氢化时，一般用 Raney-Ni 催化，如降血脂药利贝特中间体的制备。

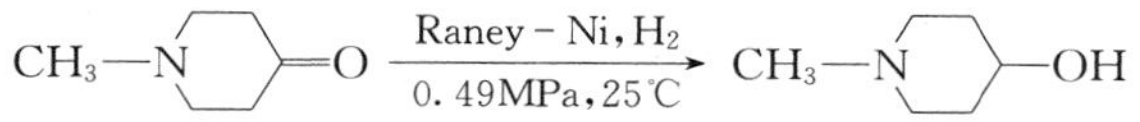

利贝特中间体

（4）硝基、亚硝基、亚胺基化合物的氢化　硝基、亚硝基、亚氨基化合物的氢化通常用钯、铂或 Raney-Ni 催化，最终形成胺。硝基和亚硝基均属于易被还原的基团，尤其与芳环相连时更易还原，反应条件温和，通常在常温常压及少量催化剂条件下顺利进行。例如，抗心律失常药普鲁卡因胺中间体、苯丙酸类非甾体消炎镇痛药阿明洛芬中间体及用于治疗包虫病的药物阿苯达唑中间体的合成都是还原芳香硝基，中枢兴奋药咖啡因中间体的合成是还原肟类基团。

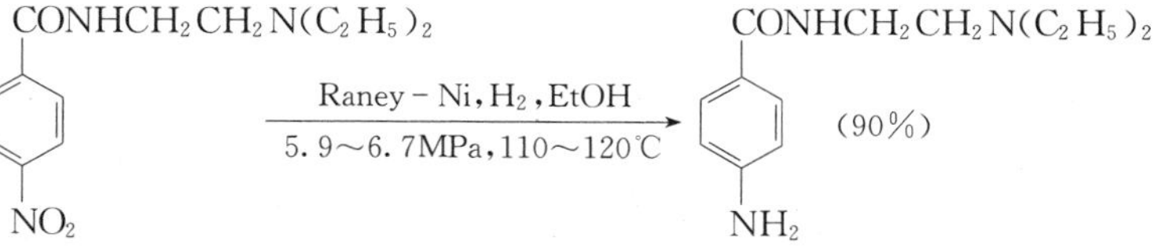

普鲁卡因胺中间体

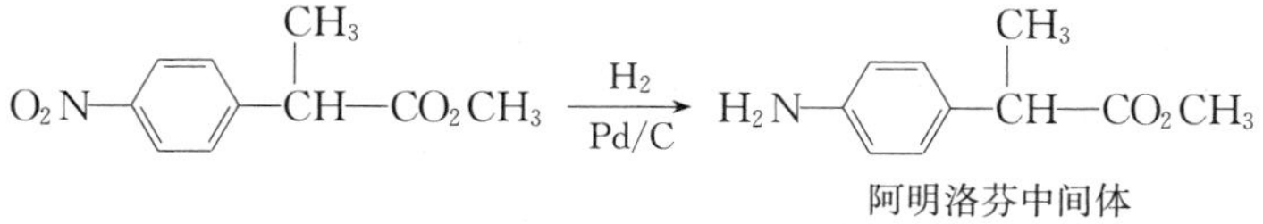

阿明洛芬中间体

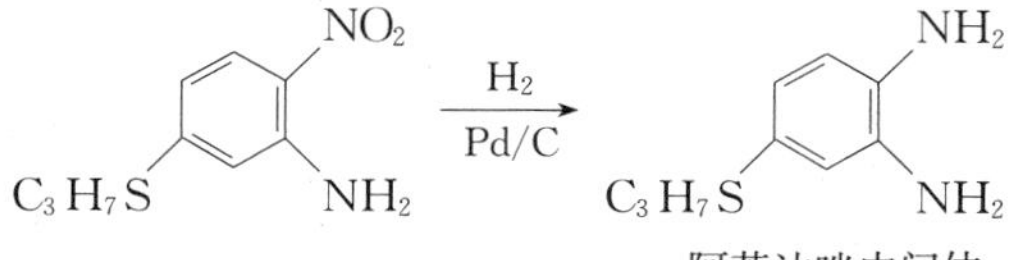

阿苯达唑中间体

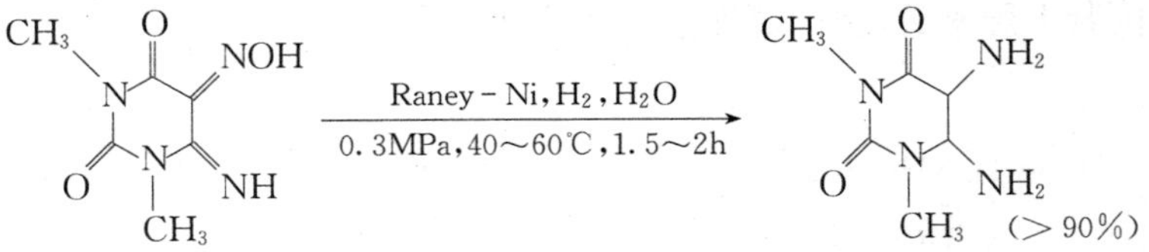

咖啡因中间体

（5）腈的氢化　腈氢化还原成伯胺是药物合成中引入氨基的重要方法，常用于制备脂肪胺类化合物。为防止仲胺副产物的生成，需在醋酸或其他酸性介质中用钯或铂催化还原。使用 Raney－Ni 催化时，应在溶剂中加入过量的氨，用液氨作溶剂效果更好。如，凝血酸中间体和敌退咳中间体的合成。

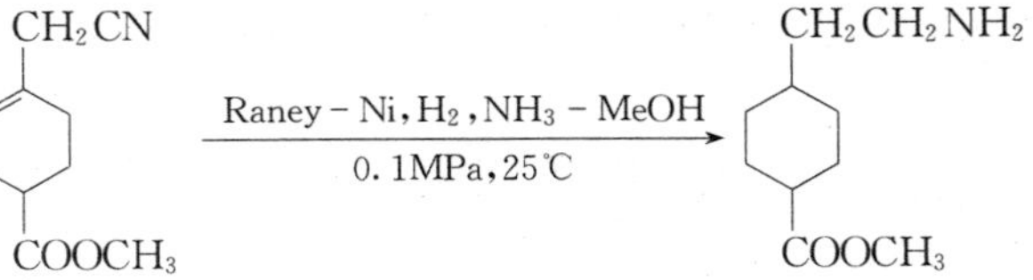

凝血酸中间体

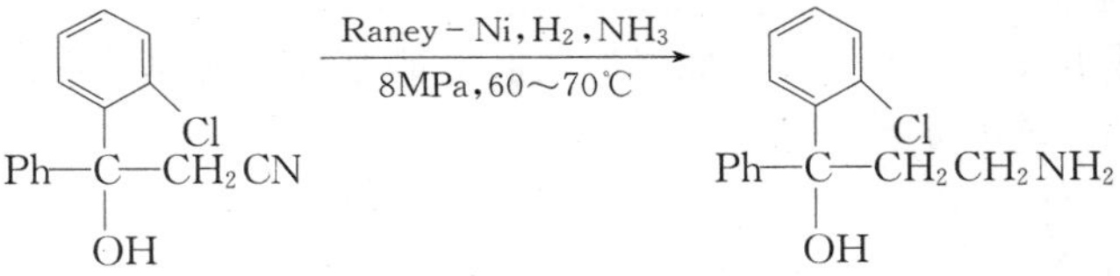

敌退咳中间体

（6）氢化烃化与还原胺化反应　醛或酮与氨、伯胺或仲胺缩合并经催化氢化，从而实现羰基的胺化和伯胺基或仲胺基的烃化，在药物合成中具有十分重要的意义。例如，解痉药辛戊胺中间体 6－甲基－2－庚胺可由 6－甲基－2－庚酮经还原氨化制得，而抗疟药磷酸氯喹侧链的制备可由酮基得到伯胺。

$$(CH_3)_2CH(CH_2)_3\overset{O}{\overset{\|}{C}}CH_3 \xrightarrow[2.45\sim2.49MPa,25^\circ C]{Raney-Ni,H_2,NH_3-MeOH} (CH_3)_2CH(CH_2)_3\overset{NH_2}{\overset{|}{C}}HCH_3 \quad (72\%)$$

辛戊胺中间体

$$CH_3-\underset{\underset{O}{\|}}{C}-(CH_2)_3N(C_2H_5)_2 \xrightarrow[0.78MPa,95^\circ C]{Raney-Ni,H_2,NH_3-EtOH} CH_3-\underset{\underset{NH_2}{|}}{CH}-(CH_2)_3N(C_2H_5)_2 \quad (88\%)$$

磷酸氯喹侧链

黄连素中间体、解热镇痛药氨基比林和镇痛药左啡诺中间体的制备，均利用氢化烃化反应实现羰基的胺化。

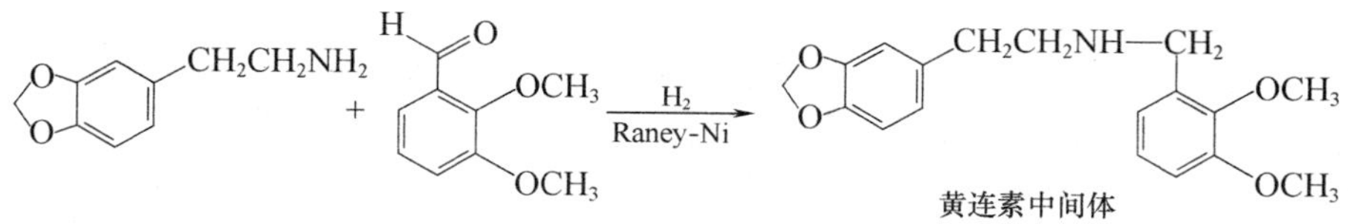

黄连素中间体

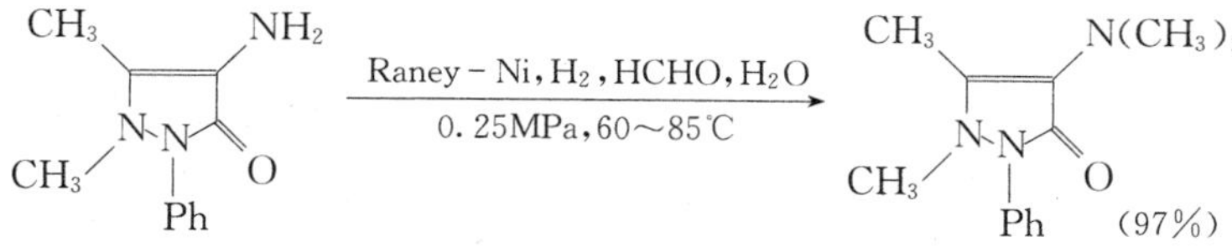

氨基比林

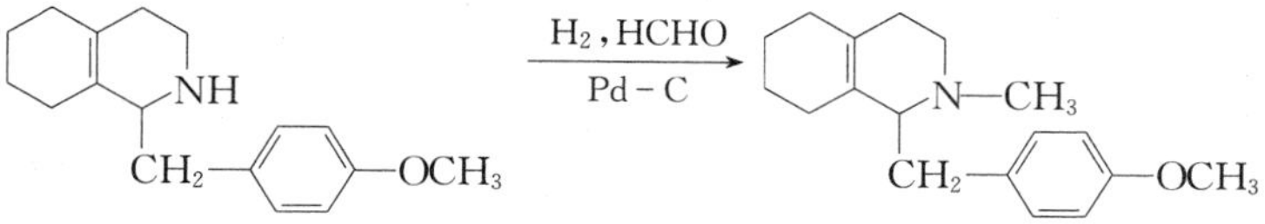

左啡诺中间体

(7)偶氮化物的氢化还原　偶氮化物可通过催化氢化的方法进行还原，得到联氨产物，如血管扩张性降压药卡屈嗪中间体的制备。

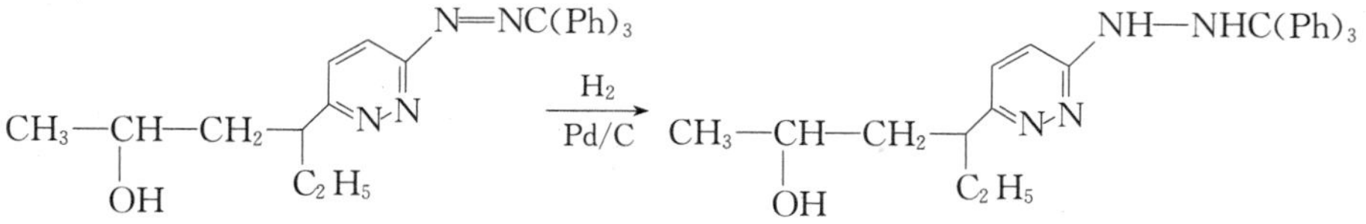

卡屈嗪中间体

2. 转移催化氢化

转移催化氢化主要用于还原烯键、炔键、硝基、氰基、偶氮基、氧化偶氮基，也可用于碳-卤键、苄基和烯丙基的氢解，但酮、酸、酯、酰胺等羰基化合物不易被还原。转移催化氢化反应由于不需要加氢设备，操作简便、使用安全，因而在药物合成应用中得到迅速发展。

(1)烯烃和炔烃的氢化　许多不同类型的烯键能用转移催化加氢，产率较高。炔类亦可控制加氢，得顺式烯烃。

$$CH_2=CH(CH_2)_5CH_3 \xrightarrow[\text{回流}]{\text{环己烯,Pd}} CH_3(CH_2)_6CH_3 \quad (70\%)$$

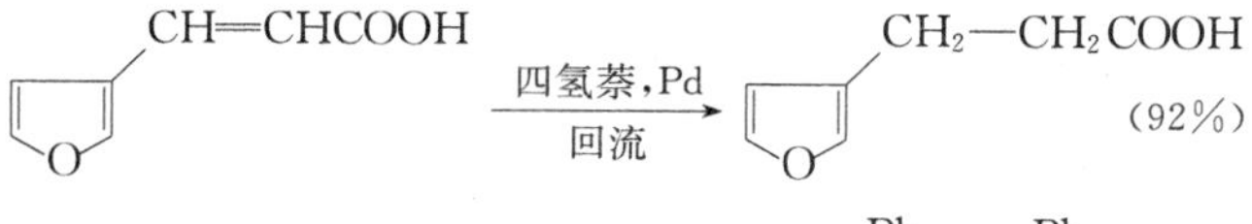

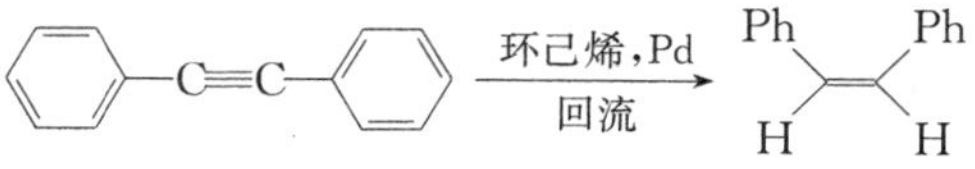

6-次甲基-11-酮-17α-羟基黄体酮在钯-碳酸钙的催化下，以环己烯为供氢

体,可转化为 6α-甲基强的松龙。

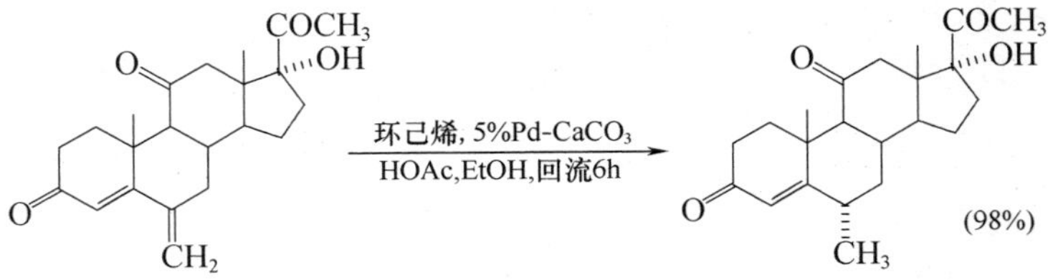

计划生育药甲羟孕酮(安宫黄体酮)的制备也利用了转移氢化反应。

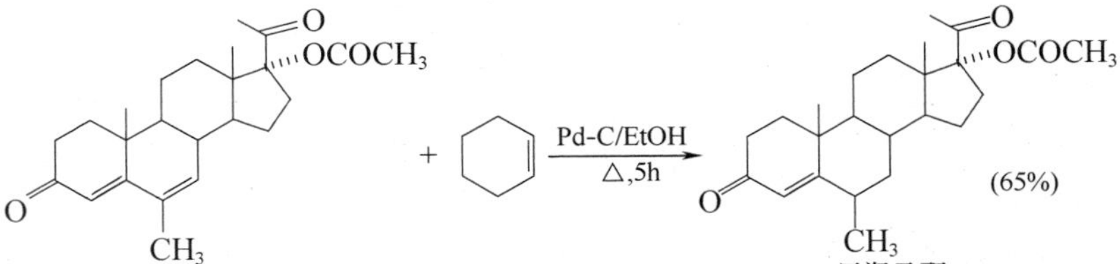

(2)硝基化合物的还原

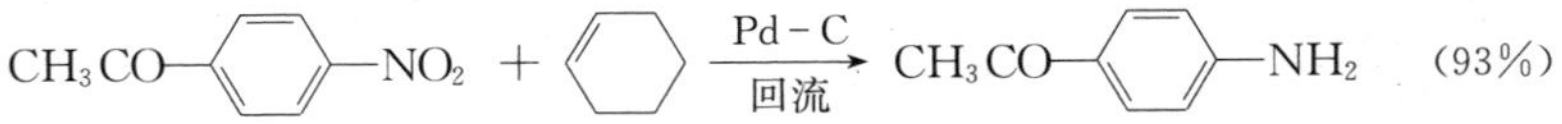

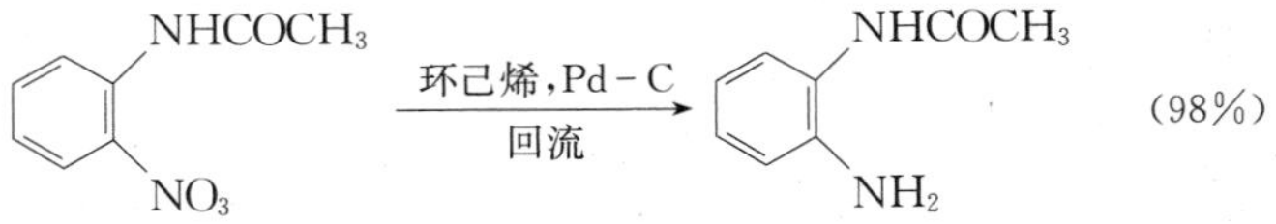

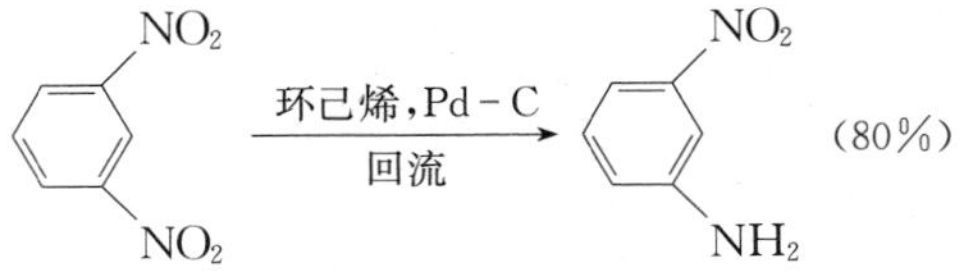

(3)腈的还原　氰基还原时,最终形成甲基。尤其芳环或杂环上氰基的还原,收率高,可作为复杂分子中引入甲基的有效方法。

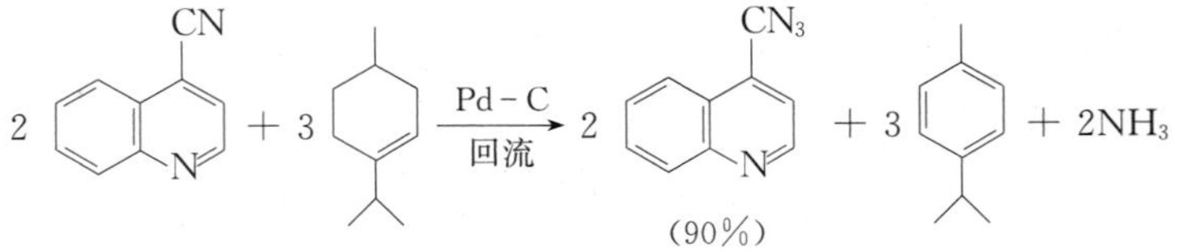

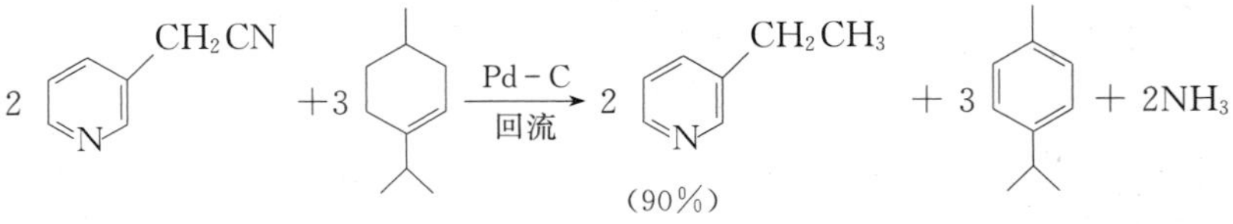

（4）转移氢解反应 有机分子中的氯、溴、碘容易被氢解除去，苄基和烯丙基也易氢解，其活性比用多相催化氢化高。

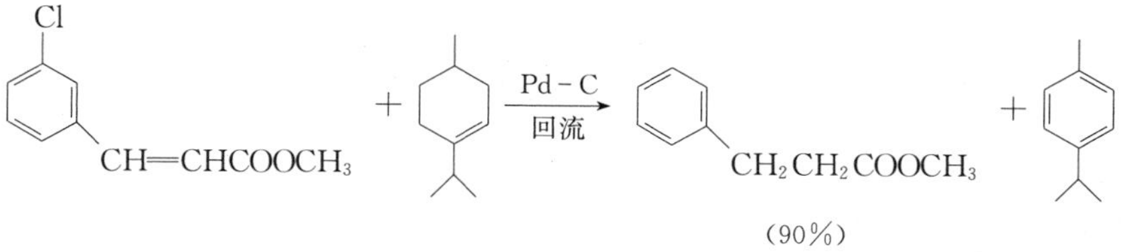

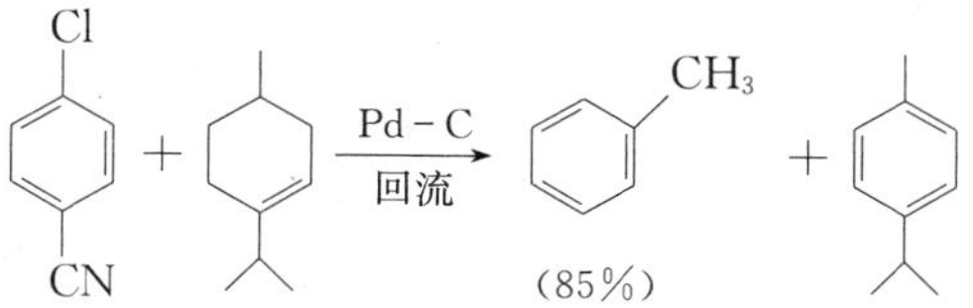

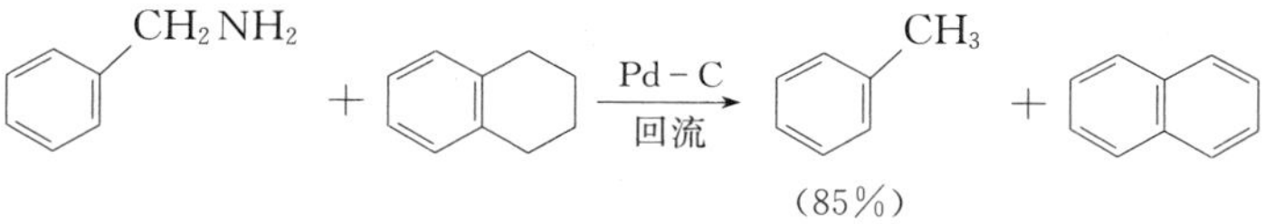

$$（90\%）$$

$$（85\%）$$

$$（85\%）$$

（二）均相催化氢化反应

均相催化氢化反应可以选择性还原烯键和炔键，并且对位阻小的末端烯键和环外烯键还原活性较大，而对空间位阻较大的烯键，如多取代烯键和环丙烯键的还原活性较小。不还原硝基、羰基、腈基等容易被还原的基团，不氢解苄基和碳-硫键等。

$$PhCH=CHNO_2 \xrightarrow[H_2,C_6H_6]{(Ph_3P)_3RhCl} PhCH_2CH_2NO_2$$

$$PhCH=CHCOOCH_2Ph \xrightarrow[H_2,C_6H_6]{(Ph_3P)_3RhCl} PhCH_2CH_2COOCH_2Ph$$

$$PhSCH_2CH=CH_2 \xrightarrow[H_2,C_6H_6]{(Ph_3P)_3RhCl} PhSCH_2CH_2CH_3 \quad （93\%）$$

二氢里那醇和驱虫药二氢山道年都可以在氯化三苯膦络铑催化下还原制备。

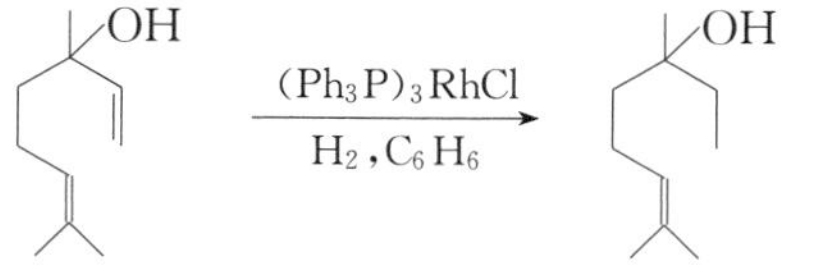

里那醇 二氢里那醇

二氢山道年

259

(三)催化氢解反应

氢解反应主要用于氮氧基团(如硝基、亚硝基)以制备相应的胺类;消除某些不需要的原子或基团(脱卤、脱硫),脱除保护基(苄基、苄氧羰基)。通常可在相当温和的条件下进行,尤其在结构复杂的药物合成中颇具应用价值。

1. 碳-卤键的氢解

催化氢化是氢解卤素最常用的方法,钯为首选的催化剂,镍由于易受卤素离子的毒化而需增大用量比。氢解后的卤素离子特别是氟离子,可使催化剂中毒,故一般不用于 C—F 键的氢解。

脂肪族卤化物中的氯和溴(叔碳卤除外)对铂、钯催化剂是稳定的,碘相对容易氢解。活泼位置的卤素易于发生氢解,酮、腈、硝基、羧酸、酯和磺酸基等的 α -位卤原子均易发生氢解。如果卤素受到邻位不饱和键或基团的活化,或与芳环、杂环相连,就容易被氢解脱卤。碳-卤键的氢解活性由两方面的因素共同决定,烃基相同时,氢解活性顺序为碳-磺键＞碳-溴键＞碳-氯键;卤素相同时,氢解活性顺序为酰卤＞苄位卤原子＞烯丙位卤原子;芳环上电子云密度较小位置的卤原子也易氢解。

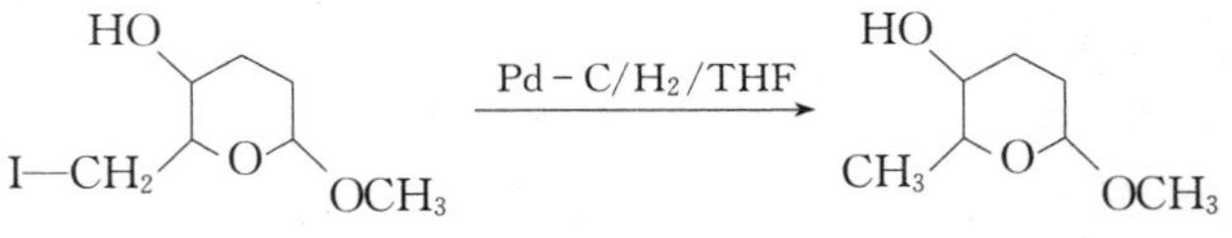

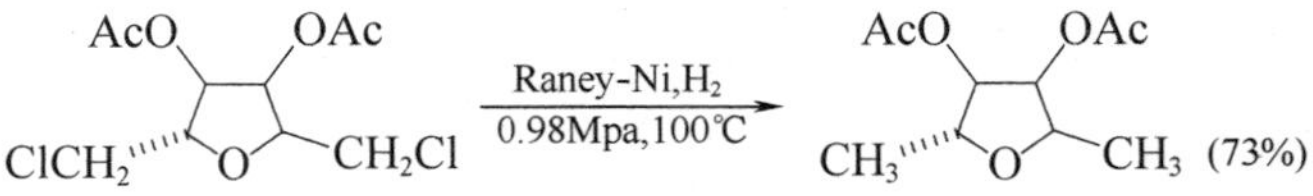

肾上腺素激素氢化可的松中间体及催眠镇静剂硝西泮(硝基安定)中间体的制备。

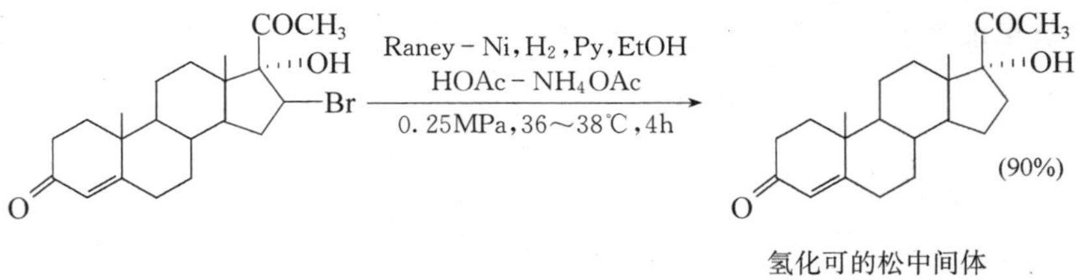

氢化可的松中间体

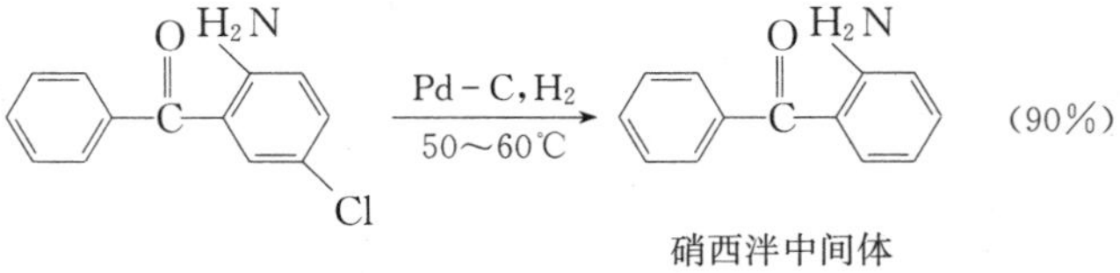

硝西泮中间体

260

2. 碳-氧键的氢解

处于苄位和烯丙位的羟基及其衍生物易发生氢解,如消炎镇痛药羟布宗及前列腺素 $F_{2\alpha}$ 中间体的制备。

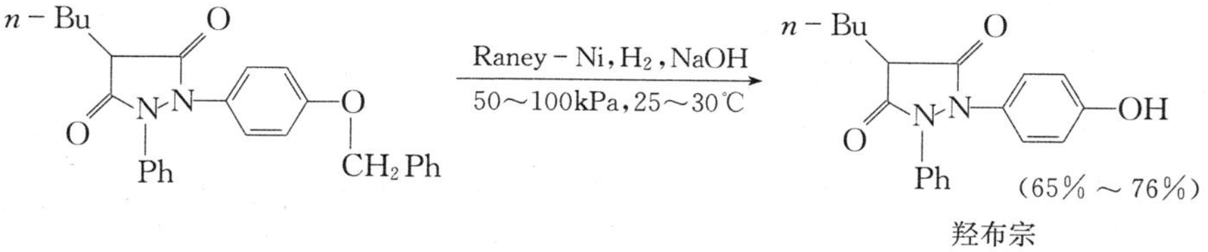

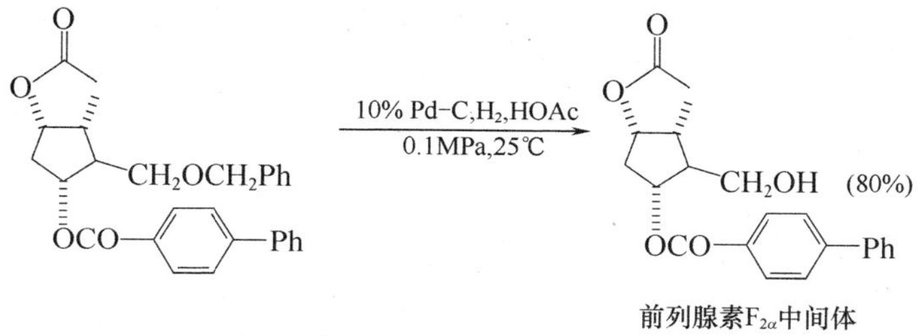

羟布宗

前列腺素 $F_{2\alpha}$ 中间体

酯类在 Pd/C 催化作用下可以发生氢解反应,生成相应的羧基化合物。例如,抗菌药头孢克洛中间体和消化性溃疡治疗药西曲酸酯的制备。

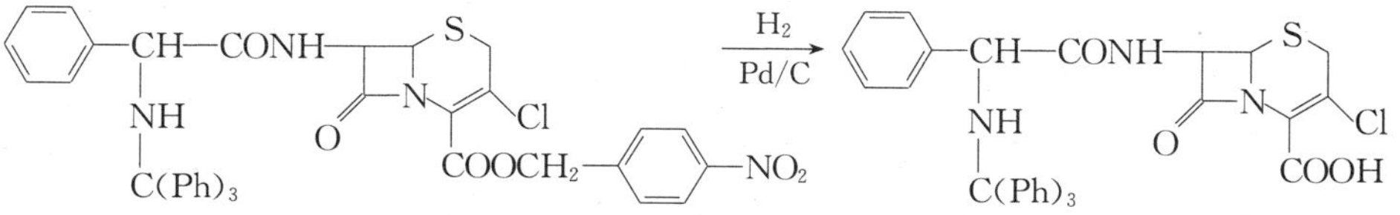

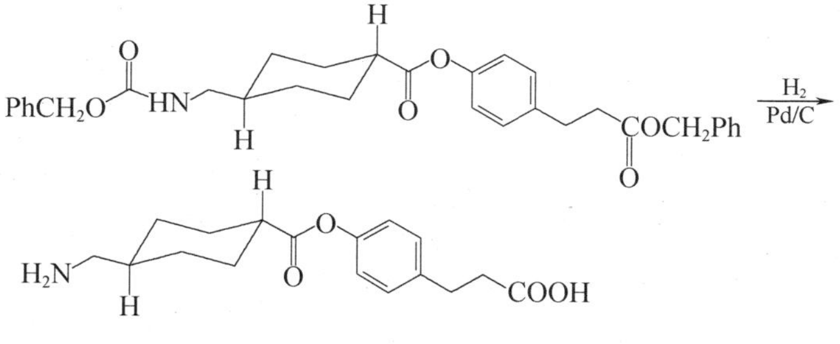

3. 碳-氮键的氢解

碳-氮键的氢解活性通常低于碳-卤键和碳-氧键,但苄胺衍生物在钯催化下也易于氢解脱苄。例如,升压药间羟胺中间体、支气管扩张药吡布特罗(吡舒喘宁)中间体及镇痛药匹米诺定(去痛定)中间体的制备。

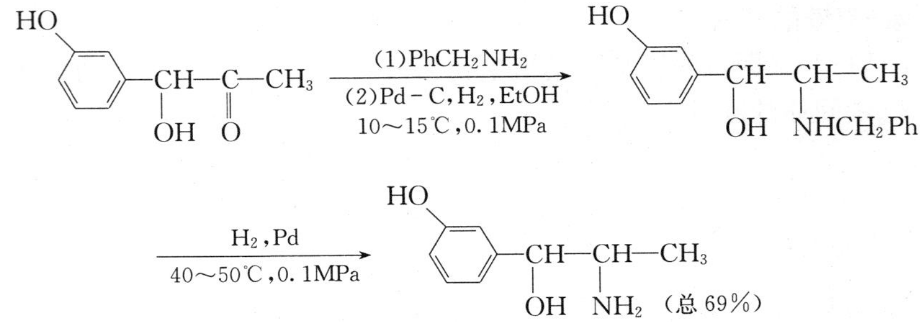

间羟胺中间体

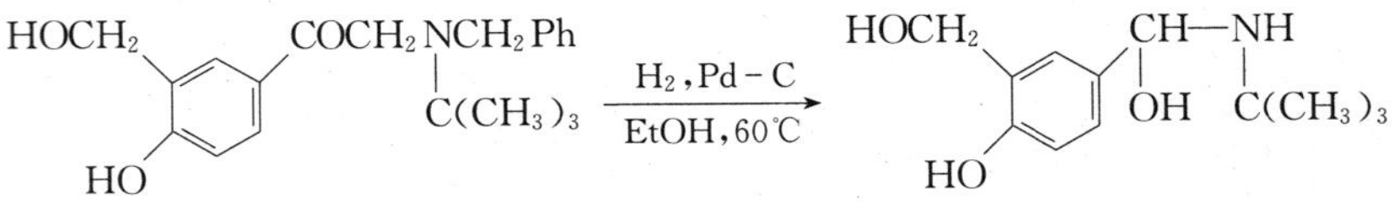

吡布特罗中间体

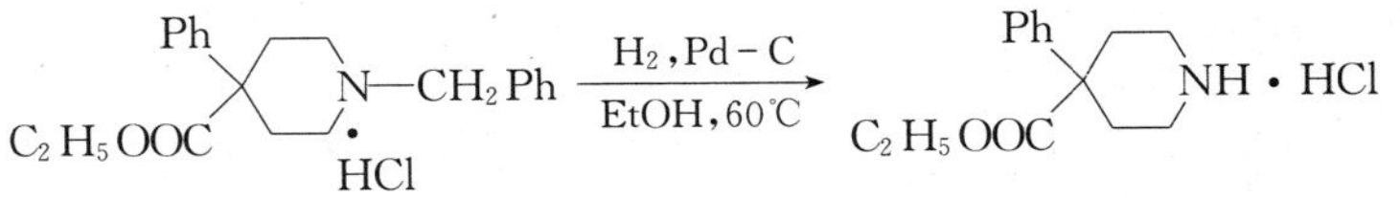

匹米诺定中间体

4. 碳-硫键和硫-硫键的氢解

硫醇、硫醚、二硫化物、亚砜、砜、磺酸衍生物以及含硫杂环等一切含硫有机化合物,在适当条件下都可使碳-硫键和硫-硫键发生氢解。Raney-Ni 是最常用的催化剂。

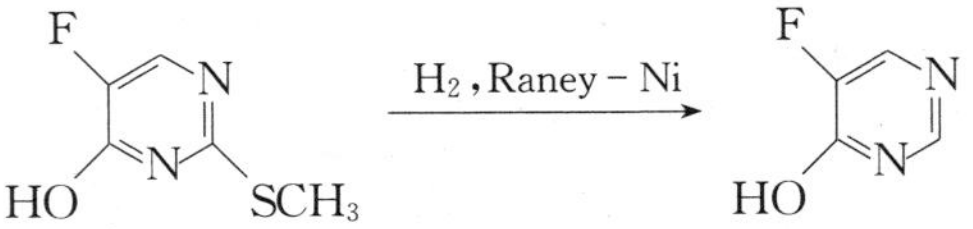

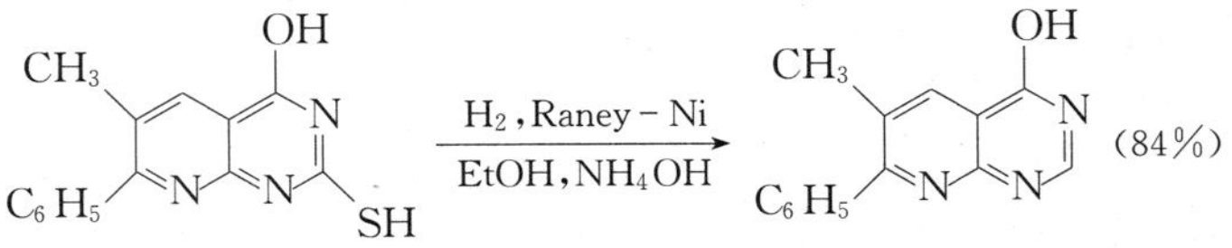

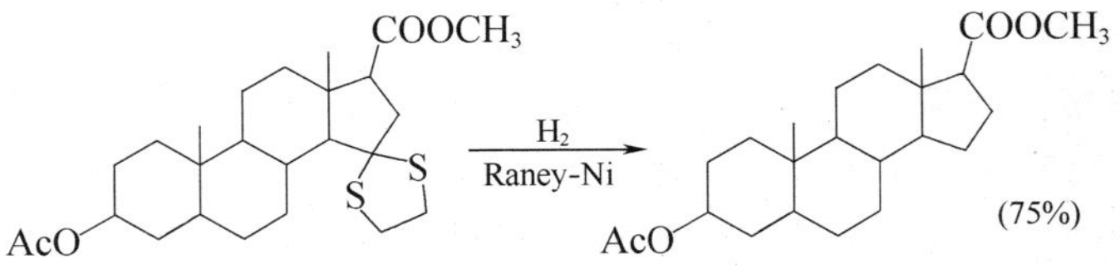

(84%)

(75%)

镇咳药美司坦的制备。

$$
\begin{array}{l}
\text{CH}_2-\text{CH}-\text{COOCH}_3 \\
\,|\qquad\ |\\
\,\text{S}\qquad\text{NH}_2\cdot\text{HCl} \\
\,|\\
\,\text{S}\qquad\text{NH}_2\cdot\text{HCl} \\
\,|\qquad\ |\\
\text{CH}_2-\text{CH}-\text{COOCH}_3
\end{array}
\xrightarrow[\text{0.1MPa,25℃}]{\text{H}_2,\text{Pd}-\text{C,MeOH}}
2\
\begin{array}{l}
\text{CH}_2-\text{CH}-\text{COOCH}_3 \\
\,|\qquad\ |\\
\,\text{SH}\qquad\text{NH}_2\cdot\text{HCl}
\end{array}
$$

镇咳药美司坦

【习题】

一、问答题

1. 什么是还原反应?

2. 举例说明化学还原剂分为哪几大类?

3. 影响催化氢化的主要因素有哪些?

4. 克莱门森还原与 Wolff - Kishner -黄鸣龙反应各有什么特点?

5. 可作为氮氧化合物氢化还原的试剂有哪些?

二、写出下列反应的主要产物

1. $\text{O}_2\text{N}-\!\!\!\!\bigcirc\!\!\!\!-\text{COOH}\ \xrightarrow[\text{90~106℃,1h}]{\text{Fe/HCl}}$

2. $\text{PhC}(=\!\text{O})-\!\!\!\!\bigcirc\!\!\!\!-\text{Cl}\ \xrightarrow[\text{110~125℃,8h}]{\text{Zn/NaOH}}$

3. (嘧啶环, 取代基 NO、NH$_2$、HS) $\xrightarrow[\text{42℃,4h}]{\text{Na}_2\text{S}_2\text{O}_4,\text{NaOH}}$

4. (苯环邻位二 COOH) $\xrightarrow{\text{LiAlH}_4}$

5. (苯环 OCH$_3$、OCH$_3$、NO$_2$) $\xrightarrow[\text{0.3MPa,r.t}]{\text{H}_2,\text{Pd,EtOH}}$

6. (苯环 COOC$_2$H$_5$) $\begin{array}{l}\xrightarrow[\text{27MPa,160℃}]{\text{CuO/CuCr}_2\text{O}_4/\text{H}_2}\\[4pt]\xrightarrow[\text{10.1MPa,50℃}]{\text{Raney}-\text{Ni/H}_2}\end{array}$

7. $\text{O}_2\text{N}-\!\!\!\!\bigcirc\!\!\!\!-\text{C}(=\!\text{O})-\text{Cl}\ \xrightarrow[\text{毒剂}-\text{N}]{\text{Pd}-\text{BaSO}_4,\text{H}_2}$

8. 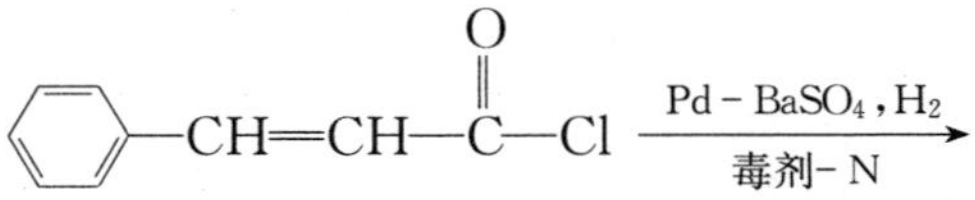 $\xrightarrow[\text{毒剂-N}]{\text{Pd}-\text{BaSO}_4,\text{H}_2}$

9. 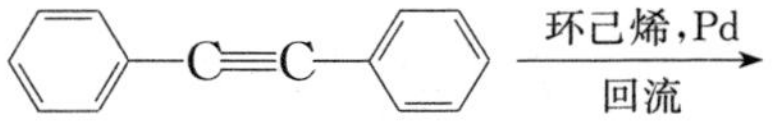 $\xrightarrow[\text{回流}]{\text{环己烯,Pd}}$

三、以指定的原料为主合成下列物质

1.

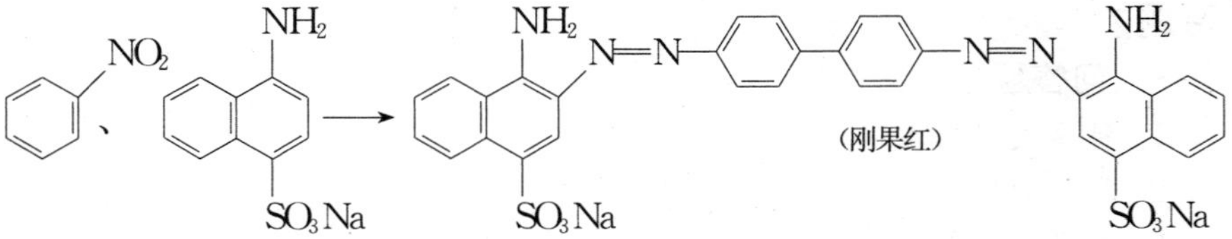

(刚果红)

2.

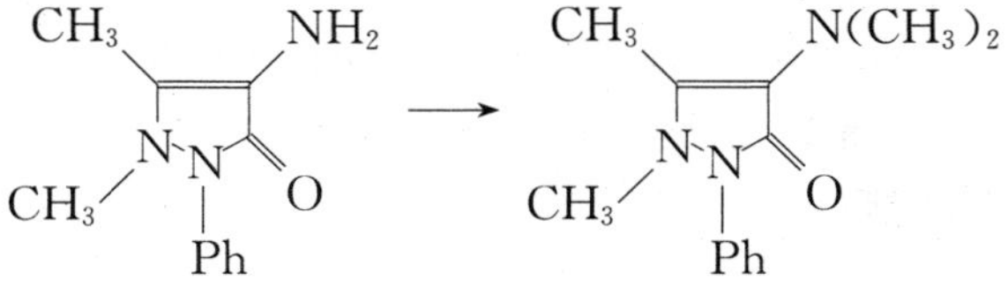

氨基比林

学习情境十　重　　排

【学习目标】

1. 掌握重排反应的类型、基本概念及在药物合成中的应用。

2. 熟悉常见重排反应的条件,特别是贝克曼、霍夫曼、苯偶酰重排在药物合成中的应用。

3. 了解重排发生机制以及防止重排副反应在药物合成中的意义。

单元1　重排应用的实例分析

实例分析1:降压药硫酸胍乙啶的合成,在反应中有两步扩环重排。

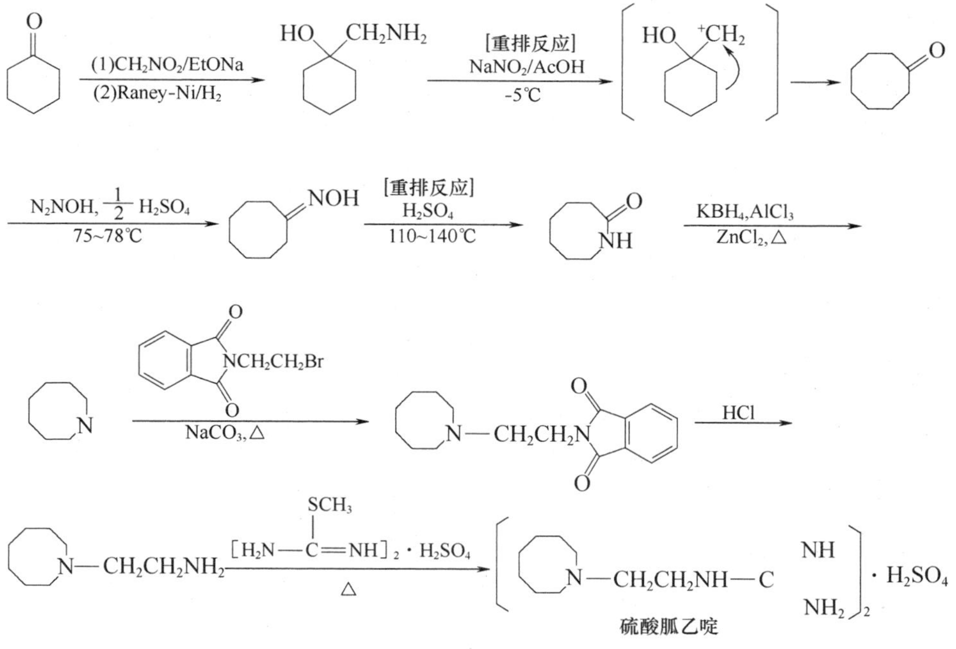

单元2　重　排　反　应

一、重排反应的概述

重排反应是分子的碳骨架发生重排生成结构异构体的化学反应。重排反应通常涉及取代基由一个原子转移到同一个分子中的另一个原子上的过程。重排反应中分子的共价键结合顺序发生改变,导致碳架或官能团位置发生变化,有时因为伴有进一步变化而得到分子组成与反应物并不相同的重排产物。

需要说明的是,典型的重排反应通常是一种不可逆过程,它和可逆的互变异构是有区别的,但有时容易混淆不清,互变异构是两种异构体之间发生的一种可逆异构化作用,通常是质子和双键位置的转移,如乙酰乙酸乙酯的烯醇式与羰基式之间的互变。

二、重排反应的类型

分子重排反应是大量存在的,在理论和实用上都很重要。重排不仅能合成所需的药物及中间体,更重要的一点是在药物合成中防止重排副反应的发生,使得合成产物的纯度高,产物易分离。本章首先简单地介绍一下重排反应的类型,然后重点讨论最常见、最重要的 1,2 -亲核重排,亲电重排和自由基重排反应只作简单的讨论。

(一)按反应历程分类

根据迁移基团的亲核、亲电或是自由基的性质,重排反应可分为亲核重排、亲电重排和自由基重排。亲核重排也称缺电子体系重排,是迁移基团带着一对电子迁移到缺电子的迁移终点。用"Z"表示迁移基团,"B"为迁移终点,亲核重排可用通式表示为:

缺电子中心 B 可以是碳正离子、碳烯、氮烯,也可以是缺电子的氧原子。由于产生不稳定正性中心的方法很多,所以亲核重排反应的类型也是最多的。重排过程中迁移基团始终未离开分子,往往发生邻基参与,形成类似环丙烷正离子的二电子三中心体系,是一个芳香过渡态,体系能量较低,容易生成,这也是亲核重排反应多的原因之一。

亲电重排是迁移基团不带电子对迁移到富电子的迁移终点,自由基重排则是迁移基团带着一个电子迁移。

(二)按迁移基团的迁移相对位置分类

按迁移基团迁移的相对位置,重排反应可分为 1,2 -迁移重排、1,3 -迁移重排、1,5 -迁移重排、3,3 -迁移重排、3,5 -迁移重排等。大多数重排反应是 1,2 -迁移重排。

（三）按不同元素之间的迁移分类

这种分类方法是按迁移始点和终点元素的不同进行分类的,如片呐醇重排是迁移基团由碳原子迁移到碳原子(C→C),霍夫曼重排迁移基团由碳原子迁移到氮原子(C→N),还有 C→O、N→C 、O→C 等。

本章基本按反应机制分类法对重排反应分别进行讨论。

单元 3　亲 核 重 排

亲核重排最多的是 1,2 -迁移重排,在反应中,迁移原子或基团带着一对电子迁移到相邻的缺电子的原子上。下面重点讨论六种典型的亲核重排。

一、片呐醇重排(C→C)

（一）定义

连乙二醇类化合物(片呐醇)在酸的催化下,失去一分子水,得到醛或酮(片呐酮)的反应,称为 Pinacol 重排。以四甲基乙二醇的重排为例讨论,反应式为:

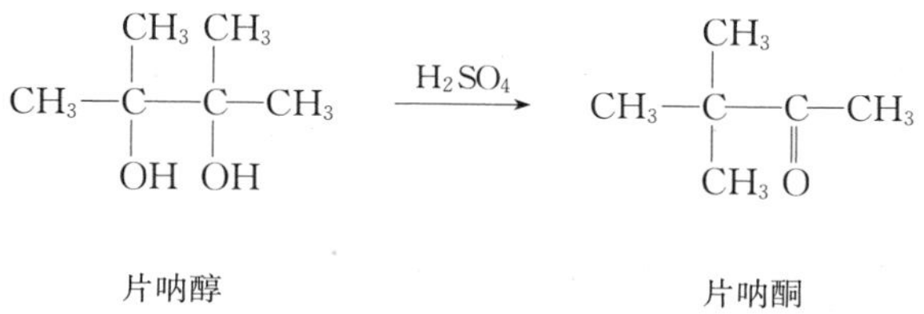

片呐醇　　　　　　　　　　　　　　　片呐酮

（二）反应机制

首先片呐醇的一个羟基质子化,失去一分子水,形成具有缺电子中心的碳正离子,同时发生甲基的迁移,缺电子中心转移到连有羟基的碳原子上,然后失去质子完成重排反应。

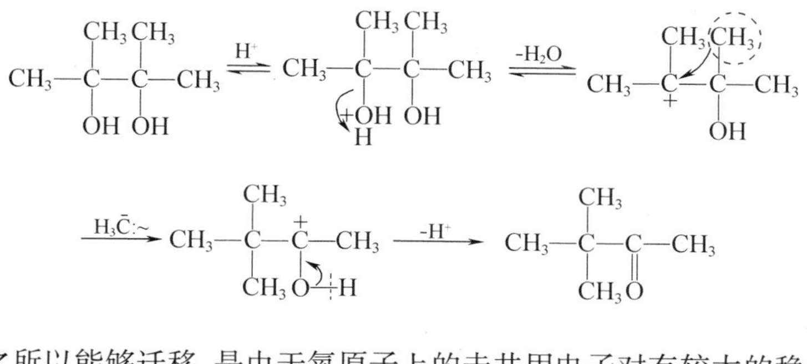

甲基之所以能够迁移,是由于氧原子上的未共用电子对有较大的稳定作用,比叔碳离子更稳定。同时,连有羟基的碳正离子容易从羟基上脱去质子而稳定,这也

267

促进了重排反应的进行。

(三)反应物的结构与重排的关系

1. 反应物的结构

在片呐醇重排反应中,迁移基团不仅限于甲基,其他烷基、芳基、氢都可以。当 R 不同时,怎样判断重排反应方向和预测重排产物? 这要考虑:①哪个羟基首先被质子化,这可以从脱去水后生成的碳正离子稳定性来判断,脱水后生成更稳定碳正离子碳上的羟基首先被质子化。②当碳正离子形成后,相邻碳上的两个烃基哪一个发生迁移,决定于迁移过程中过渡态的稳定性及迁移基团的空间位阻。迁移基团迁移的难易程度通常是芳基>烷基>氢。在烷基中,乙基>甲基;在芳基中,迁移能力随芳环上电子云密度的增加而增大,对位有供电子基的芳基迁移能力最强,间位的次之,邻位取代基则抑制芳基的迁移,在芳环的任何位置存在吸电子基,均使芳基的迁移能力下降。

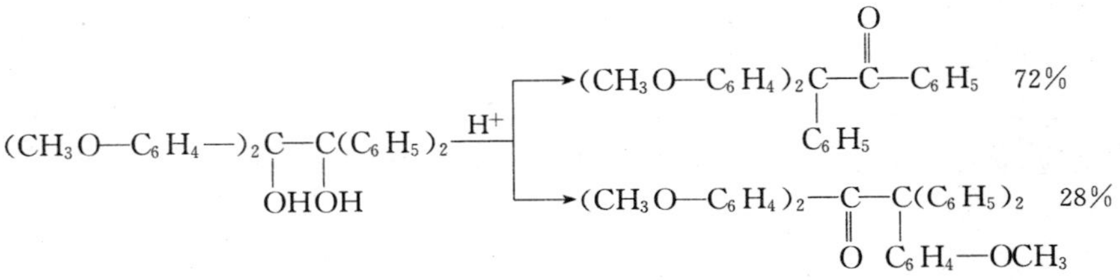

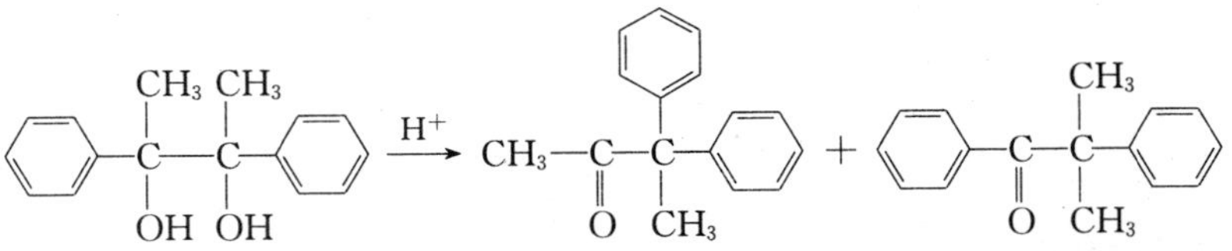

羟基位于脂环上的连乙二醇化合物重排后,可能得到扩环脂环酮、螺环酮或与骨架结构相应的酮。如下面这种一个羟基直接和脂肪环相连的连乙二醇结构,重排后得到扩环脂肪酮。

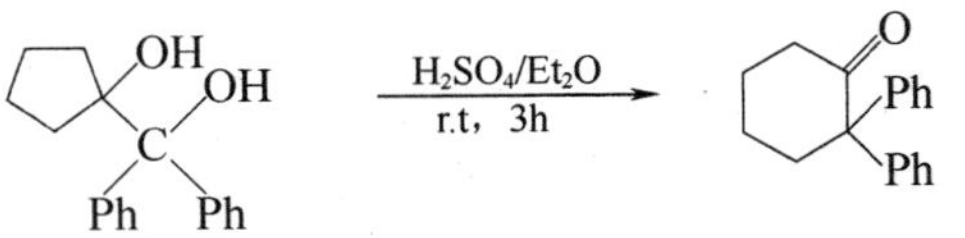

具有下列结构的连乙二醇类,重排后生成螺环酮。

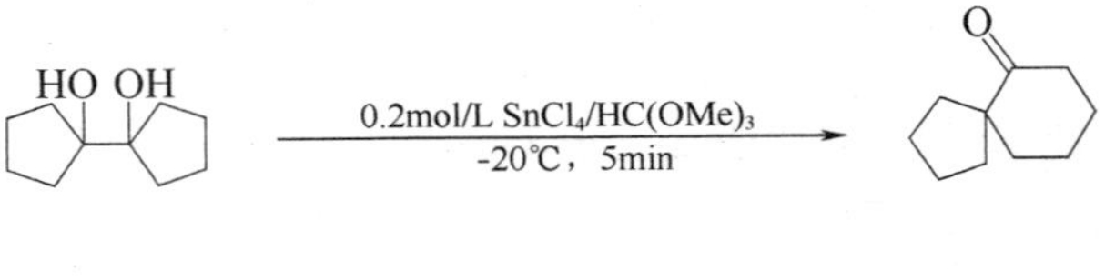

若结构中的两个羟基,一个是仲羟基,一个是叔羟基时,一般是叔羟基优先离去,通过氢的迁移,得到相应结构的酮。这种重排现象在甾体激素类药物的合成中较为常见,如前列腺素 E2 中间体的合成。

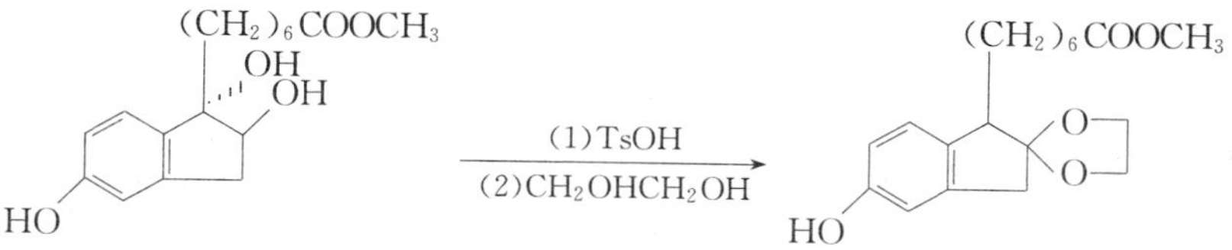

2. 反应的立体化学要求

重排的立体化学研究说明,在重排过程中转移基团和离去基团彼此处于反式。如顺 1,2-二甲基-1,2-环己二醇在硫酸作用下迅速重排,甲基迁移得到取代的环己酮;但反式异构体在相同的条件下,则不是甲基迁移,而是发生环的缩小。

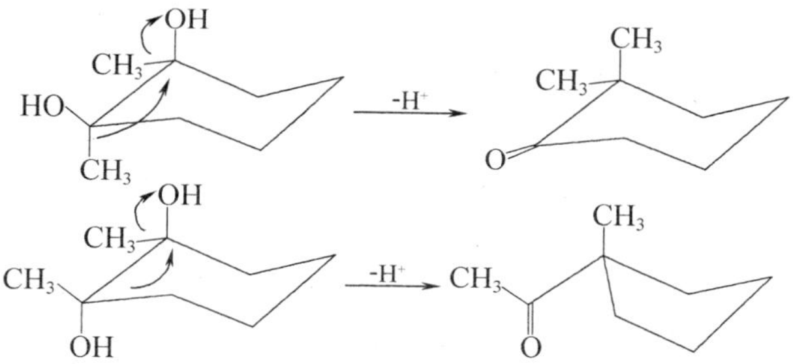

3. 类似的片呐醇重排反应

具有邻二醇类似结构的卤代醇、氨基醇和环氧化物也可发生类似的重排反应,卤代醇中卤原子是在 HgO 的存在下离去而生成碳正离子,氨基醇中的氨基与亚硝酸作用后,N_2 作为离去基因而生成碳正离子、环氧化物在 H^+ 作用下可生成碳正离子。

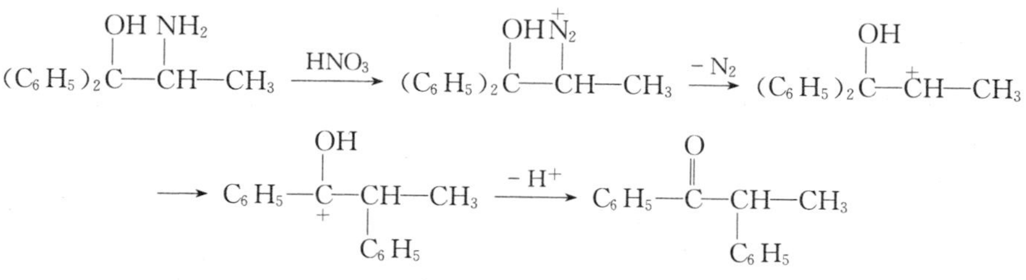

(四)应用

降压药胍乙啶中间体环庚酮的合成就是采用本合成法。

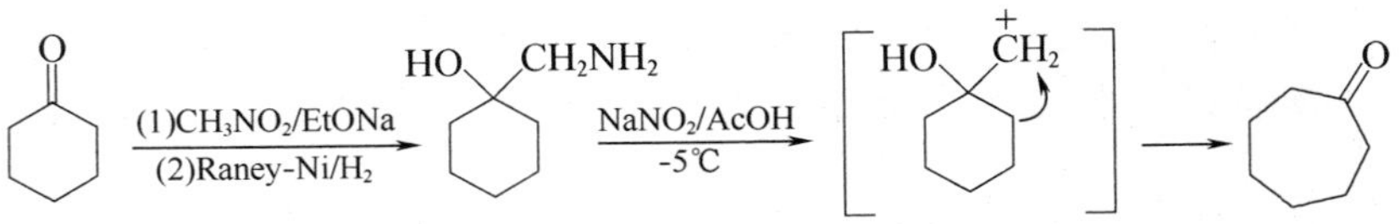

二、瓦格纳尔-米尔外英重排(C→C)

(一)定义

瓦格纳尔-米尔外英(Wagner - Meerwein)重排简称瓦-米重排,是碳正离子的重排反应,主要决定于碳正离子的稳定性,当有氢或烃基的 1,2-迁移能形成更稳定的碳正离子时,就有可能发生瓦-米重排。瓦-米重排反应包括的范围很广,E1消除反应和 S_N1 取代反应,常常伴随的重排产物就是瓦-米重排的结果。

(二)反应机制

(1)烯烃与氯化氢加成,生成重排产物。

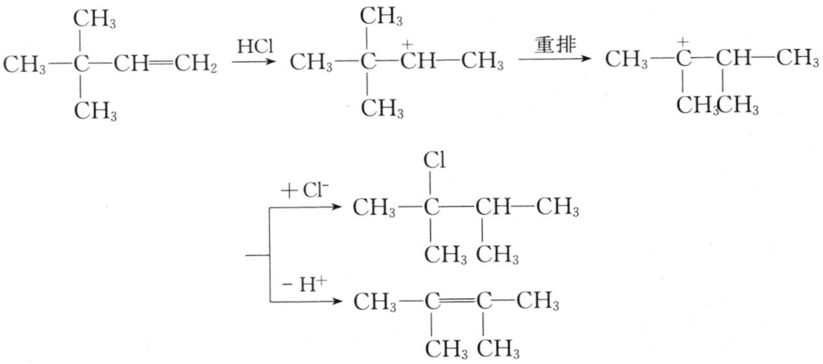

(2)脂肪族伯胺与亚硝酸作用脱氮重排。

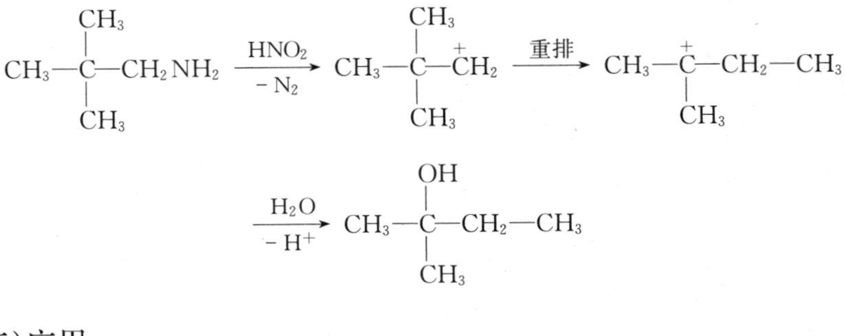

(三)应用

瓦-米重排最早是在研究双环萜烯反应中发现的,典型的例子如莰烯氯化氢加成转变成异冰片基氯化物。

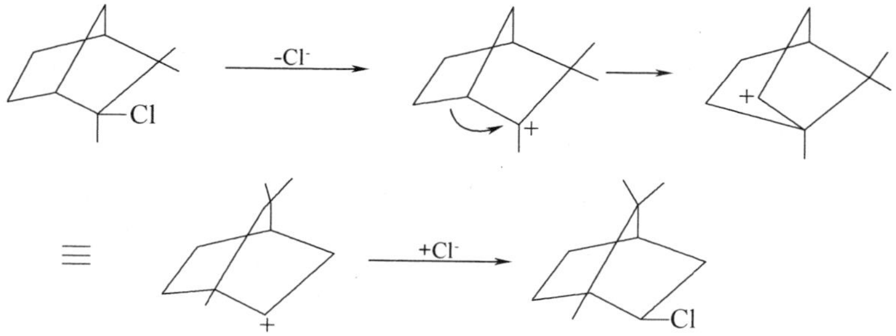

迁移基团的活性次序大致如下：

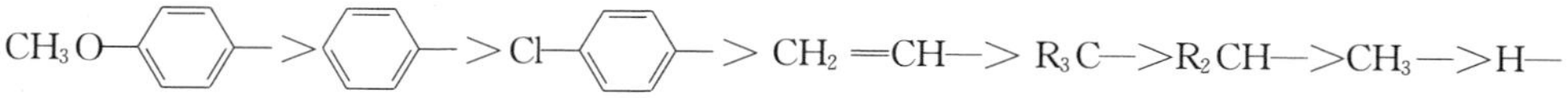

瓦-米重排和片呐重排都是分子内的 C→C 重排，从碳架角度比较，瓦-米重排与片呐醇重排恰恰相反，可以看作片呐醇重排的逆反应，一般称为反片呐醇重排。

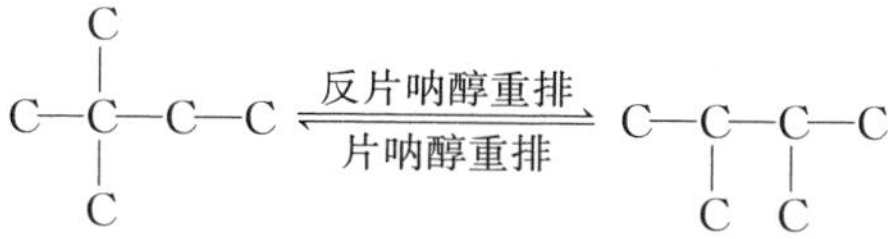

三、拜耳尔-维利格重排(C→O)

(一)定义

酮在过氧酸的作用下，氧原子插到羰基和迁移基团之间生成相应酯的重排反应，称为拜耳尔-维利格(Baeyer - Villiger)重排反应。过氧化三氟乙酸是应用最广、反应性能最强的过氧酸试剂，其他的过氧酸如过氧化苯甲酸、过氧乙酸也有应用。反应是通过烃苯向氧正离子上迁移而完成的。

$$CH_3-\overset{O}{\overset{\|}{C}}-C_6H_5 + CF_3CO_2H \xrightarrow{CH_2Cl_2} CH_3-\overset{O}{\overset{\|}{C}}-O-C_6H_5$$

(二)反应机制

首先是过氧酸在质子化的羰基上加成，然后迁移基团迁移到过氧基的氧上，同时分解出酸。

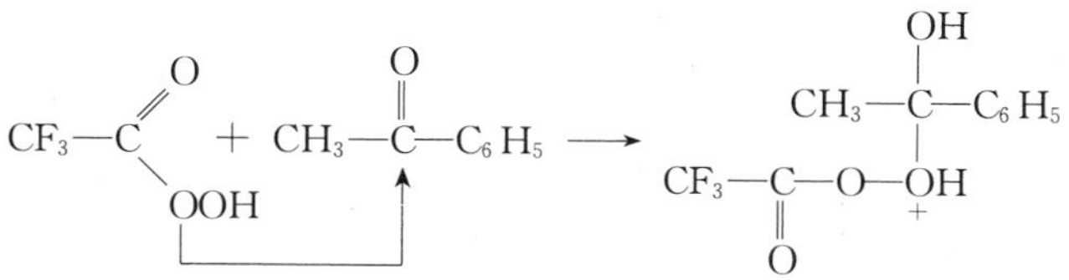

$$CF_3-\overset{+}{\underset{\overset{|}{O}}{C}}\overset{CH_3-\overset{OH}{\underset{|}{C}}-C_6H_5}{\underset{H}{\overset{|}{O}}} \longrightarrow CH_3-\overset{OH}{\underset{+}{\overset{|}{C}}}-O-C_6H_5 + CF_3COOH$$

$$\overset{-H^+}{\longrightarrow} CH_3-\overset{O}{\underset{||}{C}}-O-C_6H_5$$

在不对称酮的重排中,基团的亲核性越大,迁移的趋势也越大。不同基团向氧原子迁移活性为:叔烷基>仲烷基,苯基>伯烷基>甲基。

如果迁移基团为手性,重排后构型保持不变。也说明迁移基团的迁移和离去基团的脱离是协同的,而且属于分子内的重排反应。如 3-苯基-2-丁酮在过氧苯甲酸作用下重排,得到具有光学活性的、构型不变的酯。

$$CH_3-\overset{O}{\underset{||}{C}}-\overset{*}{\underset{\underset{CH_3}{|}}{C}}H-C_6H_5 \xrightarrow{C_6H_5CO_3H/CHCl_3} CH_3-\overset{O}{\underset{||}{C}}-O-\overset{*}{\underset{\underset{CH_3}{|}}{C}}H-C_6H_5$$

醛在过氧酸的作用下,发生氢的迁移,重排生成酸。环酮则重排成内酯。

$$R-\overset{O}{\underset{||}{C}}-H \xrightarrow{CF_3CO_3H} R-\overset{O}{\underset{||}{C}}-OH$$

$$\text{环丁酮} \xrightarrow{CF_3CO_3H} \text{内酯}$$

异丙苯在液相中于 $100\sim120℃$ 通入空气,经过催化氧化生成过氧化氢异丙苯,后者与稀硫酸作用,分解成苯酚和丙酮。这是目前生产苯酚最主要和最好的方法,丙酮也是重要的化工原料。

$$\text{异丙苯} + O_2 \xrightarrow[0.4MPa]{100\sim120℃} \text{过氧化氢异丙苯} \xrightarrow[80\sim90℃]{H_2O,H^+} \text{苯酚}-OH + CH_3COCH_3$$

在上面的反应中,过氧化氢异丙苯发生类似拜耶尔-维利格重排的重排反应,苯迁移到氧上。

四、贝克曼重排(C→N)

(一)定义

醛肟或酮肟类化合物在酸性催化剂的作用下,烃基从碳向氮原子迁移,生成取代酰胺的反应称为贝克曼(Backmann)重排。

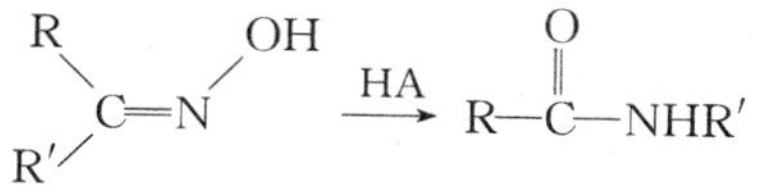

$$\begin{matrix} R \\ R' \end{matrix} C = N \!-\! OH \xrightarrow{HA} R\!-\!\underset{O}{\overset{\parallel}{C}}\!-\!NHR'$$

（二）反应机制

贝克曼重排被认为是分子内 S_N2 机制。在酸的催化下，氮-氧键断裂，肟羟基离去，同时羟基反位的基团进行分子内迁移，转变成活泼的碳正离子，易与反应介质中的亲核试剂作用，生成羟亚胺，最后经过异构化而得到取代酰胺。

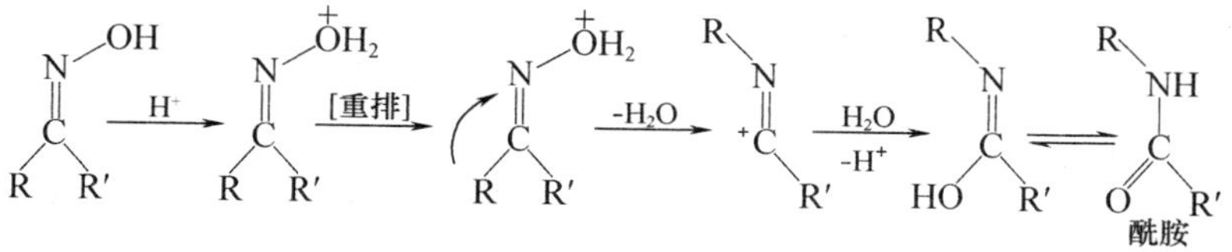

（三）影响因素

1. 酮肟的结构

不同结构类型的酮肟，如脂肪酮、芳酯酮、脂环酮、二芳酮和带杂环的酮等生成的肟均可以发生贝克曼重排反应，重排后可以得到不同的酰胺产物。其中芳酯酮肟较为稳定，不易异构化，重排时主要是芳基发生迁移，得到具有芳酰胺结构的产物。

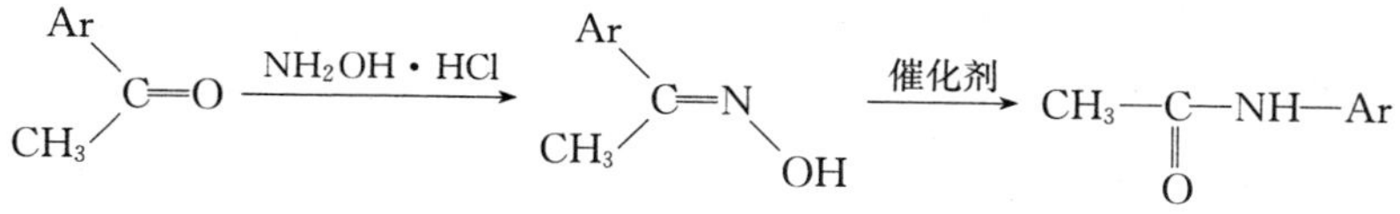

脂环酮进行重排时，易发生扩环，生成内酰胺类化合物。如环己酮肟在硫酸的催化下重排，生成己内酰胺。

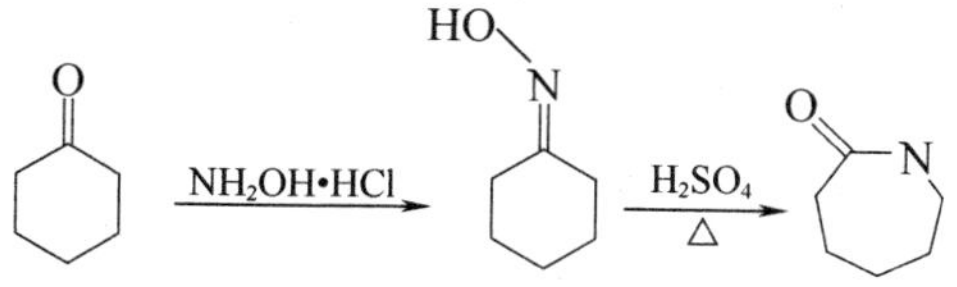

贝克曼重排反应具有立体专一性，即与氮原子上的羟基处于反位的基团迁移占优势；若迁移基有光学活性，在重排中不受影响，仍保留原有构型。酮与羟肟生成的酮肟有顺式和反式两种几何异构体，通常以位阻大的烃基与肟羟基处于反位者占优势。当烃基的位阻足够大时，还可能只生成单一的反位异构体。如 α-甲基环己酮与羟肟反应得到的酮肟只有反位异构体。

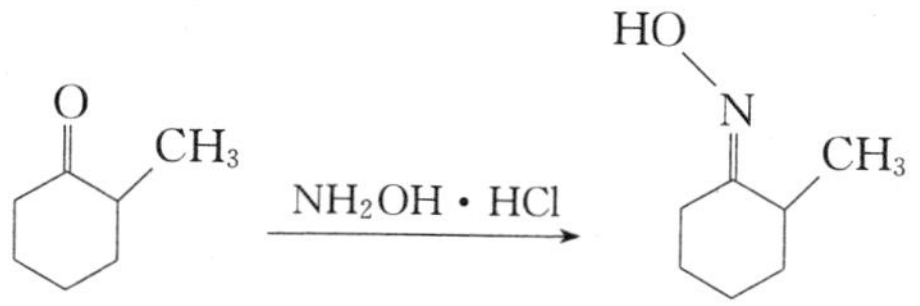

醛肟在酸性条件下,易失水生成腈,而难以得到酰胺的结构,因此较少使用醛肟作原料。

2. 催化剂和溶剂

酸性条件下,肟羟基易转变成活性的离去基团,有利于反应的进行。该重排反应常用酸性试剂作为催化剂,催化剂不限于质子酸(硫酸、盐酸、多聚磷酸和三氟甲磺酸等)和 Lewis 酸(三氯化铝、四氯化钛和三氟化硼等)。实际上,凡是能与肟羟基反应,并使其成为更好的离去基团的物质,都可能成为贝克曼重排的催化剂,如氯化亚砜、五氯化磷、三氯氧磷和甲磺酰氯等酸酐或酰氯。一般来说,溶剂以非极性为主,因为极性溶剂的存在使基团迁移的选择性降低。用质子酸催化剂催化肟的重排时,顺反两种异构体可以互相转化,使原来处于肟羟基顺位的基团在重排前转化成反位羟基,再进行迁移。如下列重排中,化合物在质子酸的催化下,发生异构体的转化,生成两种酰胺产物;在非极性或极性较小的非质子溶剂中用五氯化磷催化,有利于保持重排产物的立体专属性,得到单一的酰胺产物。

酮肟结构中若含有酸敏感的基团,可选用吡啶为溶剂、酰氯为催化剂进行反应,所得产物的收率较高。

3. 温度

虽然较高的温度能加速反应,但是反应温度会直接影响重排反应的收率。因此,在温度的选择上,应对催化剂、溶剂、酮肟的结构及产物的性质进行综合考虑。例如,对于环己酮肟在硫酸催化下,生成己内酰胺的反应,在 140℃ 时,收率最高,达 95%,而在 120℃ 和 160℃ 时的收率均有所下降,分别为 75% 和 85%。

（四）应用

硫酸胍乙啶中间体的合成。

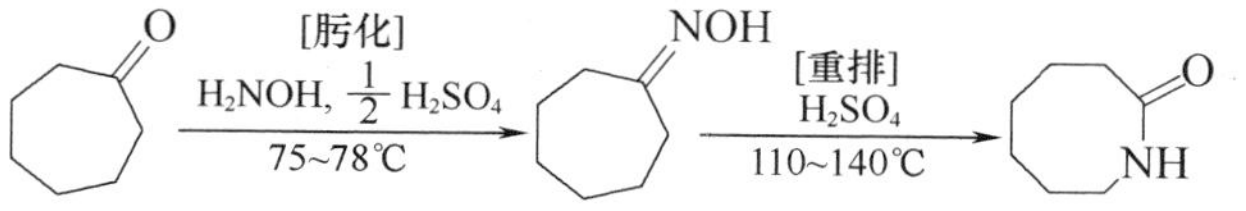

由醋酸孕甾双烯醇酮制备睾酮时，也用到了贝克曼反应。

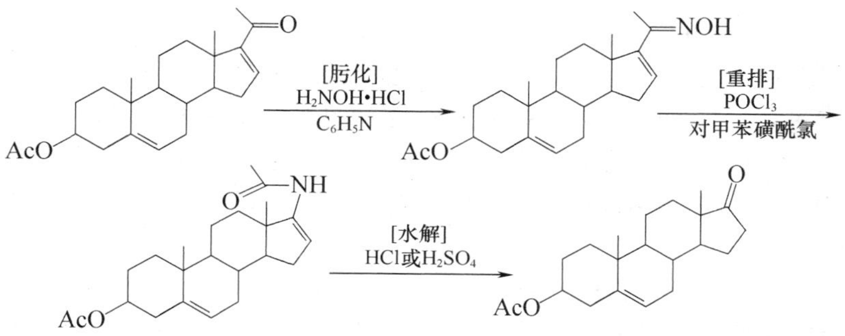

五、霍夫曼重排（C→N）

（一）定义

酰胺用卤素（溴或氯）及碱处理，失去酰胺中的羰基，生成的伯胺的反应，称为霍夫曼（Hofmann）重排。由于产物比反应物少一个碳原子，因此又称霍夫曼（Hofmann）降解反应。

（二）反应机制

重排机制可能是协同反应（分子内 S_N2 过程），迁移基团所含的手性中心构型得以保持。溴的碱溶液首先与酰胺反应，生成 N-溴代酰胺。溴代后，氮原子上氢的酸性增强，在碱的作用下，生成很不稳定的溴代酰亚胺负离子，在脱去溴负离子的同时，烃基带着电子对从碳原子向缺电子的氮原子进行亲核迁移，生成异氰酸酯，在碱性条件下水解得到伯胺。

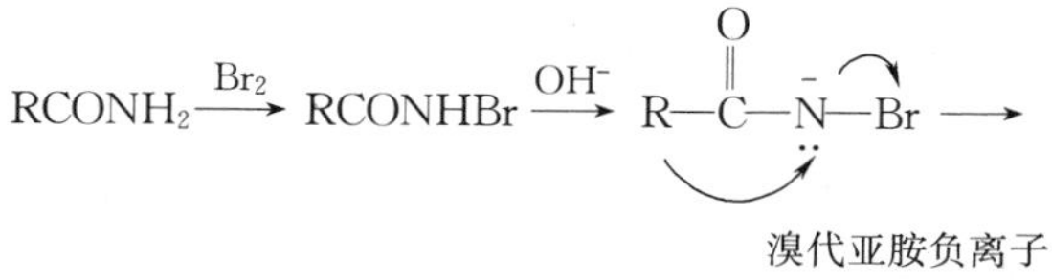

溴代亚胺负离子

$$R-N=C=O \xrightarrow{\begin{array}{c}OH^-/H_2O\\[8pt]CH_3OH\end{array}}\begin{array}{l}RNH_2+CO_3^{2-}\\[8pt]RNHCO_2CH_3 \xrightarrow{NaOH/H_2O} RNH_2+Na_2CO_3+CH_3OH\end{array}$$

异氰酸酯

(三)影响因素

1. 酰胺的结构

不同结构的酰胺均可进行霍夫曼重排,重排速度与 R 的结构有关,以取代苯甲酰胺化合物为例,当苯环对位或间位有给电子基取代时,可促进卤负离子脱离而加速重排;相反,对位或间位有吸电子基取代时,则使重排速度减慢。

当芳酰胺的水解比重排反应快时,会严重影响重排的收率。芳环上吸电子基的存在使酰胺键易水解。由于重排反应的温度系数较水解反应为高,因此,在90~100℃进行反应,可抑制水解,使水解反应的产物得率很低,有利于重排。当环上有给电子基取代时,可促进重排反应,但易与次溴酸钠作用,发生环上溴代副反应。若使用次氯酸钠,则可避免该副反应的发生,加快重排反应速度并提高收率。

当酰胺的 α-碳原子上有羟基、氨基、卤素、烯键时,经霍夫曼重排,生成的胺或酰胺不稳定,易继续水解,生成醛或酮。若酰胺的 α-碳原子具有手性,重排后构型保持不变。

$$R-\underset{\underset{X}{|}}{C}H-CONH_2 \longrightarrow \left[R-\underset{\underset{X}{|}}{C}H-NH_2\right] \longrightarrow RCHO$$

式中　X—— —OH,NH$_2$,卤素

$$R-CH=CHCONH_2 \longrightarrow [R-CH=CH-NH_2] \longrightarrow RCH_2CHO$$

2. 溶剂和碱

霍夫曼重排的反应溶剂有水和醇类。对于能溶于氢氧化钠水溶液的酰胺,则采用霍夫曼重排的经典操作方法,即在冷却(0℃左右)条件下,将卤素(氯或溴)加入氢氧化钠水溶液中,制得次卤酸钠水溶液;再分次加入酰胺,搅拌使其完全溶解;然后升温至 70~80℃进行重排,收率较高。但对于某些碳原子个数大于 8 的脂肪酰胺,由于重排生成的中间体异氰酸酯在氢氧化钠溶液中的溶解度小,难于水解,而与未重排的酰胺反应,生成酰脲,使伯胺的收率降低。这种情况下,若改用醇作溶剂,以醇钠代替氢氧化钠,可以使反应速度加快,反应温度降低,从而减少酰脲的生成,使收率提高。如月桂酰胺在不同条件下进行霍夫曼重排,可得到不同的主产物。

$$CH_3(CH_2)_{10}CONH_2 \xrightarrow{\begin{array}{c}NaOBr,H_2O\\[8pt]Br_2,CH_3ONa\\CH_3OH\end{array}}\begin{array}{l}CH_3(CH_2)_{10}-\overset{O}{\overset{\|}{C}}-NH-\overset{O}{\overset{\|}{C}}-(CH_2)_{10}CH_3\\[12pt]CH_3(CH_2)_{10}-NH-COOCH_3 \quad (90\%)\end{array}$$

某些对热敏感的酰胺,在醇钠的醇溶液中进行重排,可以降低反应温度,如苯并环丁酰胺的四元环不稳定,采用甲醇钠-甲醇后,可在较低的温度下反应,得到相应的氨基甲酸酯。

（四）应用

抗菌药磺胺甲恶唑中间体的合成中也要用到该重排反应。

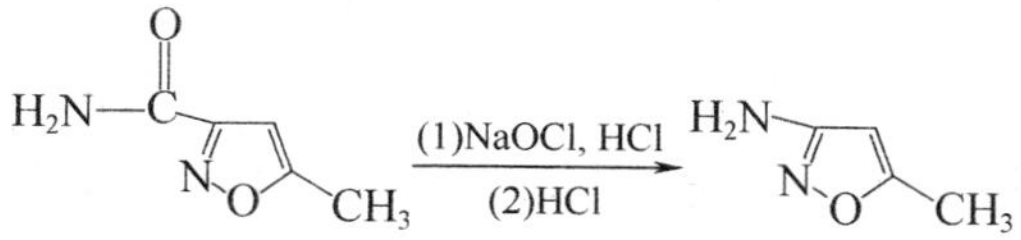

抗抑郁药吗氯贝胺中间体 4-(2-氨基)乙基吗啉的制备。

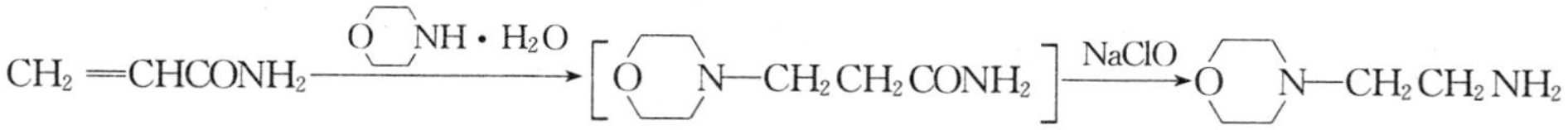

环丙沙星中间体环丙胺的合成。

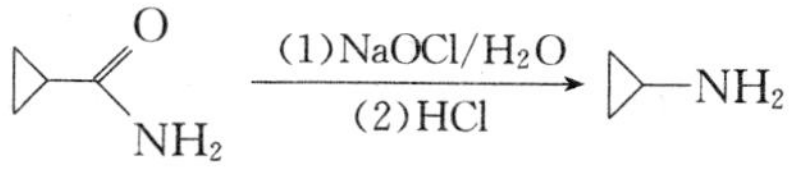

六、苯偶酰重排(C→C)

（一）定义

苯偶酰类化合物(α-二酮)用碱处理,发生分子内重排生成 α-羟基酸(二苯乙醇酸)类物质的反应称为苯偶酰(Benzil)重排反应。

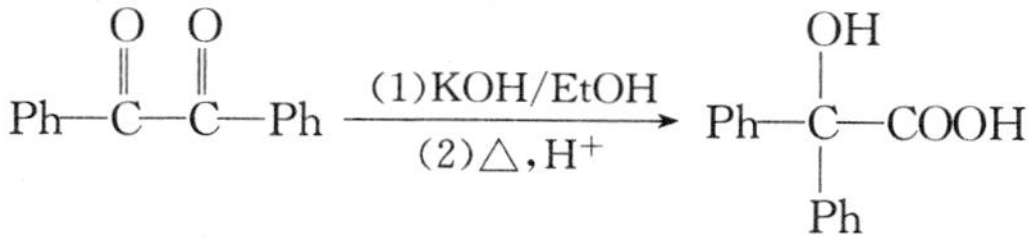

（二）反应机制

反应过程中,碱与羰基进行亲核加成,由于加成物不稳定,使得苯基带着电子对迁移至相邻的羰基碳原子上,形成稳定的羧基负离子,最后用酸中和得到重排产物。

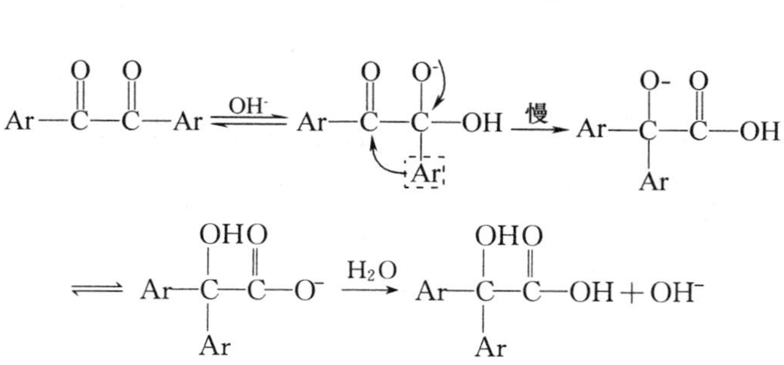

α-羟基酸

(三)影响因素

1. α-二酮的结构

芳香族、脂肪族、脂环族、杂环的 α-二酮或 α-醛酮都能发生该重排反应。当 α-二酮是对称结构时,重排产物单一;若不对称,得到重排的混合物,难分离,缺乏实用性。

芳香族 α-二酮的重排方向,主要受取代基种类和在芳环上位置的影响。芳环的对位或间位有吸电子基时,使羰基碳原子上的正电荷增加,有利于碱对该羰基进行亲核加成,使反应易于进行;反之,对位或间位有给电子基时,使重排反应速度减慢,且对位取代比间位取代的化合物更慢。当取代基位于芳环邻位时,立体位阻较大,不论电性效应如何,均使重排反应速率减慢。

脂肪族的 α-二酮进行重排时,因发生竞争性的缩合反应,收率不高。但脂肪环的 α-二酮类化合物通过该重排反应,可以发生缩环。

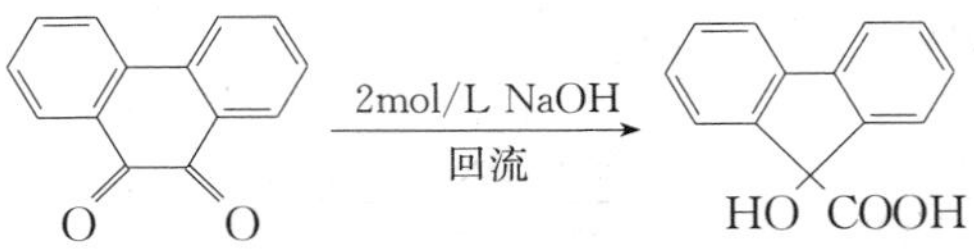

2. 碱

反应所用的碱除选择苛性碱(NaOH、KOH)外,还可以使用醇盐,如甲醇钠(CH_3ONa)或叔丁醇钾($t-BuOK$),得到的产物为相应的酯。

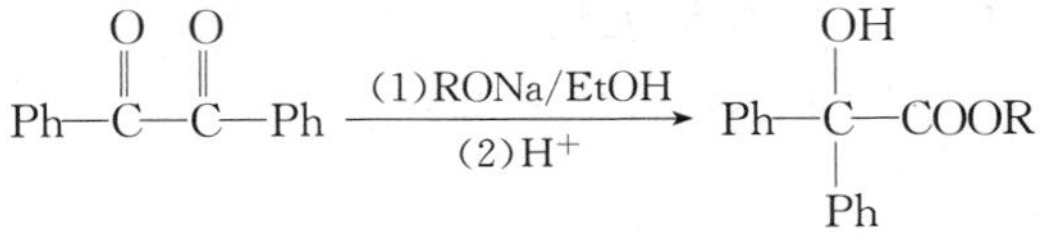

(四)应用

A-降胆甾烷的合成。

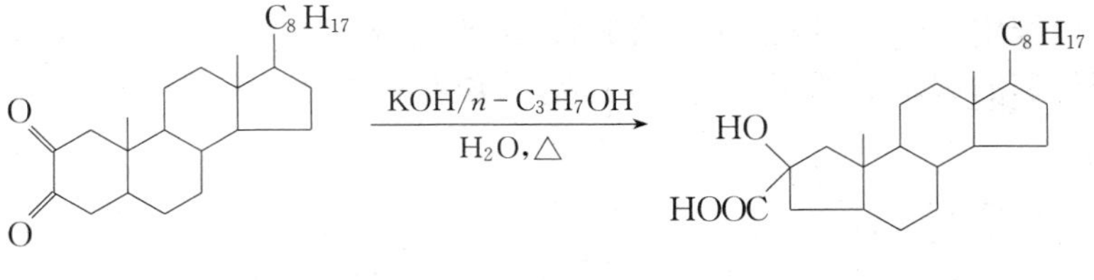

(1)在大多数情况下,具有 α-氢的脂肪族 α-二酮类化合物在此碱性条件下往往发生羟醛缩合而使重排反应难以发生或相应产物收率极低。

(2)当迁移基团上存在吸电子取代基(O_2N-Ph-等)时,由于降低了该基团的电子云密度,不利于此亲核重排反应的发生。

单元 4　亲 电 重 排

迁移基团不带其成键电子对迁移到富电子中心的重排反应,称为亲电重排。

$$\begin{array}{c} Z \\ | \\ A \!-\! \ddot{B}^- \end{array} \longrightarrow {:}\!A\!-\!B \begin{array}{c} Z \\ | \\ \end{array}$$

亲电重排与亲核重排相比要少见得多,但一般原理基本是一致的,亲电重排首先要形成碳负离子。例如,Ph_3CCH_2Cl 用金属钠处理,主要得到重排产物 Ph_2CHCH_2Ph。

$$Ph\!-\!\underset{\underset{Ph}{|}}{\overset{\overset{Ph}{|}}{C}}\!-\!CH_2\!-\!Cl \xrightarrow{Na} Ph\!-\!\underset{\underset{Ph}{|}}{\overset{\overset{Ph}{|}}{C}}\!-\!CH_2Na^+ \longrightarrow Ph\!-\!\underset{\underset{Ph}{|}}{\overset{}{\bar{C}}}\!-\!CH_2\!-\!PhNa^+ \xrightarrow{ROH} Ph_2CHCH_2Ph$$

其过渡状态为:

$$Ph\!-\!\underset{Ph}{\overset{}{C}}\!\!\!\!\!\!\!\!\underset{H}{\overset{}{C}}\!-\!H$$

在亲电重排反应中,大多数碳负离子是通过强碱夺取质子而得到的。例如,α-卤代酮在碱的作用下加热,重排生成相同碳原子数的羧酸。

$$\underset{Cl}{\overset{}{C}}\!-\!\underset{O}{\overset{}{C}}\!-\!R \xrightarrow{KOH} \underset{R}{\overset{}{C}}\!-\!\underset{O}{\overset{}{C}}\!-\!OH$$

如果碱为 RO^-,则重排为相应的酯。

$$(CH_3)_2\underset{Br}{\overset{}{C}}\!-\!\overset{\overset{O}{\|}}{C}\!-\!CH_3 \xrightarrow{C_2H_5ONa/C_2H_5OH} CH_3\!-\!\underset{CH_3}{\overset{\overset{CH_3}{|}}{C}}\!-\!\overset{\overset{O}{\|}}{C}\!-\!OC_2H_5$$

以胺为碱,则重排为相应的酰胺,碱夺取 α-卤代酮的 α-氢生成碳负离子,碳负离子取代卤原子生成环丙酮中间体,然后碱再进攻羰基,开环而完成重排反应。

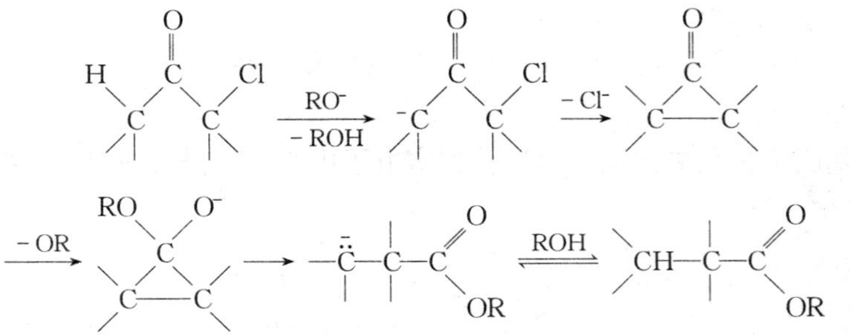

如果生成环丙酮中间体是不对称的,那么,环丙酮开环时从哪边打开,主要取决于生成碳负离子的稳定性。如下面两种 α-卤代酮重排,只生成同一种重排产物。

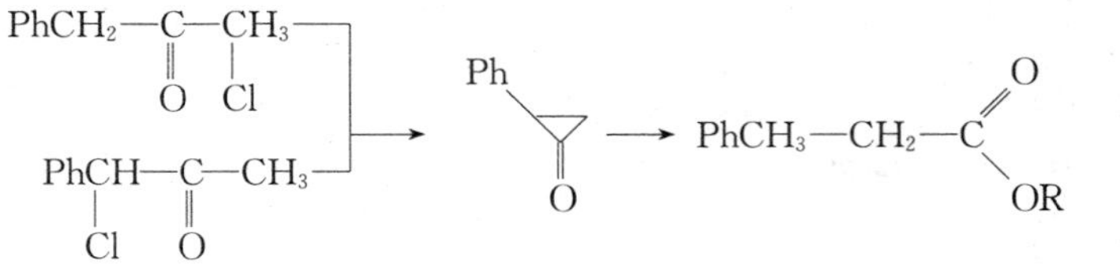

由于苯基可以分散负电荷而稳定碳负离子,因此苯基环丙酮按如下方式开环。

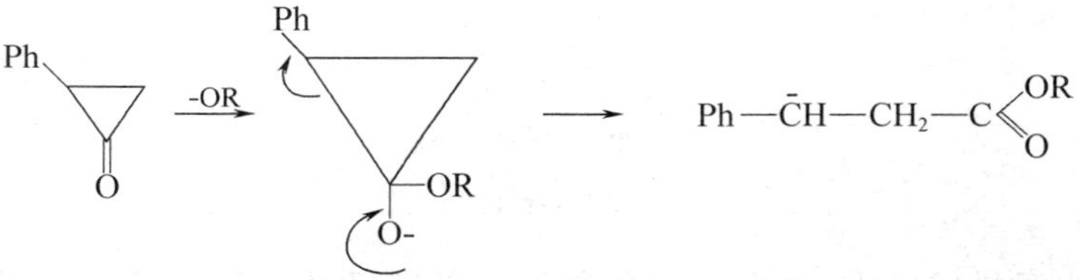

上述重排反应称为法伏尔斯基(Favorskii)重排。

单元5 自由基重排

自由基重排反应虽不像碳正离子重排反应那样普遍,也不如碳负离子重排反应多,但一般原理基本是一样的,首先必须产生自由基,然后才能发生基团的迁移,而且迁移的基团必须是带着单个电子迁移到迁移终点。

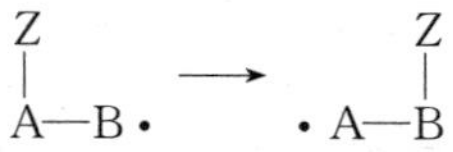

新生成的自由基进一步反应形成稳定产物。如3-甲基-3-苯基丁醛在二叔丁基过氧化物的作用下,发生重排反应,生成大约一半重排产物,另一半是正常的产物。

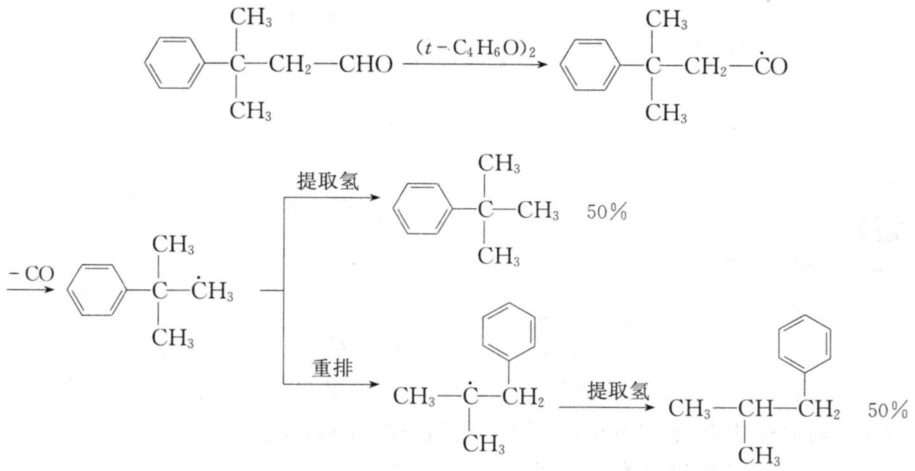

说明自由基重排的限度比亲核重排要小，只有 50% 的迁移产物。另外，主要是芳基的迁移，一般不发生 H 和烷基的迁移，如 3,3-二甲基戊醛在同样的条件下，并不发生重排反应。

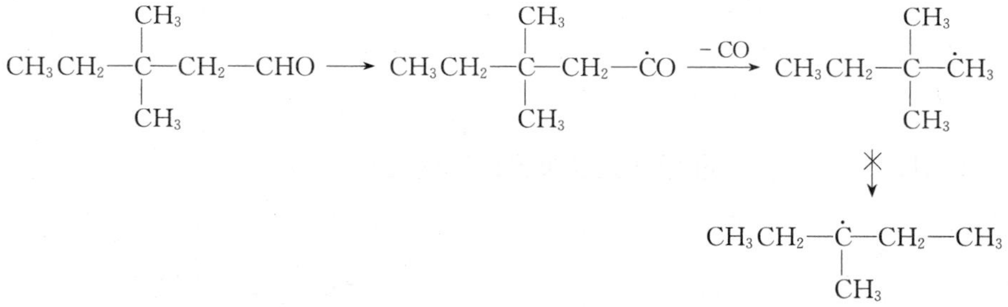

一般认为在自由基重排过程中，形成桥连的离域的过渡态，苯环能够分散孤电子，使过渡态得以稳定，所以迁移基团往往是苯基，通常烷基是不发生迁移的。

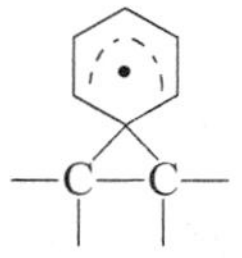

在自由基重排中，也发现有卤原子的迁移。例如，3,3,3-三氯丙烯在有过氧化物的存在下与溴反应，生成 53% 的重排产物（$BrCCl_2CHClCH_2Br$）。这主要是因为二氯烷基自由基比较稳定。

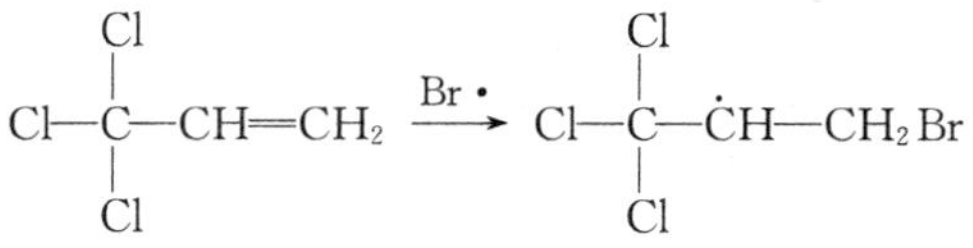

$$\xrightarrow{\text{Cl迁移}} Cl-\overset{Cl}{\underset{Cl}{\overset{|}{C}}}-\overset{\cdot}{C}-CH_2Br \xrightarrow{Br_2} Cl-\overset{Br}{\underset{Cl}{\overset{|}{C}}}-\overset{Cl}{\underset{}{\overset{|}{C}}}H-CH_2Br$$

53%

【习题】

一、单项选择题

1. 下列重排反应中,生成产物为酮的是(　　)
   - A. 史蒂文(Stevens)重排
   - B. 片呐醇(Pinacol)重排
   - C. 贝克曼(Beckmann)重排
   - D. 霍夫曼(Hofmann)重排

2. 下列关于史蒂文(Stevens)重排的描述中,正确的是(　　)
   - A. Stevens 重排具有高度的立体专一性
   - B. 当亚甲基上的氢易离去时,重排难进行,则应选择更强的碱
   - C. 在降低反应温度的条件下,有利于 Stevens 重排产物生成
   - D. 含烯丙基的季铵盐在氨基钠的存在下,得到的单一的 1,2-迁移重排产物

3. 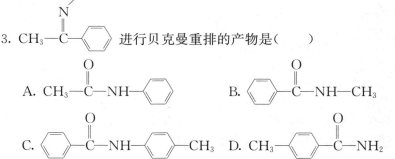 进行贝克曼重排的产物是(　　)

4. 霍夫曼(Hofmann)重排反应中,经过的主要活性中间体是(　　)
   - A. 苯炔
   - B. 碳烯
   - C. 氮烯
   - D. 碳负离子

二、简答题

1. 什么是重排反应,根据反应机理分为哪几种类型?
2. 简述贝克曼重排的反应机理。
3. 写出片呐醇重排反应的通式。

三、完成下列反应方程式

1.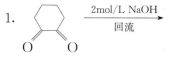

2. 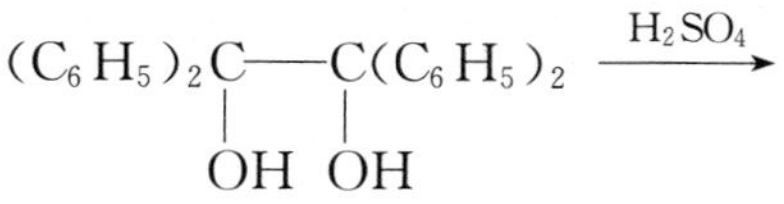 $(C_6H_5)_2C{-}C(C_6H_5)_2$ 　$\xrightarrow{H_2SO_4}$

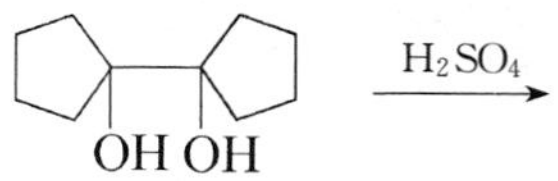

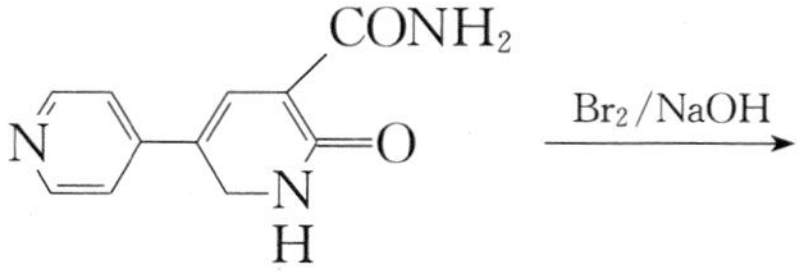

（两个碳上各连 OH）

OH　OH

3. $\xrightarrow{H_2SO_4}$

OH OH

4. $\xrightarrow{Br_2/NaOH}$

5. $\xrightarrow{Br_2/NaOH}$

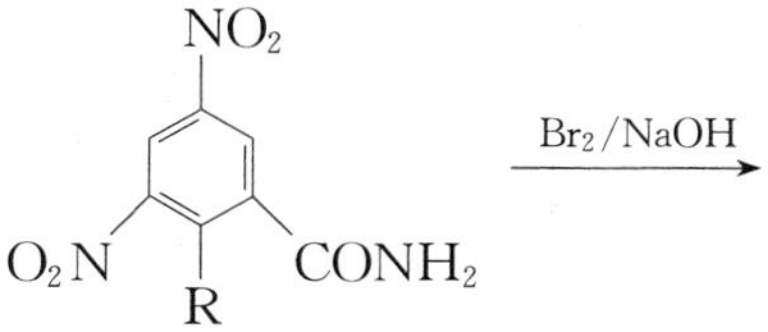

6. 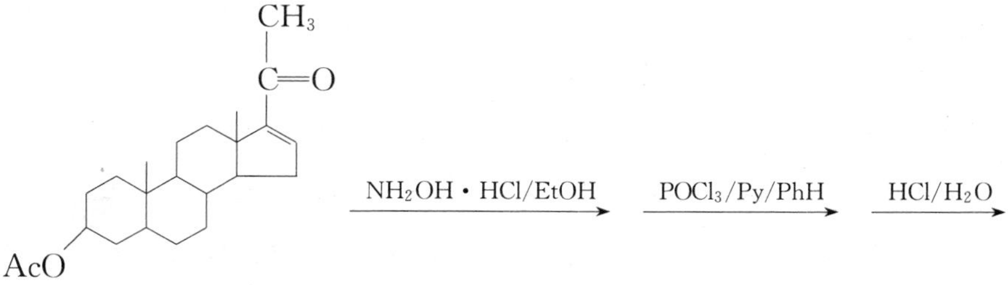 $\xrightarrow{NH_2OH \cdot HCl/EtOH}$ $\xrightarrow{POCl_3/Py/PhH}$ $\xrightarrow{HCl/H_2O}$

四、写出下列转化的反应机制

$\xrightarrow{H^+}$

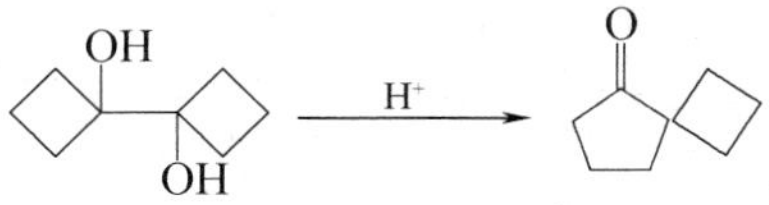

(提示:片呐醇重排)

学习情境十一　现代有机合成新技术

【学习目标】

1. 掌握绿色化学反应的概念和类型。
2. 掌握原子经济性的概念和基本原理。
3. 熟悉常用现代有机合成新技术的种类及特性。
4. 了解常用有机合成新技术在药物及中间体合成中的应用。

单元1　现代有机合成新技术的实例分析

实例分析1: 非甾体抗炎药奥沙普嗪的制备,采用微波辐射法进行反应。

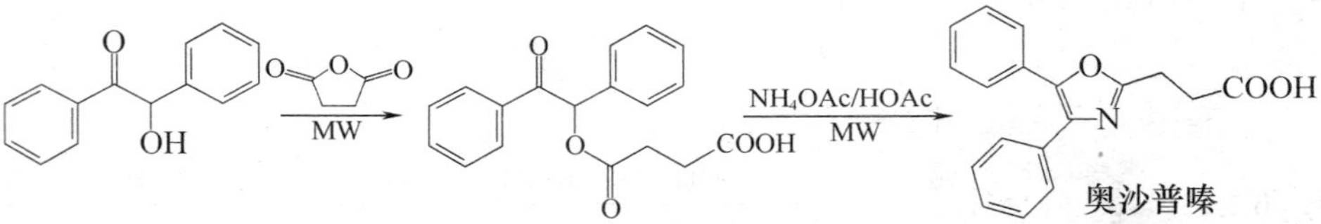

奥沙普嗪是美国 Wyeth 公司研发的非甾体抗炎药,具有消炎镇痛及解热作用。200W 微波辐射下,安息香由丁二酸酐酯化生成中间体,可不经纯化直接在乙酸/乙酸铵体系中,以 300W 微波辐射环合生成奥沙普嗪,在微波作用下的"一锅法"反应时间由 5h 缩短至 10min,收率由 63% 提高至 72%。

实例分析2: 抗艾滋病药物齐多夫定的合成,最后一步脱保护基反应可在离子液体中进行。

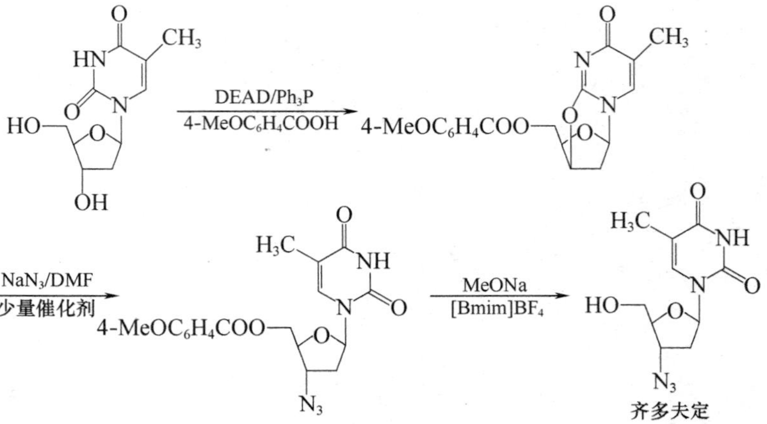

齐多夫定为抗病毒药,用于艾滋病或与艾滋病有关的综合征患者及免疫缺陷病毒(HIV)感染者的治疗。齐多夫定是世界上第一个获得美国 FDA 批准生产的抗艾滋病药品,因其疗效确切,成为"鸡尾酒"疗法最基本的组合成分。在其最后一步脱保护基反应中,叠氮化合物中间体与甲醇钠在离子液体 1-正丁基-3-甲基咪唑四氟硼酸盐[(Bmim)BF$_4$]溶剂中室温反应 48h 生成产物,收率可达 97%。

单元 2　现代有机合成

一、现代有机合成的新概念

1. 绿色合成

"绿色化学"的概念在 20 世纪 90 年代初由化学家提出,20 多年来绿色化学的概念、目标、基本原理和研究领域等已经逐步明确,初步形成了一个多学科交叉的新研究领域。P. T. Anastas 在《Green Chemistry》中给出的定义是:绿色化学是在化学反应及相关过程(包括化学设计、制备、生产及后处理)中尽量减少有毒有害物质的使用,减少废物产生和对人类健康、生态环境有害的原料、试剂、溶剂、催化剂和副产物的一门从源头上阻止污染的化学。绿色化学致力于促使化学反应及其原料、溶剂和产品的绿色化。其内容包括原料的绿色化(采用无毒无害可再生原料);化学反应的绿色化(提高反应的选择性);反应介质的绿色化(使用无毒无害可回收利用的反应介质);产品的绿色化(通过结构与性能的评价,进而筛选出低毒甚至无毒的产品)。

绿色合成是绿色化学的一个方面,其以绿色化学的基本理论和目标为指导,以环境友好为基础和出发点。绿色合成采用绿色环保型的合成路线和工艺,避免使用对环境有害的溶剂、原料和催化剂,尽可能减少或消除有毒产物的生成,实现整个合成过程对环境的友好性。当前,实现有机合成的绿色化,一般从以下几个方面进行考虑:开发、选用对环境无污染的原料、溶剂、催化剂;采用电化学合成技术;尽量利用高效的催化合成,提高选择性和原子经济性,减少副产物的生成;设计新型合成方法和新的合成路线,简化合成步骤;开发环保型的绿色产品;发展、应用无危险性的化学药品。

在 Fridel-Crafts 酰化反应中,如果用传统的催化剂无水 AlCl$_3$ 来催化产生中间体对氯二苯甲酮,每生产 1t 该酰化物会产生 3t 酸性富铝废弃物;而采用新开发的环境友好催化剂 envirocat EPZG,催化剂用量仅为原来的 10%,产率可达 70%,HCl 的排放量减少了 3/4,无酸性富铝生成,只产生极少量的邻位产物。

2. 原子经济性

一直以来,化学合成主要关注反应的高选择性和高产率,而往往忽略了反应物分子中原子的有效利用问题。1991 年,美国斯坦福大学的化学教授 Trost. B. M. 首先提出化学反应中的"原子经济性"(Atom Economy)思想,并将它与选择性归结为合成效率的两个方面,认为高效的有机合成应最大限度地利用原料分子中的每一个原子,使之转化到目标分子中,达到零排放,即化学反应中究竟有多少原料分子进入到了产品之中,有多少变成了废弃的副产物,其中最理想的原子经济性是100%,如重排反应、加成反应和周环反应。原子经济性的定量表述即原子利用率。

$$原子经济性或原子利用率 = \frac{预期产物的相对分子质量}{全部反应物的相对原子质量总和} \times 100\%$$

原子经济性反应有两大优点:一是最大限度地利用了原料;二是最大限度地减少了废物的生成,减少了环境污染。原子经济性反应符合社会发展的需要,是有机合成的发展方向和重要目标,也是绿色合成的一个重要指标。

原子经济性原则引导人们在有机合成的设计中经济地利用原子,避免使用保护基或离去基团,减少或消除副产物的生成。当前,提高有机合成原子经济性的主要途径有开发高选择性、高效的催化剂;开发新的反应介质和试剂,提高反应选择性。总的来说,主要是在合成路线和反应条件上进行改进。

3. 环境因子(E)和环境商(Q)

环境因子(E)和环境商(Q)都是由荷兰著名有机化学家 Sheldon 提出来的。环境因子(E)是从化工生产中的环保、高效、经济角度出发,通过化工流程的排废量来衡量合成反应的优劣,以化工产品在生产过程中产生的废物量的多少来计算合成反应对环境造成的影响。

$$环境因子(E) = \frac{废弃物的质量(kg)}{预期产物的质量(kg)}$$

这里所有的废弃物是除预期产物之外的所有产物,其中也包括反应后处理过程中所产生的无机盐等。显然,要在合成过程中减少废弃物使环境因子(E)减小,最有效的途径就是改变经典有机合成过程中以中和反应进行后处理的常规方法。

环境商(Q)是以在化学产品生产过程中产生的废物量的多少和废物的物理、化学性质在环境中的毒性行为等综合评价指标来衡量该合成反应对周围环境所造成的影响。

$$EQ = E \times Q$$

式中 E 为环境因子,Q 为根据废物排放到环境中对环境所造成的损害度。EQ值的相对大小可以作为有机合成和化工生产中选择合成路线、生产过程和生产工艺的参考指标。

因此,理想合成是用简单而又安全的,对环境不造成任何影响,并且资源能够有效操作,快速、定量地把价廉、易得的原始材料转化为天然或设计的目标分子,这也正是绿色合成的最终目标。

用传统的氯醇法合成环氧乙烷,其原子利用率仅为 25%,而采用乙烯催化环氧化方法可一步合成,理论利用率达 100%,收率达 99%。

$$2\ CH_2\!=\!CH_2 + O_2 \xrightarrow{\text{催化剂}} 2\ \triangle$$

4. 组合合成

组合合成的概念是在组合化学的基础上发展起来的,并开创了新领域。它可以在短时间内将不同结构的模块以键合方式系统地、反复地进行连接,形成大批相关的化合物,也称化学库。通过对库进行快速性能筛选,找出具有最佳目标性能化合物的结构,与传统化合物的单独合成及结构性能测定相比,简化并缩短了发现具有目标性能化合物的过程。如对催化剂进行选择和改进传统研究方法仍依靠实验摸索、偶然发现,不仅工作量大而且效率不高,组合合成大大提高了有机合成选择的目标性和效率,对于有机合成中的催化合成有重要意义。事实证明组合合成是用于催化合成研究的一种有效手段。组合合成反映了化学家在研究观念上出现的重大飞跃,它打破了逐一合成、逐一纯化、逐一筛选的传统研究模式,使大规模化学合成与药物快速筛选成为可能。

组合合成提供了一种迅速达到分子多样性的捷径。目前,这方面的发展迅速,现已从肽库发展到有机小分子库,并已筛选出了许多药物的先导化合物。组合合成在催化反应体系的选择、药物化学中先导化合物的筛选以及材料化学中显示了广阔的前景。目前,组合合成的趋势是要求高效,以最少的化合物筛选取得最多的正确信息。

5. 不对称合成

不对称合成是研究对映体纯和光学纯化合物的高选择性合成,已成为现代有机合成中最受重视的领域之一。不对称合成尤其是过渡金属催化的不对称合成是合成手性药物的有效手段,因为不对称合成必须有手性源才能完成,在不对称反应中必须有等量的手性源,而用于手性源的化合物非常昂贵,故在生产中用等量的手性源化合物是不合算的。获得单一手性分子的一个重要途径是外消旋体的拆分,但原子经济性较差,最大产率也只有 50%;而催化的不对称合成利用催化量的过渡金属和与之相配的手性配体,很少量的手性配体可合成大量的手性化合物,有很好的原子经济性。因此,合成单一手性分子,催化的不对称合成应该是首选的。经过近十年的飞速发展,催化的不对称合成取得了很大进展,其中,不对称氢化反应研究取得较深入发展。据估计在已工业化的所有不对称合成反应中有 70% 的反应属于不对称氢化反应。目前,由于出现了一系列新配体,不对称氢化反应正向常温、常压、高选择性、高反应速率、重复使用和更具环保意识的方向发展;同时,反应底物的范围也在不断扩大。

二、现代有机合成的技术展望

现代有机合成正朝着高选择性、原子经济性和环境保护型三大趋势发展,重点在于开发绿色合成路线及新的合成工艺,寻找高选择性、高效的催化剂,简化反应步骤,开发和应用环境友好介质,包括水、超临界流体、离子液体、氟碳相等,以代替传统反应介质,减少污染。合成方法学研究成为有机合成的研究热点,成为从化学原理入手发展新概念、新反应、新方法的突破口,重点是对立体可控制的自由基反应的研究及组合化学在有机合成方法学发展中的应用。合成具有独特功能的分子,包括具有特殊性能的材料、生理活性分子和天然产物,尤其对海洋生物源中新生物活性物质的发现与合成,已成为有机合成在新世纪的重要发展方向。目前,不对称合成的研究虽然取得了很大的进展,今后仍旧是有机合成研究的热点问题之一,尤其对催化的不对称合成反应的研究、研制和发现新配体及手性催化剂是研究催化不对称合成的重要方面。另外,分子器件、分子识别、分子组装和化学生物学、合成生物学、化学材料学的研究将更进一步推进有机合成的发展,使其融入国际科技飞速发展的潮流。

单元 3　非传统溶剂中的药物合成

有机溶剂因其对有机物具有良好的溶解性而在药物合成中得到了广泛的应用,但有机溶剂普遍的挥发性和毒性成为造成环境污染的主要原因。因此,新型绿色反应介质代替有机溶剂成为绿色化学研究的重要方向。近年来,为实现可持续发展,实现环境友好的有机合成成为迫切的课题,是绿色化学的重要内容。各国的化学家研究了许多取代传统有机溶剂的方法,如无溶剂反应、以水为介质的反应、以超临界流体为溶剂的反应、以氟两相体系为介质的反应、以室温离子液体为溶剂的反应等。这些方法除了可取代传统有机溶剂、减少污染外,还为反应分子提供了新的分子环境,因而使反应的选择性、转化率得到改变和提高,或使分离提纯等过程较容易进行等。相对来说,以水为介质或无溶剂有机合成反应,因为溶剂的成本最低,在其他条件相近时,应当成为首选。

一、水为溶剂

以水为介质的有机反应是绿色合成反应的重要组成部分,水的资源丰富,成本低廉,不会污染环境,因此是最绿色环保的反应介质。可以预见,水相有机反应在药物合成中的应用将带来巨大的社会效益和经济效益。

（一）药物合成反应以水为介质的优点

（1）水是与环境友好的绿色溶剂。

（2）与其他溶剂相比,水在地球上分布广、来源丰富、价格便宜。

（3）水不会着火,安全可靠。

（4）反应的处理和分离容易,可循环使用。

（5）为反应提供了新的分子环境,有可能造成不同于传统溶剂的新反应,如反应物中有的官能团在传统溶剂中需要保护的,以水为介质时可能不用保护也可以,从而缩短合成路线。

(二)药物合成反应以水为介质的问题

从另一个角度看,长期以来,大部分有机反应是在有机溶剂中进行的,有的甚至必须在无水、无氧的条件下进行,有机合成反应的研究也是以有机反应介质为基础的,以水为介质必然会引出许多新问题,如有机底物在水中的疏水作用;反应底物和试剂在水中的稳定性;水中存在的大量氢键对反应的影响;水中有机反应的机理;水中反应的立体化学效应;适于水相反应的新试剂和新反应的发现和应用等。

(1)有机反应物一般不溶于水,通常要用表面活性剂或者共溶剂打破分层,反应才可能顺利进行,而许多反应根本不能进行。

(2)若反应的触媒、中间体或生成物在水中不稳定,也会造成反应不能进行。

(3)在水中进行有机电解合成,则可能分解放出 H_2 和 O_2。

(三)药物合成反应以水为介质的反应类型及应用

水相有机反应发展到现在已涉及多个反应类型,例如,周环反应;亲核加成和取代反应;金属参与的有机反应:Lewis 酸和过渡金属试剂催化的有机反应,包括聚合反应;氧化和还原反应,包括加氢反应;水相中的自由基反应;与水相容的Lewis 酸催化剂在水相形成新 C—C 键的反应;金属参与的,特别是金属铟参与的水相形成新 C—C 键的反应;过渡金属试剂催化的水相 Grignard 型和共轭加成反应;金属铑试剂催化的水相有机硼酸的不对称反应等,且已在药物合成中得到了应用。

(1)Knoevenagel 缩合反应　新型胰岛素增敏剂中间体 5 -取代- 4 -噻唑烷酮的中间体 5 -芳亚叉基罗丹宁的合成。由芳香醛与罗丹宁在碳酸钾水溶液中,于十六烷基三甲基溴化铵(CTMAB)的存在下,室温搅拌生成。此方法具有反应简便、收率高、成本低的特点,是对环境无害的合成方法。

(2)氧化反应　多烯化合物三元氧杂环的形成一般需要在无水条件下进行,但在 V(水):V(二甲氧基甲烷):V(乙腈)=2:2:1 体系下,多烯化合物中的双键可高选择性地氧化成不对称的环氧化合物。

式中催化剂为

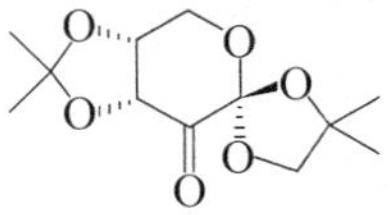

（3）还原反应　水介质中硼氢化钠和六水合氯化钴组成的催化体系可将叠氮化合物还原为相应的伯胺，反应对底物的原有手性不产生影响，产率较高，是合成手性胺的有效方法。

$$R{-}N_3 \xrightarrow{\text{NaBH}_4,\text{CoCl}_2 \cdot 6\text{H}_2\text{O}} R{-}NH_2$$

（4）Barbier - Grignard 反应　通常情况下，Barbier - Grignard 反应条件苛刻，必须严格要求在无水、无氧条件下进行，但中国科学技术大学王志勇等已报道发现完全水相的 Barbier - Grignard 反应，在双金属体系催化下进行，收率较高。

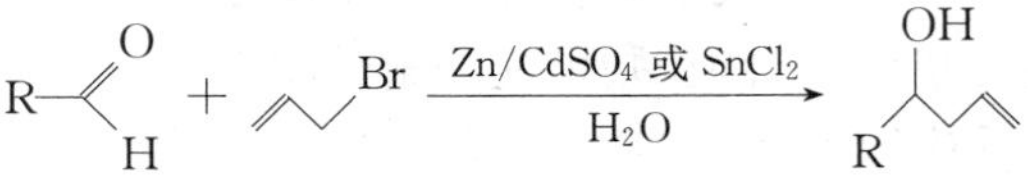

（5）Witting 反应　水相中的 Witting 反应利用手性醛与磷叶立德在 90℃的水中反应，得到以反式产物为主的手性 α,β-不饱和酸酯。

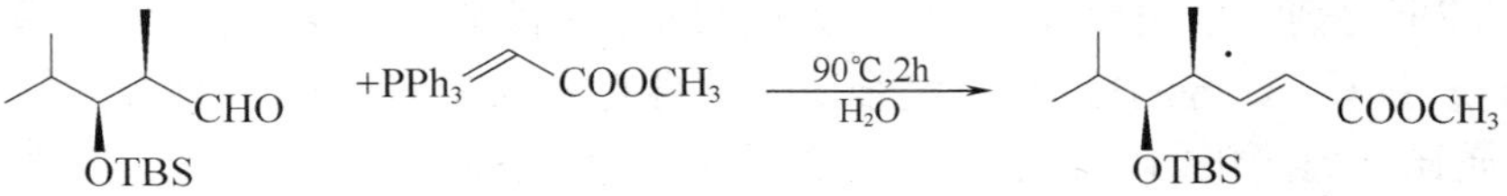

（6）Aldol 反应　水介质中用 10% 的 4 -羟基脯氨酸衍生物可催化醛酮之间发生 Aldol 反应，条件温和，后处理简便，产率较高。另外，DNA 在水介质中可以有效催化 Aldol 反应，从而为 DNA 在生命起源中所起的催化作用奠定了基础。

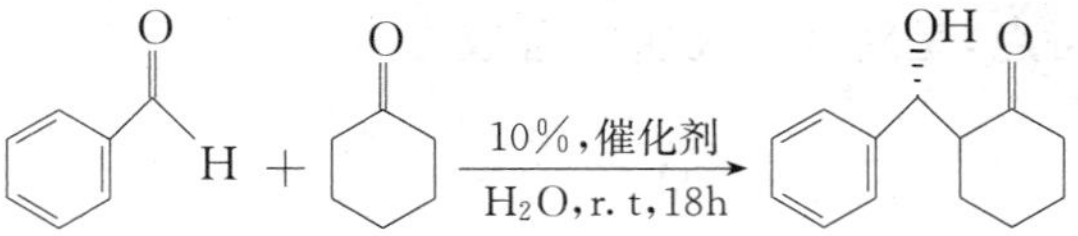

TBDPSO＝顺式-反式
顺式：反式＝10：1，ee＝99%

式中催化剂为

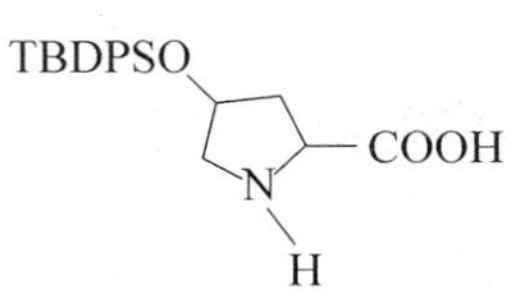

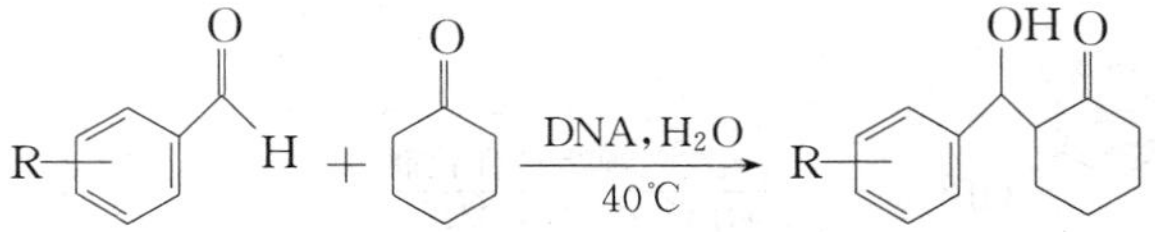

　　(7)无需催化剂的水相反应　有些反应在水中无需催化剂即可发生,此类反应的绿色化程度高,具环境友好性。例如,四氢苯并吡喃衍生物的合成。反应在85℃水相中进行,无需催化剂,且反应底物适用范围较广泛,芳香族醛、脂肪醛、杂环醛都可顺利进行,整个反应过程无任何污染。

　　可用作抗肿瘤药物、止痛药物及杀菌剂的嘧啶酮衍生物的合成。在常温水中、无需催化剂的条件下,以3-硝基苯甲醛、丙二腈和巴比妥酸为原料在超声辐射作用下合成7-氨基-6-氰基-5-(3-硝基苯基)吡喃并嘧啶-2,4-二酮,收率为86.2%。

二、超临界流体为溶剂

　　当流体的温度和压力处于临界温度和临界压力以上时,称该流体处于超临界状态,此时的流体称为超临界流体(SCF)。超临界流体在萃取分离方面取得了极大的成功,并广泛应用于化工、煤炭、冶金、食品、香料、药物、环保等许多工业或领域。超临界流体作为反应介质或作为反应物参与的化学反应,称为超临界化学反应。二氧化碳(CO_2)是真正环境无害的绿色溶剂,用 CO_2 替代传统的有机溶剂符合环境保护的要求,以超临界 CO_2 为反应介质进行合成反应有许多独特的优点。

　　(一)超临界 CO_2 的性质及特点

　　超临界 CO_2 是温度和压力均在其临界点(31.0℃,7.38MPa)之上的 CO_2 流体(图11-1),超临界 CO_2 是最常用的超临界流体之一。在超临界状态下,CO_2 通常具有液体的密度与介电常数,因而有常规液态溶剂的强度;同时,它又具有气体的黏度,因而又拥有很高的传质速率;而且,由于内在的可压缩性,流体的密度、溶剂强度和黏度等性能均可由压力和温度的变化来调节;此外,超临界 CO_2 能溶胀几乎所有的聚合物,包括通常被认为是抗溶剂的高分子材料。与有机溶剂相比,CO_2 具有无毒无害、无可燃性、无腐蚀性、使用安全、价格便宜、来源丰富、容易大规模生产的优点,且溶剂化(溶合)作用小,只要将压力减为常压就能气化,不耗费很多能量就能分离出液体或固体生成物,通过调节压力或温度就可实现产品和催化

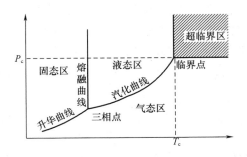

图 11-1　纯物质的温度压力相图

剂的分离。

(二)超临界化学反应的特点

超临界化学反应不同于传统的热化学反应,具有一般化学反应所没有的特点。

(1)与液相反应相比,在超临界条件下的扩散系数远比液体中的大,黏度远比液体中的小。对于受扩散速率控制的均相液相反应,在超临界条件下,反应速率大大提高。

(2)在超临界流体介质中可增大有机反应物的溶解度或有机反应物本身作为超临界流体而全部溶解,尤其在超临界状态下,还可使一些多相反应变为均相反应,消除了相界面,减少了传质阻力,可大幅增加反应速率。

(3)因有机反应中过渡状态物质的反应速率随压力的增大而急剧增大,而超临界条件下具有较大的压力,从而可使化学反应速率大幅度增加,甚至可增加几个数量级。当反应物能生成多种产物时,压力对不同产物的反应速率的影响是不相同的,这样就可以通过改变超临界流体的压力来改变反应的选择性,使反应向目标产物方向进行。

(4)超临界流体中溶质的溶解度随温度、压力和相对分子质量的改变而有显著的变化,利用这一性质,可及时将反应物从反应体系中除去,使反应不断向正方向进行,这样既加快了反应速率,又获得了较大的转化率。

(5)许多重质有机化合物在超临界流体中具有较大的溶解度,一旦有重质有机物结焦后吸附在催化剂上,超临界流体可及时将其溶解,避免或减轻催化剂上的积碳,大大延长催化剂的寿命。

(6)可用价廉、无毒的超临界流体作为反应介质来代替毒性大、价格高的有机溶剂,既降低了反应成本,又消除或减轻了污染。

(三)超临界有机合成反应

近年来,超临界 CO_2 作为传统有机溶剂的替代物,受到合成化学家的极大重视。其主要原因有:一方面,绿色化学越来越成为人们关注的焦点,化学研究者为化学反应寻找环境友好的溶剂,而超临界 CO_2 作为绿色环保溶剂用于化学反应已得到广泛发展,正符合绿色化学的发展趋势;另一方面,超临界状态下化学反应有不同于传统化学反应的特点,例如,压力对反应速率常数影响大;超临界 CO_2 的溶解性能对温度和压力的敏感性便于反应体系中各组分的分离;可延长催化剂的使用寿命,提高其利用率。事实上,超临界 CO_2 作为反应介质的研究已深入到几乎所有的基本有机反应。由于其自身所具有的独特性能,超临界 CO_2 是有机溶剂简单的替代者,很多超临界二氧化碳中的有机反应呈现出值得人们关注的新现象、新规律。

(1)还原反应　在超临界 CO_2 条件下,以固载于 γ-三氧化铝的钌催化剂(C1)催化衣康酸二甲酯,可发生不对称催化氢化反应。用 Josiphos001 作配体,可以使反应的对映选择性超过 $80\%ee$。

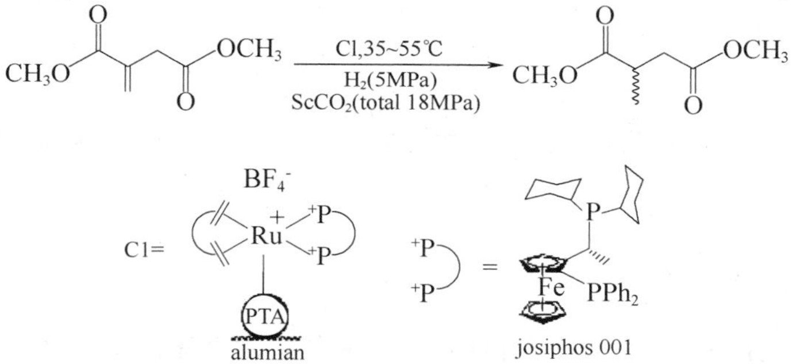

(2)氧化反应　己二酸是重要的医药中间体,催化氢化环己酮是主要合成途径,以 $Co^{2+}/Mn^{2+}/NaBr$ 为催化剂,加入乙酸或甲醇作为助溶剂,环己烷可以在超临界二氧化碳中以较好的选择性被氧化成己二酸。

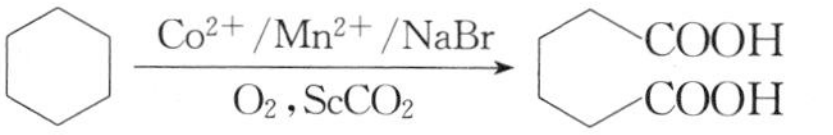

(3)付-克烷基化反应　在超临界二氧化碳中以磺酸功能化的离子液体为催化剂,连续催化 2,3,5-三甲基氢醌(TMHQ)与异植醇(IPL)发生缩合、烷基化反应合成 D/L-α-生育酚,在温度 $100℃$、二氧化碳压力 20MPa 时,产率达 90.4%。在反应过程中采用超临界萃取的方法还可顺便实现产物与催化体系的分离。

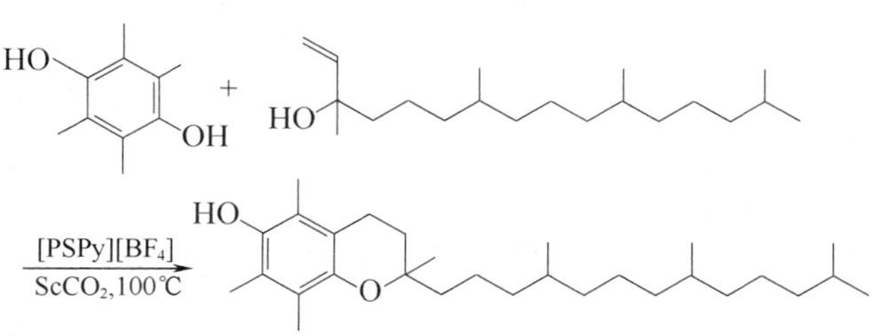

（4）酯化反应（酶催化）　脂肪酶 Novozym 435 在超临界二氧化碳中可以催化单萜薰衣草醇与乙酸的酯化反应，在 60℃、二氧化碳压力 10MPa 时，转化率达 86%。

（5）超临界作为反应物的合成反应　通过环加成反应合成氨基甲酸酯。在超临界条件下（10MPa，100℃），非末端炔丙胺能与二氧化碳顺利发生环加成反应，立体选择性地生成（Z）- 5 - 亚烷基 - 1，3 - 恶唑烷 - 2 - 酮，反应不需催化剂。

三、离子液体为溶剂

离子液体是室温或低温下为液体的盐，由含氮、磷有机阳离子和大的无机阴离子（BF_4，PF_6 等）组成。自 1914 年 Sudgen 制得熔点为 12℃ 的硝酸乙基胺（$EtNH_3NO_3$）第一个离子液体至今，已经历近百年的探索研究。特别是在 1992 年 Wilkes 等发现对水和空气极为稳定的咪唑型离子液体［Emim］［BF_4］之后，离子液体的研究得以迅猛发展，目前已增加到三四百种之多。

作为一类新型的绿色溶剂，离子液体与传统介质相比，具有许多独特的理化性能，如无味、不燃、高溶解能力、低熔点、宽液程、可忽略的蒸汽压、高导电性、宽电化学窗口、可设计性、易分离回收和循环使用等。这使得离子液体成为兼有液体与固体双重功能与特性的"固体"液体，从而在催化与有机合成领域中显示出了巨大的潜力和应用前景。离子液体兼有极性和非极性有机溶剂的溶解性能，溶解在离子液体中的催化剂，同时具有均相和非均相催化剂的优点，催化反应有高的反应速度和高的选择性。因此，以离子液体为溶剂的有机反应也表现出许多特点，并在工业生产中得到应用。例如，在传统的有机溶剂中，烯烃与芳烃的烷基化反应是不能进行的；而在离子液体中，在 $Sc(OTf)_3$ 的催化下，反应在室温下则能顺利进行，收率为 96%，催化剂还能重复使用。某些离子液体还具有 Lewis 酸性，可以不另加催化剂就能发生催化反应。离子液体中的有机反应种类很多，如 Friedel - Crafts 反应、烯烃的氢化反应、氢甲酰化反应、氧化还原反应、形成 C—C 键的偶联反应等。另外，为解决酶的固定化和其在有机溶剂中失活的问题，用离子液体进行酶促反应是一个很好的办法。离子液体的应用正受到越来越多的重视。当然,这方面的工作还刚开始,以离子液体为反应介质的优点、适用范围和不足,还要不断地深入研究,离子液体对环境和生物的影响还需要更深入的评估。

（一）离子液体的组成

典型的离子液体由含氮的有机阳离子和无机阴离子组合而成,如氯化 1 - 乙基 - 3 - 甲基咪唑鎓,简写为[Emim]Cl,其结构式为:

$$\left[R^1 \diagdown N \diagup N^+ \diagdown R^2 \right] Cl^-$$

式中,R^1 和 R^2 可以调变,当 R^1 和 R^2 同为 CH_3 时,熔点为 125℃;当 R^1 为甲基,R^2 为乙基时,熔点为 87℃。无机阴离子也可调变,阴离子不同,其熔点也不同。随着有机阳离子和无机阴离子体积的变大,对称性降低,离子对间的相互作用力变弱,熔点降低。

（二）离子液体的分类

离子液体的种类繁多,改变阳离子/阴离子的不同组合可以得到不同的离子液体。据估计可以组合出 10^{18} 种离子液体,而传统的分子溶剂只有 600 种。一般阳离子为有机组分,并根据阳离子的不同来分类。离子液体中常见的阳离子类型有烷基铵阳离子、烷基鏻阳离子、烷基锍阳离子、N -烷基吡啶阳离子、N,N -二烷基咪唑鎓阳离子等。其中,烷基取代的咪唑离子应用普遍。根据阴离子的不同可将离子液体分为两大类:一类是多核阴离子,如 $Al_2Cl_7^-$、$Al_3Cl_{10}^-$、$Fe_2Cl_7^-$、$Sb_2F_{11}^-$、$Cu_2Cl_3^-$ 等,这类阴离子是由相应的酸制成的,一般对水和空气不稳定;另一类是单核阴离子,如 BF_4^-、PF_6^-、NO_3^-、NO_2^-、CH_3COO^-、SbF_6^-、$ZnCl_3^-$、$SnCl_3^-$、$CF_3CO_2^-$ 等,这类阴离子是碱性或中性的。

（三）离子液体的制备

离子液体可以通过直接合成法和两步合成法制备。直接合成法是通过酸碱中和反应或季铵化反应一步合成离子液体,操作经济简便,没有副产物,产品易纯化。例如,硝基乙胺离子液体就是由乙胺的水溶液与硝酸中和反应制备的。制备过程是中和反应后真空除去多余的水,为了确保离子液体的纯净,再将其溶解在乙腈或四氢呋喃等有机溶剂中,用活性炭处理,最后真空除去有机溶剂得到产物离子液体。另外通过季铵化也可一步制备离子液体,如 1 - 丁基 - 3 - 甲基咪唑鎓盐[Bmim][CF$_3$SO$_3$]、[Bmim]Cl 等。

如果直接法难以得到目标离子液体,就必须使用两步合成法。首先通过季铵化反应制备出含目标阳离子的卤盐（[阳离子]X 型离子液体）,然后用目标阴离子 Y^- 置换出 X^- 或加入 Lewis 酸 MX 来得到目标离子液体。

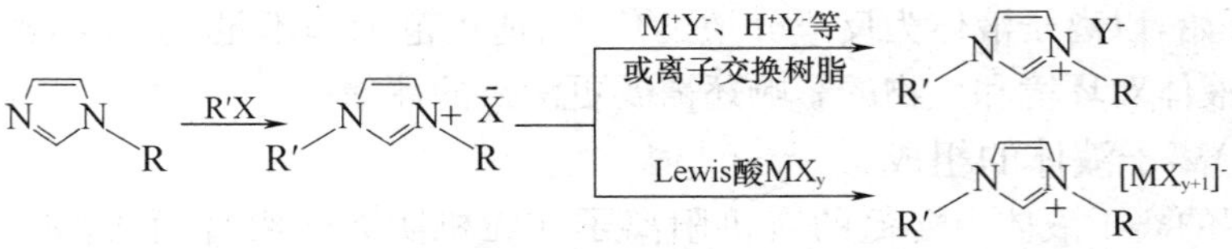

(四)离子液体在有机合成中的应用

在有机合成中，以离子液体作为反应的溶剂，首先为化学反应提供了不同于传统分子溶剂的环境，它可以改变反应的机理，使催化剂的活性、稳定性更好，选择性、转化率更高；其次离子液体种类多，选择的余地大，将催化剂溶于离子液体中，与离子液体一起循环利用，催化剂具有均相催化效率高，多相催化易分离的优点，产物的分离可以用倾析、萃取和蒸馏等方法；再者因离子液体无蒸汽压，液相温度范围宽，使得分离易于进行。近年来，离子液体广泛应用于有机合成，如Friedel－Crafts 烷基化反应、酰基化反应、D－A 反应、缩合反应、氢化反应、氧化反应及不对称反应等，还在酶催化反应中得到了有效的应用。下面仅简要介绍常见的几类反应。

(1)Knoevenagel 缩合反应　由芳香醛和巴比妥酸或硫代巴比妥酸在离子液体中室温研磨或微波辐射，即可经 Knoevenagel 缩合反应制备 5－亚芳基(硫代)巴比妥酸衍生物，可用于合成药物和其他杂环化合物。

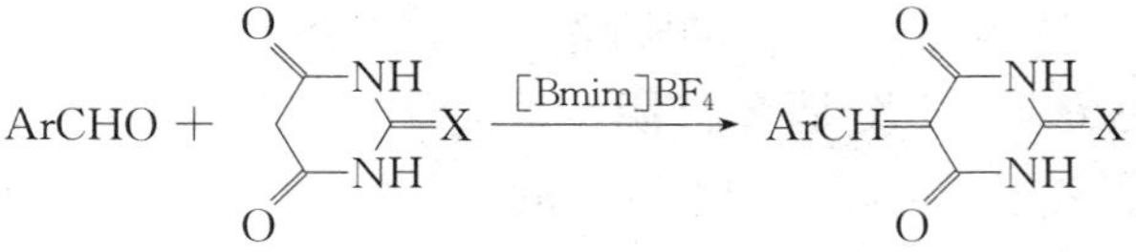

式中　X——O,S

(2)Diels－Alder 反应　中性离子液体是 Diels－Alder 反应的优良溶剂，第一个在离子液体中进行的是丙烯酸甲酯和环戊二烯在[EtNH₃][NO₃]中反应。

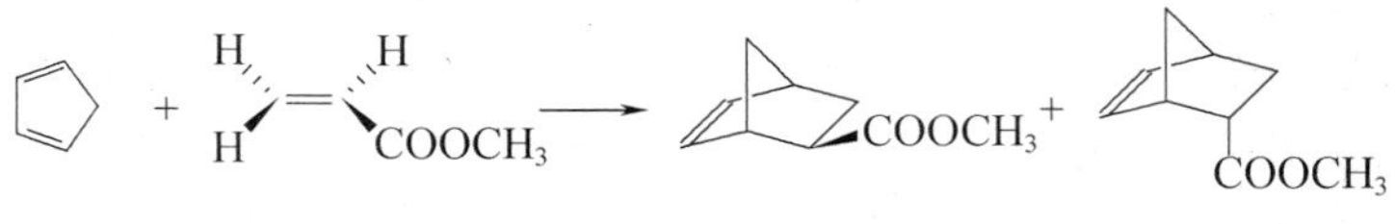

(3)氢化反应　2,4－己二烯酸在离子液体中的催化氢化反应效果明显，可得85％收率的顺－3－己烯酸产物。

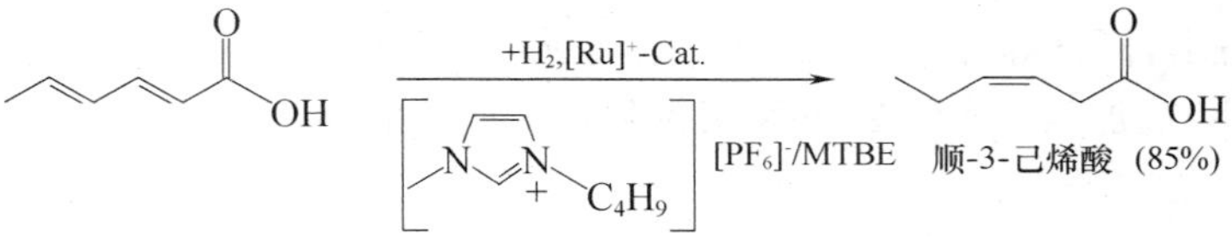

（4）氧化反应　在离子液体1-正丁基-3-甲基咪唑四氟硼酸盐（[Bmim]BF$_4$）溶剂中，可待因甲基醚（CME）可被 MnO$_2$ 氧化成异喹啉生物碱蒂巴因。

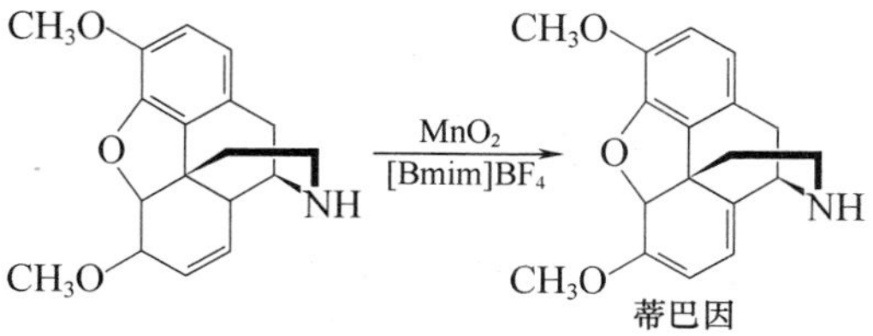

蒂巴因

（5）酶催化反应　在离子液体[Bmim]PF$_6$/H$_2$O（体积比为 95∶5）中，用嗜热菌蛋白酶成功地催化合成了阿斯巴甜。

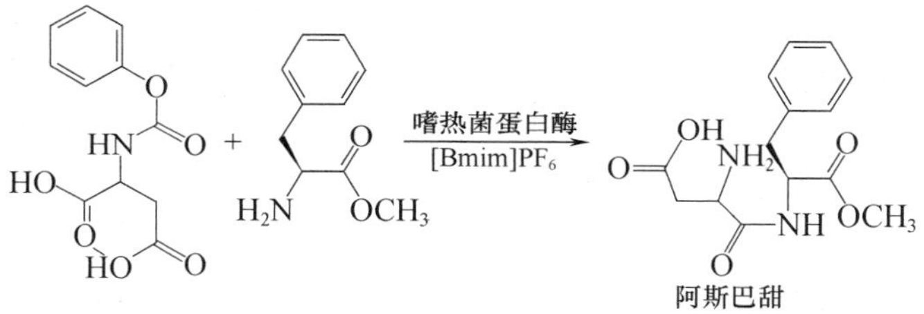

阿斯巴甜

　　此反应是首例在离子液体中进行的蛋白酶催化反应（Erbeldinger 等，2000年），虽然在此介质中的反应速率仅为在乙酸乙酯介质中的 40%，但这却开辟了一个生物催化反应的新领域。此后，又有人报道了糜蛋白-chymotrypsin 在离子液体中催化 N-乙酰-L-苯丙氨酸乙酯、乙酰-L-酪氨酸乙酯和 1-丙醇的转酯化反应，并且发现离子液体具有稳定酶的作用。另外，还发展出了离子液体中脂肪酶催化的酯交换反应、酯的水解和醇解反应、酯化反应、酰胺化反应，以及氧化还原酶催化的氧化还原反应。

单元 4　微波促进的药物合成反应

　　微波是频率在300MHz～300GHz 范围内的电磁波，它位于电磁波谱的红外辐射（光波）和无线电波之间。微波在 400MHz～10GHz 的波段专门用于雷达，其余部分用于电讯传输。由于微波的热效应，从而使微波作为一种非通讯的电磁波广泛应用于工业、农业、医疗、科研及家庭等民用加热方面。为了防止民用微波对雷达、无线电通讯、广播、电视的干扰，国际上规定各种民用微波的频段为 915MHz±15MHz 和 2450MHz±50MHz。产生微波的电子管发明于 20 世纪 30 年代，开始微波技术仅用于军事雷达，1947 年美国发明了第一台加热食品的机器微波炉，1952 年微波等离子体用于光谱分析，60 年代后期用于表面膜（金刚石膜、氮化硼膜等）和纳米粉体等无机材料的合成，直到 1986 年微波被应用于有机合成反应。

自 1986 年 Gedege 和 Giguere 等将微波技术应用于促进有机合成以来,微波促进有机化学反应已广泛应用于各类型的有机合成。与常规加热方法不同,微波辐射是表面和内部同时进行的一种体系加热,不需热传导和对流,没有温度梯度,体系受热均匀,升温迅速。与经典的有机反应相比,微波促进可缩短反应时间,提高反应的选择性和收率,减少溶剂用量甚至可无溶剂进行,同时还能简化后处理、减少三废、保护环境。

一、微波促进有机反应的作用原理

微波的波长在 $0.1\sim100$cm 之间,能量较低,比分子间的范德华力还小,因而只能激发分子的转动能级,不能直接打开化学键。目前比较一致的观点是微波加快化学反应主要是靠加热反应体系来实现的。但同时人们也发现,微波电磁场还可直接作用于反应体系而引起所谓的"非热效应",如微波对某些反应有抑制作用,可改变某些反应的机理,一些阿累尼乌斯型反应在微波辐照下不再满足阿累尼乌斯关系等。另外,人们还发现微波对反应的作用程度不仅与反应类型有关,而且还与微波本身的强度、频率、调制方式(波形、连续、脉冲等)及环境条件有关。目前,对"非热效应"作用机制还有待于进一步研究。

微波对凝聚态物质的加热方式不同于常规加热方式。常规的加热方式是由外部热源通过热辐射由表及里的热传导式加热,能量利用率低,温度分布不均匀。而微波加热是通过电介质分子将吸收的电磁能转变为热能的一种加热方式,属于体内加热方式,温度升高快,分布较为均匀。

微波加热原理是在液体中电介质分子的偶极子转向极化(取向极化)的弛豫时间在 $10^{-12}\sim10^{-9}$s,这一时间与微波交变电场振动一周的时间相当。因此,当微波辐照溶液时,溶液中的极性分子受微波作用会随着其电场的改变而取向和极化,吸收微波能量,同时这些吸收了能量的极性分子在与周围其他分子的碰撞中把能量传递给其他分子,从而使液体温度升高。因液体中每一个极性分子都同时吸收和传递微波能量,所以升温速率快,且液体里外温度均匀。

介质在微波场中的平均升温速率与微波频率(υ)、电场强度(E)的平方和介质的有效损耗(ε''_e)成正比,与介质密度(ρ)和恒压热容(c_p)成反比,即:

$$\frac{T-T_0}{t} = \frac{5.66\times10^{-11}\varepsilon''_e \upsilon E^2}{\alpha_p}$$

式中　t——微波辐照时间

　　　T_0——液体辐照前的温度

　　　T——液体辐照后的温度

　　　ε''_e——介质的有效损耗

　　　υ——微波频率

　　　E——电场强度

　　　ρ——介质密度

c_p——恒压热容

介质的有效损耗与液体的介电常数成正比,如极性较大的乙醇、丙醇、乙酸等具有较大的介电常数,50mL 液体经微波辐照 1min 后即可沸腾,而非极性的 CCl_4 和碳氢化合物等的介电常数很小,几乎不吸收微波。要获得较高的热效应,必须选用水、醇、酸等极性溶剂。

由于微波加热的直接性和高效率,往往会产生过热现象,如在 0.1MPa 压力下,绝大多数溶剂可过热 $10 \sim 30 ℃$,而在高压力下甚至可过热 $100 ℃$,因此在微波加热时,必须考虑过热问题,防止暴沸和液体溢出。微波也可加热许多固体物质,在固体中,分子偶极矩是固定的,不能自由旋转和取向,故不能与微波的电场偶合而吸收微波能量,但在半导体或离子导体中,由于电子、离子的移动或缺陷偶极子的极化而吸收微波,结果是这些固体被加热。

微波具有对物质高效、均匀的加热作用,大多数化学反应速率与温度又存在着阿累尼乌斯关系(指数关系),从而微波辐照可极大地提高反应速率。大量实验表明,微波作用下的有机反应速率较传统加热方法有数十倍甚至上千倍的增加,特别是可使一些在常规条件下不宜进行的反应迅速进行。

二、微波促进有机反应的装置

微波有机合成早期一般在家用的或经改装后的微波炉中进行,反应容器采用不吸收微波的玻璃或聚四氟乙烯材料。对于无挥发性的反应体系,可在置于微波炉中的敞口容器中反应。这种反应技术的缺点是很难对反应条件加以调控,在反应过程中温度高时有液体溢出的可能。对于挥发性不大的反应体系(蒸汽压不高)可采用密闭合成反应技术,如苯甲酰胺的水解、甲苯氧化、苯甲酸酯化,将反应物放入聚四氟乙烯容器中,密封后置于微波炉中进行反应。这一技术的缺点是反应器容易发生爆裂,因而常在反应器外面包一层抗变形、不吸收微波的刚性材料。

为了使有机合成反应在安全可靠和操作方便的条件下进行,将微波炉改造为常压微波合成装置(图 11-2),使加热、搅拌和冷凝过程在微波炉腔外进行。微波常压合成反应技术的出现,大大推动了微波有机合成化学的发展。此外,还发展出了微波干法合成反应技术、连续微波合成技术和釜式多功能微波反应器,并具有了控温、自动报警等功能,微波在有机合成中的应用也不断扩大,在药物合成的研究中得到广泛应用,并在不断地改进。目前,专业微波合成仪(如 Biotage 和 CEM 公司的产品)也已有商品供应(图 11-3),但是由于现有技术的限制,目前的微波促进反应尚难放大,文献中投料最多也仅几十克,工业化仍有待研发。

在微波辐照有机合成设计中,除选用适当的反应器外,还须选用适当的反应介质。为了使体系能很好地吸收微波能量,一般选用极性溶剂作为反应介质。溶于水的有机化合物一般应以水为溶剂,这样可使成本和污染大大降低。对不溶于水

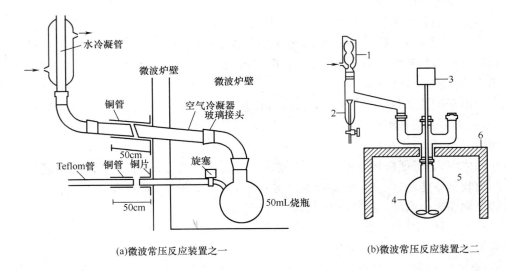

(a)微波常压反应装置之一　　　　　　(b)微波常压反应装置之二

图 11-2　微波有机合成常压反应装置图

1—冷凝器　2—分水器　3—搅拌器　4—反应瓶　5—微波炉膛　6—微波炉壁

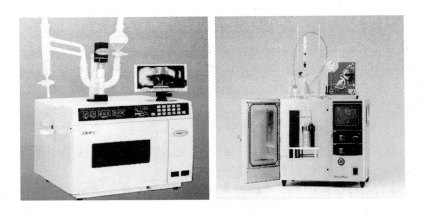

图 11-3　商品化的微波反应器

的有机物可采用低沸点的醇、酮和酯等作为溶剂,也可采用氯苯、邻二氯苯、1,2,4-三氯苯和二甲基甲酰胺(DMF)等热效率更高的高沸点极性溶剂,其中DMF 较有优越性,因为反应时生成的水可与 DMF 混溶而不分层。

三、微波技术在药物合成中的应用

微波辐照下的有机反应速率较传统的加热方法快,且具有操作简便、产率高及产品易纯化等优点,因此微波有机合成技术发展迅速,几乎涉及了有机合成反应的各个主要领域,下面仅简要介绍其中某些反应。

(一)环合反应

西地那非的合成。西地那非是美国 Pfizer 公司研发的磷酸二酯酶 5 型(PDE5)选择性抑制剂,临床用于治疗勃起功能障碍。其合成最后一步是酰胺化合物的环合反应,原有环合反应是 1.2mol 的叔丁醇钾在叔丁醇中回流 8h 完成,但利用微波反应技术,在乙醇/乙醇钠体系中,120℃加热反应 10min,产物收率即可从 90.2%提高到 100%。

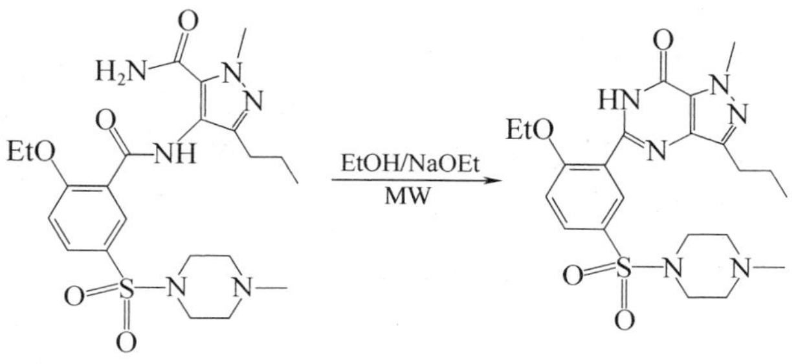

尼群地平的合成。尼群地平是德国 Bayer 公司研发的 1,4 -二氢吡啶类钙离子拮抗剂,利用微波反应器,间硝基苯甲醛、乙酰乙酸乙酯与氨基巴豆酸甲酯在对甲苯磺酸钠的水溶液(NaPTSA)中,经 Hantzsch 环合"一锅法"生成尼群地平产物。与原有合成工艺相比,环合反应时间由 8h 缩至 30min,收率由 63%提高至 94%;此外 NaPTSA 可回收套用,反应后处理简便。

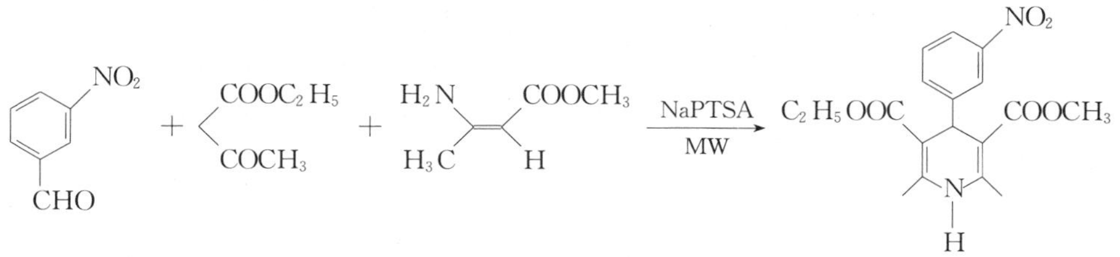

(二)不对称烷基化

替拉那韦中间体的合成。替拉那韦是美国 Boehringer Ingelheim 公司研发的抗病毒药物,临床用于治疗 HIV 感染。其中间体的合成利用微波加热 180℃,可使反应时间由 24h 缩至 20min,收率可达 94%、ee94%。

(R)-巴氯芬的合成。巴氯芬是一种肌肉松弛剂,其 R -异构体是主要药效成分。在中间体的合成中,使用 THF 为溶剂,六羰基钼为催化剂,可利用微波加热 160℃,反应 6min,收率 78%、96%ee,中间体再经水解脱羧、氧化、还原胺化、成盐得(R)-巴氯芬。

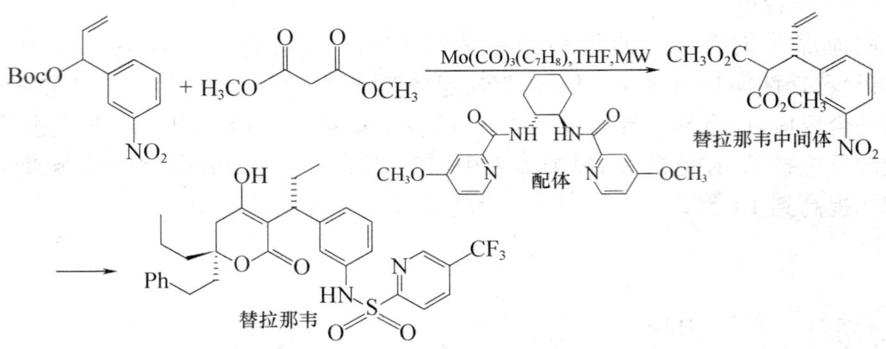

替拉那韦中间体

替拉那韦

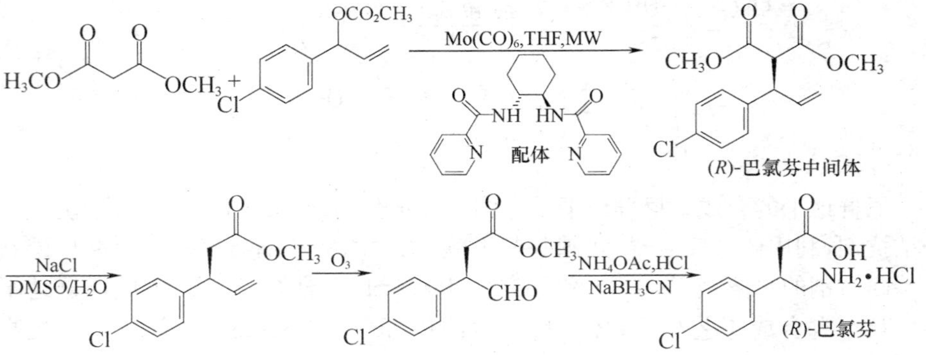

(R)-巴氯芬中间体

(R)-巴氯芬

(三)Suzuki 偶联反应

HIV-1 蛋白酶抑制剂的合成。HIV-1 蛋白酶抑制剂是近年来抗 HIV 药物研究的热点之一,已有阿他那韦、茚地那韦等 8 个药物上市。在其结构修饰研究中,肽类化合物作为中间体与硼酸类化合物在微波 120℃加热 30min,经 Sukuzi 偶合可得阿他那韦类似物,收率为 26%~62%。

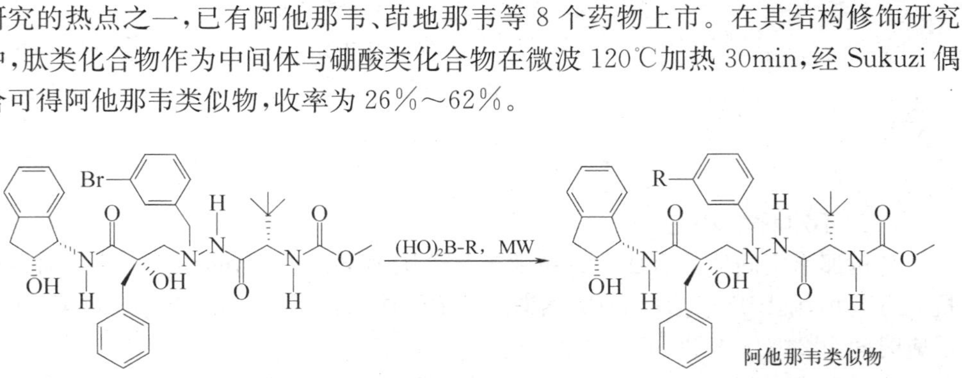

阿他那韦类似物

式中 R——

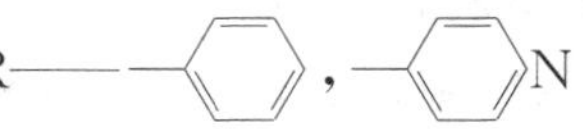

(四)还原反应和氧化反应

麻黄碱的合成。麻黄碱原来是从植物麻黄中提取,现在已可人工合成。以苯甲醛为原料,经生物转化、甲胺缩合、还原等步骤得麻黄碱,在合成路线中利用微波技术可使缩合和还原两步反应时间分别缩至 9min 和 10min,收率分别为 55%

和 64%。

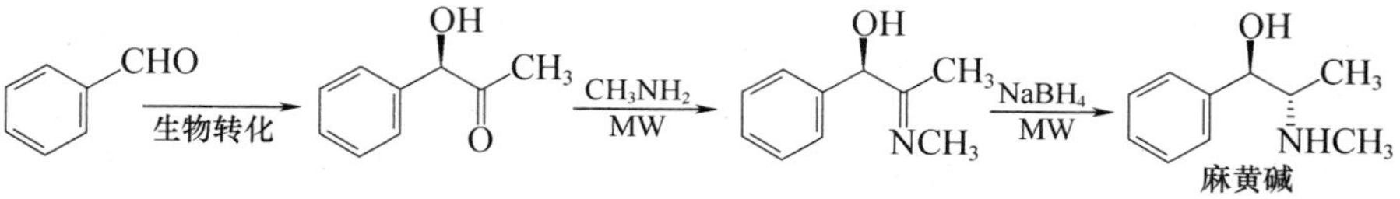

硫霉素中间体的合成。硫霉素从微生物 *Streptomyces viridochromogenes* 中分离得到，具有抗菌活性。其中间体是噻唑啉类化合物在微波 100℃ 加热下被 MnO₂ 氧化合成的，收率为 79%。

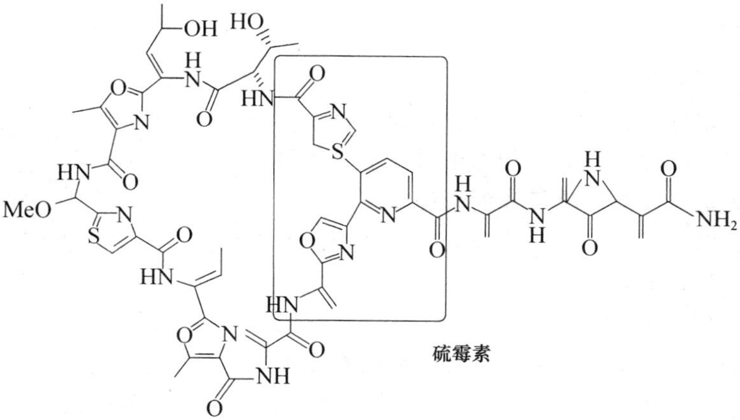

硫霉素

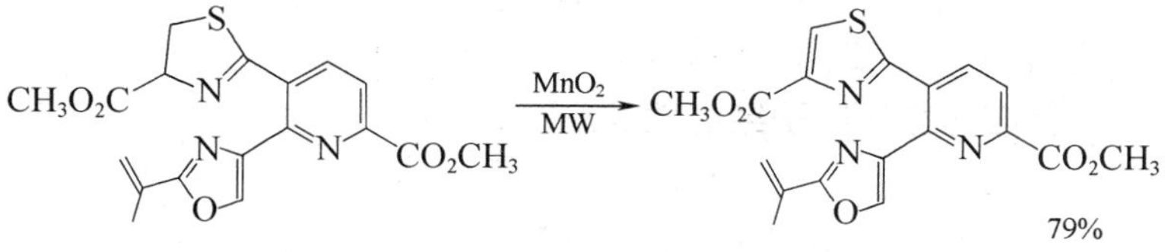

硫霉素中间体

(五)亲核取代反应

5′-O-烯丙基脱氧胸腺嘧啶，具有抗病毒活性。采用微波反应可使反应时间由 4.5h 缩短至 4min，收率由 75% 提高至 97%。

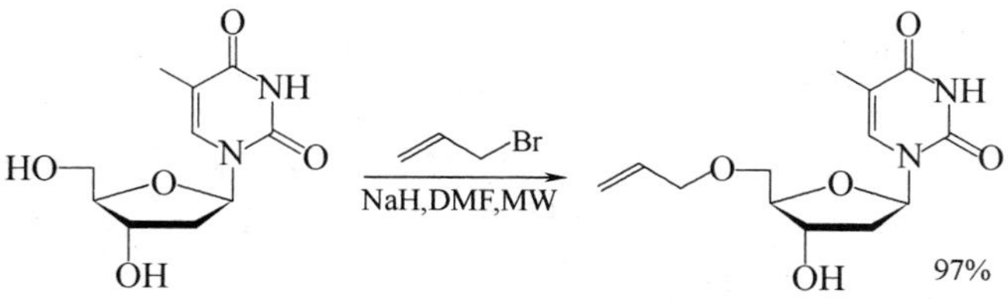

5′-O-烯丙基脱氧胸腺嘧啶

　　甲氯芬酯的合成。甲氯芬酯是一种中枢神经兴奋剂,临床用于治疗老年痴呆症。可由对氯苯酚与氯乙酸发生亲核取代得氯苯氧乙酸,再与二甲氨基乙醇成酯制得。160W 微波作用下,两步反应时间分别为 8min 和 6min,收率提高至 90% 和 85%。

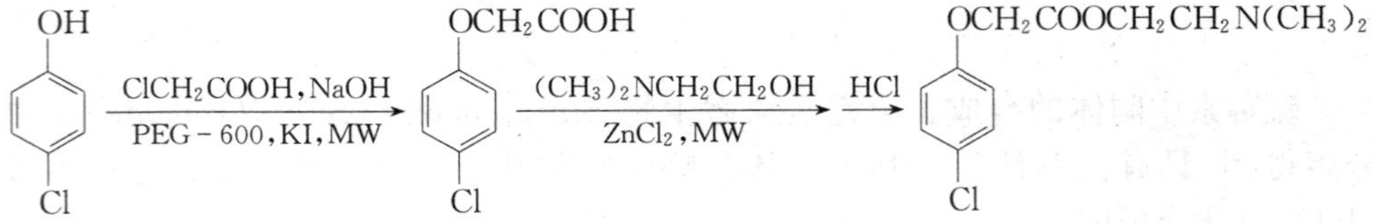

甲氯芬酯

【习题】

一、问答题

1. 试述绿色化学的概念、原理和意义。

2. 解释原子经济性和原子利用率的异同。

3. 试述提高原子经济型的途径。

4. 以水为反应介质的合成反应有哪些特点?

5. 什么是超临界流体?

6. 超临界 CO_2 作为药物合成反应介质有什么优点?

7. 什么是离子液体? 作为合成反应介质有何优势?

8. 说明微波加热液体的原理,其加热方式与传统加热有什么区别?

9. 使用微波加热药物合成反应时溶剂的选择有什么要求?

10. 实现绿色合成的途径和技术有哪些?

二、判断下列反应哪些是原子经济性反应

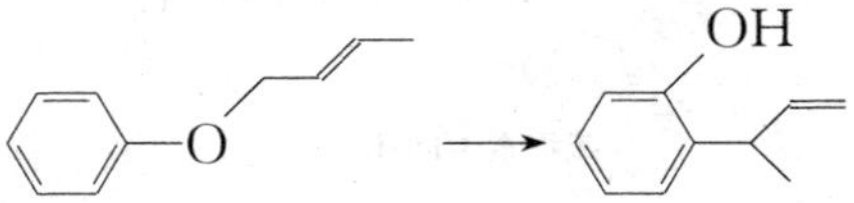

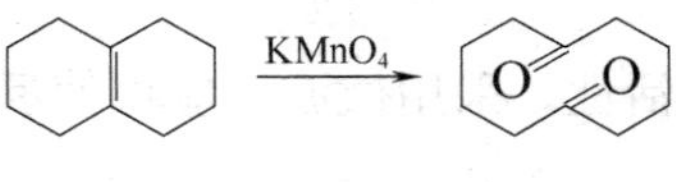

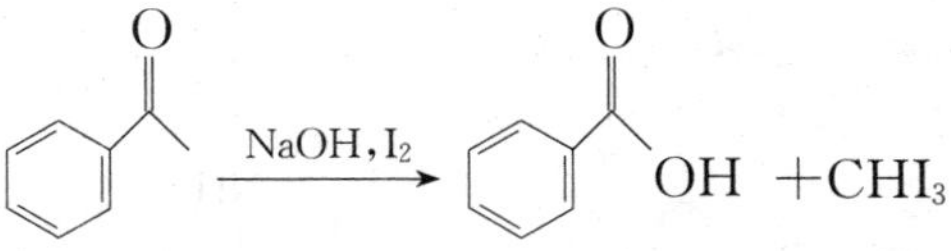

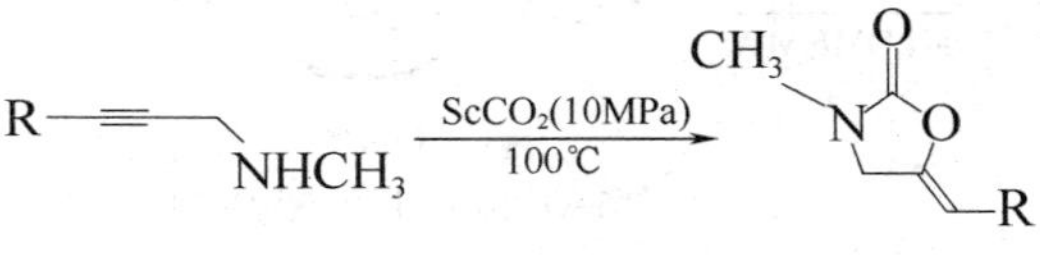

5.

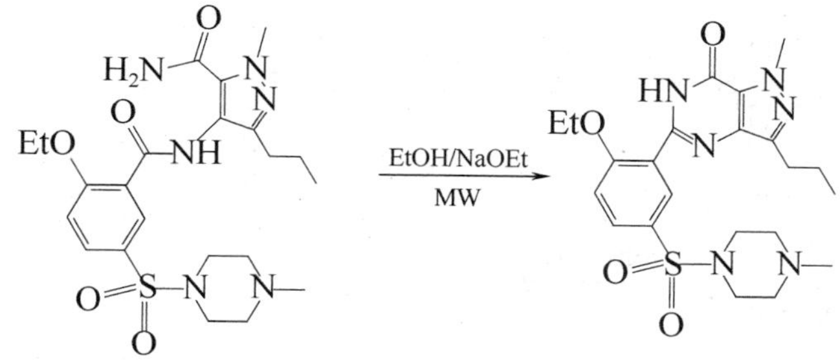

$$\xrightarrow[\text{MW}]{\text{EtOH/NaOEt}}$$

三、写出下列反应的主要产物

1. 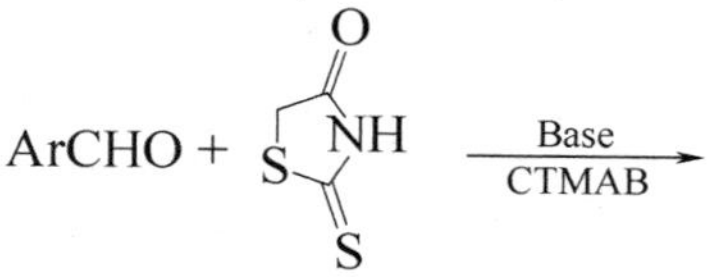 $ArCHO +$

$$\xrightarrow[\text{CTMAB}]{\text{Base}}$$

2.

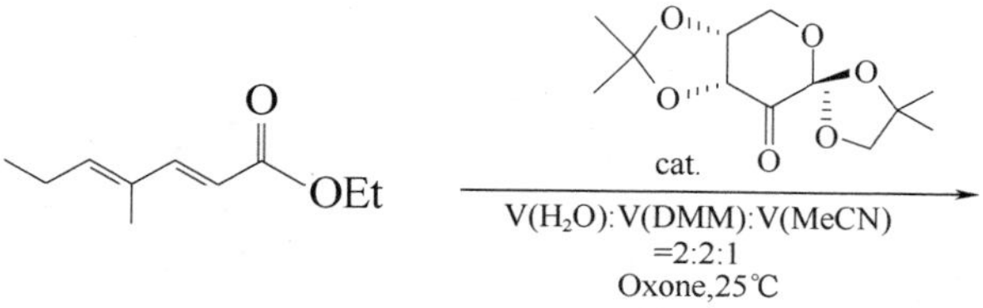

$$\xrightarrow[\substack{\text{V(H}_2\text{O}):\text{V(DMM)}:\text{V(MeCN)} \\ =2:2:1 \\ \text{Oxone},25℃}]{\text{cat.}}$$

3.

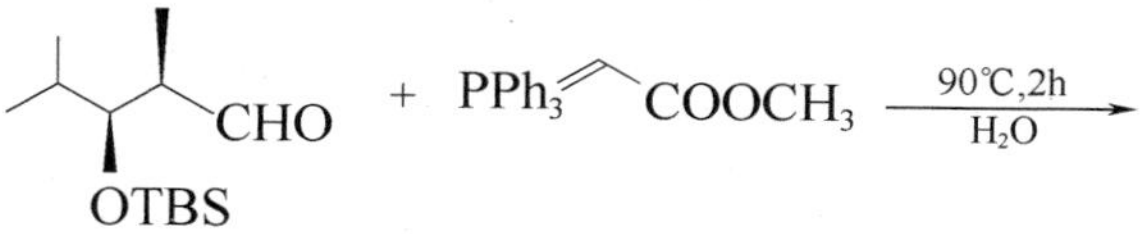

$+ PPh_3$

$COOCH_3$

$$\xrightarrow[\text{H}_2\text{O}]{90℃,2h}$$

4.

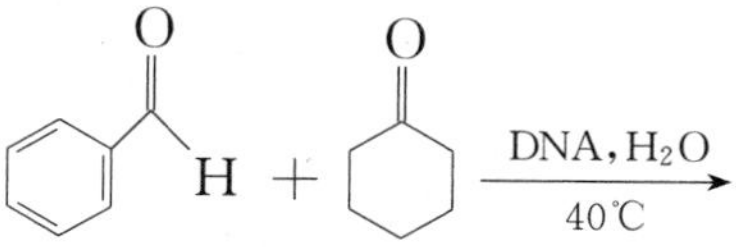

$$\xrightarrow[40℃]{\text{DNA},\text{H}_2\text{O}}$$

5.

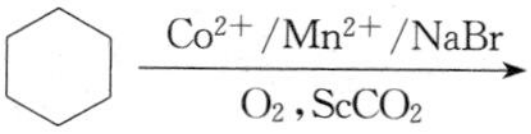

$$\xrightarrow[\text{O}_2,\text{ScCO}_2]{\text{Co}^{2+}/\text{Mn}^{2+}/\text{NaBr}}$$

6.

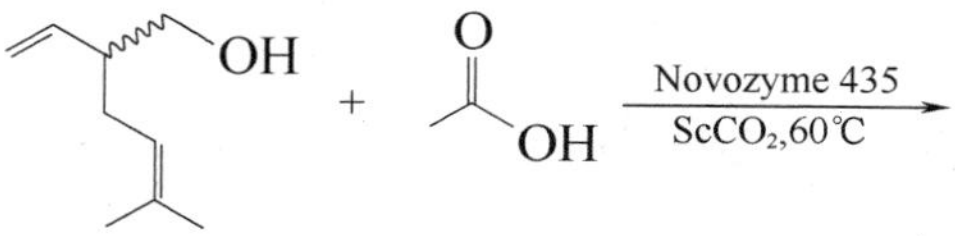

$$\xrightarrow[\text{ScCO}_2,60℃]{\text{Novozyme 435}}$$

7. 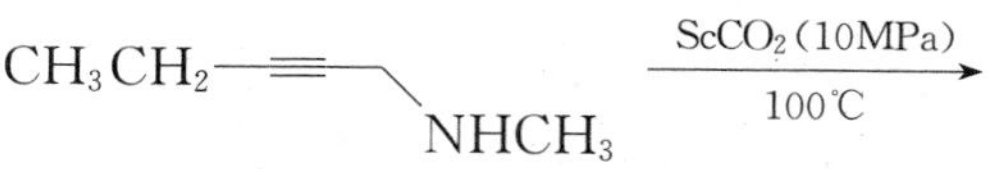 CH_3CH_2—≡—

$NHCH_3$

$$\xrightarrow[100℃]{\text{ScCO}_2(10\text{MPa})}$$

8. ArCHO+
O
NH
S
NH
O
[Bmim]BF4

9.
+
H
H
H
COOCH3
[EtNH3][NO3]

10.
O
H2N
N
N
O
EtO
NH
EtOH/NaOEt
MW
O
S
N
N
O

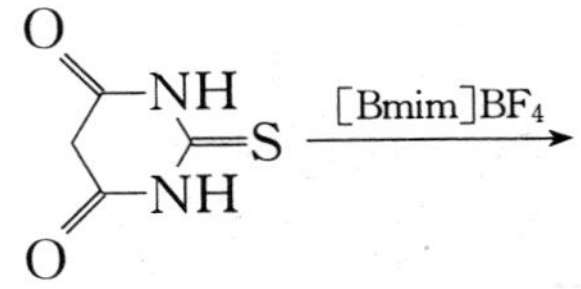

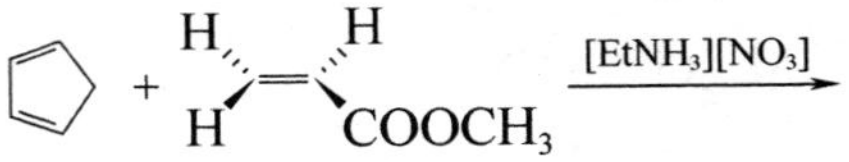

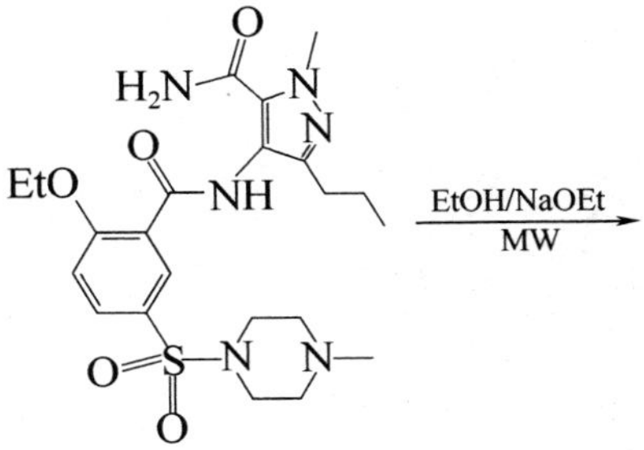

实训部分

实训一 实验室的基本知识

一、实训目标

(1)熟悉合成实验室规则。

(2)掌握基本的安全操作技术与常规的急救措施。

(3)准备安全小药箱,配制常用急救试药。

二、实训器材与试剂

器材:防酸手套,护目镜,防毒口罩或防毒面具,紧急救助水龙头加皮管和专用洗瓶(洗眼用),干粉灭火器、CO_2灭火器等。

试剂:红药水,碘酒(3%),烫伤膏,饱和碳酸氢钠溶液,饱和硼酸溶液,醋酸溶液(2%),氨水(5%),硫酸铜溶液(5%),高锰酸钾晶体(需要时再制成溶液),氯化铁溶液(止血剂),甘油,消炎粉,苦味酸溶液,硫酸镁(泻药),镁浆或氧化镁甘油浆液(催吐剂,将200g氧化镁与240g甘油混合),万能解毒剂(医用活性炭:氧化镁:单宁酸=2:1:1混合后,保存于干燥处)。

三、实训步骤

(一)实验室规则的学习

为了保证实训的正常进行和培养良好的实验室作风,学生必须遵守下列规则。

(1)遵守实验室各项制度,听从教师指导,尊重实验室工作人员的职权。

(2)实训开始前,应做好预习和必要准备,防止边看边做,降低实训效果。实训中保持安静和遵守秩序,同时保持实验室的整洁。在整个实训过程中,任何固体物质都不能投入水槽中,以免堵塞下水道。废纸等杂物应投入废纸箱内。废酸和废碱应小心地倒入废液缸内。

(3)对实训中涉及公用仪器和工具要加以爱护,应在指定地点使用并保持整洁。对公用药品不能任意挪动,要保持药品架的整洁,药品取完后,及时盖好盖子,同时应养成节约药品的习惯。

(4)实训过程中,严格按照操作规程和实训步骤进行,如要改变,必须经指导教师同意。实训中要认真观察实训现象,如实做好实训记录。实训完成后,由指导教师记录实训结果,并将产品统一回收。课后,及时书写完整的实训报告。

(5)实训过程中注意安全,熟悉各种安全设施的使用,非经教师许可,不得擅自离开。如发生意外,立即报请教师处理。

(6)实训完毕,整理卫生。离开实验室时,将水门、电门和煤气门等开关关闭。

(二)实验室安全知识的学习

合成实验室中大多数药品都是易燃、易爆和有毒的,因此要求实验者要小心谨慎,预防事故的发生。

1. 常见事故的预防

(1)火灾的预防　在有机实训中,常使用乙醚、苯等易燃易挥发的有机溶剂。因此,着火是实验室常见事故,为了防止事故的发生,要做到以下几点。

①使用易燃易挥发的溶剂要远离火源,不要在广口容器内直火加热,若加热,一般在水浴或油浴上进行。

②实训前,要仔细检查仪器,要求严格、准确操作。

③实训中易燃易挥发废弃物,不得倒入废液缸内。大量废液需要回收,少量废液可倒入水槽用水冲走。实验室不应存放大量易燃物,降低火灾事故发生的概率。

一旦发生着火事故,不要惊慌失措,根据着火的情况,采取不同的措施。一般先熄灭附近所有火源,切断电源,迅速移开附近易燃物质,采用沙子、石棉布或灭火器等灭火。灭火时应从火的四周向中心扑灭。衣服着火,切勿奔跑,应立即用厚的外衣包裹熄灭,或立即脱去衣服,或立即卧倒在地打滚以起到灭火作用。必要时,要报警。

(2)爆炸的预防　在有机实训中,引起爆炸的因素一般有以下几方面。

①常压操作如蒸馏、分馏时,切勿在封闭体系内进行加热或反应,要与大气相通。在反应过程中,经常检查仪器装置的各部分是否堵塞。

②某些化合物易爆炸,一般不要受热或敲击,如过氧化物、芳香族硝基化合物等。含过氧化物的乙醚进行蒸馏时,首先蒸去过氧化物,应特别小心,要严格按照操作规程进行。

③对于过于猛烈的反应,一般采取降温或控制加料速度等措施,必要时设置保护屏。

2. 常见事故处理

(1)玻璃割伤　玻璃割伤是有机实训的常见事故。如果是一般轻伤,先将玻璃碎片取出,再用蒸馏水冲洗,涂上红药水或碘酒,包扎。伤口较大时,应用力按住伤口上部,防止大出血,及时到医院就医。

(2)烫伤　如果为轻伤,涂以苦味酸溶液,玉树油或硼酸油膏,重者及时送医院诊治。

(3)酸碱灼伤　酸碱溅到皮肤或眼睛上,应首先用水冲洗,若为酸液,再用1%的碳酸氢钠溶液冲洗。若为碱液,再用1%的硼酸或醋酸溶液冲洗;最后,用水冲洗。重伤者,初步处理后要及时送医院。

(4)溴灼伤 应立即用酒精洗,涂上甘油,用力按摩,将伤处包好。若受到溴蒸气刺激,暂时不能睁开双眼,可对着酒精瓶内注视片刻。若溅到眼睛,按酸液溅入眼中做急救处理后,送医院。

(三)合成实训基本训练方法介绍

1. 实训预习

合成实训是一门理论联系实际的重要课程,它可以充分提高学生的动手能力,是培养学生独立性的重要环节。因此,实训前做好充分的准备工作是十分必要的。在做每一个实训前,学生必须仔细阅读相关资料,应先弄懂实训目的、实训原理、实训方法以及所涉及的仪器等,做好充分的准备,并在预先准备好的实训记录本上写好预习笔记。

合成实训涉及的实验较多,下面是合成实训预习笔记的具体要求。

(1)实训目的,根据实训原理和基本操作进行概括。

(2)实训原理,包括主反应和重要副反应的方程式,必要时写出反应机理。

(3)原料、产物和重要副产物的物理常数。

(4)原料的用量,计算过量试剂的过量百分数,以及计算理论产量。

(5)画出主要仪器装置图。

(6)用图表画出整个实训的步骤流程,明确各步操作的目的和要求。

2. 实训记录

实训记录的内容包括实训的全部过程,例如,加入各种药品的时间、速度和数量,反应过程中是否有颜色的变化、沉淀现象、是否放热、何时回流等。在实训过程中,应认真操作,仔细观察,积极思考,养成一边实训一边直接在记录本上做记录的习惯,不应事后凭记忆补写,或以其他纸代替或转抄。记录要实事求是,准确反映真实情况,特别是当观察到的现象和预期的不同,以及操作步骤与教材规定的不一致时,要按照实际情况记录清楚,以便作为总结讨论的依据。实训记录要简要明确,记录的内容要尽可能表格化和有条理,与操作步骤一一对应。其他备忘事项,可以记在备注栏内。要牢记,实训记录是原始资料,必须重视。

3. 实训总结

在做完实训之后,除了要根据产物的产量计算出产率外,还应注重产物质量及对产物做一些必要的物性分析,对实训中出现的问题进行讨论。总结经验与教训可以加深对实训的理解,实现感性认识到理性认识的飞跃。

4. 实训报告(参见三氯叔丁醇的制备)

5. 清点仪器,小药箱药品的配制与补充

6. 实验室安全器材的使用与演练

7. 问题讨论(参考三氯叔丁醇实训报告格式)

实训×× 三氯叔丁醇的制备

一、实训目标

(1)掌握三氯叔丁醇的制备原理。

(2)熟悉搅拌、控制温度和加料的化学反应操作,进一步熟悉蒸馏、减压过滤等基本操作。

(3)熟悉低温下的化学反应操作。

二、实训原理

主反应:

$$CH_3-\overset{\overset{\displaystyle O}{\|}}{C}-CH_3 + HCCl_3 \xrightarrow[15℃]{KOH} CH_3-\overset{\overset{\displaystyle OH}{|}}{\underset{\underset{\displaystyle CCl_3}{|}}{C}}-CH_3$$

$$CH_3-\overset{\overset{\displaystyle OH}{|}}{\underset{\underset{\displaystyle CCl_3}{|}}{C}}-CH_3 + H_2O \xrightarrow{KOH} CH_3-\overset{\overset{\displaystyle OH}{|}}{\underset{\underset{\displaystyle CCl_3}{|}}{C}}-CCOOH$$

副反应:

$$HCCl_3 + H_2O \xrightarrow{KOH} HCOOH$$

$$2\ CH_3-\overset{\overset{\displaystyle O}{\|}}{C}-CH_3 \xrightarrow{KOH} CH_3-\overset{\overset{\displaystyle OH}{|}}{\underset{\underset{\displaystyle CH_3}{|}}{C}}-CH_2-\overset{\overset{\displaystyle O}{\|}}{C}-CH_3$$

(温度高时产生)

分离原理:利用三氯叔丁醇在水中不溶而析出结晶,而其他物质在水中可溶或本身是液体的性质,在反应完成后,将过多的溶剂蒸出,残液冷却至室温时倒入冰水中,产品析出,过滤得湿产品,可溶性杂质留在母液中,湿品经干燥得成品。

三、主要试剂及产品的物理常数(查理化手册)

名称	外观	相对分子质量	比重	沸点	溶点	溶解度
氯仿						
丙酮						
氢氧化钾						

四、主要原料及试剂的配料比

名称	规格	含量	用量	摩尔数/mol	摩尔比	备注
氯仿	CP		11.5mL		1	
丙酮	CP		40mL			过量 兼作溶剂
氢氧化钾	CP（研细）		1.2g			作催化剂用
冰	由温度决定					降温用

五、实训操作

时间	操作方法与步骤	现象与解释	备注
	1. 准备 (1)备仪器　用 250mL 的小烧杯作冰浴，放入适量碎冰和少量水；100mL 的锥形瓶或烧杯洗净晾干，备用；检查磁力搅拌器运转是否正常，将磁子洗净晾干。 (2)备原料　用 50mL 的量筒量取 40mL 丙酮；20mL 的量筒量取 11.5mL 的氯仿；将氢氧化钾放入研钵中研细。 2. 投料反应 (1)在冰浴冷却下将氯仿和丙酮加至锥形瓶中，加入磁子，慢慢开动搅拌并调整至合适的转速。 (2)待温度降至 10℃ 以下时，分批加入氢氧化钠，加料期间保证反应温度不要超过 15℃。 3. 保温反应 在 15℃ 左右保温反应至少 1h。 4. 后处理 (1)将反应物料用菊花形滤纸滤入蒸馏瓶中，常压蒸丙酮至蒸不出为止(内温不要超过 72℃)。 (2)回收丙酮，将残液冷却至室温后，边搅拌边加至约 100mL 冰水中。 (3)待结晶析出完后，减压过滤，少量冰水洗涤 2～3 次。 (4)将湿品转移至预先干燥并称重的表面皿中。 (5)干燥，称重。	反应液呈混浊，氢氧化钾在有机反应液中不溶所致。	实训装置示意图 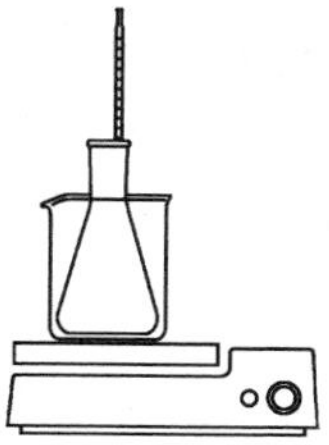 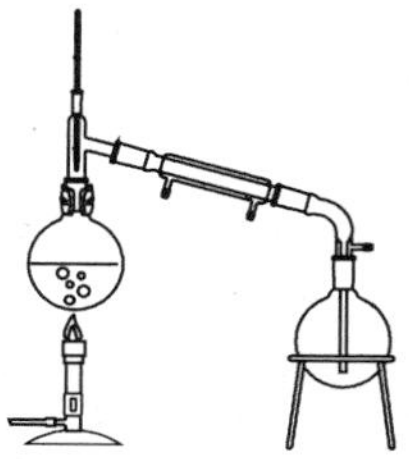 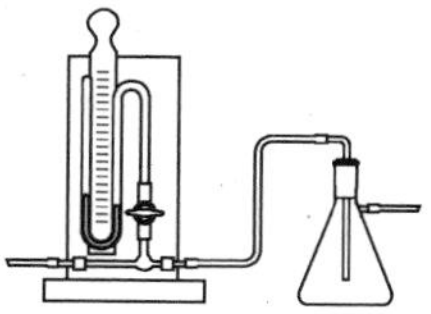 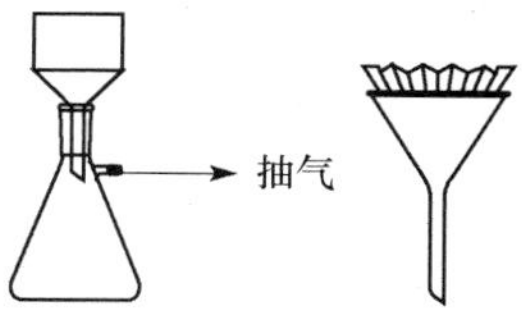

六、结果与讨论

1. 结果

$$实际产量＝毛重－皿重$$

理论产量：根据主反应式可知，1mol 的氯仿可生成 1mol 的三氯叔丁醇。

$$理论产量＝成品的摩尔数×成品的摩尔质量$$

$$＝\frac{主原料的投料纯量}{主原料的摩尔质量}×成品的摩尔质量$$

$$＝\frac{(V \cdot d \cdot 含量)_{氯仿}}{氯仿的摩尔质量}×成品的摩尔质量$$

$$收率\%＝\frac{实际产量}{理论产量}×100\%（以氯仿计）$$

2. 讨论

(1)反应温度是影响反应收率的主要因素，最佳的反应温度是 15℃。温度太低，主反应不完全，温度太高，副反应加剧。

(2)用冰水洗涤产品是为了将母液及水溶性杂质洗去，冰水可以减少产品在洗涤中的损失。

(3)干燥温度不宜太高，否则产品易融化；时间不可太长，因为产品有升华性。

实训二 1-溴丁烷的制备

一、实训目标

（1）了解醇与溴化钠-浓硫酸反应制备溴代烷的原理与方法。

（2）掌握带吸收有害气体装置的回流加热操作。

（3）熟练掌握液体产物的分离和提纯方法。

二、实训原理

本实训中的正溴丁烷是由正丁醇与溴化钠、浓硫酸共热而制得。

主反应：

$$NaBr + H_2SO_4 \longrightarrow HBr + NaHSO_4$$

$$C_4H_9OH + HBr \longrightarrow C_4H_9Br + H_2O$$

主要副反应：

$$C_4H_9OH \xrightarrow{H_2SO_4} C_4H_8 + H_2O$$

$$2\,C_4H_9OH \xrightarrow{H_2SO_4} C_4H_9OC_4H_9 + H_2O$$

三、实训器材与试剂

器材：折光仪，回流冷凝装置，气体吸收装置，蒸馏装置。

试剂：正丁醇 9.2mL，溴化钠（无水）13g，浓硫酸（$d = 1.84$）20mL，10％碳酸钠溶液，无水氯化钙，沸石。

四、实训步骤

（1）投料 在圆底烧瓶中加入 10mL 水，再慢慢加入 14mL 浓硫酸，混合均匀并冷却至室温后，依次加入 9.2mL 正丁醇和 13g 溴化钠，充分振荡后加入几粒沸石（硫酸在反应中与溴化钠作用生成氢溴酸，氢溴酸与正丁醇作用发生取代反应生成正溴丁烷。硫酸用量和浓度过大，会加大副反应的进行；若硫酸用量和浓度过小，不利于主反应的发生，即生成氢溴酸和正溴丁烷）。

（2）安装装置 以石棉网覆盖电炉为热源，按图 1(1) 安装回流装置（注意圆底烧瓶底部与石棉网间的距离和防止碱吸收液被倒吸）。

（3）加热回流 在石棉网上加热至沸腾，调整圆底烧瓶底部与石棉网的距离，保持沸腾而又平稳地回流，并不时摇动烧瓶促使反应完成，反应 30～40min（注意

313

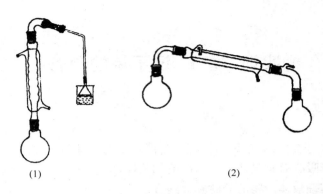

图 1 1-溴丁烷制备的实训装置图

调整距离和摇动烧瓶的操作)。

(4)分离粗产物 待反应液冷却后,按图1(2)改成回流装置为蒸馏装置(用直形冷凝管冷凝),蒸出粗产物(注意判断粗产物是否蒸完)。

(5)洗涤粗产物 将馏出液移至分液漏斗中,加入等体积的水洗涤(产物在下层),静置分层后,将产物转入另一干燥的分液漏斗中,用等体积的浓硫酸洗涤,除去粗产物中少量未反应的正丁醇及副产物正丁醚、1-丁烯、2-丁烯。尽量分去硫酸层(下层)。有机相依次用等体积的水(除硫酸)、饱和碳酸氢钠溶液(中和未除尽的硫酸)和水(除残留的碱)洗涤后,转入干燥的锥形瓶中,加入1~2g的无水氯化钙干燥,间歇摇动锥形瓶,直到液体清亮为止。

(6)收集产物 将干燥好的产物移至小蒸馏瓶中,在石棉网上加热蒸馏,收集99~103℃的馏分,称量,计算产率,测定产物的折光率。

五、问题讨论

(1)在回流冷凝管上为什么要采用气体吸收装置?吸收什么气体?怎样选择吸收液?

(2)反应时硫酸的浓度太高或太低对实训有什么影响?在本实训操作中,如何减少副反应的发生?

(3)产品用浓硫酸洗涤可除去哪些杂质?为什么?

(4)用分液漏斗洗涤产物时,1-溴丁烷时而在上层,时而在下层,若不清楚各相液体的密度,如何用简便的方法加以判别?

(5)为什么蒸馏前一定要把干燥剂过滤掉?

(6)粗产物气相色谱法分析表明,有少量2-溴丁烷生成。试说明2-溴丁烷的成因。

实训三 乙酰苯胺的制备与精制

一、实训目标

(1)熟悉酰化反应的原理和应用。

(2)掌握乙酰苯胺的制备方法。

(3)掌握水法重结晶操作技术提纯固体有机物。

二、实训原理

苯胺的乙酰化试剂有冰醋酸、乙酸酐或乙酰氯。冰醋酸价格较便宜、操作方便,故在工业上广泛使用,因此本实训采用冰醋酸作乙酰化试剂。苯胺和冰醋酸混合生成盐,温度维持在 105℃ 左右,使之脱水,得产物。这是一个可逆反应,产率较低。为减少逆反应的发生,需设法除去另一反应产物水,并加过量的冰醋酸。本实训采用分馏法除去生成的水。

主反应:

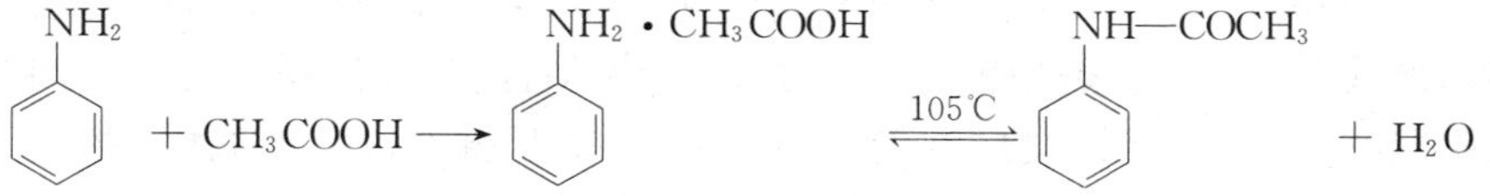

主要副反应:

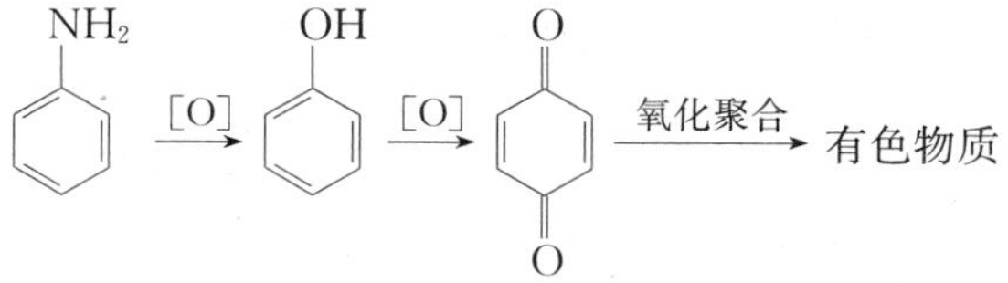

精制原理:乙酰苯胺在水中的溶解度与温度密切相关。温度升高,溶解度增大。利用水对乙酰苯胺及杂质的溶解度不同,将乙酰苯胺粗品溶解在热水中制成近饱和溶液,加入活性炭吸附有色杂质,趁热过滤除去不溶性杂质。洁净的滤液冷却达到过饱和并析出结晶,杂质全部或大部分仍留在溶液中,从而达到分离、提纯的目的,这一操作过程称为重结晶,重结晶适用于提纯杂质含量在 5% 以下的固体化合物。

三、实训器材与试剂

器材:100mL 圆底烧瓶,刺形分馏柱,直型冷凝管,尾接管,10mL 量筒,温度计

(200℃),200mL烧杯,抽滤瓶,抽滤装置,电热套。

试剂:苯胺5mL,冰醋酸7.5mL,锌粉,活性炭。

四、实训步骤

(1)酰化、分馏　在干燥的圆底烧瓶中加5mL新蒸过的苯胺(久置的苯胺因被氧化颜色较深,最好重新蒸馏后再用或用分析纯苯胺)、7.5mL冰醋酸和0.1g锌粉(锌粉的作用是防止苯胺氧化,只需少量。加入过多,不仅要消耗乙酸,还会产生不溶于水的氢氧化锌,很难从乙酰苯胺中分离出去),然后装好分馏柱、蒸馏头、温度计及接引管和接收瓶。加热、升温,当温度升高到105℃时开始蒸馏,维持温度在105℃左右约30min(反应时分馏柱温度不能太高,以免乙酸大量蒸出,降低产品产率),这时反应生成的水基本蒸出。当温度计的读数不断下降时,撤去热源,停止反应,取下接收器,记录流出液的体积。

(2)结晶、抽滤　将反应液趁热(若让反应物冷却,则固体析出后粘在瓶壁上不易处理)倒入盛有75～100mL水的烧杯中,边倒边搅拌,有白色的细状颗粒析出,冷却到室温使粗乙酰苯胺完全析出。用布氏漏斗抽滤,固体用少量冷水洗涤,除去多余的酸。抽干,得乙酰苯胺粗品。

(3)重结晶　将粗产品放入装有100mL水的烧杯中,在搅拌下加热至沸腾,若仍有未溶解的油珠,可再补加少量热水,直至油珠全溶[油珠为熔融状态的含水乙酰苯胺(83℃时含水13%),如果溶液温度在83℃以下,溶液中未溶解的乙酰苯胺以固态形式存在]。待溶液稍冷却后,加入0.5g活性炭(在沸腾的溶液中加入活性炭会引起突然暴沸,活性炭应在溶液沸点温度以下加入),用玻璃棒搅匀,并煮沸5min后趁热在温热的布氏漏斗中抽滤(热过滤时,布氏漏斗需先预热好,过滤要迅速,避免热溶液冷却有结晶在漏斗中析出),除去活性炭,滤液自然冷却至室温后析出无色片状结晶,减压抽滤,得到产品,称重、计算收率。

五、问题讨论

(1)反应时为什么要控制分馏柱上端的温度在105℃左右?

(2)根据理论计算,反应完成时应产生几毫升水?为什么实际收集的液体远多于理论量?

(3)用醋酸直接酰化和用醋酸酐进行酰化各有何优缺点?除此之外,有哪些乙酰化试剂?

(4)反应终点时,温度计的读数为什么下降?

实训四　对硝基乙酰苯胺的制备

一、实训目标

(1)掌握硝化反应的原理及不同硝化试剂的用途。

(2)熟悉硝化反应的安全操作技术。

(3)掌握有机溶剂重结晶操作技术提纯固体有机物。

二、实训原理

本实训是以乙酰苯胺为原料,经混酸硝化制得对硝基乙酰苯胺。

主反应:

$$\text{对—NHCOCH}_3 \xrightarrow[\text{HOAc, }<10℃]{\text{HNO}_3\text{, H}_2\text{SO}_4} \text{O}_2\text{N—对—NHCOCH}_3$$

主要副反应:

$$\text{对—NHCOCH}_3 \xrightarrow[\text{HOAc}]{\text{HNO}_3\text{, H}_2\text{SO}_4} \text{对(NO}_2\text{)—NHCOCH}_3$$

精制原理:用乙醇重结晶,重结晶后母液中的乙醇需要蒸馏回收。

三、实训器材与试剂

器材:搅拌器(标准口),铁架台,球形冷凝管(标准口),油浴锅(豆油),100℃温度计,250mL 三颈瓶,25mL 滴液漏斗,10mL 量筒,50mL 量筒,100mL 量筒,研钵,减压抽滤装置,pH 试纸,天平,称量纸,干燥器,烧杯,玻璃棒,玻璃滴管,表面皿,熔点测定仪,牛角勺,滤纸,电磁炉。

试剂:乙酰苯胺 13.5g,冰醋酸 13mL,浓硫酸 33mL,浓硝酸 6.9mL(65%~68%),95%乙醇 130mL,冰 130g,氯化钠适量。

四、实训步骤

(1)投料　在装有搅拌器和温度计的 250mL 三颈瓶中加入冰醋酸 13mL,然后加入干燥研细的乙酰苯胺 13.5g,搅拌下加入浓硫酸 27mL(因加入硫酸时剧烈放热,所以需慢慢加入,必要时需冷却,这时溶液呈澄清状),用冰盐水冷却此溶液至 1~2℃。用滴液漏斗滴加混酸(由浓硫酸 6mL 和浓硝酸 6.9mL 组成,配制混酸要注意,混合时会放热,应沿杯壁将硫酸缓缓加入到硝酸中),滴加过程中,温度不超过 10℃(乙酰苯胺低温下经硝化主要得对位体,而在 10℃以上,随温度的升高,邻位体的生成量逐渐增加,在 40℃时,邻位体的量可达 25%)。混酸加完后,撤去冰盐水,室温下放置反应 1h。

(2)后处理　将反应液在搅拌下倒入 130g 碎冰水,立即有浅黄色的乙酰苯胺的硝化产物析出,放置 15min 后,抽滤,用冰水洗至中性(用 pH 试纸检查洗滤饼的水),抽干。

(3)精制　用乙醇 130mL 重结晶,抽滤,用少量冰乙醇洗(黄色的邻硝基乙酰苯胺留在乙醇中),抽干、称重,得对硝基乙酰苯胺,计算收率,测熔点。

五、问题讨论

(1)乙酰苯胺硝化中应注意哪些安全问题?

(2)硝化操作小技巧:通常先加入 5～8 滴等反应诱发后,再通过滴加速度控制反应温度,为什么?

(3)用乙醇重结晶的方法分离乙酰苯胺硝化产物中的邻、对位体,使用这种方法的根据是什么? 效果如何? 还有什么方法可用来分离乙酰苯胺硝化产物中的邻、对位体?

(4)精制所用的母液需回收乙醇,回收时应注意什么?

实训五 乙酸正丁酯的制备

一、实训目标

(1)了解酯化反应制备有机酸酯的一般原理与方法。

(2)掌握共沸蒸馏分水法的原理和油水分离器的使用。

(3)熟练掌握液体化合物的分离提纯方法。

二、实训原理

本实训的乙酸正丁酯由乙酸和正丁醇直接酯化制备。

主反应:

$$CH_3COOH + HOCH_2CH_2CH_2CH_3 \xrightarrow[\text{回流}]{H_2SO_4} CH_3COOCH_2CH_2CH_2CH_3 + H_2O$$

精制原理:采用蒸馏法收集规定的馏分。

三、实训器材与试剂

器材:50mL 圆底烧瓶,分水器,回流冷凝管,分液漏斗,50mL 蒸馏烧瓶,直形冷凝管,接引管,量筒,温度计等。

试剂:正丁醇9.3g,冰醋酸7.5g,浓硫酸(相对密度1.84),10%碳酸钠溶液,无水硫酸镁。

四、实训步骤

在干燥的 50mL 圆底烧瓶中,加入 11.5mL 正丁醇和 7.2mL 冰醋酸(加入硫酸后须振荡,以使反应物混合均匀),再加入 3~4 滴浓硫酸(滴加浓硫酸时,要边加边摇,以免局部碳化),摇匀,投入 1~2 粒沸石。按图安装带分水器的回流反应装置,并在分水器中预先加入计量过的水,使水面略低于分水器的支管口下沿 3~5 mm,以保证醇能及时回到反应体系继续参加反应(注意:只要水不回流到反应体系中就不要放水)。

打开冷凝水,用电热套缓缓加热回流。在反应过程中,通过分水器下部的旋塞分出生成的水(在回流过程中,要控制加热速度,一般以上升气环的高度不超过球形冷凝管的 1/3 为宜),注意保持分水器中水层液面原来的高度,使油层尽量回到反应瓶中。反应 40min 左右,分水器中不再有水珠下沉,水层不再增加时,视为反应的终点。停止加热,记录分出的水量。

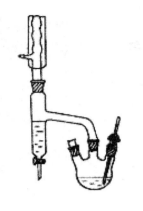
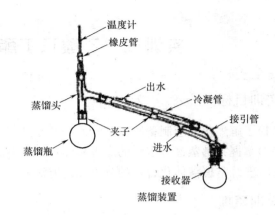

图 2　乙酸正丁酯制备的实训装置图

在反应物冷却后,将分水器中的酯层和圆底烧瓶中的反应液一起倒入分液漏斗中。分别用 10mL 水、10mL 10％碳酸钠溶液(洗涤时要做到轻轻振荡,切忌用力过猛、振荡时间过长,否则将形成乳浊液,难以分层,给分离带来困难。一旦形成乳浊液,可加入少量食盐等电解质或水,使之分层。)、15mL 水洗涤反应液,将分离出来的油层从分液漏斗上口倒入干燥的小锥形瓶中,加入 1～2g 无水硫酸镁干燥,用塞子塞紧瓶口,间歇振荡,直至液体完全澄清透明。

安装蒸馏装置,将干燥后的粗产物通过放有棉花的玻璃漏斗滤入 50mL 蒸馏烧瓶中,投入 2 粒沸石,在石棉网上小火加热蒸馏,收集沸点为 124～126℃的馏分,称量,用气相色谱判断产品纯度。

五、问题讨论

(1)本实训是采用什么方法来提高反应速度和产品产率的?

(2)反应完全时应分出多少水? 实训时收集到的水与理论量相符吗? 为什么?

(3)粗产品用碳酸钠溶液洗涤可除去哪些杂质? 是否可以改用氢氧化钠溶液洗涤,为什么?

实训六　苯佐卡因的合成

一、实训目标

(1)通过苯佐卡因的合成,了解药物合成的基本过程。

(2)学习多种合成制备苯佐卡因的原理和方法。

(3)掌握氧化、酯化和还原反应的原理及基本操作。

(4)巩固回流、过滤和结晶等基本操作技术。

二、实训原理

苯佐卡因是对氨基苯甲酸乙酯的俗称,临床用作局部麻醉剂,用于手术后小面积创伤止痛、溃疡痛、一般性痒等。苯佐卡因为白色结晶性粉末,味微苦而麻,熔点 $88 \sim 90 \, ^\circ\mathrm{C}$,易溶于乙醇,极微溶于水。

主反应:第一步是氧化。

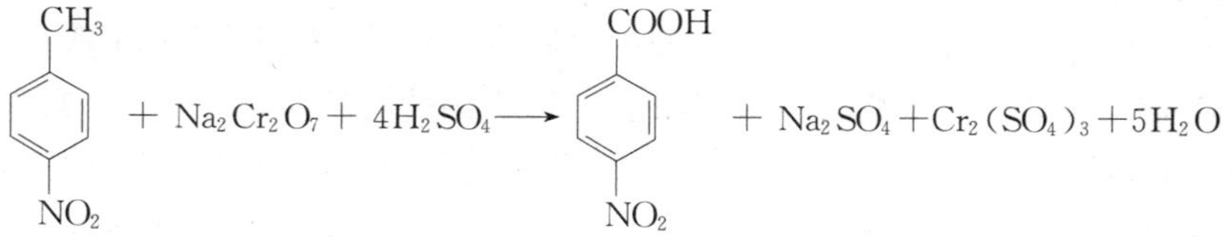

第二步是酯化反应,对硝基苯甲酸与无水乙醇在酸性条件的催化下发生酯化反应,生成对硝基苯甲酸乙酯。

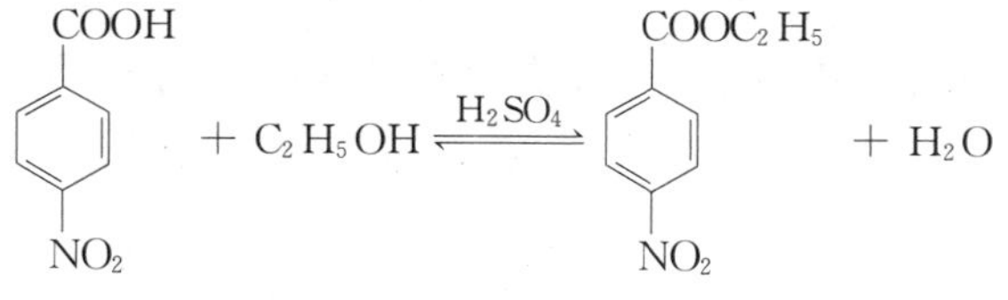

第三步是还原反应,用 Fe 粉将对硝基苯甲酸乙酯还原成对氨基苯甲酸乙酯。

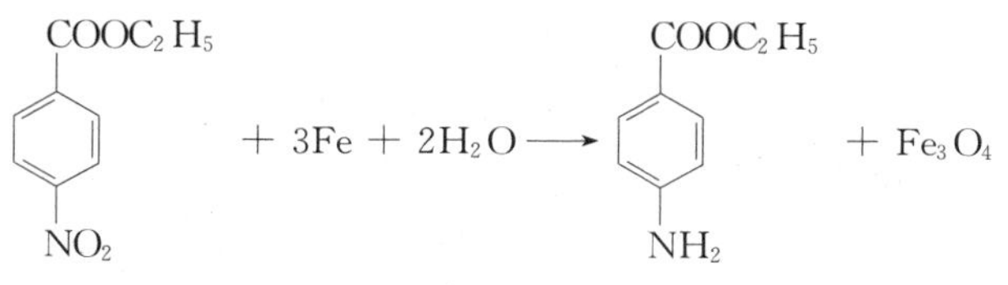

三、实训器材与试剂

器材:三颈烧瓶,滴液漏斗,圆底烧瓶,回流冷凝管,水浴锅,电热套,磁力搅拌器,布氏漏斗,烧杯,乳钵,量筒、循环水利用真空泵。

试剂:重铬酸钠(含两个结晶水)23.6g,对硝基甲苯 8g,浓硫酸 34mL,5%硫酸 35mL,15%硫酸 50mL,5%氢氧化钠 70mL,活性炭适量,无水乙醇 24mL,95%乙醇 35mL,5%碳酸钠溶液 10mL,冰醋酸 2.5mL,铁粉 8.6g,碳酸钠饱和溶液 30mL。

四、实训步骤

(1)对硝基苯甲酸的制备(氧化)　在 250mL 三颈烧瓶上安装回流冷凝管、磁力搅拌子和滴液漏斗,加入重铬酸钠(含两个结晶水)23.6g 和 50mL 水,开动磁力搅拌。待重铬酸钠溶解后,加入对硝基甲苯 8g,同时用滴液漏斗滴加 32mL 浓硫酸。滴加完毕后,加热保持反应液微沸 60~90min(反应中,球型冷凝管中可能有白色针状的对硝基甲苯析出,可适当关小冷凝水,使其熔融)。待反应液冷却至室温后,将其倾入到 80mL 冷水中,抽滤。残渣用 45mL 水分三次洗涤。将滤渣转移到烧杯中,加入 5%硫酸 35mL,水浴加热 10min,并不时搅拌。待冷却后抽滤,滤渣溶于 70mL 温热的 5%氢氧化钠溶液中,稍冷后再次抽滤(氧化反应在用 5% 氢氧化钠处理滤渣时,温度应保持在 50℃左右,若温度过低,对硝基苯甲酸钠会析出而被滤去)。向滤液加入活性炭 0.5g 脱色(5~10min),趁热抽滤。冷却后,在充分搅拌下,将滤液慢慢倒入 50mL 15%硫酸中,抽滤,洗涤,干燥得本品,计算收率。

(2)对硝基苯甲酸乙酯的制备(酯化)　将所得的对硝基苯甲酸 6g 放入干燥的 100mL 圆底瓶中,加入无水乙醇 24mL,并逐滴加入浓硫酸 2mL,振荡使混合均匀。装上回流冷凝管,加热回流 80min(酯化反应须在无水条件下进行,如有水进入反应系统中,收率将降低。无水操作的要点是原料干燥无水;所用仪器、量具干燥无水;反应期间避免水进入反应瓶)。待反应液稍冷后,将其倾入到 100mL 水中,抽滤。滤渣移至乳钵中,研细,再加入 5%碳酸钠溶液 10mL(由 0.5g 碳酸钠和 10mL 水自配),研磨 5min,测 pH(检查反应物是否呈碱性),抽滤,用少量水洗涤,干燥,计算收率。

(3)对氨基苯甲酸乙酯的制备(还原)　在 250mL 三颈烧瓶上安装回流冷凝管、磁力搅拌子(因铁粉比重大,沉于瓶底,必须将其搅拌起来,才能使反应顺利进行),加入 35mL 水、冰醋酸 2.5mL 和已经处理过的铁粉 8.6g(铁粉预处理方法为称取铁粉 10g 置于烧杯中,加入 2%盐酸 25 mL,在石棉网上加热至微沸,抽滤,水洗至 pH5~6,烘干,备用),开动磁力搅拌,水浴加热至 95~98℃,反应 5min。待稍冷后,加入实训所得的对硝基苯甲酸乙酯 6g 和 95%乙醇 35mL,在激烈搅拌下,加热回流 90min。冷却,在搅拌下,分次加入温热的碳酸钠饱和溶液(碳酸钠 3g 和水 30mL 自配),搅拌片刻,立即趁热抽滤(布氏漏斗需预热,对硝基苯甲酸乙酯及对硝基苯甲酸也会析出被滤除),滤液冷却后析出结晶,抽滤,用稀乙醇洗涤,干燥得粗品。

　　(4)精制　将粗品置于装有回流冷凝管的 100mL 圆底瓶中,加入 10～15 倍 (体积质量比)50％乙醇(无水乙醇自配),水浴加热溶解。待稍冷后,加活性炭脱色,加热回流 20min,趁热抽滤(布氏漏斗、抽滤瓶应预热)。将滤液趁热转移至烧杯中,冷却至室温,待结晶完全析出后,抽滤,用少量 50％乙醇洗涤两次,压干,干燥,计算收率。

五、实训讨论

　　(1)氧化反应完毕,将对硝基苯甲酸从混合物中分离出来的原理是什么?

　　(2)酯化反应为什么需要无水操作?

　　(3)铁酸还原反应有哪些优缺点?

实训七　甲基硫氧嘧啶的制备

一、实训目标

(1)掌握缩合、环合反应的原理。

(2)进一步熟练无水反应操作技术。

(3)掌握安全使用金属钠的操作技术。

二、实训原理

在金属钠的催化下,两分子的乙酸乙酯缩合成乙酰乙酸乙酯后,与硫脲进行环合反应,形成甲基硫氧嘧啶钠盐。经活性炭脱色后,用盐酸中和析出产品甲基硫氧嘧啶。

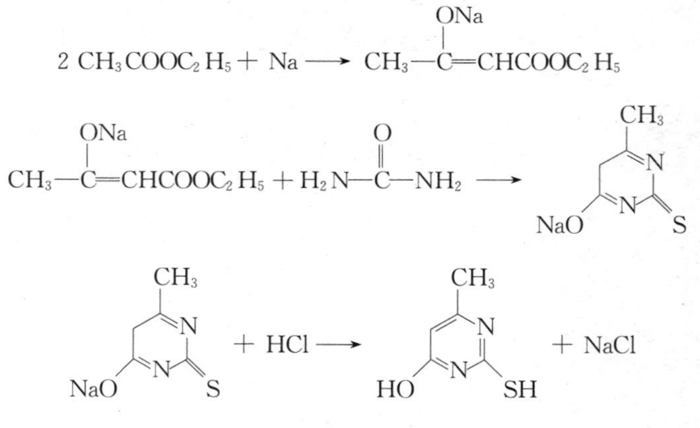

$$2\ CH_3COOC_2H_5 + Na \longrightarrow CH_3-\overset{\overset{\displaystyle ONa}{|}}{C}=CHCOOC_2H_5$$

三、实训器材与试剂

器材:搅拌器(标准口),铁架台,球形冷凝管(标准口),油浴锅(豆油),250mL三颈瓶,50mL量筒,减压抽滤装置,pH试纸,天平,干燥器,烧杯,玻璃棒,表面皿,牛角勺,滤纸,电磁炉。

试剂:乙酸乙酯30mL,钠2.8g,硫脲5.6g,10%盐酸适量,活性炭0.5g。

四、实训步骤

在装有搅拌器及回流冷凝器的250mL三颈瓶中(本实训的缩合反应与环合反应应严格在无水条件下操作,所有仪器必须洗净、烘干,采用液封机械搅拌,回流冷凝器上口装有氯化钙干燥管),加入干燥的乙酸乙酯30mL,将2.8g干净的钠(用镊子夹取金属钠,切除氧化层后放入备有煤油的 100mL 小烧杯里称重,投料前切成小块,用纸吸干煤油。为保证安全,所有与金属钠接触的小刀、吸油纸均需用酒精处理后,再进行常规处理)切成细丝加入瓶中搅拌,反应放热至回流,当没有更多热量放出时,用电热套加热至金属钠全部溶解(1.5h)。然后加入硫脲 5.6g,加热回流 4h,将一些温水倒入反应瓶中,稀释反应液并用 0.5g 活性炭脱色,过滤。滤液用 10%盐酸水溶液调 pH 为 3~5(加盐酸时,应在慢慢搅拌下缓缓加入,这样可使结晶均匀析出)。过滤,滤饼用冷水洗涤,干燥,称量并计算收率。

五、问题讨论

(1)使用金属钠时应注意哪些问题?

(2)影响甲基硫氧嘧啶收率的主要因素有哪些?

(3)甲基硫氧嘧啶的合成反应包括缩合反应和环合反应两步,试分析两步反应在同一反应器内相继发生与分两步进行的优缺点。

(4)本品的精制方法中哪些是物理变化? 哪些是化学变化?

实训八 贝诺酯的合成

一、实训目标

(1)通过乙酰水杨酰氯的制备,掌握无水操作的技能。

(2)通过本实训了解拼合原理在药物合成中的应用,了解酯化反应在药物化学结构修饰中的应用。

(3)通过本实训了解 Schotten–Baumann 酯化反应原理。

二、实训原理

酰氯化:

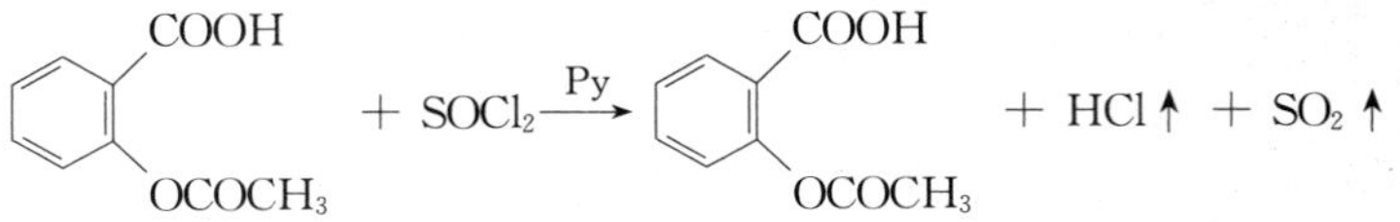

酚钠成盐:

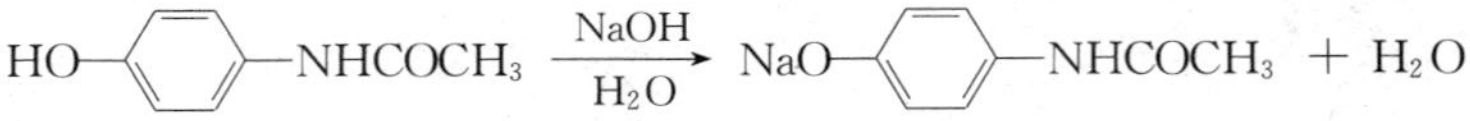

酯化反应:

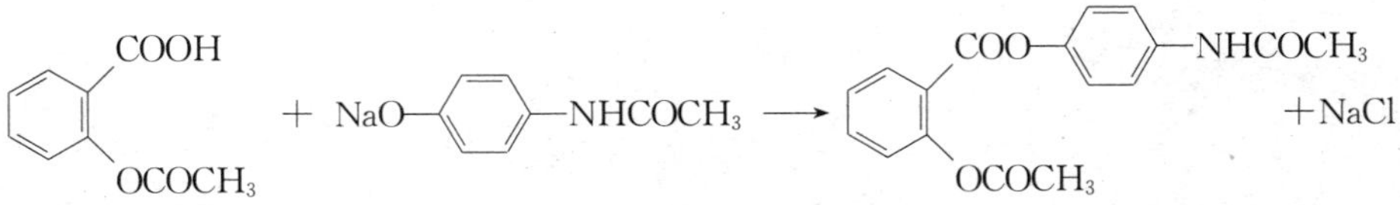

三、实训器材与试剂

器材:100mL 和 150mL 的三颈瓶各一个,球形冷凝器,干燥管,电热套,磁力搅拌器,滴液漏斗,水泵,减压蒸馏头,冰水浴,100mL 圆底瓶。

试剂:阿司匹林(自制或市购)9g,氯化亚砜 CP（bp.78.8℃)5mL,吡啶(CP)1滴,丙酮 AR 6mL,对乙酰氨基酚(自制)8.6g,氢氧化钠 3.3g,乙酰水杨酰氯(自制)9.9g。

四、实训步骤

(1)乙酰水杨酰氯的制备(酰氯化)　在装有搅拌子、球形冷凝器(顶端附有氯化钙干燥管,干燥管连有导气管,导气管另一端接一小漏斗通入盛有氢氧化钠溶液的烧杯中)并配有温度计的干燥 100mL 三颈瓶中(所用仪器均需干燥,加热时不能用水浴,反应需用阿司匹林在 60℃干燥 4h,否则,氯化亚砜遇水会分解为二氧化硫和氯化氢),依次加入吡啶 1 滴(吡啶作为催化剂,用量不宜过多,否则会影响产品的质量)、阿司匹林 9g、氯化亚砜 5mL(为便于搅拌,观察内温,使反应更趋完全,可适当增加氯化亚砜量至 6~7mL),搅拌并慢慢加热至约 65℃(约 10~15min),并维持反应温度在 65℃左右(反应内温以 65℃左右为佳,若浴温可控制在 70~75℃),搅拌至无气体放出(约 70min)。反应完后改成减压蒸馏装置,用水泵减压蒸除过量的氯化亚砜(防止倒吸),冷却得乙酰水杨酰氯,加入无水丙酮 6mL,将反应液倾入干燥的 100mL 滴液漏斗中,混匀,密闭备用。

(2)贝诺酯的制备(成盐、酯化)　在装有搅拌子、滴液漏斗及温度计的 150mL 三颈瓶中,加入对乙酰氨基酚 8.6g、水 50mL。冰水浴冷却至 10℃左右,在搅拌下于 10~15℃滴加氢氧化钠溶液 18mL(氢氧化钠 3.3g 加 18mL 水配成,用滴管滴加)。滴加完毕,降温至 8~12℃之间,在强烈搅拌下,慢慢滴加制得的乙酰水杨酰氯丙酮溶液(在 20min 左右滴完)。滴加完毕,调至 pH 不小于 10,控制温度在 20~25℃继续搅拌反应 60min,抽滤,水洗至中性,得粗品,计算粗品收率。

(3)精制　取粗品 5g 置于装有球形冷凝器的 100mL 圆底瓶中,加入 10 倍量(质量体积比)95%乙醇,在水浴上加热溶解。稍冷,加活性炭脱色(活性炭用量视粗品颜色而定),加热回流 30min,趁热抽滤(布氏漏斗、抽滤瓶应预热)。将滤液趁热转移至烧杯中,自然冷却,待结晶完全析出后,抽滤,压干;用少量乙醇洗涤两次(母液回收),压干,干燥,得精品。熔点为 174~178℃,计算精制收率。

五、问题讨论

(1)乙酰水杨酰氯的制备,操作上应注意哪些事项?

(2)贝诺酯的制备,为什么采用先制备对乙酰胺基酚钠,再与乙酰水杨酰氯进行酯化,而不直接酯化?

(3)通过本实训说明酯化反应在结构修饰上的意义。

附录 药物合成反应中常用的缩略词

a	electron-pair acceptor site	电子对-接受体位置
Ac	acetyl(e. g. AcOH= acetic acid)	乙酰基(如 AcOH＝乙酸)
Acac	acetylacetonate	乙酰丙酮酸酯
addn	addition	加入
AIBN	α,α'-azobisisobutyronitrile	α,α'-偶氮双异丁腈
Am	amyl＝pentyl	戊基
anh	anhydrous	无水的
aq	aqueous	水性的,含水的
Ar	aryl, heteroaryl	芳基,杂芳基
az dist	azeotropic distillation	共沸蒸馏
9-BBN	9-borobicyclo[3,3,1] nonane	9-硼双环[3,3,1]壬烷
BINAP	(R)-(＋)-2,2-bis(diphenylphosphino)-1, 1-binaphthyl	(R)-(＋)-2,2-二(二苯基膦) 1,1-二萘
Boc	t-butoxycarbonyl	叔丁氧羰基
Bu	butyl	丁基
t-Bu	t-butyl	叔丁基
t-BuOOH	tert-butyl hydroperoxide	叔丁基过氧醇
n-BuOTs	n-butyl tosylate	对甲苯磺酸正丁酯
Bz	benzoyl	苯甲酰基
Bzl	benzyl	苄基
Bz₂O₂	dibenzoyl peroxide	过氧化苯甲酰
CAN	cerium ammonium nitrate	硝酸铈铵
Cet	catalyst	催化剂
Cb,Cbz	benzoxycarbonyl	苄氧羰基
CC	column chromatography	柱色谱(法)
CDI	N,N'-carbonyldiimidazole	N,N'-碳酰(羰基)二咪唑
Cet	cetyl＝hexadecyl	十六烷基
Ch	cyclohexyl	环己烷基
CHPCA	cyclohexaneperoxycarboxylic acid	环己基过氧酸
conc	concentrated	浓的
Cp	cyclopentyl, cyclopentadienyl	环戊基,环戊二烯基
CTEAB	cetyl triethyl ammonium bromide	溴代十六烷基三乙基铵
CTMAB	cetyl trimethyl ammonium bromide	溴代十六烷基三甲基铵
d	dextrorotatory	右旋的

	electron - pair donor site	电子对-供体位置
△	reflux, heat	回流/加热
DABCO	1,4 - diazabicyclo[2,2,2]octane	1,4-二氮杂二环[2,2,2]辛烷
DBN	1,5 - diazabicyclo[4,3,0]non - 5 - ene	1,5-二氮杂二环[2,2,2]壬烯-5
DBPO	dibenzoyl peroxide	过氧化二苯甲酰
DBU	1,5 - diazabicyclo[5,4,0] undecen - 5 - ene	1,5-二氮杂二环[5,4,0]十一烯-5
o - DCB	ortho dichlorobenzene	邻二氯苯
DCC	dicyclohexyl carbodiimide	二环己基碳二亚胺
DCE	1,2 - dichloroethane	1,2-二氯乙烷
DCU	1,3 - dicyclohexylurea	1,3-二环己基脲
DDQ	2,3 - dirhloro - 5,6 - dicyano - 1,4 - benzoquinone	2,3-二氯-5,6-二氰基对苯醌
DEAD	diethyl azodicarboxylate	偶氮二羧酸乙酯
Dec	decyl	癸基,十碳烷基
DEG	diethylene glycol=3 - oxapentane - 1,5 - diol	二甘醇
DEPC	diethyl phosphoryl cyanide	氰代磷酸二乙酯
deriv	derivative	衍生物
DET	diethyl tartrate	酒石酸二乙酯
DHP	3,4 - dihydro - 2H - pyran	3,4-二氢-2H-吡喃
DHQ	dihydroquinine	二氢奎宁
DHQD	dihydroquinidine	二氢奎宁定
DIBAH, DIBAL	diisobutylaluminum hydride = hydrobis - (2 - methylpropyl) aluminum	氢化二异丁基铝
diglyme	diethylene glycol dimethyl ether	二甘醇二甲醚
dil	dilute	稀(释)的
diln	dilution	稀释
Diox	dioxane	二恶烷
DIPT	diisopropyl tartrate	酒石酸二异丙酯
DISIAB	disiamylborane=di - sec - isoamyl borane	二仲异戊基硼烷
Dist	distillation	蒸馏
dl	racemic (rac.)mixture of dextro - and levorotatory form	外消旋混合物
DMA	N,N - dimethylacetamide	N,N-二甲基乙酰胺
	N,N - dimethylaniline	N,N-二甲基苯胺
DMAP	4 - dimethylaminopyridine	4-二甲氨基吡啶
DMAFO	4 - dimethylaminopyridine oxide	4-二甲氨基吡啶氧化物
DME	1,2 - dimethoxyethane=glyme	甘醇二甲醚
DMF	N,N - dimethylformamide	N,N-二甲基甲酰胺

DMSO	dimethyl sulfoxide	二甲亚砜
Dmso	anion of DMSO,"dimsyl"anion	二甲亚砜的碳负离子
Dod	dodecyl	十二烷基
DPPA	diphenylphosphoryl azide	叠氮化磷酸二苯酯
DTEAB	decyltriethylammonium bromide	溴代癸基三乙基铵
EDA	ethylene diamine	1,2-乙二胺
EDTA	ethylene diamine $- N, N, N', N' -$ tetraacetate	乙二胺四乙酸
e. e. (ee)	enantiomeric excess:0%ee=racemization, 100% ee=stereospecific reaction	对映体过量
EG	ethylene glycol= 1,2 - ethanediol	1,2-亚乙基乙醇
E. I	electrochem induced	电化学诱导的
Et	elhyl(e. g. EtOH, EtOAc)	乙基
Fmoc	9 - f1uorenylmethoxycarbonyl	9-芴甲氧羰基
Gas. g	gaseous	气体的,气相
GC	gas chromatography	气相色谱(法)
Gly	glycine	甘氨酸
Glyme	1,2 - dimethoxyethane=DME	甘醇二甲醚
h	hour	小时
Hal	halo,halide	卤素,卤化物
Hep	heptyl	庚基
Hex	hexyl	己基
HCA	hexachloroacetone	六氯丙酮
HMDS	hexamethyl disilazane=bis(trimethylsilyl) a-mine	双(三甲硅基)胺
HMPA, HMPTA	$N, N, N', N', N'', N''-$ hexamethyiphrsphor - amide= hexamethylphcisphotriamide= tris - (dimethylamino) phosphinoxide	六甲基磷酰胺
hv	irradiation	照光(紫外光)
HOMO	highest occupied molecular orbital	最高已占分子轨道
HPLC	high - pressure liquid chromatography	高效液相色谱
HTEAB	hexyltriethylammonium bromide	溴代己基三乙基铵
Hunig base	1 -(dimethylamino)naphthalene	1-二甲氨基萘
i -	iso -(e. g. i - Bu=isobutyl)	异-(如 i - Bu=异丁基)
inh	inhibitor	抑制剂
IPC	isopinocamphenyl	异蒎烯基
IR	infra - red(absorption)spectra	红外(吸收)光谱
L	ligand	配(位)体
L	levorotatory	左旋的
LAH	lithium aluminum hydride	氢化铝锂

LDA	lithium diisopropylamide	二异丙基(酰)胺锂
Leu	leucine	亮氨酸
LHMDS	Li hexamethyldisilazide	六甲基二硅烷重氮锂
Liq. l	liquid	液体,液相
Ln	lanthanide	稀土金属
LTA	lead tetraacetate	四乙酸铅
LTEAB	Lauryltnethylammonium bromide（dodecyltri-ethylammonium bromide)	溴代十二烷基三乙基铵
LUMO	lowest unoccupied molecular orbital	最低空分子轨道
M	metal	金属
	transition metal complex	过渡金属配位化合物
MBK	methyl isobutyl ketone	甲基异丁基酮
MCPBA	m－chloroperoxybenzoic acid	间氯过氧苯甲酸
Me	methyl(e. g. MeOH，MeCM)	甲基
MEM	methoxyethoxymethyl	甲氧乙氧甲基
Mes，Ms	mesyl＝methanesulfonyl	甲磺酰基
min	minute	分
mol	mole	摩尔(量)
MOM	methoxymethyl	甲氧甲基
MS	mass spectra	质谱
MW	microwave	微波
n－	normal	正
NBA	N－bromo－acetamide	N-溴乙酰胺
NBP	N－bromo－phthalimide	N-溴酞酰亚胺
NBS	N－bromo－succinimide	N-溴丁二酰亚胺
NCS	N－chloro－succinimide	N-氯丁二酰亚胺
NIS	N－iodo－succinimide	N-碘丁二酰亚胺
NMO	N－methylmorpholine N－oxide	N-甲基吗啉-N-氧化物
NMR	nuclear magnetic resonance spectra	核磁共振光谱
Non	nonyl	壬基
Nu	nucleophilc	亲核试剂
Oct	octyl	辛基
o. p.	optical purity;0％o. p. ＝ raccmate，100％o. p. ＝pure enantiomer	光学纯度
OTEAB	octyltriethylammonium bromide	溴代辛基三乙基铵
p	pressure	压力
PCC	pyridiniumchlorochromate	氯铬酸吡啶鎓盐
PDC	pyridinium dichromate	重铬酸吡啶鎓盐
PE	petrol ether＝light petroleum	石油醚
PFC	pyridinium fluorochromate	氟铬酸吡啶鎓盐

Pen	pentyl	戊基
Ph	phenyl(e. g. PhH＝benzene, PhOH＝phenol)	苯基（PhH ＝ 苯，PhOH ＝ 苯酚）
Phth	phthaloyl＝1,2 - phenylenedicarbonyl	邻苯二甲酰基
Pin	3 - pinanyl	3 -蒎烷基
polym	polymeric	聚合的
PPA	polyphosphoric acid	多聚磷酸
PPE	polyphosphoric ester	多聚磷酸酯
PPSE	polyphosphoric acid trimethylsilyl ester	多聚磷酸三甲硅酯
PPTS	pyridiniump - toluenesulfonatc	对甲苯磺酸吡啶盐
Pr	propyl	丙基
Prot	protecting group	保护基
Py	pyridine	吡啶
R	alkyl，etc	烷基等
rac	racemic	外消旋的
r. t.	room temperature＝20～25℃	室温＝20 ～25℃
s -	sec -	仲
satd	saturated	饱和的
s	second	秒
sens	sensitizer	敏化剂,增感剂
sepn	separation	分离
sia	sec - isoamyl＝1,2 - dimethylpropyl	仲异戊基＝1,2 -二甲基丙基
sol	solid	固体
soln	solution	溶液
t -	tert -	叔-
T	thymine	胸腺嘧啶
TBA	tribenzylammonium	三苄基铵
TBAB	tetrabutylammonium bromide	溴代四丁基铵
TBAHS	tetrabutylammonium hydrogensulfate	四丁基硫酸氢铵
TBAI	tetrabutylammonium iodide	碘代四丁基铵
TBAC	tetrabutylammonium chloride	氯代四丁基铵
TBATFA	tetrabutylammonium trifluoroacetate	四丁胺三氟醋酸盐
TBDMS	tert - butyldimethylsilyl	叔丁基二甲基硅烷基
TCC	trichlorocyanuric acid	三氯氰尿酸
TCQ	tetrachlorobenzoquinone	四氯苯醌
TEA	triethylamine	三乙（基）胺
TEBA	triethylbenzylammoniun salt	三乙基苄基胺盐
TEBAB	triethylbenzylammonium bromide	溴代三乙基苄基铵
TEBAC	tricthylbenzylammonium chloride	氯代三乙基苄基铵
TEG	triethylene - glycol	三甘醇,二缩三(乙二醇)

Tf	trifluoromethanesulfonyl＝triflyl	三氟甲磺酰基
TFA	trifluoroacetic acid	三氟醋酸
TFMeS	trifluoromethanesulfonyl＝triflyl	三氟甲磺酰基
TFSA	trifluoromethanesulfonic acid	三氟甲磺酸
THF	tetrahydrofuran	四氢呋喃
THP	tetrahydropyranyl	四氢吡喃基
TLC	thin－layer chromatography	薄层色谱
TMAB	tetramethylammonium bromide	溴代四甲基铵
TMEDA	N,N,N',N'－tetramethyl－ethylenediamine [1,2－bis(dimethylamino) ethane]	N,N,N',N'－四甲基乙二胺
TMS	trimethylsilyl	三甲硅烷基
TMSC1	trimethylchlorosilane＝Tms chloride	氯代三甲基硅烷
TMSI	trimethylsilyl iodide	碘代三甲基硅烷
TOMAC	trioctadecylmethylammonium chloride	氯代三(十八烷基)甲基铵
p－T－Oac	3－O－acetyl thymidylic acid	3－O－乙酰基胸苷酸
Tol	toluene	甲苯
TOMAC1	Trioctylmonomeethylammonium chloride	氯代三辛基甲基铵
TPAB	tetrapropylammoniumbromide	溴代四丙基铵
TPAP	tetrapropylammonium perruthenate	四丙基铵过钌酸盐
TPS	2,4,6－Triisopropylbenzenesulfonyl chloride	2,4,6－三异丙基苯磺酰氯
Tr	trityl	三苯甲基
triglyme	triethylene glycoldimethyl ether	三甘醇二甲醚
Ts	tosyl－4－toluenesulfonyl	对甲苯磺酰基
TsCl	tosyl chloride（p－toluenesulfonyl chloride）	对甲苯磺酰氯
TsH	4－toluenesulfinic acid	对甲苯亚磺酸
TsOH	4－toluenesulfonic acid	对甲苯磺酸
TsOMe	methylp－toluenesulfonate	对甲苯磺酸甲酯
TTFA	thalium trifluoroacetate	三氟乙酸铊
TTN	thalium trinitrate	三硝酸铊
Und	undecyl	十一烷基
UV	ultraviolet spectra	紫外光谱
X,Y	mostly halogen,sulfonate,etc(leaving group in substitutions or eliminations)	大多数指卤素,磺酸酯基等(在取代或消除反应中的离去基团)
Xyl	xylene	二甲苯
Z	mostly electron－withdrawing group, e.g. CHO, COR,COOR,CN,NO	大多数指吸电子基,如 CHO, COR,COOR,CN,NO
Z＝Cbz	benzoxycarbonyl protecting group	苄氧羰基保护基

参考文献

[1]文韧．药物合成反应．第二版．北京:化学工业出版社,2002

[2]唐跃平．药物合成技术．北京:人民卫生出版社,2009

[3]朱宝泉等．药物合成手册(上、下)．北京:化学工业出版社,2003

[4]段长强,王兰芬．药物生产工艺及中间体手册．北京:化学工业出版社,2002

[5]李丽娟．药物合成技术与方法．北京:化学工业出版社,2005

[6]孙昌俊等．药物合成反应理论与实践．北京:化学工业出版社,2007

[7]陶杰．化学制药技术．北京:化学工业出版社,2005

[8]陈文华等．制药技术．北京:化学工业出版社,2003

[9]计志忠．化学制药工艺学．北京:中国医药科技出版社,1998

[10]牛彦辉．药物合成反应．北京:人民卫生出版社,2003

[11]朱淬砺．药物合成反应．北京:化学工业出版社,1982

[12]惠春．药物化学实验．北京:中国医药科技出版社,2006

[13]马祥志．有机化学实验．北京:中国医药科技出版社,2006

[14]倪沛洲．有机化学．第五版．北京:人民卫生出版社,2007